핀란드 중학교 수학교과서 9

Teuvo Laurinolli,
Raija Lindroos-Heinänen,
Erkki Luoma-aho, Timo sankilampi,
Riitta Selenius,
Kirsi Talvitie,
Outi Vähä-Vahe

해설 및 정답 : 김하정(수원외국어고등학교)
배유진(일산동고등학교)

일러두기

일상생활에서는 참값보다 근삿값을 쓰는 경우가 훨씬 많습니다. 그래서 핀란드 중학교 수학교과서에서도 문제의 답을 구할 때 근삿값으로 처리해야 하는 문제가 많이 나옵니다. 그런데 반올림하는 자릿수를 일일이 지정해주는 우리나라의 교과서와는 달리 핀란드 교과서는 문제마다 반올림하는 자릿수가 달라 해설하는 과정에서 상당히 곤혹스러웠습니다. 추측건대, 일상생활에서 어떤 문제를 계산할 때 사람들은 자신의 필요에 맞게 반올림하여 계산하지 않을까요? 어떻게 보면 누군가가 반올림하는 자릿수를 지정해준다는 것이 더 비현실적인 것이 아닐까 싶습니다. 우리가 시험을 치르기 때문에 그 용이성 때문에 항상 모든 문제의 참값을 구하는 것과는 상당히 다른 방식이 아닐까 합니다.

또한 우리와 달리 계산기를 사용하는 경우가 많습니다. 계산기 사용 문제의 경우 문제 옆에 계산기 표시가 있거나, 그 페이지 전체에서 계산기 사용하라고 하는 경우에는 페이지의 위쪽에 계산기 표시가 있습니다. 그리고 책의 옆에 계산기 사용법이 주어져 있는데, 이 경우 계산기는 시중의 간단한 계산기가 아니라, 공학용 계산기임을 알려드립니다.

이번 핀란드 중학교 수학교과서들을 해설한 저희들은 핀란드 수학교과서와 우리나라 수학교과서의 가장 큰 차이점 중의 하나가 바로 실용성이라고 생각합니다.

이 책의 근삿값과 계산기 문제를 접하게 될 때 그런 관점에서 이해해주셨으면 합니다.

핀란드 중학교 수학교과서 9

초판 1쇄 발행 2014년 10월 31일
4쇄 발행 2023년 3월 24일

지 은 이 | 테우보 라우리놀리 · 라이야 린드로스-헤이나넨 · 에르키 루오마-아호 · 티모 상키람피 리이타 셀레니우스 · 키르시 탈비티에 · 오우티 바하-바헤
옮 긴 이 | 이지영
기 획 | 도영
표 지 | page9
내지디자인 | 최종명
전산편집 | 정지혜
편 집 | 김미숙 · 안영수
일 러 스 트 | 양숙희 · 손은실
마 케 팅 | 김영란
해설 및 정답 | 김하정 · 배유진
문 제 점 검 | 이형원 · 권태호 · 김영진 · 문기동 · 이도형 · 고인용 · 김일태

발 행 인 | 도영
발 행 처 | 솔빛길 출판사
등 록 번 호 | 2012-000052
주 소 | 서울시 마포구 동교로 142, 5층
전 화 | 02) 909-5517
팩 스 | 0505) 300-9348
E-mail | anemone70@hanmail.net
ISBN | 978-89-98120-20-7 **부가기호** | 54410

값 | 23,000원

핀란드판 서문

선생님들에게

Laskutaito 9는 Laskutaito 7과 8에서 이어지는 종합학교 9학년을 위한 수학교과서입니다.

Laskutaito 9는 삼각비와 공간기하학, 함수, 방정식과 연립방정식 등 3부로 이루어져 있습니다. 각 부는 25~28개의 소단원으로 나누어져 있으며 한 소단원은 45분 1교시 동안 다룰 수 있도록 만들었습니다.

1교시 동안 다루어야 할 수업 내용은 Laskutaito 시리즈의 이전 책에서처럼 책을 펼치면 이론이 실려 있는 짝수 쪽과 문제가 실려 있는 홀수 쪽으로 구성되어 있습니다. 책 뒤편에 심화학습 문제와 숙제 문제가 있는 것도 같습니다.

교과서 외에도 선생님들에게 해답, 보충 내용과 예시 문제 등이 들어 있는 자료도 마련되어 있습니다. 인터넷상의 자료에는 수업시간에 필요한 이론 설명 예시문과 숙제 문제의 해답과 교과서 내 모든 문제의 해답이 있습니다.

Laskutaito 시리즈에서는 이론과 문제를 가능한 한 명확하고 쉽게 이해할 수 있도록 구성하였습니다. Laskutaito 교과서를 이용해서 수업을 계획하면 실제 수업시간에 학습능력에 있어 편차가 다양한 학생들의 요구를 좀 더 융통성 있게 수용할 수 있을 것입니다.

학생들에게

종합학교 9학년을 시작하는 것을 환영합니다!

여러분의 손에는 지금 새로운 9학년 수학교과서가 들려 있습니다.

종합학교 고학년 수학과목은 쉽지 않은 과목이지만, 여러분 모두 아래에서 제시하는 것처럼 잘 따라하면 누구나 수학을 잘할 수 있습니다.

- 수업시간에 집중해서 잘 듣고, 이해가 안 될 때는 질문하세요.
- 숙제가 있으면 꼭 하세요. 직접 풀어봐야 수학실력이 늘게 됩니다.
- 공책은 깨끗이 쓰는 습관을 가지세요. 자를 사용하세요.
- 계산기는 필요할 때 절제해서 사용하는 습관을 들이세요. 암산기술은 나중에라도 꼭 쓸모가 있답니다.

지은이들

머리말

최근 교실의 모습은 예전과 많이 다르다. 학생들이 달라졌으니 교실 모습도 달라지고 수업도 다른 모습일 수밖에 없다. 학생들은 더 많이 움직이고 말하고 표현하고 싶어 한다. 이러한 변화는 학생인권과 관련된 학교의 변화, 가정의 수용적인 양육태도에서 비롯된 것으로 볼 수 있겠지만 그 이전에 학생들이 배우고 적용하는 즐거움, 호기심, 필요에 대응하려는 욕구를 가지고 있기 때문일 것이다. 그리고 이것은 수학의 발전을 이끌었던 인류의 원동력과 뿌리가 같다. 이제 학생들은 어떤 지식이 유용한지 스스로 판단하려 하고 자리에 앉아 교사가 수업하는 지식을 전달받기보다 묻고 답하고 행동하려 한다.

교사와 학교도 이러한 변화에 적응하기 위해 다양한 시도를 하고 있으며 핀란드 교육현장에 대한 관심도 이러한 모색 중 하나일 것이다. 한국의 수학교과서가 도입 부분이 길고 서사적인데 비해 이 핀란드 수학교과서는 도입 부분이 거의 없다고 할 수 있다. 내용의 전개 부분도 매우 간략한데, 모둠에서 학생 간, 교사와의 활발한 상호작용을 통해 비로소 책이 완성될 것이다.

이 책의 구성은 단순하다. 펼치면 왼쪽의 짝수 쪽에 소단원에서 다룰 내용이 1~3개의 예제를 통해 나와 있고, 오른쪽 홀수 쪽에 연습과 응용으로 구성된 문제가 있어 한 소단원이 마무리된다. 학습목표가 분명한 만큼 마쳤을 때 성취감을 줄 수 있으리라 생각된다. 문제들은 반복적이지만 표현과 단계가 다르게 되어 있다. 단원과 연계된 '심화 문제'와 '숙제'는 뒤에 배치되어 총 3부에 배치된 79개 소단원의 흐름이 선명하게 되어 있다. 응용과 심화 문제에 설계, 컴퓨터, 소비, 금융 등 일상생활 문제와 지구과학, 화학과 관련된 문제를 다양하게 수록하여 학생 스스로 수학의 필요성을 느낄 수 있을 것으로 생각된다. 특히 계산기를 이용하고 복잡한 수의 근삿값을 적절하게 판단하여 사용하는 연습을 통해 수로 제시되는 다양한 분야의 정보를 취득하고 활용하는 습관을 기를 수 있을 것으로 보인다.

핀란드 수학교과서는 여러 가지 장점을 가지겠지만 그중 가장 큰 장점은 학습결과가 검증된 자료라는 점일 것이다. 우리 실정에 맞게 핀란드 수학교과서가 가진 학습의 패러다임을 적용할 수 있다면 의미 있는 결과를 기대할 수 있을 것으로 생각된다.

수원외국어고등학교 교사 김하정, 일산동고등학교 교사 배유진

CONTENTS

제 1 부 삼각비와 공간기하학

제 1 장 삼각비

제 2 장 공간기하학

제 3 장 응용편

제 2 부 함수

제 1 장 함수

제 2 장 일차함수

제 3 장 비례

CONTENTS

제 1 부

삼각비와 공간기하학

■ 삼각비를 배운다. 피타고라스의 정리와 평면도형의 넓이를 계산하는 방법을 복습한다. 입체도형에 대해서 알아보고, 입체도형을 구분하고 그리는 법을 배우며, 입체도형의 부피와 겉넓이를 계산하는 방법을 알아본다.

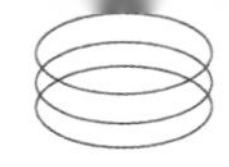

제 1 장 | 삼각비

1 직각삼각형

직각삼각형

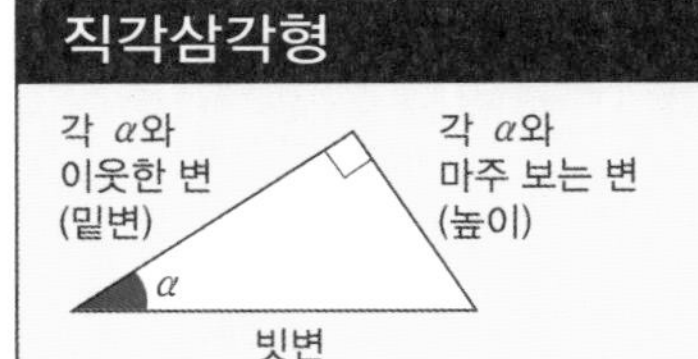

직각삼각형의 가장 긴 변은 빗변이고 그 외 두 변은 각각 밑변과 높이이다.

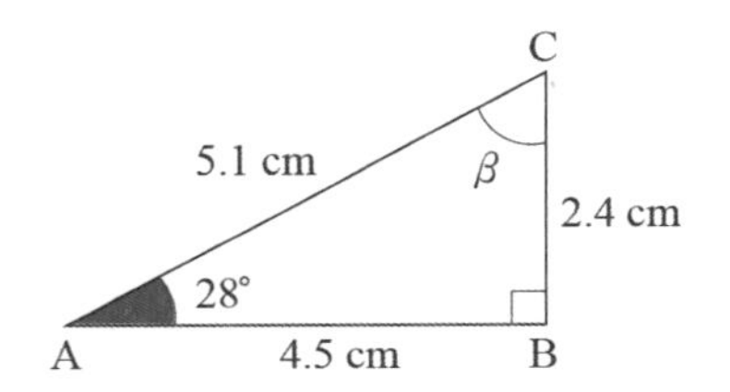

예제 1

직각삼각형 ABC와 DEF는 두 각의 크기가 28°와 90°로 같으므로 서로 닮은 삼각형이다.

a) 각 β의 크기를 계산하시오.

b) 삼각형들의 각 28°와 마주 보는 변의 길이와 이웃한 변의 길이, 그리고 빗변의 길이를 나타내는 표를 만드시오.

a) 예각의 합은 90°이다.
따라서, $\beta = 90° - 28° = 62°$이다.

b)

삼각형	ABC	DEF
각 28°와 마주 보는 변(높이)	2.4 cm	1.6 cm
각 28°와 이웃한 변(밑변)	4.5 cm	3.0 cm
빗변	5.1 cm	3.4 cm

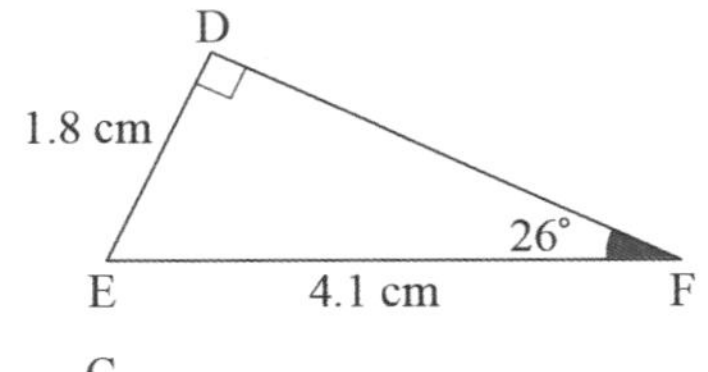

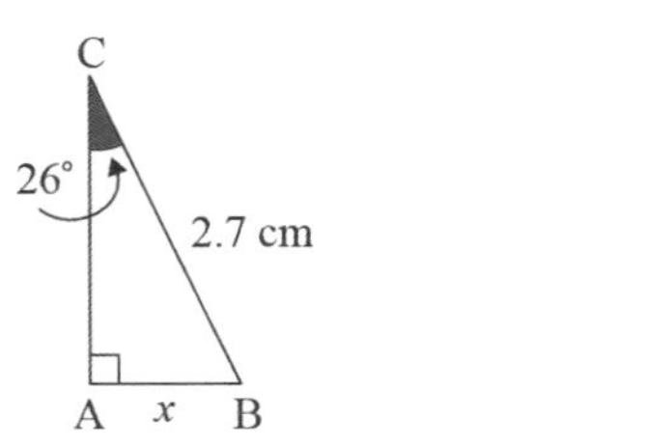

예제 2

a) 삼각형 ABC와 DEF가 왜 닮은 삼각형인지 설명하시오.

b) 변 AB의 길이 x를 계산하시오.

a) 직각삼각형 ABC와 DEF는 두 각의 크기가 26°와 90°로 같기 때문에 서로 닮은 삼각형이다.

b)

삼각형	ABC	DEF
각 26°와 마주 보는 변(높이)	x	1.8 cm
빗변	2.7 cm	4.1 cm

서로 닮은 도형들의 대응변들의 길이의 비율은 같으므로, 다음과 같은 비례식을 만들 수 있다.

$$\frac{x}{1.8} = \frac{2.7}{4.1}$$ ■ 양변에 × 1.8을 한다.

$$x = \frac{1.8 \cdot 2.7}{4.1} = 1.185 \cdots \fallingdotseq 1.2$$

정답 : 약 1.2 cm

연습

001 **아래 삼각형의 다음 길이를 구하시오.**

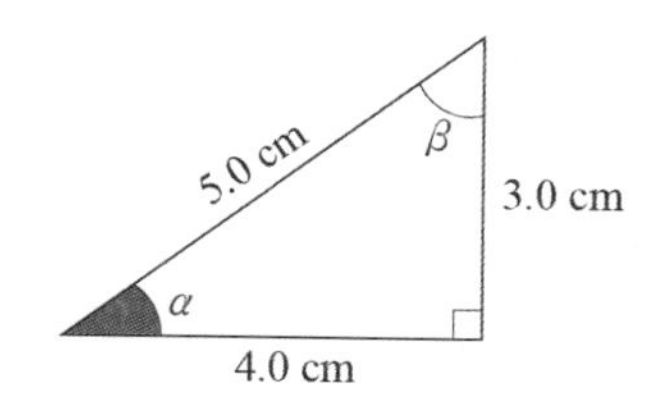

a) 빗변의 길이
b) 각 α와 마주 보는 변의 길이
c) 각 β와 마주 보는 변의 길이
d) 각 α와 이웃한 변의 길이
e) 각 β와 이웃한 변의 길이

002 **삼각형 ABC와 DEF의 각 α와 마주 보는 변의 길이와 이웃한 변의 길이, 그리고 빗변의 길이를 나타내는 다음 표를 완성하시오.**

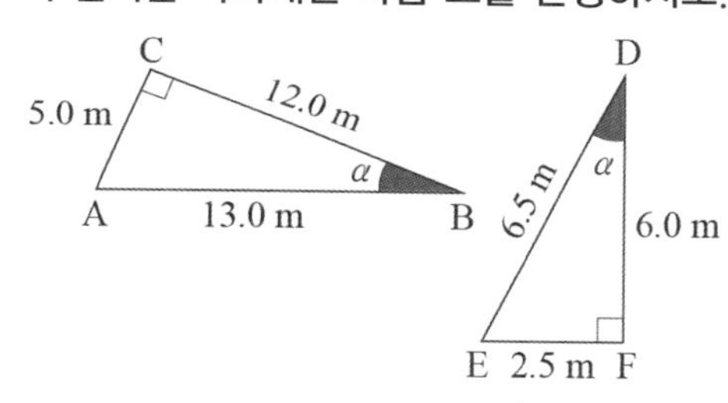

삼각형	ABC	DEF
α와 마주 보는 변(높이)		
α와 이웃한 변(밑변)		
빗변		

003 **다음 삼각형들은 서로 닮은 삼각형이다. 변 x의 길이를 계산하시오.**

a)

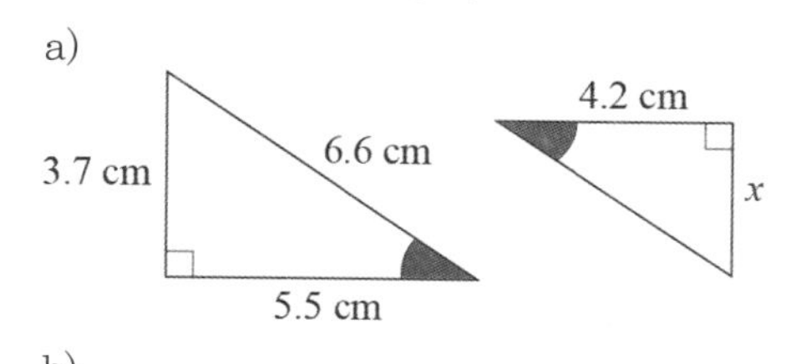

b)

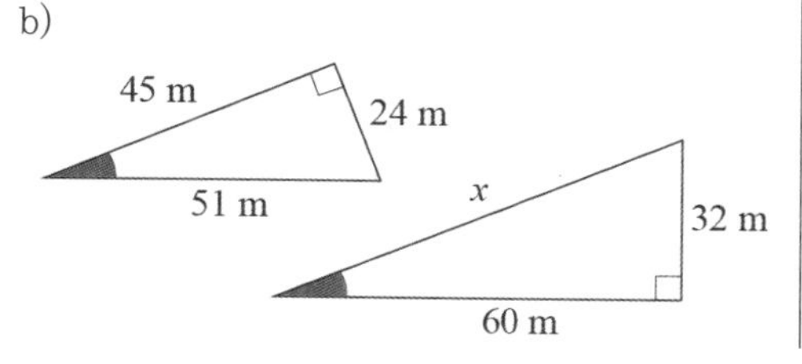

응용

004 **직각삼각형 ABC와 DEF는 서로 닮은 삼각형이다.**

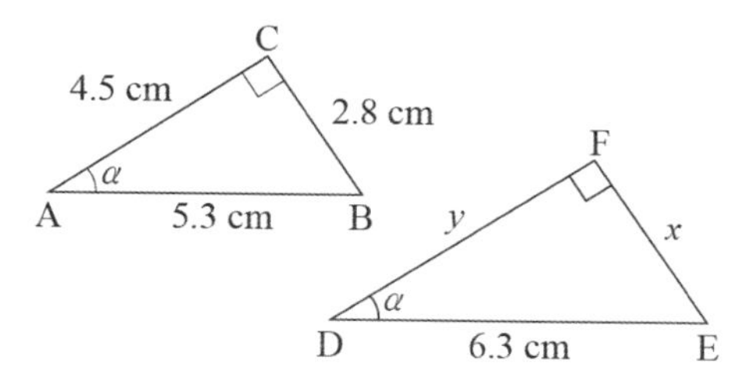

a) 삼각형의 각 α와 마주 보는 변의 길이와 이웃한 변의 길이, 그리고 빗변의 길이를 나타내는 표를 만드시오.
b) 변 EF의 길이 x를 계산하시오.
c) 변 DF의 길이 y를 계산하시오.

005 **다음 물음에 답하시오.**

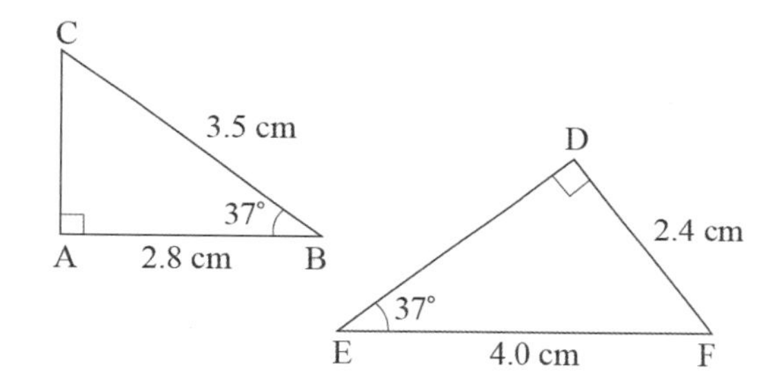

a) 삼각형 ABC와 DEF가 왜 닮은 삼각형인지 설명하시오.
b) 변 DE의 길이를 계산하시오.
c) 변 AC의 길이를 계산하시오.

006 **다음 물음에 답하시오.**

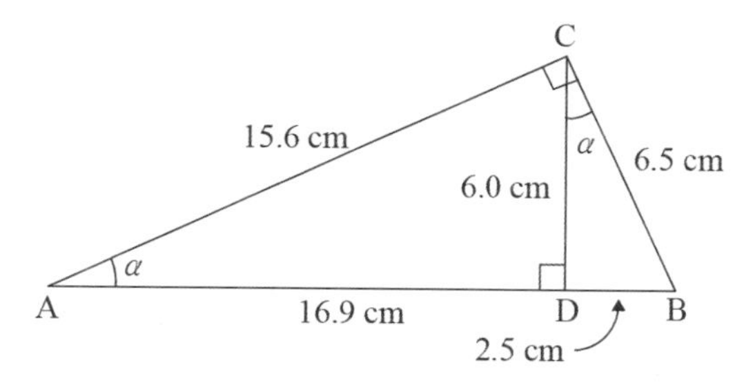

a) 삼각형 ABC, ACD, CBD가 왜 닮은 삼각형인지 설명하시오.
b) 삼각형들의 각 α와 마주 보는 변의 길이와 이웃한 변의 길이, 그리고 빗변의 길이를 나타내는 표를 만드시오.

2 직각삼각형의 변의 관계

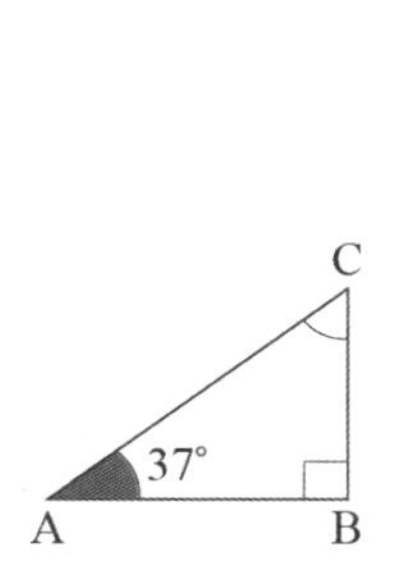

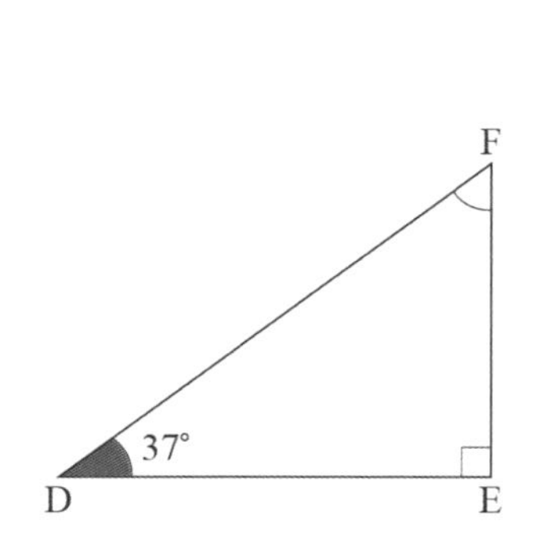

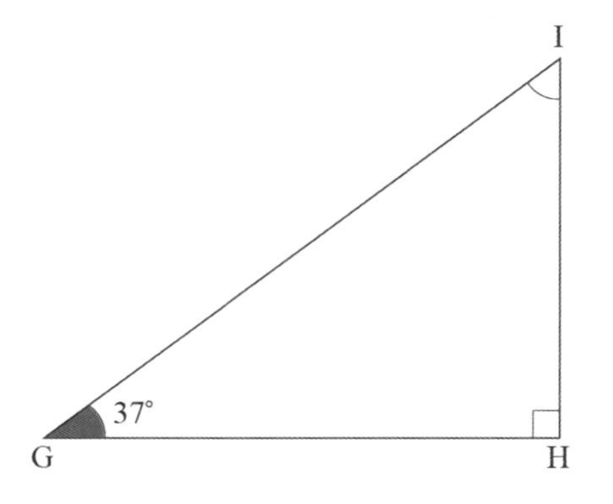

직각삼각형 ABC, DEF, GHI는 두 각의 크기가 37°와 90°로 같으므로 서로 닮은 삼각형이다.

예제 1

위 삼각형들의 각 37°와 마주 보는 변의 길이와 이웃한 변의 길이, 그리고 빗변의 길이를 측정하고 이것을 나타내는 표를 만드시오.

삼각형	ABC	DEF	GHI
각 37°와 마주 보는 변(높이)(mm)	15	27	39
각 37°와 이웃한 변(밑변)(mm)	20	36	52
빗변(mm)	25	45	65

예제 2

위 삼각형들의 각 37°와 마주 보는 변의 길이와 빗변의 길이의 비율을 소수점 아래 둘째자리까지 계산하시오. 어떤 결과가 나오는가?

닮은 삼각형에서 각 α와 마주 보는 변의 길이와 빗변의 길이의 비율은 각 α의 크기에 달려 있다.

삼각형 ABC : $\dfrac{\text{마주 보는 변의 길이(높이)}}{\text{빗변의 길이}} = \dfrac{15}{25} = 0.60$

삼각형 DEF : $\dfrac{\text{마주 보는 변의 길이(높이)}}{\text{빗변의 길이}} = \dfrac{27}{45} = 0.60$

삼각형 GHI : $\dfrac{\text{마주 보는 변의 길이(높이)}}{\text{빗변의 길이}} = \dfrac{39}{65} = 0.60$

정답 : 비율은 모두 0.60으로 같다.

연습

[007~009] 다음 삼각형에 대하여 물음에 답하시오.

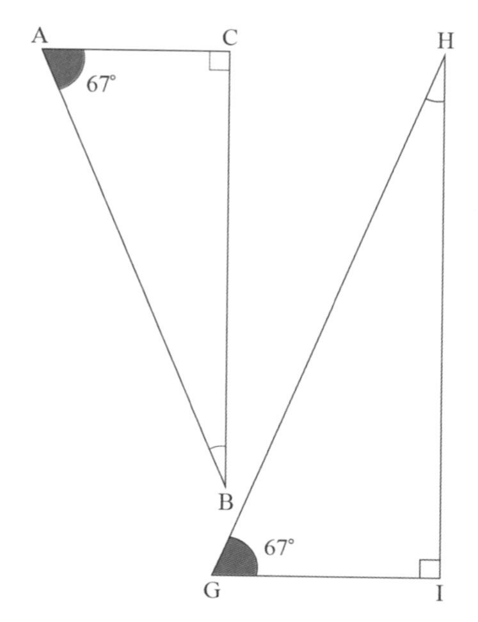

007 삼각형 ABC와 GHI의 각 67°와 마주 보는 변의 길이와 이웃한 변의 길이, 그리고 빗변의 길이를 측정하여 다음 표를 완성하시오.

삼각형	ABC	GHI
각 67°와 마주 보는 변(mm)		
각 67°와 이웃한 변(mm)		
빗변(mm)		

008 삼각형 ABC와 GHI의 각 67°와 이웃한 변의 길이와 빗변의 길이의 비율을 소수점 아래 첫째자리까지 계산하시오.

a) 삼각형 ABC의 두 변의 비율
b) 삼각형 GHI의 두 변의 비율
c) 어떤 결과가 나오는가?

009 삼각형 ABC와 GHI의 각 67°와 마주 보는 변의 길이와 이웃한 변의 길이의 비율을 소수점 아래 첫째자리까지 계산하시오.

a) 삼각형 ABC의 두 변의 비율
b) 삼각형 GHI의 두 변의 비율
c) 어떤 결과가 나오는가?

응용

010 10쪽에 있는 삼각형들의 각 37°와 이웃한 변의 길이와 빗변의 길이의 비율을 소수점 아래 둘째자리까지 계산하시오. 어떤 결과가 나오는가?

011 10쪽에 있는 삼각형들의 각 37°와 마주 보는 변의 길이와 이웃한 변의 길이의 비율을 소수점 아래 둘째자리까지 계산하시오. 어떤 결과가 나오는가?

012 다음 물음에 답하시오.

a) 크기가 서로 다르고 한 예각이 30°인 직각삼각형을 두 개 그리시오.
b) 두 삼각형의 각 30°와 마주 보는 변의 길이와 이웃한 변의 길이, 그리고 빗변의 길이를 mm 단위까지 측정하고 이를 나타내는 표를 만드시오.
c) 두 삼각형의 각 30°와 마주 보는 변의 길이와 빗변의 길이의 비율을 계산하시오.

013 다음 물음에 답하시오.

a) 크기가 서로 다르고 한 예각이 45°인 직각삼각형을 두 개 그리시오.
b) 두 삼각형의 각 45°와 마주 보는 변의 길이와 이웃한 변의 길이, 그리고 빗변의 길이를 mm 단위까지 측정하고 이를 나타내는 표를 만드시오.
c) 두 삼각형의 각 45°와 마주 보는 변의 길이와 빗변의 길이의 비율을 계산하시오.

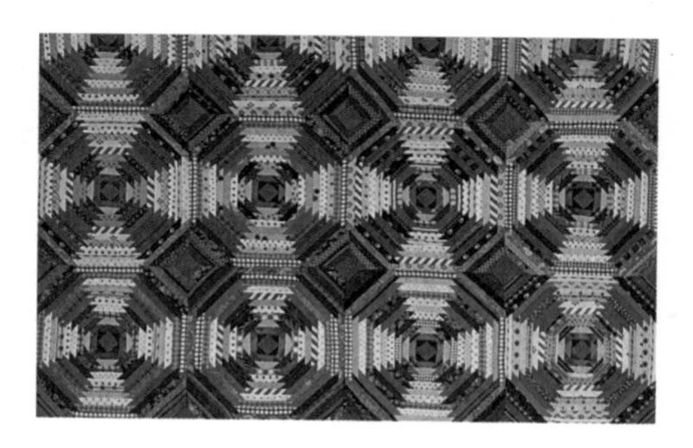

3 각의 사인, 코사인, 탄젠트

각의 사인, 코사인, 탄젠트

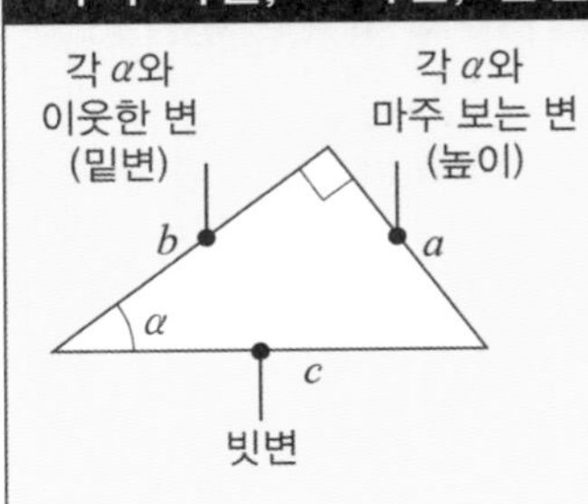

직각삼각형의 변들의 길이의 비율은 예각 α의 크기에 달려 있다. 이 비율들을 각 α의 삼각비라고 한다.

$\sin\ \alpha = \dfrac{a}{c}$ 　　각 α의 사인 $= \dfrac{\text{각 } \alpha \text{와 마주 보는 변(높이)}}{\text{빗변}}$

$\cos\ \alpha = \dfrac{b}{c}$ 　　각 α의 코사인 $= \dfrac{\text{각 } \alpha \text{와 이웃한 변(밑변)}}{\text{빗변}}$

$\tan\ \alpha = \dfrac{a}{b}$ 　　각 α의 탄젠트 $= \dfrac{\text{각 } \alpha \text{와 마주 보는 변(높이)}}{\text{각 } \alpha \text{와 이웃한 변(밑변)}}$

빗변
각 α와
마주 보는 변
(높이)
52 mm
48 mm
α
20 mm
각 α와 이웃한 변
(밑변)

예제 1

각 α의 사인, 코사인, 탄젠트를 소수점 아래 셋째자리까지 계산하시오.

$$\sin\alpha = \frac{\text{각 } \alpha \text{와 마주 보는 변(높이)}}{\text{빗변}} = \frac{48}{52} = 0.92307\cdots \fallingdotseq 0.923$$

$$\cos\alpha = \frac{\text{각 } \alpha \text{와 이웃한 변(밑변)}}{\text{빗변}} = \frac{20}{52} = 0.38461\cdots \fallingdotseq 0.385$$

$$\tan\alpha = \frac{\text{각 } \alpha \text{와 마주 보는 변(높이)}}{\text{각 } \alpha \text{와 이웃한 변(밑변)}} = \frac{48}{20} = 2.400$$

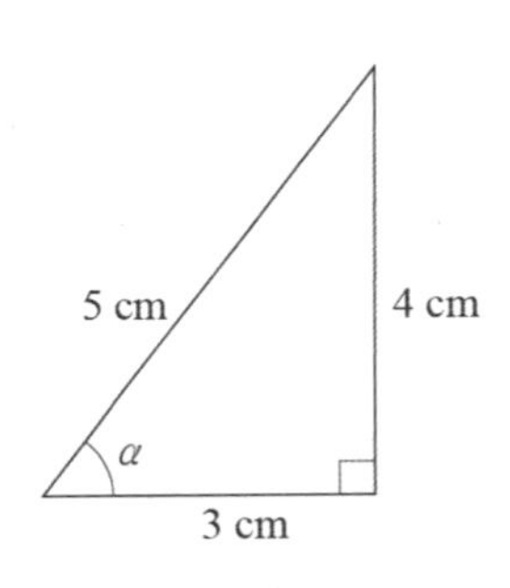

예제 2

다음은 각 α의 어떤 삼각비의 값인가?

a) $\dfrac{4}{3}$　　　b) $\dfrac{3}{5}$　　　c) $\dfrac{4}{5}$

빗변의 길이는 5 cm, 각 α와 마주 보는 변의 길이는 4 cm, 각 α의 옆에 있는 변의 길이는 3 cm이다.

a) $\dfrac{4}{3} = \dfrac{4\text{ cm}}{3\text{ cm}} = \dfrac{\text{각 } \alpha \text{와 마주 보는 변(높이)}}{\text{각 } \alpha \text{와 이웃한 변(밑변)}} = \tan\ \alpha$

b) $\dfrac{3}{5} = \dfrac{3\text{ cm}}{5\text{ cm}} = \dfrac{\text{각 } \alpha \text{와 이웃한 변(밑변)}}{\text{빗변}} = \cos\ \alpha$

c) $\dfrac{4}{5} = \dfrac{4\text{ cm}}{5\text{ cm}} = \dfrac{\text{각 } \alpha \text{와 마주 보는 변(높이)}}{\text{빗변}} = \sin\ \alpha$

정답 : a) 탄젠트　b) 코사인　c) 사인

연습

각 α의 사인, 코사인, 탄젠트를 소수점 아래 셋째자리까지 쓰시오.

014 다음 물음에 답하시오.

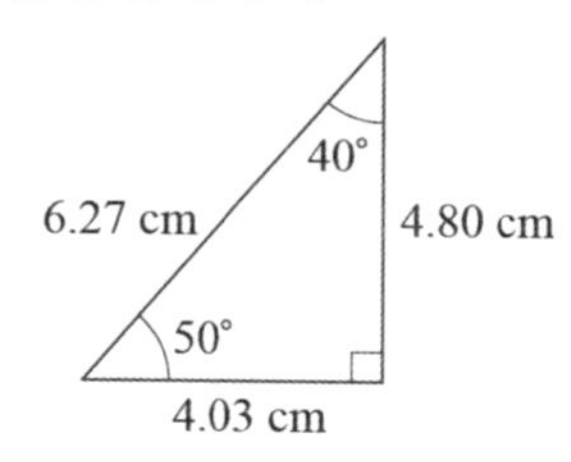

a) 빗변의 길이를 쓰시오.
b) 각 50°와 마주 보는 변의 길이를 쓰시오.
c) sin 50°를 계산하시오.

015 다음 물음에 답하시오.

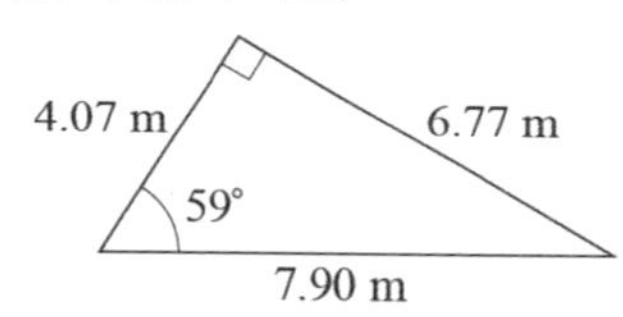

a) 빗변의 길이를 쓰시오.
b) 각 59°와 이웃한 변의 길이를 쓰시오.
c) cos 59°를 계산하시오.

016 다음 물음에 답하시오.

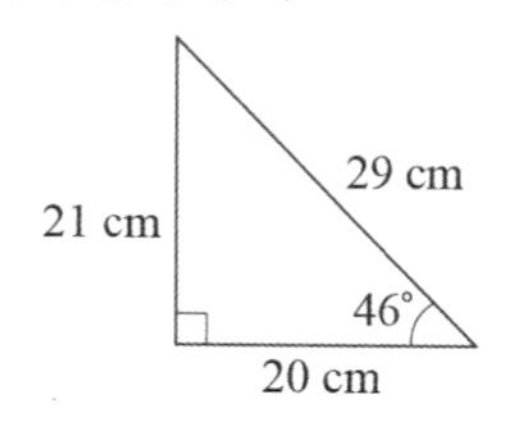

a) 각 46°와 마주 보는 변의 길이를 쓰시오.
b) 각 46°와 이웃한 변의 길이를 쓰시오.
c) tan 46°를 계산하시오.

017 다음을 계산하시오.

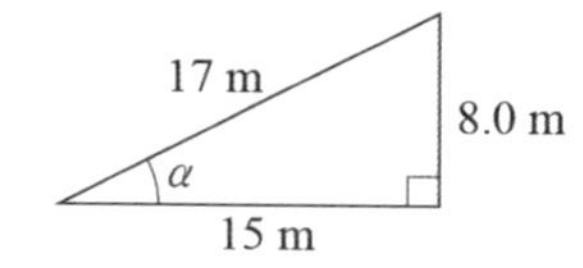

a) $\sin\alpha$ b) $\cos\alpha$ c) $\tan\alpha$

응용

018 다음을 계산하시오.

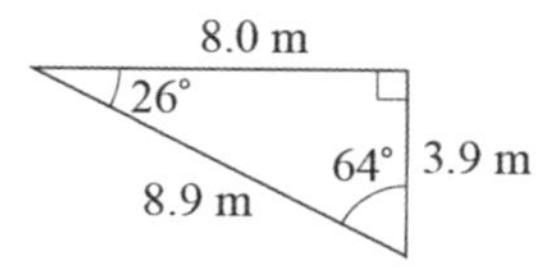

a) sin 26° b) cos 26° c) cos 64°
d) tan 26° e) sin 64° f) tan 64°

019 다음은 각 25°와 65°의 어떤 삼각비의 값인지 구하시오.

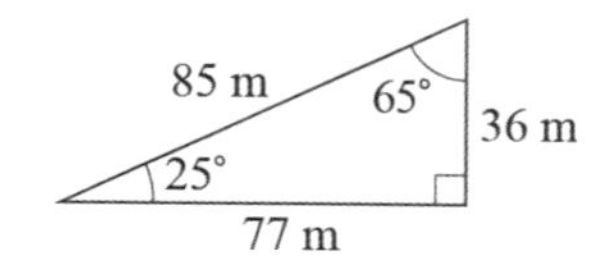

a) $\frac{77}{85}$ b) $\frac{36}{77}$ c) $\frac{36}{85}$ d) $\frac{77}{36}$

020 다음 각 α의 탄젠트를 계산하시오.

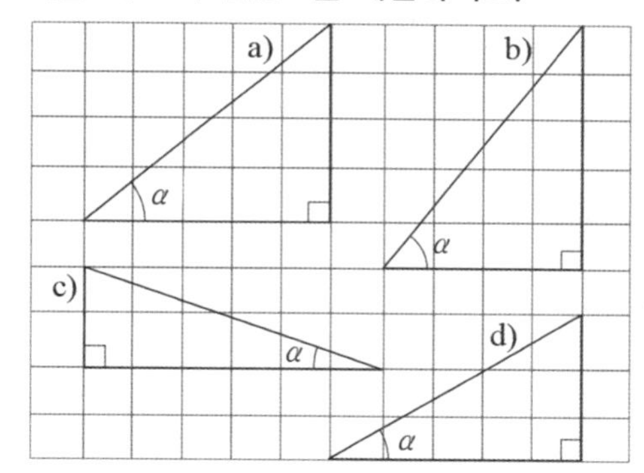

021 모눈종이의 눈금을 이용해서 다음 값에 알맞은 직각삼각형을 그리고 삼각형에 각 α를 표시하시오.

a) $\tan\alpha=\frac{3}{4}$ b) $\tan\alpha=\frac{1}{2}$
c) $\tan\alpha=2$ d) $\tan\alpha=1$

022 직각삼각형의 변의 길이는 2.7 cm, 4.2 cm, 5.0 cm이다. 작은 예각은 α이다. 삼각형을 그리고 다음을 계산하시오.

a) $\sin\alpha$ b) $\cos\alpha$ c) $\tan\alpha$

4 계산기와 표의 사용

각 α	$\sin\alpha$	$\cos\alpha$	$\tan\alpha$
52°	0.788	0.616	1.280
53°	0.799	0.602	1.327
54°	0.809	0.588	1.376
55°	0.819	0.574	1.428
56°	0.829	0.559	1.483
57°	0.839	0.545	1.540
58°	0.848	0.530	1.600
59°	0.857	0.515	1.664

함수계산기를 이용해서 각의 사인, 코사인, 탄젠트를 계산할 수 있다. 이때 계산기의 각의 단위는 D나 DEG로 설정해야 한다. 왼쪽에 있는 표를 사용할 때에는 각의 크기는 가장 왼쪽에 있는 행에서 고르고 삼각비의 값은 같은 열에서 선택한다. 해설 및 정답 82쪽에 있는 삼각비의 값은 소수점 아래 셋째자리까지 나타나 있다.

계산기는 각의 크기를 표보다 더 정확하게 계산한다.

예제 1

다음 각에 대한 삼각비의 값을 위의 표에서 찾고 계산기로 계산하시오.

a) 각 $\alpha=53°$일 때 $\sin\alpha$

b) 각 $\alpha=56°$일 때 $\cos\alpha$

a)

각 α	$\sin\alpha$	$\cos\alpha$	$\tan\alpha$
53°	0.799	0.602	1.327

표에서 찾을 수 있는 근삿값은 $\sin 53° \fallingdotseq 0.799$이다.
계산기로 계산하면 $\sin 53° = 0.79863\cdots \fallingdotseq 0.799$이다.

sin 53 =
계산기 사용법

b)

각 α	$\sin\alpha$	$\cos\alpha$	$\tan\alpha$
56°	0.829	0.559	1.483

표에서 찾을 수 있는 근삿값은 $\cos 56° \fallingdotseq 0.559$이다.
계산기로 계산하면 $\cos 56° = 0.55919\cdots \fallingdotseq 0.559$이다.

cos 56 =
계산기 사용법

정답 : a) $\sin 53° \fallingdotseq 0.799$ b) $\cos 56° \fallingdotseq 0.559$

예제 2

$\tan\alpha=1.59$일 때 각 α의 크기를 표에서 찾고 계산기로 계산하시오.

표의 tan 행에서 1.59와 가장 가까운 값을 가진 소수를 찾고, 이에 해당하는 각을 찾는다.

각 α	$\sin\alpha$	$\cos\alpha$	$\tan\alpha$
58°	0.848	0.530	1.600

표에서 찾을 수 있는 근삿값은 $\alpha \fallingdotseq 58°$이다.
계산기로 계산하면 $\tan\alpha=1.59$라면 각 $\alpha=57.83\cdots \fallingdotseq 58°$이다.

정답 : $\alpha \fallingdotseq 58°$

SHIFT tan 1.59 =
계산기 사용법

연습

해설 및 정답 82쪽에 있는 표를 이용하시오. 삼각비의 값은 소수점 아래 셋째자리까지 쓰고, 각의 크기는 반올림하여 일의 자리까지 쓰시오.

023 표에서 다음 삼각비의 값을 찾으시오.

a) $\sin 30°$ b) $\cos 60°$ c) $\tan 45°$
d) $\cos 69°$ e) $\tan 2°$ f) $\sin 36°$

024 표에서 다음 각 α의 크기를 추정하시오.

a) $\sin\alpha = 0.276$ b) $\cos\alpha = 0.695$
c) $\tan\alpha = 0.510$ d) $\sin\alpha = 0.988$
e) $\cos\alpha = 0.191$ f) $\tan\alpha = 1.192$

025 다음을 계산기로 계산하시오.

a) $\tan 11°$ b) $\sin 88°$ c) $\cos 9°$
d) $\cos 10°$ e) $\tan 13°$ f) $\sin 79°$

026 다음 각 α의 크기를 계산기로 계산하시오.

a) $\tan\alpha = 1.000$ b) $\sin\alpha = 0.500$
c) $\cos\alpha = 0.500$ d) $\tan\alpha = 1.732$
e) $\sin\alpha = 0.985$ f) $\cos\alpha = 0.906$

027 다음 분수를 소수로 바꾸고 각 α의 크기를 계산하시오.

a) $\tan\alpha = \frac{13}{20}$ b) $\cos\alpha = \frac{47}{50}$
c) $\sin\alpha = \frac{18}{25}$ d) $\tan\alpha = \frac{9}{10}$

028 다음을 계산하시오.

a) $3.4 \cdot \sin 32°$ b) $8.7 \cdot \tan 29°$
c) $\frac{3.9}{\sin 53°}$ d) $\frac{1.7}{\cos 19°}$
e) $2.6 \cdot \cos 30°$ f) $6.4 \cdot \tan 79°$
g) $\frac{5.3}{\cos 68°}$ h) $\frac{12}{\tan 42°}$

M	O	N	I	S	T	E
14	33	2.3	13	4.8	4.9	1.8

응용

029 표에서 다음 각 α의 크기를 추정하시오.

a) $\sin\alpha = 0.900$ b) $\cos\alpha = 0.308$
c) $\tan\alpha = 0.212$ d) $\sin\alpha = 0.226$
e) $\cos\alpha = 0.610$ f) $\tan\alpha = 1.810$

030 표에서 다음 각 α의 크기를 추정하시오.

a) $\tan\alpha = 0.436$ b) $\sin\alpha = 0.688$
c) $\cos\alpha = 0.348$ d) $\tan\alpha = 0.713$
e) $\sin\alpha = 0.976$ f) $\cos\alpha = 0.737$

031 표를 이용해서 <, >, = 중 빈칸에 알맞은 부호를 쓰시오.

a) $\sin 10°$ □ $\sin 20°$ □ $\sin 30°$
b) $\cos 10°$ □ $\cos 20°$ □ $\cos 30°$
c) $\tan 10°$ □ $\tan 20°$ □ $\tan 30°$
d) $\sin 25°$ □ $\cos 65°$

032 각 α의 크기가 $1°$에서 $89°$로 바뀔 때 다음 값이 어떻게 변하는지 표를 이용해서 추정하시오.

a) $\sin\alpha$의 값
b) $\cos\alpha$의 값
c) $\tan\alpha$의 값

033 삼각비의 관계가 다음과 같을 때, 직각삼각형의 예각 α와 β 중 어느 각이 더 큰지 추정하시오.

a) $\sin\alpha > \sin\beta$ b) $\tan\alpha > \tan\beta$
c) $\cos\alpha < \cos\beta$ d) $\tan\alpha < \tan\beta$

5 각의 크기 구하기

직각삼각형의 예각 α의 크기 구하기

1. 구하는 각 α를 확인한다.
2. 삼각형의 변들에 이름을 붙인다. : 빗변, 각 α와 마주 보는 변(높이), 각 α의 옆에 있는 변(밑변)
3. 위의 변들과 각 α의 사인, 코사인, 탄젠트의 관계를 추정한다.
4. 방정식을 쓰고 각 α의 크기를 계산한다.
5. 해답이 맞는지 확인한다.

예제 1

C
각 α와 마주 보는 변 (높이) 4.3 cm
빗변 4.8 cm
β, α
A B

SHIFT sin (4.3 ÷ 4.8) =
계산기 사용법

직각삼각형 ABC의 예각 α와 β의 크기를 계산하시오.

삼각형의 변들 중 빗변의 길이는 4.8 cm이고 각 α와 마주 보는 변의 길이는 4.3 cm이다.

따라서 $\sin\alpha = \dfrac{\text{각 }\alpha\text{와 마주 보는 변(높이)}}{\text{빗변}}$

$$= \frac{4.3}{4.8} = 0.89583\cdots \fallingdotseq 0.896$$

계산기나 표를 이용해서 $\alpha \fallingdotseq 64°$이므로, $\beta = 90° - \alpha \fallingdotseq 26°$이다.

정답 : $\alpha \fallingdotseq 64°$, $\beta \fallingdotseq 26°$

예제 2

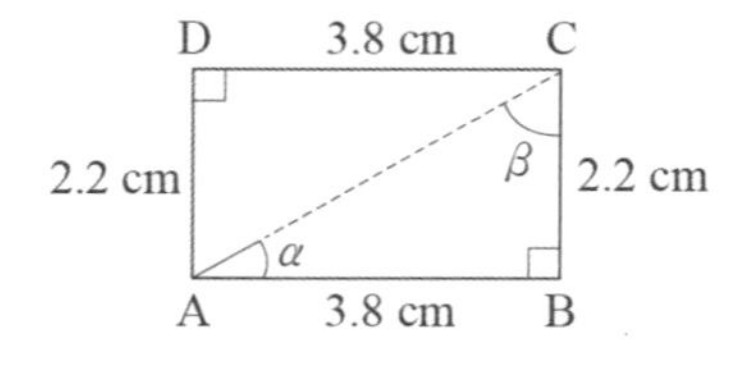

SHIFT tan (2.2 ÷ 3.8) =
계산기 사용법

직사각형 ABCD의 변들의 길이는 3.8 cm와 2.2 cm이다. 대각선이 변들과 이루는 각들의 크기를 계산하시오.

대각선 AC를 그리고 각 α와 β를 표시한다.

직각삼각형 ABC의 각 α와 마주 보는 변은 2.2 cm이고 각 α와 이웃한 변은 3.8 cm이다.

$$\tan\alpha = \frac{\text{각 }\alpha\text{와 마주 보는 변(높이)}}{\text{각 }\alpha\text{와 이웃한 변(밑변)}} = \frac{2.2}{3.8} = 0.57894\cdots \fallingdotseq 0.579$$

계산기나 표를 이용해서 $\alpha \fallingdotseq 30°$이므로, $\beta = 90° - \alpha \fallingdotseq 60°$이다.

정답 : 약 30°와 60°

연습

034 다음 각 α의 크기를 계산하시오.

a) $\sin\alpha = \dfrac{2.8}{11.2}$　　b) $\tan\alpha = \dfrac{6.1}{4.3}$

c) $\cos\alpha = \dfrac{1.8}{9.1}$　　d) $\tan\alpha = \dfrac{2.9}{15.7}$

035 사인을 이용해서 다음 각 α의 크기를 계산하시오.

a)

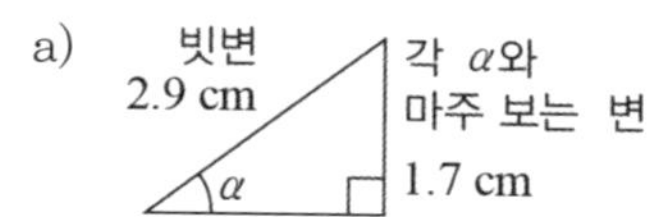

b)

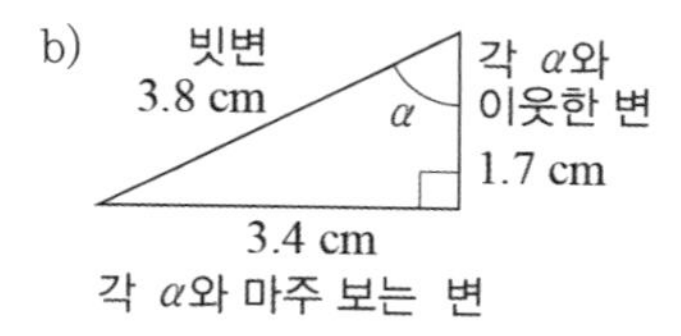

036 탄젠트를 이용해서 다음 각 α의 크기를 계산하시오.

a)

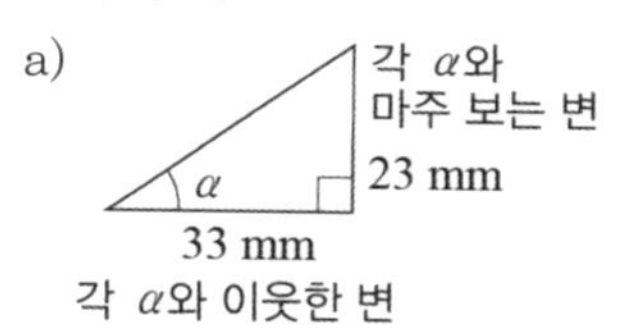

b)

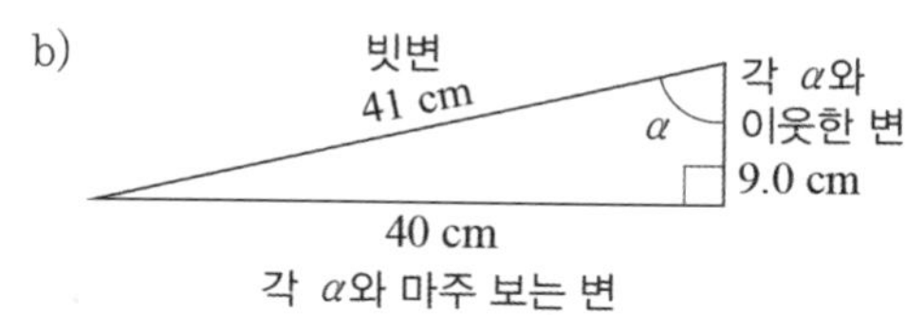

037 다음 각 α의 크기를 계산하시오.

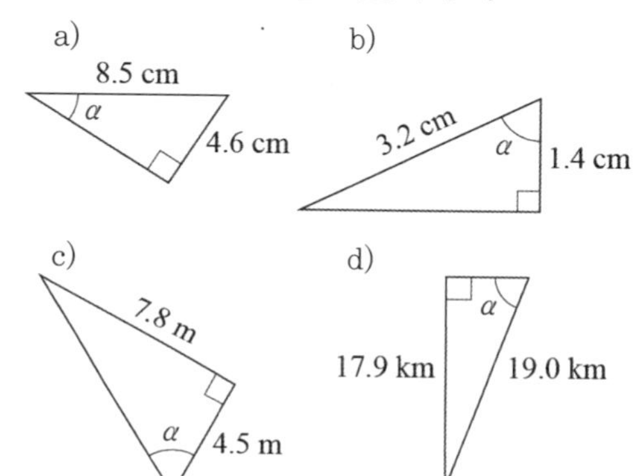

응용

038 다음 지붕의 기울기인 각 α의 크기를 계산하시오.

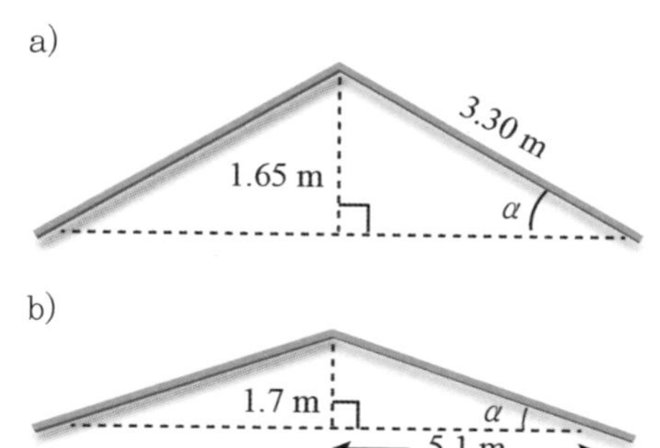

039 다음 각 α와 β의 크기를 계산하시오.

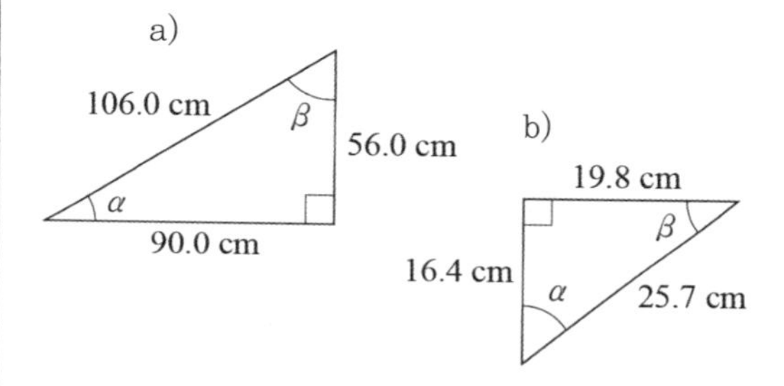

040 다음 종이의 대각선이 변들과 이루는 각의 크기를 계산하시오. 측정해서 답을 확인하시오.

a) A4 종이의 가로 길이는 210 mm이고 세로 길이는 297 mm이다.

b) B5 종이의 가로 길이는 176 mm이고 세로 길이는 250 mm이다.

041 직각삼각형의 밑변의 길이와 높이는 각각 7.0 cm와 6.0 cm이다. 그림을 그리고 예각들의 크기를 계산하시오. 측정해서 답을 확인하시오.

042 삼각형 ABC의 꼭짓점 C에서 선분 AB에 내린 수선의 발을 D로 놓을 때, CD의 길이는 3.4 cm이다. 선분 AD의 길이는 4.5 cm이고 선분 BC의 길이는 4.2 cm라고 할 때, 삼각형을 그리고 다음을 계산하시오.

a) 각 ACD와 DCB의 크기를 구하시오.

b) 삼각형 ABC의 각들의 크기를 구하시오.

6 밑변의 길이와 높이 구하기

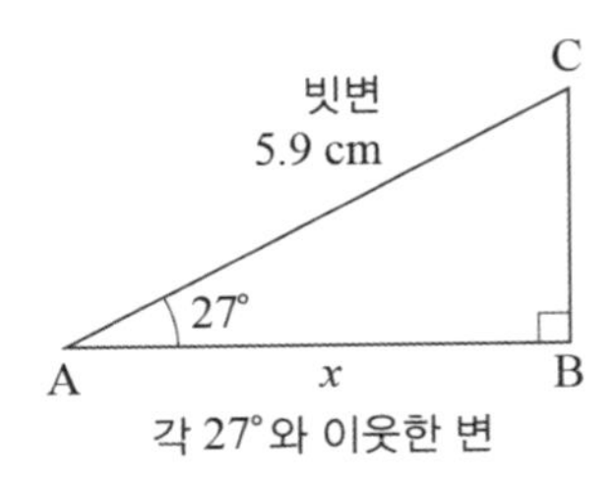

5.9 × cos 27 =

계산기 사용법

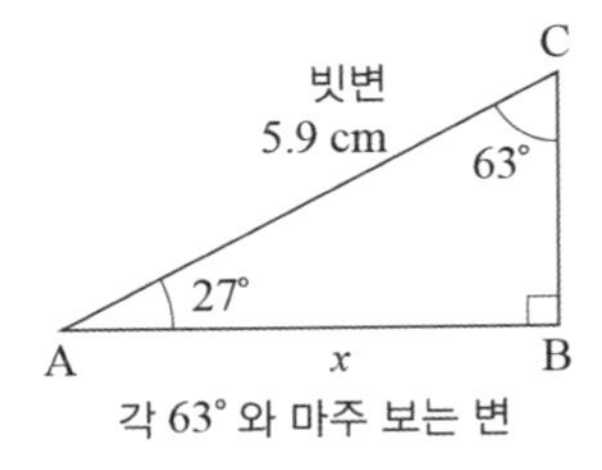

5.9 × sin 63 =

계산기 사용법

예제 1

빗변 AB의 길이를 다음을 이용해서 계산하시오.

a) 코사인 b) 사인

a) 변 AB의 길이를 x 센티미터로 표시한다. 각 27°의 코사인은 옆에 있는 변 x와 빗변 5.9 cm의 비율이다.

$\cos 27° = \frac{x}{5.9}$ ■ 양변의 위치를 바꾼다.

$\frac{x}{5.9} = \cos 27°$ ■ 양변에 5.9를 곱한다.

$x = 5.9 \cdot \cos 27°$ ■ 계산기로 계산한다.

$x = 5.256\cdots \fallingdotseq 5.3$

b) 다른 예각의 크기는 $90° - 27° = 63°$이다.
각 63°의 사인은 이웃한 변 x와 빗변 5.9 cm의 비율이다.

$\sin 63° = \frac{x}{5.9}$

$\frac{x}{5.9} = \sin 63°$ ■ 양변에 5.9를 곱한다.

$x = 5.9 \cdot \sin 63°$

$x = 5.256\cdots \fallingdotseq 5.3$

정답 : 약 5.3 cm

예제 2

북반구에서 태양은 6월 21일 정오에 가장 높이 떠 있다. 이때 헬싱키에서 태양이 평지에 내리쬐는 각의 크기는 약 53°이다. 이 순간 나무 그림자의 길이는 9.4 m이다. 나무의 높이는 얼마인가?

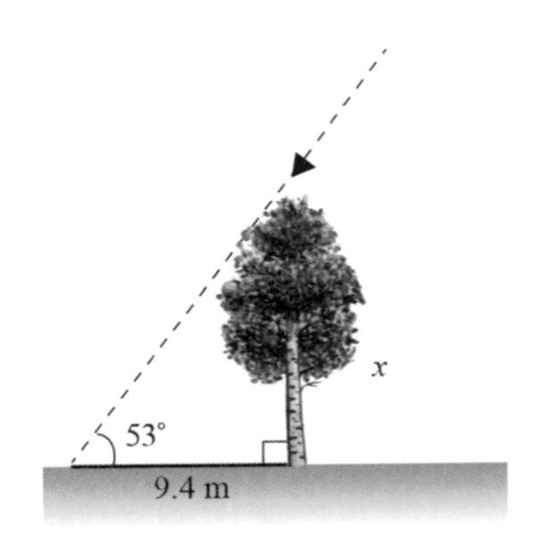

나무의 높이를 변수 x 미터로 표시한다. 각 53°의 탄젠트는 이웃한 변 9.4 m와 마주 보는 변 x의 비율이다.

$\tan 53° = \frac{x}{9.4}$

$\frac{x}{9.4} = \tan 53°$ ■ 양변에 9.4를 곱한다.

$x = 9.4 \cdot \tan 53°$

$x = 12.47\cdots \fallingdotseq 12$

정답 : 약 12 m

연습

043 다음 식에서 x를 푸시오.

a) $6=\dfrac{x}{9}$ b) $7=\dfrac{x}{4}$

c) $\sin 30°=\dfrac{x}{5.0}$ d) $\tan 20°=\dfrac{x}{8.0}$

044 다음 변의 길이를 계산하시오.

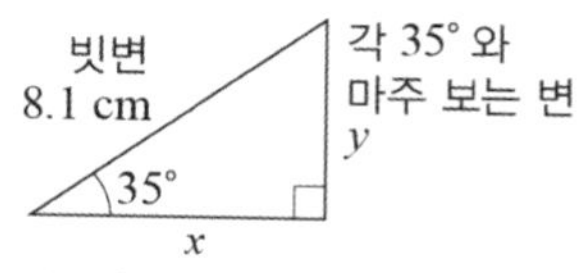

a) x b) y

045 다음 변의 길이를 계산하시오.

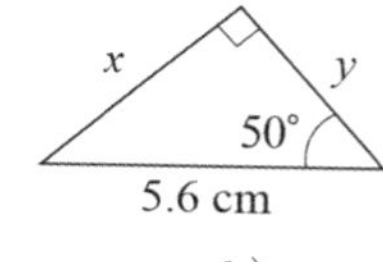

a) x b) y

046 다음 썰매를 끄는 사람과 썰매 사이의 거리를 계산하시오.

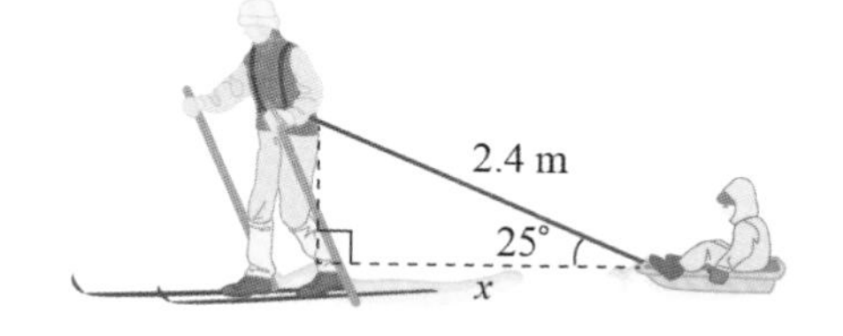

047 다음 비행기가 떠 있는 높이를 계산하시오.

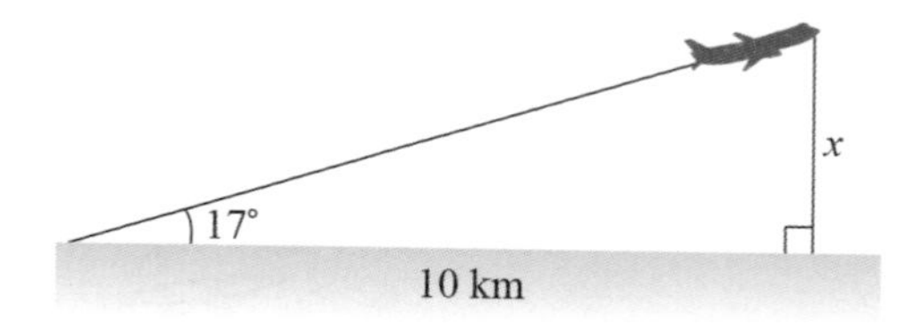

048 아래 스케이트보드대의 다음을 계산하시오.

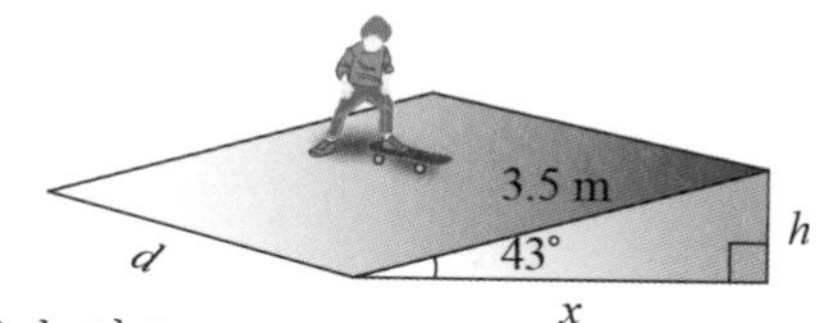

a) 높이 h

b) 가로 길이 x

c) 세로 길이 $d=3h$

응용

049 변 AC의 길이를 다음을 이용해서 계산하시오.

a) 사인

b) 코사인

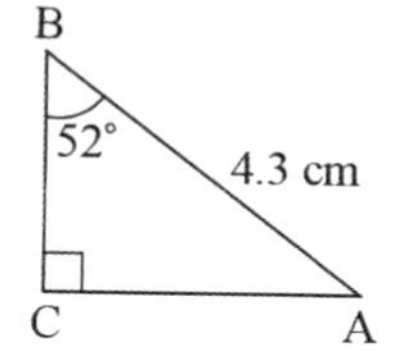

050 다음 변 BC의 길이를 계산하시오.

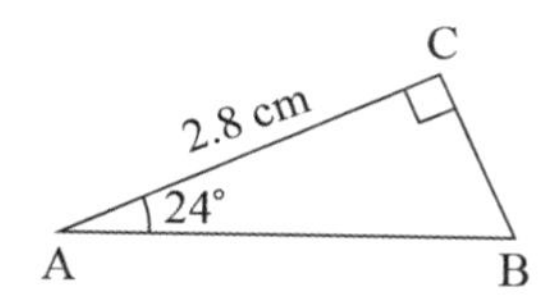

051 다음 변 AC의 길이를 계산하시오.

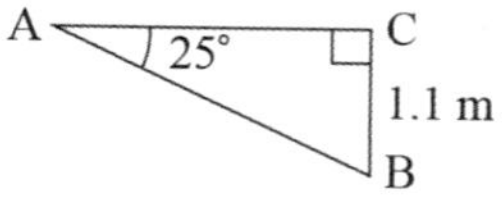

052 다음 사다리가 바닥과 만드는 각의 크기는 63°이다. 사다리의 길이가 4.2m일 때 사다리의 윗부분이 벽에 닿는 높이는 얼마인가?

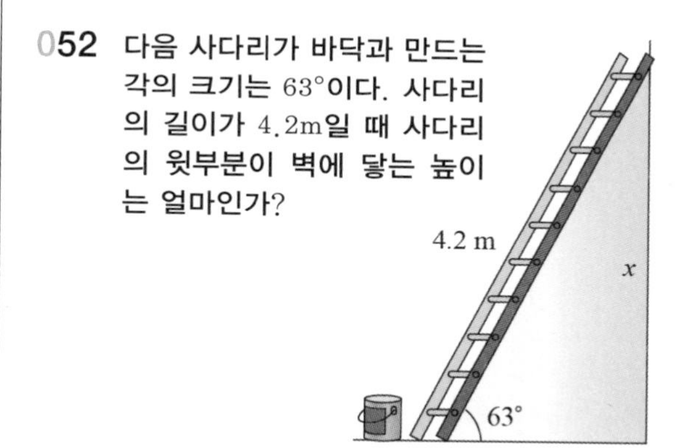

053 아래 연에 매단 줄의 길이는 65 m이다. 줄과 평지 사이의 각 α의 크기는 바람 때문에 60°와 70° 사이에서 변한다. 이 연이 하늘에 다음과 같이 떠 있을 때의 높이를 구하시오.

a) 가장 낮게 떠 있을 때

b) 가장 높게 떠 있을 때

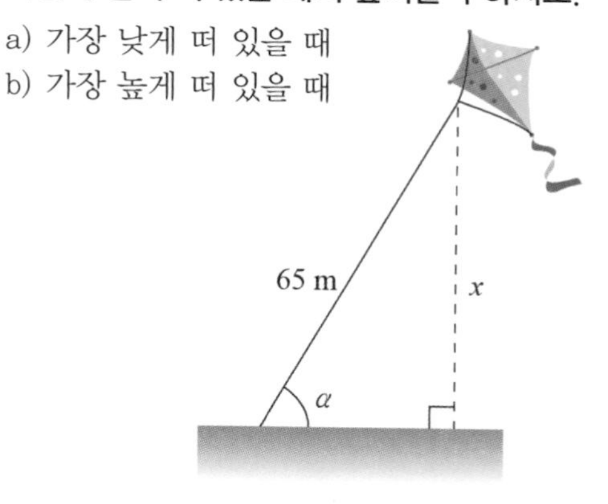

7 빗변의 길이 구하기

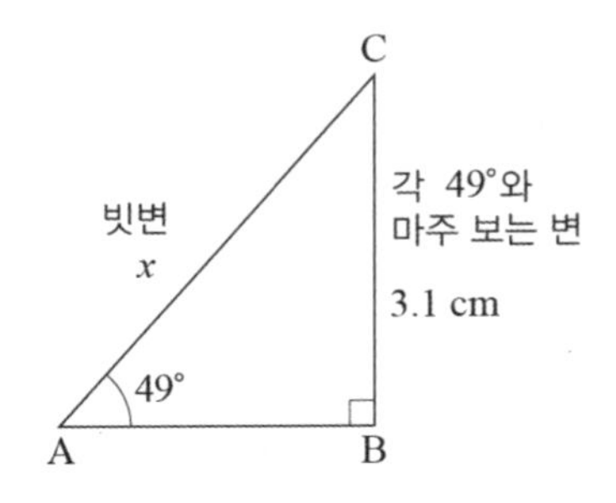

3.1 ÷ sin 49 =
계산기 사용법

예제 1

직각삼각형 ABC의 빗변의 길이를 계산하시오.

빗변 AC의 길이를 x 센티미터로 표시한다. 각 49°의 사인는 마주 보는 변 3.1 cm와 빗변 x의 비율이다.

$\sin 49° = \dfrac{3.1}{x}$ ■ 양변에 변수 x를 곱한다.

$x \cdot \sin 49° = 3.1$ ■ 양변을 sin 49°로 나눈다.

$x = \dfrac{3.1}{\sin 49°}$ ■ 계산기로 계산한다.

$x = 4.107 \cdots \fallingdotseq 4.1$

정답 : 약 4.1 cm

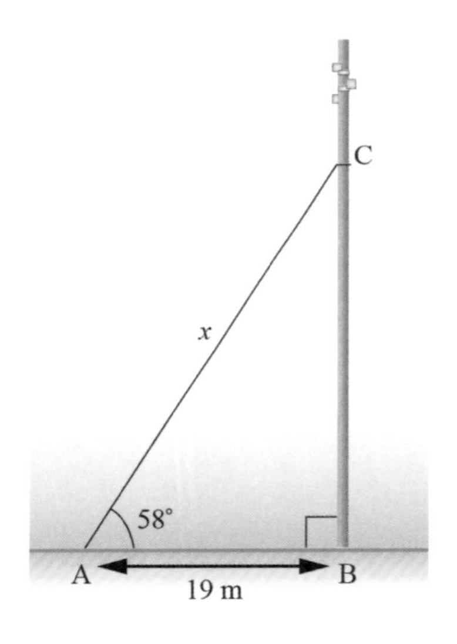

예제 2

이동통신망의 기지국을 지탱해주는 선과 평지가 이루는 각의 크기는 58°이다. 선을 땅에 박은 지점과 기지국의 거리가 19 m일 때 선의 길이를 계산하시오.

선의 길이를 x미터로 표시한다.
각 58°의 코사인은 이웃한 변 19 m와 빗변 x의 비율이다.

$\cos 58° = \dfrac{19}{x}$ ■ 양변에 x를 곱한다.

$x \cdot \cos 58° = 19$ ■ 양변을 cos 58°로 나눈다.

$x = \dfrac{19}{\cos 58°}$

$x = 35.85 \cdots \fallingdotseq 36$

정답 : 약 36 m

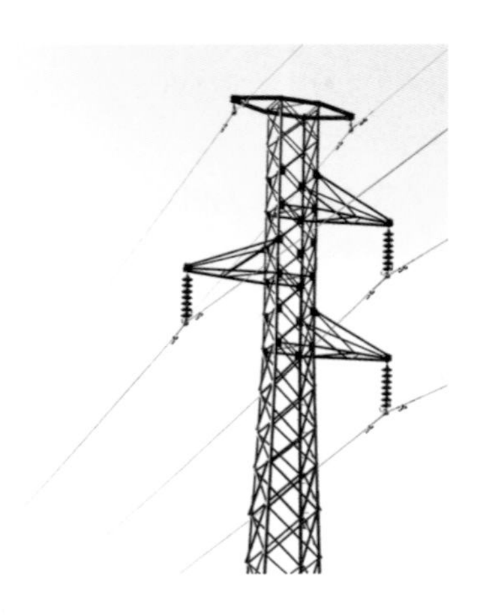

연습

054 다음 x를 구하시오.

a) $3 = \frac{18}{x}$ b) $4 = \frac{32}{x}$

c) $\tan 45° = \frac{15}{x}$ d) $\sin 50° = \frac{13}{x}$

055 다음 빗변의 길이 x를 계산하시오.

a)

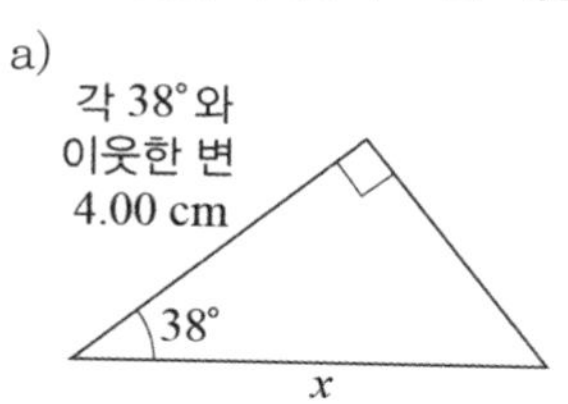

b)

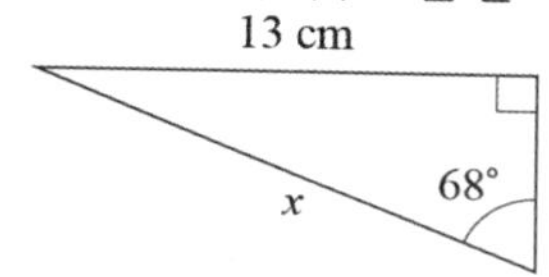

056 다음 빗변의 길이 x를 계산하시오.

a) b)

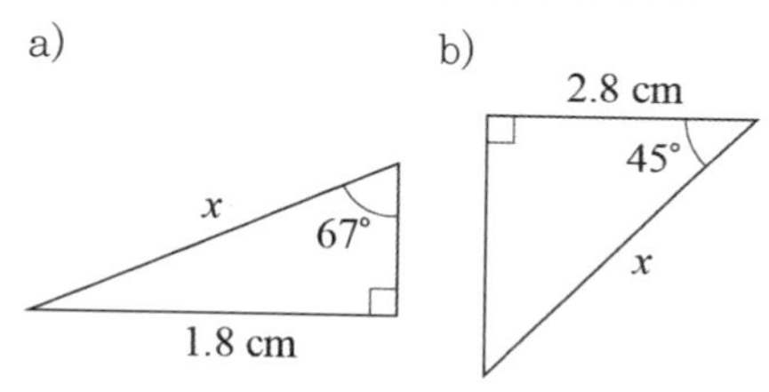

057 다음 비행기가 2.0 km 높이까지 다다랐을 때 이륙 후 날아간 총 거리는 얼마인가?

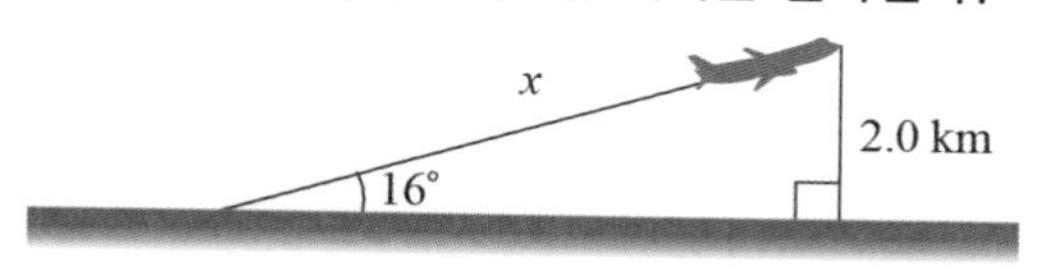

058 공원을 가로지르는 다음 산책로 AC의 길이를 계산하시오.

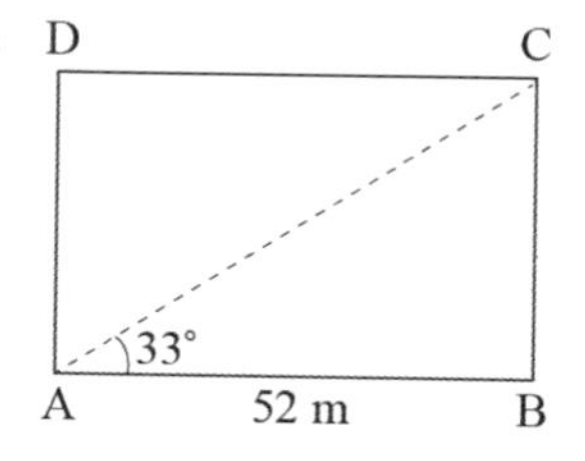

응용

059 빗변의 길이를 다음을 이용해서 계산하시오.

a) 사인

b) 코사인

55°

1.9 cm

060 깃대가 2.0 m 높이에서 꺾였다. 깃대의 끝과 평지가 이루는 각의 크기가 14°일 때 깃대의 총 길이를 계산하시오.

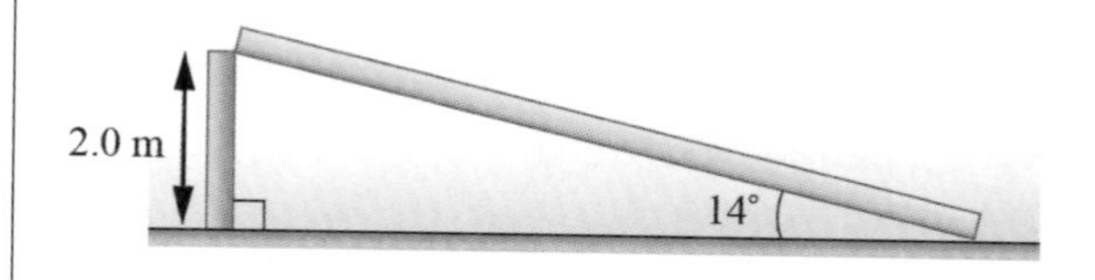

061 다음 삼각형의 변의 길이 x와 y를 계산하시오.

a)

b)

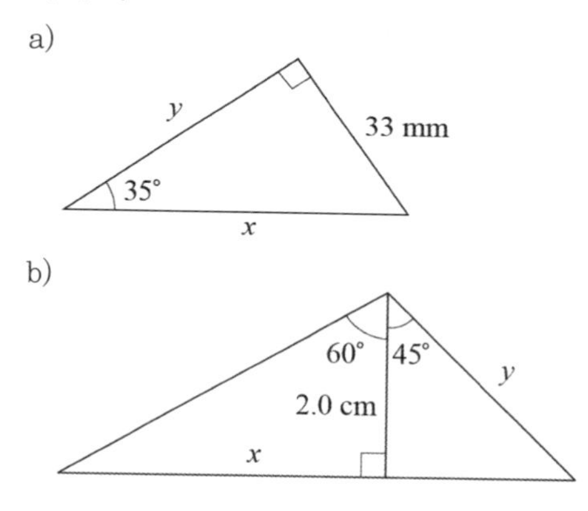

062 직각삼각형의 한 예각의 크기는 78°이고 이 각과 마주 보는 변의 길이가 6.2 cm이다. 삼각형을 그리고 빗변의 길이를 계산하시오. 측정해서 답을 확인하시오.

063 직각삼각형의 한 예각의 크기는 40°이고 이 각과 이웃한 변의 길이는 7.0 cm이다. 삼각형을 그리고 빗변의 길이를 계산하시오. 측정해서 답을 확인하시오.

8 삼각형 연습

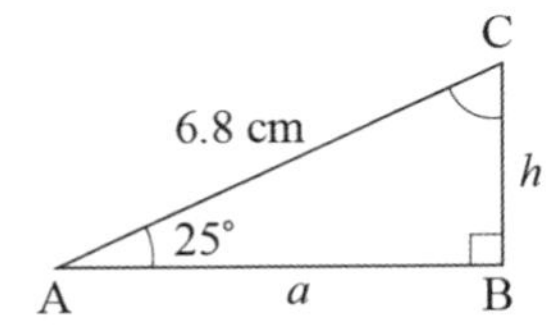

예제 1

직각삼각형 ABC의 다음을 계산하시오.

a) 변 AB의 길이 a
b) 변 BC의 길이 h

a) 각 25°의 코사인은 이웃한 변 a와 빗변 6.8 cm의 비율이다.

$$\cos 25° = \frac{a}{6.8}$$

$$\frac{a}{6.8} = \cos 25°$$ ■ 양변에 6.8을 곱한다.

$$a = 6.8 \cdot \cos 25°$$
$$a = 6.16289 \cdots \fallingdotseq 6.2$$

6.8 [×] [cos] 25 [=]
계산기 사용법

b) 각 25°의 사인은 마주 보는 변 h와 빗변 6.8 cm의 비율이다.

$$\sin 25° = \frac{h}{6.8}$$

$$\frac{h}{6.8} = \sin 25°$$ ■ 양변에 6.8을 곱한다.

$$h = 6.8 \cdot \sin 25°$$
$$h = 2.87380 \cdots \fallingdotseq 2.9$$

6.8 [×] [sin] 25 [=]
계산기 사용법

정답 : **a)** $a \fallingdotseq 6.2$ cm　**b)** $h \fallingdotseq 2.9$ cm

예제 2

예제 1의 삼각형 ABC의 넓이를 계산하고 유효숫자 두 개로 답하시오.

방법 1 : 근삿값 $a = 6.163$ cm와 $h = 2.874$ cm를 변의 길이로 사용한다.

$$A = \frac{ah}{2} = \frac{6.163 \cdot 2.874}{2} = 8.856 \cdots \fallingdotseq 8.9$$

방법 2 : 반올림하지 않은 값을 그대로 변의 길이로 사용한다.

$a = 6.8\text{ cm} \cdot \cos 25°$와 $h = 6.8\text{ cm} \cdot \sin 25°$

$$A = \frac{ah}{2} = \frac{6.8 \cdot \cos 25° \cdot 6.8 \cdot \sin 25°}{2} = 8.855 \cdots \fallingdotseq 8.9$$

정답 : 약 8.9 cm^2

넓이를 계산할 때 단순하게 근삿값 6.2 cm와 2.9 cm를 사용하면 틀린 답을 얻는다.

$$A = \frac{ah}{2} = \frac{6.2 \cdot 2.9}{2}$$
$$= 8.99 \fallingdotseq 9.0$$

연습

064 **다음을 계산하시오.**

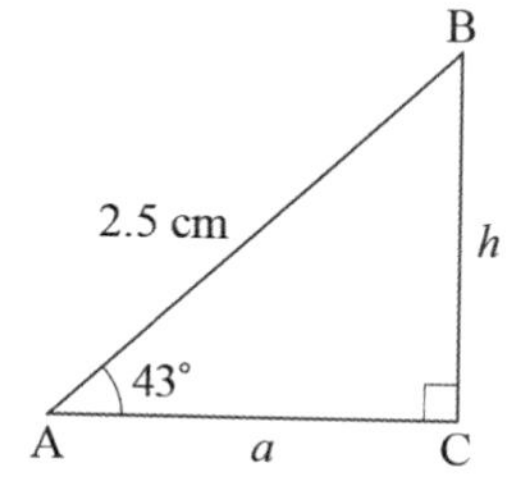

a) 변 AC의 길이 a
b) 변 BC의 길이 h

065 **다음 삼각형의 넓이를 계산하시오.**

a) 밑변의 길이 $a = 2.5 \cdot \cos 43°$ cm
   높이 $h = 2.5 \cdot \sin 43°$ cm
b) 밑변의 길이 $a = 1.5$ m
   높이 $h = 1.5 \cdot \tan 42°$ m

066 **다음을 계산하시오.**

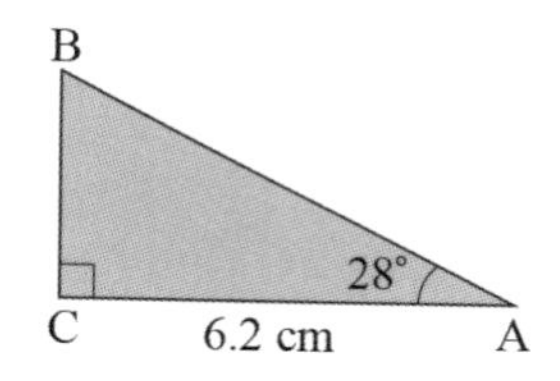

a) 변 BC의 길이
b) 빗변 AB의 길이
c) 삼각형의 넓이

067 **다음을 계산하시오.**

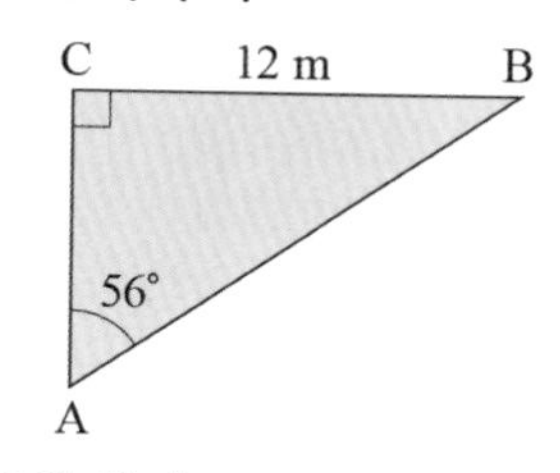

a) 변 AC의 길이
b) 빗변 AB의 길이
c) 삼각형의 넓이

068 **다음을 계산하시오.**

a) 밑변의 길이와 높이가 5.6 cm와 9.0 cm 인 직각삼각형의 넓이
b) 세 변의 길이가 10.6 cm, 12.0 cm, 16.0 cm 인 직각삼각형의 넓이

응용

069 **다음을 계산하시오.**

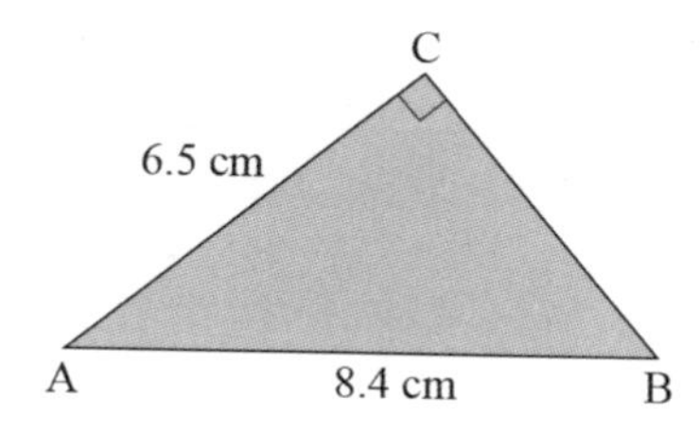

a) 각 A의 크기
b) 각 B의 크기
c) 변 BC의 길이
d) 삼각형의 넓이

070 **다음을 계산하시오.**

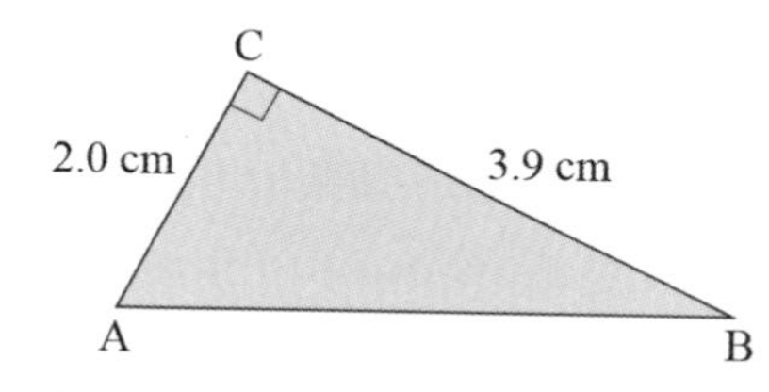

a) 각 A의 크기
b) 각 B의 크기
c) 빗변의 길이
d) 삼각형의 넓이

071 **다음 열기구가 관측지점 A와 B 사이를 지날 때의 높이는 450미터이다. 다음을 계산하시오.**

a) 열기구와 관측지점 A 사이의 거리
b) 열기구와 관측지점 B 사이의 거리
c) 관측지점 A와 B 사이의 거리

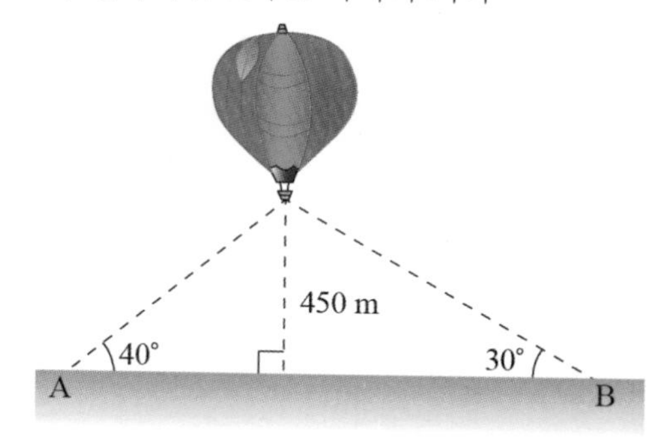

9 피타고라스의 정리

피타고라스의 정리

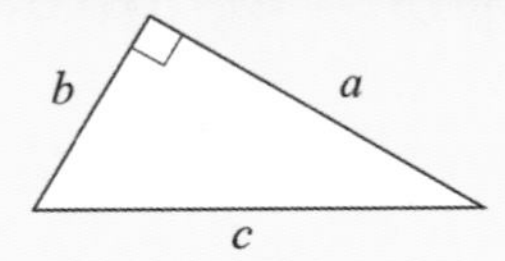

직각삼각형의 밑변의 길이의 제곱과 높이의 제곱의 합은 빗변의 길이의 제곱과 같다.

$a^2 + b^2 = c^2$

예제 1

10 cm, 24 cm, x

직각삼각형의 빗변의 길이 x를 계산하시오.

밑변의 길이와 높이는 각각 24 cm와 10 cm이다.
피타고라스의 정리에 의한 방정식은 다음과 같다.

$x^2 = 24^2 + 10^2$ ■ 제곱들의 합을 계산한다.

$x^2 = 676$ ■ 이차방정식을 푼다.

$x = \sqrt{676}$ ■ $\sqrt{676}$ 을 계산한다.

$x = 26$

방정식의 음수인 값 $x = -\sqrt{676} = -26$은 답이 될 수 없다. 왜냐하면, 변의 길이는 항상 양수여야 하기 때문이다.

정답 : 26 cm

√ (24 x^2 + 10 x^2

계산기 사용법

예제 2

3.5 cm, x, 36°, 4.3 cm

다음을 이용해서 직각삼각형의 밑변의 길이 x를 계산하시오.

a) 피타고라스의 정리 b) 삼각비

a) 피타고라스의 정리를 이용하면 다음과 같은 방정식이 나온다.

$x^2 + 3.5^2 = 4.3^2$ ■ 양변에서 3.5^2을 뺀다.

$x^2 = 4.3^2 - 3.5^2$ ■ 제곱들의 차를 계산한다.

$x^2 = 6.24$ ■ 이차방정식을 푼다.

$x = \sqrt{6.24}$ ■ $\sqrt{6.24}$ 를 계산한다.

$x = 2.497 \cdots \fallingdotseq 2.5$

b) 각 36°의 탄젠트는 마주 보는 변 x와 옆에 있는 변 3.5 cm의 비율이다.

$\tan 36° = \dfrac{x}{3.5}$

$\dfrac{x}{3.5} = \tan 36°$ ■ 양변에 3.5를 곱한다.

$x = 3.5 \cdot \tan 36°$

$x = 2.542 \cdots \fallingdotseq 2.5$

정답 : 약 2.5 cm

√ (4.3 x^2 − 3.5 x^2
) =

계산기 사용법

연습

072 다음을 계산하시오.

a) $\sqrt{25^2+64^2}$　　b) $\sqrt{18.0^2-14.4^2}$

c) $\sqrt{3.7^2-2.1^2}$　　d) $\sqrt{273^2+967^2}$

073 다음 빗변의 길이 x를 계산하시오.

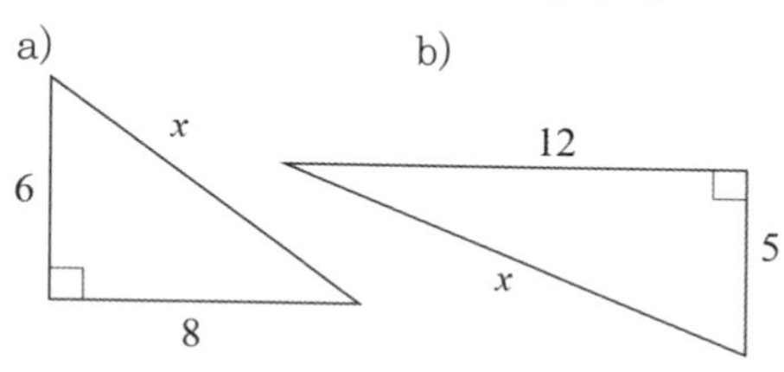

074 다음 변의 길이 x를 계산하시오.

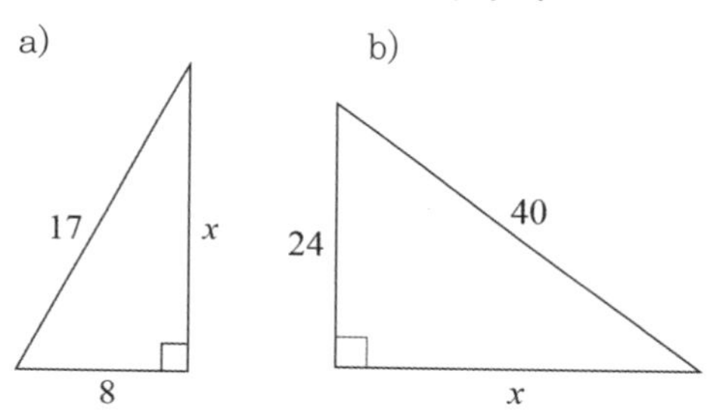

075 다음 변의 길이 x를 계산하시오.

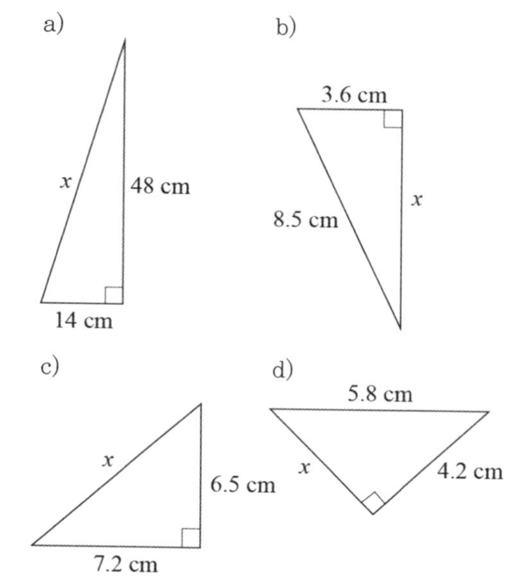

응용

076 직각삼각형의 밑변의 길이와 높이는 각각 33 mm와 56 mm이다. 삼각형을 그리고 빗변의 길이를 계산하시오. 측정해서 답을 확인하시오.

077 아래 직각삼각형의 밑변의 길이 x를 다음을 이용해서 계산하시오.

a) 피타고라스의 정리

b) 삼각비

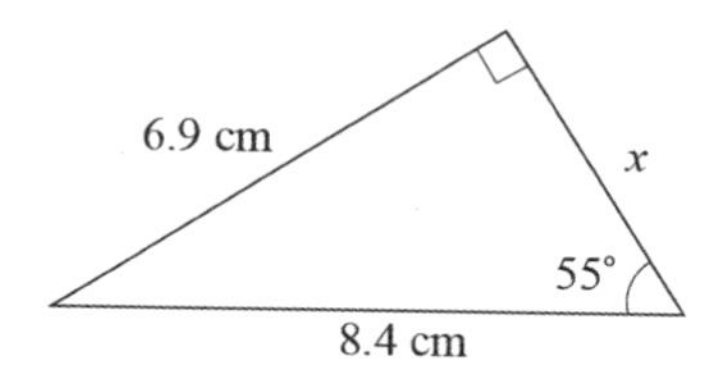

078 다음 직사각형의 변의 길이 x와 넓이를 계산하시오.

a)　　b)

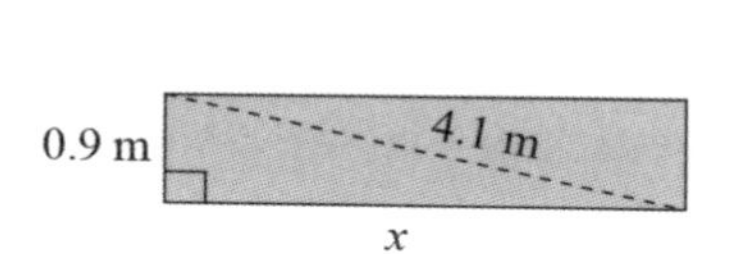

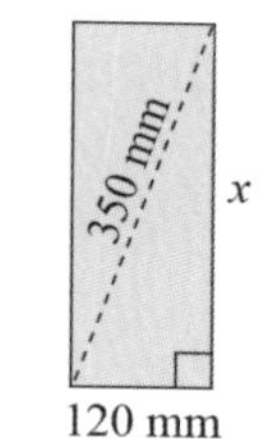

079 정사각형의 한 변의 길이가 다음과 같을 때 정사각형의 대각선의 길이를 계산하시오.

a) 1.0 cm　　b) 7.1 cm

080 정삼각형의 한 변의 길이는 3.0 cm이다. 다음을 이용해서 삼각형의 높이와 넓이를 계산하시오.

a) 피타고라스의 정리

b) 삼각비

081 이등변삼각형의 꼭지각의 크기는 84°이고 높이는 14.4 cm이고, 빗변의 길이는 각각 19.4 cm이다. 다음을 이용해서 삼각형의 밑변의 길이와 넓이를 계산하시오.

a) 피타고라스의 정리

b) 삼각비

10 직각삼각형의 활용

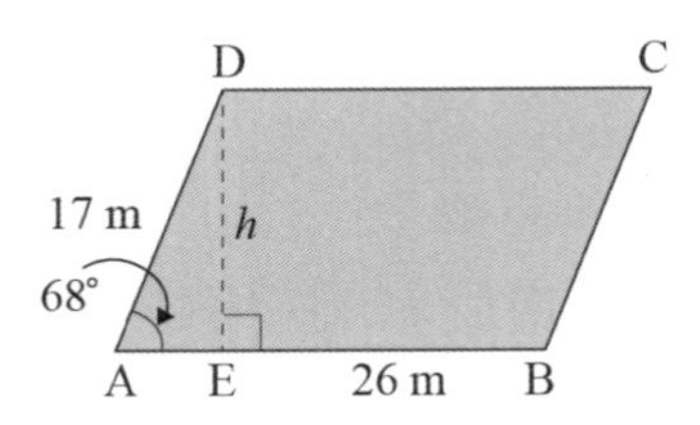

예제 1

평행사변형 모양의 딸기밭의 변들의 길이는 17 m와 26 m이다. 변들의 사이에 있는 각의 크기는 68°이다. 딸기밭의 넓이를 계산하시오.

도형을 그리고 높이의 선분 DE$=h$라고 표시한다. 직각삼각형 ADE에서 다음과 같은 식을 만든다.

$\sin 68° = \frac{h}{17}$

$\frac{h}{17} = \sin 68°$ ▪ 양변에 17을 곱한다.

$h = 17 \cdot \sin 68°$

평행사변형의 밑변의 길이 $a = 26$ m이므로 넓이는

$A = ah = 26 \cdot 17 \cdot \sin 68° = 409.8\cdots \fallingdotseq 410$이다. **정답** : 약 410 m^2

예제 2

이등변삼각형 ABC의 밑변의 길이는 7.2 cm이고 빗변의 길이는 각각 8.2 cm이다. 삼각형의 다음을 계산하시오.

a) 밑변에 내린 높이 b) 각들의 크기

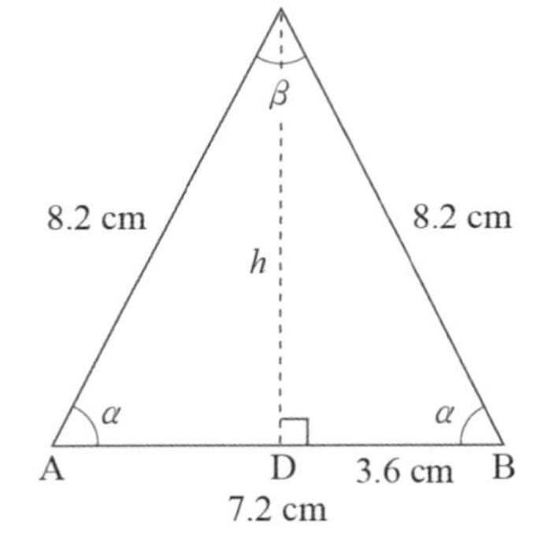

a) 도형을 그리고 높이의 선분 CD$=h$라고 표시한다. 점 D는 밑변 AB의 중점이므로 DB$=7.2$ cm $\div 2 = 3.6$ cm이다. 직각삼각형 BCD에서 피타고라스의 정리를 이용해 다음과 같은 방정식을 만든다.

$h^2 + 3.6^2 = 8.2^2$

$h^2 = 8.2^2 - 3.6^2$

$h^2 = 54.28$

$h = \sqrt{54.28} = 7.367\cdots \fallingdotseq 7.4$

b) 직각삼각형 BCD의 변 중 빗변은 8.2 cm이고 각 α와 이웃한 변이 3.6 cm이므로

$\cos\alpha = \frac{3.6\text{ cm}}{8.2\text{ cm}} = 0.43902\cdots \fallingdotseq 0.439$

계산기나 표를 이용해서 $\alpha \fallingdotseq 64°$를 얻는다.

삼각형의 각들의 합은 180°이므로 꼭지각의 크기는

$\beta = 180 - 2 \cdot \alpha \fallingdotseq 52°$이다.

정답 : a) 약 7.4 cm b) 밑각 : 약 64°, 꼭지각 : 약 52°

연습

082 다음 평행사변형의 넓이를 계산하시오.

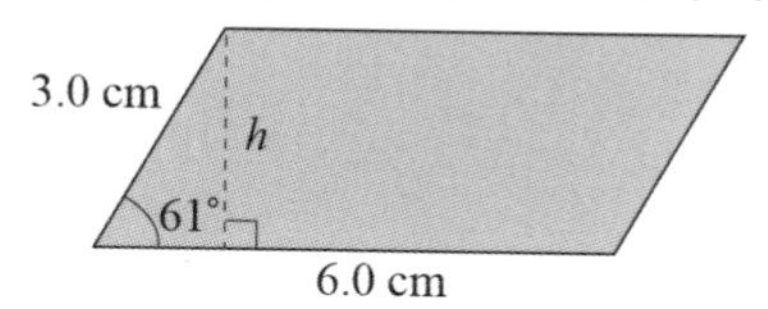

083 다음 삼각형의 넓이를 계산하시오.

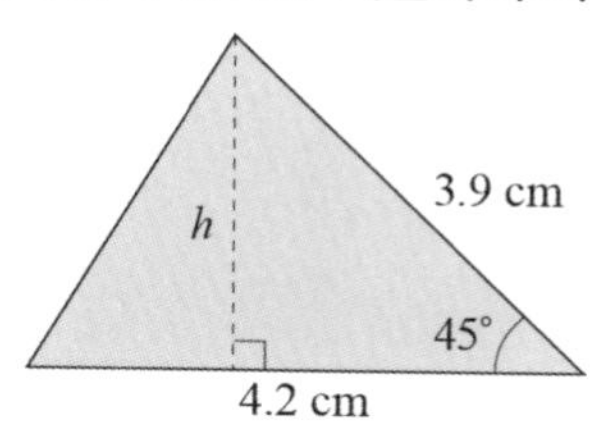

084 다음 이등변삼각형의 밑변의 길이는 8.0 cm이고 빗변의 길이는 각각 5.8 cm이다. 다음을 구하시오.

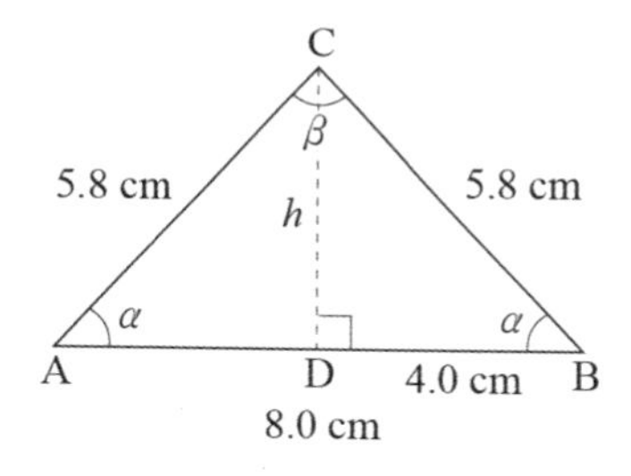

a) 밑변에 내린 높이 h

b) 밑각 α의 크기

c) 꼭지각 β의 크기

085 아래와 같이 깃대가 부러졌다. 다음을 계산하시오.

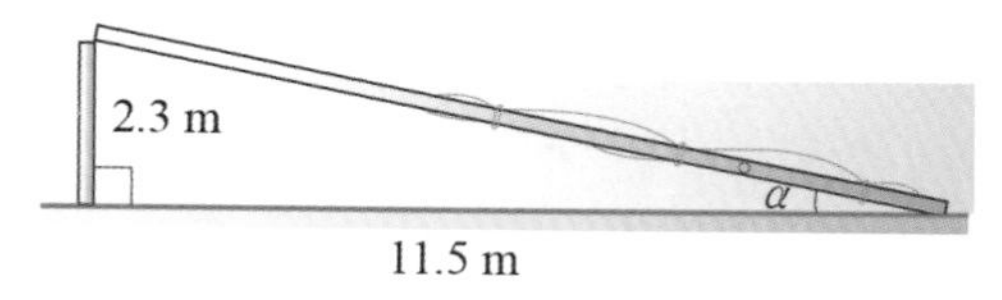

a) 각 α

b) 깃대의 전체 높이

086 마름모의 한 변의 길이는 4.2 cm이고 한 예각의 크기가 45°이다. 도형을 그리고 도형의 다음을 계산하시오.

a) 높이 b) 넓이

응용

087 아래 이등변삼각형 모양의 사다리의 꼭지각은 44°이다. 다음을 계산하시오.

a) 높이 CD

b) 사다리를 펼친 너비 AB

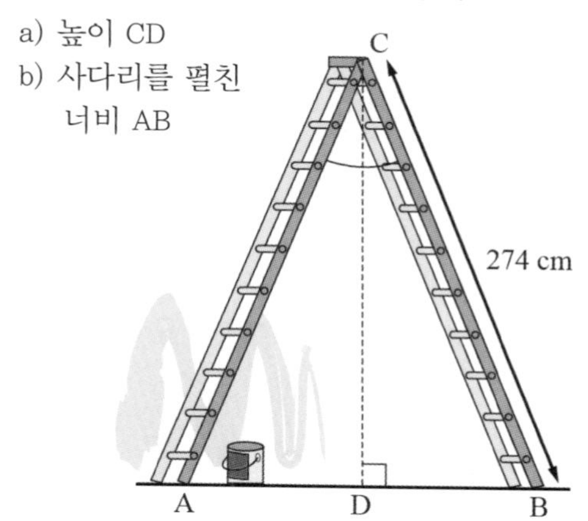

088 이등변삼각형의 밑변의 길이는 24 cm이고 빗변의 길이는 25 cm이다. 도형을 그리고 도형의 다음을 구하시오.

a) 밑변에 내린 높이

b) 각들의 크기

c) 넓이

089 스키 슬로프의 경사율은 슬로프의 높이와 슬로프의 가로 길이의 비율이다. 레비 블랙 세계 스키대회 슬로프의 가로 길이는 655 m이고 높이는 180 m이다. 슬로프의 최대 경사율은 52%이다. 다음을 계산하시오.

a) 슬로프의 평균 경사율

b) 슬로프의 평균 각의 크기

c) 가장 경사진 곳의 슬로프 길이가 80 m일 때 그 구간에서의 슬로프 높이

090 지구 표면과 달 표면 사이의 거리는 376 300 km이고 달의 반지름은 1 738 km이다. 지구에서 달을 바라볼 때 생기는 각의 크기를 구하시오.

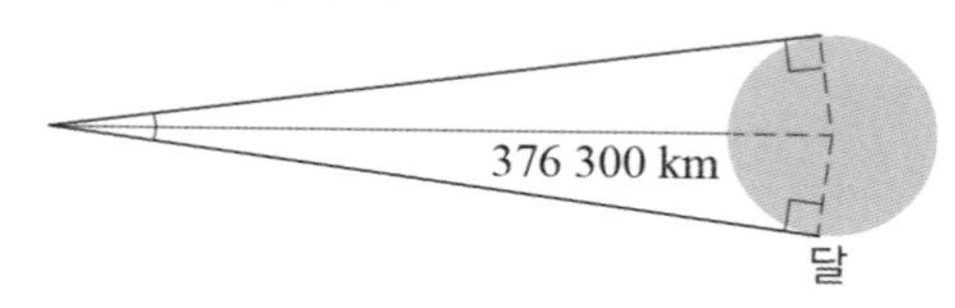

11 복습

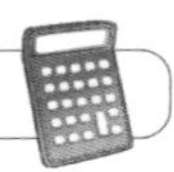

연습

091 다음 물음에 답하시오.

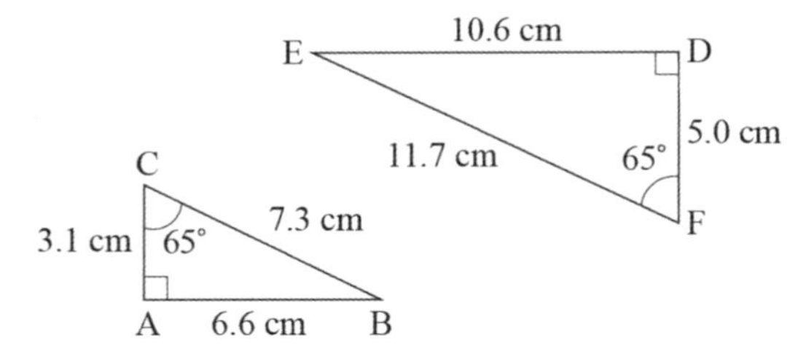

a) 삼각형 ABC와 삼각형 DEF가 왜 닮은 삼각형인지 설명하시오.

b) 두 삼각형의 각 65°와 마주 보는 변의 길이와 이웃한 변의 길이, 그리고 빗변의 길이를 나타내는 표를 만드시오.

092 다음 각 α의 사인, 코사인, 탄젠트를 계산하시오.

a)

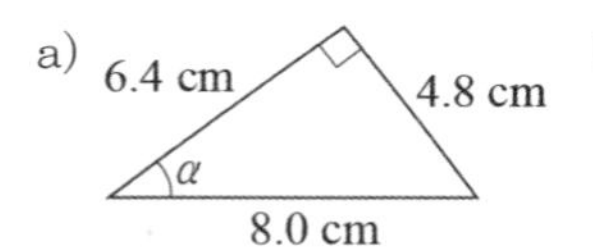

b)

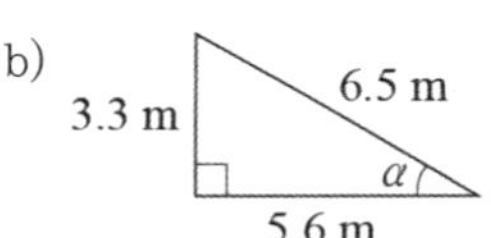

093 다음 각 α의 크기를 계산하시오.

a) $\sin\alpha = 0.630$　　b) $\cos\alpha = 0.707$

c) $\tan\alpha = \frac{2}{3}$　　d) $\sin\alpha = \frac{2}{3}$

094 다음 x를 구하시오.

a) $\tan 20° = \frac{x}{11}$　　b) $\cos 62° = \frac{6.0}{x}$

c) $\cos 48° = \frac{x}{9.7}$　　d) $\sin 45° = \frac{20}{x}$

095 다음 각 α의 크기를 계산하시오.

a)

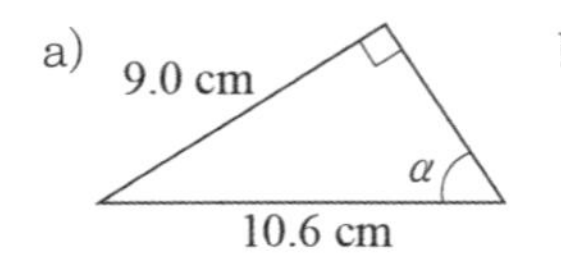

b)

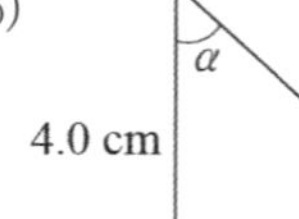
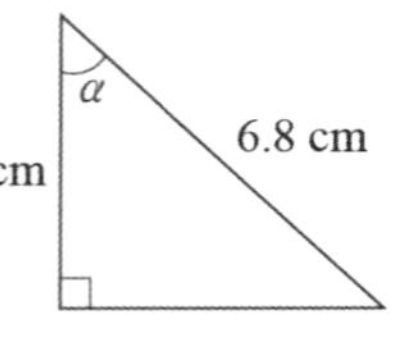

096 다음 각 α와 β의 크기를 계산하시오.

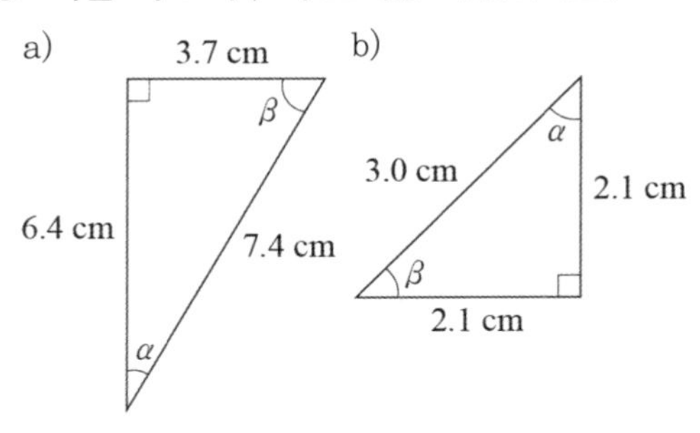

097 다음 변의 길이를 계산하시오.

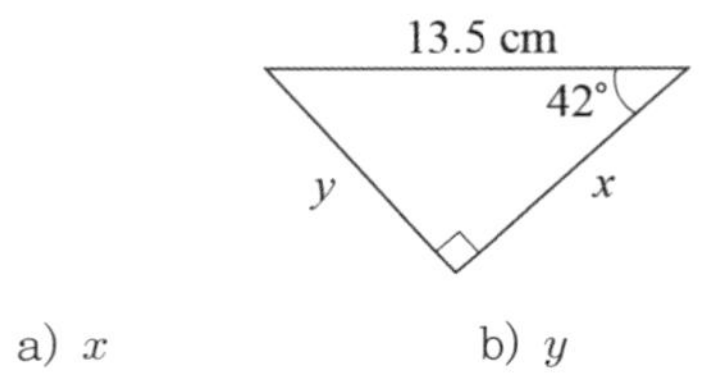

a) x　　b) y

098 다음 빗변의 길이 x를 계산하시오.

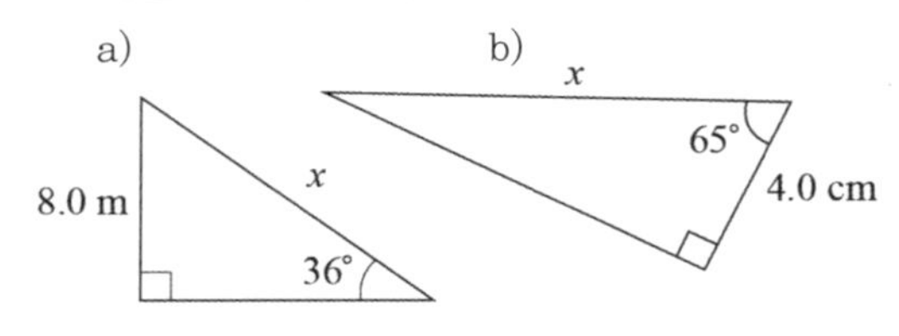

099 아래 직각삼각형 ABC의 다음을 구하시오.

a) 변 AB의 길이 a

b) 변 BC의 길이 h

c) 넓이

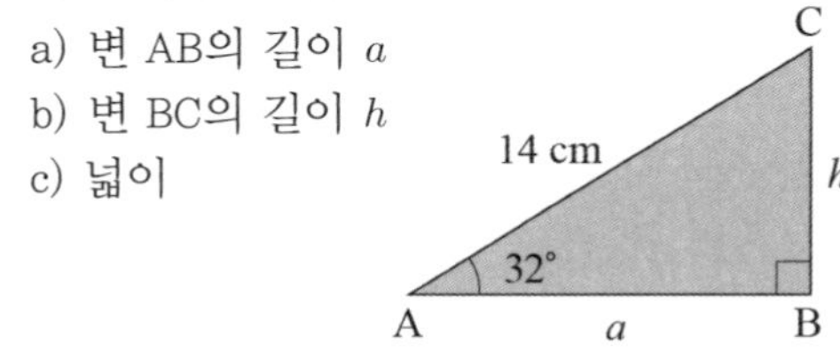

100 다음 변의 길이 x를 계산하시오.

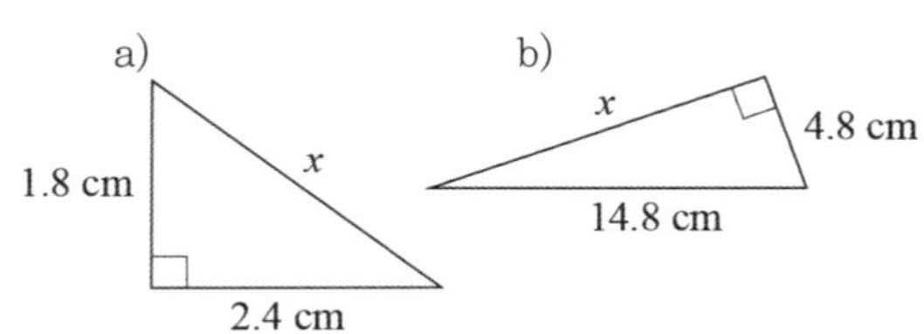

101 다음 물음에 답하시오.

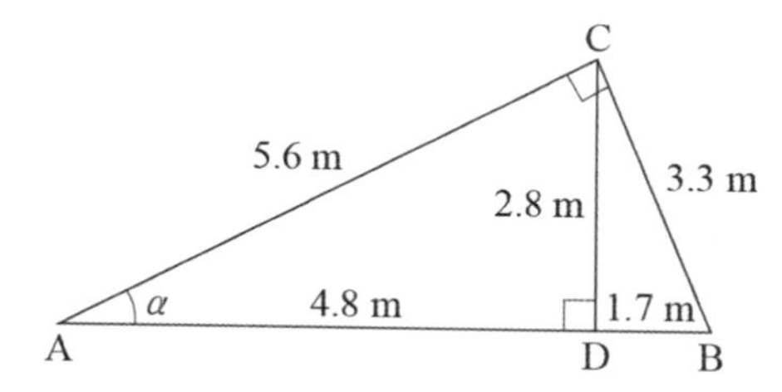

a) 삼각형 ABC와 삼각형 ACD가 왜 닮은 삼각형인지 설명하시오.

b) 두 삼각형의 각 α와 마주 보는 변의 길이와 이웃한 변의 길이, 그리고 빗변의 길이를 나타내는 표를 만드시오.

102 모눈종이의 눈금을 이용해서 다음 값에 알맞은 직각삼각형을 그리고 삼각형에 각 α를 표시하시오.

a) $\tan \alpha = \frac{4}{9}$　　b) $\tan \alpha = \frac{3}{5}$

c) $\tan \alpha = 5$　　d) $\tan \alpha = 1$

103 직각삼각형의 빗변의 길이는 5.2 cm이고 밑변의 길이는 2.0 cm이다. 삼각형의 다음을 계산하시오.

a) 높이

b) 삼각형의 예각들의 크기

104 직각삼각형의 한 예각의 크기가 28°이다. 이 각과 마주 보는 변의 길이는 32 cm이고 이웃한 변의 길이는 60 cm이다. 도형을 그리고 다음을 이용해서 빗변의 길이를 구하시오.

a) 피타고라스의 정리

b) 삼각비

105 다음 마름모의 한 변의 길이는 10 cm이고 한 대각선과 변 사이의 각이 30°이다. 마름모꼴의 넓이를 계산하시오.

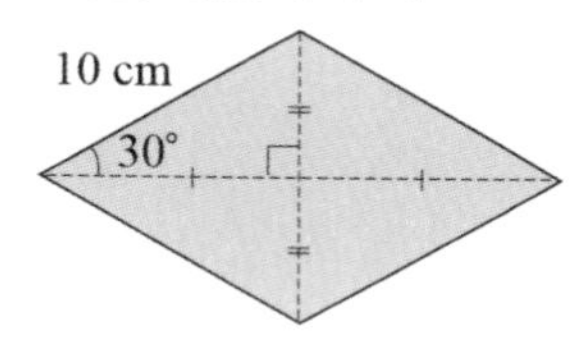

106 이층 창문에서 나무 밑둥을 보는 각의 크기는 30°이고 나무의 꼭대기를 보는 각의 크기는 40°이다. 나무와 건물 사이의 거리는 8.5m이다. 나무의 높이를 계산하시오.

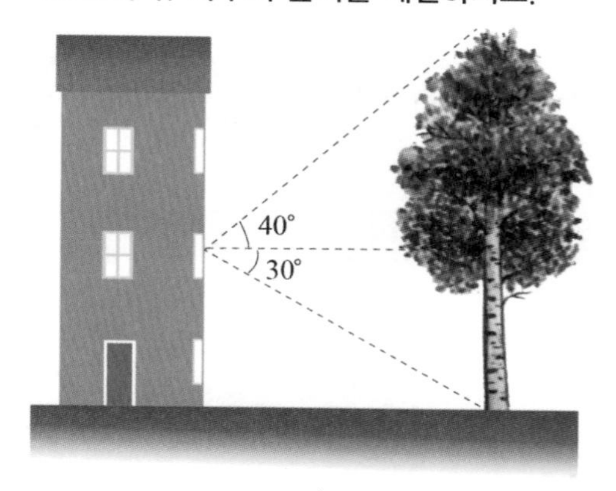

107 아래 삼각형의 다음을 계산하시오.

a) 높이 h
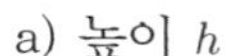

b) 밑변의 길이 a

c) 넓이

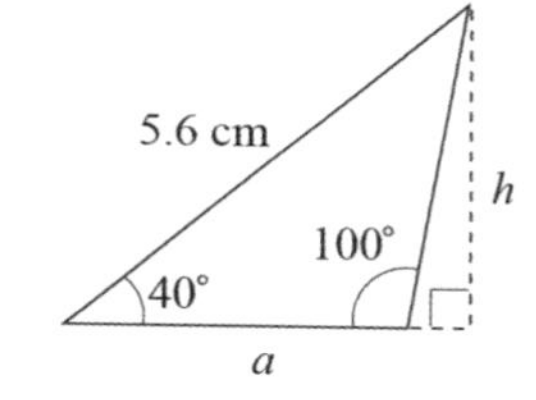

108 아래 반원 안에 있는 원주각의 크기는 90°이다. 다음을 구하시오.

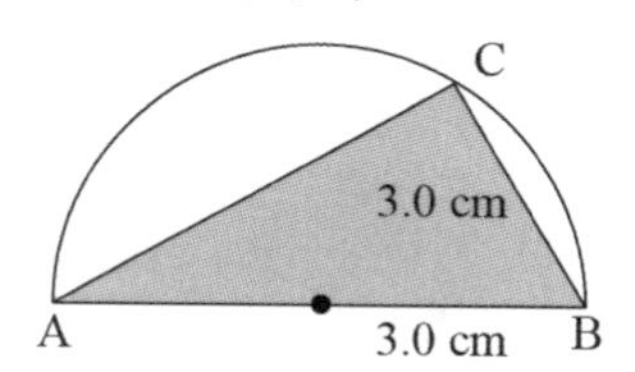

a) 현 AC의 길이

b) 원주각 BAC의 크기

c) 삼각형 ABC의 넓이

109 우주선이 지구 표면에서 40 000 km 떨어져 있다. 지구의 반지름은 6 370 km이다. 우주선에서 지구를 바라볼 때 생기는 각의 크기를 구하시오.

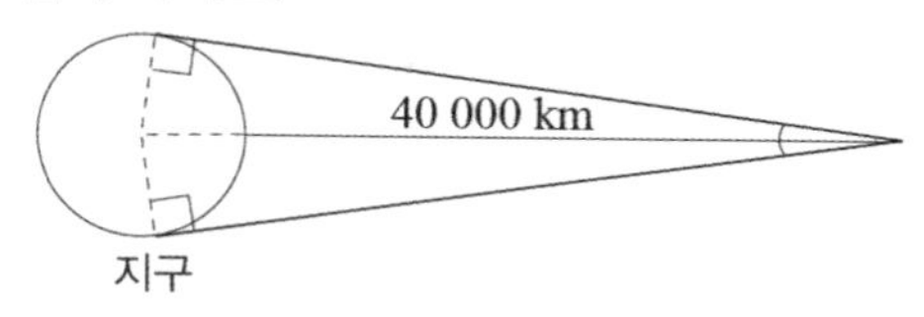

제 2 장 | 공간기하학

12 입체도형

기둥

옆면
높이
모선
밑면

- 기둥은 밑면 두 개와 옆면 한 개로 이루어진다.
- 두 밑면은 평행이고 합동이다.
- 기둥의 높이는 밑면 사이의 수직거리이다.
- 원기둥의 밑면은 원이고 옆선분은 밑면에 대해 수직이다.
- 각기둥은 밑면이 다각형인 기둥이다.
- 직육면체의 면들은 직사각형이다.

기둥의 종류

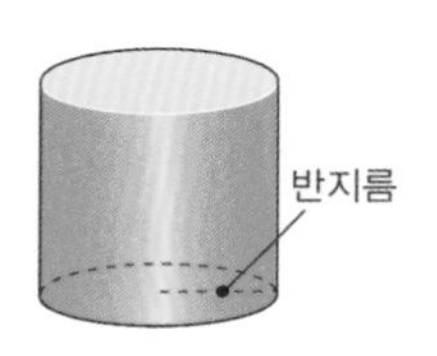

원기둥

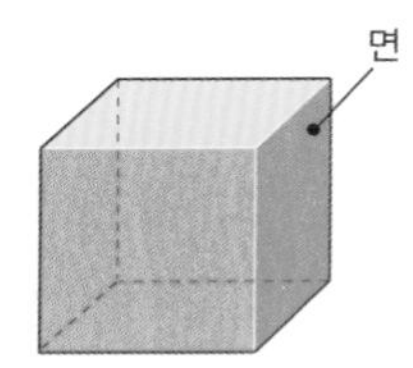

정육면체

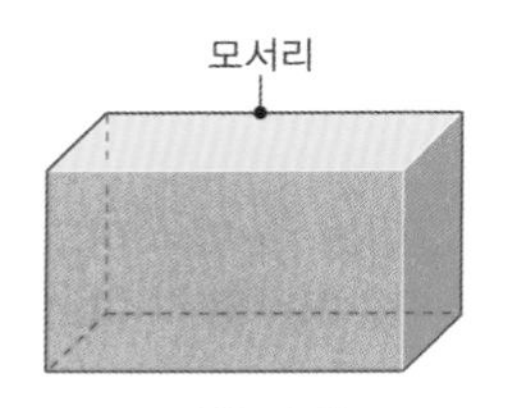

직육면체

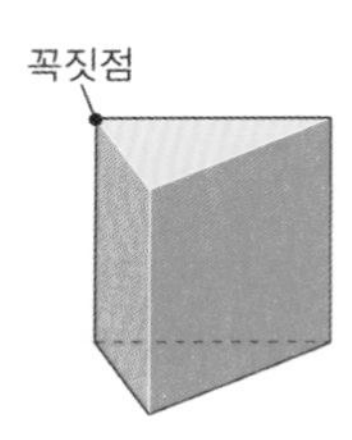

삼각기둥

뿔

꼭짓점
높이
옆면
모선
밑면

- 뿔은 밑면 한 개와 옆면 한 개로 이루어진다.
- 뿔의 높이는 꼭짓점부터 밑면까지의 수직거리이다.
- 직원뿔의 밑면은 원이고 꼭짓점은 수직으로 밑면의 중점의 위에 있다.
- 다각뿔은 밑면이 다각형인 각뿔이다.
- 정다각뿔의 밑면은 정다각형이고 옆면들은 합동인 이등변삼각형이다.

뿔의 종류

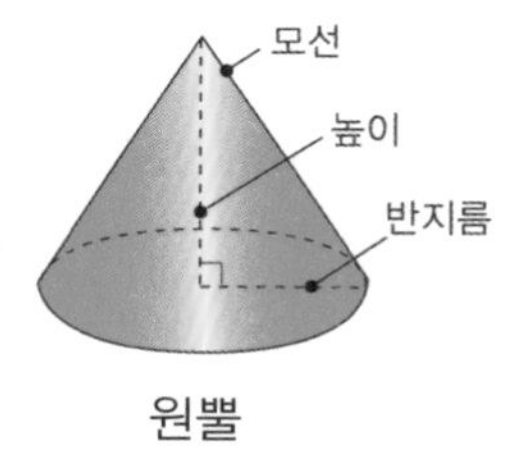

원뿔

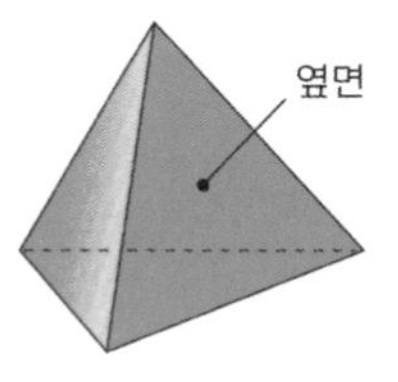

삼각뿔

사각뿔

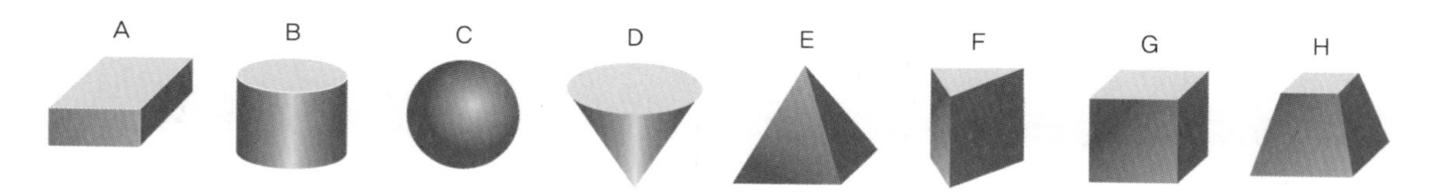

연습

110 A~H의 입체도형들 중 다음 도형을 고르시오.

a) 직육면체　　b) 사각뿔
c) 각기둥　　d) 기둥
e) 원기둥　　f) 뿔
g) 원뿔

111 다음 입체도형의 이름을 쓰시오.

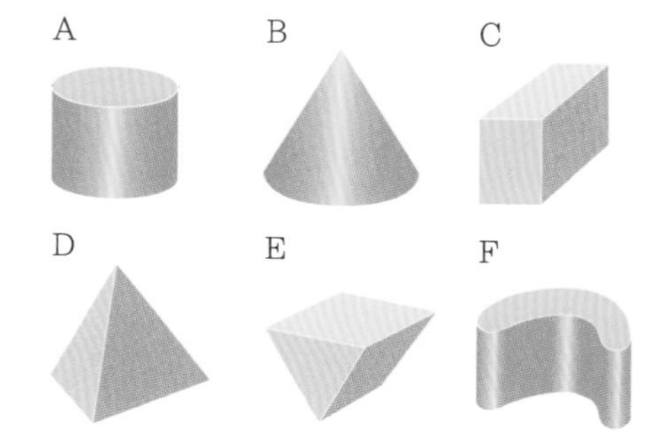

112 다음 입체도형의 면, 꼭짓점, 모서리의 개수를 쓰시오.

a) 직육면체

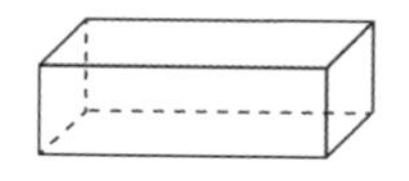

b) 오각기둥

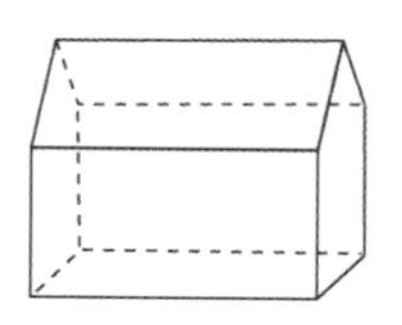

113 다음 그림은 입체도형을 위에서 본 것이다. 각 그림이 나타내고 있는 입체도형의 이름을 쓰시오.

a)
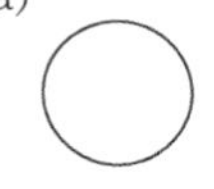

b)

c)
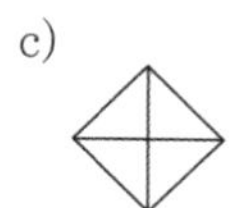

d)
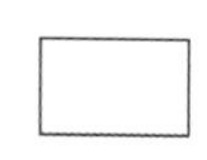

e)

f)

응용

114 아래 도형은 정육면체들로 이루어진 입체도형이다. 다음 지점에서 본 도형의 모양을 그리시오.

a) A 지점
b) B 지점
c) 위

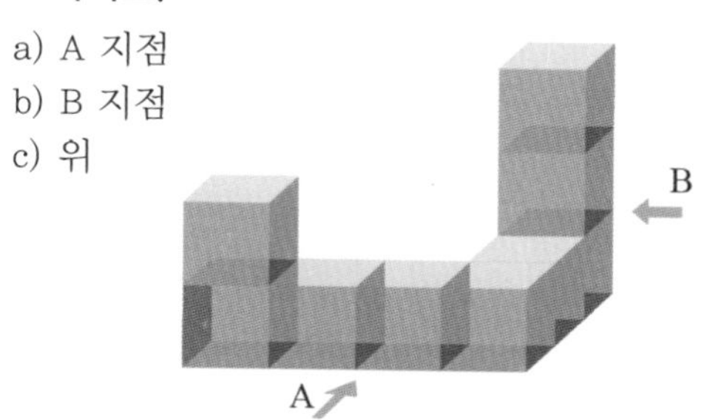

115 아래 그림은 입체도형을 위에서 보고 그린 것이다. 숫자는 쌓여 있는 정육면체의 개수를 나타낸다. 다음 지점에서 본 도형의 모양을 그리시오.

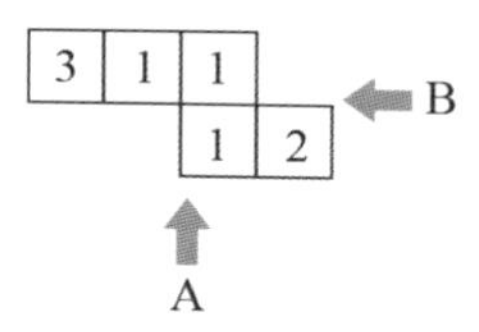

a) A 지점　　b) B 지점

116 다음 입체도형의 모양을 설명하거나 그리시오.

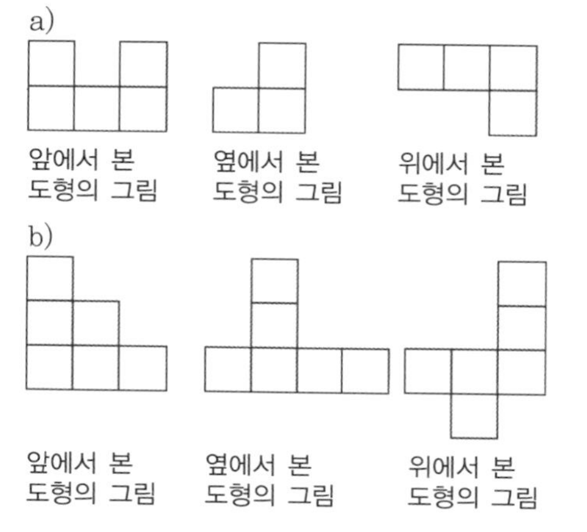

13 입체도형 그리기

예제 1

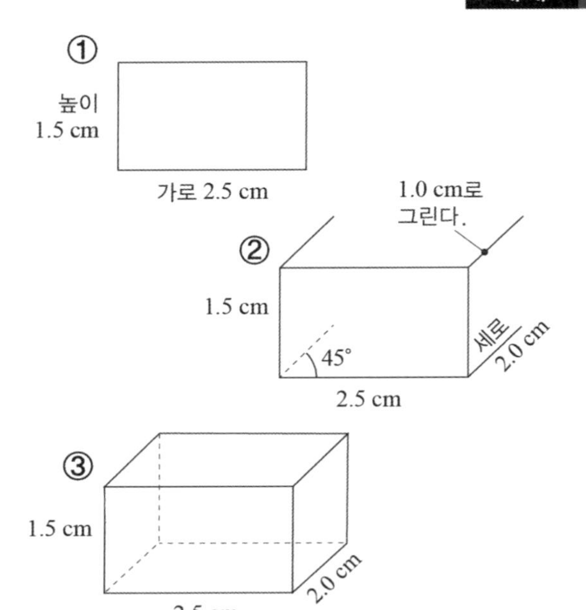

가로가 2.5 cm, 세로가 2.0 cm, 높이가 1.5 cm인 직육면체를 그리시오.

직육면체를 평면도형으로 그릴 때는 대개 투사법을 이용해서 그린다.

1. 앞면을 실제 크기로 그린다. 앞면에 실제의 가로 길이와 세로 길이를 표시한다.
2. 45° 각도로 모서리를 세로 길이의 반으로 그린다. 그림에 실제 길이를 표시한다.
3. 나머지 모서리를 그린다. 보이지 않는 뒤쪽의 모서리는 점선으로 표시한다.

예제 2

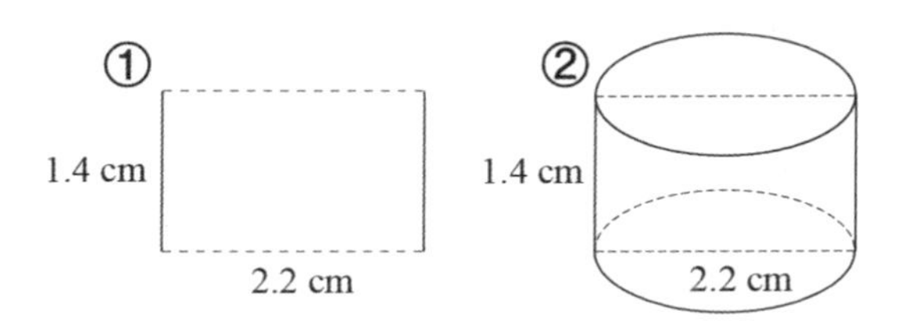

밑면의 반지름이 1.1 cm이고 높이가 1.4 cm인 원기둥을 그리시오.

1. 가로가 기둥의 지름이고 세로가 기둥의 높이인 직사각형을 그린다.
2. 밑면의 원을 타원으로 그린다.

예제 3

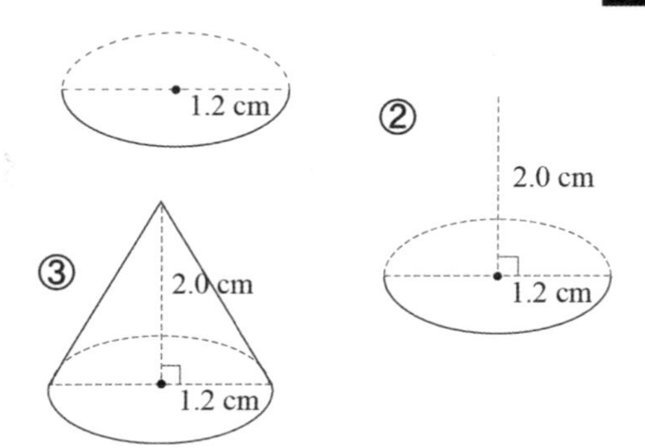

밑면의 반지름이 1.2 cm이고 높이가 2.0 cm인 원뿔을 그리시오.

1. 밑면의 지름을 2.4 cm로 그린다. 밑면의 원을 타원으로 그린다.
2. 밑면의 원의 중심에서 수직으로 올라가도록 높이를 그린다.
3. 옆선분을 그린다.

연습

117 가로가 8.0 cm, 세로가 4.0 cm, 높이가 4.0 cm인 직육면체를 그리시오.

118 밑면의 반지름이 1.4 cm이고 높이가 3.5 cm인 원기둥을 그리시오.

119 밑면의 반지름이 2.1 cm이고 높이가 4.9 cm인 원뿔을 그리시오.

120 한 모서리의 길이가 6.0 cm인 정육면체를 그리시오.

121 캔의 높이가 41 mm이고 밑면의 지름이 86 mm이다. 이 캔을 실제 크기로 그리시오.

122 가로가 5.0 cm, 세로가 3.5 cm, 높이가 1.5 cm인 성냥갑을 그리시오.

123 아이스크림콘의 윗면의 지름이 62 mm이고 높이가 154 mm이다. 1 : 2의 비율로 축소해서 그리시오.

응용

124 직육면체의 가로가 700 cm, 세로가 500 cm, 높이가 400 cm이다. 1 : 100의 비율로 축소해서 그리시오.

125 원기둥 모양의 모자보관함의 밑면의 지름과 높이가 40 cm이다. 1 : 8의 비율로 그리시오.

126 곡식저장고의 아랫부분은 원기둥 모양으로 높이가 6.0 m이고 밑면의 반지름은 2.0 m이다. 이 곡식저장고의 지붕은 밑면이 같은 원뿔로 높이가 3.0 m이다. 적당한 축척을 골라 이 곡식저장고를 그리시오.

127 직육면체 모양의 아파트의 가로가 42 m, 세로가 12 m, 높이가 15 m이다. 적당한 축척을 골라 이 아파트를 그리시오.

128 다음 두 가지 직사각형들로 이루어진 직육면체를 그리시오.

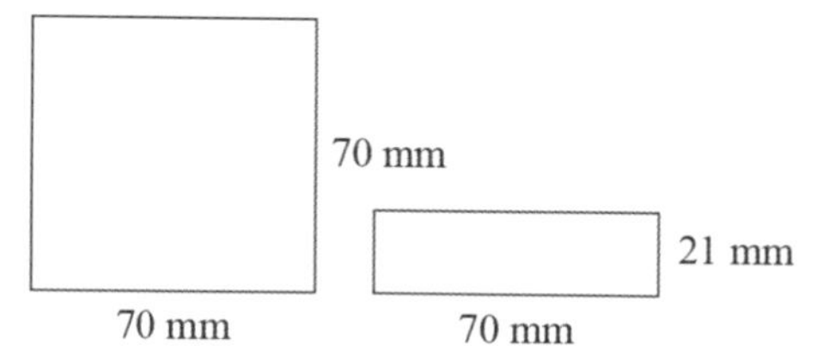

129 다음 사각형 ABCD와 합동인 면을 4개 가진 직육면체가 있다. 필요한 길이를 측정하고 한 이 직육면체를 그리시오.

14 넓이와 부피의 단위

넓이의 단위의 비는 100이다.

예제 1

다음을 cm^2로 바꾸시오.

a) $2.5\ dm^2$ b) $1\,300\ mm^2$

m^2		dm^2		cm^2		mm^2	
			2	5	0	0	0

a) 100을 곱해서 점이 오른쪽으로 두 자리 옮겨간다.

$2.5\ dm^2 = 2.50\ dm^2 = 250\ cm^2$

m^2		dm^2		cm^2		mm^2	
				1	3	0	0

b) 100으로 나눠서 점이 왼쪽으로 두 자리 옮겨간다.

$1300\ mm^2 = 13\ cm^2$

예제 2

다음을 바꾸시오.

부피의 단위의 비는 1000이다.

a) $1.20\ m^3$를 dm^3로

b) $3\,500\ mm^3$를 cm^3로

m^3			dm^3			cm^3			mm^3		
		1	2	0	0	0	0	0	0	0	0

a) 1 000을 곱해서 점이 오른쪽으로 세 자리 옮겨간다.

$1.20\ m^3 = 1.200\ m^3 = 1\,200\ dm^3$

m^3			dm^3			cm^3			mm^3		
								3	5	0	0

b) 1 000으로 나눠서 점이 왼쪽으로 세 자리 옮겨간다.

$3\,500\ mm^3 = 3.5\ cm^3$

예제 3

다음을 바꾸시오.

액체의 부피를 나타낼 때 $1\ dm^3 = 1\ L$이다.

a) 32.4 L를 dL로

b) 5 700 mL를 dm^3로

c) 2.5 cL를 dm^3로

a) $32.4\ L = 324\ dL$

b) $5700\ mL = 5.7\ L = 5.7\ dm^3$

c) $2.5\ cL = 0.025\ L = 0.025\ dm^3$

넓이와 부피의 단위들은 해설 및 정답 83쪽에 있다.

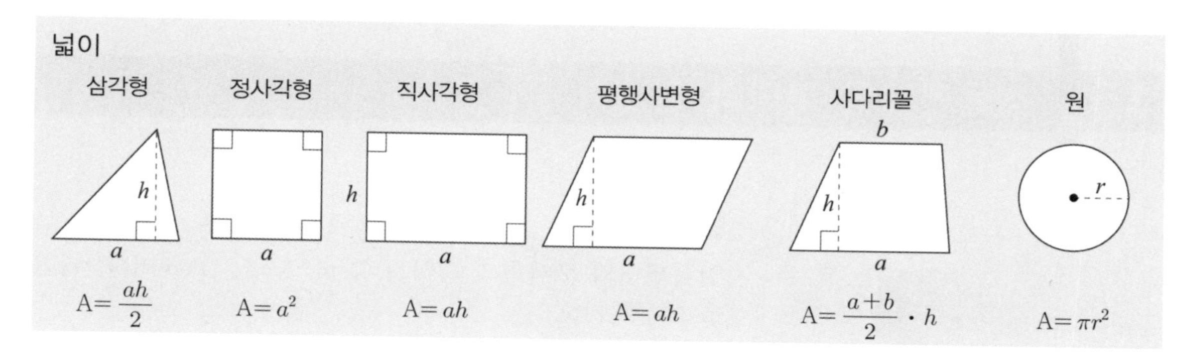

연습

130 다음을 cm^2로 바꾸시오.

a) $2\ 600\ mm^2$ b) $2\ m^2$
c) $6\ dm^2$ d) $0.58\ m^2$
e) $49\ mm^2$ f) $250\ dm^2$

131 다음을 dm^3로 바꾸시오.

a) $4\ m^3$ b) $800\ cm^3$
c) $10\ cm^3$ d) $6\ 000\ 000\ mm^3$
e) 2 L f) 17 dL

132 다음을 L로 바꾸시오.

a) $1\ 500\ cm^3$ b) 800 cL
c) 300 000 mL d) $1\ m^3$
e) 30 dL f) $30\ dm^3$

133 다음 표를 완성하시오.

ha	a	m^2	dm^2	cm^2
		250		
				30 000
			60	
	35			

134 다음 표를 완성하시오.

m^3	dm^3	cm^3	mm^3
	14		
		760 000	
0.003			
			500 000

응용

135 다음 보기의 부피를 가장 작은 것부터 차례대로 재배열하시오.

$0.3\ dm^3$	3 000 mL	$0.00003\ m^3$
300 dL	3 cL	$300\ 000\ cm^3$

136 다음 도형의 넓이를 계산하고 m^2로 답하시오.

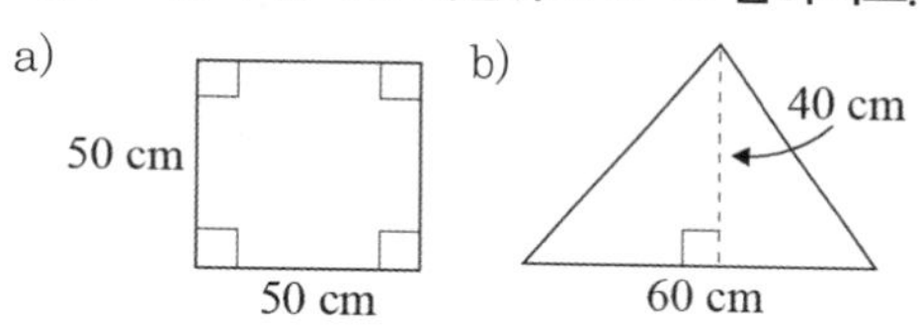

137 다음 도형의 넓이를 계산하고 dm^2로 답하시오.

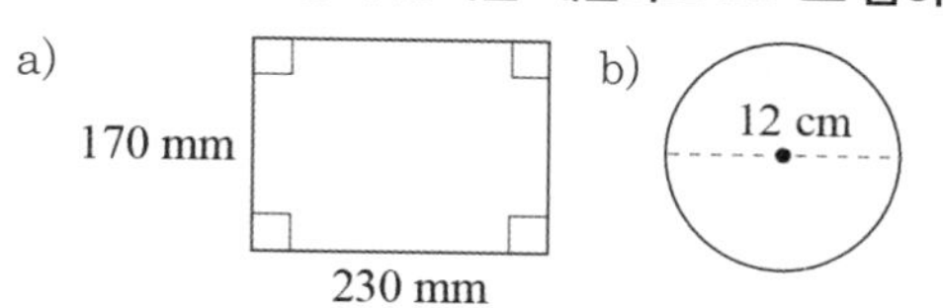

138 다음 도형의 넓이를 계산하고 ha(헥타르)로 답하시오.

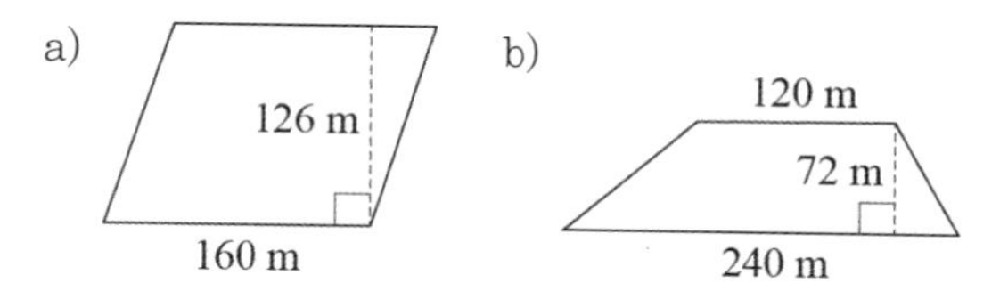

139 수영장의 부피는 $64.8\ m^3$이다.

a) $1\ m^3$의 물은 3.60 €이다. 이 수영장을 물로 채우려면 얼마가 드는가?
b) 호스에서 물이 1분에 22 L씩 흘러나올 때, 수영장을 채우려면 시간이 얼마나 걸리는가?

15 직육면체의 부피와 겉넓이

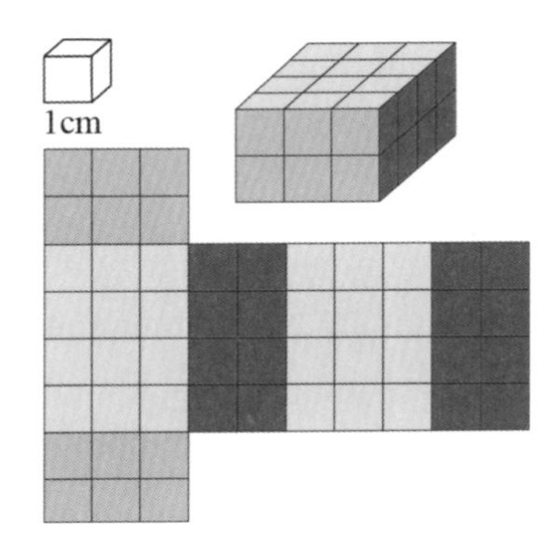

예제 1

직육면체의 모서리의 길이는 3 cm, 4 cm, 2 cm이다. 다음을 계산하시오.

a) 부피　　　　b) 겉넓이

a) 작은 정육면체의 부피는 $1\ \text{cm}^3$이다. 직육면체는 $3 \cdot 4 \cdot 2 = 24$개의 작은 정육면체로 이루어져 있다.
따라서 직육면체의 부피는 $V = 3\ \text{cm} \cdot 4\ \text{cm} \cdot 2\ \text{cm} = 24\ \text{cm}^3$이다.

b) 겉넓이는 면들의 넓이의 합이다.
$A = 2 \cdot (3\ \text{cm} \cdot 2\ \text{cm} + 3\ \text{cm} \cdot 4\ \text{cm} + 2\ \text{cm} \cdot 4\ \text{cm})$
$= 52\ \text{cm}^2$

정답 : a) $24\ \text{cm}^3$　b) $52\ \text{cm}^2$

직육면체의 부피와 겉넓이

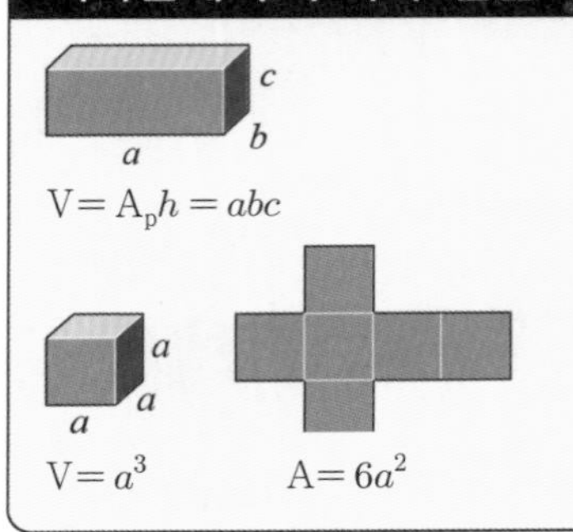

직육면체의 면들은 직사각형들이다.
직육면체의 부피는 밑면의 넓이와 높이의 곱, 즉 가로 길이와 세로 길이와 높이의 곱이다.
직육면체의 겉넓이는 면들의 넓이의 합이다.

정육면체의 부피는 한 모서리의 길이의 세제곱이다.
정육면체의 겉넓이는 한 면의 넓이의 6배이다.

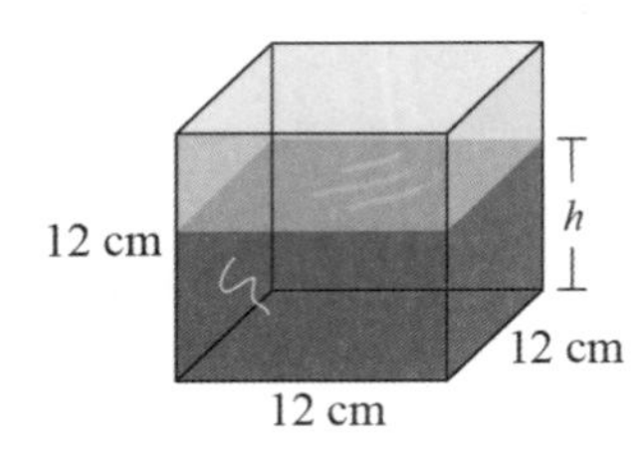

예제 1

정육면체 모양의 꽃병의 안쪽 모서리의 길이는 12 cm이다. 꽃병에 물을 1 L 넣었다. 꽃병 안에 들어 있는 물의 높이를 구하시오.

묻고 있는 물의 높이를 변수 h 센티미터로 표시한다.
물은 1.0 L, 즉 $1\,000\ \text{cm}^3$이므로 다음과 같은 방정식을 만들 수 있다.

$12^2 \cdot h = 1\,000$

$144h = 1\,000$　　■ 양변을 144로 나눈다.

$h = \dfrac{1\,000}{144} = 6.944\cdots \fallingdotseq 6.9$

정답 : 약 6.9 cm

연습

140 다음 직육면체의 전개도를 그리시오.

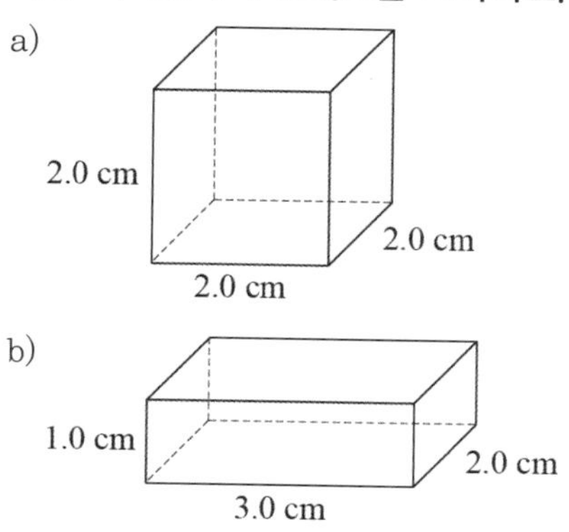

141 다음 정육면체의 부피와 겉넓이를 계산하시오.

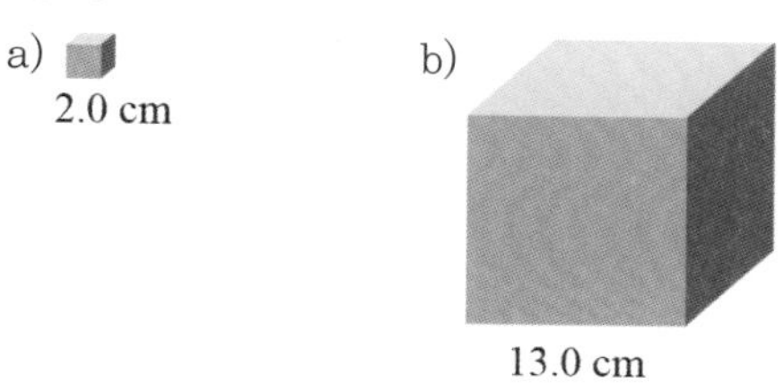

142 다음 직육면체의 부피와 겉넓이를 계산하시오.

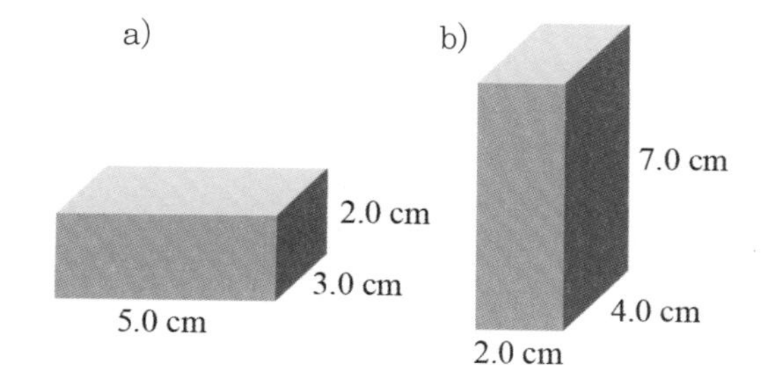

143 다음 아이스박스의 안쪽 모서리의 길이는 4.1 dm, 2.5 dm, 2.6 dm이다. 이 아이스박스의 부피를 계산하여 L로 답하시오.

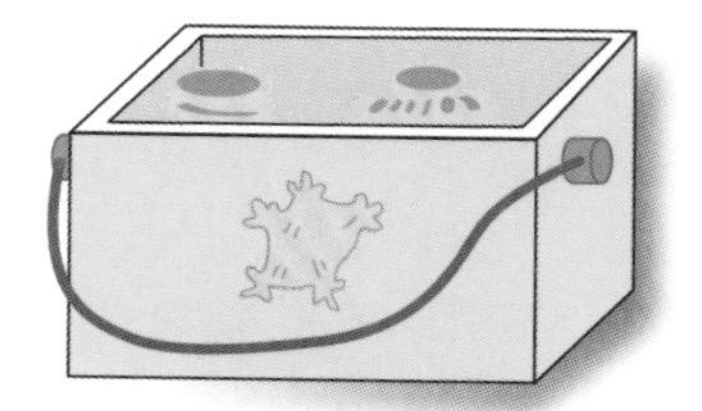

응용

144 방의 가로는 5.0 m, 세로는 4.0 m, 높이는 2.4 m이다. 문과 창문 두 개의 넓이는 합해서 4.7 m^2이다. 이 방의 벽을 7 m^2/L를 칠할 수 있는 페인트로 두 번 칠하려고 한다. 필요한 페인트의 양을 구하시오.

145 다음 어항의 안쪽 모서리의 길이는 85 cm, 45 cm, 55 cm이다.

a) 어항의 부피를 계산하시오.

b) 어항에 180 L의 물을 채워 넣었다. 이 어항 안에 든 물의 높이를 구하시오.

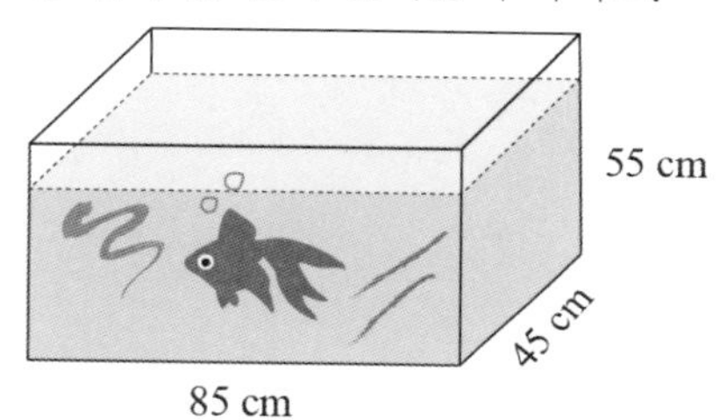

146 직사각형 모양의 잔디밭의 가로는 12.5m이고 세로는 8.0m이다. 강우량 5.0 mm의 비가 왔다. 잔디밭에 내린 비의 양은 몇 L인지 계산하시오.

147 다음과 같이 직사각형 모양의 양철판의 모서리에서 정사각형 모양을 오려냈다. 점선을 따라 판을 구부려서 뚜껑이 없는 직육면체 모양을 만들었다. 이 상자의 다음을 계산하시오.

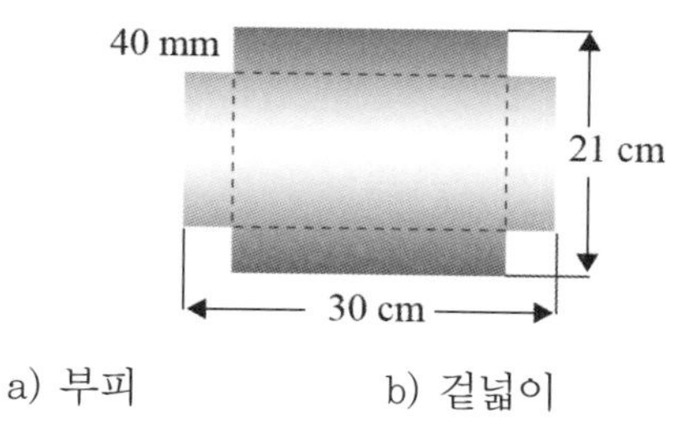

a) 부피 b) 겉넓이

16 기둥의 부피

기둥의 부피

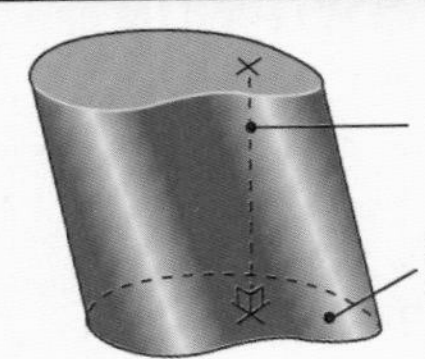
높이 h
밑면의 넓이 A_p

- 기둥의 부피(V)는 밑면의 넓이(A_p)와 높이(h)의 곱이다.
  $V = A_p h$
- 원기둥의 밑면의 넓이는 $A_p = \pi r^2$이고
  부피는 $V = A_p h = \pi r^2 h$이다.

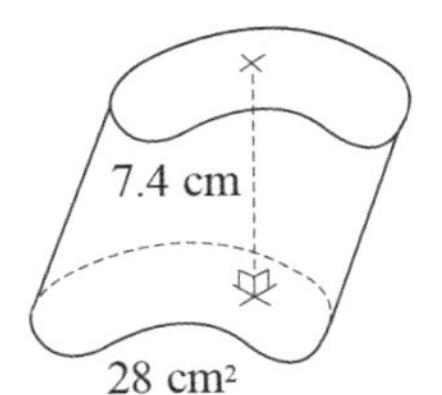

예제 1

기둥의 밑면의 넓이는 28 cm²이고 높이는 7.4 cm이다. 이 기둥의 부피를 계산하시오.

기둥의 부피는
$V = A_p h = 28\ \text{cm}^2 \cdot 7.4\ \text{cm} = 207.2\ \text{cm}^3 \fallingdotseq 210\ \text{cm}^3$이다.

2.0 cm
3.0 cm

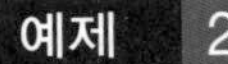
예제 2

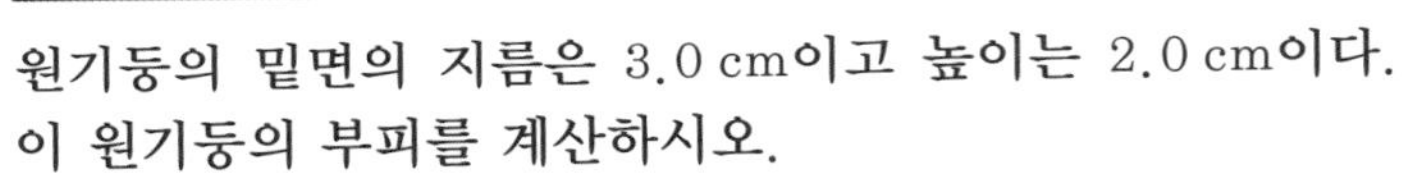
원기둥의 밑면의 지름은 3.0 cm이고 높이는 2.0 cm이다. 이 원기둥의 부피를 계산하시오.

원기둥의 밑면의 반지름은 3.0 cm÷2=1.5 cm이고 부피는
$V = A_p h = \pi r^2 h = \pi \cdot (1.5\ \text{cm})^2 \cdot 2.0\ \text{cm}$
$= 14.13\cdots \text{cm}^3 \fallingdotseq 14\ \text{cm}^3$이다.

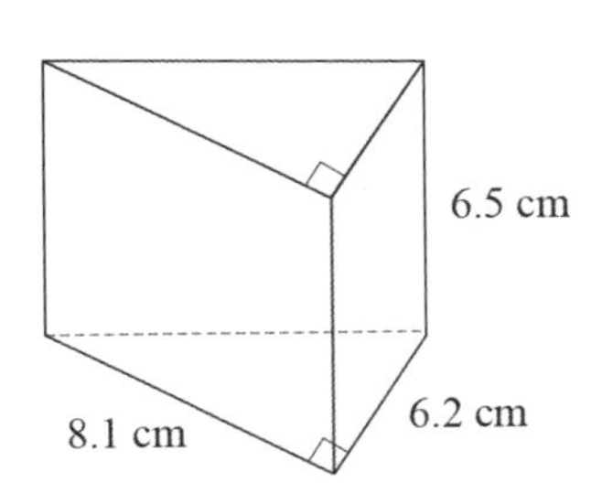

예제 3

삼각기둥의 다음을 계산하시오.

a) 밑면의 넓이 b) 부피

a) 밑면은 직각삼각형으로 밑변과 높이가 6.2 cm와 8.1 cm이다.
밑면의 넓이는
$A_p = \dfrac{6.2\ \text{cm} \cdot 8.1\ \text{cm}}{2} = 25.11\ \text{cm}^2 \fallingdotseq 25\ \text{cm}^2$이다.

b) 기둥의 높이는 6.5 cm이고 부피는
$V = A_p h = 25.11\ \text{cm}^2 \cdot 6.5\ \text{cm}$
$= 163.215\ \text{cm}^3 \fallingdotseq 160\ \text{cm}^3$이다.

정답 : a) 약 25 cm² b) 약 160 cm³

연습

148 다음 기둥의 부피를 계산하시오.

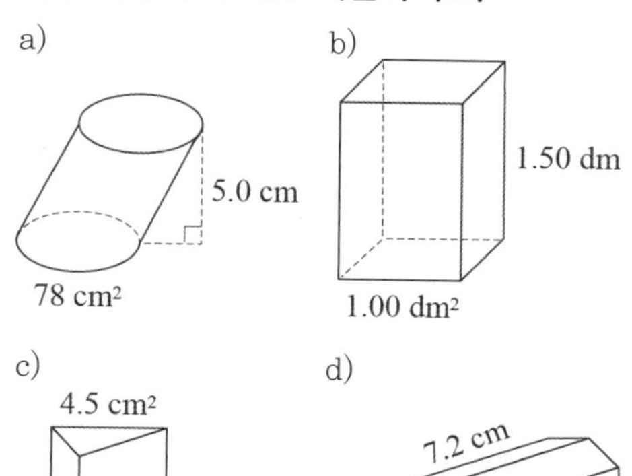

c) 4.5 cm²
15 cm

d) 7.2 cm
12 cm²

149 다음 원기둥의 부피를 계산하시오.

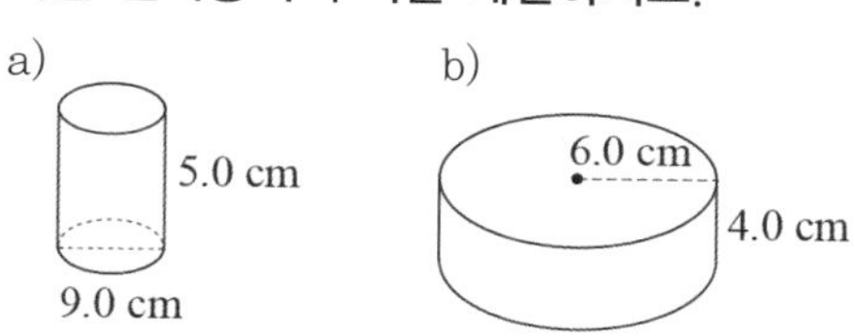

150 원기둥 밑면의 반지름이 2.8 cm이고 높이가 4.9 cm이다.

a) 그림을 그리시오.

b) 이 원기둥의 부피를 계산하시오.

151 아래 기둥 모양의 터널의 부피를 계산하시오.

터널 입구의 넓이 28.5 m²

152 아래 삼각기둥의 다음을 구하시오.

a) 밑면의 넓이

b) 부피

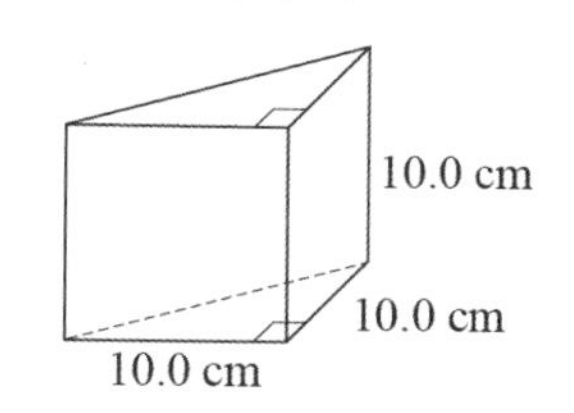

응용

153 다음은 입체도형의 전개도이다. 입체도형의 이름을 쓰고 부피를 계산하시오.

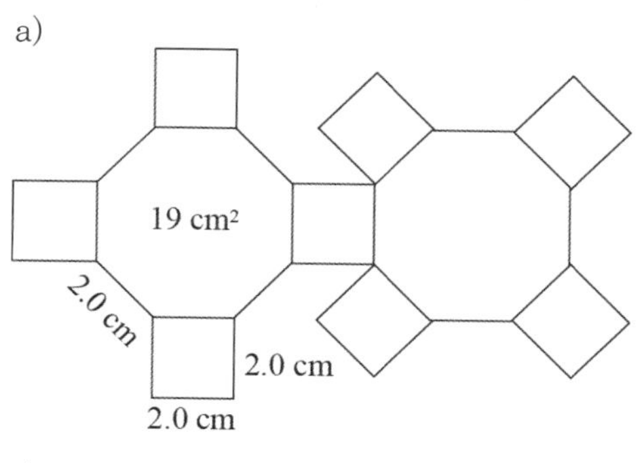

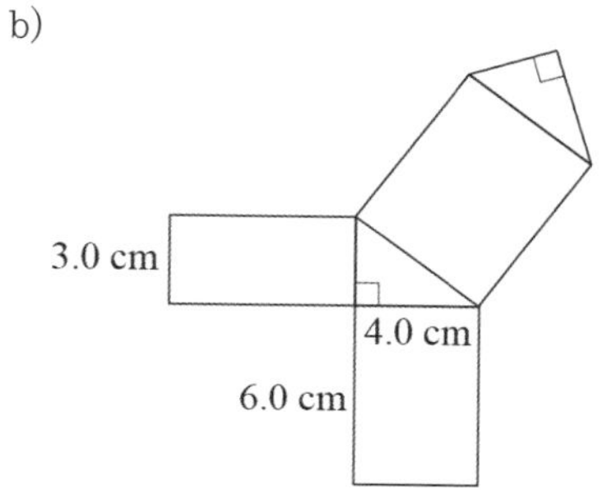

154 길이가 25 m이고 안쪽 지름이 19 mm인 호스에 들어가는 물의 양을 계산하시오.

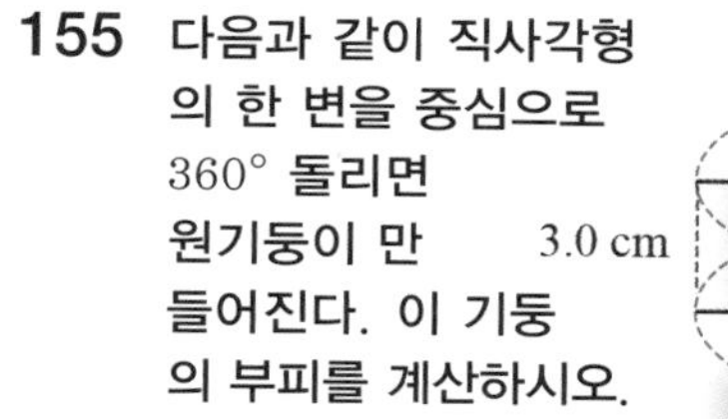

155 다음과 같이 직사각형의 한 변을 중심으로 360° 돌리면 원기둥이 만들어진다. 이 기둥의 부피를 계산하시오.

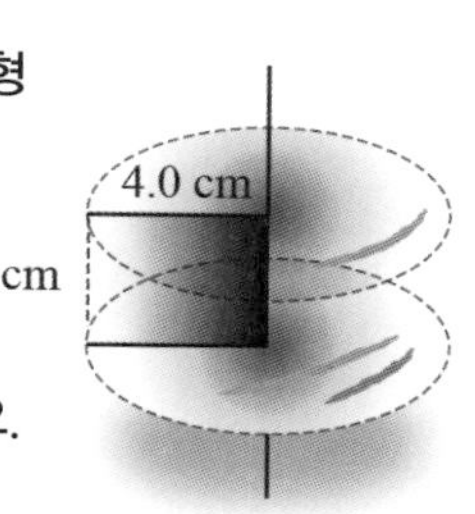

156 다음 냄비에 물 1 L를 부었다. 이 냄비 안에 들어 있는 물의 높이를 구하시오.

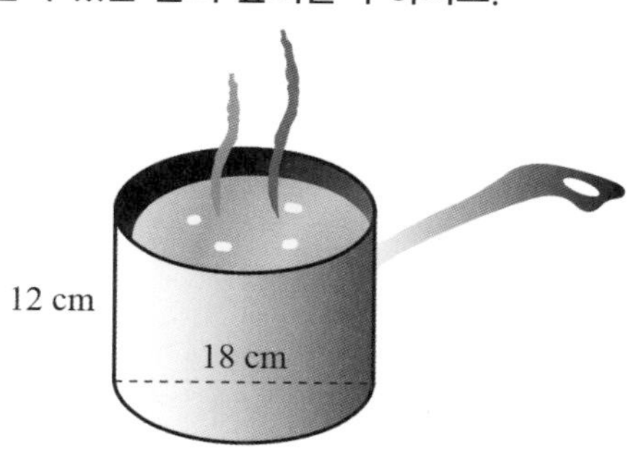

17 뿔의 부피

뿔의 부피

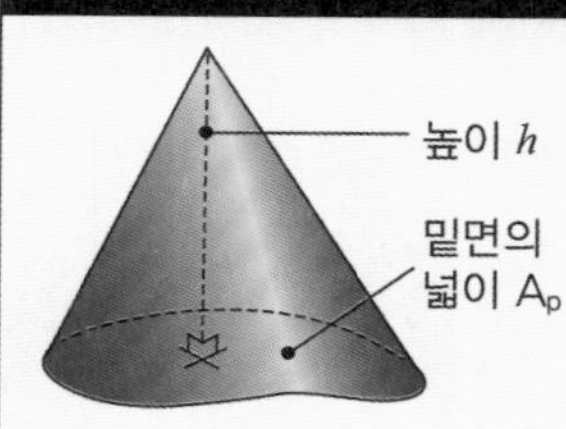

- 뿔의 부피는 밑면과 높이가 같은 기둥 부피의 $\frac{1}{3}$이다.

$$V = \frac{A_p h}{3}$$

- 원뿔의 밑면의 넓이는 $A_p = \pi r^2$이고 부피는 $V = \frac{\pi r^2 h}{3}$이다.

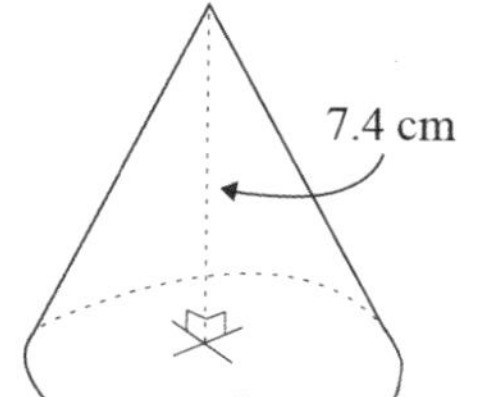

예제 1

뿔의 밑면의 넓이는 28 cm²이고 높이는 7.4 cm 이다. 이 뿔의 부피를 계산하시오.

이 뿔의 부피는

$$V = \frac{A_p h}{3} = \frac{28\text{ cm}^2 \cdot 7.4\text{ cm}}{3} = 69.06\cdots\text{ cm}^3 \fallingdotseq 69\text{ cm}^3$$이다.

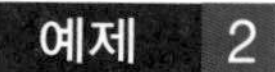

예제 2

4.0 cm

4.0 cm

정사각뿔의 높이와 밑면의 한 변의 길이는 각각 4.0 cm이다. 이 정사각뿔의 부피를 계산하시오.

밑면의 정사각형의 넓이는 $A_p = (4.0\text{ cm})^2 = 16\text{ cm}^2$이다.
이 정사각뿔의 부피는

$$V = \frac{A_p h}{3} = \frac{16\text{ cm}^2 \cdot 4.0\text{ cm}}{3} = 21.33\cdots\text{ cm}^3 \fallingdotseq 21\text{ cm}^3$$이다.

예제 3

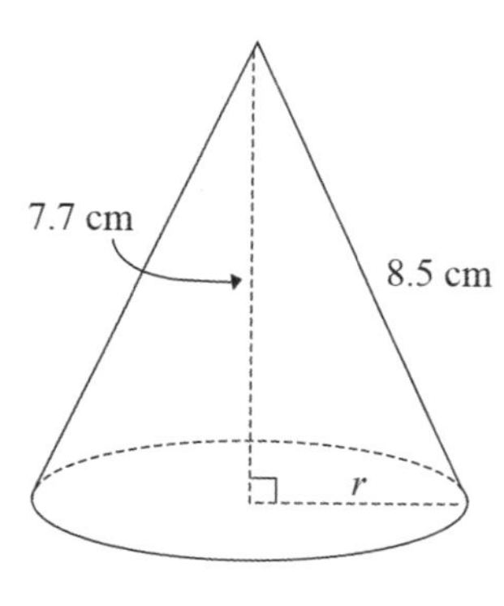

원뿔의 높이는 7.7cm 이고 모선의 길이는 8.5cm 이다. 이 원뿔의 부피를 계산하시오.

밑면의 반지름을 r 센티미터로 표시한다.
피타고라스의 정리에 따라

$r^2 + 7.7^2 = 8.5^2$

$r^2 = 8.5^2 - 7.7^2 = 12.96$

$r = \sqrt{12.96} = 3.6$

원뿔의 밑면의 반지름이 3.6 cm이므로 원뿔의 부피는

$$V = \frac{\pi r^2 h}{3} = \frac{\pi \cdot (3.6\text{ cm})^2 \cdot 7.7\text{ cm}}{3}$$
$$= 104.5\cdots\text{ cm}^3 \fallingdotseq 100\text{ cm}^3$$이다.

연습

157 다음 뿔의 부피를 계산하시오.

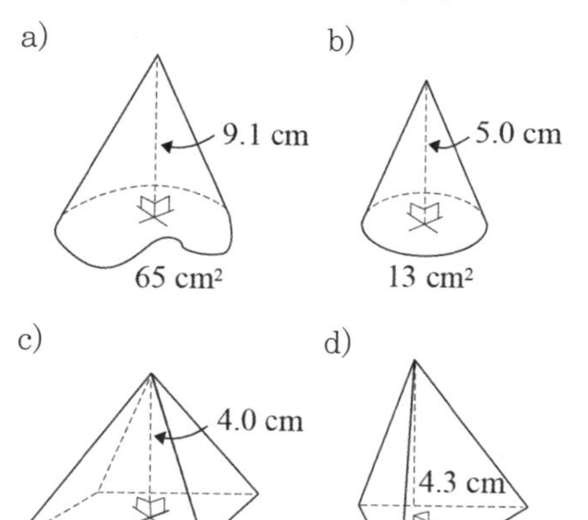

158 다음 각뿔의 밑면은 직사각형이다. 이 도형의 부피를 계산하시오.

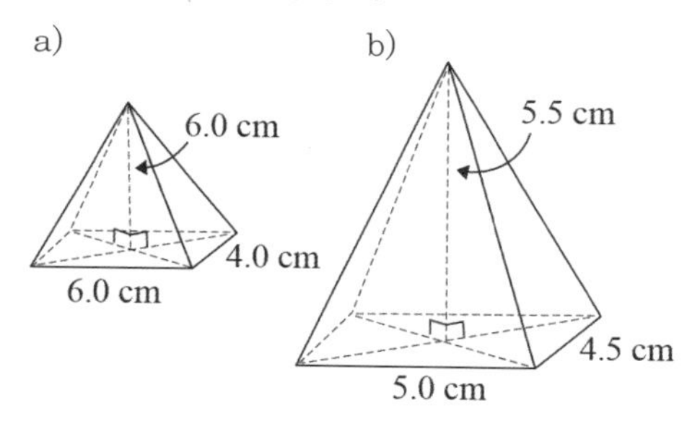

159 밑면이 직각삼각형인 다음 삼각뿔의 부피를 계산하시오.

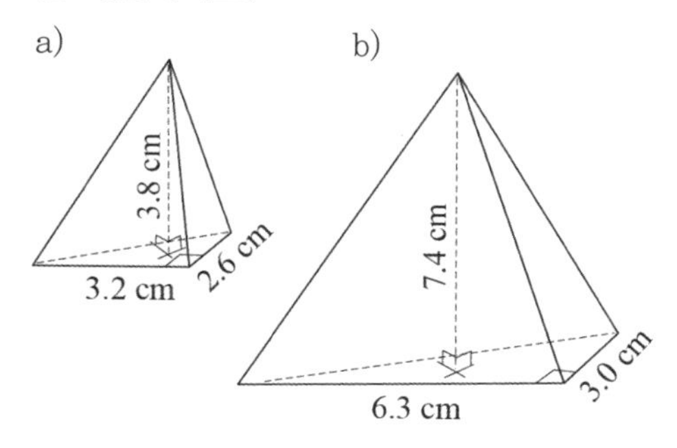

160 원뿔의 밑면의 반지름은 14 mm이고 높이는 35 mm이다.

a) 그림을 그리시오.
b) 이 원뿔의 부피를 계산하시오.

응용

161 다음 원뿔의 부피를 계산하시오.

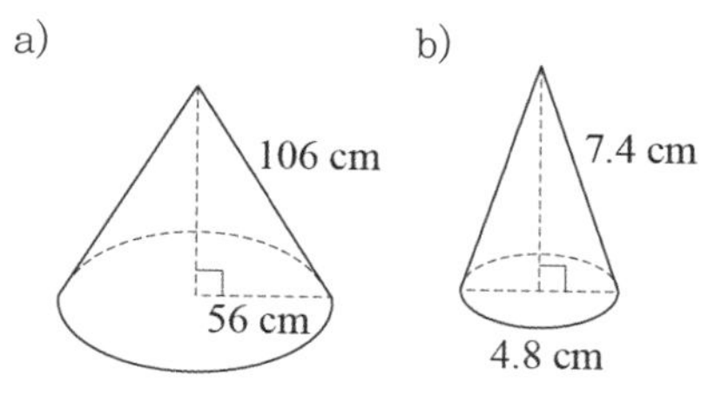

162 아이스크림콘의 높이는 150 mm이고 밑면의 지름은 65 mm이다. 이 콘에 들어 있는 아이스크림의 양을 계산하여 dL로 답하시오.

163 정육면체의 부피는 1.0 dm³이다. 이 정육면체를 다음과 같이 잘라내어 사각뿔을 만들었다. 즉, 밑면은 정육면체의 밑면을 그대로 두고 높이는 정육면체의 한 모서리의 길이와 같게 하였다.

a) 이 사각뿔의 부피를 계산하시오.
b) 정육면체의 부피는 이 사각뿔 부피의 몇 배인가?

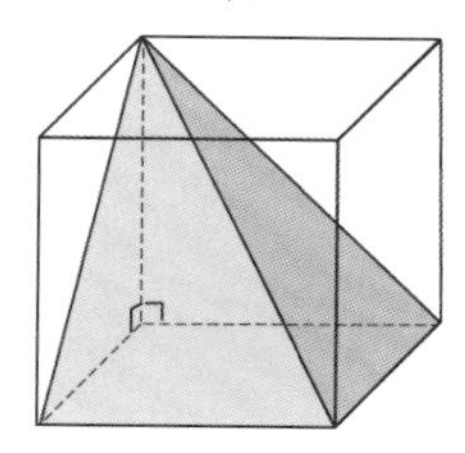
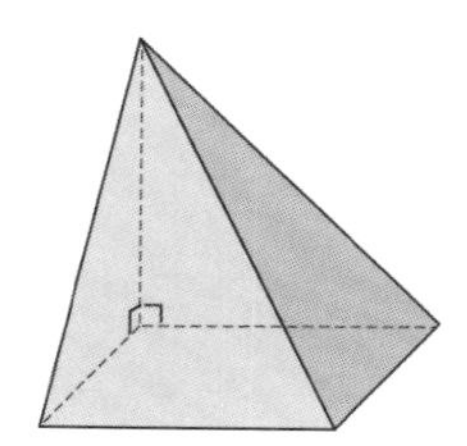

164 레타는 옆과 같이 원뿔 모양의 초를 만들려고 한다. 녹인 왁스가 1.2 L 있다. 높이가 13 cm, 밑면의 지름이 7.0 cm인 초를 몇 개 만들 수 있는가?

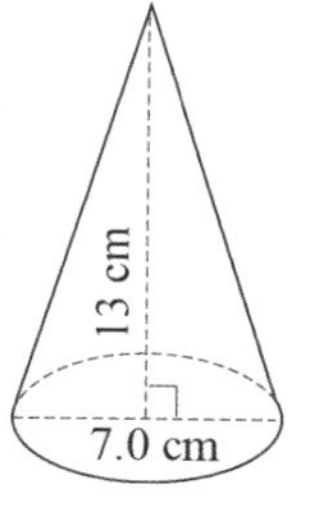

165 원뿔의 부피는 1.5 L이고 높이는 20 cm이다. 이 원뿔의 밑면의 다음을 구하시오.

a) 넓이　　b) 반지름

18 부피

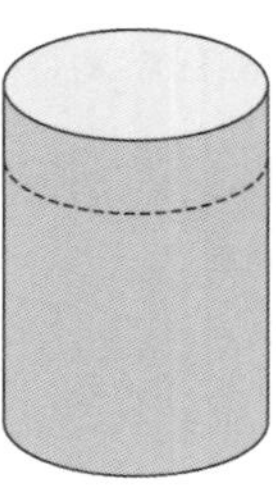

예제 1

직육면체 모양의 커피 상자의 가로는 9.5 cm, 세로는 6.0 cm, 높이는 16.5 cm 이다. 밑면의 반지름이 5.0 cm 이고 높이가 15 cm 인 원기둥 모양의 커피 보관함에 커피 가루가 모두 들어가는가?

커피 상자의 부피는

$V = 9.5\ \text{cm} \cdot 6.0\ \text{cm} \cdot 16.5\ \text{cm} = 940.5\ \text{cm}^3$이다.

보관함의 부피는

$V_p = \pi r^2 h = \pi \cdot (5.0\ \text{cm})^2 \cdot 15\ \text{cm}$

$= 1\,178.097\cdots\ \text{cm}^3 \fallingdotseq 1\,178.1\ \text{cm}^3$이다.

보관함의 용량이 커피 상자의 용량보다 크기 때문에 모두 들어간다.

정답 : 모두 들어간다.

예제 2

원뿔과 정사각뿔의 높이는 3.5 cm 이다. 원뿔의 밑면의 반지름과 정사각뿔의 밑면의 대각선은 각각 7.0 cm 이다. 이 정사각뿔의 부피는 원뿔 부피의 몇 %인지 계산하시오.

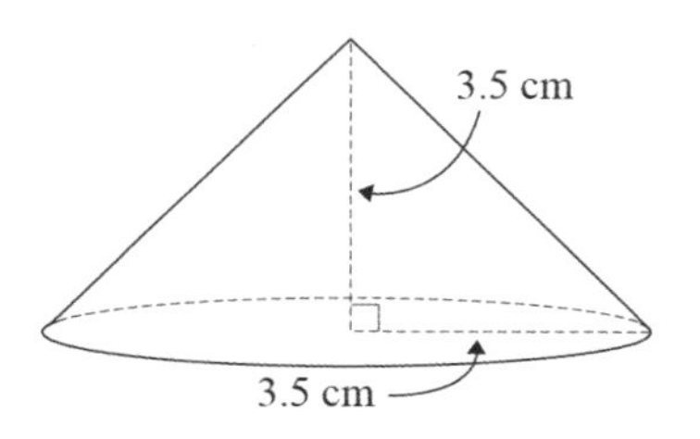

원뿔의 밑면의 반지름은 3.5 cm 이므로 부피는

$V_1 = \dfrac{\pi r^2 h}{3} = \dfrac{\pi \cdot (3.5\ \text{cm})^2 \cdot 3.5\ \text{cm}}{3}$

$= 44.8985\cdots\ \text{cm}^3 \fallingdotseq 44.90\ \text{cm}^3$이다.

정사각뿔의 밑면은 밑변의 길이와 높이가 각각 3.5 cm 인 네 개의 직각이등변삼각형으로 만들어진다. 이 정사각뿔의 밑면의 넓이는

$A_p = 4 \cdot \dfrac{1}{2} \cdot 3.5\ \text{cm} \cdot 3.5\ \text{cm} = 24.5\ \text{cm}^2$이다.

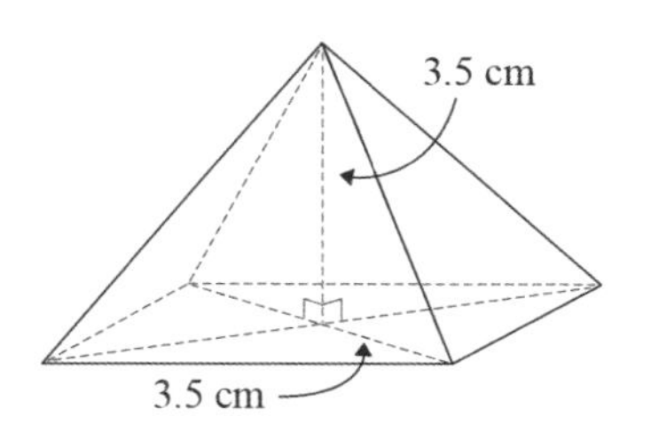

정사각뿔의 부피는

$V_2 = \dfrac{A_p h}{3} = \dfrac{24.5\ \text{cm}^2 \cdot 3.5\ \text{cm}}{3}$

$= 28.5833\cdots\ \text{cm}^3 \fallingdotseq 28.58\ \text{cm}^3$이다.

정사각뿔의 부피와 원뿔 부피의 비율은

$\dfrac{V_2}{V_1} = \dfrac{28.58\ \text{cm}^3}{44.90\ \text{cm}^3} = 0.6365\cdots \fallingdotseq 64\%$이다.

정답 : 약 64%

연습

166 직육면체 모양의 오트밀 상자의 가로는 14.3 cm, 세로는 7.1 cm, 높이는 18.5 cm이다. 밑면의 지름이 12.0 cm이고 높이가 17.5 cm인 원기둥 모양의 보관함에 오트밀이 모두 들어가는지 계산하시오.

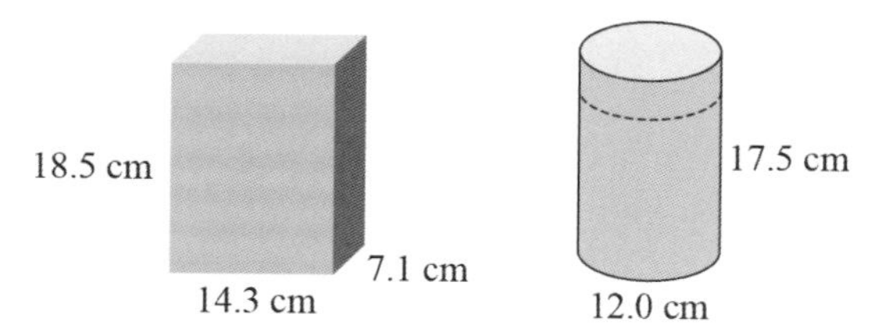

167 찰흙으로 밑면의 지름이 6.0 cm이고 높이가 12.0 cm인 원기둥을 만들었다.

a) 이 찰흙 원기둥의 부피를 계산하시오.

b) 이 찰흙으로 높이가 9.0 cm이고 밑면의 지름이 12.0 cm인 원뿔을 만들 수 있을까?

168 다음과 같이 원기둥 모양의 초를 정육면체 모양의 상자에 담아 포장했다.

a) 초의 부피를 계산하시오.

b) 상자 안의 빈 공간의 부피를 계산하시오.

c) 상자 안의 빈 공간의 부피는 상자 부피의 몇 %인가?

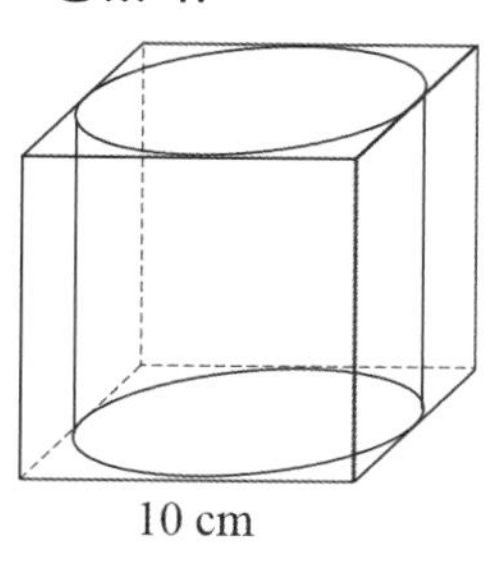

169 다음과 같이 생긴 초를 넣는 유리병의 부피를 계산하시오.

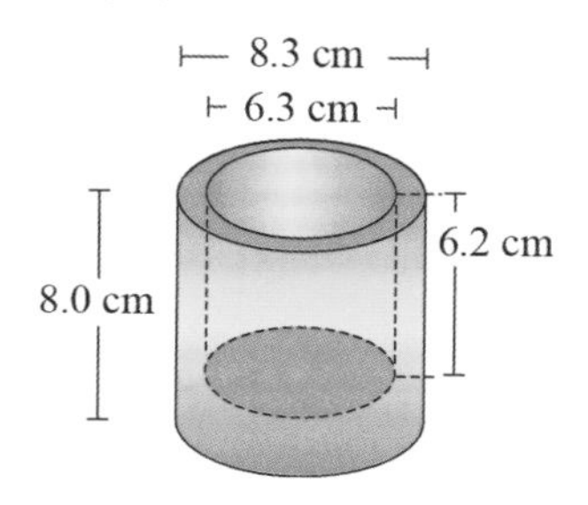

응용

170 2010년 4회 로또 1등 당첨금은 7 000 000.00 €였다. 당첨금을 100 €로 지폐로 받으려고 한다. 100 €짜리 지폐의 크기는 147 × 82 mm이고 두께는 0.12 mm이다. 가로가 68 cm, 세로가 49 cm, 높이가 28 cm인 여행가방에 당첨금으로 받은 지폐가 모두 들어가는가?

171 원기둥의 높이와 정사각뿔의 높이는 각각 6.0 cm이다. 원기둥의 밑면의 지름과 정사각뿔의 밑면의 대각선은 각각 12.0 cm이다. 정사각뿔의 부피는 원기둥 부피의 몇 %인가?

172 다음 원기둥 모양의 병에 물이 가득 들어 있다.

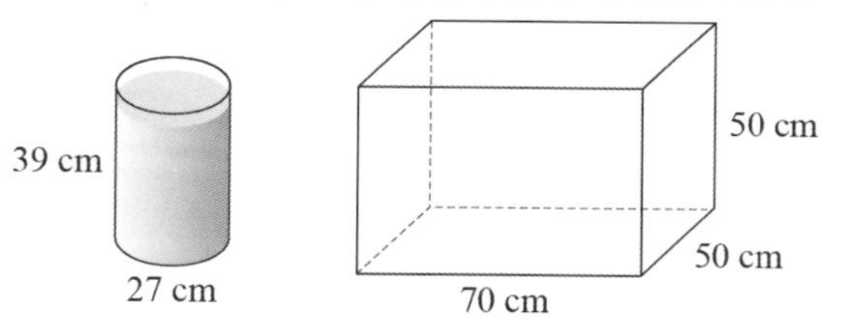

a) 이 병에 들어 있는 물은 몇 L인가?

b) 이 물을 옆 그림에 있는 직육면체 모양의 어항에 옮겨 담았다. 이 어항 안의 물의 높이를 구하시오.

c) 원기둥 모양의 병에 가득 찬 물을 이 어항에 몇 번 부으면 이 어항이 가득 차는가?

173 다음과 같이 직육면체 모양의 통에 물이 22 cm 높이까지 담겨 있다. 이 통의 작은 면이 바닥으로 오도록 통을 세웠을 때 물의 높이를 구하시오.

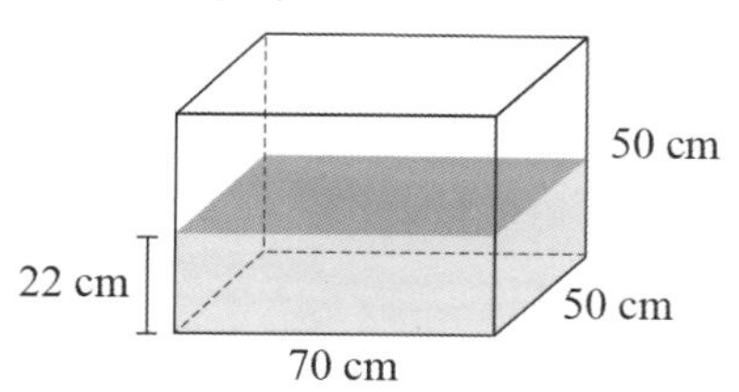

19 기둥의 겉넓이

원기둥의 옆면의 넓이

- 원기둥의 옆면을 평면으로 펼치면 가로의 길이가 밑면인 원의 둘레의 길이 $2\pi r$이고 세로의 길이가 원기둥의 높이 h인 직사각형이 된다.
- 옆면의 넓이 A_v는 가로와 세로의 곱, 즉 밑면 원의 둘레의 길이와 원기둥의 높이의 곱 이다.
  $A_v = 2\pi rh$

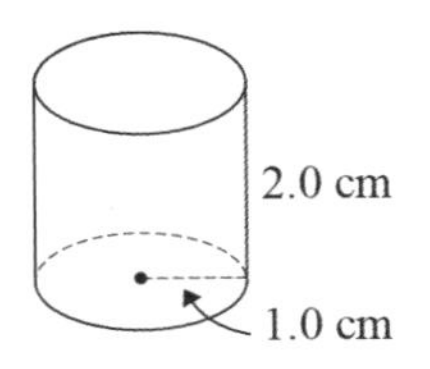

1.0 cm

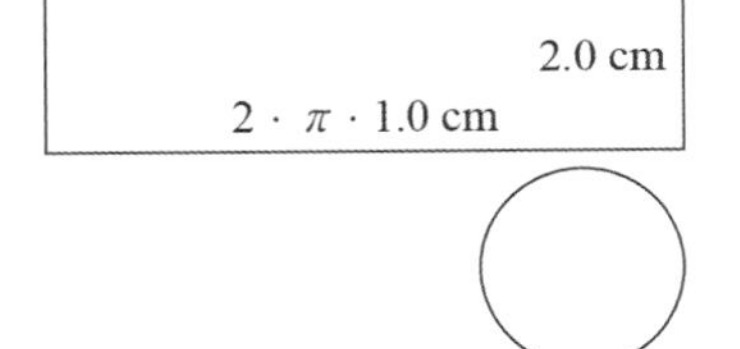

예제 1

원기둥의 밑면의 반지름은 1.0 cm이고 높이는 2.0 cm이다. 이 원기둥의 다음을 계산하시오.

a) 옆면의 넓이　　　　　　b) 겉넓이

a) $A_v = 2\pi rh = 2 \cdot \pi \cdot 1.0\text{ cm} \cdot 2.0\text{ cm}$

$= 12.5663\cdots\text{ cm}^2 \fallingdotseq 13\text{ cm}^2$

b) 원기둥의 밑면의 넓이는

$A_p = \pi r^2 = \pi \cdot (1.0\text{ cm})^2 = 3.1415\cdots\text{ cm}^2 \fallingdotseq 3.14\text{ cm}^2$이다.

원기둥의 겉넓이는 옆면의 넓이와 두 밑면 넓이의 합이다.

$A = 12.57\text{ cm}^2 + 2 \cdot 3.14\text{ cm}^2 = 18.85\text{ cm}^2 \fallingdotseq 19\text{ cm}^2$

정답 : a) 약 13 cm^2　b) 약 19 cm^2

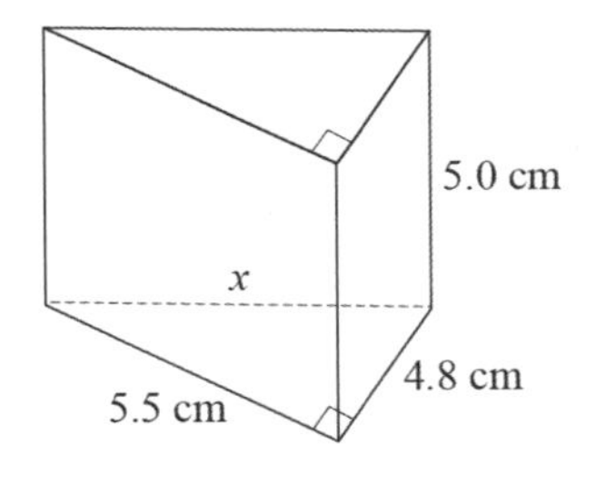

예제 2

삼각기둥의 전체 옆면의 넓이를 계산하시오.

기둥의 옆면은 높이가 5.0 cm이고 밑변이 밑면의 직각삼각형의 변인 세 개의 직사각형으로 이루어져 있다. 밑면 삼각형의 빗변의 길이를 변수 x센티미터로 표시한다. 피타고라스의 정리에 의해 방정식을 다음과 같이 쓸 수 있다.

$x^2 = 5.5^2 + 4.8^2 = 53.29$

$x = \sqrt{53.29} = 7.3$

밑면 삼각형의 빗변의 길이는 7.3 cm이므로, 기둥의 옆면 넓이는

$A_v = 5.5\text{ cm} \cdot 5.0\text{ cm} + 4.8\text{ cm} \cdot 5.0\text{ cm} + 7.3\text{ cm} \cdot 5.0\text{ cm}$

$= 88\text{ cm}^2$이다.

정답 : 88 cm^2

연습

174 **아래 원기둥의 높이는 5.0 cm이고 밑면의 지름은 4.0 cm이다. 원기둥의 다음을 계산하시오.**

a) 옆면의 넓이
b) 밑면의 넓이
c) 겉넓이

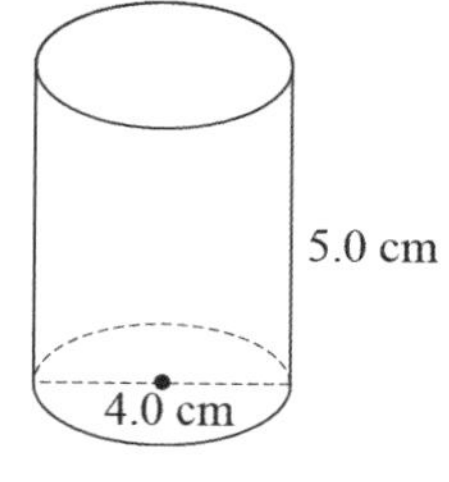

175 **원기둥 모양의 보관함의 높이는 14 mm이고 밑면의 반지름은 28 mm이다. 그림을 그리고 이 보관함의 겉넓이를 계산하시오.**

176 **다음 각기둥의 전체 옆면의 넓이를 계산하시오.**

a) b)

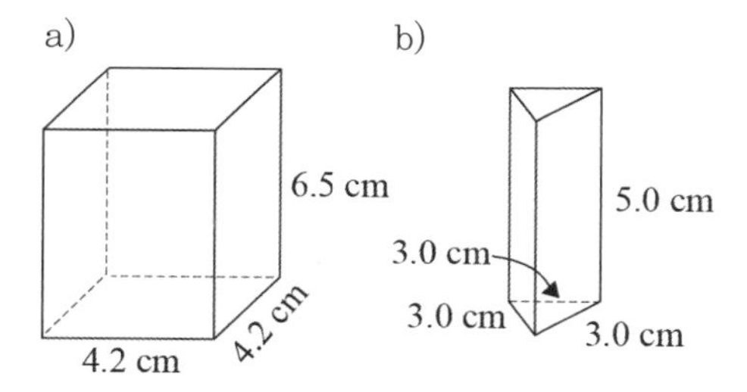

177 **다음을 계산하시오.**

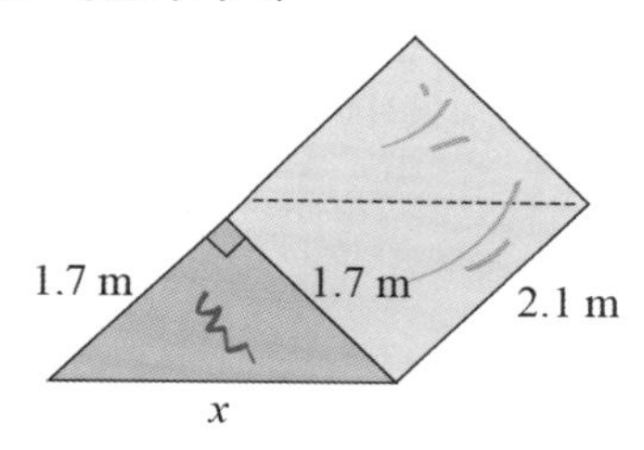

a) 텐트의 밑면의 너비 x
b) 이 텐트에 사용된 천의 넓이(밑면도 같은 천으로 만들고 이음새를 별도로 계산할 필요는 없다.)

178 **원기둥 모양의 통에 테니스공이 4개 들어 있다. 테니스공의 지름은 평균 2.56인치** (1인치=2.54 cm)**이다. 이 통의 겉넓이를 계산하시오.**

응용

179 **아이스하키의 퍽의 지름은 7.62 cm이고 두께는 2.54 cm이다. 이 퍽을 그리고 다음을 구하시오.**

a) 겉넓이
b) 부피

180 **철사를 이용해서 아래와 같이 삼각기둥을 만들려고 한다. 다음을 계산하시오.**

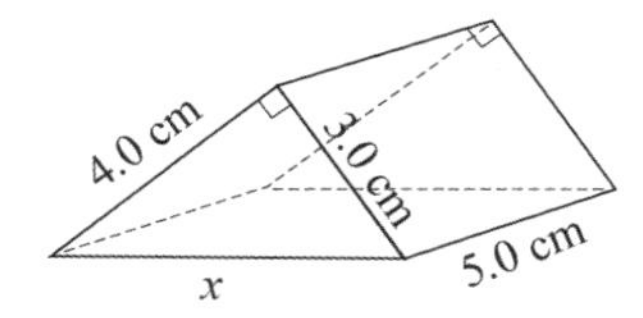

a) 모서리의 길이 x
b) 삼각기둥을 만드는 데 필요한 최소의 철사의 길이
c) 철사 삼각기둥을 양철판으로 덮는 데 필요한 양철판의 양

181 **다음 마구간의 문과 창문의 넓이는 총 $9.8\ m^2$이다. 이 마구간의 외벽을 두 번 페인트칠 해야 한다. 다음을 계산하시오.**

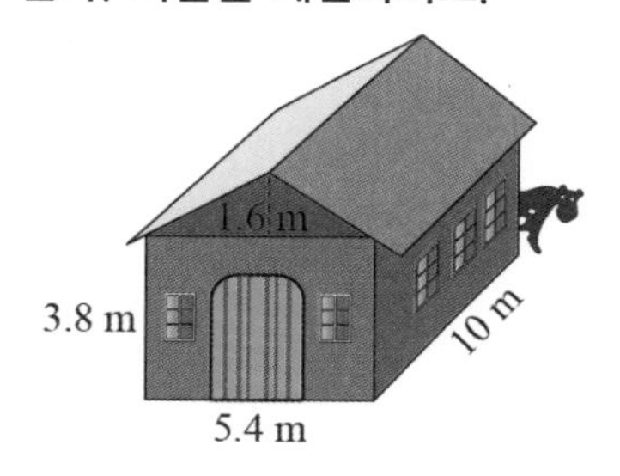

a) 칠해야 하는 외벽의 넓이
b) $6\ m^2/L$를 칠할 수 있는 페인트의 양

182 **원기둥의 높이는 20.0 cm이고 밑면의 반지름은 10.0 cm이다. 높이나 밑면의 반지름이 다음과 같이 늘어날 때 원기둥의 겉넓이는 몇 % 늘어나는지 계산하시오.**

a) 높이가 10% 늘어날 때
b) 밑면의 반지름이 10% 늘어날 때
c) 높이와 밑면의 반지름이 각각 10% 늘어날 때

20 정다각뿔의 겉넓이

정다각뿔의 겉넓이

- 정다각뿔의 밑면은 정다각형이고 옆면은 합동인 이등변삼각형이다.
- 정다각뿔의 겉넓이는 밑면과 옆면의 넓이의 합니다.

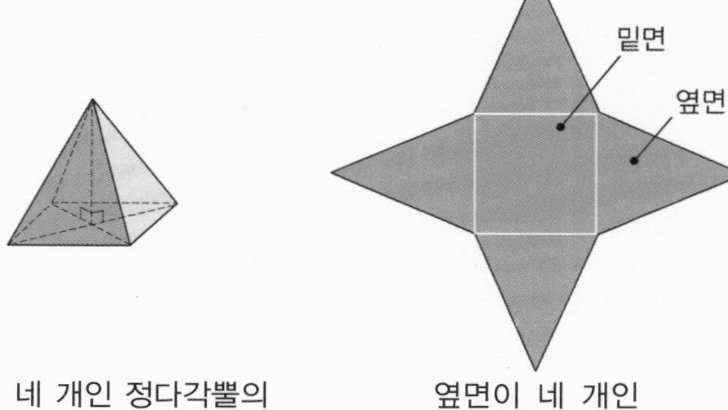

옆면이 네 개인 정다각뿔의 밑면은 정사각형이다.

옆면이 네 개인 정다각뿔의 전개도

예제 1

면이 네 개인 정사각뿔의 높이는 2.0 cm 이고 밑면의 한 변의 길이는 3.0 cm 이다. 정사각뿔의 다음을 계산하시오.

a) 옆면의 높이

b) 전체 옆면의 넓이

c) 겉넓이

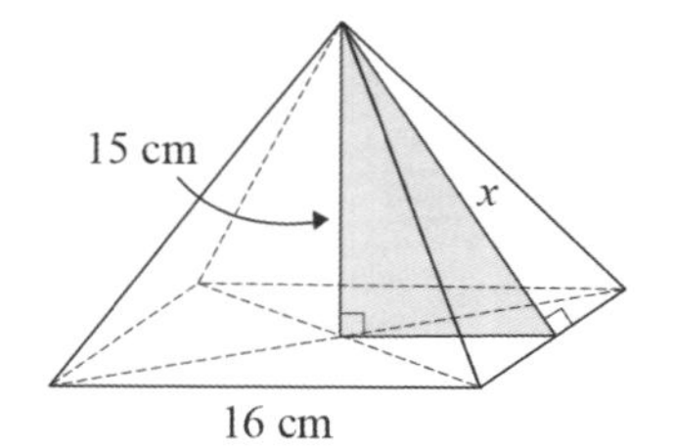

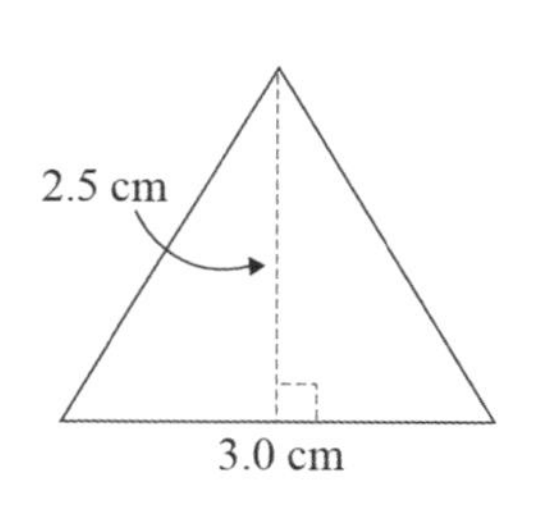

a) 옆면의 높이를 x 센티미터로 표시한다. 높이의 선분은 색칠한 직각삼각형의 빗변이다. 이 직각삼각형은 높이가 2.0 cm 이고 밑변이 밑면의 한 변의 반, 즉 3.0 cm ÷ 2 = 1.5 cm 이다.
피타고라스의 정리에 의해
$x^2 = 2.0^2 + 1.5^2 = 6.25$
$x = \sqrt{6.25} = 2.5$ 이다.

b) 전체 옆면은 밑변의 길이가 3.0 cm 이고 높이가 2.5 cm 인 네 개의 이등변삼각형으로 만들어진다.
전체 옆면의 넓이는 $A_v = 4 \cdot \frac{3.0\text{ cm} \cdot 2.5\text{ cm}}{2} = 15\text{ cm}^2$ 이다.

c) 밑면의 넓이는 $A_p = (3.0\text{ cm})^2 = 9.0\text{ cm}^2$ 이다.
정사각뿔의 겉넓이는 전체 옆면의 넓이와 밑면 넓이의 합이다.
$A = 15\text{ cm}^2 + 9\text{ cm}^2 = 24\text{ cm}^2$

정답 : a) 2.5 cm b) 15 cm^2 c) 24 cm^2

연습

183 다음 정사각뿔의 밑면의 한 변의 길이와 옆면의 높이는 각각 모눈종이 눈금 4칸의 길이와 같다.

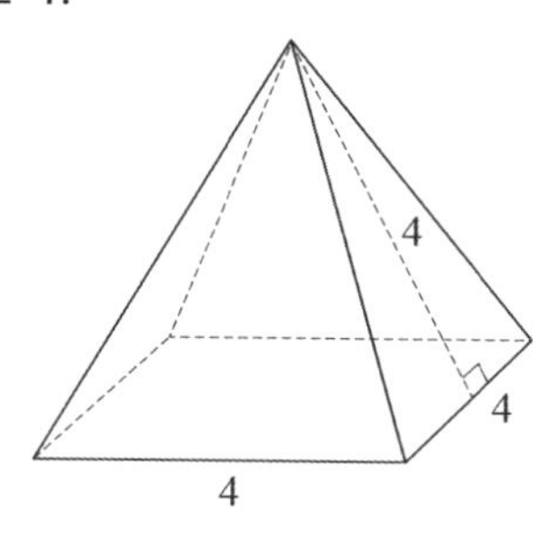

a) 정사각뿔의 전개도를 그리시오.
b) 정사각뿔의 전체 옆면의 넓이를 계산하시오.
c) 정사각뿔의 겉넓이를 계산하시오.

184 다음 정삼각뿔의 밑면은 정삼각형이고 옆면들은 합동인 이등변삼각형이다. 이 정삼각뿔의 다음을 계산하시오.

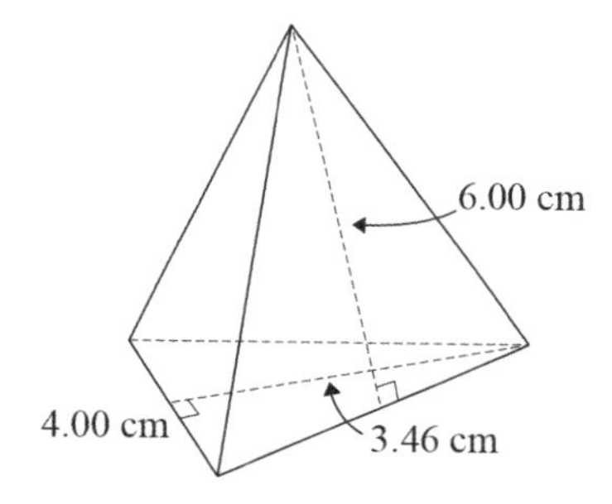

a) 밑면의 넓이
b) 전체 옆면의 넓이
c) 겉넓이

185 밑면이 정사각형 모양인 다음 정원용 텐트의 지붕의 겉넓이를 계산하시오.

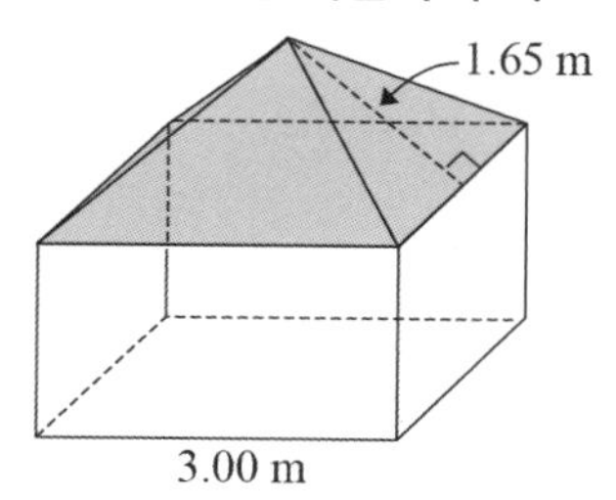

응용

186 다음 전개도를 접으면 정다각뿔을 만들 수 있을까? 만들 수 없는 경우 그 이유를 설명하시오.

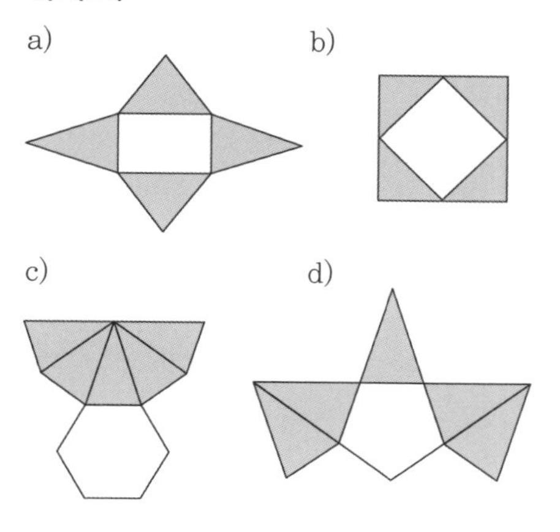

187 아래 정사각뿔의 다음을 계산하시오.

a) 옆면의 높이 x
b) 전체 옆면의 넓이
c) 겉넓이

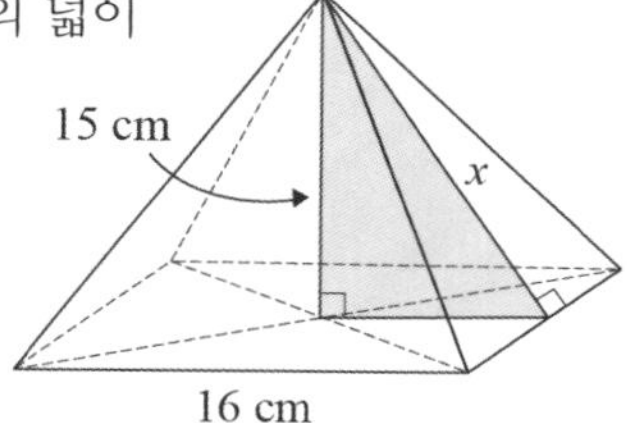

188 정사각뿔의 밑면의 한 변의 길이는 5.6 cm 이고 옆모서리의 길이는 10.0 cm이다. 다음을 계산하시오.

a) 옆면의 높이
b) 전체 옆면의 넓이

189 아래는 정사각뿔의 전개도이다. 이 정사각뿔의 다음을 계산하시오.

a) 겉넓이
b) 높이
c) 부피

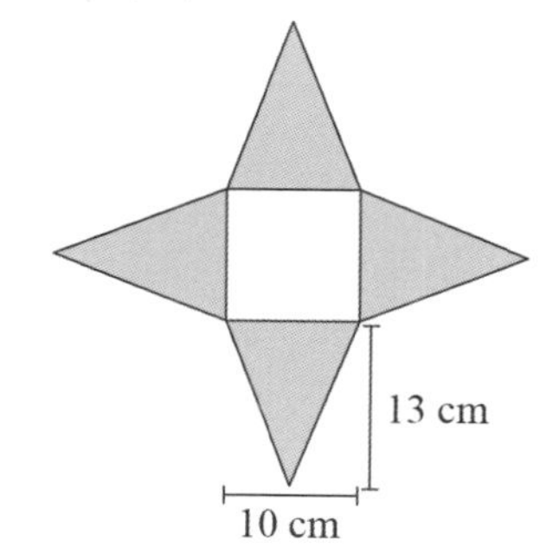

21 원뿔의 겉넓이

원뿔의 옆면의 넓이

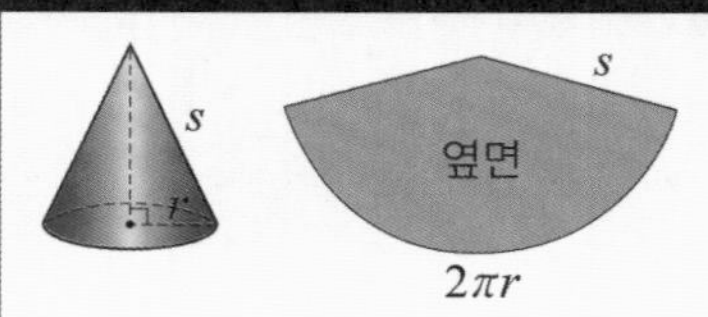

• 원뿔의 옆면을 평면으로 펼치면 반지름이 원뿔의 옆선분 s이고 호가 원뿔의 밑면 원의 둘레 $2\pi r$인 부채꼴이 된다.
• 옆면의 넓이는 $\mathrm{A_v} = \pi rs$이다.

예제 1

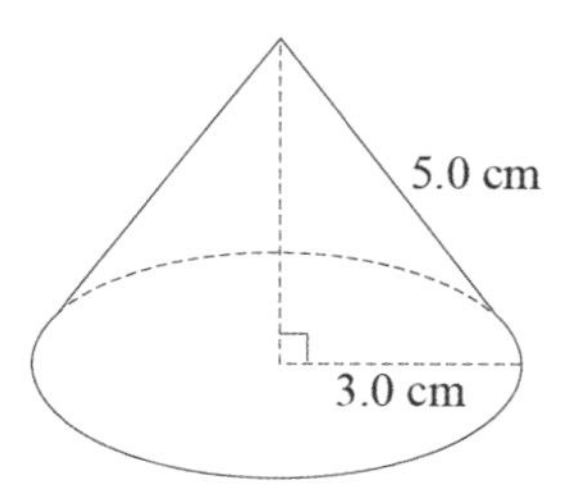

원뿔의 밑면의 반지름이 3.0 cm 이고 옆선분의 길이가 5.0 cm 이다. 이 원뿔의 다음을 계산하시오.

a) 옆면의 넓이 b) 겉넓이

a) $\mathrm{A_v} = \pi rs = \pi \cdot 3.0\ \mathrm{cm} \cdot 5.0\ \mathrm{cm}$

$= 47.1238\cdots\ \mathrm{cm}^2 \fallingdotseq 47\ \mathrm{cm}^2$

b) 원뿔의 밑면의 넓이는

$\mathrm{A_p} = \pi r^2 = \pi \cdot (3.0\ \mathrm{cm})^2 = 28.2743\cdots\ \mathrm{cm}^2 \fallingdotseq 28.27\,\mathrm{cm}^2$이다.

원뿔의 겉넓이는 옆면의 넓이와 밑면 넓이의 합이다.

$\mathrm{A} = 47.12\ \mathrm{cm}^2 + 28.27\ \mathrm{cm}^2 = 75.39\ \mathrm{cm}^2 \fallingdotseq 75\ \mathrm{cm}^2$

정답 : **a)** 약 $47\ \mathrm{cm}^2$ **b)** 약 $75\ \mathrm{cm}^2$

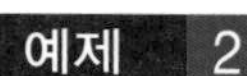

예제 2

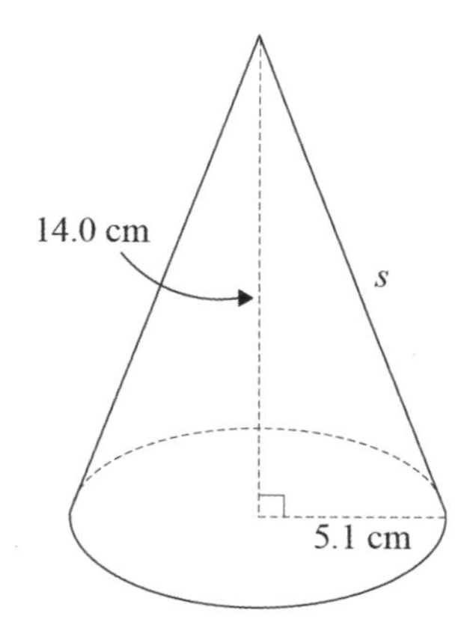

원뿔의 밑면의 반지름은 5.1 cm 이고 높이는 14.0 cm 이다. 이 원뿔의 겉넓이를 계산하시오.

옆선분의 길이를 s 센티미터로 표시한다.

피타고라스의 정리를 이용해서

$s^2 = 14.0^2 + 5.1^2 = 222.01$

$s = \sqrt{222.01} = 14.9$이다.

옆선분의 길이는 14.9 cm 이고 옆면의 넓이는

$\mathrm{A_v} = \pi rs = \pi \cdot 5.1\ \mathrm{cm} \cdot 14.9\ \mathrm{cm}$

$= 238.729\cdots\ \mathrm{cm}^2 \fallingdotseq 238.7\ \mathrm{cm}^2$이다.

원뿔의 밑면의 넓이는

$\mathrm{A_p} = \pi \cdot (5.1\ \mathrm{cm})^2 = 81.712\cdots\ \mathrm{cm}^2 \fallingdotseq 81.7\,\mathrm{cm}^2$이다.

원뿔의 겉넓이는 옆면의 넓이와 밑면 넓이의 합이다.

$A = 238.7\ \mathrm{cm}^2 + 81.7\ \mathrm{cm}^2 = 320.4\ \mathrm{cm}^2 \fallingdotseq 320\ \mathrm{cm}^2$

정답 : $320\ \mathrm{cm}^2$

연습

190 다음 원뿔의 옆면의 넓이를 계산하시오.

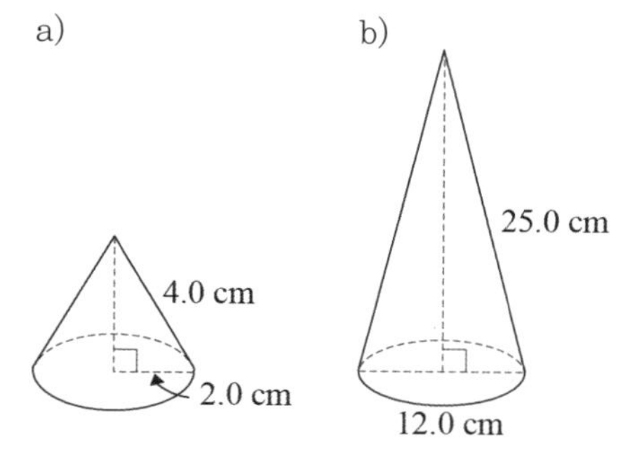

191 다음 원뿔의 겉넓이를 계산하시오.

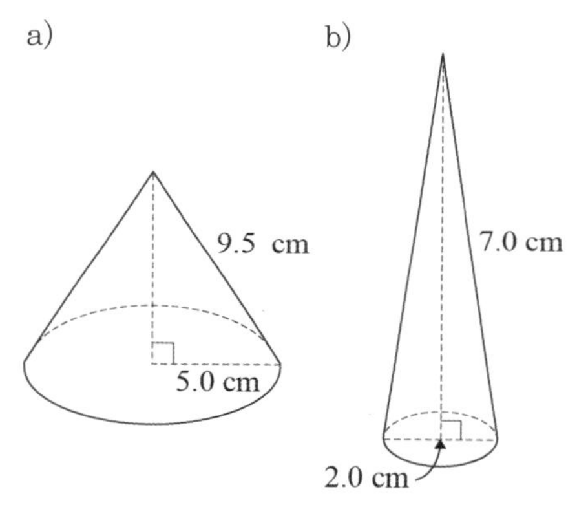

192 필요한 길이를 측정하고 옆 원뿔의 다음을 계산하시오.

a) 옆면의 넓이
b) 겉넓이

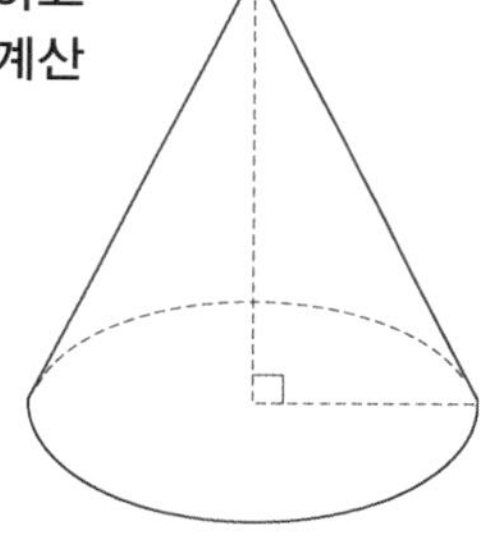

193 모자의 크기는 이마 위치에서 잰 머리의 둘레이다. 원뿔 모양의 종이모자의 크기는 54 cm이고 모선의 길이는 42 cm이다. 다음을 계산하시오.

a) 모자의 밑면의 반지름
b) 모자를 만드는 데 필요한 종이의 넓이 (답을 dm^2로 쓰시오. 모자의 이음새는 테이프로 붙인다.)

응용

194 다음 도형들이 원뿔의 옆면을 이룰 수 있는지 설명하시오.

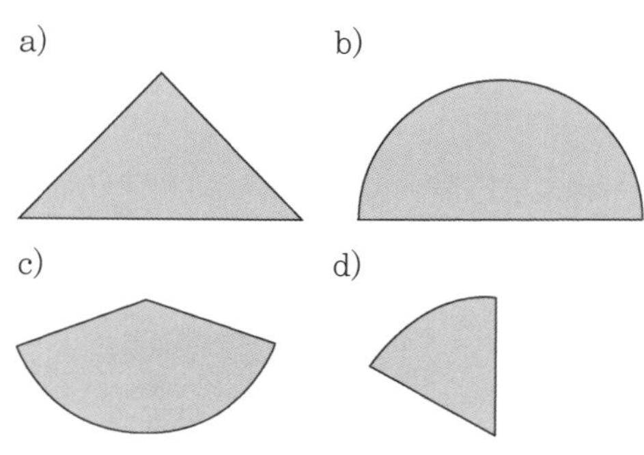

195 필요한 길이를 측정하고 옆 원뿔의 다음을 계산하시오.

a) 옆면의 넓이
b) 겉넓이
c) 부피

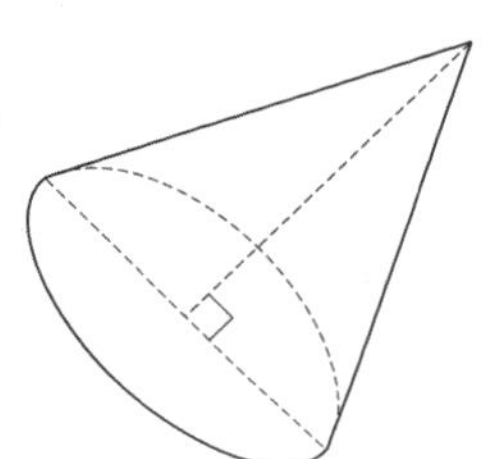

196 옆 원뿔의 다음을 계산하시오.

a) 모선의 길이 s
b) 옆면의 넓이

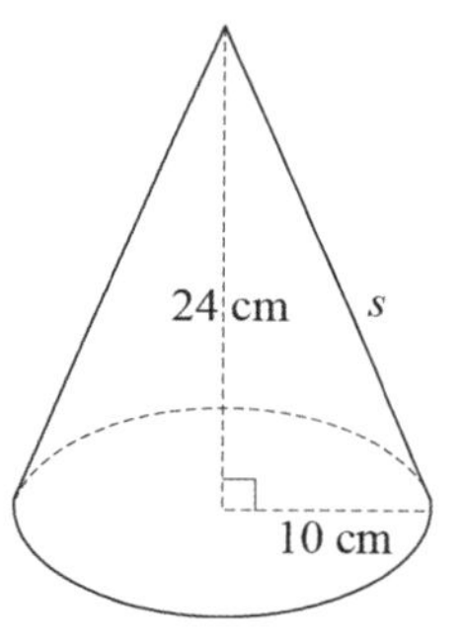

197 원뿔의 밑면의 지름이 16 cm이고 옆선분의 길이가 17 cm이다. 이 원뿔의 다음을 계산하시오.

a) 높이
b) 겉넓이
c) 부피

198 원뿔의 높이가 11 cm이고 옆선분의 길이가 23 cm이다. 이 원뿔의 다음을 계산하시오.

a) 밑면의 반지름
b) 겉넓이

22 겉넓이

예제 1

롤러차의 롤러의 너비는 2.13 m이고 지름은 1.48 m이다. 이 롤러가 한 바퀴 도는 동안 평평하게 만들어지는 땅의 넓이를 구하시오.

롤러는 원기둥 모양으로 밑면의 반지름이
$r = 1.48\ \mathrm{m} \div 2 = 0.74\ \mathrm{m}$ 이고 높이는 $h = 2.13\ \mathrm{m}$ 이다.
한 바퀴를 도는 동안 롤러는 옆면 넓이의 땅을 평평하게 만든다.
$\mathrm{A_v} = 2\pi rh = 2 \cdot \pi \cdot 0.74\ \mathrm{m} \cdot 2.13\ \mathrm{m}$
$= 9.9035\cdots\ \mathrm{m}^2 \fallingdotseq 9.90\ \mathrm{m}^2$

정답 : $9.90\ \mathrm{m}^2$

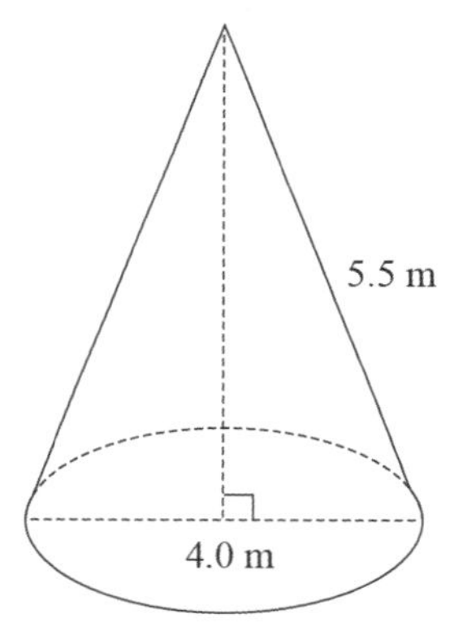

예제 2

원뿔 모양의 천막의 바닥의 지름은 4.0m이고 모선은 5.5m이다. 천막의 천이 다 마른 뒤에 천에 방수처리 용액을 뿌리려고 한다. 용액 1 L로 넓이가 7.5 m²인 천에 뿌릴 수 있다면, 용액 4 L로 천막을 모두 처리할 수 있는지 계산하시오.

천막의 천은 원뿔의 옆면 크기이다.
원뿔의 밑면의 반지름은
$r = 4.0\ \mathrm{m} \div 2 = 2.0\ \mathrm{m}$ 이고 모선은 $s = 5.5\ \mathrm{m}$ 이다.
천의 넓이는
$\mathrm{A_v} = \pi rs = \pi \cdot 2.0\ \mathrm{m} \cdot 5.5\ \mathrm{m} = 34.5575\cdots\ \mathrm{m}^2 \fallingdotseq 34.56\mathrm{m}^2$ 이다.
1 L로 $7.5\mathrm{m}^2$를 처리할 수 있으므로 용액의 필요량은
$\frac{34.56}{7.5} = 4.608$ 이다.

정답 : 4.0 L로는 모자란다.

연습

199 롤러의 너비는 110 cm이고 지름은 74 cm이다. 롤러가 다음만큼 돌 때 평평하게 만들어지는 땅의 넓이를 계산하시오. m^2로 답하시오.

a) 1 바퀴
b) 7 바퀴

200 뚜껑이 없는 직육면체 모양의 나무상자의 밑면의 변의 길이들은 80 cm, 40 cm이고 높이는 56 cm이다. 그림을 그리고 이 상자의 외벽 넓이를 계산하시오. dm^2로 답하시오.

201 캔의 높이는 112 mm이고 밑면의 지름은 96 mm이다. 캔을 만드는 데 사용된 양철의 넓이를 계산하여 dm^2로 답하시오. (이음새는 고려하지 않는다.)

202 원뿔의 옆선분과 밑면의 지름은 각각 2.0 dm이다. 이 원뿔의 겉넓이를 계산하시오.

203 옆 그림과 같이 정원에 있는 정자의 밑면은 정육각형으로 한 변의 길이가 3.0m이다. 정자의 지붕은 높이가 6.5m인 이등변삼각형으로 만들어졌다. 이 지붕의 겉넓이를 계산하시오.

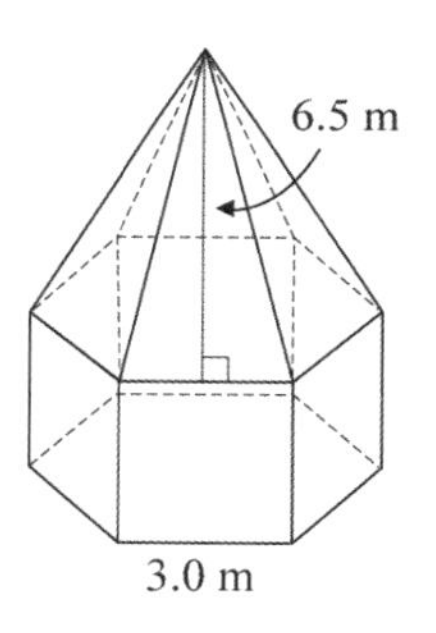

204 다음 이인용 텐트의 천에 50쪽 예제 2에 사용된 방수처리 용액을 뿌리려고 한다. 2 L로 충분한지 계산하시오.

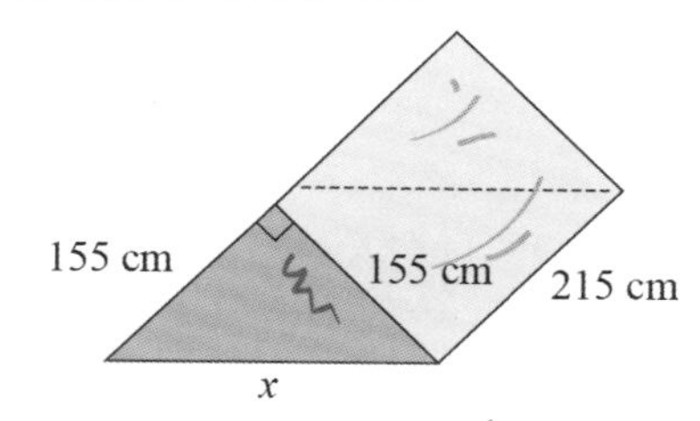

응용

205 50쪽 예제 1에 있는 롤러로 넓이가 1 a인 땅을 평평하게 만들었을 때, 이 롤러는 몇 바퀴 돌았는지 구하시오.

206 다음과 같이 유리 정육면체를 원기둥 모양의 선물상자에 담았다. 정육면체 밑면의 대각선은 10 cm이다.

a) 원기둥의 겉넓이를 구하시오.
b) 정육면체의 겉넓이를 구하시오.
c) 정육면체의 겉넓이는 원기둥 겉넓이의 몇 %인지 계산하시오.

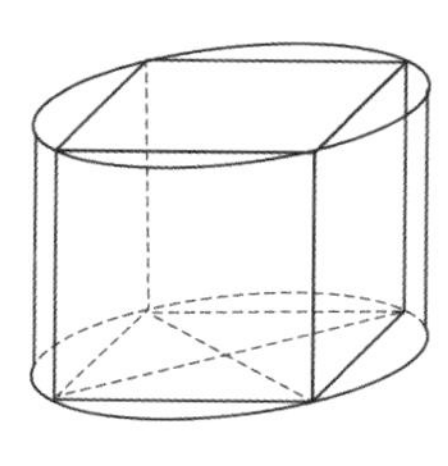

207 올라빈린나에 있는 키일린 탑의 구리지붕은 원뿔 모양으로 밑면의 지름이 12 m이고 높이가 3.9 m이다. 이 구리지붕의 겉넓이를 계산하시오.

208 정육면체의 부피는 1 000 cm^3이다. 이 정육면체와 높이가 같은 원기둥의 부피 또한 1 000 cm^3이다.

a) 정육면체의 한 모서리의 길이를 계산하시오.
b) 원기둥의 밑면의 반지름을 계산하시오.
c) 원기둥의 겉넓이는 정육면체의 겉넓이보다 몇 % 작은가?

209 방석의 속은 원기둥 모양의 플라스틱 폼으로 밑면의 지름은 60 cm이고 높이는 45 cm이다. 이 방석의 커버를 단색의 무늬가 없는 천으로 만들려고 한다. 이 천의 두루마리의 너비는 140 cm이다. 기둥의 밑면에는 이음새가 있으면 안 되지만 옆면에는 두 개의 세로 이음새가 있어도 된다. 방석 커버를 만들기 위해 필요한 부분들을 서로 이어서 바느질하기 위해서는 천 부분들 주변에 너비가 1 cm인 시접을 남겨야 한다. 이 천을 최소 몇 m 구입해야 하는지 계산하시오. (천의 방향은 생각할 필요 없다.)

23 구

구의 부피와 겉넓이

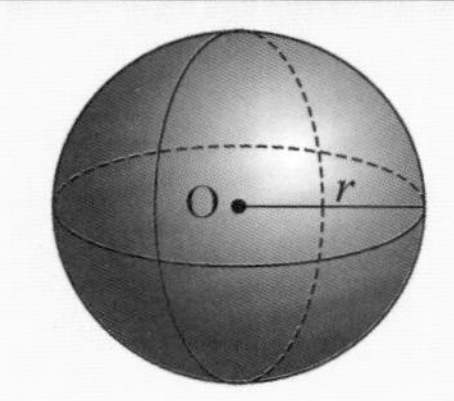

- 구의 표면에 있는 점들은 중심 O에서 반지름의 거리에 있다.
- 구의 부피는 $V = \frac{4\pi r^3}{3}$ 이다.
- 구의 겉넓이는 $A = 4\pi r^2$ 이다.

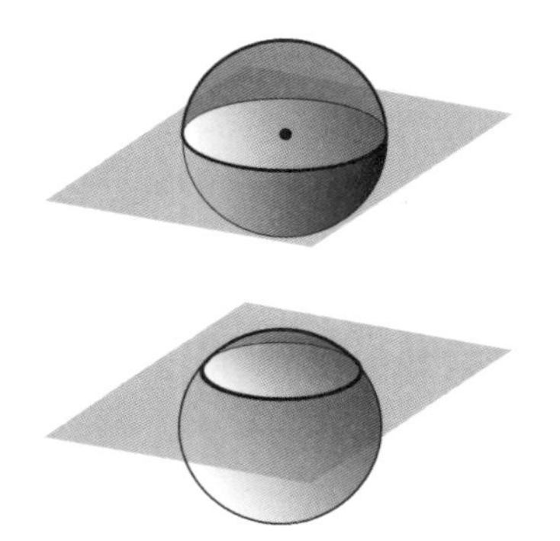

구를 평면으로 자른 단면은 원이다. 구의 중심을 통과하도록 자를 경우 단면은 가장 큰 원이 된다. 다른 단면들은 작은 원들이다. 구의 겉넓이는 가장 큰 원의 넓이의 네 배이다.

예제 1

a) 반지름이 1.5 cm인 구를 그리시오.
b) 구의 부피를 계산하시오.
c) 구의 겉넓이를 계산하시오.

a)

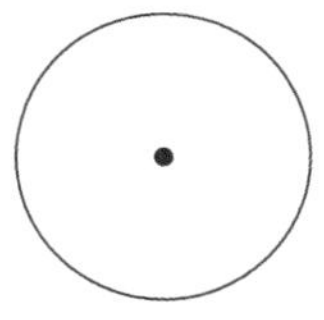

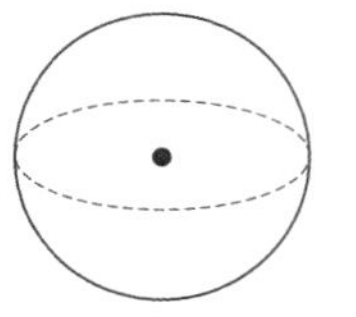

1. 반지름이 1.5 cm 인 원을 그린다.
2. 중심점을 수평으로 지나는 큰 원을 타원으로 그린다.
3. 중심을 세로로 지나는 큰 원을 타원으로 그린다.

b) 구의 부피는

$$V = \frac{4\pi r^3}{3} = \frac{4 \cdot \pi \cdot (1.5\text{ cm})^3}{3} = 14.13\cdots\text{ cm}^3 \fallingdotseq 14\text{ cm}^3$$ 이다.

c) 구의 겉넓이는

$$A = 4\pi r^2 = 4 \cdot \pi \cdot (1.5\text{ cm})^2 = 28.27\cdots\text{ cm}^2 \fallingdotseq 28\text{ cm}^2$$ 이다.

정답 : b) 약 14 cm^3 c) 약 28 cm^2

연습

210 다음을 계산하시오.

a) $A = 4 \cdot \pi \cdot (3.5\ \text{cm})^2$

b) $V = \dfrac{4 \cdot \pi \cdot (28\ \text{cm})^3}{3}$

c) $A = 4 \cdot \pi \cdot (5.0\ \text{cm})^2$

d) $V = \dfrac{4 \cdot \pi \cdot (12\ \text{mm})^3}{3}$

211 다음 물음에 답하시오.

a) 반지름이 2.1 cm인 구를 그리시오.
b) 구의 부피를 계산하시오.
c) 구의 겉넓이를 계산하시오.

212 다음 구의 부피와 겉넓이를 계산하시오.

a)

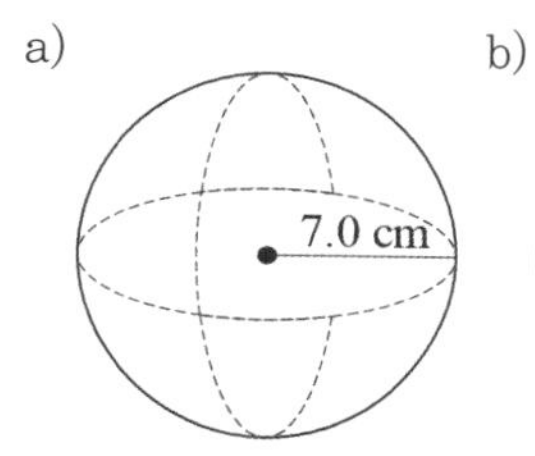

b)

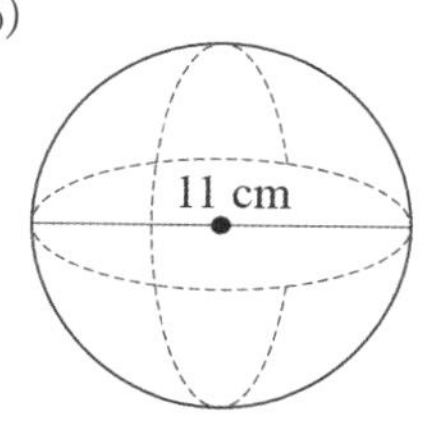

213 다음 구의 부피와 겉넓이를 계산하시오.

a) 농구공의 지름은 24.0 cm이다.

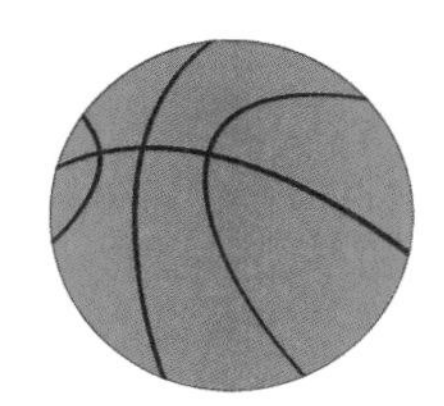

b) 테니스공의 반지름은 3.2 cm이다.

214 공 두 개의 반지름은 각각 2.0 cm와 1.0 cm이다. 이 공들의 다음을 구하시오.

a) 부피
b) 부피의 비율

215 공 모양의 멜론의 지름은 14 cm이다. 멜론을 가운데에서 두 개로 잘랐다. 이 멜론 반 개의 다음을 구하시오.

a) 단면의 넓이
b) 껍질의 겉넓이
c) 껍질의 겉넓이와 단면의 넓이의 비율

응용

216 축구공의 둘레의 길이는 70 cm이다. 이 축구공의 다음을 구하시오.

a) 반지름
b) 부피
c) 겉넓이

217 코코넛볼의 지름이 3.0 cm일 때, 반죽 1 L로 코코넛볼을 몇 개 만들 수 있는지 계산하시오.

218 아이스크림볼의 지름이 4.5 cm이다. 아이스크림볼 두 개의 가격이 3.00 €일 때 이 아이스크림의 L당 가격을 계산하시오.

219 직육면체 모양의 어항의 가로는 50 cm, 세로는 30 cm, 높이는 35 cm이다. 어항에는 반 정도 물이 차 있다. 어항 안에 지름이 120 mm인 철공을 넣는다면 어항 속 물의 높이는 얼마나 더 올라오는지 계산하시오.

220 오렌지의 지름은 8.0 cm이고 껍질의 두께는 7 mm이다.

a) 오렌지의 부피를 구하시오.
b) 껍질의 부피를 구하시오.
c) 오렌지 전체 부피에서 껍질의 부피는 몇 %인가?

221 공의 지름은 4.0 cm이다. 원의 넓이가 이 공의 겉넓이와 같은 원을 그리시오.

24 부피와 겉넓이

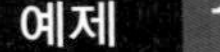

예제 1

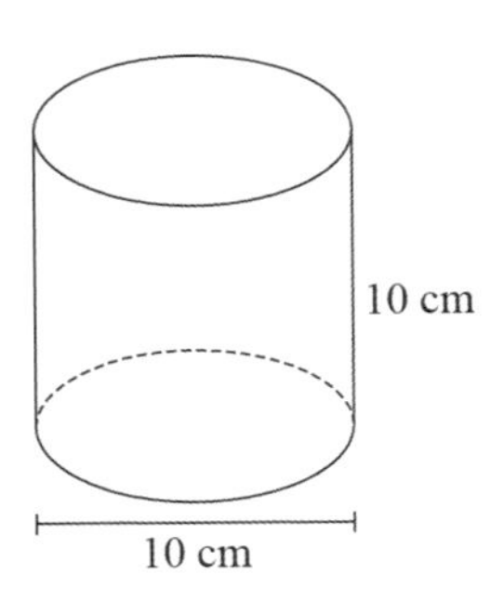

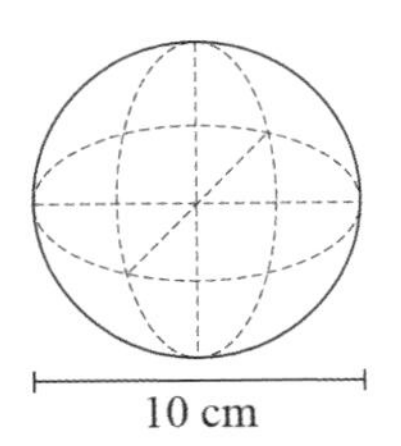

공의 지름 및 원기둥의 높이와 밑면의 지름이 각각 10 cm 이다.

a) 원기둥의 옆면의 넓이를 계산하시오.
b) 공의 겉넓이를 계산하시오.
c) a)와 b)의 넓이들을 비교하시오.

공의 반지름과 원기둥의 밑면의 반지름은 $r = 10\,\text{cm} \div 2 = 5\,\text{cm}$ 이다.

a) 원기둥의 옆면의 넓이는
$A_v = 2\pi rh = 2 \cdot \pi \cdot 5\,\text{cm} \cdot 10\,\text{cm}$
$= 314.15\cdots\,\text{cm}^2 \fallingdotseq 310\,\text{cm}^2$ 이다.

b) 공의 겉넓이는
$A = 4\pi r^2 = 4 \cdot \pi \cdot (5\,\text{cm})^2 = 314.15\cdots\,\text{cm}^2 \fallingdotseq 310\,\text{cm}^2$ 이다.

c) 원기둥의 옆면의 넓이와 공의 겉넓이는 같다.

정답 : a) 약 $310\,\text{cm}^2$ b) 약 $310\,\text{cm}^2$ c) 넓이는 같다.

예제 2

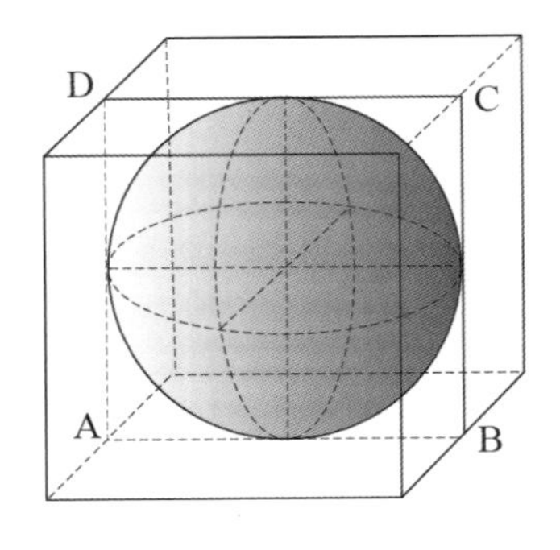

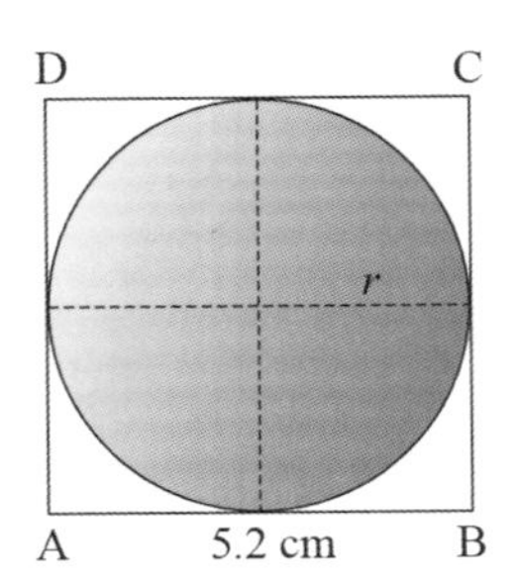

장식용 유리구슬이 정육면체 모양의 상자에 꽉 차게 들어 있다. 정육면체의 한 모서리의 길이는 5.2 cm 이다. 상자에 남는 빈 공간의 부피는 정육면체 부피의 몇 %인가?

유리구슬이 들어 있는 상자를 공의 중심을 지나도록 자르면 그 단면의 모습은 왼쪽 아래 그림과 같이 정사각형 안에 원이 있는 모습이다.

정육면체의 부피는 $V_K = (5.2\,\text{cm})^3 = 140.608\,\text{cm}^3$ 이다.

공의 반지름은 $r = 5.2\,\text{cm} \div 2 = 2.6\,\text{cm}$ 이므로, 공의 부피는

$V_P = \frac{4\pi r^3}{3} = \frac{4 \cdot \pi \cdot (2.6\,\text{cm})^3}{3}$

$= 73.62217\cdots\,\text{cm}^3 \fallingdotseq 73.622\,\text{cm}^3$ 이다.

상자 안에 남는 빈 공간의 부피는

$V_K - V_P = 140.608\,\text{cm}^3 - 73.622\,\text{cm}^3 = 66.986\,\text{cm}^3$ 이다.

상자의 부피에서 빈 공간의 부피가 차지하는 부분은

$\frac{V_K - V_P}{V_K} = \frac{66.986\,\text{cm}^3}{140.608\,\text{cm}^3} = 0.4764\cdots \fallingdotseq 48\%$ 이다.

정답 : 약 48%

연습

222 다음 초의 부피를 계산하시오.

a) b)

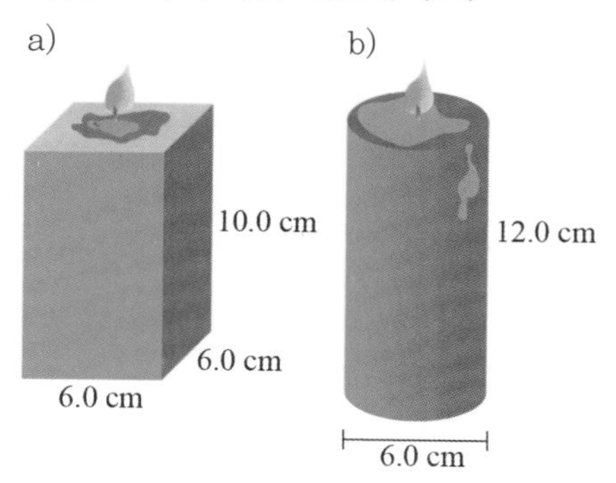

c) d)

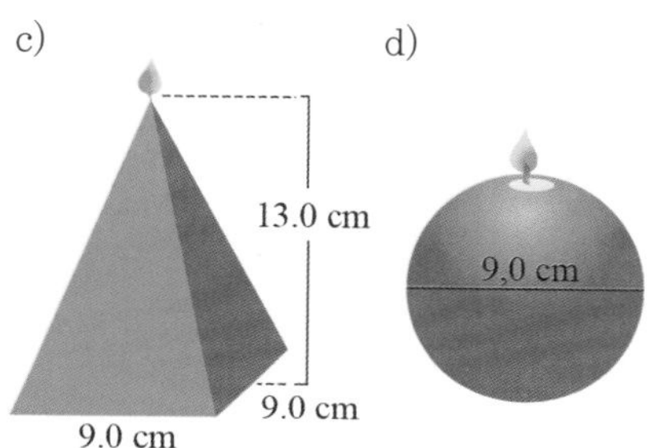

223 다음 원기둥의 높이와 밑면의 지름 및 반구의 지름이 각각 10 cm이다. 반구에 가득 찬 모래를 원기둥에 몇 번을 넣을 수 있는지 계산하시오.

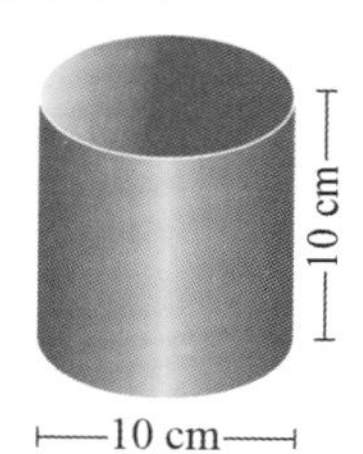

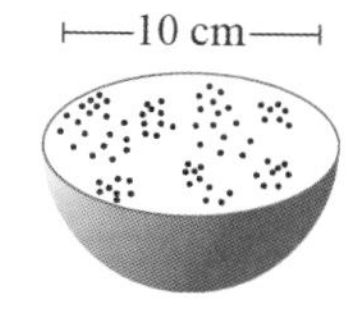

224 옆 압력저장고는 원기둥의 아래위로 반구가 붙어 있는 모양이다. 이 압력저장고의 부피를 계산하여 L로 답하시오.

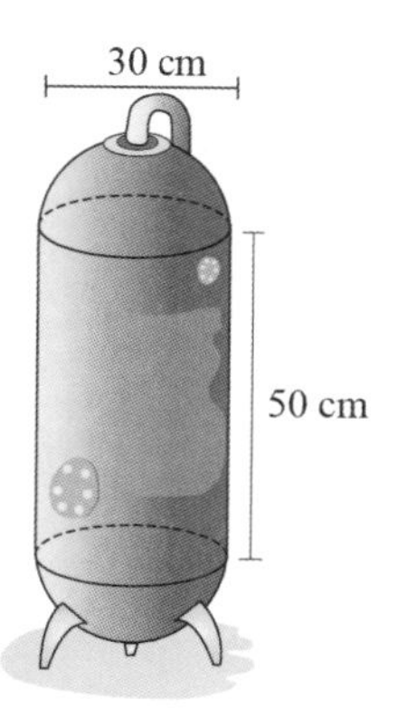

응용

225 다음과 같이 정육면체에서 삼각뿔을 잘라냈다. 이 삼각뿔의 부피를 계산하시오.

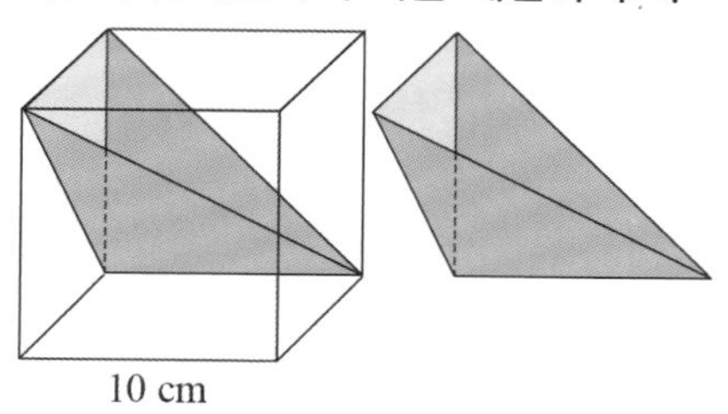

226 아이스크림을 담을 콘의 입구의 지름은 5.0 cm이고 높이는 12.0 cm이다. 콘의 입구에 지름이 6.0 cm인 아이스크림볼을 얹고 아이스크림이 녹기를 기다린다. 녹은 아이스크림이 콘 안에 모두 들어가는지 계산하시오.

227 공과 정육면체의 겉넓이가 각각 $100\ \text{cm}^2$이다.

a) 공의 부피를 계산하시오.
b) 정육면체의 부피를 계산하시오.
c) 둘 중 부피가 큰 것은 무엇이며 몇 % 더 큰가?

228 다음 원뿔의 밑면의 지름과 높이 및 반구의 지름이 각각 10 cm이다. 반구의 부피와 원뿔 부피의 비율을 계산하시오.

25 무게와 밀도

무게 $m = \rho V$

밀도 $\rho = \frac{m}{V}$

예제 1

예술가 오이바 토이카의 유리조형물 '머나먼 숲'은 가로가 12.0 cm, 세로가 9.0 cm, 높이가 20.0 cm인 직육면체이다. 유리의 밀도가 2.5 g/cm³일 때, 이 유리조형물의 무게를 계산하시오.

유리조형물의 부피는

$V = 12.0\ \text{cm} \cdot 9.0\ \text{cm} \cdot 20.0\ \text{cm} = 2\ 160\ \text{cm}^3$이다.

무게 m은 밀도 ρ와 부피 V의 곱이다.

$m = \rho V = 2.5\ \text{g/cm}^3 \cdot 2\ 160\ \text{cm}^3 = 5\ 400\ \text{g}$

정답 : 5.4 kg

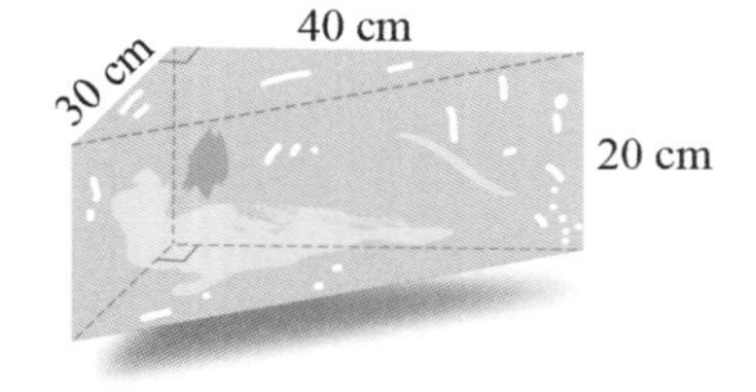

여러 성분의 밀도

성분	밀도 (g/cm³)
금	19.3
은	10.5
동	8.96
대리석	2.8
공기	0.001293
헬륨	0.000178

예제 2

얼음을 삼각기둥 모양으로 잘라냈다. 다음을 계산하시오.

a) 삼각기둥의 부피

b) 삼각기둥의 무게가 11 kg일 때 얼음의 밀도

a) 삼각기둥의 부피는

$V = A_p h = \frac{1}{2} \cdot 30\ \text{cm} \cdot 40\ \text{cm} \cdot 20\ \text{cm}$

$= 12\ 000\ \text{cm}^3 = 12\ \text{dm}^3$이다.

b) 밀도는 무게 11 kg = 11 000g을 부피로 나눠서 계산한다.

$\rho = \frac{m}{V} = \frac{11\ 000\ \text{g}}{12\ 000\ \text{cm}^3} = 0.9166\cdots\ \text{g/cm}^3 \fallingdotseq 0.92\ \text{g/cm}^3$

정답 : a) 12 dm³ b) 약 0.92 g/cm³

연습

229 **아래 금괴의 다음을 계산하시오.**

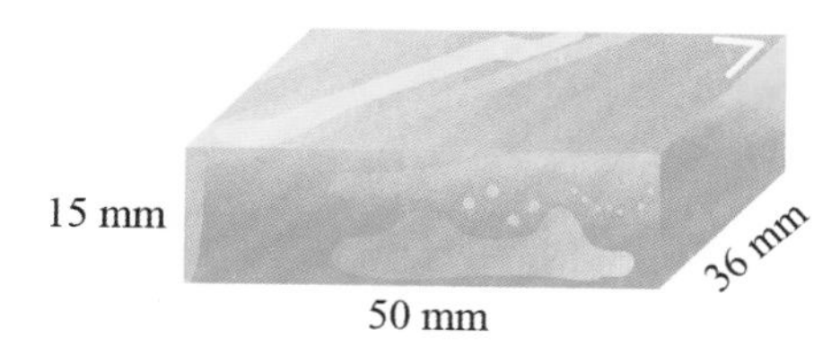

a) 부피
b) 무게
c) 2009년 11월 5일 금의 가격이 23.609 €/g 이었을 때 이 금괴의 가격

230 **바닷물이 얼어서 만들어진 얼음판의 모양이 거의 직육면체로 가로가** 5.0m, **세로가** 2.2m, **두께가** 30 cm**이다. 이 얼음판의 무게를 계산하시오.** (56쪽 예제 2에 있는 얼음의 밀도를 이용하시오.)

231 **교실의 가로가** 9.0m, **세로가** 7.5m, **높이가** 2.9m**이다. 이 교실의 다음을 계산하시오.**

a) 부피　　　　b) 공기의 무게

232 **대리석에서 잘라낸 다음 돌판의 무게를 계산하시오.**

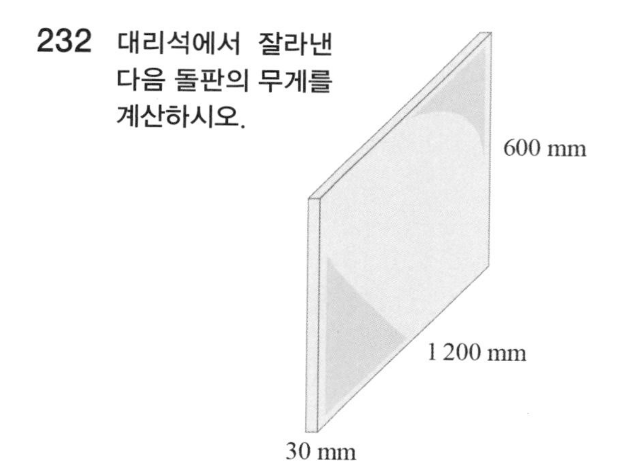

233 **은으로 원뿔 모양의 귀걸이를 만들었다. 이 원뿔의 밑면의 지름이** 6.00 mm**이고 높이가** 8.00 mm**일 때 귀걸이 한 개의 무게를 계산하시오.**

응용

234 **지름이** 60 cm**인 공 모양의 풍선에 다음이 몇** g**이나 들어가는지 계산하시오.**

a) 헬륨　　　　b) 공기

235 **시멘트로 만든 다음 벽돌의 무게는** 40 kg**이다. 이 벽돌의 다음을 계산하시오.**

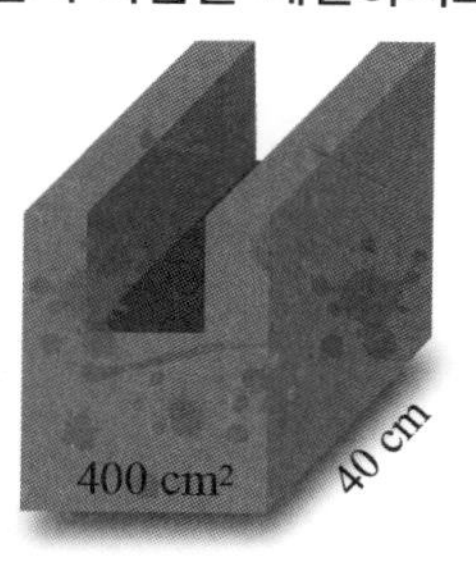

a) 부피
b) kg/dm^{3}의 단위 밀도

236 **연철로 만든 아래 기둥의 무게는** 100 g**이다. 이 기둥의 다음을 계산하시오.**

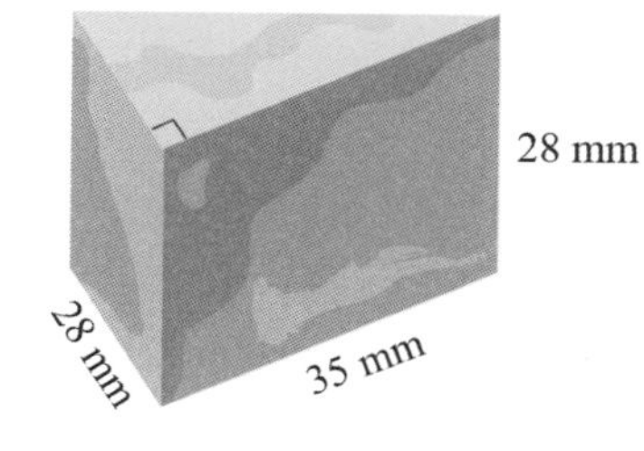

a) 부피
b) g/cm^{3}의 단위 밀도

237 **구리관의 바깥 지름은** 12 mm**이고 관의 두께는** 1.0 mm**이다. 구리관의 길이가** 4.0m **일 때 구리관의 다음을 계산하시오.**

a) 부피　　　　b) 무게

238 **금공의 지름은** 4.63 cm**이다. 다음을 계산하시오.**

a) 금공의 무게
b) a)와 크기가 같고 안은 텅 비어 있으며 두께가 5 mm인 금공의 무게

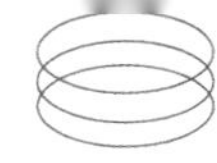

26 기자의 피라미드

고대의 세계 7대 불가사의 중 현재 유일하게 남아 있는 것은 이집트의 카이로 근처 기자 지역에 있는 파라오 쿠푸의 피라미드이다. 쿠푸의 피라미드는 이집트의 피라미드들 중 가장 크다. 기자 지역에는 피라미드가 두 개 더 있는데 쿠푸의 아들인 카프라와 손자인 멘카우라의 피라미드이다.

예제 1

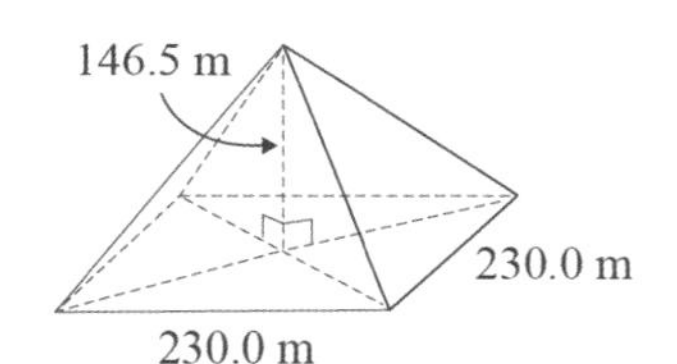

쿠푸의 피라미드의 부피를 계산하시오.

$$V = \frac{A_p h}{3} = \frac{(230.0\ \mathrm{m})^2 \cdot 146.5\ \mathrm{m}}{3} \fallingdotseq 2\,583\,000\ \mathrm{m}^3$$

예제 2

피라미드의 표면은 부드럽게 간 석회석으로 덧씌워졌다. 수천 년의 시간이 흐르는 동안 사람들은 그 석회석을 떼어내서 다른 건축물을 만드는 데 사용했다. 파라오 카프라의 피라미드의 정상 부분에만 원래의 석회석이 남아 있다. 석회석으로 덧씌울 파라오 쿠푸의 피라미드의 넓이를 계산하시오.

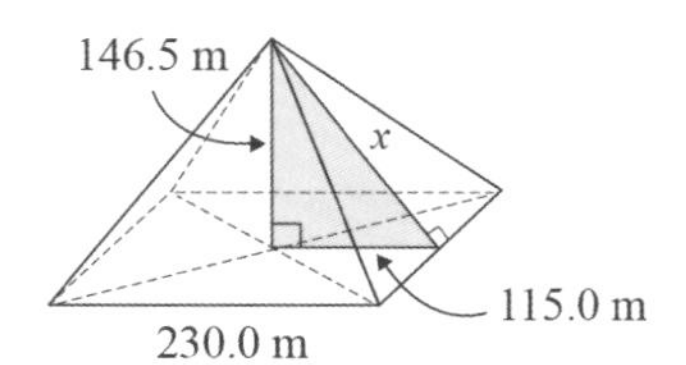

옆면의 높이를 x 미터로 표시한다.
피타고라스의 정리에 의해

$x^2 = 115.0^2 + 146.5^2 = 34\,687.25$

$x = \sqrt{34\,687.25} \fallingdotseq 186.245$ 이다.

옆면의 높이는 $186.245\ \mathrm{m}$ 이고 옆면 전체의 넓이는

$$A = 4 \cdot \frac{230.0\ \mathrm{m} \cdot 186.245\ \mathrm{m}}{2} \fallingdotseq 85\,670\ \mathrm{m}^2$$ 이다.

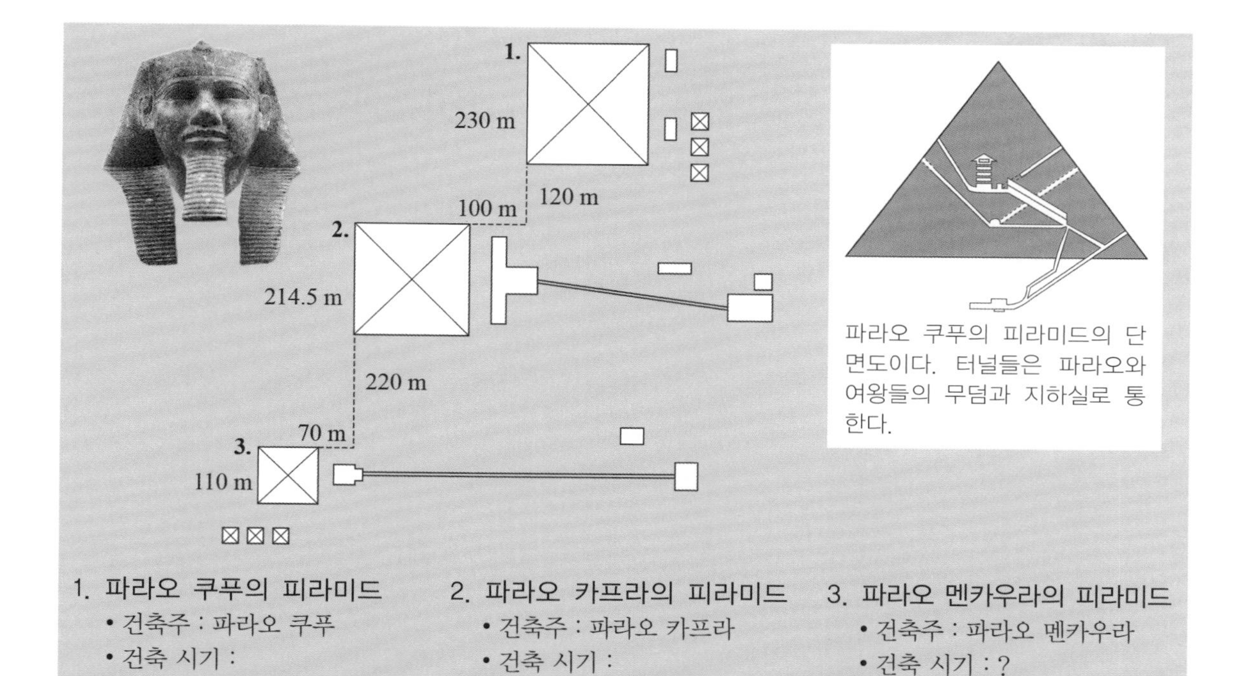

파라오 쿠푸의 피라미드의 단면도이다. 터널들은 파라오와 여왕들의 무덤과 지하실로 통한다.

1. 파라오 쿠푸의 피라미드
   - 건축주 : 파라오 쿠푸
   - 건축 시기 : 기원전 2589~2566년
   - 높이 : 146.5 m
   - 밑면의 한 모서리 : 230 m

2. 파라오 카프라의 피라미드
   - 건축주 : 파라오 카프라
   - 건축 시기 : 기원전 2558~2532년
   - 높이 : 143.5 m
   - 밑면의 한 모서리 : 214.5 m

3. 파라오 멘카우라의 피라미드
   - 건축주 : 파라오 멘카우라
   - 건축 시기 : ?
   - 높이 : 68.8 m
   - 밑면의 한 모서리 : 110 m

연습

239 다음의 피라미드의 건축기간을 계산하시오.

a) 파라오 쿠푸의 피라미드
b) 파라오 카프라의 피라미드

240 지도상 1 cm가 실제 피라미드의 30 m인 축척을 이용해서 다음을 그리시오.

a) 파라오 쿠푸의 피라미드
b) 파라오 카프라의 피라미드
c) 파라오 멘카우라의 피라미드

241 다음 피라미드의 밑면의 넓이를 계산하여 ha로 답하시오.

a) 파라오 쿠푸의 피라미드
b) 파라오 카프라의 피라미드
c) 파라오 멘카우라의 피라미드

242 다음 피라미드의 부피를 계산하시오.

a) 파라오 카프라의 피라미드
b) 파라오 멘카우라의 피라미드

243 파라오 카프의 피라미드에서부터 다음 피라미드까지의 직선거리를 계산하시오.

a) 파라오 쿠푸의 피라미드
b) 파라오 멘카우라의 피라미드

응용

244 다음 피라미드의 전체 옆면의 넓이를 계산하시오.

a) 파라오 카프라의 피라미드
b) 파라오 멘카우라의 피라미드

245 파라오 쿠푸의 피라미드의 다음을 계산하시오.

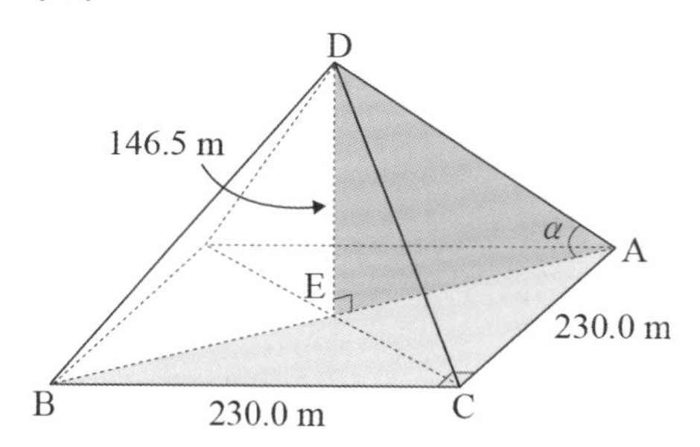

a) 직각삼각형 ABC에서 밑면의 대각선 AB의 길이
b) 직각삼각형 ADE에서 모선과 밑면의 대각선 사이의 각 α의 크기

27 플라톤의 입체도형

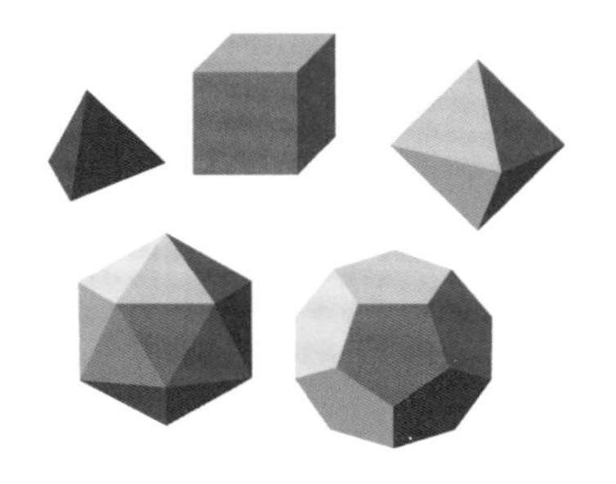

플라톤의 입체도형들, 즉 정다면체들은 다음과 같은 특징이 있다.

- 면들은 합동인 정다각형이다.
- 각 꼭짓점에서 만나는 면의 수는 같다.
- 모든 대각선은 도형 안에 있고 도형은 볼록하다.

그리스의 철학자이자 수학자인 플라톤(기원전 약 427~347)은 다섯 개의 정다면체가 있다고 주장했다.

면의 모양	한 꼭짓점과 만나는 면들의 전개도	입체도형	이름
정삼각형	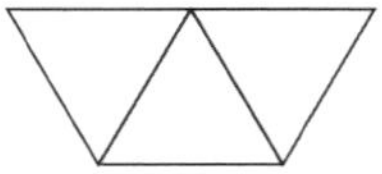	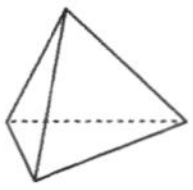	정사면체
정삼각형	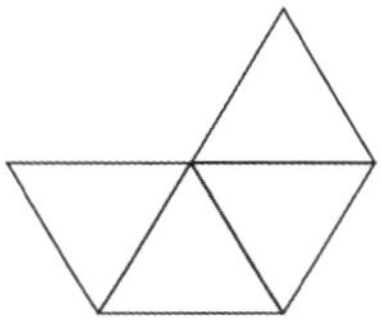	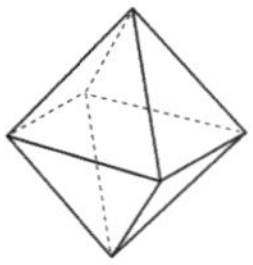	정팔면체
정삼각형	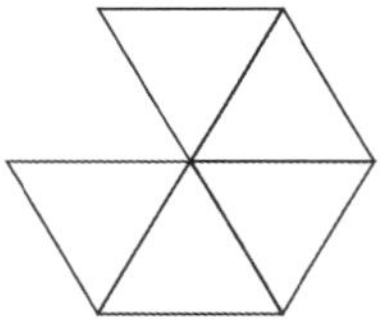	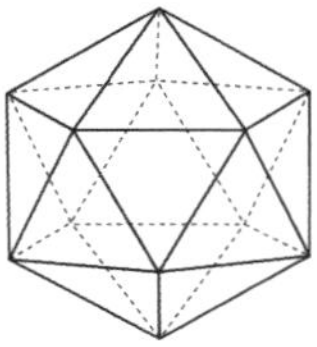	정이십면체
정사각형	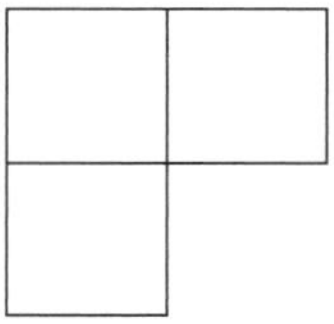	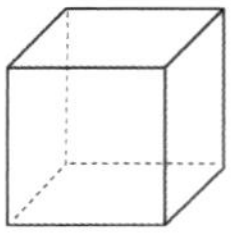	정육면체
정오각형	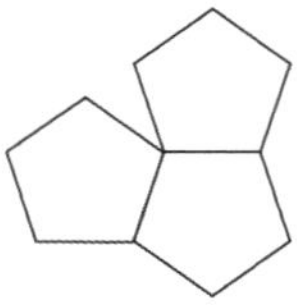	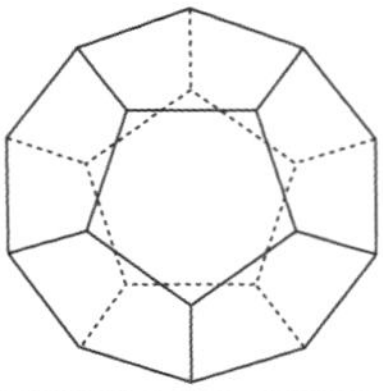	정십이면체

연습

246 두꺼운 종이 위에 플라톤의 입체도형을 적절한 크기로 확대해서 그리시오. 굵은 선을 따라서 잘라내고 난 뒤 점선을 따라 접고 풀칠을 해서 입체도형을 완성하시오.

a) 정사면체

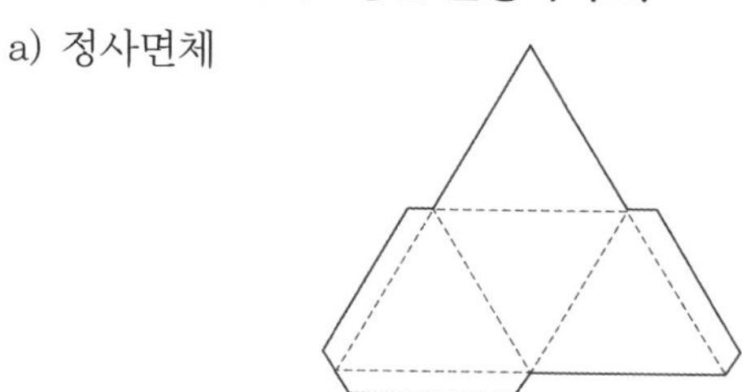

b) 정육면체

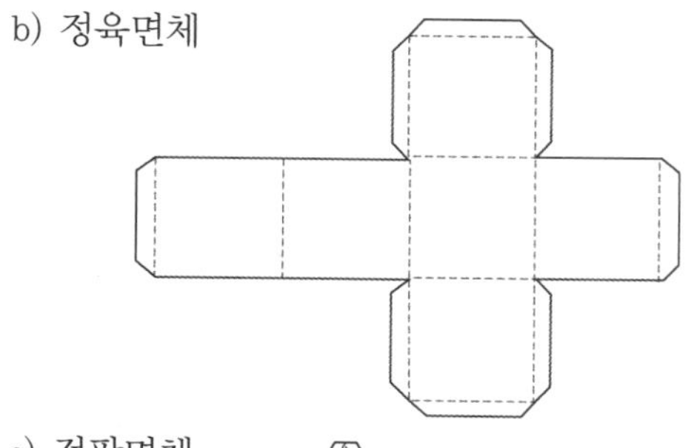

c) 정팔면체

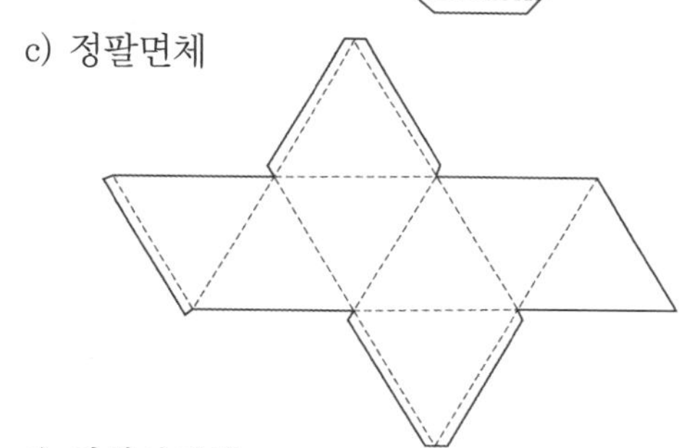

d) 정십이면체

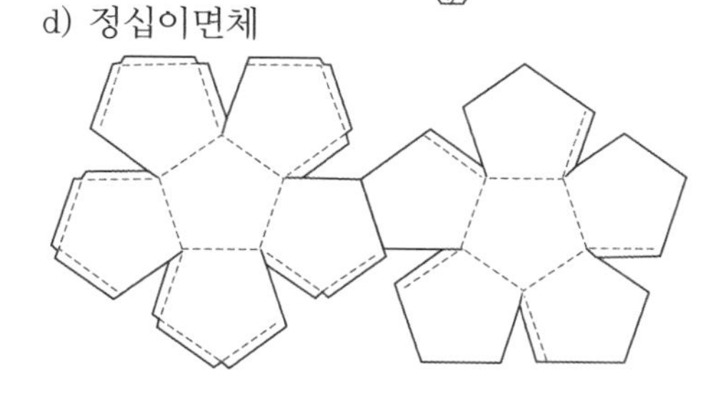

e) 정이십면체

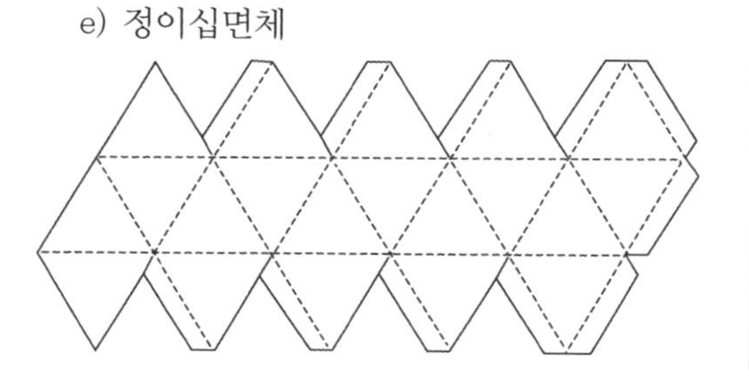

응용

247 다음 입체도형의 다른 이름을 쓰시오.

a) 정육면체 b) 정사면체

248 플라톤의 입체도형들 중 기둥에 해당하는 입체도형의 이름을 쓰시오.

249 다음 표를 완성하시오.

도형	면의 개수	꼭짓점의 개수	모서리의 개수
정사면체			
정육면체			
정팔면체			
정십이면체			
정이십면체			

250 플라톤의 입체도형들의 옆면들의 중심점을 연결하면 도형 내부에 또 한 개의 정다면체, 즉 쌍대다면체을 얻는다. 쌍대다면체들 또한 플라톤의 입체도형들이다. 위의 표를 참고로 하여 플라톤의 도형들의 쌍대다면체들은 무엇인지 추정하시오.

251 옆면이 정육각형인 정다면체가 존재하지 않는 이유를 설명하시오.

252 한 꼭짓점에서 여섯 개의 면이 만나는 정다면체가 존재하지 않는 이유를 설명하시오.

28 복습

연습

253 A~H의 입체도형들 중 다음 도형을 고르시오.

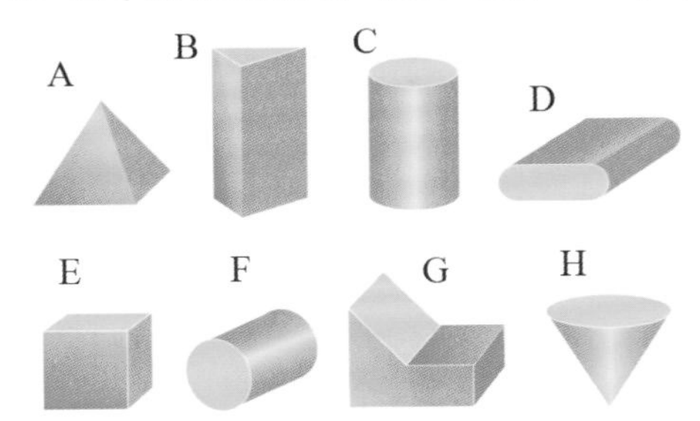

a) 직육면체　　b) 각뿔
c) 각기둥　　d) 기둥
e) 원기둥　　f) 뿔
g) 원뿔

254 다음 표를 완성하시오.

m^3	dm^3	cm^3	mm^3
0.002			
	0.05		
		48000	

255 다음 물음에 답하시오.

a) 가로가 6.0 cm, 세로가 5.0 cm, 높이가 4.0 cm인 직육면체를 그리시오.
b) 직육면체의 부피와 겉넓이를 구하시오.

256 다음 도형의 부피를 계산하여 L(리터)로 답하시오.

a)　　b)

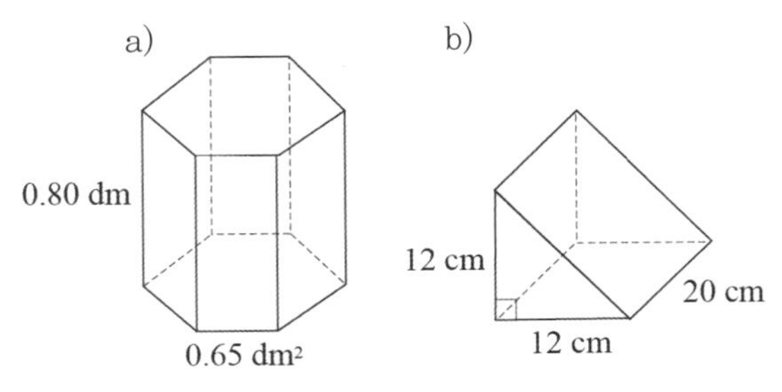

257 다음 도형의 부피를 계산하시오.

a)　　b)

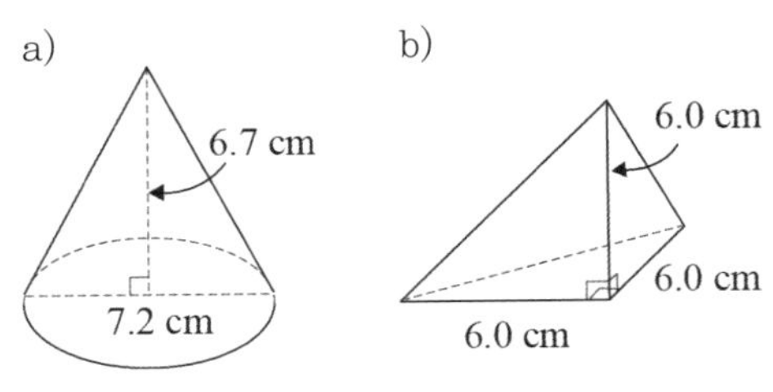

258 아래 원기둥의 다음을 계산하시오.

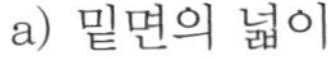

a) 밑면의 넓이
b) 옆면의 넓이
c) 겉넓이
d) 부피

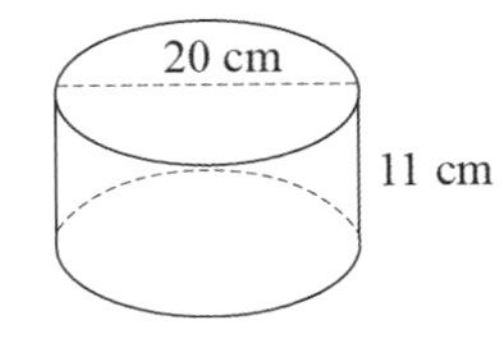

259 다음 원뿔의 부피와 겉넓이를 계산하시오.

a)　　b)

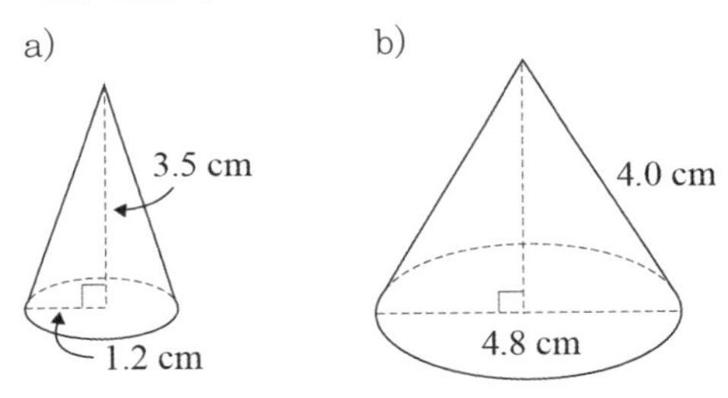

260 다음 물음에 답하시오.

a) 반지름이 2.5 cm인 구를 그리시오.
b) 구의 부피와 겉넓이를 계산하시오.

261 배구공의 지름은 19 cm이다. 이 공의 부피와 겉넓이를 계산하시오.

262 치즈는 가로와 세로가 각각 1.50m인 직육면체 모양의 상자 안에서 발효했다. 상자 안의 치즈의 높이가 11.5 cm일 때, 치즈의 다음을 계산하시오.

a) 부피
b) 밀도가 0.950 kg/dm^3일 때의 무게

263 사과나무 주변에 높이가 1.5 m인 보호망을 치려고 한다. 나무 밑둥의 지름이 10 cm이고 나무에서 50 cm 떨어져서 울타리를 둘러야 한다면, 필요한 보호망의 넓이를 계산하시오.

264 다음 물음에 답하시오.

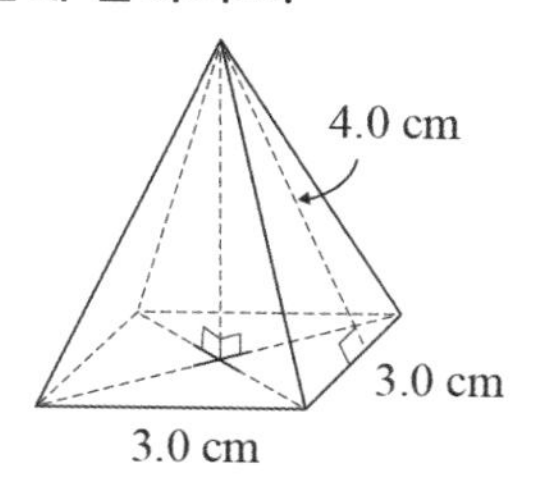

a) 정사각뿔의 전개도를 그리시오.
b) 정사각뿔의 전체 옆면의 넓이를 계산하시오.
c) 정사각뿔의 겉넓이를 계산하시오.

265 원뿔 모양의 지붕을 방수처리 용액으로 마감해야 한다. 지붕의 옆선분의 길이가 250 cm이고 밑면의 둘레의 길이가 10.0 m라면 방수처리 용액은 몇 L가 필요한가? (이 용액의 사용량은 2.0 m^2/L 이다.)

266 직육면체 모양의 호밀 플레이크 상자의 가로는 14 cm, 세로는 5.0 cm, 높이는 22 cm이다. 이 안에 있는 호밀 플레이크를 높이가 19 cm이고 밑면의 지름이 11 cm인 원기둥 모양의 보관함에 전부 옮겨 담을 수 있는지 알아보시오.

267 화강암으로 만든 옆 맷돌의 다음을 계산하시오.

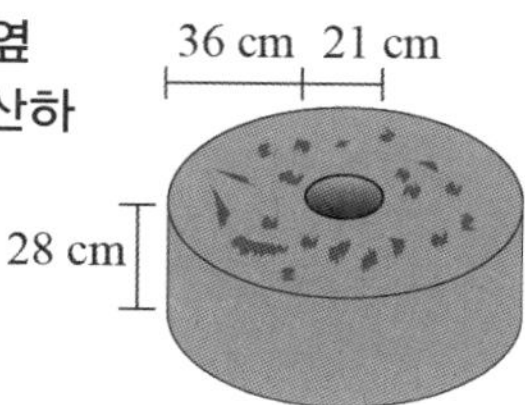

a) 부피
b) 겉넓이

268 에어로빅볼의 둘레의 길이는 193 cm이다. 이 볼의 다음을 계산하시오.

a) 부피 b) 겉넓이

269 다음과 같이 정육면체의 세 꼭짓점을 지나는 평면을 잘라내서 정삼각뿔을 만들었다.

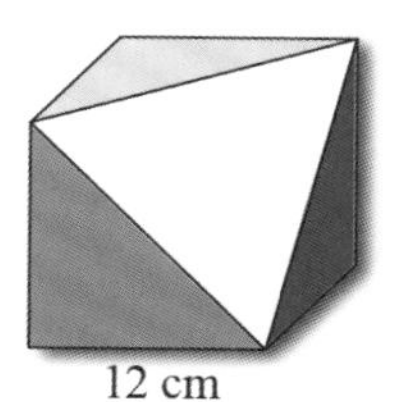

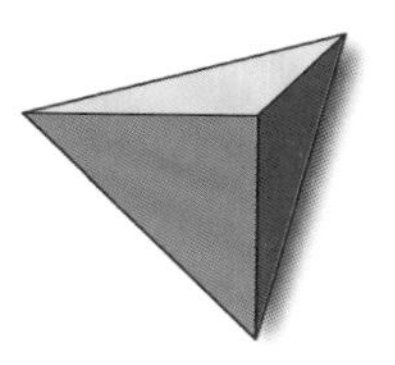

a) 정삼각뿔의 부피를 계산하시오.
b) 정육면체의 부피는 정삼각뿔 부피의 몇 배인가?

270 직육면체 모양의 주스통의 가로는 9.0 cm, 세로는 7.0 cm이고 높이는 24.5 cm이다. 이 통 안에 주스를 1.5 L 넣었다. 주스의 수면은 통의 위에서부터 몇 mm 아래에 있는지 계산하시오.

271 찰흙으로 한 모서리의 길이가 5.0 cm인 정육면체를 만들었다. 이 정육면체를 주물러서 다시 크기가 같은 작은 정육면체를 8개 만들었다. 작은 정육면체 한 개의 다음을 계산하시오.

a) 부피
b) 한 모서리의 길이
c) 겉넓이

272 옆 돌의 다음을 계산하시오.

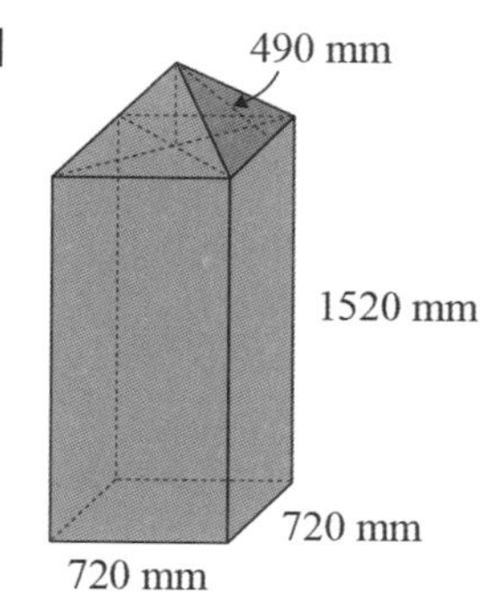

a) 부피
b) 겉넓이
c) 돌의 밀도가 2.7 kg/dm^3 일 때의 무게

요약

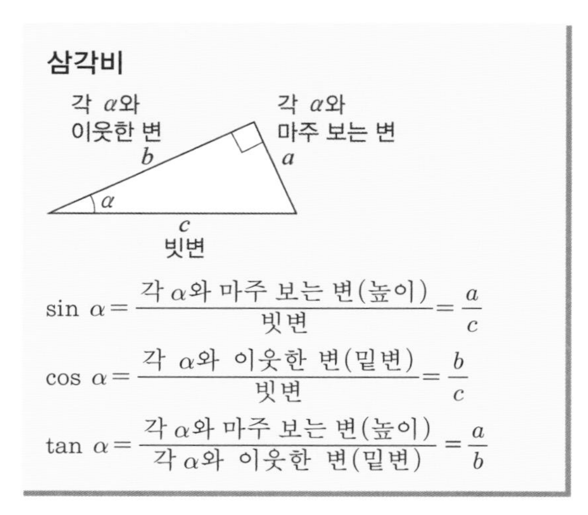

삼각비
각 α와 이웃한 변
각 α와 마주 보는 변
b
a
α
c
빗변
$\sin\alpha = \dfrac{\text{각 }\alpha\text{와 마주 보는 변(높이)}}{\text{빗변}} = \dfrac{a}{c}$
$\cos\alpha = \dfrac{\text{각 }\alpha\text{와 이웃한 변(밑변)}}{\text{빗변}} = \dfrac{b}{c}$
$\tan\alpha = \dfrac{\text{각 }\alpha\text{와 마주 보는 변(높이)}}{\text{각 }\alpha\text{와 이웃한 변(밑변)}} = \dfrac{a}{b}$

- **피타고라스의 정리**
  직각삼각형의 밑변의 길이의 제곱과 높이의 제곱의 합은 빗변의 길이의 제곱과 같다.
  즉 $a^2 + b^2 = c^2$이다.

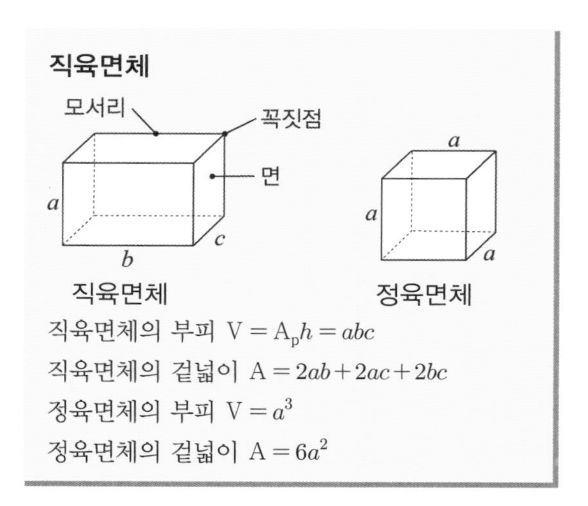

직육면체
모서리
꼭짓점
면
a
b
c
a
a
a
직육면체
정육면체
직육면체의 부피 $V = A_p h = abc$
직육면체의 겉넓이 $A = 2ab + 2ac + 2bc$
정육면체의 부피 $V = a^3$
정육면체의 겉넓이 $A = 6a^2$

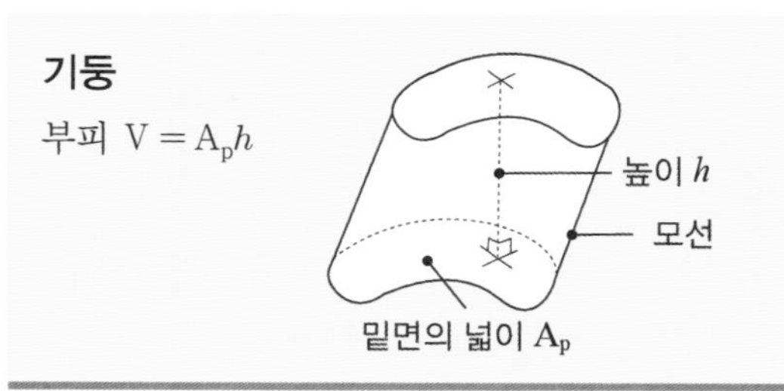

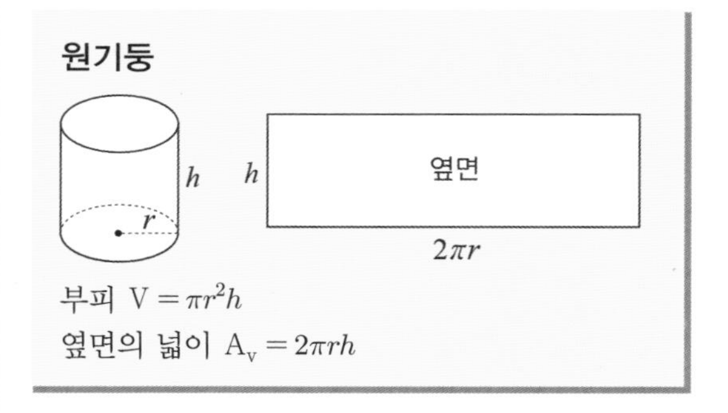

원기둥
h
r
h
옆면
$2\pi r$
부피 $V = \pi r^2 h$
옆면의 넓이 $A_v = 2\pi rh$

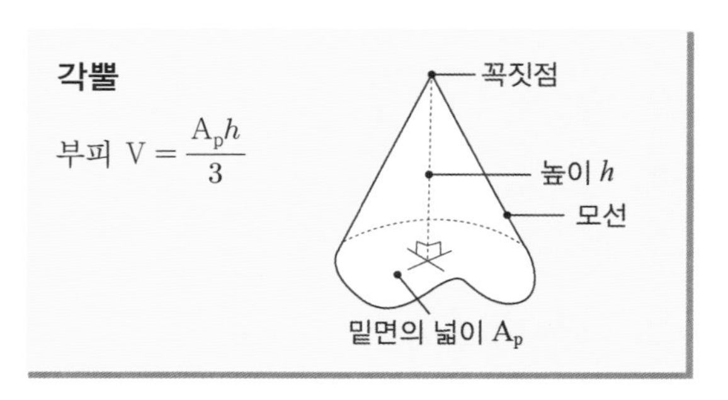

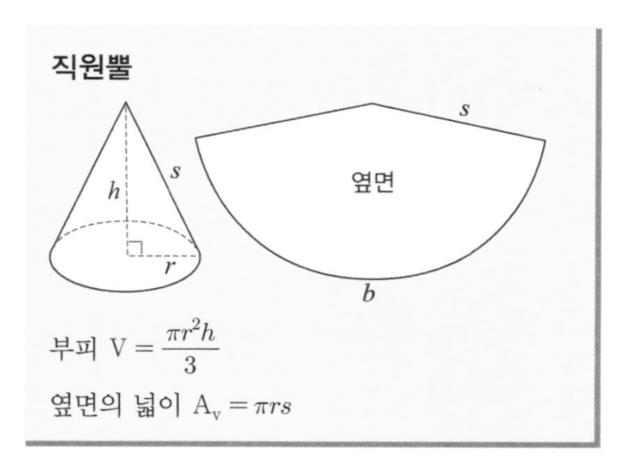

직원뿔
h
s
r
s
옆면
b
부피 $V = \dfrac{\pi r^2 h}{3}$
옆면의 넓이 $A_v = \pi rs$

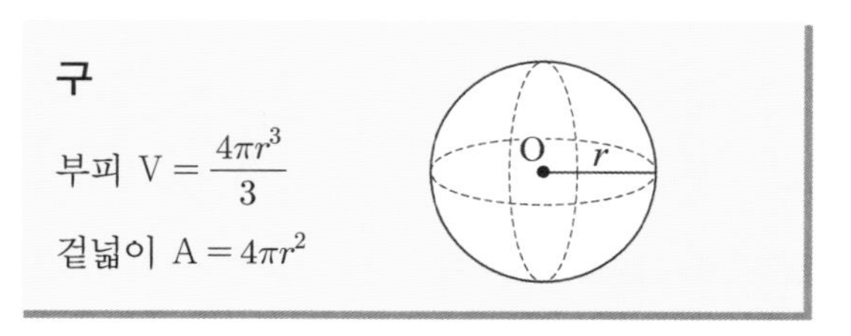

제 2 부

함수

■ 함수와 함수의 그래프의 개념을 배운다. 일차함수와 그래프의 성질에 대해서 공부하고 이차함수와 포물선에 대해서 알아본다. 직선의 비례와 반비례에 대해서 배운다. 그래프를 이용해서 부등식을 푸는 것을 연습한다.

제 1 장 | 함수

29 함수

입력	출력
1	11
2	21
3	31
4	

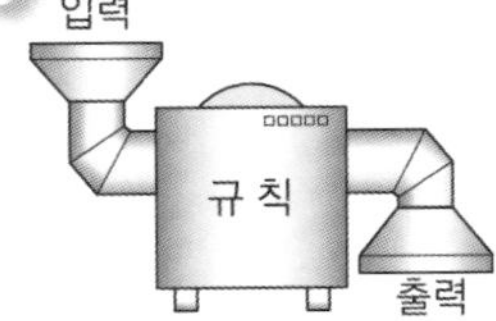

예제 1

a) 함수 기계의 규칙을 추정하시오. 함수 기계에 입력이 다음과 같을 때 출력은 무엇인가?

b) 4 c) 15 d) x

a) 함수 기계는 입력된 수나 문자에 10을 곱하고 1을 더한다.

b) $10 \cdot 4 + 1 = 41$ c) $10 \cdot 15 + 1 = 151$

d) $10 \cdot x + 1 = 10x + 1$

함수

x	f	$f(x)$
1	►	11
2	►	21
3	►	31

$f(x) = 10x + 1$

함수 f는 각 변수 x의 값이 정확히 단 하나의 값 $f(x)$를 만족하는 규칙이다.
함수는 대개 함수의 식 $f(x)$를 정의해서 만든다.
예를 들면 $f(x) = 10x + 1$로 함수의 값을 계산할 수 있다.

예제 2

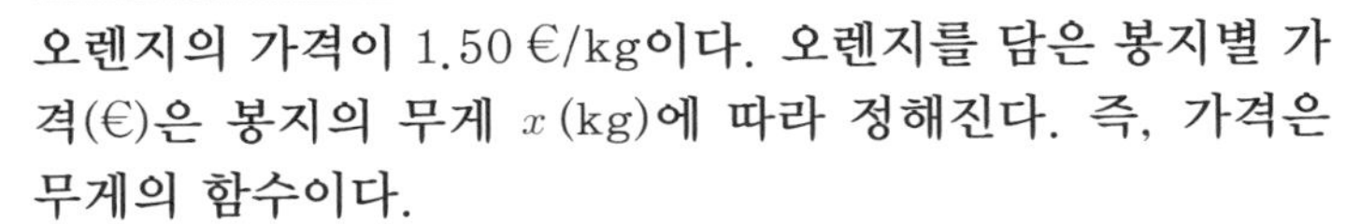

오렌지의 가격이 1.50 €/kg이다. 오렌지를 담은 봉지별 가격(€)은 봉지의 무게 x(kg)에 따라 정해진다. 즉, 가격은 무게의 함수이다.

a) 오렌지 3 kg의 가격은 얼마인가?

b) 오렌지를 담은 봉지의 가격을 나타내는 함수의 식 $f(x)$를 만드시오.

봉지의 가격은 단위당 가격 1.50 €/kg에 봉지의 무게를 곱해서 얻는다.

a) $1.50 \cdot 3 = 4.50$

b) 봉지의 무게가 x 킬로그램이라면, 그 가격은 유로로 $f(x) = 1.50 \cdot x = 1.50x$이다. **정답** : a) 4.50 € b) $f(x) = 1.50x$

예제 3

A(x) x

정사각형의 둘레의 길이 p와 넓이 A는 변의 길이 x의 함수이다. 다음 함수의 식을 만드시오.

a) 둘레의 길이 p의 함수 b) 넓이 A의 함수

a) $p(x) = 4 \cdot x = 4x$ b) $A(x) = x \cdot x = x^2$

연습

273 a) 다음 함수 기계의 규칙을 추정하시오.

입력	출력
1	16
2	17
3	18
10	25

규칙

입력이 다음과 같을 때 출력은 무엇인지 계산하시오.

b) 4　　　c) 0　　　d) x

274 a) 다음 함수 f의 규칙을 추정하시오.

x	f	$f(x)$
0	▶	1
1	▶	3
2	▶	5
3	▶	7

입력이 다음과 같을 때 출력은 무엇인지 계산하시오.

b) 4　　　c) -4　　　d) x

275 **함수 $f(x)$를 만드시오. 함수는 변수 x의 값에 다음 규칙을 적용하시오.**

a) 2를 곱하고 13을 뺀다.

b) $\frac{1}{2}$를 곱하고 7을 더한다.

c) -4를 곱하고 $\frac{1}{3}$을 더한다.

d) -1을 곱하고 -2를 뺀다.

276 **난방용 기름의 가격이 0.6487 €/L이다. 기름의 가격(€)은 배달된 기름의 양 x(L)에 의해서 정해진다.**

a) 기름이 2 000 L 배달되었다면 기름의 가격은 얼마인가?

b) 기름의 가격을 나타내는 함수의 식 $f(x)$를 만드시오.

응용

277 **배는 3.30 €/kg이다. 배를 담은 봉지의 가격(€)은 봉지의 무게 x(kg)에 따라 정해진다.**

a) 배 2.0 kg의 가격은 얼마인가?

b) 배 0.5 kg의 가격은 얼마인가?

c) 배를 담은 봉지의 가격을 나타내는 함수의 식 $f(x)$를 만드시오.

278 **함수 $f(x)=2.40x$는 자두의 무게 x(kg)에 대한 자두의 가격(€) 변화를 나타낸다. 다음을 구하시오.**

a) 자두 5.0 kg의 가격

b) 자두 300 g의 가격

c) 4.80 €로 살 수 있는 자두의 양

279 **직사각형의 가로 길이는 x이고 세로 길이는 가로 길이의 절반이다. 직사각형의 가로 길이를 x로 하는 다음 함수의 식을 만드시오.**

a) 둘레의 길이 p　　b) 넓이 A

280 **아래 도형의 한 변의 길이를 x로 하는 다음 함수의 식을 만드시오.**

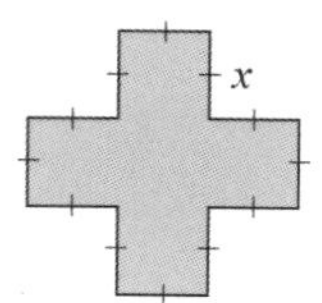

a) 둘레의 길이 p

b) 넓이 A

281 **정육면체의 한 모서리의 길이를 x로 하는 함수의 식을 만드시오.**

a) 부피 V

b) 겉넓이 A

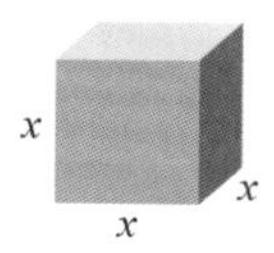

30 함수의 값

함수의 값

$f(x) = 4x$

$f(3) = 4 \cdot 3 = 12$

↑ 변수의 값 ↑ 함수의 값

- 함수의 값은 함수 $f(x)$의 변수 x에 수를 넣어서 구할 수 있다.
- $f(3)$은 변수의 값 $x=3$일 때 함수의 값을 뜻한다.

예제 1

함수 $f(x)=5x-2$이다. 다음 함수의 값을 구하시오.

a) $f(3)$ b) $f(-1)$ c) $f\left(\frac{3}{5}\right)$

음수는 함수식에 넣을 때 괄호 안에 넣는다.

a) $f(3)=5\cdot3-2=15-2=13$
b) $f(-1)=5\cdot(-1)-2=-5-2=-7$
c) $f\left(\frac{3}{5}\right)=\cancel{5}^{1}\cdot\frac{3}{\cancel{5}_{1}}-2=3-2=1$

예제 2

함수 $f(x)=x^2-3x$이다. 다음 함수의 값을 구하시오.

a) $f(2)$ b) $f(-5)$ c) $f\left(\frac{1}{3}\right)$

분수를 제곱의 식에 넣을 때 괄호 안에 넣는다.

a) $f(2)=2^2-3\cdot2=4-6=-2$
b) $f(-5)=(-5)^2-3\cdot(-5)=25+15=40$
c) $f\left(\frac{1}{3}\right)=\left(\frac{1}{3}\right)^2-3\cdot\frac{1}{3}=\frac{1}{9}-1=-\frac{8}{9}$

예제 3

정사각형의 한 변의 길이 s는 정사각형의 넓이 A의 함수 $s(\mathrm{A})=\sqrt{\mathrm{A}}$ 이다.

A s

a) $s(16)$를 계산하시오.
b) A의 값이 얼마일 때 $s(\mathrm{A})=3$이 되는가?

a) $s(16)=\sqrt{16}=4$
b) $s(\mathrm{A})=\sqrt{\mathrm{A}}=3$이라면 $\mathrm{A}=3^2=9$이다.

정답 : a) $s(16)=4$ b) $\mathrm{A}=9$

연습

282 $f(4)=17$에서 다음을 찾아 쓰시오.

a) 변수의 값
b) 함수의 값

283 함수 $f(x)=x+5$이다. 다음 함수의 값을 계산하시오.

a) $f(3)$ b) $f(0)$ c) $f(-8)$

284 함수 $f(x)=3x-7$이다. 다음 함수의 값을 계산하시오.

a) $f(4)$ b) $f(1)$ c) $f(-3)$

285 함수 $f(x)=-x-1$이다. 다음 함수의 값을 계산하시오.

a) $f(6)$ b) $f(-1)$ c) $f\left(\frac{1}{5}\right)$

286 함수 $f(x)=4x-2$이다. 다음 함수의 값을 계산하시오.

a) $f\left(\frac{1}{4}\right)$ b) $f(0)$ c) $f(-6)$

287 다음 함수의 값에 알맞은 함수식을 아래 보기에서 고르시오.

$f(x)=3x-4$	$f(x)=x+4$
$f(x)=-x+3$	$f(x)=-4x-1$

a) $f(0)=4$ b) $f(1)=-5$
c) $f(-3)=1$ d) $f(-2)=-10$

응용

288 함수 $f(x)=x^2+x$이다. 다음 함수의 값을 계산하시오.

a) $f(-1)$ b) $f(0)$ c) $f\left(\frac{3}{5}\right)$

289 함수 $f(x)=4-x^2$이다. 다음 함수의 값을 계산하시오.

a) $f(0)$ b) $f(2)$ c) $f(-4)$

290 함수 $f(x)=\sqrt{x}$ 이다. 다음 함수의 값을 계산하시오.

a) $f(1)$ b) $f(81)$ c) $f\left(\frac{9}{16}\right)$

291 다음 직사각형의 둘레의 길이 p는 변의 길이 x의 함수이다.

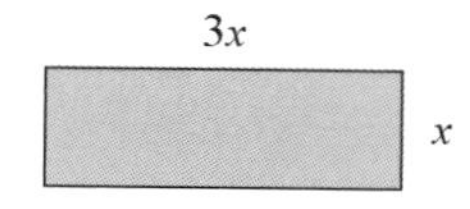

a) 함수 $p(x)$를 만드시오.
b) $p(4)$를 계산하시오.
c) 변수 x의 값이 얼마일 때 $p(x)=24$가 되는가?

292 다음 직육면체의 부피 V는 변의 길이 x의 함수이다.

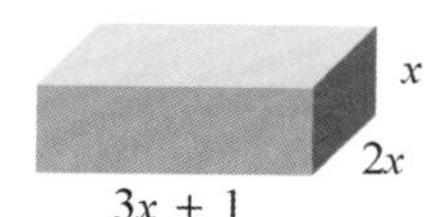

a) 함수 V(x)를 만드시오.
b) V(2)를 계산하시오.
c) V(4)를 계산하시오.

293 변수 x의 값이 얼마일 때 함수 $f(x)=3x+2$의 값이 다음이 되는지 계산하시오.

a) 5 b) 14
c) −13 c) 0

294 다음 함수를 추정하시오.

a)

$f(0)=10$
$f(1)=9$
$f(2)=8$
$f(3)=7$

b)

$g(0)=0$
$g(1)=1$
$g(4)=2$
$g(9)=3$

31 함수의 그래프와 x절편

함수의 그래프와 x절편

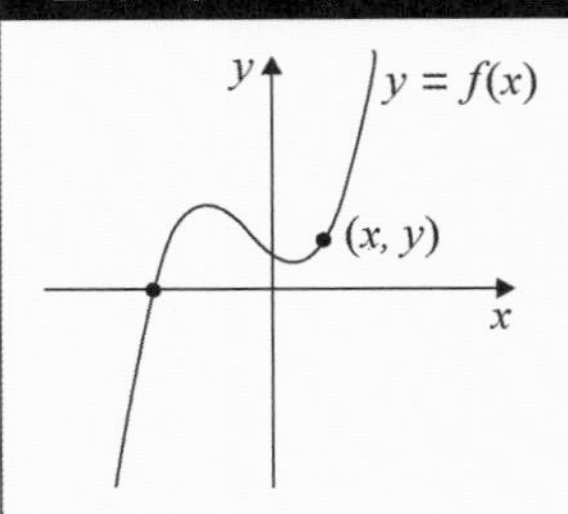

- 함수 f의 그래프는 x, y 좌표평면 위에서 $y=f(x)$인 (x, y) 점들로 만들어진다.
- 함수 f의 x절편은 함수의 값이 0이 되는, 즉 $f(x)=0$인 변수 x의 값이다.
- x절편은 그래프와 x축이 만나는 점이다.

예제 1

그래프를 보고 다음을 구하시오.

a) $x=1.5$일 때 함수 f의 값
b) $f(x)=4$일 때 변수 x의 값
c) 함수 f의 x절편

a) $f(1.5) \fallingdotseq -2$
b) $f(x)=4$일 때 $x \fallingdotseq 4.5$
c) $f(x)=0$일 때 $x \fallingdotseq 2.5$

예제 2

그래프를 보고 다음을 구하시오.

a) $f(0)$
b) $f(-1)$
c) 함수 f의 x절편
d) 함수 f의 값이 5일 때 변수 x의 값

a) $f(0) \fallingdotseq -4$
b) $f(-1) \fallingdotseq -3$
c) $f(x)=0$일 때 $x \fallingdotseq 2$ 또는 $x \fallingdotseq -2$
d) $f(x)=5$일 때 $x \fallingdotseq 3$ 또는 $x \fallingdotseq -3$

연습

295 아래 그래프를 보고 다음을 구하시오.

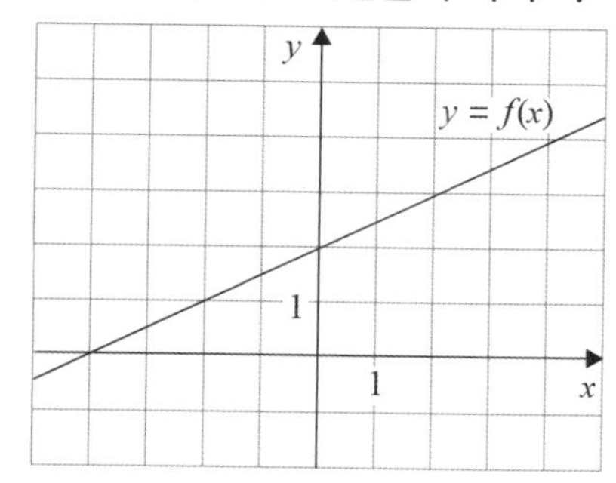

a) $x=0$일 때 함수 f의 값
b) $x=-2$일 때 함수 f의 값
c) $f(x)=3$일 때 변수 x의 값
d) $f(x)=4$일 때 변수 x의 값
e) 함수 f의 x절편

[296~297] 다음 그래프를 보고 물음에 답하시오.

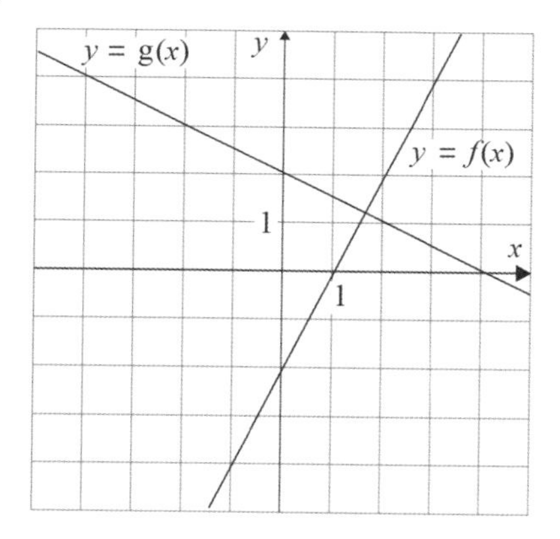

296 함수 f의 그래프를 보고 다음을 구하시오.

a) $x=0$일 때 함수 f의 값
b) $x=3$일 때 함수 f의 값
c) $f(x)=-4$일 때 변수 x의 값
d) $f(x)=2$일 때 변수 x의 값
e) 함수 f의 x절편

297 함수 g의 그래프를 보고 다음을 구하시오.

a) $g(0)$
b) $g(-4)$
c) 함수 g의 x절편
d) $g(x)=1$을 만족하는 x 값
e) $g(x)=3$을 만족하는 x 값

응용

298 아래 그래프를 보고 다음을 구하시오.

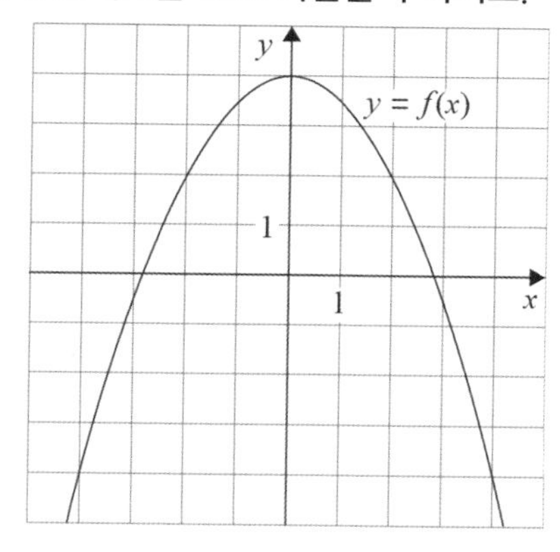

a) $f(0)$
b) $f(2)$
c) $f(-2)$
d) 함수 f의 값이 -4일 때 변수 x의 값

[299~300] 다음 그래프를 보고 물음에 답하시오.

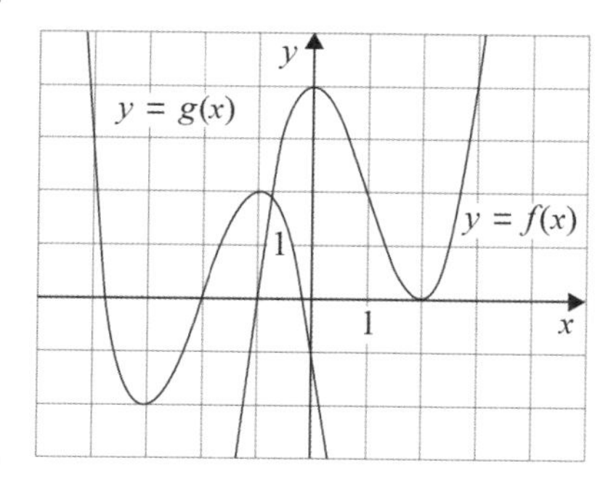

299 함수 f의 그래프를 보고 다음을 구하시오.

a) $f(0)$　　b) $f(1)$　　c) $f(3)$
d) 함수 f가 x축과 만날 때 x의 값

300 함수 g의 값 $g(-4)$, $g(-3)$, $g(-2)$, $g(-1)$, $g(0)$의 값을 부등호 $<$를 사용해서 차례대로 재배열하시오.

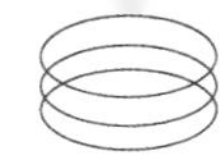

제 2 장 | 일차함수

32 일차함수와 직선

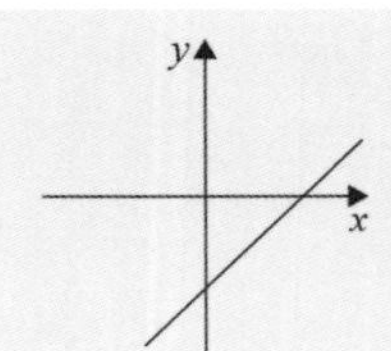

$f(x) = x - 2$

직선이다.

$f(x) = x^2 - 2x$

직선이 아니다.

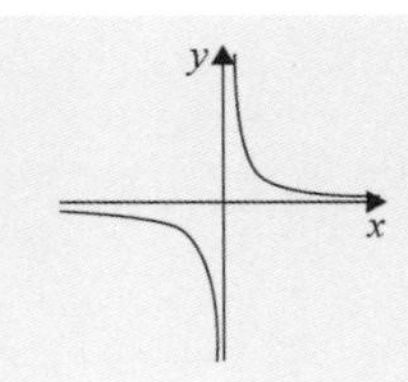

$f(x) = \dfrac{1}{x}$

직선이 아니다.

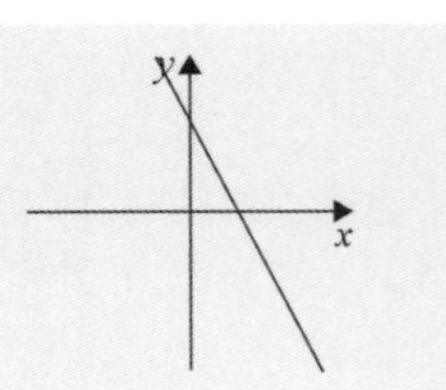

$f(x) = -2x + 3$

직선이다.

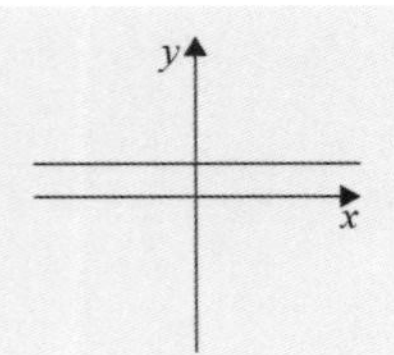

$f(x) = 1$

직선이다.

일차함수와 직선

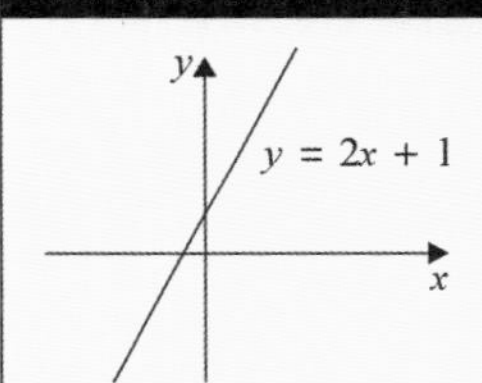

- 일차함수의 그래프는 직선이다.
- 함수 $f(x) = 2x + 1$의 그래프는 직선 $y = 2x + 1$이다.
- 직선의 식은 일차식이거나 상수이다.

예제 1

일차함수 f의 그래프를 그리시오.

a) $f(x) = x - 1$　　　　b) $f(x) = -2x + 3$

일차함수 f의 그래프는 직선 $y = f(x)$이다. 방정식을 이용해서 변수 x로 세 개의 다른 값을 정해 세 개의 점을 표로 만든다.

a) 직선 $y = x - 1$을 그린다.

x	$y = x - 1$	$(x,\ y)$
0	$y = 0 - 1 = -1$	$(0,\ -1)$
3	$y = 3 - 1 = 2$	$(3,\ 2)$
-3	$y = -3 - 1 = -4$	$(-3,\ -4)$

b) 직선 $y = -2x + 3$을 그린다.

x	$y = -2x + 3$	$(x,\ y)$
0	$y = -2 \cdot 0 + 3 = 3$	$(0,\ 3)$
2	$y = -2 \cdot 2 + 3 = -1$	$(2,\ -1)$
-2	$y = -2 \cdot (-2) + 3 = 7$	$(-2,\ 7)$

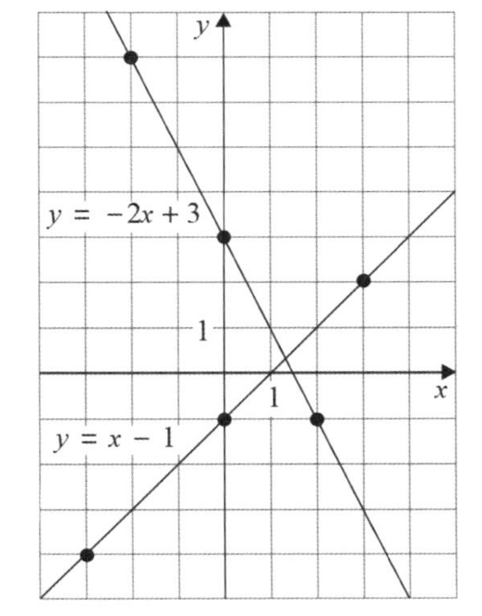

연습

301 다음 함수 f, g, h, k 중 일차함수를 찾으시오.

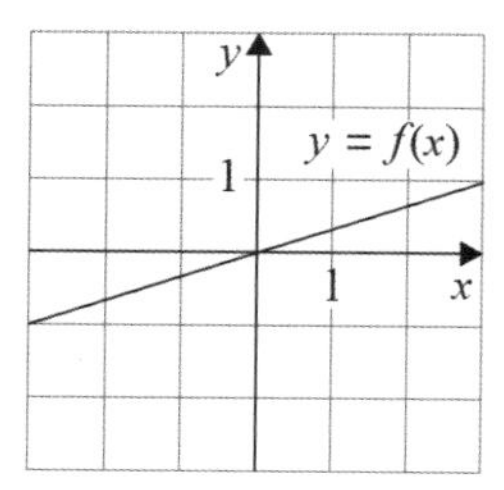

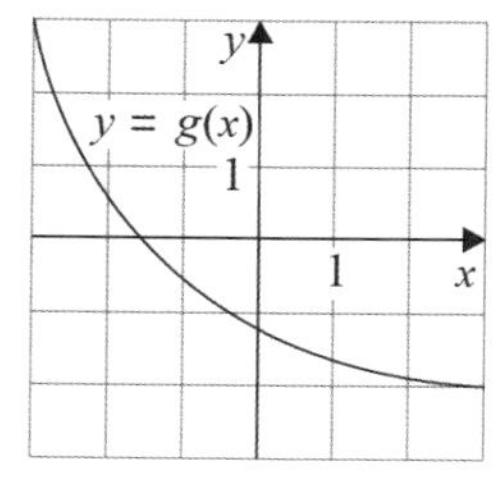

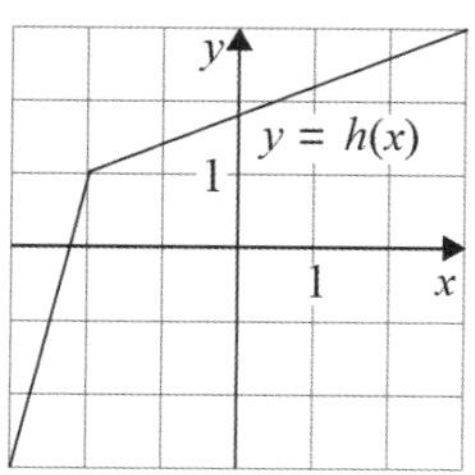

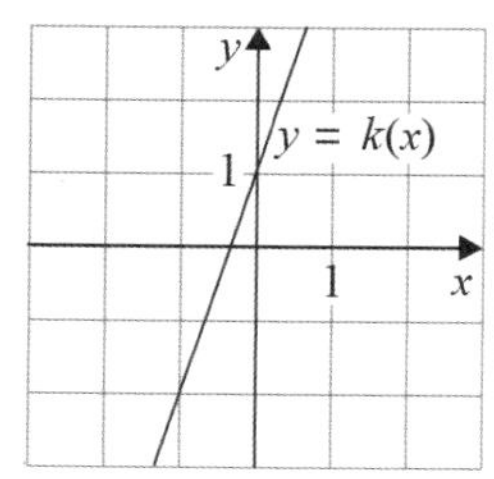

302 다음 물음에 답하시오.

a) 다음 표를 완성하시오.

x	$y=x-3$	(x, y)
0		
3		
6		

b) 직선 $y=x-3$을 그리시오.

303 다음 물음에 답하시오.

a) 다음 표를 완성하시오.

x	$y=2x+2$	(x, y)
0		
1		
2		

b) 직선 $y=2x+2$를 그리시오.

304 다음 일차함수 f의 그래프를 그리시오.

a) $f(x)=3x-4$

b) $f(x)=-2x$

응용

305 다음 보기에서 일차함수를 찾으시오.

$f(x)=x^2$ $\quad g(x)=-x$ $\quad h(x)=x^3-2$

$k(x)=10$ $\quad p(x)=\dfrac{2}{x}$ $\quad q(x)=5x-7$

306 다음 물음에 답하시오.

a) 다음 표를 완성하시오.

x	$y=-x-1$	(x, y)
0		
2		
3		

b) 일차함수 $f(x)=-x-1$의 그래프를 그리시오.

307 다음 물음에 답하시오.

a) 다음 표를 완성하시오.

x	$y=-2$	(x, y)
0		
2		
3		

b) 일차함수 $f(x)=-2$의 그래프를 그리시오.

308 다음 일차함수 f의 그래프를 그리시오.

a) $f(x)=5x-5$ b) $f(x)=-5x+5$

309 다음 일차함수 f의 그래프를 그리시오.

a) $f(x)=x$ b) $f(x)=-x$

310 다음 일차함수 f의 그래프를 그리시오.

a) $f(x)=\dfrac{1}{2}x-2$ b) $f(x)=-\dfrac{1}{2}x+2$

311 좌표평면 위에 다음 일차함수 f의 그래프를 그리시오.

a) $f(x)=100x+150$

b) $f(x)=210x+350$

33 일차함수

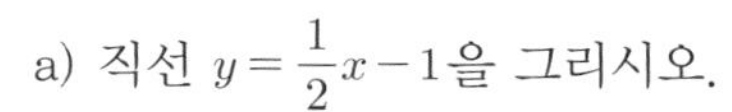

예제 1

a) 직선 $y=\frac{1}{2}x-1$을 그리시오.

b) 점 (8, 4)가 이 직선 위에 있는지 계산해서 알아보시오.

c) 점 (−26, −14)가 이 직선 위에 있는지 계산해서 알아보시오.

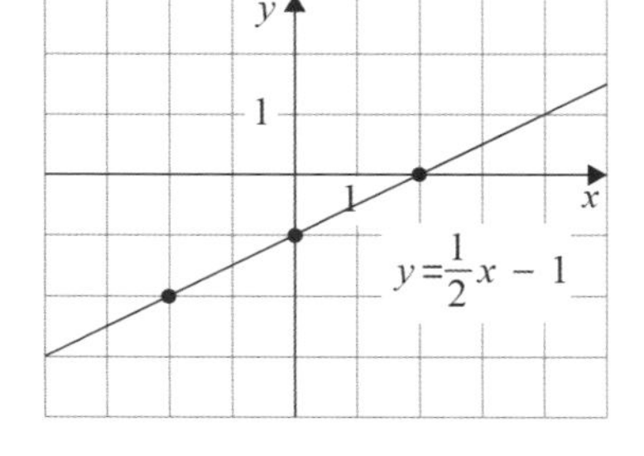

a) 직선 위의 세 점을 계산하고 직선을 그린다.

x	$y=\frac{1}{2}x-1$	(x, y)
0	$y=\frac{1}{2}\cdot 0-1=-1$	(0, −1)
2	$y=\frac{1}{2}\cdot 2-1=0$	(2, 0)
−2	$y=\frac{1}{2}\cdot(-2)-1=-2$	(−2, −2)

b) 점 (8, 4)는 $x=8$이고 $y=4$이다. 직선의 방정식에 $x=8$을 넣으면 $y=\frac{1}{2}\cdot 8-1=3$이므로, 점 (8, 4)는 이 직선 위에 있지 않다.

c) 점 (−26, −14)는 $x=-26$이고 $y=-14$이다. 직선의 방정식에 $x=-26$을 넣으면
$y=\frac{1}{2}\cdot(-26)-1=-14$이므로, 점 (−26, −14)는 이 직선 위에 있다.

정답 : **b)** 직선 위에 있지 않다. **c)** 직선 위에 있다.

예제 2

a) $f(-1)=5$이고 $f(3)=-3$일 때 일차함수 f의 그래프를 그리시오.

b) 그래프에서 $f(0)$과 $f(2.5)$를 찾으시오.

c) 변수 x의 값이 얼마일 때 함수 f의 값이 2가 되는가?

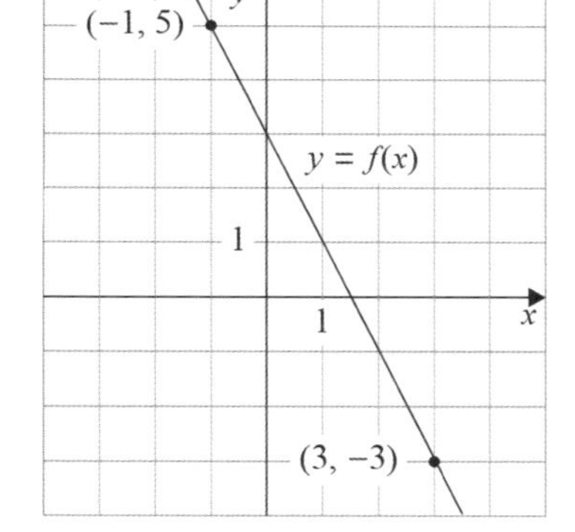

a) 함수 f의 그래프는 직선이다. $f(-1)=5$이므로 점 (−1, 5)는 이 직선 위에 있다. $f(3)=-3$이므로 점 (3, −3) 또한 이 직선 위에 있다. 이 점들을 지나도록 그린 직선이 이 함수의 그래프이다.

b) $f(0)\fallingdotseq 3$이고 $f(2.5)\fallingdotseq -2$

c) $f(x)=2$일 때 $x\fallingdotseq 0.5$

연습

312 다음 물음에 답하시오.

a) 직선 $y=2x-3$을 그리시오.

b) 점 A(5, −7)과 B(−3, −9)가 이 직선 위에 있는지 계산해서 알아보시오.

313 다음 물음에 답하시오.

a) 직선 $y=-x+5$를 그리시오.

b) 점 A(10, −5)와 B(5, 10)이 이 직선 위에 있는지 계산해서 알아보시오.

314 다음 점들이 직선 $y=5x-1$ 위에 있는지 계산해서 알아보시오.

a) (4, 19) b) (−1, 6) c) (−2, −11)

315 점 (−3, 1)이 다음 직선 위에 있는지 계산해서 알아보시오.

a) $y=-2x-5$ b) $y=-x-1$

c) $y=2x+7$ c) $y=3x+10$

316 다음 물음에 답하시오.

a) $f(-1)=1$이고 $f(3)=5$일 때 일차함수 f의 그래프를 그리시오.

b) 함수 f의 그래프에서 $f(2)$와 $f(-2)$를 찾으시오.

c) 변수 x의 값이 얼마일 때 함수 f의 값이 −2가 되는가?

317 다음 물음에 답하시오.

a) $f(0)=3$이고 $f(2)=-1$일 때 직선의 함수 f의 그래프를 그리시오.

b) 함수 f의 그래프에서 $f(1)$과 $f(-1)$을 찾으시오.

c) 변수 x의 값이 얼마일 때 함수 f의 값이 9가 되는가?

응용

318 a) 일차함수 $f(x)=-3x+3$의 그래프를 그리시오. 함수 f의 그래프에서 다음을 찾으시오.

b) $f(-1)$

c) $f(0)$

d) $f(2)$

e) 함수 f의 x절편

319 a) $f(1)=6$이고 $f(-3)=-2$일 때 일차함수 f의 그래프를 그리시오. 함수 f의 그래프에서 다음을 찾으시오.

b) $f(0)$

c) $f(-1)$

d) 함수 f의 x절편

e) $f(x)=-4$일 때 x의 값

320 다음을 계산해서 알아보시오.

a) A(1, 7)과 B(2, 18)이 함수 $f(x)=12x-5$의 그래프 위에 있는가?

b) A(1.5, −15)와 B(−0.5, −7)이 함수 $f(x)=-8x-3$의 그래프 위에 있는가?

321 a) 일차함수 $f(x)=3x-2$의 그래프를 그리시오.

b) 함수 f의 그래프에서 $x=-1$일 때 함수 f의 값을 찾으시오.

c) $f(-1)$을 계산하고 b)의 답과 비교하시오.

d) 함수 f의 그래프에서 $y=4$일 때 변수 x의 값을 찾으시오.

e) 방정식 $3x-2=4$를 풀고 d)의 답과 비교하시오.

322 a) 일차함수 $f(x)=\frac{1}{4}x-1$의 그래프를 그리시오.

b) 함수 f의 그래프에서 $x=3$일 때 함수 f의 값을 찾으시오.

c) $f(3)$을 계산하고 b)의 답과 비교하시오.

d) 함수 f의 그래프에서 $y=-2$일 때 변수 x의 값을 찾으시오.

e) 방정식 $\frac{1}{4}x-1=-2$를 풀고 d)의 답과 비교하시오.

34 일차함수의 x절편

일차함수의 x절편

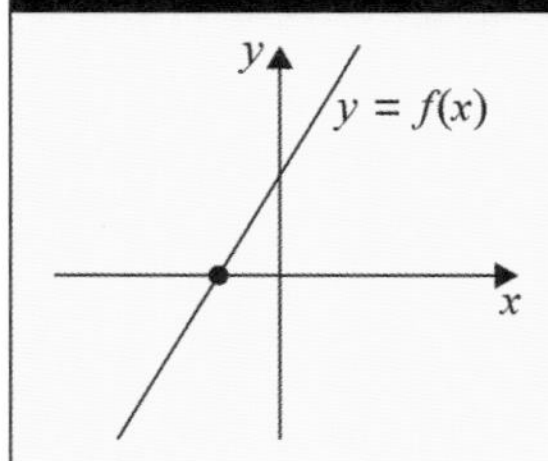

일차함수의 x절편은 다음과 같은 방법으로 구할 수 있다.

- 그래프에서 함수와 x축이 만나는 점을 찾는 방법
- 계산하여 방정식 $f(x)=0$을 푸는 방법

그래프에서는 x절편의 근삿값을 얻는다.
방정식에서는 참값을 얻는다.

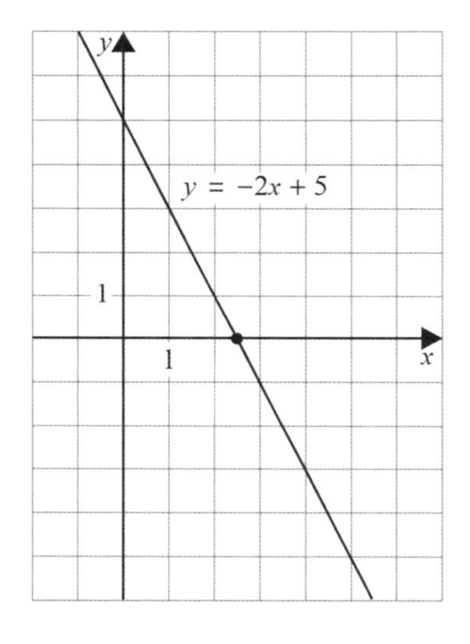

예제 1

함수 $f(x)=-2x+5$의 x절편을 다음 방법으로 구하시오.

a) 그래프를 그려서 구하시오.
b) 계산하여 구하시오.

a) 함수의 그래프, 즉 직선 $y=-2x+5$에서 점 세 개를 찾아 직선을 그린다.

x	$y=-2x+5$	$(x,\ y)$
0	$y=-2\cdot 0+5=5$	(0, 5)
3	$y=-2\cdot 3+5=-1$	(3, −1)
−1	$y=-2\cdot(-1)+5=7$	(−1, 7)

그래프는 x축과 $x \fallingdotseq 2.5$에서 만난다.

b) x절편을 방정식 $f(x)=0$으로 구한다.

$-2x+5=0$ ■ 양변에서 5를 뺀다.

$-2x=-5$ ■ 양변을 -2로 나눈다.

$x=\dfrac{-5}{-2}=2\dfrac{1}{2}$

확인 : $f\left(\dfrac{5}{2}\right)=-2\cdot\dfrac{5}{2}+5=-5+5=0$

정답 : a) $x \fallingdotseq 2.5$ b) $x=2\dfrac{1}{2}$

예제 2

다음이 함수 $f(x)=2x-4$의 x절편인지 계산해서 알아보시오.

a) $x=5$ b) $x=2$

a) $f(5)=2\cdot 5-4=10-4=6$
b) $f(2)=2\cdot 2-4=4-4=0$

정답 : a) x절편이 아니다. b) x절편이다.

연습

323 아래 그래프를 보고 다음을 구하시오.

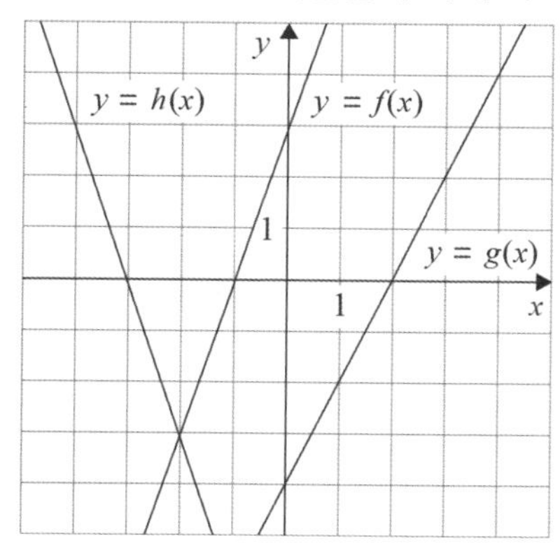

a) f의 x절편
b) g의 x절편
c) h의 x절편

324 다음 방정식을 푸시오.

a) $x+7=0$
b) $x-10=0$
c) $4x-12=0$
d) $-3x+15=0$

325 함수 $f(x)=x+4$의 x절편을 다음 방법으로 구하시오.

a) 그래프를 그려서 구하시오.
b) 계산하여, 즉 방정식 $f(x)=0$을 풀어서 구하시오.

326 다음 함수 f의 x절편을 계산하여 구하시오.

a) $f(x)=3x-21$
b) $f(x)=-6x+18$
c) $f(x)=-7x+35$
d) $f(x)=2x+82$

327 $x=3$이 다음 함수 f의 x절편인지 계산해서 알아보시오.

a) $f(x)=x-3$
b) $f(x)=-2x-6$
c) $f(x)=-5x+15$
d) $f(x)=-7x+24$

응용

328 함수 $f(x)=-2x+1$의 x절편을 다음 방법으로 구하시오.

a) 그래프를 그려서 구하시오.
b) 계산하여 구하시오.

329 다음 함수 f의 x절편을 계산하여 구하시오.

a) $f(x)=-x-18$
b) $f(x)=-4x+92$
c) $f(x)=-5x-105$
d) $f(x)=-x+10$

330 $x=-6$이 다음 함수 f의 x절편인지 알아보시오.

a) $f(x)=-x+6$　　b) $f(x)=-5x-30$
c) $f(x)=x-6$

331 $x=-\frac{1}{5}$이 다음 함수 f의 x절편인지 알아보시오.

a) $f(x)=5x-5$
b) $f(x)=-10x-2$
c) $f(x)=100x+25$

332 함수 $f(x)=\frac{1}{2}x+4$의 x절편을 다음 방법으로 구하시오.

a) 그래프를 그려서 구하시오.
b) 계산하여 구하시오.

333 함수 $f(x)=-\frac{1}{2}x+1$의 x절편을 다음 방법으로 구하시오.

a) 그래프를 그려서 구하시오.
b) 계산하여 구하시오.

35 직선의 기울기

직선의 기울기

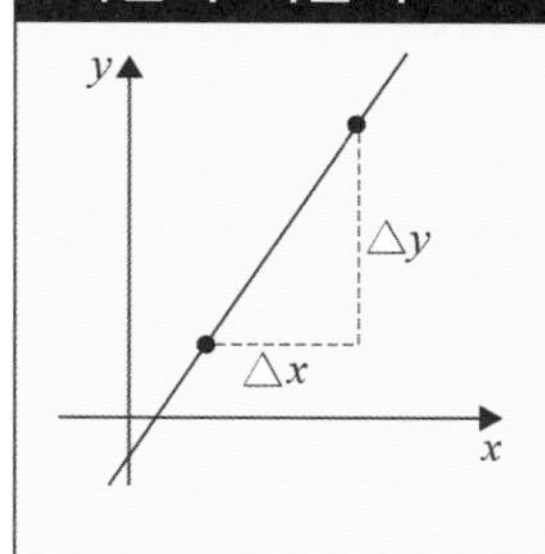

- 직선의 기울기 k는 가로의 값이 오른쪽으로 옮겨갈 때 세로의 값이 얼마나 위로 혹은 아래로 움직이는지를 나타낸다.
- 기울기는 직선에서 두 점을 골라서 이 두 점들 사이의 세로 차 Δy와 가로 차 Δx의 비율을 구해서 얻는다.

$$k=\frac{\Delta y}{\Delta x}$$

- $\frac{\Delta y}{\Delta x}$는 "델타 y의 델타x에 대한 비율"이라고 읽는다.

예제 1

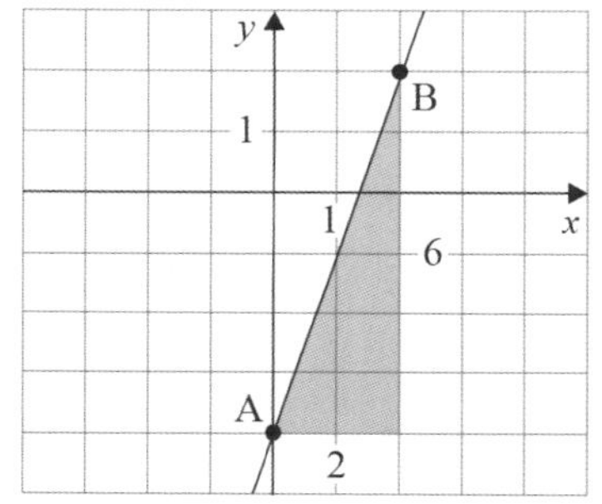

x가 1단위 오른쪽으로 갈 때 y는 3단위 위로 올라간다.

직선은 점 A(0, −4)와 B(2, 2)를 지난다. 이 직선의 기울기 k를 구하시오.

점 A에서 점 B로 옮겨갈 때 x좌표의 값은 0에서 2가 된다. 따라서 점 A와 B 사이의 수평거리의 값은 $\Delta x=2-0=2$이다.
마찬가지로 y좌표의 값은 −4에서 2가 된다. 따라서 점 A와 점 B 사이의 높이의 값은 $\Delta y=2-(-4)=6$이다.

직선의 기울기는 $k=\frac{\Delta y}{\Delta x}=\frac{6}{2}=3$이다.

예제 2

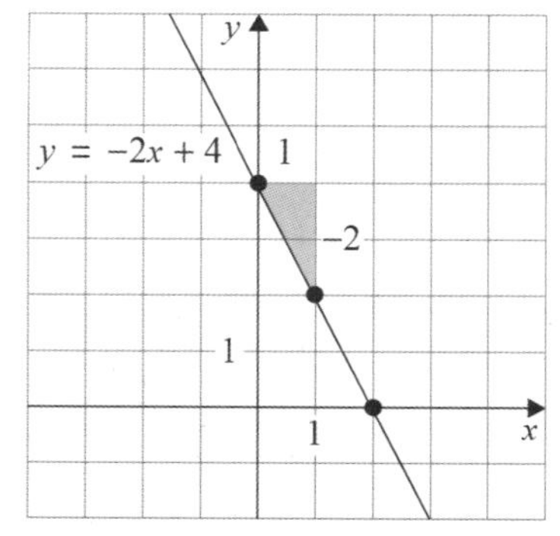

x가 1단위 오른쪽으로 이동할 때 y는 2단위 아래로 내려간다.

직선 $y=-2x+4$를 그리고 직선의 기울기 k를 계산하시오.

직선의 세 점을 계산하고 직선을 그린다.

x	$y=-2x+4$	$(x,\ y)$
0	$y=-2\cdot 0+4=4$	(0, 4)
1	$y=-2\cdot 1+4=2$	(1, 2)
2	$y=-2\cdot 2+4=0$	(2, 0)

직선은 점 (0, 4)와 (1, 2)를 지난다. 점들 사이의 수평거리의 값은 $\Delta x=1-0=1$이고 높이의 값은 $\Delta y=2-4=-2$이다.

직선의 기울기 $k=\frac{\Delta y}{\Delta x}=\frac{-2}{1}=-2$이다.

연습

334 다음 직선은 두 점 $(1,\ 1)$과 $(2,\ 4)$를 지난다. 다음을 계산하시오.

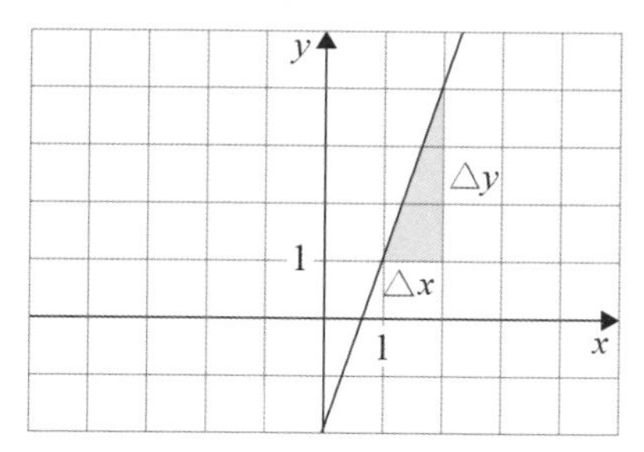

a) Δx b) Δy c) $\dfrac{\Delta y}{\Delta x}$

335 다음 직선 r, t, u의 기울기를 계산하시오.

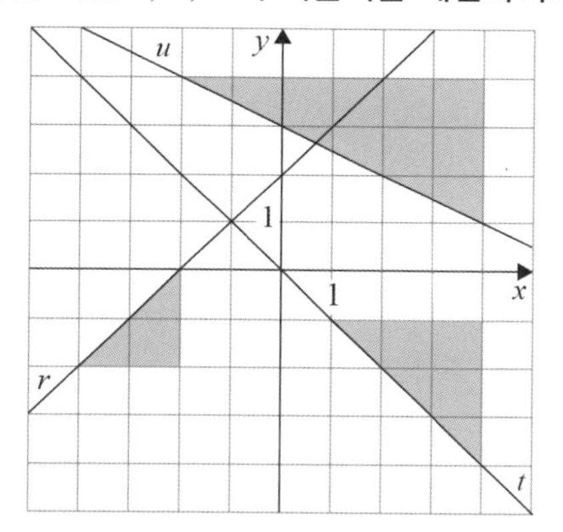

336 다음 직선 a, b, c, d의 기울기를 계산하시오.

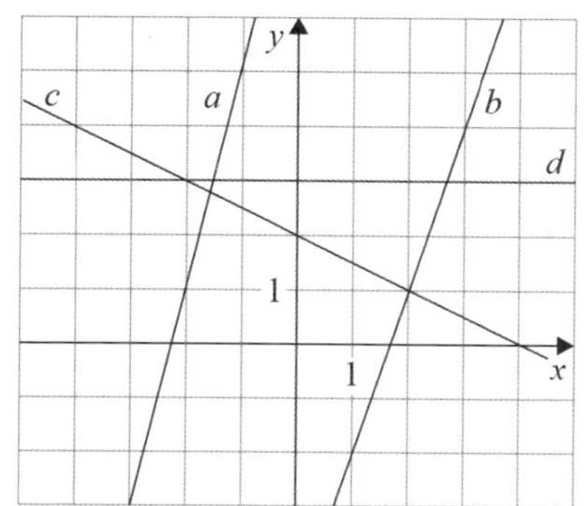

337 다음 직선을 그리고 직선의 기울기 k를 계산하시오.

a) $y=4x-2$ b) $y=-5x$
c) $y=x+3$ d) $y=-2$

응용

338 다음 직선 m, n, p, q의 기울기를 계산하시오.

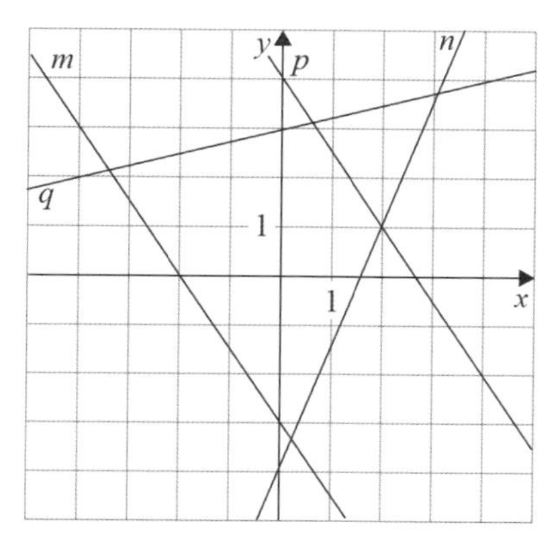

339 다음 점들을 지나는 직선을 그리고 직선의 기울기 k를 계산하시오.

a) $(-1,\ -3)$, $(1,\ 5)$
b) $(-2,\ -2)$, $(4,\ 1)$

340 다음 점들을 지나는 직선의 기울기 k를 계산하시오.

a) $A(1,\ 2)$, $B(3,\ 4)$
b) $A(1,\ -1)$, $B(3,\ 3)$
c) $A(-7,\ 14)$, $B(9,\ -34)$
d) $A(-3,\ -1)$, $B(-1,\ -4)$

341 다음 직선의 기울기를 찾아 쓰시오.

a) $y=x+8$
b) $y=-3x+4$
c) $y=7x-1$
c) $y=-9$

342 다음 직선을 그리시오.

a) 점 $(-2,\ 1)$을 지나고 기울기는 3이다.
b) 점 $(1,\ -1)$을 지나고 기울기는 -4이다.
c) 점 $(-1,\ 0)$을 지나고 기울기는 -1이다.

36 직선의 방정식

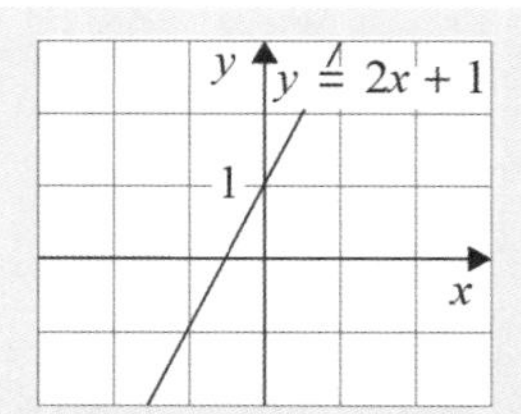

기울기가 양수(+)이면,
직선은 상승한다.

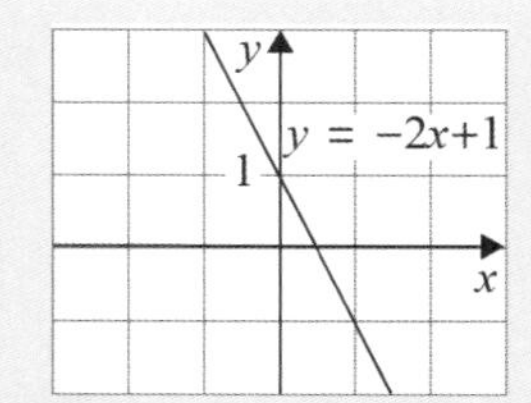

기울기가 음수(−)이면,
직선은 하강한다.

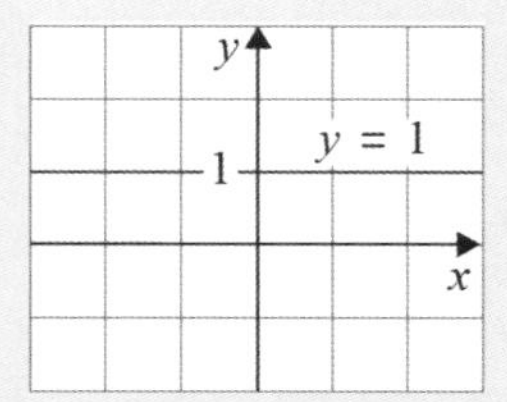

기울기가 0이면,
직선은 x축과 평행이다.

직선의 방정식 $y=kx+b$

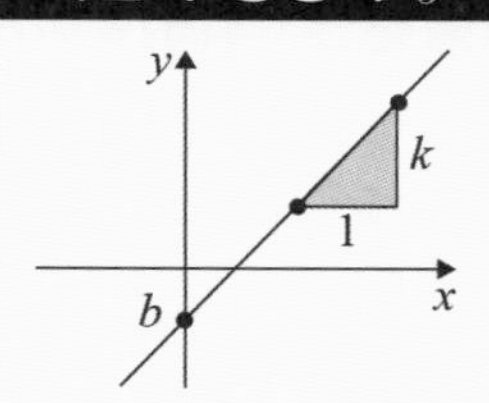

- 직선의 방정식 $y=kx+b$에서 변수 x의 계수 k는 직선의 기울기이다.
- 직선의 방정식에서 상수항 b는 직선이 어느 점에서 y축과 만나는지를 나타낸다.

예제 1

직선의 기울기는 무엇인가? 직선은 상승하는가 하강하는가? 직선은 어느 점에서 y축과 만나는가?

a) $y=-x+2$ b) $y=x$

a) $-x=-1\cdot x$이므로 기울기 $k=-1$이다. 직선은 하강한다. 상수항 $b=2$이므로 직선은 y축에 있는 점 (0, 2)에서 y축과 만난다.
b) $x=1\cdot x$이므로 기울기 $k=1$이다. 직선은 상승한다. 상수항 $b=0$이므로 직선은 y축 위에 있는 점 (0, 0), 즉 원점에서 y축과 만난다.

예제 2

직선 $y=3x-2$를 그리시오.

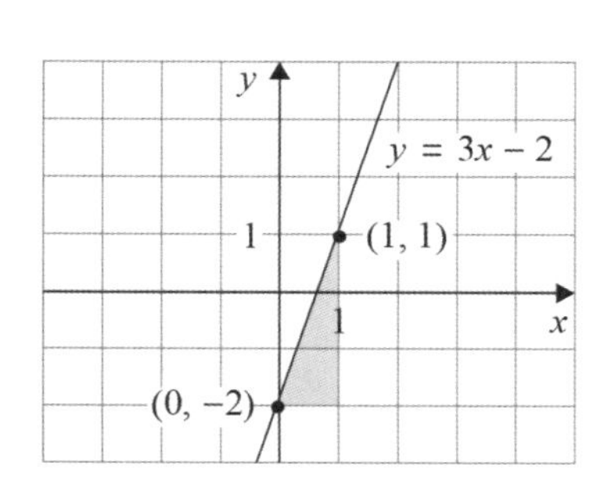

상수항 $b=-2$이므로 직선은 점 (0, −2)를 지난다. 직선의 기울기 $k=3$이므로 점 (0, −2)에서 오른쪽으로 1단위 옮겨갈 때 위쪽으로 3단위 올라가서 점 (1, 1)을 지난다. 점 (0, −2)와 (1, 1)을 지나는 직선을 그린다.

연습

343 아래 직선 r, t, u 중 다음을 찾으시오.

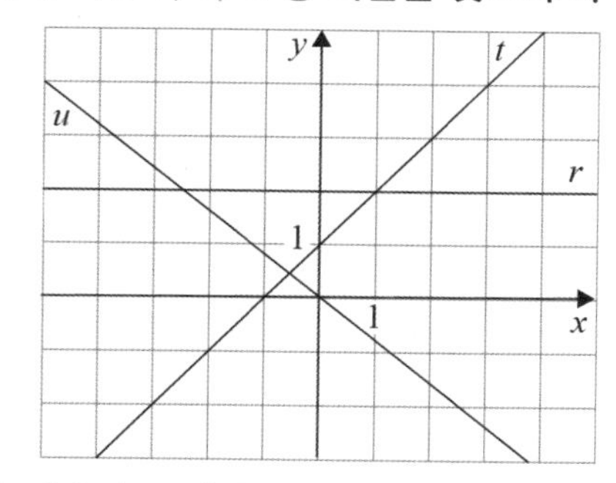

a) 상승하는 직선
b) 하강하는 직선
c) x축과 평행인 직선
d) 원점을 지나는 직선

344 직선 $y=12x-10$에서 다음을 찾으시오.

a) 기울기 k
b) 상수항 b

345 다음 직선에서 기울기 k와 상수항 b를 찾으시오.

a) $y=10x+4$　　b) $y=x-6$
c) $y=7x$　　d) $y=-x$

346 다음 직선에서 기울기 k를 찾고 직선이 상승하는지 하강하는지 답하시오.

a) $y=8x-10$　　b) $y=x+11$
c) $y=-15x$　　d) $y=-0.2x+0.5$

347 위 346번의 직선들이 y축과 어느 점에서 만나는지 답하시오.

348 다음 직선의 방정식을 쓰시오.

a) 기울기 $k=7$이고 상수항 $b=4$이다.
b) 기울기 $k=-5$이고 상수항 $b=-2$이다.

349 다음 직선을 그리시오.

a) $y=2x+3$　　b) $y=3x+1$
c) $y=4x$　　d) $y=-2x+4$

응용

[350~352] 다음 보기에 대하여 물음에 답하시오.

$y=2x-2$	$y=-2x+1$	$y=7x+1$
$y=1$	$y=x-2$	$y=-3x$

350 위 보기에서 y축에 있는 다음 점과 만나는 직선을 찾으시오.

a) $(0,\ 1)$　　b) $(0,\ -2)$

351 위 보기에서 기울기가 다음인 직선을 찾으시오.

a) 7　　b) 2　　c) 1　　d) 0

352 위 보기에서 다음 직선을 찾으시오.

a) 가장 가파르게 상승하는 직선
b) 가장 가파르게 하강하는 직선
c) x축과 평행인 직선
d) 원점을 지나는 직선

353 다음 직선의 방정식을 쓰시오.

a) 기울기 $k=1$이고 상수항 $b=0$이다.
b) 기울기 $k=0$이고 상수항 $b=6$이다.

354 다음 직선을 그리시오.

a) 기울기 $k=2$이고 상수항 $b=1$이다.
b) 기울기 $k=-3$이고 상수항 $b=-2$이다.

355 다음 직선을 그리시오.

a) $y=-4x+2$　　b) $y=-2x$
c) $y=x-5$　　d) $y=-0.5x-1$

356 다음 직선을 그리시오.

a) 기울기 $k=\frac{2}{3}$이고 상수항 $b=-1$이다.
b) 기울기 $k=-\frac{3}{4}$이고 상수항 $b=2$이다.

357 다음 직선을 그리시오.

a) $y=-x$　　b) $y=\frac{1}{4}x-3$
c) $y=4$　　d) $y=-5$

37 직선의 방정식 만들기

예제 1

다음 직선의 방정식을 만드시오.

a) 직선 s　　　　　　　　　　b) 직선 t

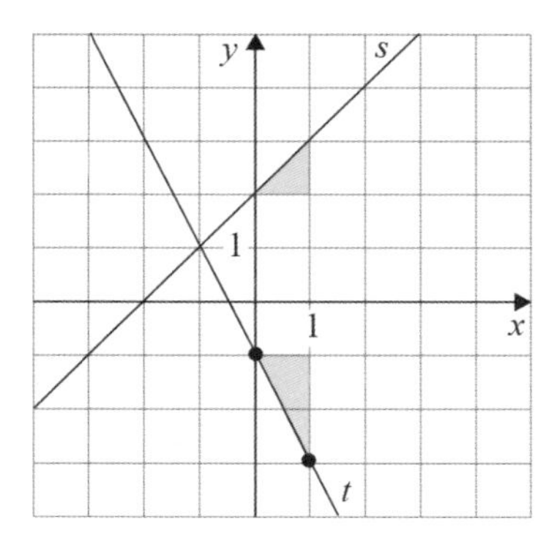

a) 직선 s의 방정식은 $y=kx+b$의 형태이다.
직선은 y축 위 점 (0, 2)를 지나므로 상수항 $b=2$이다.
직선의 기울기 $k=\dfrac{\Delta y}{\Delta x}=\dfrac{1}{1}=1$이다.
따라서 직선 s의 방정식은 $y=1x+2$, 즉 $y=x+2$이다.

b) 직선 t의 방정식은 $y=kx+b$의 형태이다.
직선은 y축 위 점 (0, −1)을 지나므로 상수항 $b=-1$이다.
직선의 기울기 $k=\dfrac{\Delta y}{\Delta x}=\dfrac{-2}{1}=-2$이다.
따라서 직선 t의 방정식은 $y=-2x-1$이다.

정답 : a) $y=x+2$　b) $y=-2x-1$

예제 2

직선 s는 점 A(2, 0)과 B(4, 3)을 지난다. 직선 s의 방정식을 만드시오.

점 A와 B를 지나는 직선을 그린다. 직선의 방정식은 $y=kx+b$의 형태이다.
직선은 y축 위 점 (0, −3)을 지나므로 상수항 $b=-3$이다.
직선의 기울기 $k=\dfrac{3}{2}$이다.
따라서 직선 s의 방정식은 $y=\dfrac{3}{2}x-3$이다.

예제 3

직선 s의 기울기는 −5이고 직선은 점 (30, −80)을 지난다. 직선 s의 방정식을 만드시오.

직선의 기울기는 $k=-5$이므로, 직선의 방정식은
$y=-5x+b$의 형태이다. 점 (30, −80)의 좌표를 직선의 방정식에 넣어서 상수항 b를 구한다.

$-80=-5\cdot 30+b$
$-80=-150+b$　　■ 방정식의 좌변과 우변을 바꾼다.
$-150+b=-80$　　■ 양변에 +150을 한다.
$b=70$

따라서 직선 s의 방정식은 $y=-5x+70$이다.

연습

[358~359] 다음 직선에 대하여 물음에 답하시오.

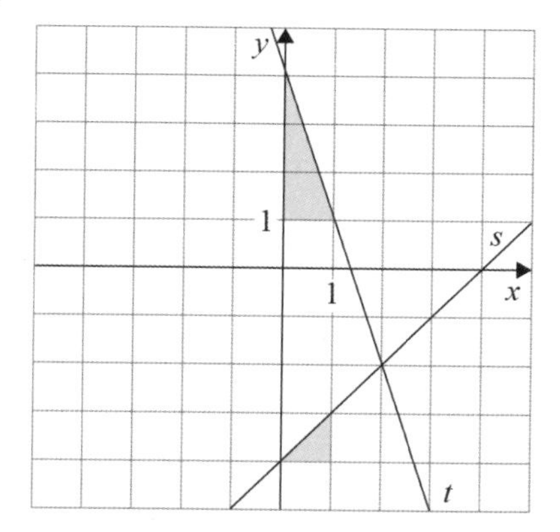

358 a) 직선 s의 기울기를 쓰시오.

b) 직선 s의 상수항을 쓰시오.

c) 직선 s의 방정식을 만드시오.

359 직선 t의 방정식을 만드시오.

360 직선은 점 A$(-2,\ 0)$과 B$(0,\ 4)$를 지난다.

a) 직선을 그리시오.

b) 직선의 기울기는 무엇인가?

c) 직선의 상수항은 무엇인가?

d) 직선의 방정식을 만드시오.

361 직선은 점 A$(0,\ 5)$와 B$(2,\ -3)$을 지난다. 직선을 그리고 직선의 방정식을 만드시오.

362 다음 직선의 방정식을 만드시오.

a) 직선의 기울기는 -3이고 직선은 점 $(0,\ 2)$에서 y축과 만난다.

b) 직선의 기울기는 5이고 직선은 점 $(0,\ 0)$에서 y축과 만난다.

363 직선 s의 기울기는 2이고 직선은 점 $(2,\ 1)$을 지난다.

a) 상수항에 b를 넣어서 직선의 방정식을 쓰시오.

b) 방정식에 점 $(2,\ 1)$의 좌표를 넣으시오.

c) 방정식에서 상수항 b의 값을 구하시오.

d) 직선 s의 방정식을 만드시오.

응용

364 다음 직선 r, s, t의 방정식을 만드시오.

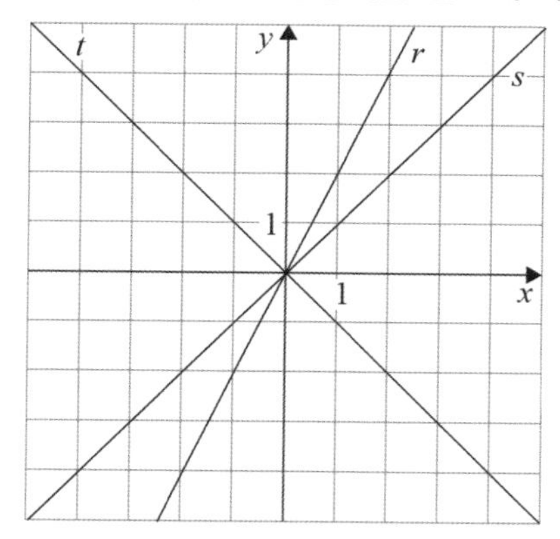

365 다음 직선 m, n, s, t의 방정식을 만드시오.

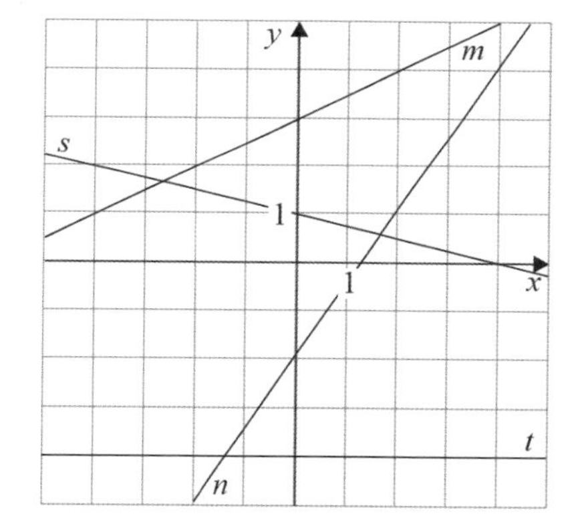

366 직선의 기울기가 -2이고 다음 점을 지나는 직선을 그리고 직선의 방정식을 만드시오.

a) $(0,\ 0)$을 지날 때

b) $(0,\ 4)$를 지날 때

c) $(3,\ 2)$를 지날 때

d) $(-4,\ -1)$을 지날 때

367 직선의 기울기는 2.5이고 직선은 점 $(-3,\ -9)$를 지난다. 직선의 방정식을 만드시오.

368 다음 점들을 지나는 직선의 방정식을 만드시오.

a) $(0,\ -4)$, $(1,\ 2)$

b) $(-1,\ 1)$, $(-5,\ 1)$

c) $(-4,\ 0)$, $(-3,\ 3)$

38 평행인 직선

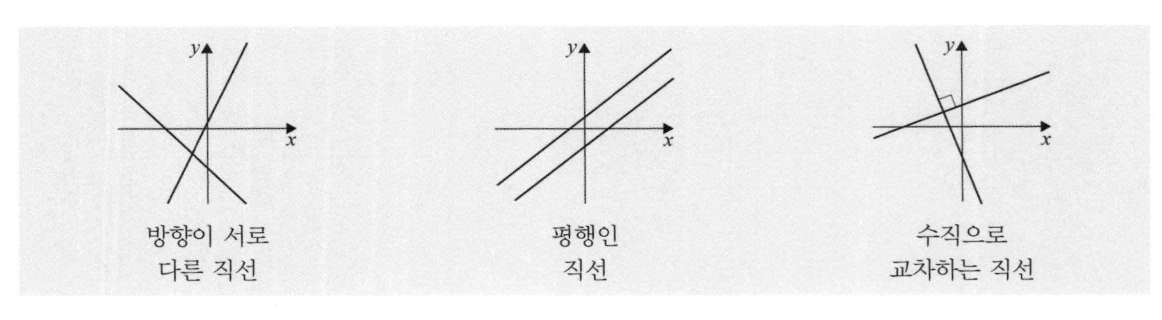

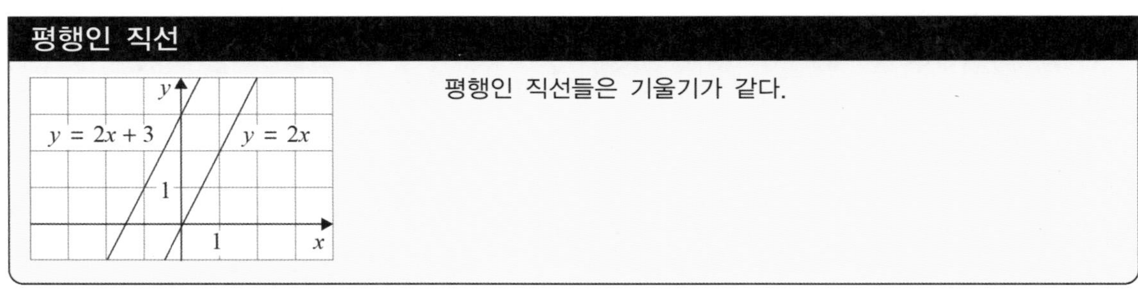

평행인 직선들은 기울기가 같다.

예제 1

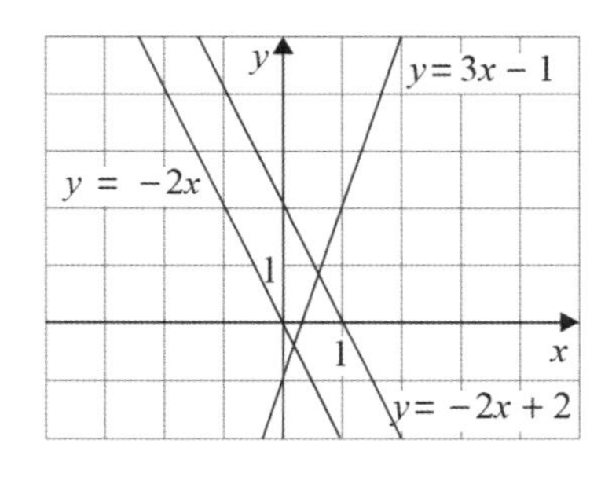

직선 $y=-2x$, $y=-2x+2$, $y=3x-1$ 중 어느 두 직선이 서로 평행인가?

직선 $y=-2x$와 $y=-2x+2$의 기울기가 $k=-2$로 같으므로 서로 평행이다. 직선 $y=3x-1$의 기울기는 $k=3$이므로 $k=-2$와 다르기 때문에 다른 두 직선과 평행이 아니다.

예제 2

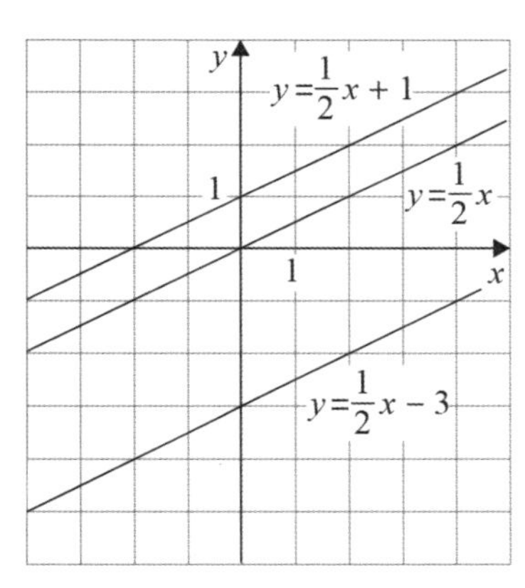

a) 직선 $y=\frac{1}{2}x+1$과 평행이고 원점을 지나는 직선의 방정식을 만드시오.

b) 직선 $y=\frac{1}{2}x+1$과 평행이고 점 (0, −3)을 지나는 직선의 방정식을 만드시오.

묻고 있는 직선의 기울기 k는 주어진 직선과 같으므로 $k=\frac{1}{2}$이다.

a) 직선은 y축과 점 (0, 0)에서 만나므로 상수항 $b=0$이다. 직선의 방정식은 $y=\frac{1}{2}x+0$, 즉 $y=\frac{1}{2}x$이다.

b) 직선은 y축과 점 (0, −3)에서 만나므로 상수항 $b=-3$이다. 직선의 방정식은 $y=\frac{1}{2}x-3$이다.

연습

369 **다음 보기에서 서로 평행인 직선들을 찾으시오. 왜 평행인지 설명하시오.**

$y=3x+1$	$y=-2x+1$	$y=x$
$y=x-5$	$y=-3x+4$	$y=-2x$

370 **다음 직선에 대하여 물음에 답하시오.**

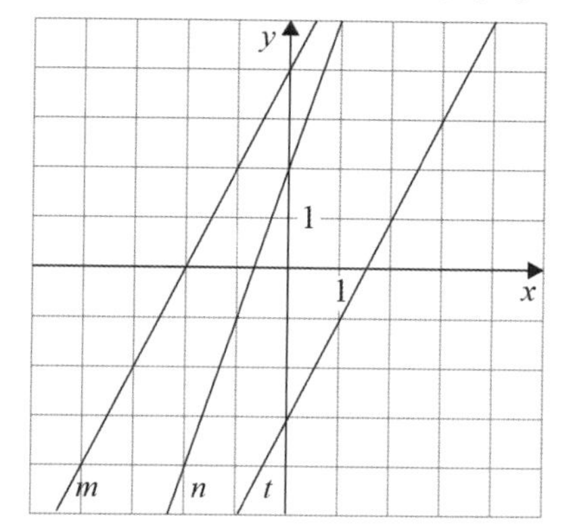

a) 직선 m, n, t의 기울기는 각각 무엇인가?
b) 서로 평행인 두 직선은 무엇인가?

371 **다음 두 직선은 서로 평행이다.**

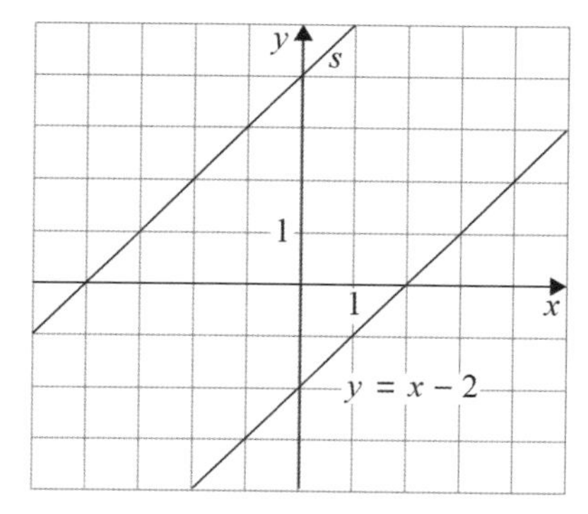

a) 직선 s의 기울기는 무엇인가?
b) 직선 s의 상수항은 무엇인가?
c) 직선 s의 방정식을 만드시오.

372 **다음 물음에 답하시오.**

a) 직선 $y=-x-3$을 그리시오.
b) 같은 좌표평면에 직선 $y=-x-3$과 평행이고 점 (0, 5)를 지나는 직선 s를 그리시오.
c) 직선 s의 방정식을 만드시오.

응용

373 **다음 물음에 답하시오.**

a) 직선 $y=5x-2$와 평행이고 원점을 지나는 직선의 방정식을 만드시오.
b) 직선 $y=-\frac{1}{2}x+\frac{1}{2}$과 평행이고 원점을 지나는 직선의 방정식을 만드시오.

374 **직선 r은 점 (0, 3)을 지나고 직선 $y=-2x+6$과 평행이다. 두 직선을 한 좌표평면에 그리고 직선 r의 방정식을 만드시오.**

375 **직선 $y=5x-8$과 평행이고 다음 점을 지나는 직선의 방정식을 만드시오.**

a) (0, 1)
b) (0, −10)

376 **k와 b의 값이 얼마일 때 직선 $y=kx+b$가 다음의 직선이 되는지 구하시오.**

a) 원점을 지나는 직선
b) 직선 $y=-9x+17$과 평행인 직선
c) 직선 $y=12x-6$과 y축에서 만나는 점이 같은 직선

377 **직선 p는 점 (−4, 1)과 (8, 10)을 지나고, 직선 q는 점 (0, −2)와 (−5, −6)을 지난다. 직선 p와 q를 그리고 두 직선의 기울기를 이용하여 두 직선이 서로 평행인지 알아보시오.**

378 **다음 직선의 방정식을 만드시오.**

a) 직선 $y=2x+1$과 평행이고 점 (1, 2)를 지나는 직선의 방정식
b) 직선 $y=-3x+2$와 평행이고 점 (−2, 1)을 지나는 직선의 방정식
c) 직선 $y=-7x-5$와 평행이고 점 (1, 11)을 지나는 직선의 방정식

39 직선의 방정식 활용

예제 1

수학시험에 문제가 5개 있다. 문제 1개당 최고점수는 6점이다. 즉, 문제 5개에서 최고 30점을 받을 수 있다. 시험점수 6~30점 사이에서 학생의 평가점수 y는 시험점수 x의 일차함수 $y=f(x)$이다. 시험점수 6점의 평가점수는 4이고 시험점수 30점의 평가점수는 10이다.

a) 함수 f의 그래프를 그리시오.
b) 함수의 식 $f(x)$를 만드시오.
c) 시험에서 티나는 16점, 야나는 23점, 안톤은 29점을 받았다. 이들 각각의 평가점수를 b)의 함수의 식으로 계산하시오.

a) 함수의 그래프는 점 (6, 4)와 (30, 10)을 지나는 직선이다.

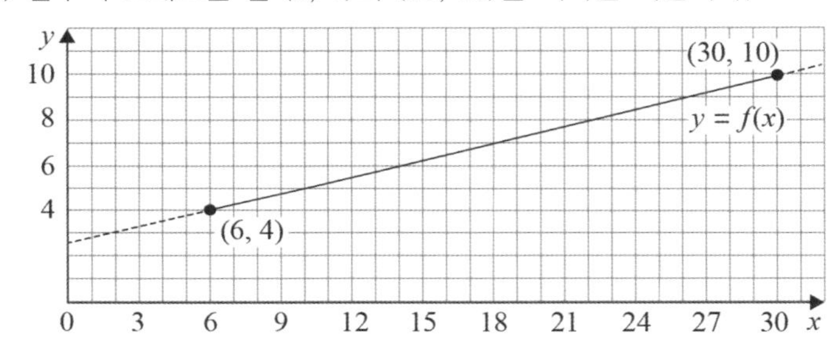

b) 함수의 그래프는 기울기가 다음과 같은 직선이다.

$$k=\frac{\Delta y}{\Delta x}=\frac{10-4}{30-6}=\frac{6}{24}=\frac{1}{4}=0.25$$

직선의 방정식은 $y=0.25x+b$의 형태이다. 점 (6, 4)의 좌표를 직선의 방정식에 대입해서 상수항 b를 구한다.

$4=0.25\cdot 6+b$

$4=1.5+b$ ▪ 방정식의 좌변과 우변을 바꾼다.

$1.5+b=4$ ▪ 양변에 -1.5를 한다.

$b=2.5$

직선의 방정식은 $y=0.25x+2.5$이므로 함수의 식은 $f(x)=0.25x+2.5$이다.

c) 티나는 $x=16$이므로 $y=0.25\cdot 16+2.5=6.5$이다.
야나는 $x=23$이므로 $y=0.25\cdot 23+2.5=8.25$이다.
안톤은 $x=29$이므로 $y=0.25\cdot 29+2.5=9.75$이다.

정답 : b) $f(x)=0.25x+2.5$ c) 티나 $6\frac{1}{2}$, 야나 8+, 안톤 10−

평가점수의 소수점 아래 자릿수가 0.5일 때 $\frac{1}{2}$, 0.5 미만일 때 +로 표시한다. 0.5 초과일 때에는 +1을 하고 −로 표시한다.

예 : $6.5 \rightarrow 6\frac{1}{2}$

$6.25 \rightarrow 6+$

$6.75 \rightarrow 7-$

최고 평가점수는 10이다.

갓난아기는 빠른 속도로 성장한다. 1~4개월 사이에 몸무게와 키의 성장은 거의 직선의 방정식을 이룬다. 이후 성장속도는 느려지고, 청소년기에 성장속도가 다시 한 번 빨라진다. 아이에 따라서는 6~8세에 '중간아동기'의 급성장을 보이기도 한다.
남자아이의 키는 생후 1개월에 평균 55 cm이고 생후 4개월에 68 cm이다.

연습

379 **수학시험에서 아스모는 10점, 안티는 18점, 마이야는 26점을 받았을 때, 86쪽 예제 1의 그래프를 이용해서 이들 각각의 평가점수를 찾으시오.**

380 **화학시험에 문제가 5개 있다. 문제 1개당 최고점수는 5점이다. 즉, 문제 5개에서 최고 25점을 받을 수 있다. 시험점수 1~25점 사이에서 학생의 평가점수 y는 시험점수 x의 일차함수 $y=f(x)$이다. 시험점수 1점의 평가점수는 4이고 시험점수 25점의 평가점수는 10이다.**

a) 함수 f의 그래프를 그리시오.
b) 시험에서 아이노는 18점, 일포는 11점, 릴야는 22점을 받았다. 그래프를 이용해서 이들 각각의 평가점수를 찾으시오.

381 **함수 $f(x)=0.25x+3.75$는 화학시험의 시험점수에 따른 평가점수를 나타낸다. 시험에서 카이사는 9점, 테무는 15점, 알렉시는 20점을 받았을 때, 이들 각각의 평가점수를 계산하시오.**

382 **물리시험의 최고점수는 21점이다. 시험점수 3~21점 사이에서 학생의 평가점수 y는 시험점수 x의 일차함수 $y=f(x)$이다. 시험점수 3점의 평가점수는 4점이고 시험점수 21점의 평가점수는 10점이다.**

a) 함수의 식 $f(x)$를 만드시오.
b) 시험에서 율리아는 15점, 라우리는 9점, 욘나는 18점을 받았을 때, 이들 각각의 평가점수를 계산하시오.

응용

383 **다음 물음에 답하시오.**

a) 남자아이의 키 성장 그래프를 그리시오. (x축에는 0~12개월이 있고 y축에는 0~110 cm가 있다. 12개월까지는 직선을 굵은 선으로 긋고, 그 이후에는 점선으로 그린다.)
b) 1~4개월 사이의 성장속도가 계속 유지된다면 12개월 된 남자아이의 키는 얼마가 되는지 그래프를 이용해서 추정하시오.

384 **다음 물음에 답하시오.**

a) 위 383번 문제에서 그린 그래프의 기울기와 상수항을 계산하여 유효숫자 두 개로 답하시오.
b) 직선의 방정식을 만드시오.
c) 1~4개월 사이의 성장속도가 계속 유지된다면 두 살과 다섯 살 된 남자아이의 키는 각각 얼마가 되는지 직선의 방정식을 이용해서 계산하시오.

385 **6~13세 남자아이의 평균 키 성장은 거의 직선의 방정식을 이룬다.**

a) 6세 남자아이의 평균 키는 117 cm이고 13세 남자아이의 평균 키는 155 cm일 때 키의 성장을 나타내는 그래프를 그리시오.
b) 그래프를 이용해서 11세 남자아이의 키는 얼마가 되는지 추정하시오.
c) 키의 성장을 나타내는 직선의 방정식을 만드시오.
d) 6~13세의 성장속도가 계속 유지된다면 17세 소년의 키는 얼마가 되는지 직선의 방정식을 이용해서 계산하시오.

40 복습

연습

386 a) 다음 함수 f의 규칙을 추정하시오.

x	f	$f(x)$
0	▶	-3
1	▶	-2
2	▶	-1
3	▶	0

입력이 다음과 같을 때 출력은 무엇인지 계산하시오.

b) 4　　c) -2　　d) x

387 $f(2)=18$**에서 다음을 찾아 쓰시오.**

a) 변수의 값　　b) 함수의 값

388 **함수의 식은** $f(x)=-x+9$**이다. 다음 함수의 값을 계산하시오.**

a) $f(3)$　　b) $f(0)$　　c) $f(-9)$

389 **다음 함수의 값에 알맞은 식을 아래 보기에서 고르시오.**

$f(x)=3x-12$　　$f(x)=x+8$
$f(x)=-3x+10$　　$f(x)=-x-1$

a) $f(4)=-2$　　b) $f(2)=-6$
c) $f(-4)=3$　　d) $f(-1)=13$

390 **아래 그래프를 보고 다음을 구하시오.**

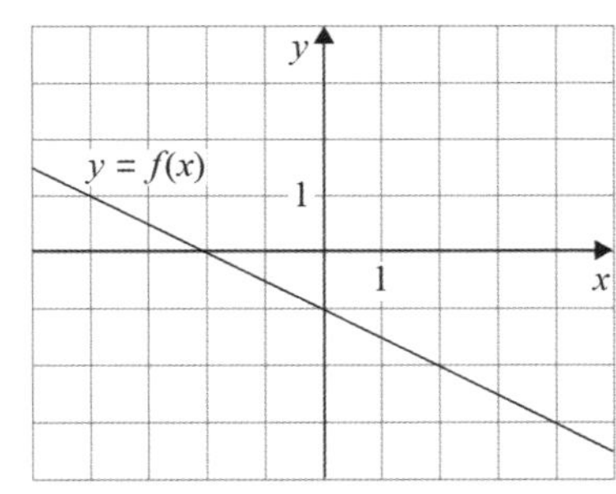

a) $x=0$일 때 함수 f의 값
b) $x=-4$일 때 함수 f의 값
c) $f(x)=-3$일 때 변수 x의 값
d) 함수 f의 x절편

391 a) 다음 표를 완성하시오.

x	$y=-2x+3$	(x, y)
0		
1		
2		

b) 직선 $y=-2x+3$을 그리시오.

392 **함수** $f(x)=3x-6$**의** x**절편을 다음 방법으로 구하시오.**

a) 그래프를 그려서 구하시오.
b) 대수학적으로 구하시오.

393 $x=-4$**가 함수** f**의** x**절편인지 알아보시오.**

a) $f(x)=3x+12$
b) $f(x)=-2x-8$
c) $f(x)=-x+4$

394 **다음 직선에서 기울기** k**와 상수항** b**를 찾아 쓰시오.**

a) $y=7x+4$　　b) $y=x-8$
c) $y=-9x$　　d) $y=-x$

395 **다음 직선을 그리시오.**

a) $y=3x+5$　　b) $y=5x$

396 **다음 보기에서 서로 평행인 직선들을 찾으시오. 왜 평행인지 설명하시오.**

$y=x-3$　　$y=-3x+1$　　$y=-3x$
$y=x+5$　　$y=5x+1$　　$y=x$

397 **직선은 점** A(0, 4)**와** B(2, 0)**을 지난다.**

a) 직선을 그리시오.
b) 직선의 기울기는 무엇인가?
c) 직선의 상수항은 무엇인가?
d) 직선의 방정식을 만드시오.

398 아래 그래프를 보고 다음을 구하시오.

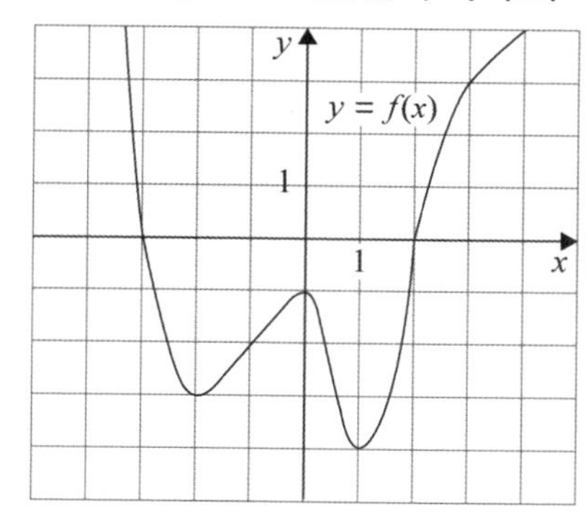

a) $f(-2)$
b) $f(0)$
c) $f(3)$
d) 함수 f의 x절편
e) 변수 x의 값이 얼마일 때 함수의 값이 -4가 되는가?

399 다음 직사각형의 둘레의 길이 p와 넓이 A는 변의 길이 x의 함수이다.

a) 식 $p(x)$와 $A(x)$를 만드시오.
b) $p(3)$과 $A(3)$을 계산하시오.
c) 변수 x의 값이 얼마일 때 $p(x)=88$이 되는가?

400 변수 x의 값이 얼마일 때 함수 $f(x)=-6x+3$의 값이 다음이 되는지 구하시오.

a) 15 b) -9 c) 3 d) 0

401 점 $(-4,\ 7)$이 다음 직선 위에 있는지 계산해서 알아보시오.

a) $y=-2x-1$
b) $y=-x+3$
c) $y=x+10$
d) $y=3x+19$

402 a) 일차함수 $f(x)=-2x+6$의 그래프를 그리고 다음 값을 구하시오.

b) $f\left(\frac{1}{2}\right)$
c) $f\left(3\frac{1}{2}\right)$
d) $f\left(-1\frac{1}{2}\right)$
e) 함수 f의 x절편을 계산하고 그래프에서 확인하시오.

403 다음 직선을 그리시오.

a) $y=-x+3$
b) $y=2$
c) $y=-\frac{1}{2}x+6$
d) $y=\frac{2}{3}x-5$

404 다음 물음에 답하시오.

a) 직선 $y=\frac{1}{2}x-3$과 평행이고 점$(-4,\ 0)$을 지나는 직선 t를 그리시오.
b) 직선 t의 방정식을 만드시오.

405 다음 직선 m, n, s, t의 방정식을 만드시오.

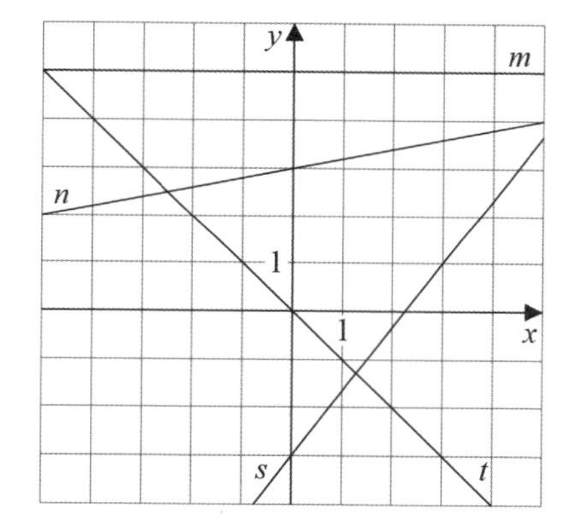

406 직선의 기울기는 -3이고 직선은 점 $(-3,\ 5)$를 지난다. 직선의 방정식을 만드시오.

407 직선 $y=5x-2$와 평행이고 직선 $y=-x+3$과 y축 위의 한 점에서 만나는 직선의 방정식을 만드시오.

408 직선 $y=4x-3$과 평행이고 점 $(3,\ 1)$을 지나는 직선의 방정식을 만드시오.

409 다음 점들을 지나는 직선의 방정식을 만드시오.

a) $(0,\ -22)$, $(1,\ -23)$
b) $(1,\ 29)$, $(2,\ 20)$
c) $(-2,\ 12)$, $(1,\ -6)$

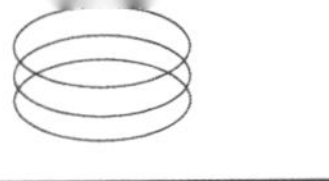

41 전기전자통신

브로드밴드는 인터넷 사용환경을 확실히 개선하여 빠른 데이터 이동을 가능하게 한다. 데이터 전송속도 즉 대역폭(bandwidth)의 측정단위는 비트/초, 즉 초당 비트의 수로 kbit/s나 Mbit/s로 표시한다. 국제전기통신연합(ITU)이 정한 바에 따르면 브로드밴드의 최소속도는 256 kbit/s이다. 핀란드의 일반적인 브로드밴드의 전송속도는 2 Mbit/s이다. 브로드밴드 인터넷회선을 통해 이동하는 데이터의 양은 전송속도와 전송시간에 따라 같은 비율로 변한다.

예제 1

야코의 브로드밴드 인터넷회선 전송속도는 768 kbit/s이다. 크기가 9 MB인 파일을 다운로드하는 데 1분 36초가 걸린다.

a) 리사의 브로드밴드 인터넷회선 전송속도는 1024 kbit/s이다. 리사가 같은 시간 동안 다운로드할 수 있는 파일의 크기는?

b) 리사가 다운로드한 파일을 야코가 다운로드할 때 걸리는 시간은?

a) 리사가 다운로드한 파일의 크기를 x 메가바이트(MB)로 표시한다. 파일의 크기와 인터넷회선 전송속도는 같은 비율로 변한다.

파일의 크기(MB)	인터넷회선 전송속도(kbit/s)
x	1 024
9	768

표를 참고로 비례식을 만든다.

$\frac{x}{9}=\frac{1\,024}{768}$ ■ 양변에 9를 곱한다.

$x=\frac{9 \cdot 1024}{768}$

$x=12$

b) 야코가 다운로드할 때 걸리는 시간을 변수 x초로 표시한다. 파일의 크기와 다운로드 속도는 같은 비율로 변한다.

파일의 크기(MB)	다운로드 속도(s)
12	x
9	$60+36=96$

표를 참고하여 비례식을 만든다.

$\frac{12}{9}=\frac{x}{96}$ ■ 엇갈려서 곱한다.

$9x=12 \cdot 96$ ■ 양변을 9로 나눈다.

$x=\frac{12 \cdot 96}{9}$

$x=128$

정답 : a) 12 MB b) 2분 8초

연습

410 **3바이트(byte)는 24비트(bit)로 구성된다. 다음은 몇 비트로 구성되는지 비례식을 만들어 구하시오.**

a) 6바이트 b) 2바이트

411 **2바이트 워드 3개에는 48비트가 있다. 다음은 몇 비트로 구성되는지 비례식을 만들어 구하시오.**

a) 2바이트 워드 5개

b) 2바이트 워드 16개

412 **8바이트는 64비트로 구성된다. 다음은 몇 바이트를 구성하는지 비례식을 만들어 구하시오.**

a) 40비트 b) 88비트

c) 128비트 d) 200비트

413 **레타가 3.20 MB 크기의 MP3 파일을 50초에 다운로드하였다. 다음 크기의 MP3 파일을 다운로드할 때 걸리는 시간을 구하시오.**

a) 2.65 MB b) 3.52 MB

응용

414 **라우라의 브로드밴드 인터넷회선 전송속도는 512 kbit/s이다. 크기가 20 288 kbit인 데이터를 다운로드하는 데 5분 17초가 걸린다.**

a) 투오마스의 브로드밴드 인터넷회선 전송속도는 768 kbit/s이다. 투오마스가 같은 시간 동안 다운로드할 수 있는 데이터의 크기를 구하시오.

b) 닐로의 브로드밴드 인터넷회선 전송속도는 256 kbit/s이다. 닐로가 같은 시간 동안 다운로드할 수 있는 데이터의 크기를 구하시오.

415 **카리와 미코가 사용하는 브로드밴드 인터넷회선의 전송속도는 다르다. 미코는 크기가 12 650 kbit인 데이터를 1분 58초에 다운로드할 수 있고 카리는 크기가 7 800 kbit인 데이터를 1분 20초에 다운로드할 수 있다.**

a) 이 둘이 크기가 9 650 kbit인 데이터를 다운로드하는 데 걸리는 시간을 각각 계산하시오.

b) 누구의 인터넷회선 전송속도가 더 빠른가?

416 **어떤 브로드밴드 인터넷회선에서 12분 동안 크기가 45 MB인 데이터가 전송된다. 이 인터넷회선을 이용해서 2시간 안에 4.7 GB 크기의 데이터를 DVD-R로 전송하려면 이 인터넷회선의 속도가 몇 배 더 빨라져야 하는지 구하시오.**

비트(bit)는 컴퓨터공학에서 사용하는 정보전달의 최소 단위로 0과 1로 정보를 저장한다. 큰 단위는 바이트(byte)와 워드(word)이다. 1바이트는 보통 8비트로 구성된다. 워드는 한 개 또는 여러 개의 바이트로 구성된다. 비트는 b나 bit로 나타내고 바이트는 t나 B로 나타낸다. kt나 kB는 1 024바이트를 뜻하고, Mt나 MB는 1 024 kt를 뜻한다. 마찬가지로 Gt나 GB는 1 024 Mt를 뜻한다.

42 직선의 비례

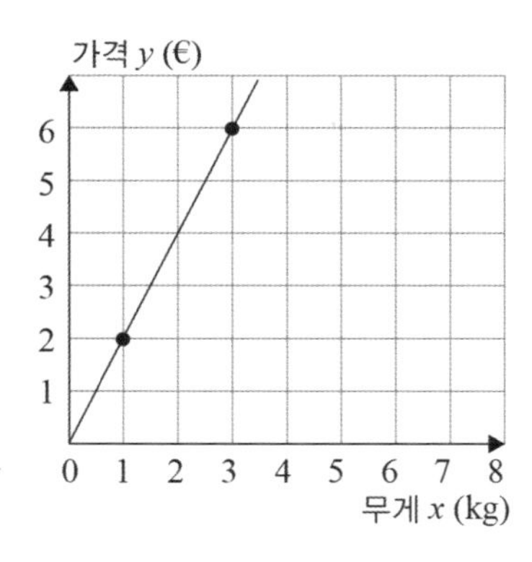

예제 1

그래프는 사과의 가격 y(€)와 사과의 무게 x(kg)의 관계를 나타낸다.

a) 사과 1 kg과 3 kg의 가격은 각각 얼마인가?
b) 무게가 3배가 되면 가격은 어떻게 변하는가?
c) 직선의 기울기를 구하시오. 기울기는 무엇을 나타내는가?

a) 1 kg은 2 €이고 3 kg은 6 €이다.
b) 가격은 무게와 같은 비율로 변하므로 3배가 된다.
c) 직선의 기울기 $k=\dfrac{\Delta y}{\Delta x}=\dfrac{6-2}{3-1}=\dfrac{4}{2}=2$는 사과의 단위무게당 가격(€/kg)을 나타낸다.

직선의 비례

- 비례하는 직선에서 두 값은 같은 비율로 변한다.
- 비례하는 두 값의 관계는 원점을 지나는 직선으로 나타낼 수 있다.

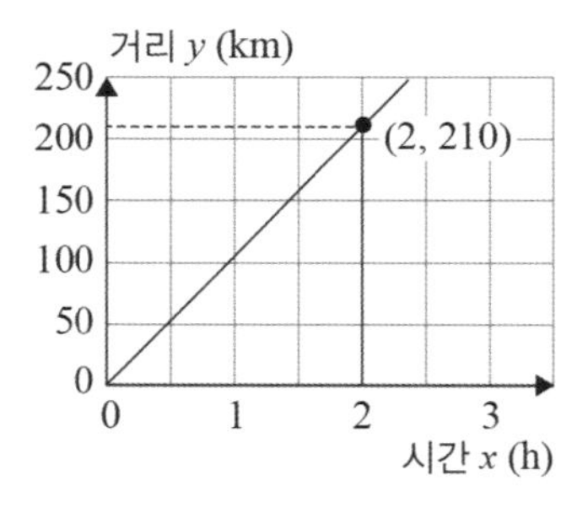

거리(km)	시간(h)
y	3
210	2

움직인 거리는 시간에 비례한다.

예제 2

기차가 움직인 거리 y(km)는 시간 x(h)에 비례한다. 2시간 동안 이동한 거리는 210 km이다.

a) 시간에 대한 거리의 함수를 나타내는 직선을 그리시오.
b) 3시간 동안 기차가 움직인 거리를 구하시오.
c) 직선의 기울기를 구하시오. 기울기는 무엇을 나타내는가?

a) 직선은 원점과 점 (2, 210)을 지난다.
b) 움직인 거리를 y킬로미터로 표시한다. 기차가 이동한 거리와 걸리는 시간은 비례하므로 다음과 같은 비례식이 성립한다.

$\dfrac{y}{210}=\dfrac{3}{2}$ ■ 엇갈려서 곱한다.

$2y=630$ ■ 양변을 2로 나눈다.

$y=315$

기차는 3시간 동안 315 km를 이동한다.

c) 기울기 $k=\dfrac{210}{2}=105$는 기차의 평균속도(km/h)를 나타낸다.

연습

417 **다음 그래프는 토마토의 가격 y(€)와 토마토의 무게 x(kg)의 관계를 나타낸다.**

a) 토마토 1 kg과 2 kg의 가격은 각각 얼마인가?

b) 토마토의 무게가 2배가 되면 가격은 어떻게 되는지 그래프에서 찾으시오.

c) 직선의 기울기를 구하시오. 기울기는 무엇을 나타내는가?

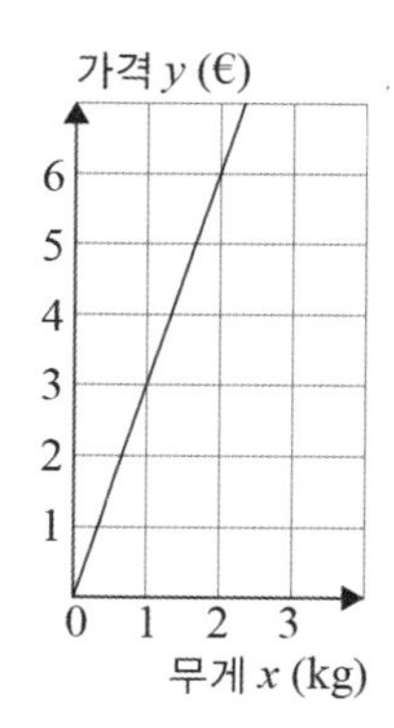

418 **다음 그래프는 페인트의 양 y(L)와 페인트로 칠한 넓이 x(m²)의 관계를 나타낸다.**

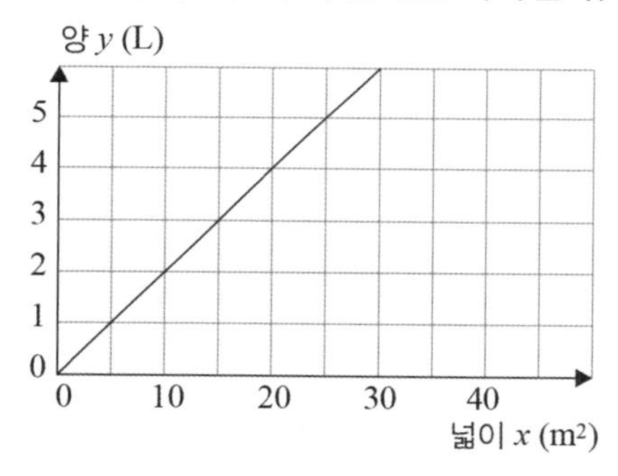

a) 10 m²와 25 m²의 넓이를 칠할 때 필요한 페인트의 양은 각각 얼마인가?

b) 그래프에서 페인트 1 L와 4 L로 칠할 수 있는 넓이를 각각 구하시오.

c) 직선의 기울기를 구하시오. 기울기는 무엇을 나타내는가?

419 **일을 하여 받는 임금 y(€)와 일을 한 시간 $x(h)$는 비례한다. 일을 3시간 했을 때 임금이 27 €였다.**

a) 일한 시간에 대한 임금의 함수를 나타내는 그래프를 그리시오.

b) 7시간 일했을 때의 임금은 얼마인지 구하시오.

c) 직선의 기울기를 구하시오. 기울기는 무엇을 나타내는가?

응용

420 **시장에서 딸기가 2.0 kg에 14 €이다.**

a) 딸기의 가격 y(€)와 딸기의 무게 x(kg)의 관계를 나타내는 그래프를 그리시오.

b) 딸기 0.5 kg의 가격은 얼마인가?

c) 17.50 €로 살 수 있는 딸기의 양을 그래프에서 찾으시오.

d) 직선의 기울기를 구하시오.

e) 기울기는 무엇을 나타내는가?

421 **마일과 킬로미터로 표현한 속도는 비례한다. 25 mph ≒ 40 km/h이다.**

a) 마일 속도(mph)를 x축, 킬로미터 속도(km/h)를 y축으로 마일 속도와 킬로미터 속도의 관계를 나타내는 그래프를 그리시오.

b) 35 mph는 몇 km/h인지 구하시오.

c) 65 mph는 몇 km/h인지 구하시오.

422 **가격과 무게의 관계를 나타내는 다음 함수의 그래프를 그리고 $y=kx$의 형태로 x와 y의 관계를 나타내시오.**

a) 마늘

무게 x(kg)	가격 y(€)
0	0
1	3
2	6

b) 양파

무게 x(kg)	가격 y(€)
0	0
2	4
5	10

423 **자동차로 움직인 거리와 소비된 기름의 양은 비례한다. 고속도로 주행시 기름의 소비량은 8.0 L/100 km이고 시내 주행시 기름의 소비량은 12 L/100 km이다.**

a) 고속도로 주행시 기름의 소비량을 나타내는 직선의 그래프를 그리시오.

b) 같은 좌표평면에 시내 주행시 기름의 소비량을 나타내는 직선의 그래프를 그리시오.

c) 고속도로에서 기름 100 L로 주행할 수 있는 거리를 구하시오.

43 반비례

탁자 위에 크기가 다른 원기둥 모양의 꽃병이 놓여 있다. 꽃병 안에 1 L, 즉 $1\,000\ \text{cm}^3$의 물을 붓는다. 밑면의 넓이가 작을수록 병 안의 수면의 높이가 높아진다. 넓이가 절반으로 작아지면 높이는 2배가 된다.

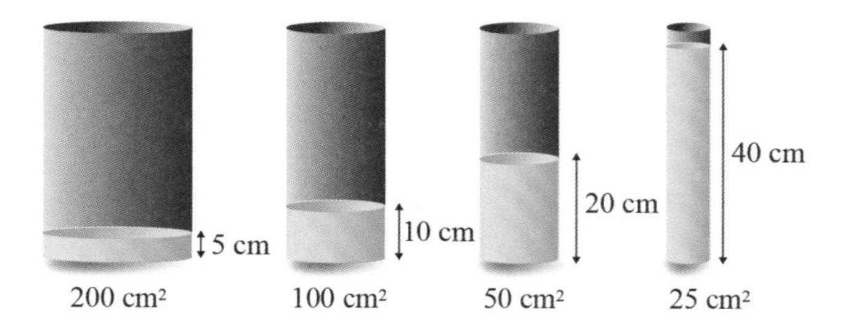

예제 1

수면의 높이 h(cm)가 꽃병의 밑면의 넓이 A(cm^2)에 대해 어떻게 변하는지 알아보시오.

h (cm)	A (cm^2)	곱 Ah(cm^3)
5	200	1 000
10	100	1 000
20	50	1 000
40	25	1 000

밑면의 넓이와 수면의 높이를 표로 만들어보자.
밑면의 넓이와 높이의 곱은 각 꽃병 안에 들어 있는 물의 부피와 같다. 밑면의 넓이가 달라질 때 수면의 높이는 반대로 변한다.

반비례

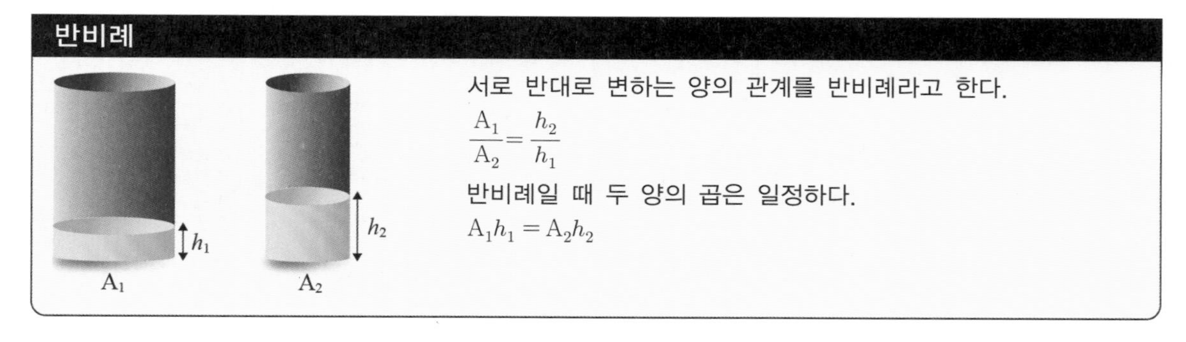

서로 반대로 변하는 양의 관계를 반비례라고 한다.

$$\frac{A_1}{A_2}=\frac{h_2}{h_1}$$

반비례일 때 두 양의 곱은 일정하다.

$$A_1h_1=A_2h_2$$

예제 2

예제 1에서 밑면의 넓이가 $125\ \text{cm}^2$인 꽃병이 있다면 수면의 높이는 얼마인가?

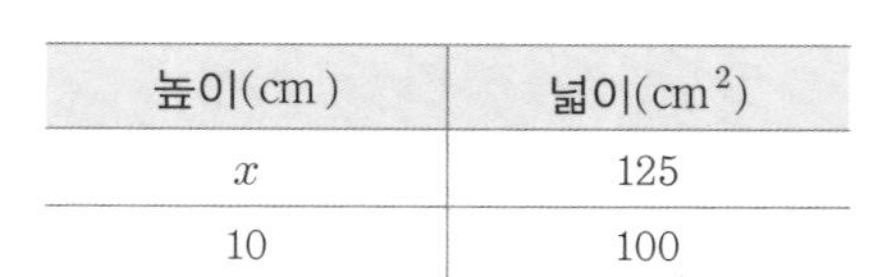

높이(cm)	넓이(cm^2)
x	125
10	100

높이의 비율과 넓이의 비율은 반비례한다.

수면의 높이를 x 센티미터(cm)로 표시한다.
수면의 높이와 밑면의 넓이는 반비례하므로 다음과 같은 식을 만들 수 있다.

$$\frac{x}{10}=\frac{100}{125}$$ ▪ 엇갈려서 곱한다.

$$125x=10\cdot 100$$ ▪ 양변을 125로 나눈다.

$$x=\frac{1\,000}{125}=8$$

정답 : 8 cm

연습

424 직사각형의 넓이는 60 cm^2이다.

a) 직사각형의 가로 길이와 세로 길이가 될 수 있는 값들을 표로 만드시오.

b) 가로 길이와 세로 길이는 정비례인가, 반비례인가?

425 곱의 결과가 다음과 같은 두 수의 쌍 4개를 만드시오.

a) 64　　　b) 105

426 x와 y가 반비례일 때 다음 표를 완성하시오.

a)

x	y	곱 xy
1	24	
2		
3		
6		

b)

x	y	곱 xy
1	40	
	20	
	8	
	4	

427 다음의 인원수와 일한 시간은 반비례인가 알아보시오.

a)

인원수	일한 시간(h)
1	16
2	8
4	4
5	3.2

b)

인원수	일한 시간(h)
1	12
2	6
3	4
5	2.2

428 기둥의 부피가 500 cm^3이다.

a) 기둥의 밑면의 넓이와 높이가 될 수 있는 값들을 표로 만드시오.

b) 기둥의 밑면의 넓이와 높이는 정비례인가, 반비례인가?

응용

429 집 한 채를 짓는 데 4명이 일하여 6개월이 걸렸다. 이 집을 짓는 인원수가 다음과 같다면 얼마나 걸릴지 구하시오.

a) 2명　　　b) 3명

430 펌프 두 개로 수영장의 물을 빼내는 데 10시간이 걸렸다. 다음과 같은 수의 펌프가 있다면 물을 빼내는 데 얼마나 걸릴지 구하시오.

a) 4개　　b) 8개　　c) 1개　　d) 5개

431 목욕탕 벽을 마감하는 데 크기가 600 cm^2인 큰 타일 520개를 사용하였다. 타일의 크기가 100 cm^2일 때 타일이 몇 개 필요한지 구하시오.

432 다음이 정비례인지 반비례인지 쓰시오.

a) 삼각형의 넓이가 같을 때 삼각형의 밑변의 길이와 높이

b) 직사각형의 세로 길이가 같을 때 직사각형의 넓이와 가로 길이

c) 원기둥의 부피가 같을 때 기둥의 밑면의 넓이와 높이

d) 직육면체의 밑면의 넓이가 같을 때 직육면체의 부피와 높이

44 반비례하는 값들

예제 1

여름별장까지 가는 데 자동차로 평균속도 80 km/h로 운전했을 때 4시간 30분이 걸렸다. 4시간 만에 가려면 평균속도 얼마로 운전해야 하는가?

묻고 있는 평균속도를 x(km/h)로 표시한다.

시간(h)	평균속도(km/h)
4.5	80
4	x

걸린 시간이 짧을수록 속도는 빨라야 한다.
즉, 걸린 시간은 평균속도에 반비례한다. 반비례하는 양의 곱은 상수이므로 다음과 같은 방정식을 만들 수 있다.

$4x = 4.5 \cdot 80$ ■ 양변을 4로 나눈다.

$x = \frac{4.5 \cdot 80}{4}$

$x = 90$

정답 : 90 km/h

예제 2

어떤 MP3 파일을 다운로드하는 데 1.2 Mbit/s의 속도로 24초가 걸렸다. 데이터 전송속도가 1.8 Mbit/s라면 이 파일을 다운로드하는 데 걸리는 시간은 얼마인가?

묻고 있는 시간을 x초로 표시한다.

시간(s)	전송속도(Mbit/s)
x	1.8
24	1.2

파일을 다운로드하는 데 걸리는 시간은 전송속도에 반비례하므로 다음과 같은 방정식을 만들 수 있다.

$\frac{x}{24} = \frac{1.2}{1.8}$ ■ 양변에 24를 곱한다.

$x = \frac{24 \cdot 1.2}{1.8}$

$x = 16$

정답 : 16초

연습

433 180 km를 자동차로 운전하여 간다.

a) 평균속도와 시간이 반비례할 때 다음 표를 완성하시오.

v(km/h)	t(h)	곱 vt(km)
40	4.5	
50		
60		
	2.25	
	1.8	
120		

같은 거리를 다음 시간 만에 갈 때 평균속도를 구하시오.

b) 2시간

c) 2.5시간

434 모페드(모터와 페달이 달린 자전거)를 타고 평균속도 45 km/h로 달릴 때 40분 걸리는 거리가 있다. 같은 거리를 자전거를 타고 20 km/h의 평균속도로 달릴 때 걸리는 시간을 구하시오.

435 한나와 욘나는 90 km를 도보여행할 계획이다. 이 둘이 4일 동안 다음 거리를 걸을 때 90 km를 여행하는 데 며칠이 걸리는지 구하시오.

a) 45 km　　b) 60 km

c) 72 km　　d) 40 km

436 오스카는 추리소설 한 권을 매일 30쪽씩 읽어서 8일 만에 다 읽었다. 오스카가 매일 다음 분량만큼씩 책을 읽는다면 같은 책을 다 읽는 데 며칠이 걸리는지 구하시오.

a) 20쪽　　b) 40쪽

437 장학재단에서 9학년의 최우수 학생 세 명에게 200 €씩 장학금을 주었다. 이 금액을 다음 수의 학생에게 나누어 줄 때 학생 한 명당 장학금의 액수는 얼마인지 구하시오.

a) 4명　　b) 5명

c) 6명　　d) 8명

응용

438 스포츠클럽의 회원들이 클럽활동비를 마련하기 위해 마트의 재고를 조사하는 아르바이트를 했다. 18명이 4시간 동안 일하여 재고조사를 마쳤다면 3시간 만에 끝내기 위해서는 몇 명이 일해야 하는지 계산하시오.

439 방의 바닥재로 길이가 95 mm인 보드 37개가 필요하다. 길이가 120 mm인 보드를 사용하면 몇 개가 필요한지 구하시오.

440 어떤 MP3 음악파일을 1 024 kbit/s 속도로 33초 만에 다운로드할 수 있다. 데이터 전송속도가 다음과 같을 때 파일을 다운로드하는 데 걸리는 시간을 구하시오.

a) 2048 kbit/s　　b) 256 kbit/s

441 어떤 동영상파일을 1 024 kbit/s의 전송 속도로 5분 20초 만에 다운로드하였다.

a) 1 Mbit = 1 024 kbit일 때, 전송속도가 6 Mbit/s인 인터넷회선에서 이 동영상을 다운로드하는 데 걸리는 시간은 얼마인가?

b) 전송속도가 6 Mbit/s인 인터넷회선은 전송속도가 1 024 kbit/s인 인터넷회선보다 데이터 전송 시간이 얼마나 더 짧은지 구하시오.

442 전세버스를 타고 경기를 보러 가기로 했다. 전세버스 요금을 인원수에 따라 똑같이 나눌 때, 18명이 가면 1인당 비용은 9.50 €이다.

a) 인원이 2명 늘어날 때 1인당 요금은 얼마인가?

b) 3명이 취소했을 때 1인당 요금은 얼마인가?

45 비례의 활용

도넛(24개)의 레시피

- 우유 3 dL
- 소금 1스푼
- 설탕 1 dL
- 카더멈 1스푼
- 드라이 이스트 5스푼
- 밀가루 8 dL
- 녹인 버터 $\frac{1}{2}$ dL

* 도넛 한 개의 무게는 약 80 g이다.

예제 1

a) 레시피와 같은 크기의 도넛을 42개 만들려고 할 때, 필요한 밀가루의 양을 구하시오.

b) 레시피와 같은 양의 반죽으로 도넛을 32개 만들었다면 도넛 한 개의 무게를 구하시오.

a) 구하려는 밀가루의 양을 x데시리터(dL)라 하자.

밀가루(dL)	도넛
8	24
x	42

밀가루의 양은 도넛의 개수와 정비례하므로 다음과 같은 비례식을 얻는다.

$\frac{8}{x}=\frac{24}{42}$ ■ 엇갈려서 곱한다.

$24x=8 \cdot 42$ ■ 양변을 24로 나눈다.

$x=\frac{8 \cdot 42}{24}=14$

b) 구하려는 도넛의 무게를 x그램(g)이라 하자.

도넛의 무게(g)	도넛의 개수
80	24
x	32

반죽의 양이 같을 때 도넛 한 개의 무게는 완성한 도넛의 개수와 반비례하므로 다음과 같은 비례식을 얻는다.

$\frac{80}{x}=\frac{32}{24}$ ■ 엇갈려서 곱한다.

$32x=24 \cdot 80$ ■ 양변을 32로 나눈다.

$x=\frac{24 \cdot 80}{32}=60$

정답 : a) 14 dL b) 60 g

연습

443 다음 레시피를 보고 물음에 답하시오.

슈빵(12개)의 레시피
- 버터 100 g
- 물 2 dL
- 밀가루 1.5 dL
- 계란 3개

* 슈빵 한 개의 무게는 약 50 g이다.

a) 위 레시피와 같은 크기의 슈빵을 36개 만들려고 할 때 필요한 밀가루의 양을 구하시오.
b) 위 레시피와 같은 양의 반죽으로 슈빵을 40개 만들었다면 슈빵 한 개의 무게는 얼마인지 구하시오.

444 라우리와 일라리는 가든파티에 15명을 초대했다. 손님 한 명당 감자 4개, 초콜릿푸딩 3 dL씩을 준비했다. 손님이 20명 왔다면, 손님 한 명당 돌아가는 음식의 양은 얼마인지 계산하시오.

a) 감자　　　b) 초콜릿푸딩

445 유시와 에로는 퓌헤예르비 호수 주변을 자전거를 타고 22 km/h의 속도로 4시간 만에 돌았다. 이들이 다음과 같은 속도로 자전거를 탈 때 걸리는 시간을 계산하시오.

a) 16 km/h　　　b) 24 km/h

446 탐페레에서 이위베스퀼레까지의 거리는 135 km이고 탐페레에서 요엔수까지의 거리는 336 km이다. 어떤 지도 위에서 탐페레에서 이위베스퀼레까지의 거리를 9.0 cm로 나타냈다면 탐페레에서 요엔수까지의 거리는 얼마로 나타냈을지 구하시오.

응용

447 다음 그래프는 물체를 떨어뜨렸을 때 5초 동안의 속도와 시간의 관계를 나타낸 것이다.

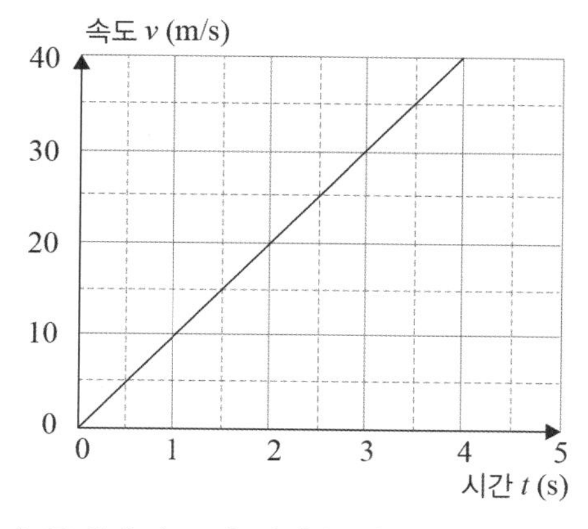

a) 물체의 속도와 시간은 어떤 관계인가?
b) 물체를 떨어뜨리고 4.5초가 지난 후의 속도를 추정하시오.
c) 1초 동안의 물체의 속도 변화를 계산하시오.

448 목수 빌푸와 빌야미는 일한 대가로 12 000 €를 받았다. 둘은 이것을 3 : 5의 시간 비율로 나누어 가지려고 한다. 이 둘이 나누어 갖는 금액은 각각 얼마인지 계산하시오.

449 집 주위에 배수로를 삽으로 67 m 파내려고 한다. 이틀 동안 19m를 파냈다면 며칠을 더 파내야 하는지 구하시오.

450 자동차의 속도계가 나타내는 속도와 실제 자동차의 속도는 비례한다. 자동차 과속측정기가 측정한 자동차의 실제속도가 76 km/h일 때 자동차 속도계는 80 km/h를 가리키고 있다.

a) 실제속도가 100 km/h일 때 속도계가 가리키는 속도는 얼마인가?
b) 속도계가 가리키는 속도가 90 km/h일 때 실제 속도는 얼마인가?

46 이차함수와 포물선

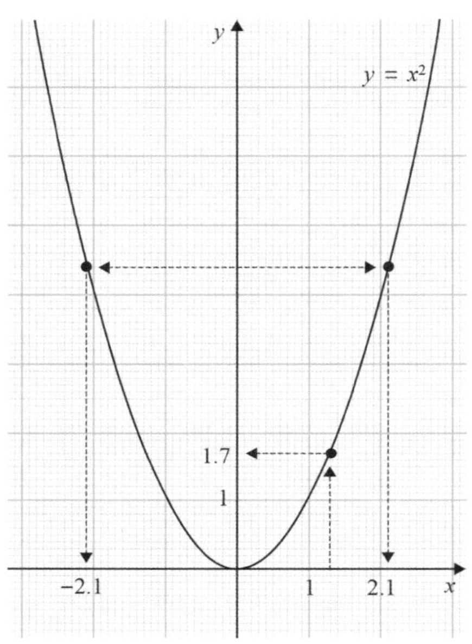

예제 1

함수 $f(x)=x^2$의 그래프에서 다음을 찾으시오.

a) $x=1.3$일 때 함숫값을 그래프에서 찾고 함수식을 이용하여 계산한 다음 두 값을 비교하시오.

b) $f(x)=4.4$일 때 x의 값을 읽고 함수식을 이용하여 계산한 다음 두 값을 비교하시오.

c) 함수의 최솟값을 찾으시오.

a) 그래프에서 $f(1.3) \fallingdotseq 1.7$로 읽을 수 있다.
함수식을 이용해서 계산해보면
$f(1.3)=1.3^2=1.69 \fallingdotseq 1.7$을 얻는다.

b) y값이 4.4인 두 점이 함수의 그래프에 있다. 이 두 점들의 x값은 $x \fallingdotseq 2.1$과 $x \fallingdotseq -2.1$이다.
함수식을 이용해서 계산해보면
$f(2.1)=2.1^2=4.41 \fallingdotseq 4.4$와
$f(-2.1)=(-2.1)^2=4.41 \fallingdotseq 4.4$를 얻는다.

c) 그래프의 가장 아래에 있는 점의 y값이 함수의 최솟값이고 그 y값은 0이다.

정답 : a)1.7 b) $x \fallingdotseq 2.1$ 또는 $x \fallingdotseq -2.1$ c) 0

이차 함수와 포물선

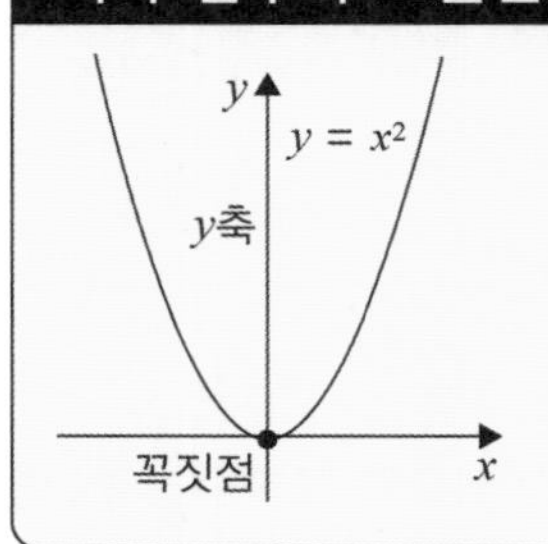

- 이차함수의 그래프는 포물선이다.
- 함수의 그래프는 꼭짓점이 원점에 있고 y축을 대칭축으로 하는 $y=x^2$의 그래프이다.
- 포물선은 y축에 대해 대칭을 이룬다.
- 포물선의 꼭짓점은 y축 위에 있는 포물선 위의 점이다.

예제 2

점 (4, 18)과 (−7, 50)이 함수 $f(x)=x^2+1$의 그래프 위에 있는지 알아보시오.

$f(4)=4^2+1=17$이므로 점 (4, 18)은 함수의 그래프 위에 있지 않다.
$f(-7)=(-7)^2+1=50$이므로 점 (−7, 50)은 함수의 그래프 위에 있다.

연습

451 함수 $f(x)=x^2$의 그래프에서 다음 값을 찾고 함수식을 이용하여 계산한 다음 두 값을 비교하시오.

a) $x=1$일 때 함숫값
b) $x=-0.7$일 때 함숫값
c) $f(x)=4$일 때 x의 값
d) 함수의 꼭짓점의 좌표

452 다음은 함수 $f(x)=x^2-4$의 그래프이다. 이 그래프에서 다음 함숫값을 찾고 함수식을 이용하여 계산한 다음 두 값을 비교하시오.

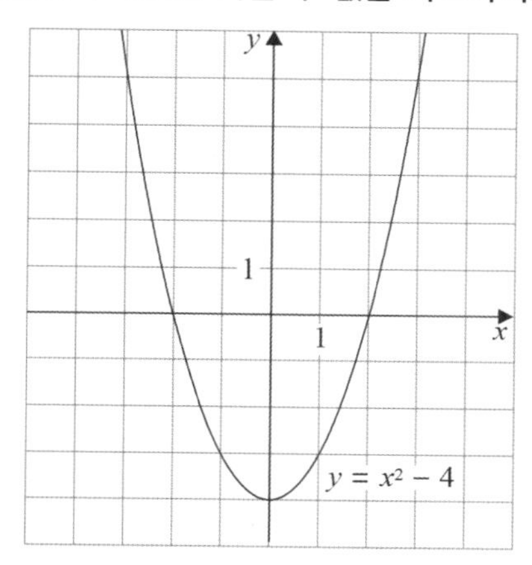

a) $x=2$
b) $x=3$
c) $x=-2$
d) 함수의 최솟값

453 다음 점이 함수 $f(x)=x^2$의 그래프 위에 있는지 계산하여 알아보시오.

a) $(5,\ 25)$　　b) $(-4,\ 16)$
c) $(8,\ -64)$　　d) $(-12,\ -144)$

응용

454 다음은 함수 $f(x)=0.25x^2-5$의 그래프이다. 이 그래프에서 다음 값을 찾고 함수식을 이용하여 계산한 다음 두 값을 비교하시오.

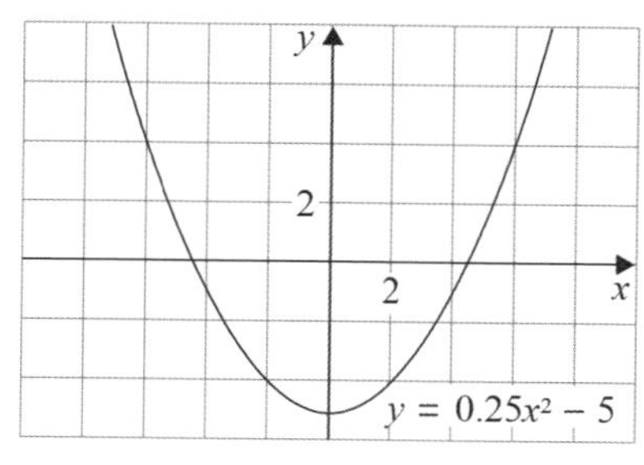

a) $x=4$일 때 함숫값
b) $x=-3$일 때 함숫값
c) $f(x)=0$일 때 x의 값
d) $f(x)=-4$일 때 x의 값
e) 함수의 꼭짓점의 좌표

455 다음은 함수 $f(x)=-0.5x^2+x+3$의 그래프이다. 이 그래프에서 다음 값을 찾고 함수식을 이용하여 계산한 다음 두 값을 비교하시오.

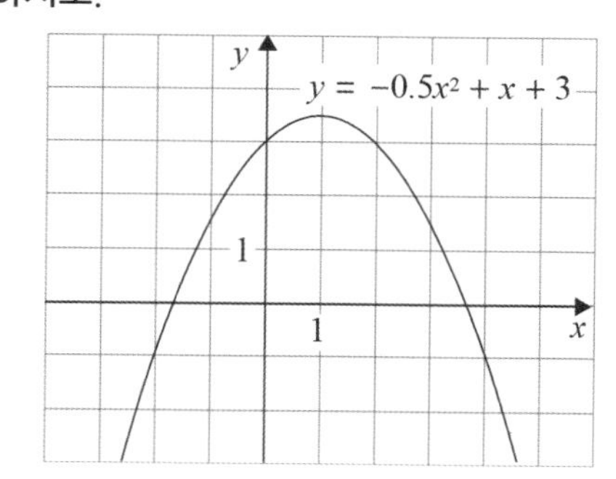

a) $x=3$일 때 함숫값
b) $x=-1$일 때 함숫값
c) $f(x)=3$일 때 x의 값
d) $f(x)=-1$일 때 x의 값
e) 함수의 최댓값

456 다음 점이 함수 $f(x)=x^2-2$의 그래프 위에 있는지 계산하여 알아보시오.

a) $\left(\frac{1}{2},\ -1\frac{3}{4}\right)$　　b) $\left(\frac{1}{3},\ -\frac{8}{9}\right)$
c) $\left(-\frac{2}{3},\ -2\frac{4}{9}\right)$　　d) $\left(-\frac{5}{4},\ -\frac{7}{16}\right)$

47 이차함수의 종류

아래로 볼록한 포물선

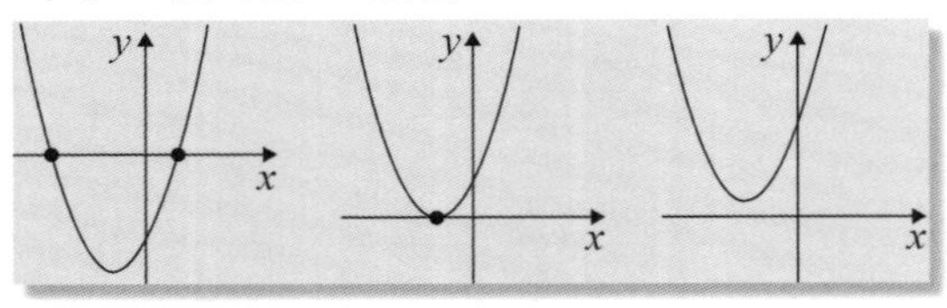

x축과 교점이 두 개 / x축과 교점이 한 개 / x축과 교점이 없음

위로 볼록한 포물선

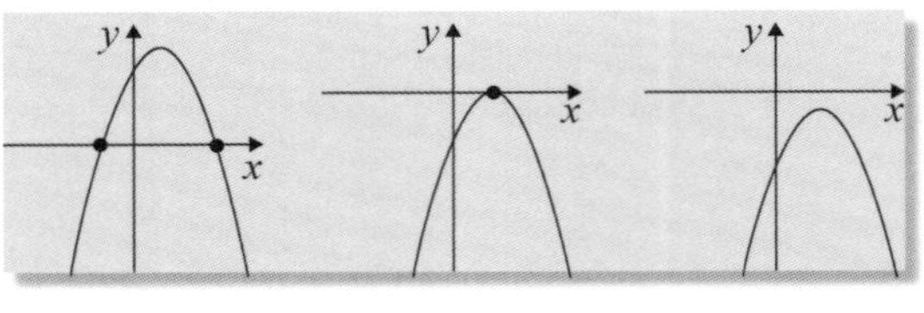

x축과 교점이 두 개 / x축과 교점이 한 개 / x축과 교점이 없음

예제 1

a) 이차함수 $f(x)=x^2-1$의 그래프, 즉 포물선 $y=x^2-1$을 그리시오.

b) 포물선 $y=x^2-1$은 위로 볼록한가, 아래로 볼록한가?

c) 그래프에서 함수f가 x축과 만나는 점의 x값을 구하시오.

a) 그래프의 점들을 계산해서 표로 만들고 점들을 이어서 포물선을 만든다.

x	$y=x^2-1$	(x, y)
0	$y=0^2-1=-1$	(0, −1)
1	$y=1^2-1=0$	(1, 0)
−1	$y=(-1)^2-1=0$	(−1, 0)
2	$y=2^2-1=3$	(2, 3)
−2	$y=(-2)^2-1=3$	(−2, 3)
3	$y=3^2-1=8$	(3, 8)
−3	$y=(-3)^2-1=8$	(−3, 8)

b) 포물선은 아래로 볼록하다.

c) 함수는 $x=1$과 $x=-1$ 두 개의 점에서 x축과 만난다.

예제 2

함수 $f(x)=-x^2+4$가 x축과 만나는 점을 구하고 그래프에서 확인하시오.

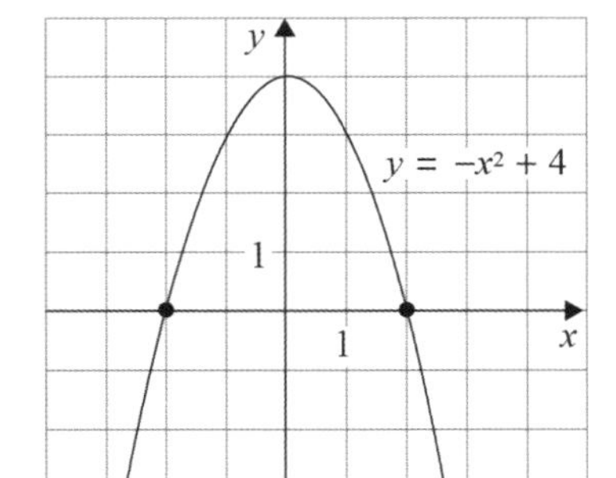

x축과 만나는 점은 $f(x)=0$을 계산해서 구할 수 있다.

$-x^2+4=0$ ■ 양변에서 4를 뺀다.

$-x^2=-4$ ■ 양변에 −1을 곱한다.

$x^2=4$ ■ 방정식의 근을 구한다.

$x=2$ 또는 $x=-2$

정답 : $x=2$ 또는 $x=-2$

연습

457 **다음 물음에 답하시오.**

a) 다음 표를 완성하시오.

x	$y = x^2$	(x, y)
0		
0.5		
−0.5		
3		
−3		

b) 함수 $f(x)=x^2$의 그래프를 그리시오.

458 **다음 방정식을 푸시오.**

a) $x^2=16$ b) $x^2=25$

c) $x^2-49=0$ d) $x^2+1=0$

459 **함수 $f(x)=x^2-4$이다.**

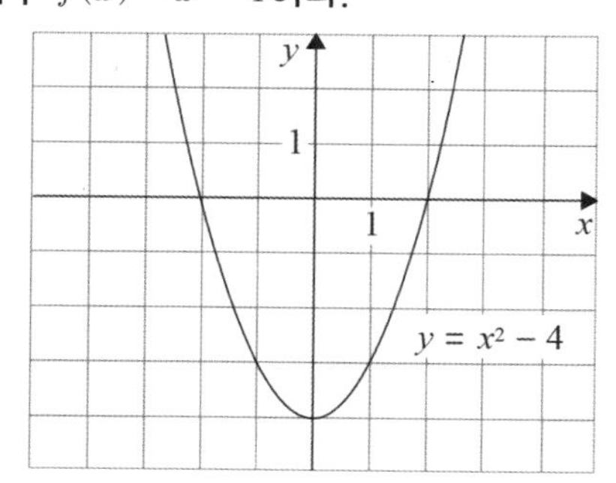

a) 이 함수의 그래프가 x축과 만나는 점을 찾으시오.

b) 방정식 $x^2-4=0$의 근을 구하시오.

460 **함수 $f(x)=x^2-9$가 x축과 만나는 점을 그래프에서 찾고 방정식을 계산해서 근을 구하시오.**

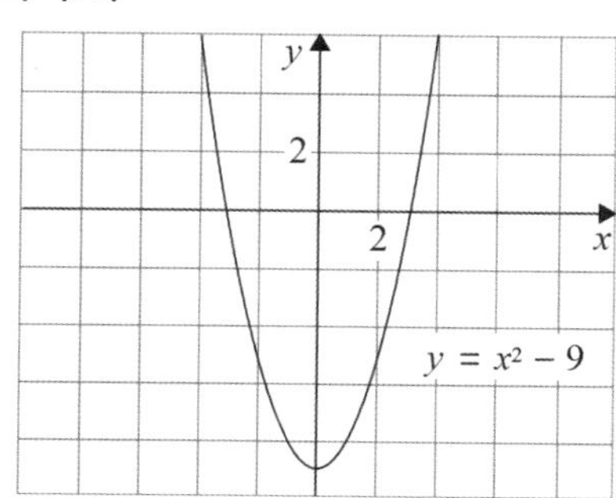

응용

461 **다음 물음에 답하시오.**

a) 다음 표를 완성하시오.

x	$y = x^2 - 2$	(x, y)
0		
0.5		
−0.5		
3		
−3		

b) 함수 $f(x)=x^2-2$의 그래프를 그리시오.

c) 포물선 $y=x^2-2$는 위로 볼록한가, 아래로 볼록한가?

d) 함수 $f(x)=x^2-2$가 x축과 만나는 점의 x값을 구하고 그래프에서 확인하시오.

462 **다음 물음에 답하시오.**

a) 다음 표를 완성하시오.

x	$y = -x^2 + 5$	(x, y)
0		
0.5		
−0.5		
3		
−3		

b) 함수 $f(x)=-x^2+5$의 그래프를 그리시오.

c) 포물선 $y=-x^2+5$는 위로 볼록한가, 아래로 볼록한가?

d) 함수 $f(x)=-x^2+5$가 x축과 만나는 점의 x값을 구하고 그래프에서 확인하시오.

463 **함수 f가 x축과 만나는 점의 x값을 구하시오.**

a) $f(x)=x^2+81$

b) $f(x)=-x^2+100$

c) $f(x)=3x^2-147$

464 **다음 이차함수가 x축과 만나는 점의 개수를 추정하시오.**

a) $f(x)=x^2-7$ b) $f(x)=x^2$

c) $f(x)=x^2+4$ d) $f(x)=-x^2+4$

48 자취

자유롭게 던져진 물체가 그리는 선을 자취라 한다. 물체는 달의 표면 같은 진공 상태에서는 포물선을 그린다. 공기의 저항이 적을 때 물체가 그리는 자취는 포물선과 유사하다. 비행기나 로켓의 움직임과 같이 공기의 저항 외에도 날개의 양력의 영향을 받는 것은 자취가 아니다.

예제 1

포환던지기에서 포환의 자취는 거의 포물선 $y=-0.05x^2+0.8x+1.8$이 그리는 선에 가깝다. 이 포물선에서 y(m)는 지면에서 포환까지의 수직거리이고 x(m)는 포환을 던진 자리에서 포환까지의 수평거리이다.

a) 포환이 지면에 떨어질 때까지 날아간 거리를 구하시오.

b) 포환의 최고점의 높이를 구하시오.

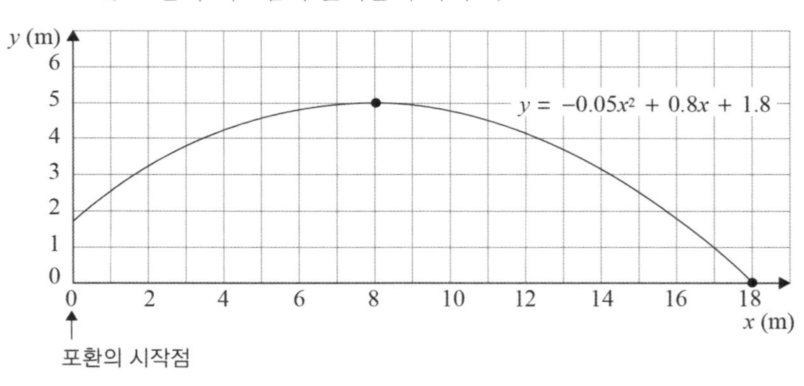

a) 그래프를 보면 포환은 $x=18$일 때 지면에 닿는다.
포환이 지면에 떨어질 때까지 날아간 거리는 18m이다.

b) 포환은 $x=8$일 때 포물선의 꼭짓점에서 최고점에 이른다.
꼭짓점의 y 좌표는 포물선의 방정식에 $x=8$을 넣어서 계산한다.

$$y=-0.05x^2+0.8x+1.8$$
$$=-0.05\cdot 8^2+0.8\cdot 8+1.8$$
$$=-0.05\cdot 64+6.4+1.8=5$$

최고점은 5 m이다.

정답 : a) 18 m b) 5 m

연습

465 104쪽에 있는 포환의 움직임을 나타낸 그래프에서 포환이 다음 거리만큼 나갔을 때의 높이를 구하시오.

a) 2 m
b) 5 m
c) 18 m

466 104쪽 그래프에서 지면으로부터의 포환의 높이가 4 m일 때, 수평으로 나간 거리를 구하시오.

467 핀란드야구 경기에서 투수가 던진 공을 타자가 야구방망이로 쳤다. 이때 공이 그리는 자취는 아래 그림에 있는 포물선으로 y(m)는 지면에서 공까지의 수직거리이고 x(m)는 타석에서 공까지의 수평거리이다. 다음을 그래프에서 찾으시오.

a) 야구방망이와 공이 만난 지점의 높이는?
b) 타석에서의 거리가 10 m일 때 공의 높이는?
c) 공이 지면에 떨어질 때까지 날아간 거리는?
d) 공의 최고점의 높이는?
e) 2.5 m 높이에 있는 공을 잡았을 때 타석에서 공까지의 거리를 그래프에서 찾으시오.

응용

468 다음 그래프는 베란다에서 던진 공의 지면에서의 높이와 시간에 대한 함수를 나타낸 것이다. 다음을 그래프에서 찾으시오.

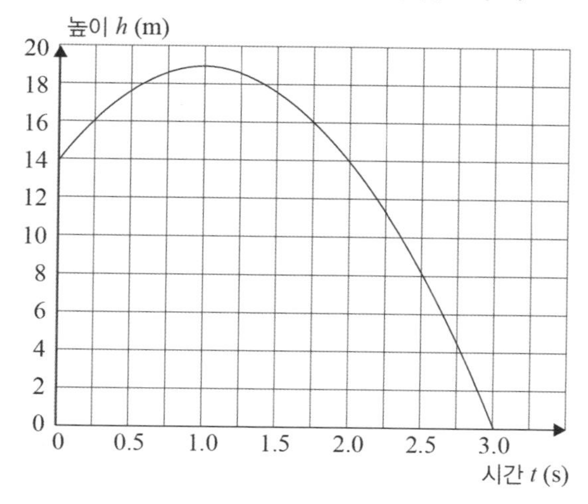

a) 공을 던진 높이는?
b) 공이 최고점에 도달한 시간은?
c) 공을 던진 높이에 다시 위치하는 시간은?
d) 공의 최고높이는?
e) 공이 위로 올라간 시간은?
f) 공이 지면에 떨어진 시간은?

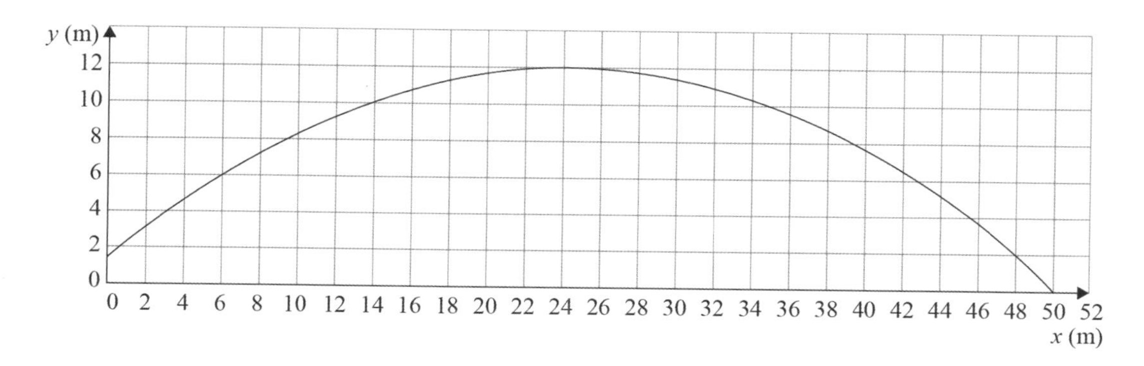

49 부등식

부등식

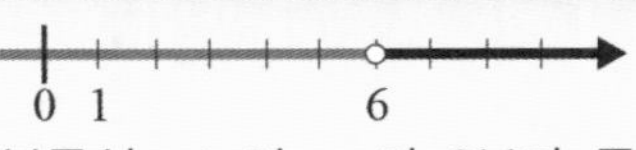

부등식 $x > 6$는 x가 6보다 큰 모든 수임의 의미한다.

부등식은 두 식의 대소를 다음 부호를 이용하여 나타낸다.

$<$ 작다	$\leq$ 작거나 같다
$>$ 크다	$\geq$ 크거나 같다

부등식의 해는 부등식을 참으로 만들어주는 x의 값이다. 부등식의 해는 항상 해집합을 이룬다.

예제 1

다음이 부등식 $x \leq 3$의 해인가?

a) $x = 5$　　b) $x = 3$　　c) $x = -3$

a) 부등식 $5 \leq 3$는 거짓이므로 $x = 5$는 부등식 $x \leq 3$의 해가 아니다.
b) 부등식 $3 \leq 3$는 참이므로 $x = 3$은 부등식 $x \leq 3$의 해이다.
c) 부등식 $-3 \leq 3$는 참이므로 $x = -3$은 부등식 $x \leq 3$의 해이다.

예제 2

수직선 위에 다음 부등식의 해집합을 표시하시오.

a) $x > -2$　　b) $x < 3$　　c) $x \geq -1$

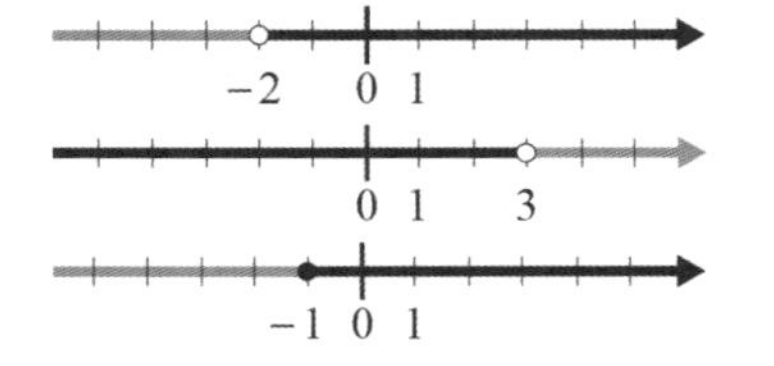

a) $x > -2$의 해집합은 -2보다 큰 모든 수이다. -2는 해가 아니다.

b) $x < 3$의 해집합은 3보다 작은 모든 수이다. 3은 해가 아니다.

c) $x \geq -1$의 해집합은 -1과 -1보다 큰 모든 수이다.

예제 3

다음 수직선 위에 표시된 구간을 부등식으로 나타내시오.

a)

b)

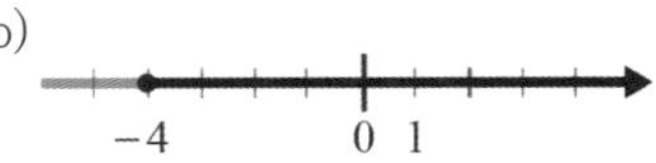

a) $x < 6$　　b) $x \geq -4$

연습

469 다음이 부등식 $x<4$의 해인지 알아보시오.

a) $x=4$ b) $x=3$ c) $x=-4$

470 다음이 부등식 $x \geq -2$의 해인지 알아보시오.

a) $x=-1$ b) $x=-2$ c) $x=-3$

471 아래 보기에서 다음 부등식을 참으로 만드는 수들을 모두 고르시오.

$-3,\ -1,\ -\frac{1}{2},\ 11,\ -0.1,\ 3,\ 0,\ -1.2$

a) $x \leq 3$ b) $x>-1$

472 수직선 위에 다음 부등식의 해집합을 표시하시오.

a) $x<2$ b) $x \geq -5$
c) $x \leq 0$ d) $x>0$

473 부등호 기호 <, > 중 알맞은 것을 빈칸에 쓰시오.

a) 6 ☐ 7 b) 1.3 ☐ −0.2
c) −3.6 ☐ 2.5 d) −0.1 ☐ −0.01

474 아래 보기에서 다음 수직선 위에 표시된 구간을 나타낸 부등식을 고르시오.

$x<3$	$x \geq 3$	$x>3$
$x>-2$	$x \geq -2$	$x \leq -2$
$x<4$	$x<-4$	$x \leq 4$

a)
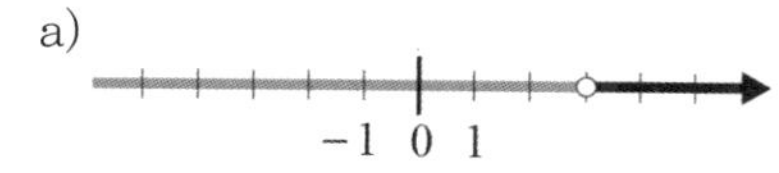

b)
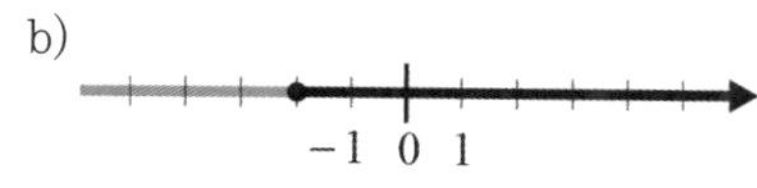

c)
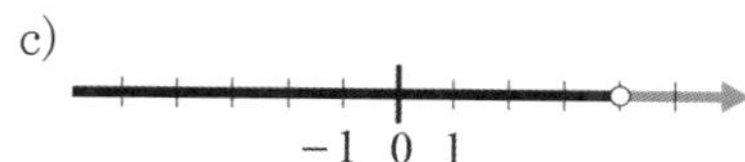

d)
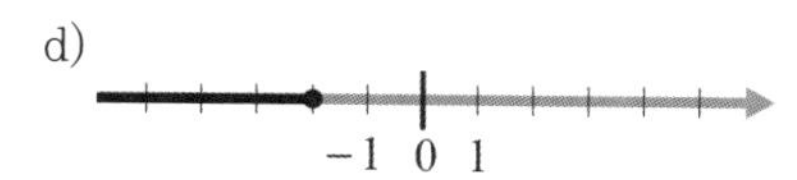

응용

475 수직선 위에 다음 부등식의 해집합을 표시하시오.

a) $x \leq 12$ b) $x>-25$
c) $x<-100$ d) $x \geq -27$

476 다음 수직선 위에 표시된 구간을 부등식으로 나타내시오.

a)
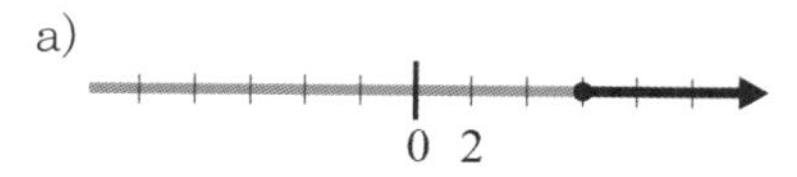

b)
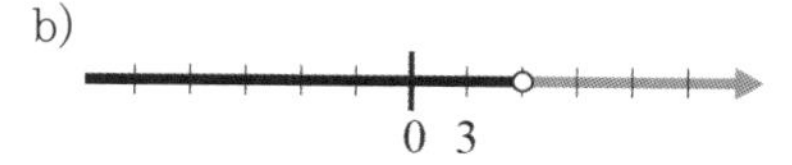

c)
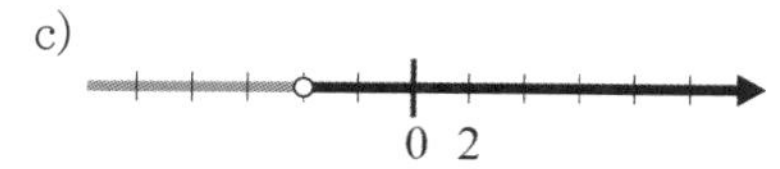

d)
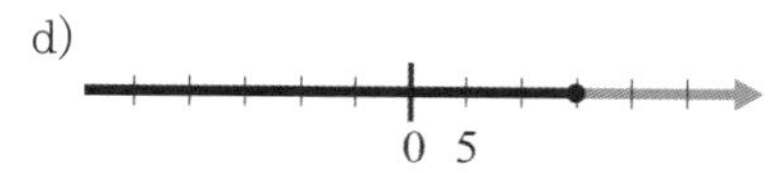

477 부등호 기호 <, > 중 알맞은 것을 빈칸에 쓰시오.

a) $\frac{1}{3}$ ☐ $\frac{1}{2}$ b) $\frac{1}{3}$ ☐ $-\frac{1}{2}$
c) $-\frac{1}{3}$ ☐ $\frac{1}{2}$ d) $-\frac{1}{3}$ ☐ $-\frac{1}{2}$

478 다음이 부등식 $x+2<5$의 해인지 알아보시오.

a) $x=4$ b) $x=-7$ c) $x=3$

479 다음이 부등식 $x-7 \leq -9$의 해인지 알아보시오.

a) $x=1$ b) $x=-5$ c) $x=-2$

480 아래 보기에서 다음 부등식을 만족하는 수들을 모두 고르시오.

$1.5 \quad -7 \quad \frac{1}{2} \quad \frac{1}{4} \quad -1 \quad 0 \quad 0.1 \quad -2$

a) $x+2>1$ b) $2x-1 \leq 0$

481 다음 부등식의 해집합을 구하시오.

a) $x-5<4$ b) $3x>-9$
c) $2x+9>-7$ d) $3-x<6$

50 부등식의 풀이

그래프를 이용하여 부등식 풀기

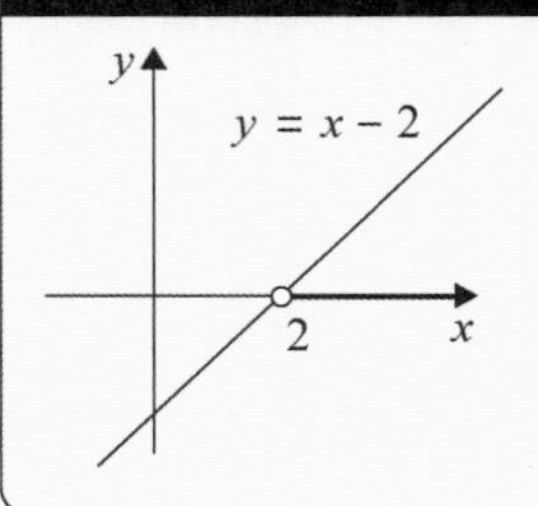

부등식 $f(x) > 0$ 또는 $f(x) < 0$를 그래프를 이용하여 푼다는 것은, 함수 f의 그래프가 x축 위쪽이나 아래쪽에 있음을 가르는 x를 찾는 것이다.

$x > 2$일 때 부등식 $x - 2 > 0$는 참이 된다.
$x < 2$일 때 부등식 $x - 2 < 0$는 참이 된다.

예제 1

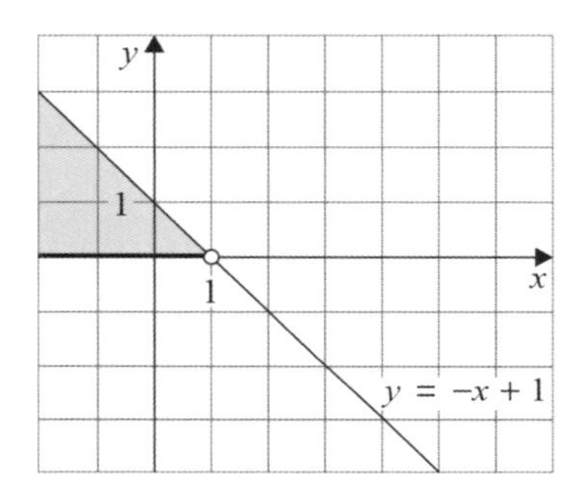

그래프를 이용하여 부등식 $-x + 1 > 0$를 푸시오.

함수 $f(x) = -x + 1$의 그래프, 즉 직선 $y = -x + 1$을 그린다.
상수항 $b = 1$이고 기울기 $k = -1$이므로 직선은 점 (0, 1)과 (1, 0)을 지난다.
그래프는 $x = 1$일 때 x축과 만난다.
그래프는 $x < 1$일 때 x축의 위쪽에 있다. 즉, 부등식 $-x + 1 > 0$는 $x < 1$일 때 성립한다.

정답 : $x < 1$

예제 2

두 수의 크기는 양변에 같은 수를 더하거나 빼도 변하지 않는다.

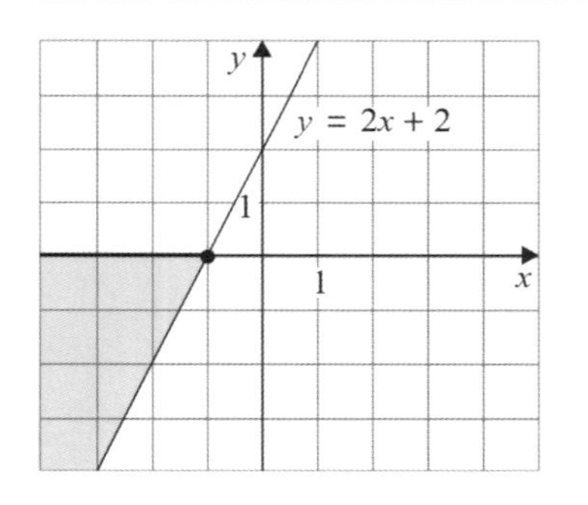

부등식 $2x + 4 \leq 2$를 구하시오.

부등식의 양변에서 2를 빼면 $2x + 2 \leq 0$가 된다.
함수 $f(x) = 2x + 2$의 그래프, 즉 직선 $y = 2x + 2$를 그린다.
그래프는 $x = -1$일 때 x축과 만난다.
그래프에서 보듯 부등식 $2x + 2 \leq 0$는 $x \leq -1$일 때 성립한다.

정답 : $x \leq -1$

연습

482 아래 그래프를 이용하여 다음 부등식의 해집합을 구하시오.

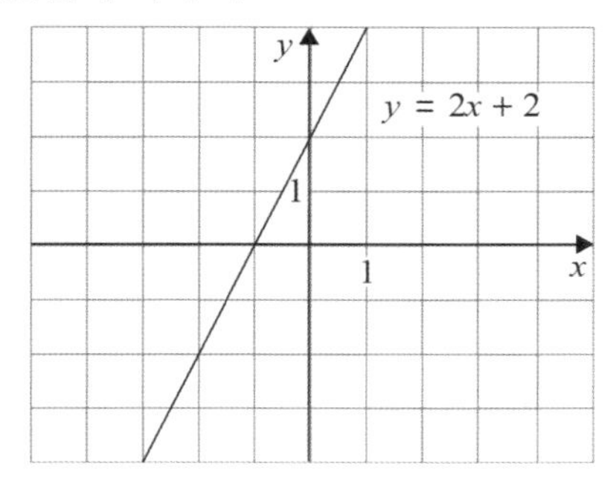

a) $2x+2>0$ b) $2x+2<0$

483 아래 그래프를 이용하여 다음 부등식의 해집합을 구하시오.

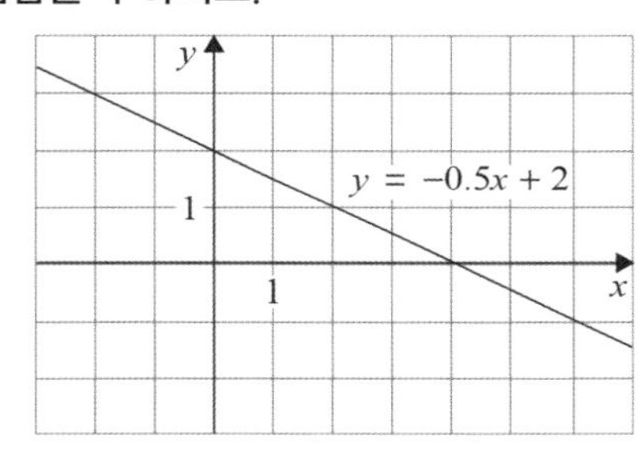

a) $-0.5x+2>0$ b) $-0.5x+2\le 0$

484 아래 그래프를 이용하여 다음 부등식의 해집합을 구하시오.

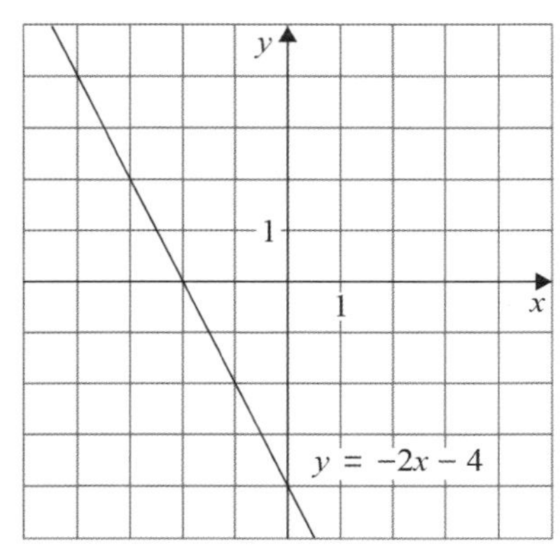

a) $-2x-4\ge 0$ b) $-2x-4<0$

485 함수 $f(x)=4x$의 그래프를 그리고 이를 이용하여 다음 부등식의 해집합을 구하시오.

a) $4x\ge 0$ b) $4x<0$

응용

486 다음 부등식의 해집합을 그래프를 이용하여 구하시오.

a) $x-1\ge 0$ b) $-x-1<0$

c) $x+2\le 0$ d) $-x-3<0$

487 다음 부등식의 해집합을 구하시오.

a) $2x-3\ge 0$ b) $3x+6\le 0$

c) $-x+2<-2$ d) $-2x-1>7$

488 다음 부등식의 해집합을 구하시오.

a) $-\frac{1}{2}x-2>0$ b) $-\frac{1}{2}x-2\le -1$

c) $-\frac{1}{4}x-1\ge 1$ d) $\frac{1}{4}x-2<-3$

489 아래 그래프를 보고 다음을 구하시오.

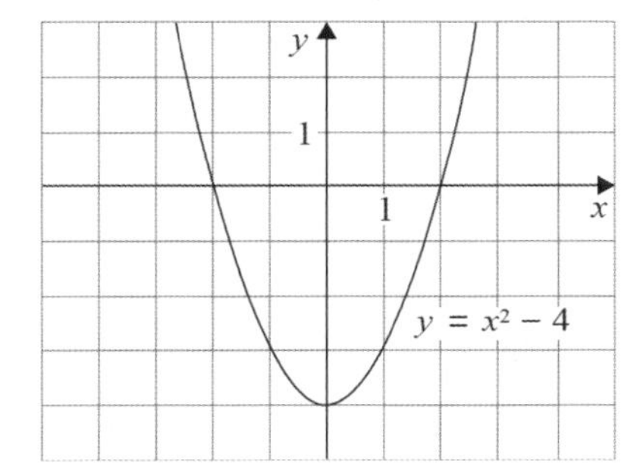

a) 함수 $f(x)=x^2-4$가 x축과 만나는 점의 x값

b) 부등식 $x^2-4>0$의 해집합

490 아래 그래프를 보고 다음을 구하시오.

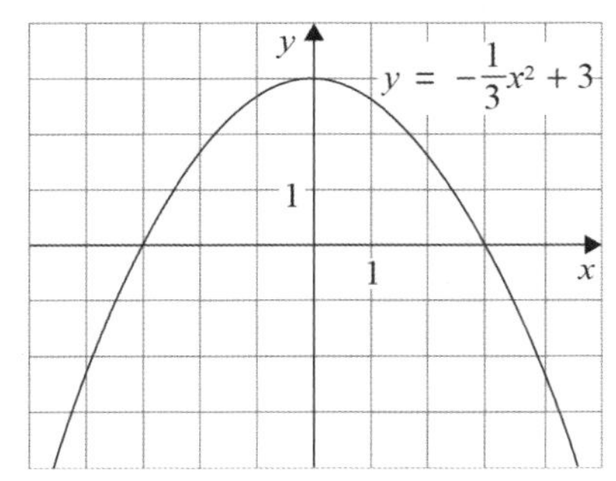

a) 함수 $f(x)=-\frac{1}{3}x^2+3$이 x축과 만나는 점의 x값

b) 부등식 $-\frac{1}{3}x^2+3\le 0$의 해집합

51 낮의 길이

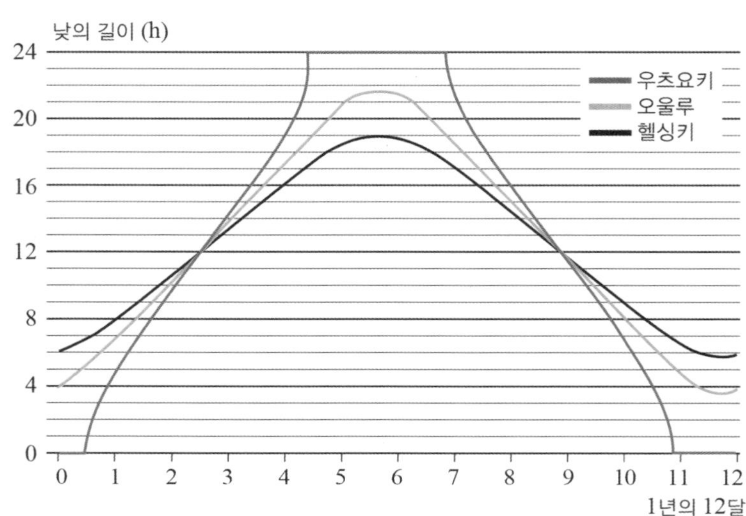

그림 1 : 헬싱키, 오울루, 우츠요키의 낮의 길이

출처 : 헬싱키대학교 연감연구소

낮의 길이 변화는 황도면(지구의 공전 궤도면)에 대해 지구의 자전축이 기울어져 있기 때문에 생긴다. 지구의 북반구가 여름일 때 북극점은 태양을 향해 있고 남반구의 남극점은 태양의 반대쪽을 향해 있다. 지구의 양 극점의 특정 지역은 최소한 1년에 하루 동안은 태양이 지지 않는다. 3월 20일경과 9월 20일경에는 하루 동안의 낮과 밤의 길이가 같다. 6월 21일경과 12월 21일경에는 낮과 밤의 길이가 가장 길다.

예제 1

다음 도시에서 일 년 중 낮이 가장 긴 날의 낮의 길이를 구하시오.

a) 헬싱키 b) 오울루 c) 우츠요키

d) 일 년 중 낮이 가장 긴 날을 무엇이라고 하는가?

그림 1에서 낮의 길이의 가장 긴 값을 구한다.

a) 19시간 b) 22시간 c) 24시간

d) 일 년 중 가장 낮이 긴 날은 하지이다.

연습

491 **다음 도시에서 일 년 중 낮이 가장 짧은 날의 낮의 길이를 구하시오.**

a) 헬싱키
b) 오울루
c) 우츠요키
d) 이 날을 무엇이라고 하는가?

492 **다음 물음에 답하시오.**

a) 세 도시에서 낮의 길이가 모두 같은 날은 몇 월에 있는가?
b) 이 날을 무엇이라고 하는가?

493 **다음 도시에서 낮의 길이가 10시간인 달을 쓰시오.**

a) 헬싱키
b) 오울루
c) 우츠요키

494 **다음 도시에서 낮의 길이가 20시간인 달을 쓰시오.**

a) 헬싱키
b) 오울루
c) 우츠요키

495 **다음 도시에서 낮의 길이가 6시간인 달을 쓰시오.**

a) 헬싱키
b) 오울루
c) 우츠요키

496 **다음 도시들의 10월 말 낮의 길이를 쓰시오.**

a) 헬싱키
b) 오울루
c) 우츠요키

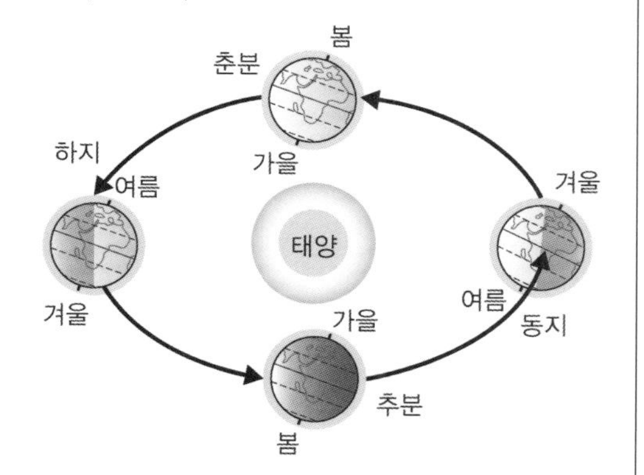

응용

497 **6월 초 낮의 길이에 대하여 다음 물음에 답하시오.**

a) 헬싱키보다 우츠요키에서 얼마나 더 긴가?
b) 헬싱키보다 오울루에서 얼마나 더 긴가?

498 **다음 도시에서 4월 말과 4월 초, 낮의 길이를 비교하시오.**

a) 우츠요키
b) 오울루
c) 헬싱키

499 **우츠요키에서 헬싱키의 5월 초의 낮의 길이와 같은 때는 언제인가?**

500 **다음 물음에 답하시오.**

a) 110쪽의 그림 1에서 우츠요키의 극야기간(해가 뜨지 않고 밤만 계속되는 기간)은 어떻게 표현되어 있는가?
b) 우츠요키의 극야기간의 길이는?
c) 우츠요키의 백야기간의 길이는?
d) 오울루에서 백야를 경험할 수 있을까?

501 **핀란드에서는 3월 마지막 일요일부터 10월의 마지막 일요일까지 서머타임제를 실시한다.**

a) 서머타임제를 시작할 때 어느 방향으로 시계바늘을 조정하는가?
b) 그림 1을 보고 서머타임제를 실시했는지 알 수 있는가?
c) 서머타임제의 적용을 그림 1에 나타낼 때 어떻게 해야 할까?
d) 서머타임제를 실시하면 어떤 장점이 있는가?

그림 2 : 지구의 자전축은 공전궤도에 대해 23.5° 기울어져 있다.
그래서 하루 동안의 낮의 길이는 지구가 공전궤도에서 어느 위치에 있는지에 따라, 즉 어느 계절인지에 따라 달라진다.

52 방목장

예제 1

호숫가를 한 변으로 하고 길이가 100 m인 울타리를 이용하여 직사각형 모양의 방목장을 만들려고 한다. 이때 호숫가에는 울타리를 치지 않는다. 호숫가에 대해 수직인 한 변의 길이가 다음과 같을 때 넓이를 구하시오.

a) 10 m　　b) 30 m　　c) 35 m　　d) x

10 m　10 m
80 m

a) 방목장의 호숫가 변의 길이는
$100\text{ m} - 2 \cdot 10\text{ m} = 80\text{ m}$ 이다.
따라서 넓이는 $A = 10\text{ m} \cdot 80\text{ m} = 800\text{ m}^2$이다.

b) 방목장의 호숫가 변의 길이는
$100\text{ m} - 2 \cdot 30\text{ m} = 40\text{ m}$ 이다.
따라서 넓이는 $A = 30\text{ m} \cdot 40\text{ m} = 1\,200\text{ m}^2$이다.

c) 방목장의 호숫가 변의 길이는
$100\text{ m} - 2 \cdot 35\text{ m} = 30\text{ m}$ 이다.
따라서 넓이는 $A = 35\text{ m} \cdot 30\text{ m} = 1\,050\text{ m}^2$이다.

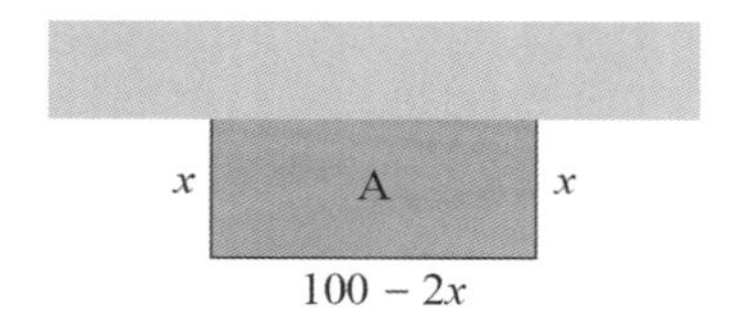

d) 방목장의 호숫가 변의 길이는 $100-2x$이므로 넓이는
$A = x(100-2x) = 100x - 2x^2 = -2x^2 + 100x$ 이다.

정답 : a) 800m^2　b) $1\,200\text{ m}^2$　c) $1\,050\text{ m}^2$　d) $-2x^2+100x$

예제 2

예제 1의 방목장의 넓이 $A(\text{m}^2)$는 방목장의 한 변의 길이 $x(\text{m})$의 함수 $A(x) = -2x^2 + 100x$ 이다.

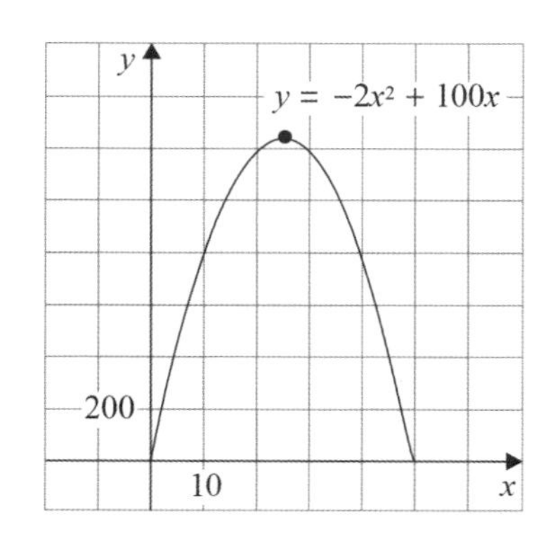

a) 방목장의 한 변의 길이의 범위는?

b) 그래프를 보고 방목장의 넓이가 최대가 되도록 하는 두 변의 길이를 찾으시오.

c) 방목장의 넓이가 가장 넓을 때의 넓이는?

a) 한 변의 길이의 범위는 0에서 50 m이다.

b) 그래프에 따르면 방목장의 넓이는 한 변의 길이가 25 m일 때 가장 크다. 이때 방목장의 또 다른 변의 길이는
$100\text{ m} - 2 \cdot 25\text{ m} = 50\text{ m}$ 이다.

c) 넓이는 $50\text{ m} \cdot 25\text{ m} = 1\,250\text{ m}^2$이다.

정답 : a) $0 \sim 50\text{ m}$　b) $25\text{ m},\ 50\text{ m}$　c) $1\,250\text{ m}^2$

연습

502 창고 벽을 한 변으로 하고 길이가 20 m인 울타리를 이용하여 직사각형 모양의 공간을 만들려고 한다. 이 공간을 그리고 벽에 대해 수직인 한 변의 길이가 다음과 같을 때 이 공간의 넓이를 구하시오.

a) 3.0 m b) 4.0 m
c) 5.0 m d) 6.0 m

503 길이가 20 m인 울타리를 이용하여 직사각형 모양의 공간을 만들려고 한다. 이 공간을 그리고 한 변의 길이가 다음과 같을 때 이 공간의 넓이를 구하시오.

a) 3.0 m b) 4.0 m
c) 5.0 m d) 6.0 m

504 예제 2의 그래프를 이용하여 방목장의 넓이가 다음과 같을 때 울타리의 서로 다른 두 변의 길이를 구하시오.

a) 800 m^2 b) 1 200 m^2

505 예제 2의 방목장에 대하여 다음 물음에 답하시오.

a) 호숫가와 수직인 변의 길이는 왜 음수일 수 없는가?
b) 호숫가와 수직인 변의 길이가 50 m보다 더 길 수 없는 이유는 무엇인가?

응용

506 방목장 옆에 망아지들을 위한 우리를 만들려고 한다. 이때 방목장을 한 변으로 하고 길이가 40 m인 울타리를 이용하여 직사각형 모양으로 만든다.

a) 이 망아지 우리의 그림을 그리시오.
b) 방목장에 대해 수직인 변의 길이의 범위를 구하시오.
c) 방목장에 대해 수직인 변의 길이를 x라고 할 때 또 다른 변의 길이를 x에 관한 식으로 쓰시오.
d) 공간의 넓이를 구하는 식을 만드시오.

507 길이가 100 m인 울타리를 이용하여 직사각형 모양의 방목장을 들판에 만들려고 한다. 울타리는 방목장의 네 개의 변에 모두 쓰인다.

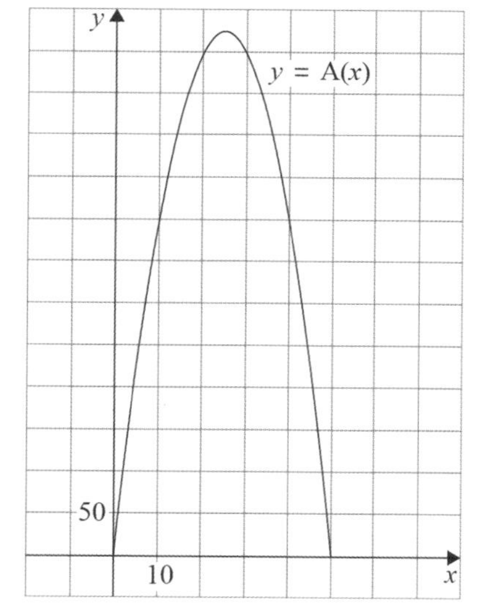

a) 그래프를 보고 방목장의 변의 길이의 범위를 구하시오.
b) 방목장의 한 변의 길이를 x라 하고 방목장의 또 다른 길이를 구하는 식을 만드시오.
c) 방목장의 넓이를 구하는 식 $A(x)$를 만드시오.
d) 그래프를 보고 방목장의 넓이가 가장 클 때, 두 변의 길이를 구하시오.
e) 방목장의 두 변의 길이가 d)와 같을 때 방목장의 넓이를 구하시오.

53 복습

연습

508 다음 그래프는 버터의 무게 $y(\mathrm{g})$와 버터의 부피 $x(\mathrm{dL})$의 관계를 나타낸다.

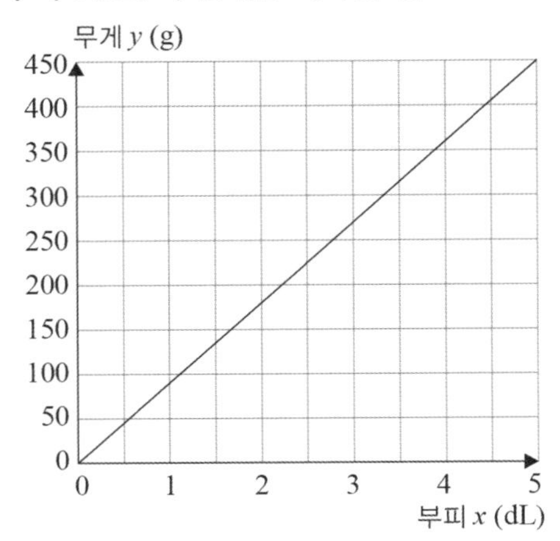

a) 버터의 부피가 1 dL와 5 dL일 때의 무게는 각각 얼마인가?
b) 무게가 180 g과 360 g일 때의 부피를 그래프에서 각각 찾으시오.
c) 직선의 기울기를 구하시오.

509 x와 y가 반비례일 때 다음 표를 완성하시오.

a)

x	y	곱 xy
1	120	
2		
5		
8		

b)

x	y	곱 xy
1	160	
	40	
	32	
	8	

510 벽돌 다섯 개를 쌓아 만든 벽돌 장식벽의 높이가 60 cm이다. 높이가 96 cm가 되려면 벽돌을 몇 개 쌓아야 하는지 구하시오.

벽돌의 개수	벽의 높이(cm)
5	60
x	96

511 자동차를 타고 평균속도 75 km/h로 달리면 목적지까지 가는 데 20분이 걸린다. 같은 거리를 트랙터를 타고 평균속도 30 km/h로 달릴 때 걸리는 시간을 구하시오.

512 함수 $f(x)=x^2-3$에 대하여 다음 값을 계산하고 답을 아래 그래프에서 확인하시오.

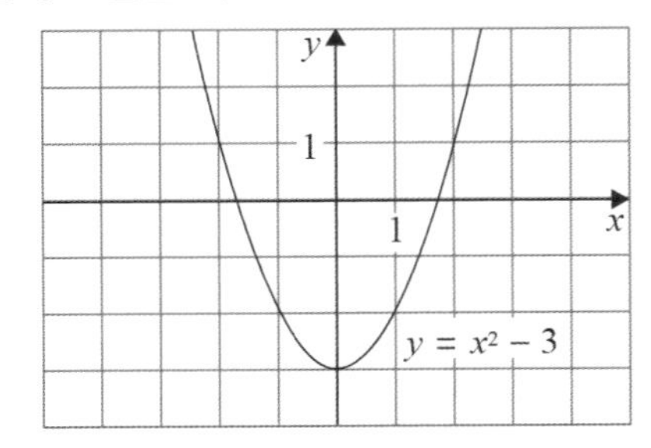

a) $f(1)$　　b) $f(-1)$　　c) $f(2)$
d) 그래프에서 함수의 최솟값을 찾으시오.

513 수직선 위에 다음 부등식의 해집합을 나타내시오.

a) $x<8$　　b) $x\geq-3$
c) $x\leq-2$　　d) $x>1$

514 부등호 기호 <, > 중 알맞은 것을 빈칸에 쓰시오.

a) 0.1 □ 1　　b) 19.3 □ 19.03
c) 0.9 □ 0.89　　d) −2.6 □ −2.5

515 아래 그래프를 이용하여 다음 부등식을 푸시오.

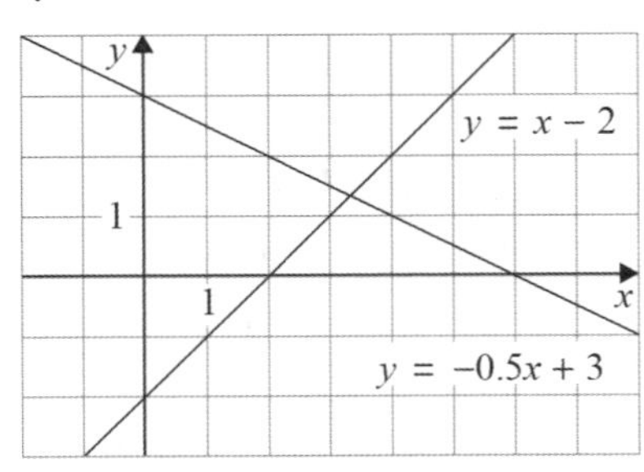

a) $x-2<0$　　b) $-0.5x+3\leq0$

516 **속도의 단위인 노트와 킬로미터 속도(km/h)는 정비례이고 25 노트=46.3 km/h이다.**

a) x축을 노트, y축을 km/h로 정비례 그래프를 그리시오.

b) 6 노트는 몇 km/h인지 구하고 그래프에서 확인하시오.

c) 22 노트는 몇 km/h인지 구하고 그래프에서 확인하시오.

517 **테니스클럽에서 테니스장을 보수하기 위해 회원 20명에게 1인당 40 €씩 걷기로 했다.**

a) 회원이 4명 줄어든다면 한 명이 내는 금액은 얼마인가?

b) 회원이 5명 늘어난다면 한 명이 내는 금액은 얼마인가?

518 **데이터 전송속도가 512 kbit/s인 인터넷회선에서 다운로드하는 데 58초 걸리는 파일이 있다.**

a) 1 Mbit=1 024 kbit일 때 데이터 전송속도가 2 Mbit/s인 인터넷회선에서 이 파일을 다운로드하는 데 걸리는 시간은 얼마인가?

b) 둘 중 더 빠른 속도의 인터넷회선은 얼마나 더 빠른가?

519 a) 함수 $f(x)=-x^2+2$의 그래프, 즉 포물선 $y=-x^2+2$를 그리시오.

b) 포물선 $y=-x^2+2$는 위로 볼록한가, 아래로 볼록한가?

c) 그래프에서 함수 f가 x 축과 만나는 점의 개수를 추정하시오.

520 **함수 f가 x 축과 만나는 점의 x 값을 방정식을 이용하여 구하시오.**

a) $f(x)=-x^2$　　b) $f(x)=-x^2+121$

c) $f(x)=x^2+9$　　d) $f(x)=x^2-98$

521 **다음 점이 함수 $f(x)=-x^2+4$의 그래프 위에 있는지 계산하여 알아보시오.**

a) $(5, -29)$　　b) $(-5, -29)$

c) $(4, -12)$　　d) $(-4, -12)$

522 **다음 수직선 위에 표시된 구간을 부등식으로 나타내시오.**

a)

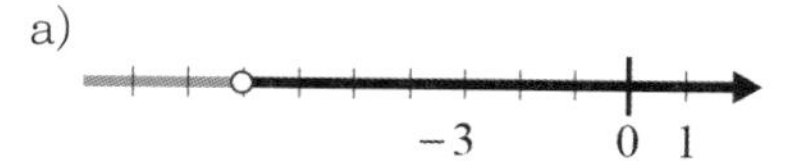

b)

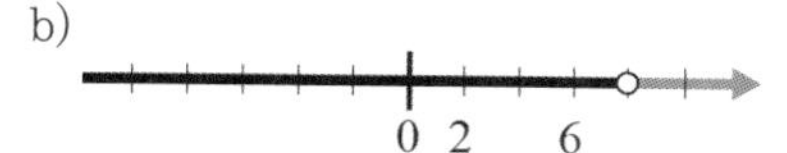

c)

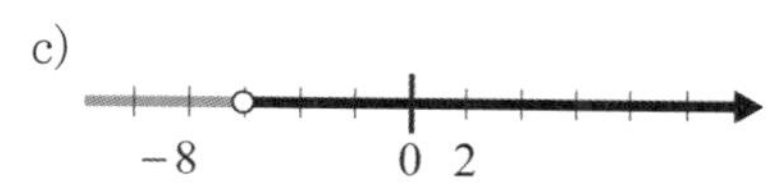

523 **다음이 부등식 $2x-3<-4$의 해인지 알아보시오.**

a) $x=0$　　b) $x=-1$　　c) $x=-2$

524 **아래 그래프를 이용하여 다음 부등식의 해집합을 구하시오.**

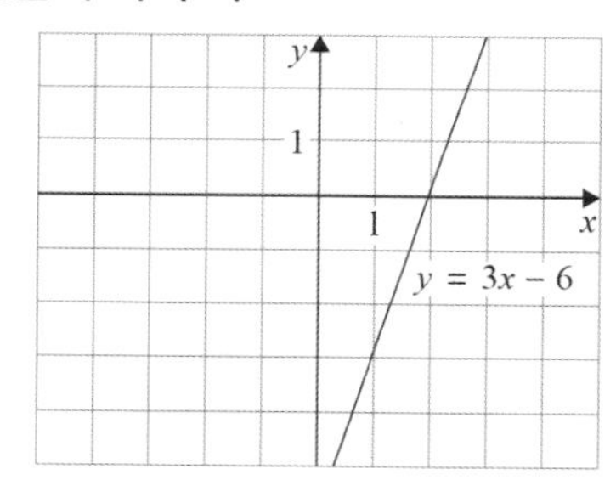

a) $3x-6\geq 0$　　b) $3x-6<0$

525 **다음 부등식의 해집합을 구하시오.**

a) $3x-6>-3$　　b) $3x-6\leq -6$

c) $\frac{2}{3}x-4<2$　　d) $\frac{2}{3}x-4>-6$

526 **아래 그래프를 보고 다음을 구하시오.**

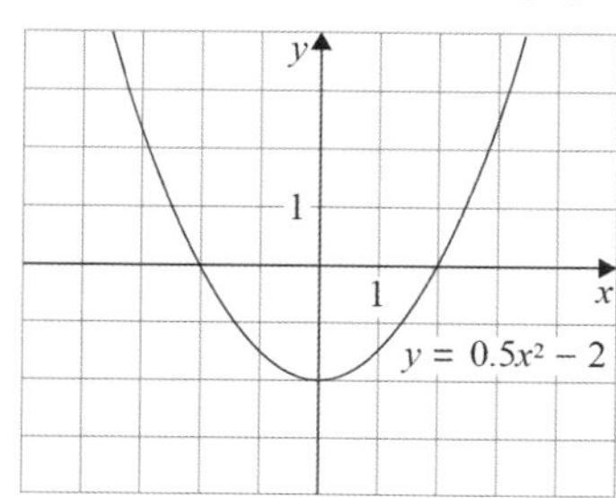

a) 함수 $f(x)=0.5x^2-2$가 x 축과 만나는 점의 x 값

b) 부등식 $0.5x^2-2>0$의 해집합

요약

함수

함수 f에서는 변수 x의 값이 하나 정해지면 $f(x)$의 값도 오직 하나로 정해진다.
함수 f는 함수의 값을 구할 수 있는 함수식 $f(x)$를 만들 수 있다.
함수 f의 값은 함수의 식 $f(x)$의 x에 수를 넣어서 계산해 얻을 수 있다.
예를 들어 $f(3)$은 변수의 값이 $x=3$일 때의 함수 f의 값을 뜻한다.
$f(x)=2x-2$이면 $f(3)=2\cdot 3-2=4$이다.

• 함수의 그래프와 x절편

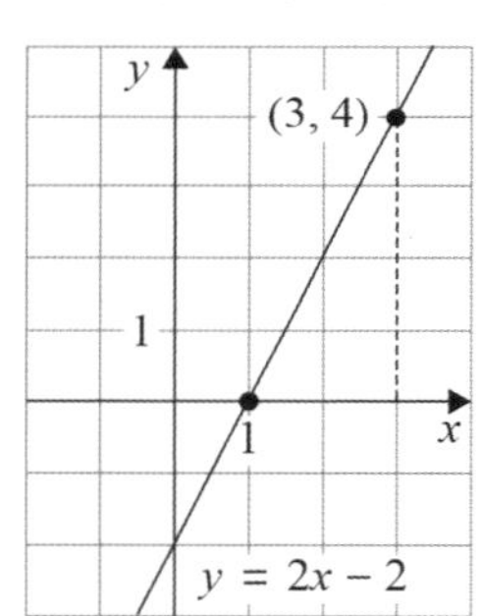

함수 f의 그래프는 $y=f(x)$를 만족하는 좌표평면 위의 점 (x, y)로 만들어진다.

함수 f의 x 절편은 $f(x)=0$이 되는 x의 값이다. x 절편은 그래프와 x축이 만나는 점이다.

일차함수와 직선

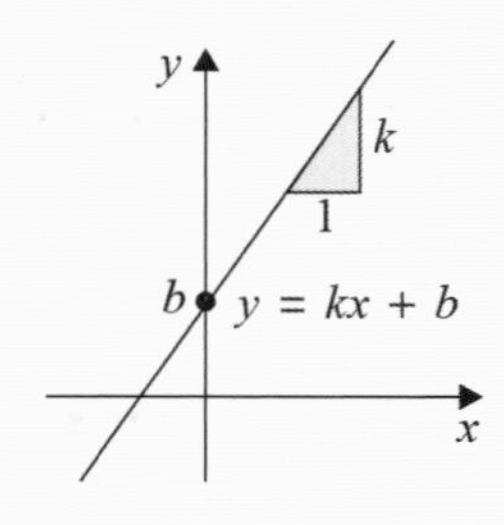

일차함수 $f(x)=kx+b$의 그래프는 직선 $y=kx+b$이다.
변수 x의 계수 k는 직선의 기울기이고 상수항 b는 직선이 y축과 만나는 점의 y좌표이다.

정비례

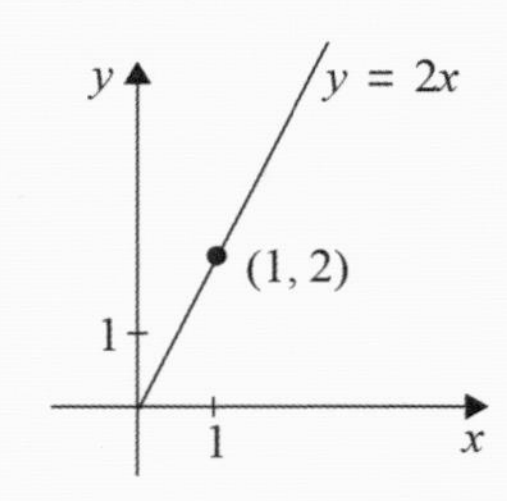

x와 y가 같은 비율로 변할 때 정비례라고 한다. x와 y의 관계는 원점을 지나는 직선으로 나타낼 수 있다.

• 반비례

x와 y가 반대의 비율로 변할 때 반비례라고 한다. 반비례일 때 두 양의 곱은 일정하다.

이차함수와 포물선

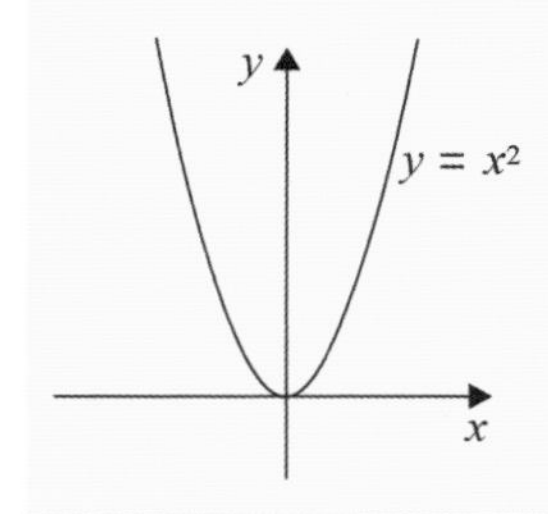

이차함수 $f(x)=x^2$의 그래프는 포물선 $y=x^2$이다. 이 포물선은 꼭짓점이 원점에 있고 y축에 대해 대칭을 이룬다.

• 부등식의 해집합

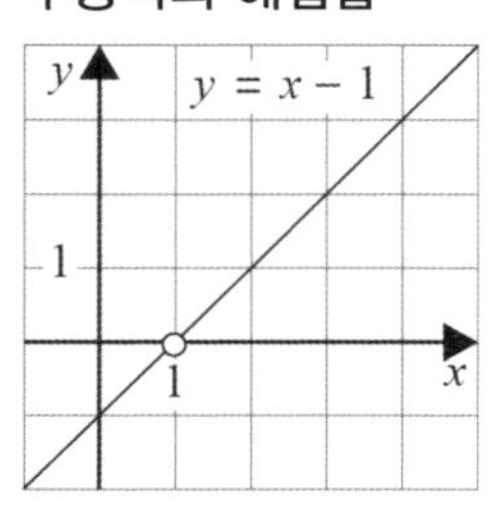

부등식 $x-1>0$를 그래프를 이용하여 푼다는 것은 직선 $f(x)=x-1$의 함숫값이 x축의 위에 있는 x 값들을 찾는 것이다.

정답 : $x>1$

제 3 부

방정식과 연립방정식

제1장 대수학
제2장 방정식과 연립방정식
제3장 복습
제4장 응용편

■ 다항식의 계산법, 방정식의 해결과 백분율의 계산을 복습한다. 연립방정식을 푸는 방법과 절댓값의 개념을 배운다. 경제수학에 대해서도 알아본다.

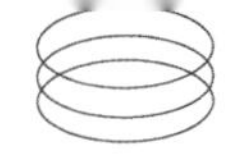

54 다항식의 덧셈과 뺄셈

괄호 없애기

$+(+2)=+2$ $+(-2)=-2$
$-(+2)=-2$ $-(-2)=+2$

예제 1

다항식 $4x-1$과 $-2x+3$의 다음을 계산하시오.

a) 합 b) 차

a) 더하는 다항식을 괄호 안에 넣는다.

$4x-1+(-2x+3)$ ■ 괄호를 없앨 때 괄호 안의 부호는 변하지 않는다.

$=4x-1-2x+3$ ■ 동류항끼리 계산한다.

$=2x+2$

b) 빼야 하는 다항식을 괄호 안에 넣는다.

$4x-1-(-2x+3)$ ■ 괄호를 없앨 때 괄호 안의 부호가 변한다.

$=4x-1+2x-3$ ■ 동류항끼리 계산한다.

$=6x-4$

정답 : a) $2x+2$ b) $6x-4$

예제 2

단항식 $3x$에는 항이 $3x$ 한 개 있다. 이항식 $2x+5$에는 $2x$와 5, 두 개의 항이 있다. 삼항식 x^2-6x+1에는 x^2, $-6x$, 1, 세 개의 항이 있다.

a) $x^2+3x+2-(3x^2+3x-8)$을 간단히 하시오.
b) $x=-10$일 때 위 다항식의 값을 계산하시오.

a) $x^2+3x+2-(3x^2+3x-8)$ ■ 괄호를 없앨 때 괄호 안의 부호가 변한다.

$=x^2+3x+2-3x^2-3x+8$ ■ 동류항끼리 계산한다.

$=-2x^2+10$

b) $x=-10$일 때,

$-2x^2+10=-2\cdot(-10)^2+10$

$=-2\cdot 100+10=-200+10=-190$이다.

정답 : a) $-2x^2+10$ b) -190

연습

527 다항식 $3x+7$과 $x+4$의 다음 식을 만들고 간단히 하시오.

a) 합 b) 차

528 다음 물음에 답하시오.

a) $x^2+1-(5x^2-4)$를 간단히 하시오.

b) $x=5$일 때 위 다항식의 값을 구하시오.

529 다음을 간단히 하시오.

a) $x^2+x+(6x^2-4x)$

b) $10x^3+4x-(3x^3+7x)$

c) $6x+5-(-x-2)$

d) $7x^2-6x-(-6x-3)$

e) $x^2+x+(5x^2-5x)$

f) $11x^2+x-(4x^2+4x)$

g) $4x+3-(-2x-1)$

h) $4x^2+6x-(-3x^2+9x)$

i) $2x-10-(-8x-6)$

j) $14x^2+1-(7x^2-2)$

G	$10x-4$
I	$7x^2+3$
L	$6x+4$

T	$6x^2-4x$
O	$7x^2-3x$
R	$7x^3-3x$
N	$7x+7$

응용

530 다음 뺄셈식 피라미드를 완성하시오.

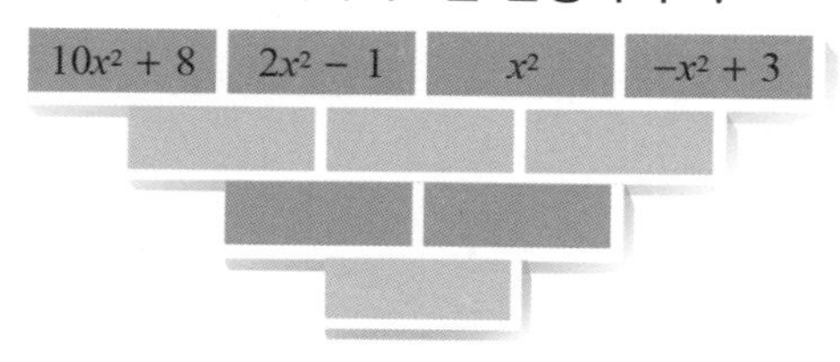

531 다항식 $9x^2-x-7$과 $10x^2-x+7$의 다음 식을 만들고 간단히 하시오.

a) 합 b) 차

532 다음 식을 간단히 하고 $x=-3$일 때 식의 값을 구하시오.

a) $8x-2-(10x-9)+(4x-6)$

b) $13x^2-x+(17x^2-6x)$

c) $15x+22-(-5x+22)+20$

533 다음을 나타내는 식을 만들고 간단히 한 뒤 $x=-1$일 때 식의 값을 구하시오.

a) 다항식 $-x^3-8$에 다항식 $4x^3-9$를 더한다.

b) 다항식 $-2x^2+11$에서 단항식 $-2x^2$을 뺀다.

c) 다항식 $8x^4-2x$에서 다항식 $x^4-11x-2$를 뺀다.

534 빈칸에 알맞은 다항식(이항식이나 삼항식)을 구하시오.

a) $\square-(9x-6)=0$

b) $\square-(4x^2+10x)=3x^2+8$

c) $6x^2+5-(\square)=x+3$

535 다음을 만족하는 두 식을 구하시오.

a) 합이 $7x^2$이고 차가 $-x^2$인 두 개의 단항식

b) 합이 $-5x^3+8$, 차가 x^3+6인 두 개의 이항식

c) 합이 $-3x^4+x^2-10$, 차가 $-3x^4+2x^3-3x^2+10$인 두 개의 삼항식

55 다항식의 곱셈과 나눗셈

곱셈의 분배법칙

$a(b+c)=ab+ac$
$a(b-c)=ab-ac$

나눗셈의 분배법칙

$\frac{a+b}{c}=\frac{a}{c}+\frac{b}{c}$

$\frac{a-b}{c}=\frac{a}{c}-\frac{b}{c}$

예제 1

다음을 간단히 하시오.

a) $5x^3 \cdot 4x^2$ b) $2x \cdot (3x^2+4)$ c) $(x+3)(2x-1)$

a) $5x^3 \cdot 4x^2$
$=5 \cdot 4 \cdot x^3 \cdot x^2$
$=20x^5$

- 인수들의 순서를 바꾼다.
- $x^3 \cdot x^2 = x^{3+2}$

b) $2x \cdot (3x^2+4)$
$=2x \cdot 3x^2+2x \cdot 4$
$=6x^3+8x$

- 괄호 밖의 항을 괄호 안의 항에 각각 곱한다.

c) $(x+3)(2x-1)$
$=2x^2-x+6x-3$
$=2x^2+5x-3$

- 앞의 두 항을 뒤의 두 항에 각각 곱한다.
- 동류항끼리 계산한다.

예제 2

다음을 간단히 하시오.

a) $\frac{100x}{4}$ b) $\frac{6x+8}{2}$ c) $\frac{12x^2-20x}{4x}$

a) $\frac{100x}{4}=25x$

b) $\frac{6x+8}{2}$
$=\frac{6x}{2}+\frac{8}{2}$
$=3x+4$

- 항을 나눈다.
- 약분한다.

c) $\frac{12x^2-20x}{4x}$
$=\frac{12x^2}{4x}-\frac{20x}{4x}$
$=3x-5$

- 항을 나눈다.
- 약분한다.

연습

536 다음을 간단히 하시오.

a) $x \cdot x$　　b) $x^3 \cdot x^2$

c) $2x^3 \cdot 4x^4$　　d) $-x \cdot 3x^8$

e) $-4x^2 \cdot (-6x^2)$　　f) $9x^7 \cdot (-4x^7)$

537 다음을 간단히 하시오.

a) $2 \cdot (3x-5)$　　b) $-9 \cdot (x+3)$

538 다음을 간단히 하시오.

a) $5x \cdot (-x+6)$　　b) $-4x \cdot (2x-9)$

539 다음을 간단히 하시오.

a) $(x+1) \cdot (x-1)$　　b) $(x+2) \cdot (x+2)$

540 다음을 간단히 하시오.

a) $\dfrac{18x}{3}$　　b) $\dfrac{64x^3}{16}$

541 다음을 간단히 하시오.

a) $\dfrac{14x-21}{7}$　　b) $\dfrac{45x+20}{5}$

c) $\dfrac{18x+10}{2}$　　d) $\dfrac{9x^2+27x}{9x}$

e) $\dfrac{12x-24}{12}$　　f) $\dfrac{30x^2+6x}{6x}$

g) $\dfrac{10x^2-20x}{10x}$　　h) $\dfrac{16x-8}{4}$

i) $\dfrac{12x+9}{3}$

M	$4x-2$
I	$4x+3$
N	$5x+1$
E	$9x+4$
S	$9x+5$
T	$x+3$
O	$x-2$
R	$2x-3$

응용

542 다음을 간단히 하시오.

a) $\dfrac{6x^2 \cdot 4}{2}$　　b) $\dfrac{6x^2+4}{2}$

543 다음 두 다항식의 곱을 구하고 간단히 하시오.

a) $7x^3$과 $6x^3-9x$　　b) $-x$와 $-2x^4+8x^3$

c) $x+9$와 $x-9$　　d) $x-4$와 $4x+5$

544 다음을 나타내는 식을 만들고 간단히 하시오.

a) 다항식 $-25x+100$을 5로 나눈다.

b) 다항식 $56x^2-24x$를 단항식 $8x$로 나눈다.

545 다음을 간단히 하시오.

a) $2(x+3)-(2x-4)$

b) $6(8x-7)-7(5x-2)$

546 다음 식을 간단히 하고 $x=3$일 때 식의 값을 구하시오.

a) $6x+3(8x-9)$

b) $5x(2x+3)+10x(x-5)$

c) $(x-2)(3x+5)-3x^2$

547 다음을 간단히 하시오.

a) $\dfrac{9x^2 \cdot 6}{9}$　　b) $\dfrac{27x^2-33x}{3}$

c) $\dfrac{-24x^3+8x}{8x}$　　d) $\dfrac{21x^2 \cdot 4}{7x}$

548 다음을 간단히 하시오.

a) $\dfrac{5x^2-50}{-5}$　　b) $\dfrac{7x^2 \cdot 12}{-3}$

c) $\dfrac{-120x^2-12x}{-12x}$　　d) $\dfrac{14x^5 \cdot (-2)}{2x^2}$

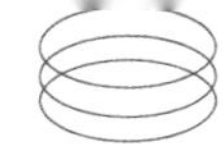

제 2 장 | 방정식과 연립방정식

56 방정식과 그 풀이

방정식과 그 풀이

$2x = x + x$ 항등식	• 방정식의 근은 방정식의 좌변과 우변을 같게 만드는 변수의 값이다. • 항등식은 변수의 값에 상관없이 항상 성립하는 방정식이다.
$x = x + 1$ 불능	• 변수에 어떤 값을 대입하여도 그 등식이 성립하지 않을 때 방정식은 불능(不能)이다.

예제 1

$x=9$가 다음 방정식의 근인지 알아보시오.

a) $31-2x=x+3$　　　b) $x^2-7x=18$

$x=9$를 방정식에 대입한다.

a) 좌변 : $31-2x=31-2\cdot 9=31-18=13$
우변 : $x+3=9+3=12$　좌변과 우변이 다르므로
$x=9$는 근이 아니다.

b) 좌변 : $x^2-7x=9^2-7\cdot 9=81-63=18$
우변 : 18　좌변과 우변이 같으므로
$x=9$는 근이다.

예제 2

방정식 $4x=5x+15$를 푸시오.

$4x=5x+15$　　■ 양변에 $-5x$를 한다.
$-x=15$　　■ 양변에 $\times(-1)$을 한다.
$x=-15$

예제 3

다음 방정식을 푸시오.

a) $x+1=1+x$　　　b) $x=3=x-2$

a) $x+1=1+x$　　■ 양변에 $-x$를 한다.
$1=1$
방정식은 항등식이다.

b) $x+3=x-2$　　■ 양변에 $-x$를 한다.
$3=-2$
방정식은 불능이다.

정답 : a) 근은 무수히 많다.　b) 근이 없다.

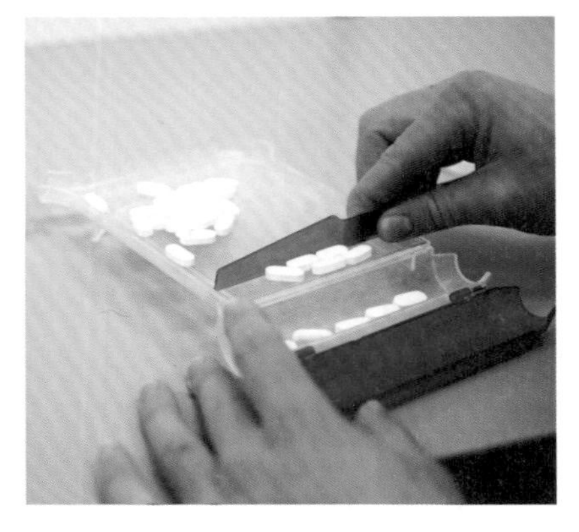

연습

549 $x=7$이 다음 방정식의 근인지 알아보시오.

a) $x+3=10$

b) $8x+5=9x-1$

c) $6x-3=4x+11$

550 다음 방정식을 푸시오.

a) $x+8=17$　　b) $x-9=12$

c) $x+13=3$　　d) $x+7=7$

e) $3x=36$　　f) $4x=-20$

g) $-2x=80$　　h) $\frac{x}{2}=-5$

i) $\frac{x}{7}=3$　　j) $\frac{x}{-3}=-4$

	P	A	S	I
$x=$	9	25	−40	12

	V	I	R	O
$x=$	0	−5	21	−10

551 다음을 나타내는 방정식을 만들고 푸시오.

a) x와 3의 합은 12이다.

b) x와 7의 차는 4이다.

552 다음 방정식을 푸시오.

a) $2x=x+7$

b) $x-6=x$

c) $5+x=x+5$

d) $3x=0$

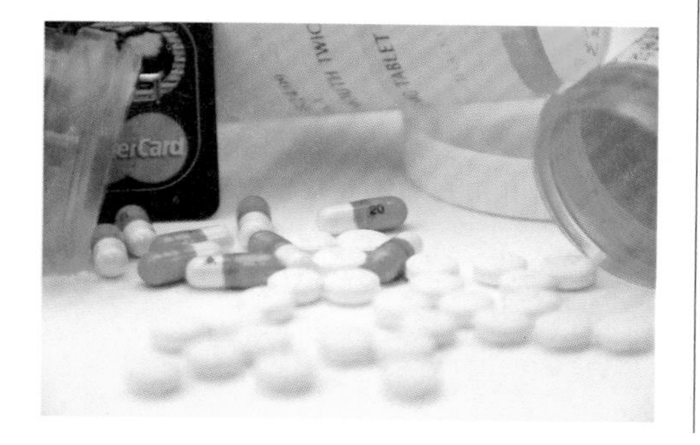

응용

553 $x=-8$이 다음 방정식의 근인지 알아보시오.

a) $3x-7=23-x$

b) $-x^2-4x=-32$

c) $x^2-5=-9x-13$

554 다음 방정식을 푸시오.

a) $3x+1=16$　　b) $5-x=21$

c) $29=4x+1$　　d) $20=7-x$

555 다음 방정식을 푸시오.

a) $8x+1=8x-1$

b) $5x-7=2x+2$

c) $6x-4=-4+6x$

d) $7x+18=9x+32$

556 다음을 나타내는 방정식을 만들고 근을 구하시오. 구한 근을 식에 대입하여 확인하시오.

a) x에서 3을 뺀 값은 x와 3의 곱과 같다.

b) x와 5의 합은 4에서 x를 뺀 값과 같다.

557 다음 정다각형 A와 B의 둘레의 길이는 같다. x의 값을 구하는 방정식을 만들고 푸시오. 도형 A와 B의 한 변의 길이를 각각 구하시오.

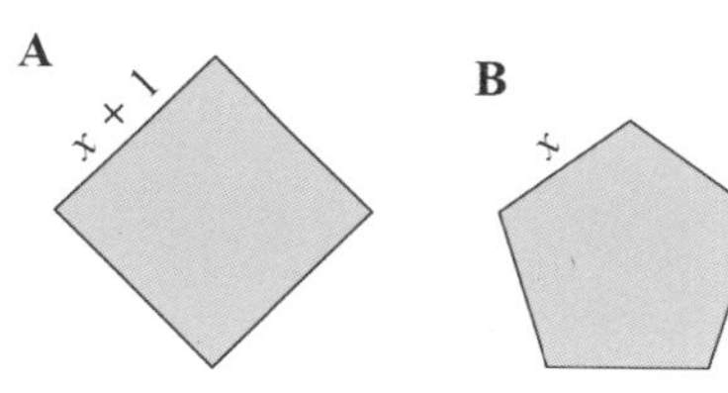

558 다음 사각형 A와 B의 둘레의 길이는 같다. x의 값을 구하는 방정식을 만들고 푸시오. 도형 A와 B의 각 변의 길이를 구하시오.

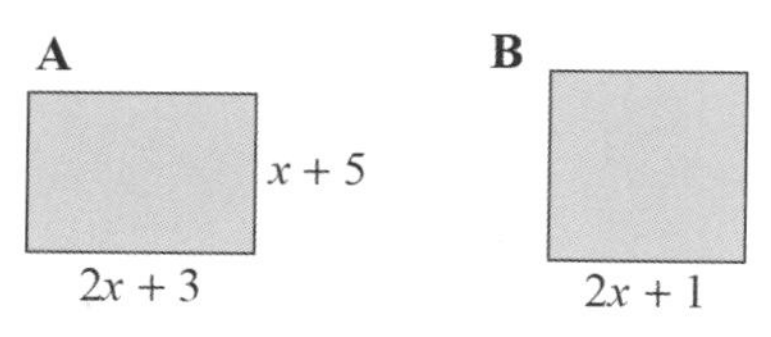

57 방정식 연습

예제 1

다음 방정식을 푸시오.

a) $14-2(3-x)=10$　　　b) $\frac{x}{2}-5=\frac{x}{3}$

a) $14-2(3-x)=10$ ■ 곱셈의 분배법칙을 이용하여 괄호를 없앤다.

$14-6+2x=10$ ■ 좌변을 간단히 한다.

$8+2x=10$ ■ 양변에 -8을 한다.

$2x=2$ ■ 양변에 $\div 2$를 한다.

$x=1$

방정식 안에 분모가 여러 개 있을 경우 분모를 없앨 수 있는 수, 즉 분모의 최소공배수를 양변에 곱한다.

b) $\frac{x}{2}-5=\frac{x}{3}$ ■ 양변에 $\times 6$을 한다.

$\frac{\overset{3}{\cancel{6}}\cdot x}{\underset{1}{\cancel{2}}}-6\cdot 5=\frac{\overset{2}{\cancel{6}}\cdot x}{\underset{1}{\cancel{3}}}$ ■ 약분한다.

$3x-30=2x$ ■ 양변에 $+30$을 한다.

$3x=2x+30$ ■ 양변에 $-2x$를 한다.

$x=30$

정답 : a) $x=1$　b) $x=30$

예제 2

방정식 $\frac{13-x}{6}=\frac{x}{20}$를 푸시오.

비례식은 엇갈려서 곱할 수 있다.

$\frac{a}{b}=\frac{c}{d}$

$ad=bc$

$\frac{13-x}{6}=\frac{x}{20}$ ■ 엇갈려서 곱한다.

$20(13-x)=6x$ ■ 곱셈의 분배법칙을 이용하여 괄호를 없앤다.

$260-20x=6x$ ■ 양변에 -260을 한다.

$-20x=6x-260$ ■ 양변에 $-6x$를 한다.

$-26x=-260$ ■ 양변에 $\div(-26)$을 한다.

$x=10$

정답 : $x=10$

예제 3

다음을 나타내는 방정식을 만들고 푸시오.

x에서 3을 뺀 값에 5를 곱하면 20이 된다.

$5(x-3)=20$ ■ 곱셈의 분배법칙을 이용하여 괄호를 없앤다.

$5x-15=20$ ■ 양변에 $+15$를 한다.

$5x=35$ ■ 양변에 $\div 5$를 한다.

$x=7$

연습

559 다음 방정식을 푸시오.

a) $3(x-2)=27$
b) $5(2x+1)=25$
c) $2-(5x-7)=34$
d) $x+2(x+3)=33$

560 다음 방정식을 푸시오.

a) $\frac{x}{15}=3$　　b) $\frac{2x}{5}=4$
c) $\frac{4x}{3}=8$　　d) $\frac{3x}{4}=9$

561 다음 방정식을 푸시오.

a) $\frac{x}{3}+1=6$　　b) $\frac{x}{2}-7=8$
c) $\frac{x}{5}-4=-2$　　d) $\frac{x}{10}-12=-9$
e) $\frac{x}{3}-\frac{2}{3}=1$　　f) $\frac{x}{4}+\frac{1}{4}=4$
g) $\frac{x}{3}-5=\frac{x}{6}$　　h) $\frac{x}{2}-\frac{x}{4}=5$

	A	I	S	T	I
$x=$	10	20	15	30	5

562 다음을 나타내는 방정식을 만들고 푸시오.

a) x를 5로 나누면 3이 된다.
b) x의 $\frac{1}{3}$에 2를 더하면 5가 된다.
c) x의 $\frac{1}{4}$에서 x의 $\frac{1}{6}$을 빼면 1이 된다.

응용

563 다음을 나타내는 방정식을 만들고 푸시오.

a) x에서 6을 뺀 값에 4를 곱하면 8이 된다.
b) x와 3의 합을 2로 나누면 13이 된다.
c) x에서 7을 뺀 값을 3으로 나누면 x가 된다.

564 다음 방정식을 푸시오.

a) $6(5x+7)=5(6x-8)$
b) $7(2x-1)=10-5(2x+1)$
c) $5-(3x-1)=7-(3x+1)$
d) $8+2(x-5)=3(x+4)$

565 다음 방정식을 푸시오.

a) $\frac{x-1}{3}=\frac{x}{4}$
b) $\frac{x-2}{5}=\frac{x-1}{6}$
c) $\frac{2x-3}{3}=\frac{5-x}{9}$
d) $\frac{2x}{3}=\frac{3x+1}{5}$

566 다음 방정식을 푸시오.

a) $7x-(21x-80)=6x$
b) $3(x-13)-\frac{x}{3}=\frac{x}{2}$
c) $\frac{x}{2}-3(x+9)=\frac{x}{5}$

567 한나는 친구들에게 수 알아맞히기 놀이를 제안했다.

- 어떤 수 x를 생각한다.
- 위의 수에 9를 더한다.
- 그 결과를 5로 나눈다.

욘나는 답으로 15, 사투는 0, 카이야는 -10이 나왔다. 방정식을 만들고 셋이 처음에 생각한 수를 각각 구하시오.

58 방정식 활용

문장제 문제 풀기

1. 지문을 잘 읽는다.
2. 구하려는 값을 x로 놓는다.
3. 지문에 제시된 정보에 따라 방정식을 만든다.
4. 방정식을 푼다.
5. 지문을 다시 한 번 잘 읽고 구한 답을 지문의 요구에 대입한다.
6. 답이 맞는지 확인해본다.

예제 1

길이가 180 cm인 철사를 두 부분으로 나누려고 한다. 긴 쪽이 짧은 쪽보다 36 cm 길 때, 각각의 길이를 구하시오.

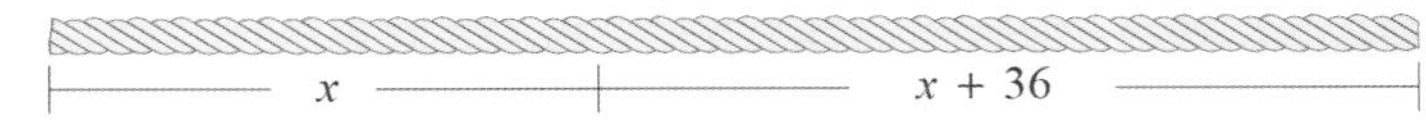

짧은 쪽의 길이를 x(cm)로 표시한다.
이때 긴 쪽의 길이는 $x+36$이다. 두 부분의 합은 180 cm이므로, 방정식은 아래와 같다.

$x+x+36=180$ ■ 양변에 -36을 한다.
$2x=144$ ■ 양변에 $\div 2$를 한다.
$x=72$

짧은 쪽은 72 cm이고 긴 쪽은 $72+36=108$ cm이다.

정답 : 72 cm, 108 cm

예제 2

캠핑을 시작할 때 타냐는 소비보다 돈을 4 € 더 가지고 있었다. 일주일 동안에 타냐는 19 €, 소비는 17 €를 썼다. 캠핑이 끝나고 둘이 가진 돈을 합한 금액은 5 €이다. 캠핑을 시작할 때 둘이 가지고 있던 돈은 각각 얼마인지 구하시오.

타냐가 처음에 가지고 있던 돈의 금액을 x(€)로 표시하고 둘의 금액을 표로 만든다.

	처음(€)	나중(€)
타냐	x	$x-19$
소비	$x-4$	$x-4-17=x-21$

캠핑이 끝나고 둘이 가지고 있는 돈을 합한 금액은
$x-19+x-21=2x-40$이다.
돈의 실제 금액이 5 €이므로 다음과 같이 방정식을 세울 수 있다.

$2x-40=5$ ■ 양변에 $+40$을 한다.
$2x=45$ ■ 양변에 $\div 2$를 한다.
$x=22.50$

타냐는 처음에 22.50 €를 가지고 있었고
소비는 22.50 €$-$4.00 €$=$18.50 €를 가지고 있었다.

정답 : 타냐 22.50 €, 소비 18.50 €

연습

568 길이가 45 m인 줄을 두 부분으로 나누면 한 쪽은 다른 한 쪽보다 21 m 더 길다. 각각의 길이를 구하시오.

45 m

x $x+21$

569 길이가 23 m인 줄을 두 부분으로 나누면 한 쪽은 다른 한 쪽보다 7 m 더 길다. 각각의 길이를 구하시오.

570 길이가 21 m인 줄을 3 : 4의 비율로 둘로 나누려고 한다. 각각의 길이를 구하시오.

21 m

$3x$ $4x$

571 트래킹 그룹 A조와 B조를 모두 합하면 19명이다. A조는 B조보다 3명 더 많다. 각 조에 있는 인원수를 구하시오.

572 캠핑학교에서 학생 19명을 식사담당 3개 조로 나누려고 한다. 아침조는 점심조보다 한 명 모자라고 저녁조는 점심조보다 두 명 더 많다. 각 조에 속해 있는 학생수를 구하시오.

응용

573 마티가 낚시로 잡은 물고기들 중 호수송어는 절반이고 유럽흰송어는 $\frac{1}{3}$이다. 나머지 세 마리는 농어이다. 마티가 잡은 물고기는 모두 몇 마리인지 구하시오.

574 울라는 월요일에 책의 $\frac{1}{4}$, 화요일에 $\frac{2}{5}$, 수요일에 $\frac{1}{6}$, 목요일에 나머지 22쪽을 읽었다. 울라가 읽은 책은 모두 몇 쪽인지 구하시오.

575 테르투는 카드 68장을 친구 세 명과 나누어 가졌다. 먼저 자신이 전체의 $\frac{1}{4}$을 가졌다. 그런 다음 레아에게는 헬리보다 다섯 장 적게 주었고, 카리나에게는 레아의 두 배를 주었다. 테르투는 카드를 다 나누어 가졌다고 생각했지만 책상 아래에서 카드가 두 장이 나왔다. 다 나누고 난 뒤 4명이 갖고 있는 카드는 각각 몇 장인지 구하시오.

576 캠핑학교로 출발할 때 카네르바는 라우라보다 돈을 2 € 더 많이 가지고 있었다. 캠핑학교에서 카네르바는 13 €, 라우라는 12 €를 썼다. 캠핑학교를 끝내고 집에 돌아올 때 둘이 가진 돈을 합해보니 3 €였다. 출발할 때 둘이 가지고 있던 돈은 각각 얼마인지 구하시오.

577 마르쿠는 4.50 €, 야코는 3 €를 가지고 있었다. 오늘 같이 놀면서 마르쿠는 야코가 쓴 돈의 두 배가 되는 돈을 썼다. 집에 돌아갈 시간에 보니 마르쿠가 가진 돈은 야코가 가진 돈의 절반이었다. 둘이 오늘 하루 동안 쓴 돈은 각각 얼마인지 구하시오.

59 변수가 두 개인 방정식

변수가 두 개인 방정식과 그래프

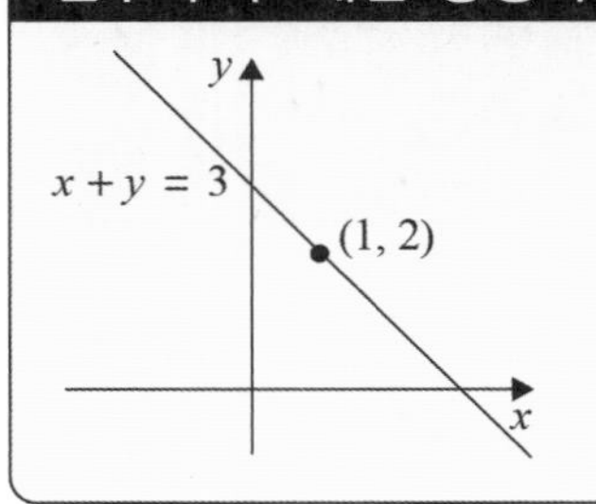

• 방정식 $x+y=3$은 x, y 두 개의 미지수를 가진다.
• 순서쌍 (1, 2)는 이 방정식의 근으로 $x=1$과 $y=2$를 방정식에 넣으면 방정식의 좌변과 우변이 같아진다.
• 이 방정식의 그래프는 방정식을 참으로 만드는 순서쌍 (x, y)로 이루어진다.

예제 1

다음 순서쌍이 방정식 $2x+3y=1$을 만족하는지 알아보시오.

a) $(2, -1)$　　　　b) $(-1, 2)$

a) 방정식에 $x=2$와 $y=-1$을 대입한다.
좌변 : $2x+3y=2\cdot2+3\cdot(-1)=4-3=1$
우변 : 1
좌변과 우변이 같으므로 방정식을 만족한다.
b) 방정식에 $x=-1$과 $y=2$를 대입한다.
좌변 : $2x+3y=2\cdot(-1)+3\cdot2=-2+6=4$
우변 : 1
좌변과 우변이 다르므로 방정식을 만족하지 않는다.

예제 2

방정식 $x+y=7$을 y에 관한 식으로 바꾸고 그래프를 그리시오.

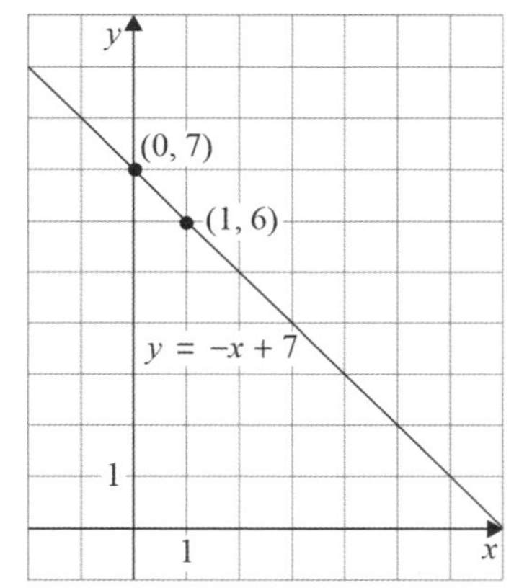

y에 관한 식은 한 변에 y만 남겨서 얻는다.
$x+y=7$　　　　■ 양변에 $-x$를 한다.
$y=-x+7$
직선 $y=-x+7$을 그린다.
상수항 $b=7$이므로 직선은 점 (0, 7)을 지난다.
기울기는 $k=-1$이므로 오른쪽으로 한 칸 이동하면 한 칸 아래로 내려가서 직선은 점 (1, 6)을 지난다.
점 (0, 7)과 (1, 6)을 지나는 직선을 그린다.

연습

578 **순서쌍 (2, 3)이 다음 방정식을 만족하는지 알아보시오.**

a) $y=x+1$　　b) $x+y=6$
c) $x-2y=-4$　　d) $-3x+y=9$

579 **방정식 $3x+2y=1$을 만족하는 순서쌍을 고르시오.**

a) $(-1, 4)$	H	b) $(3, -4)$	G
c) $(-3, 5)$	R	d) $(6, -9)$	A
e) $(1, -1)$	I	f) $(-5, 8)$	P

580 **다음 물음에 답하시오.**

a) 방정식 $x+y=8$을 만족하는 점들을 다섯 개 찾아 좌표평면 위에 표시하시오.
b) 위의 방정식의 그래프를 그리시오.

581 **다음 물음에 답하시오.**

a) 방정식 $x+y=5$을 만족하는 순서쌍을 다섯 개 찾으시오.
b) 방정식 $x-y=1$을 만족하는 순서쌍을 다섯 개 찾으시오.
c) 위의 두 방정식을 모두 만족하는 순서쌍을 찾으시오.

582 **다음 방정식을 y에 관한 식으로 바꾸고 그래프를 그리시오.**

a) $-x+y+3=0$
b) $3x+y-4=0$

응용

583 **다음 방정식을 y에 관한 식으로 바꾸시오.**

a) $-y=x-4$
b) $2y=6x+4$

584 **변수 x와 y의 합은 6이다.**

a) 위의 방정식을 만드시오.
b) 방정식을 y에 관한 식으로 바꾸고 그래프를 그리시오.

585 **변수 x와 y의 차는 4이다.**

a) 위의 방정식을 만드시오.
b) 방정식을 y에 관한 식으로 바꾸고 그래프를 그리시오.

586 **다음 물음에 답하시오.**

a) 방정식 $-x+y=5$를 만족하는 순서쌍을 세 개 찾으시오.
b) 방정식 $-2x+y=-1$을 만족하는 순서쌍을 세 개 찾으시오.
c) 위의 두 방정식을 모두 만족하는 순서쌍을 찾으시오.

587 **다음 물음에 답하시오.**

a) 방정식 $4x+y=-9$를 만족하는 순서쌍을 세 개 찾으시오.
b) 방정식 $-4x+2y=6$을 만족하는 순서쌍을 세 개 찾으시오.
c) 위의 두 방정식을 모두 만족하는 순서쌍을 찾으시오.

588 **다음 방정식을 y에 관한 식으로 바꾸고 그래프를 그리시오.**

a) $6x-3y+9=0$
b) $8x+4y+4=0$

589 **순서쌍 (4, A), (−6, B), (C, −2), (D, 1)은 방정식 $2x+4y-8=0$을 만족한다. A, B, C, D에 알맞은 수를 구하시오.**

두 수의 합이 17이고 차가 −7인 순서쌍은 무엇인가? 방정식을 만들고 순서쌍을 구하시오.

60 연립방정식

연립방정식과 그 풀이

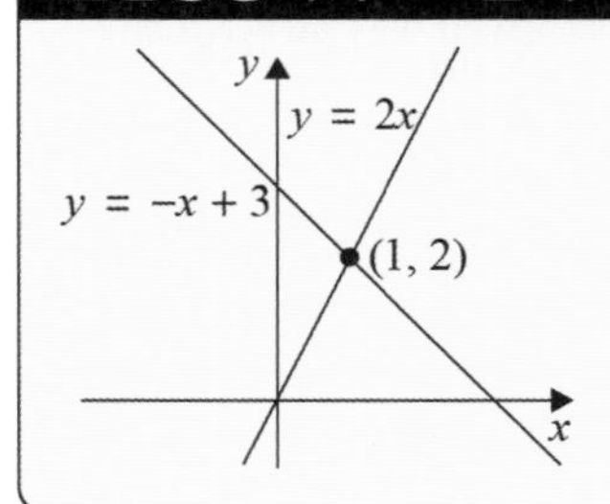

- 연립방정식은 $\begin{cases} y=2x \\ y=-x+3 \end{cases}$ 두 개의 방정식으로 이루어진다.
- 순서쌍 (1, 2)는 두 방정식을 모두 만족하므로 연립방정식의 해이다.
- 좌표평면에서 해는 두 방정식이 그리는 두 직선이 만나는 점(교점)이다.

예제 1

순서쌍 $(3,\ -2)$가 연립방정식의 해인지 계산하여 알아보시오.

a) $\begin{cases} x+y=1 \\ 2x-y=7 \end{cases}$　　b) $\begin{cases} x-y=5 \\ 2x+3y=0 \end{cases}$

방정식에 $x=3$과 $y=-2$를 대입한다.

a)

방정식	좌변	우변
$x+y=1$	$x+y=3+(-2)=1$	1
$2x-y=7$	$2x-y=2\cdot3-(-2)=8$	7

두 방정식 중 위 방정식은 만족하나 아래 방정식은 만족하지 않는다. 따라서 순서쌍은 연립방정식의 해가 아니다.

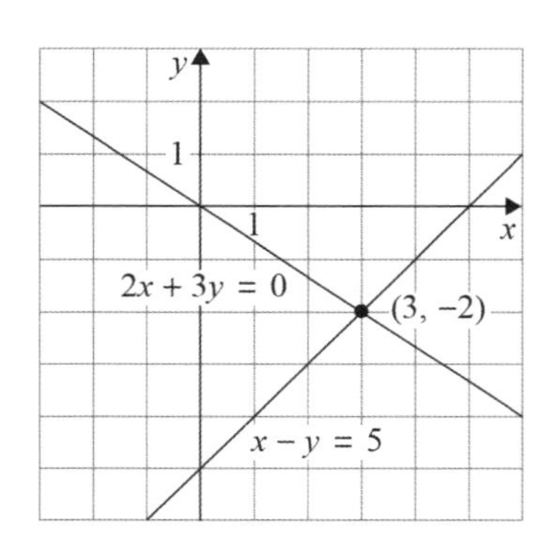

b)

방정식	좌변	우변
$x-y=5$	$x-y=3-(-2)=5$	5
$2x+3y=0$	$2x+3y=2\cdot3+3\cdot(-2)=0$	0

두 방정식을 모두 만족하므로 순서쌍은 연립방정식의 해이다.

정답 : **a)** 연립방정식의 해가 아니다.　**b)** 연립방정식의 해이다.

연습

590 다음 그래프에서 직선의 교점 즉 연립방정식의 해를 찾으시오. 찾은 해를 식에 대입하여 확인하시오.

a) $\begin{cases} y=x-5 \\ y=-2x+1 \end{cases}$ b) $\begin{cases} y=0.5x+2 \\ y=3x+7 \end{cases}$

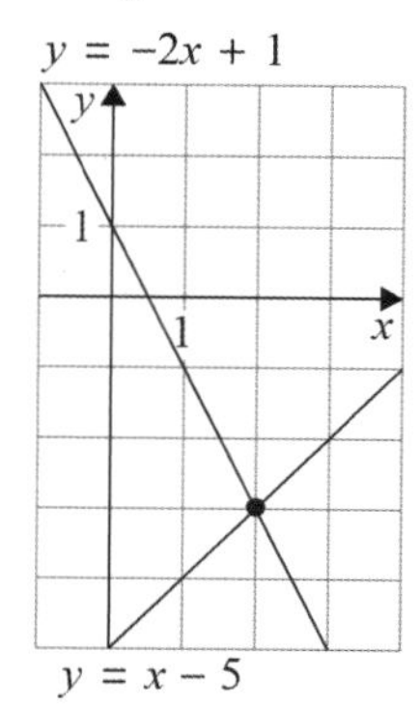

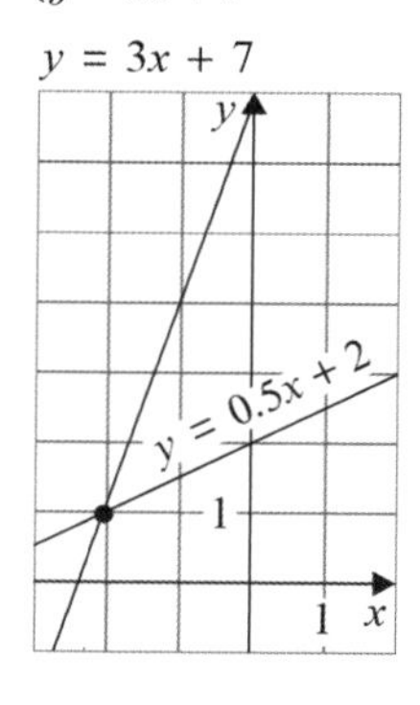

591 순서쌍 $(6,\ 13)$이 다음 연립방정식의 해인지 계산하여 알아보시오.

a) $\begin{cases} y=2x+1 \\ y=x+7 \end{cases}$ b) $\begin{cases} y=3x-5 \\ y=4x-9 \end{cases}$

592 순서쌍 $(8,\ 7)$이 다음 연립방정식의 해인지 계산하여 알아보시오.

a) $\begin{cases} x+y=15 \\ y-x=-1 \end{cases}$ b) $\begin{cases} 2x-y=9 \\ -x+2y=22 \end{cases}$

593 다음 그래프를 이용하여 해가 다음과 같은 연립방정식을 만드시오.

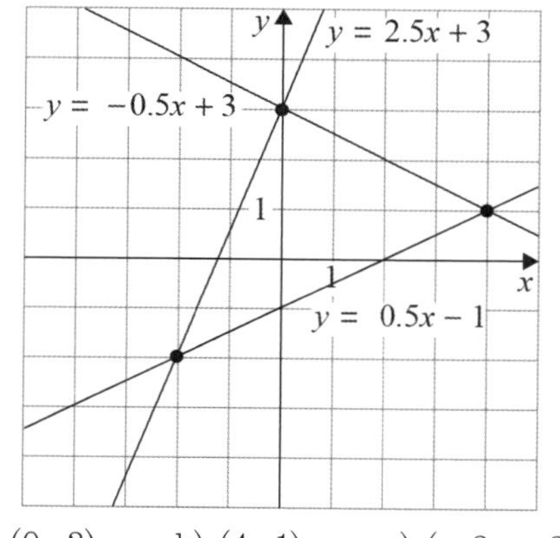

a) $(0,\ 3)$ b) $(4,\ 1)$ c) $(-2,\ -2)$

응용

594 순서쌍 $(-7,\ 3)$이 다음 연립방정식의 해인지 계산하여 알아보시오.

a) $\begin{cases} -3y-4x=9 \\ -y=x+4 \end{cases}$ b) $\begin{cases} x-y=-10 \\ y-x=10 \end{cases}$

595 순서쌍 $(4,\ -6)$이 다음 연립방정식의 해인지 계산하여 알아보시오.

a) $\begin{cases} -x+y=-10 \\ x+2y=-10 \end{cases}$ b) $\begin{cases} 2x-y=14 \\ \dfrac{x}{2}+\dfrac{y}{3}=0 \end{cases}$

596 아래 보기의 방정식들을 이용하여 해가 다음과 같은 순서쌍인 연립방정식을 만드시오.

$y=x+3$	$y=2x+5$	$y=x-1$
$y=-2x+3$	$y=-3x-5$	$y=-x+1$

a) $(0,\ 3)$ b) $(-2,\ 1)$

597 연립방정식 $\begin{cases} y=-x \\ y=-x+5 \end{cases}$ 가 해가 없는 이유를 설명하시오.

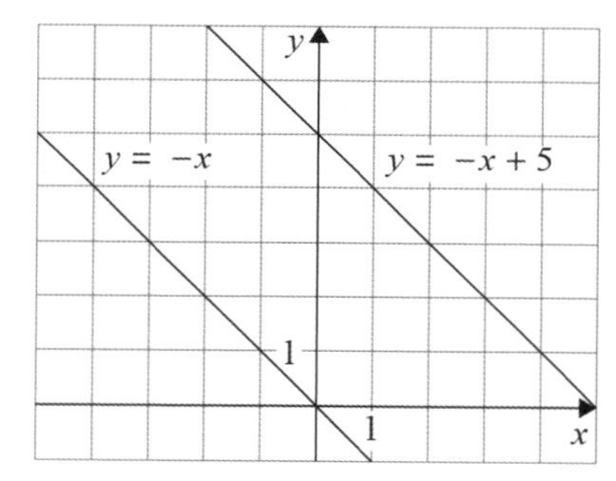

598 다음 물음에 답하시오.

a) 직선 $y=-3x$와 $y=-x+2$가 점 $(-1,\ 3)$에서 교차함을 증명하시오.

b) 직선 $y=-3x+6$과 $y=x-6$이 점 $(3,\ -3)$에서 교차함을 증명하시오.

599 다음 조건을 만족하는 연립방정식을 만들고 해를 구하시오.

a) 두 수의 합은 13이고 차는 5이다.

b) 두 수의 합과 차가 2이다.

61 그래프를 이용하여 연립방정식 풀기

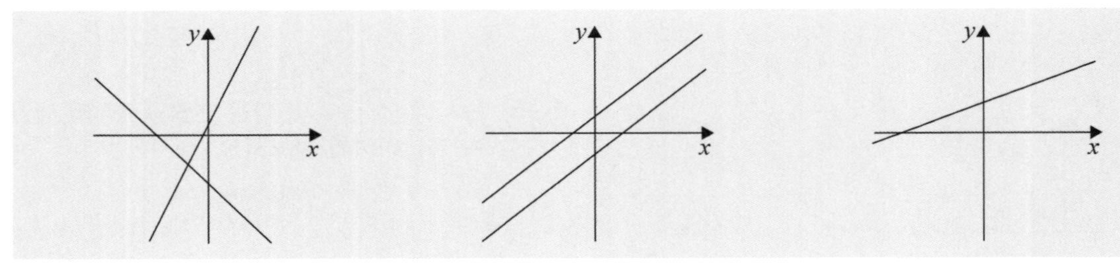

교차하는 직선
해가 하나이다.

평행인 직선
해가 없다.

포개어진 직선
해가 무수히 많다.

그래프를 이용하여 연립방정식 풀기

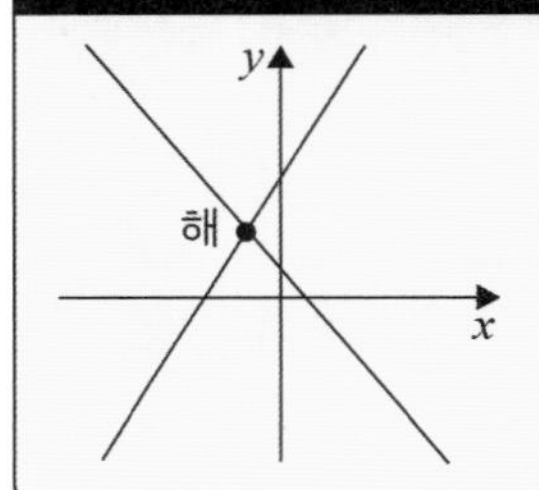

1. 두 연립방정식을 모두 y에 관한 식으로 바꾼다.
2. 두 방정식의 직선들을 한 좌표평면에 그린다.
3. 직선들이 교차하는 점의 좌표를 읽는다. 이 점이 연립방정식의 해이다.
4. 구한 해를 두 방정식에 대입하여 구한 해가 두 방정식을 모두 만족하는지 확인한다.

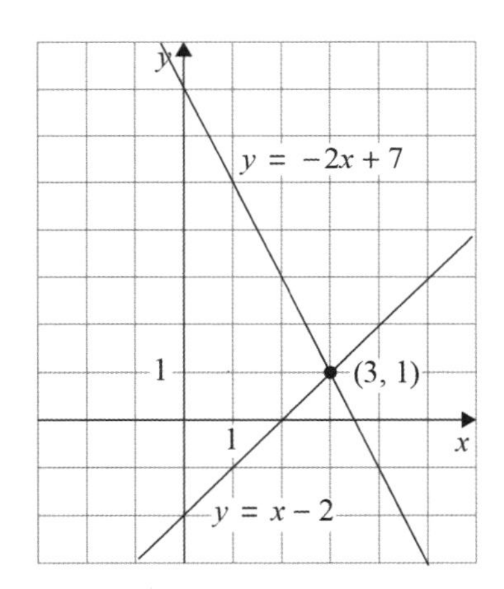

예제 1

그래프를 그려서 연립방정식 $\begin{cases} y=x-2 \\ y=-2x+7 \end{cases}$ 의 해를 구하시오.

한 좌표평면에 직선 $y=x-2$와 $y=-2x+7$을 그린다.
그림에서 보듯이 직선의 교점은 (3, 1)이다. 연립방정식의 해는 순서쌍 (3, 1), 즉 $x=3$과 $y=1$이다.
확인 : 두 방정식에 $x=3$과 $y=1$을 대입한다.

방정식	좌변	우변
$y=x-2$	$y=1$	$x-2=3-2=1$
$y=-2x+7$	$y=1$	$-2x+7=-2\cdot 3+7=1$

두 방정식을 모두 만족하므로 이 순서쌍은 연립방정식의 해이다.

정답 : $x=3$, $y=1$

연습

600 다음 방정식의 그래프를 그리고 두 직선의 교점의 좌표를 그래프에서 구하시오.

a) $y=x$, $y=-x+4$

b) $y=2x-1$, $y=3x-3$

601 아래 그래프를 이용하여 다음 연립방정식의 해가 몇 개인지 찾으시오.

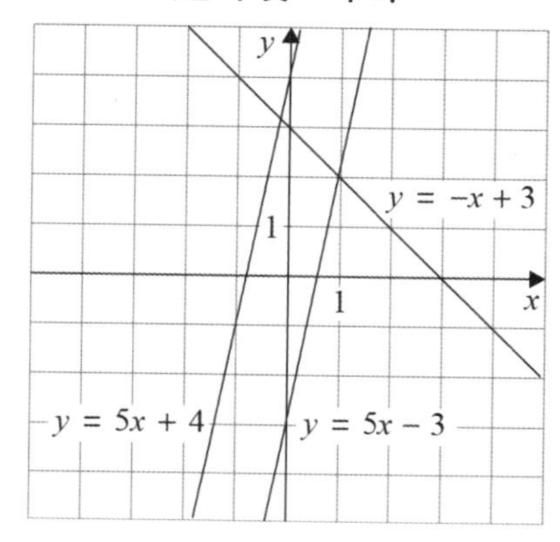

a) $\begin{cases} y=5x-3 \\ y=5x+4 \end{cases}$ b) $\begin{cases} y=5x-3 \\ y=-x+3 \end{cases}$

602 그래프를 이용하여 다음 연립방정식을 푸시오. 구한 해를 식에 대입하여 확인하시오.

a) $\begin{cases} y=2x+3 \\ y=x+1 \end{cases}$ b) $\begin{cases} y=-x+6 \\ y=2x-6 \end{cases}$

603 그래프를 이용하여 다음 연립방정식을 푸시오.

a) $\begin{cases} y=6x+1 \\ y=6x-6 \end{cases}$ b) $\begin{cases} y=-2x+2 \\ y=-3x+4 \end{cases}$

604 직선 $y=x+2$, $y=-x$, $y=2x-3$은 삼각형을 만든다. 직선들을 그리고 삼각형의 꼭짓점들의 좌표를 구하시오.

605 그래프를 이용하여 다음 연립방정식을 푸시오. 구한 해를 식에 대입하여 확인하시오.

a) $\begin{cases} y=3x+2 \\ y=-3x+8 \end{cases}$ b) $\begin{cases} y=4x+1 \\ y=-2x-5 \end{cases}$

응용

606 그래프를 이용하여 다음 연립방정식을 푸시오.

a) $\begin{cases} y=\frac{1}{2}x \\ y=x-2 \end{cases}$ b) $\begin{cases} y=-x+1 \\ y=3 \end{cases}$

607 그래프를 이용하여 다음 연립방정식을 푸시오.

a) $\begin{cases} y=\frac{1}{2}x+2 \\ y=\frac{2}{3}x+3 \end{cases}$ b) $\begin{cases} y=\frac{1}{4}x+3 \\ y=-\frac{1}{2}x \end{cases}$

608 y에 x를 더한 값은 8이고 y에서 x를 뺀 값은 10이다. 그래프를 이용하여 연립방정식을 풀고 구한 해를 식에 대입하여 확인하시오.

609 다음 방정식을 y에 관한 식으로 바꾸고 그래프를 이용하여 연립방정식을 푸시오.

a) $\begin{cases} y-x-3=0 \\ y+3x+1=0 \end{cases}$ b) $\begin{cases} y-x=-4 \\ 2y+x=-2 \end{cases}$

610 그래프를 이용하여 다음 연립방정식을 푸시오.

a) $\begin{cases} y=-4x+3 \\ y=-4x-5 \end{cases}$ b) $\begin{cases} x-y=0 \\ y=x \end{cases}$

611 아래 그래프에서를 보고 물음에 답하시오.

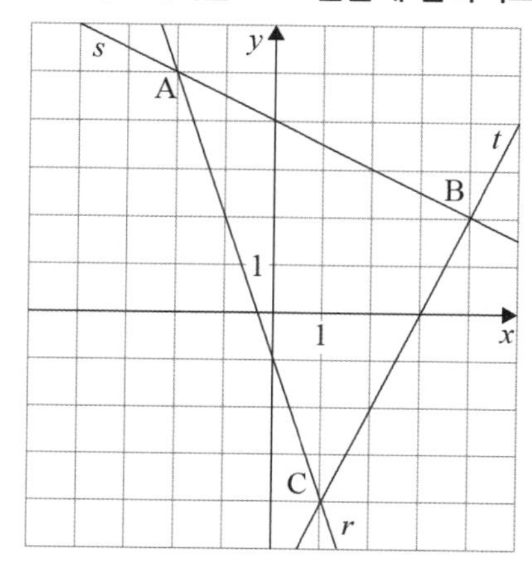

a) 직선 s, r, t의 방정식을 만드시오.

b) 해가 점 A, B, C인 연립방정식을 만드시오.

62 대입법

예제 1

연립방정식 $\begin{cases} y=2x+5 \\ y=x+4 \end{cases}$**를 푸시오.**

대입법으로 푼다. 두 방정식 중 위에 있는 y의 식을 아래 방정식의 변수 y의 자리에 대입하여 연립방정식을 변수가 한 개인 방정식으로 만든다. 즉, 다음과 같은 방법을 사용한다.

$\begin{cases} y=2x+5 \\ y=x+4 \end{cases}$

아래 방정식의 변수 y의 자리에 $2x+5$를 대입한다.

$2x+5=x+4$ ■ 양변에 $-x$를 한다.

$x+5=4$ ■ 양변에 -5를 한다.

$x=-1$

$x=-1$을 아래 방정식에 대입한다.

$y=x+4=-1+4=3$

변수 x의 값을 구한 다음 그 값을 방정식에 대입하여 변수 y의 값을 구할 수 있다.

정답 : $x=-1$, $y=3$

예제 2

연립방정식 $\begin{cases} y=x+6 \\ -2x+y=10 \end{cases}$**을 대입법으로 푸시오.**

$\begin{cases} y=x+6 \\ -2x+y=10 \end{cases}$

아래 방정식의 변수 y의 자리에 $x+6$을 대입한다.

$-2x+x+6=10$ ■ 양변에 -6을 한다.

$-x=4$ ■ 양변에 $\times(-1)$을 한다.

$x=-4$

$x=-4$를 위 방정식에 대입한다.

$y=x+6=-4+6=2$

확인 : 두 방정식에 $x=-4$와 $y=2$를 넣어본다.

방정식	좌변	우변
$y=x+6$	$y=2$	$x+6=-4+6=2$
$-2x+y=10$	$-2x+y=-2\cdot(-4)+2=10$	10

두 방정식 모두 만족하므로 순서쌍은 연립방정식의 해이다.

정답 : $x=-4$, $y=2$

연습

612 다음 물음에 답하시오.

a) 식 $2x-1$을 아래 방정식의 y에 대입하시오.

$$\begin{cases} y=2x-1 \\ y=x+2 \end{cases}$$

b) 위의 결과로 만들어진 변수가 1개인 방정식을 푸시오.

c) b)에서 구한 x의 값을 방정식에 대입하여 y의 값을 구하시오.

d) 연립방정식의 해를 쓰시오.

613 다음 연립방정식을 대입법으로 푸시오.

a) $\begin{cases} y=3x-1 \\ y=2x \end{cases}$ b) $\begin{cases} y=7x-8 \\ y=6x-5 \end{cases}$

614 다음 연립방정식을 대입법으로 푸시오.

a) $\begin{cases} y=x+5 \\ y=-x+1 \end{cases}$ b) $\begin{cases} y=-2x+7 \\ y=3x-3 \end{cases}$

615 다음 연립방정식을 대입법으로 푸시오.

a) $\begin{cases} y=-x+2 \\ y=4 \end{cases}$ b) $\begin{cases} x=3 \\ y=x-10 \end{cases}$

616 다음 연립방정식을 푸시오.

a) $\begin{cases} y=x-1 \\ x+y=7 \end{cases}$ b) $\begin{cases} y=-x+4 \\ 2x+y=-1 \end{cases}$

617 다음 연립방정식을 푸시오.

a) $\begin{cases} y=x-2 \\ 3x+y=6 \end{cases}$ b) $\begin{cases} y=-5x-21 \\ 7x+y=-27 \end{cases}$

618 직선 $y=4x-8$과 $y=-2x+10$의 연립방정식을 만들고 교점을 대입법으로 구하시오.

응용

619 기호 ▼와 ●이 어떤 수를 뜻하는지 추정하시오.

a) $\begin{cases} ▼=●+6 \\ ▼+●+●=12 \end{cases}$

b) $\begin{cases} ▼+▼+▼+▼+▼=10 \\ ▼+▼+●+●+●=19 \end{cases}$

c) $\begin{cases} ▼+●+●=11 \\ ▼+▼+▼+●+●+●+●=29 \end{cases}$

620 다음 연립방정식을 대입법으로 풀고, 구한 해를 식에 대입하여 확인하시오.

a) $\begin{cases} 2y=-10 \\ x+2y=1 \end{cases}$ b) $\begin{cases} 6y=2x-4 \\ x+6y=2 \end{cases}$

621 다음 연립방정식을 대입법으로 푸시오.

a) $\begin{cases} y=\frac{1}{2}x-4 \\ y=2x+5 \end{cases}$ b) $\begin{cases} y=\frac{3}{4}x+4 \\ y=-x-3 \end{cases}$

622 다음 연립방정식을 대입법으로 푸시오.

a) $\begin{cases} y=\frac{1}{3}x-6 \\ 4x+y=7 \end{cases}$ b) $\begin{cases} y=-\frac{2}{5}x-4 \\ -\frac{1}{2}x+y=\frac{1}{2} \end{cases}$

623 직선 $y=x-4$, $y=-3x+4$, $y=2x-1$은 삼각형을 만든다. 삼각형의 꼭짓점들의 좌표를 구하는 연립방정식을 만들고 대입법으로 푸시오. 그래프를 그려서 답을 확인하시오.

63 대입법 연습

예제 1

연립방정식 $\begin{cases} y=-x+5 \\ 2x-y=13 \end{cases}$ **을 대입법으로 푸시오.**

$\begin{cases} y=-x+5 \\ 2x-y=13 \end{cases}$

아래 방정식의 변수 y의 자리에 $-x+5$를 대입한다.

$2x-(-x+5)=13$ ■ $-$를 분배하여 괄호를 없앤다. 부호가 바뀐다.

$2x+x-5=13$ ■ 간단히 한다.

$3x-5=13$ ■ 양변에 $+5$를 한다.

$3x=18$ ■ 양변에 $\div 3$을 한다.

$x=6$

$x=6$을 위 방정식에 대입한다.

$y=-x+5=-6+5=-1$

정답 : $x=6$, $y=-1$

예제 2

아침에 사투는 엘리보다 돈을 3 € 더 적게 가지고 있었다. 낮에 사투가 청소를 하여 받은 돈을 합하니 아침에 가지고 있던 돈의 두 배가 되었고, 저녁에 두 아이가 가진 돈을 합한 금액이 45 €였다. 둘이 아침에 가지고 있던 돈은 각각 얼마인가?

	엘리가 가진 돈 (€)	사투가 가진 돈 (€)
아침	x	y
저녁	x	$2y$

엘리가 아침에 가지고 있던 돈을 x, 사투가 아침에 가지고 있던 돈을 y라고 표시한다. 옆에 표를 참고로 연립방정식을 만든다.

$\begin{cases} y=x-3 \\ x+2y=45 \end{cases}$

아래 방정식의 변수 y 자리에 $x-3$을 대입한다.

$x+2(x-3)=45$ ■ 2를 분배하여 괄호를 없앤다.

$x+2x-6=45$ ■ 간단히 한다.

$3x-6=45$ ■ 양변에 $+6$을 한다.

$3x=51$ ■ 양변에 $\div 3$을 한다.

$x=17$

$x=17$을 위 방정식에 대입한다.

$y=x-3=17-3=14$

정답 : 엘리 17 €, 사투 14 €

연습

624 다음 연립방정식을 푸시오.

a) $\begin{cases} y = x + 1 \\ 2x - y = 1 \end{cases}$

b) $\begin{cases} y = x - 1 \\ 3x - y = 11 \end{cases}$

625 다음 연립방정식을 푸시오.

a) $\begin{cases} y = x + 2 \\ -x + 2y = 7 \end{cases}$

b) $\begin{cases} y = -2x + 5 \\ 9x + 4y = 7 \end{cases}$

626 엠마는 사과를 15개 샀다. 빨간 사과는 초록색 사과보다 3개 더 많았다.

a) 빨간 사과의 개수를 y, 초록색 사과의 개수를 x라고 하여 위의 조건에 맞는 연립방정식을 만드시오.

b) 엠마가 산 빨간 사과의 개수와 초록색 사과의 개수를 각각 구하시오.

627 다음 연립방정식을 푸시오.

a) $\begin{cases} y = 3x - 2 \\ -5x + 2y = 5 \end{cases}$

b) $\begin{cases} y = -4x + 13 \\ x - y = 12 \end{cases}$

628 다음 연립방정식을 푸시오.

a) $\begin{cases} y = 3x + 4 \\ -4x + 3y = 2 \end{cases}$

b) $\begin{cases} y = -2x + 1 \\ 3x + 2y = 5 \end{cases}$

629 키라는 재킷과 바지를 샀다. 재킷이 바지보다 30 € 더 비쌌다. 키라는 모두 120 €를 사용했다.

a) 재킷의 가격을 y, 바지의 가격을 x라고 하여 연립방정식을 만드시오.

b) 재킷의 가격과 바지의 가격을 각각 구하시오.

응용

630 다음 연립방정식을 푸시오.

a) $\begin{cases} y = x + 3 \\ 7x - 5y = 5 \end{cases}$ b) $\begin{cases} y = 5x - 4 \\ 3x - 2y = -6 \end{cases}$

631 다음 연립방정식을 푸시오.

a) $\begin{cases} y = 6x - 4 \\ y = 10x - 7 \end{cases}$ b) $\begin{cases} y = x - 1 \\ 3x + 4y = 1 \end{cases}$

632 다음 연립방정식을 푸시오.

a) $\begin{cases} y = \frac{1}{2}x - 3 \\ x + 2y = 10 \end{cases}$ b) $\begin{cases} y = 2x - 7 \\ y = \frac{1}{2}x + 2 \end{cases}$

633 헬리는 야나보다 8살 더 많다. 3년이 지나면 헬리의 나이는 야나 나이의 두 배가 된다. 헬리의 나이와 야나의 나이에 대한 연립방정식을 만들고 둘의 현재 나이를 각각 구하시오.

634 에스코는 세포보다 9살 적다. 1년 후에 세포의 나이는 에스코 나이의 네 배가 된다. 에스코의 나이와 세포의 나이에 대한 연립방정식을 만들고 둘의 현재 나이를 각각 구하시오.

635 에릭은 파리에 사는 사촌에게 편지를 보냈다. 편지의 우편요금은 13.80 €이다. 집에 있던 65센트짜리 우표와 80센트짜리 우표 두 종류로 우표를 모두 18개 붙여서 요금을 맞출 수 있었다. 에릭이 편지봉투에 붙인 65센트 우표와 80센트 우표는 각각 몇 개인지 구하시오.

64 가감법

예제 1

연립방정식 $\begin{cases} 3x-y=5 \\ 8x+y=6 \end{cases}$을 푸시오.

연립방정식을 같은 변끼리 합하여 변수가 한 개인 방정식을 만들 수 있다. 이와 같은 방법을 가감법이라고 한다.

{	3	x	−	y	=	5	
{	8	x	+	y	=	6	
1	1	x			=	1	1
				x	=	1	

■ 양변에 ÷11을 한다.

$x=1$을 아래 방정식에 대입한다.

$8x+y=6$

$8\cdot 1+y=6$

$8+y=6$ ■ 양변에 −8을 한다.

$y=-2$

정답 : $x=1$, $y=-2$

예제 2

연립방정식 $\begin{cases} 4x+2y=-2 \\ 2x+3y=9 \end{cases}$를 가감법으로 푸시오.

아래 방정식에 −2를 곱하여 변수 x의 계수끼리 합하면 0이 되도록 만든다.

$$\begin{cases} 4x+2y=-2 \\ 2x+3y=9 \end{cases}$$

■ 양변에 ×(−2)를 한다.

$$\begin{cases} 4x+2y=-2 \\ -4x-6y=-18 \end{cases}$$

$-4y=-20$ ■ 양변에 ÷(−4)를 한다.

$y=5$

$y=5$를 위 방정식에 대입한다.

$4x+2y=-2$

$4x+2\cdot 5=-2$

$4x+10=-2$ ■ 양변에 −10을 한다.

$4x=-12$ ■ 양변에 ÷4를 한다.

$x=-3$

정답 : $x=-3$, $y=5$

연습

636 다음 물음에 답하시오.

a) 다음 연립방정식에 알맞은 수를 곱하고 같은 변끼리 합하여 변수가 한 개인 방정식으로 만드시오.

$$\begin{cases}2x+5y=25\\4x-5y=5\end{cases}$$

b) a)에서 만든 방정식을 푸시오.

c) b)에서 구한 변수의 값을 위 방정식에 대입하여 또 다른 변수의 값을 구하시오.

d) 연립방정식의 해를 쓰시오.

637 다음 연립방정식을 푸시오.

a) $\begin{cases}x+y=9\\x-y=5\end{cases}$ b) $\begin{cases}x+6y=15\\x-6y=3\end{cases}$

638 x에 y를 더한 값은 77이고 x에서 y를 뺀 값은 11이다. 조건에 맞는 연립방정식을 만들고 푸시오.

639 두 수의 합은 -84이고 차는 48이다. 조건에 맞는 연립방정식을 만들고 푸시오.

640 다음 연립방정식을 푸시오.

a) $\begin{cases}x+y=12\\4x+y=27\end{cases}$ b) $\begin{cases}2x-3y=6\\x-3y=-3\end{cases}$

641 다음 연립방정식을 푸시오.

a) $\begin{cases}9x-4y=1\\3x-y=7\end{cases}$ b) $\begin{cases}5x+2y=-8\\x+2y=8\end{cases}$

642 카스퍼와 유하, 둘이 정원 일을 한 시간을 합하면 11시간이다. 카스퍼의 시간당 보수는 6 €, 유하의 시간당 보수는 7 €이다. 둘이 합해 11시간 일하고 받은 둘의 보수를 합했더니 74 €이다.

a) 카스퍼가 정원 일을 한 시간을 구하시오.

b) 카스퍼와 유하의 보수를 각각 구하시오.

643 주차장에 세워져 있는 승용차와 모페드(모터와 페달이 달린 자전거)는 모두 합해서 39대이고 바퀴의 개수는 모두 합해서 124개이다. 승용차와 모페드는 각각 몇 대 주차되어 있는지 구하시오.

응용

644 다음 연립방정식을 푸시오.

a) $\begin{cases}3x+y=-6\\7x+6y=8\end{cases}$

b) $\begin{cases}-2x+y=-8\\13x-5y=70\end{cases}$

645 다음 연립방정식을 푸시오.

a) $\begin{cases}7x+5y=3\\9x+10y=36\end{cases}$

b) $\begin{cases}11x+6y=7\\7x+2y=-1\end{cases}$

646 다음 연립방정식을 푸시오.

a) $\begin{cases}2x+5y=12\\-4x+7y=10\end{cases}$

b) $\begin{cases}5x+4y=-21\\6x+y=9\end{cases}$

647 학교식당에 원형탁자들이 있다. 원형탁자 한 개에 8명씩 앉아서 식사하면, 10명은 앉을 자리가 없다. 원형탁자 한 개에 9명씩 앉으면 마지막 원형탁자에는 3명만 앉게 된다. 식당에 있는 원형탁자의 개수와 학교의 학생 수를 구하시오.

648 선생님이 학생들에게 색연필을 나누어 주려고 한다. 학생들에게 7개씩 나누어 주면 마지막 2명은 하나도 받을 수 없다. 학생들에게 6개씩 나누어 주면 모두에게 나누어 주고도 7개가 남는다. 선생님이 가지고 있는 색연필의 개수와 이 반 학생의 수를 각각 구하시오.

65 가감법 연습

예제 1

연립방정식 $\begin{cases}2x-5y=-13\\-3x+7y=19\end{cases}$ **를 가감법으로 푸시오.**

같은 변끼리 합하기 전에 두 방정식 중 위 방정식에 7을 곱하고 아래 방정식에 5를 곱한다. 그러면 같은 변끼리 더했을 때 y의 계수가 0이 된다.

$\begin{cases}2x-5y=-13\\-3x+7y=19\end{cases}$ ■ 양변에 ×7을 한다. ■ 양변에 ×5를 한다.

$\begin{cases}14x+35y=-91\\-15x+35y=95\end{cases}$

$-x=4$ ■ 양변에 ×(−1)을 한다.

$x=-4$

$x=-4$를 아래 방정식에 대입한다.

$-3x+7y=19$

$-3\cdot(-4)+7y=19$

$12+7y=19$ ■ 양변에 −12를 한다.

$7y=7$ ■ 양변에 ÷7을 한다.

$y=1$

정답 : $x=-4$, $y=1$

예제 2

주머니에 50센트짜리 동전과 20센트짜리 동전이 모두 합해서 17개 있다. 동전들의 총 금액은 6.10 €이다. 동전은 각각 몇 개 있는가?

	50센트	20센트
개수	x	y
금액(센트)	$50x$	$20y$

50센트짜리 동전의 개수를 변수 x, 20센트 동전의 개수를 y로 표시한다.

표를 참고하여 연립방정식을 만든다.

$\begin{cases}x+y=17\\50x+20y=610\end{cases}$ ■ 양변에 ×(−2)를 한다. ■ 양변에 ÷10을 한다.

$\begin{cases}-2x-2y=-34\\5x+2y=61\end{cases}$

$3x=27$ ■ 양변에 ÷3을 한다.

$x=9$

50센트짜리 동전은 9개이고 20센트짜리 동전은 17−9=8개이다.

정답 : 50센트짜리 동전 9개, 20센트짜리 동전 8개

연습

649 다음 연립방정식을 푸시오.

a) $\begin{cases} 3x+2y=21 \\ x-2y=23 \end{cases}$

b) $\begin{cases} 5x+y=-12 \\ 3x-y=-12 \end{cases}$

650 다음 연립방정식을 푸시오.

a) $\begin{cases} 7x-4y=20 \\ 9x+2y=40 \end{cases}$

b) $\begin{cases} 2x+3y=11 \\ 5x+9y=50 \end{cases}$

651 다음 연립방정식을 푸시오.

a) $\begin{cases} 2x+3y=-5 \\ 3x+4y=-4 \end{cases}$

b) $\begin{cases} -7x+2y=7 \\ -8x+3y=3 \end{cases}$

652 다음 연립방정식을 푸시오.

a) $\begin{cases} 6x+5y=22 \\ 8x+15y=-4 \end{cases}$

b) $\begin{cases} -2x+3y=-8 \\ 5x-12y=11 \end{cases}$

653 옌니는 한나보다 돈을 20 € 더 가지고 있다. 둘이 가진 돈을 모두 합하면 60 €이다. 옌니와 한나가 가지고 있는 돈에 관한 연립방정식을 만들고 둘이 가지고 있는 돈을 각각 구하시오.

654 라우리가 가지고 있는 돈은 사미가 가지고 있는 돈보다 13 €가 적다. 둘이 가지고 있는 돈을 모두 합하면 57 €이다. 라우리와 사미가 가지고 있는 돈에 관한 연립방정식을 만들고 둘이 가지고 있는 돈을 각각 구하시오.

655 페카는 계좌에서 140 €를 출금하면서 5 €짜리 지폐와 10 €짜리 지폐로 달라고 하여 모두 합해서 19장을 받았다. 5 €짜리 지폐와 10 €짜리 지폐가 각각 몇 장인지 구하시오.

응용

656 다음 연립방정식을 푸시오.

a) $\begin{cases} 7x-5y=6 \\ 11x-7y=6 \end{cases}$

b) $\begin{cases} 5x+2y=10 \\ 4x+3y=-13 \end{cases}$

657 다음 연립방정식을 푸시오.

a) $\begin{cases} 11x-4y=-6 \\ -9x+6y=24 \end{cases}$

b) $\begin{cases} 13x+6y=-3 \\ 13x-5y=-69 \end{cases}$

658 다음 연립방정식을 푸시오.

a) $\begin{cases} 6x+12y=-30 \\ 8x-2y=50 \end{cases}$

b) $\begin{cases} 7x+7y=35 \\ -8x+8y=-24 \end{cases}$

659 시니는 1 €짜리 동전과 2 €짜리 동전을 모두 합해서 21개 가지고 있다. 총 금액이 34 €일 때, 1 €짜리 동전과 2 €짜리 동전에 관한 연립방정식을 만들고 각각 몇 개 가지고 있는지 구하시오.

660 릴야는 1.75 L짜리 주스 한 병과 1.15 L짜리 주스 한 병을 사고 7.33 €를 냈다. 1.75 L짜리 주스의 L당 가격이 1.15 L짜리 주스의 L당 가격보다 12센트 저렴할 때, 큰 용량과 작은 용량 주스의 L당 가격을 각각 구하시오.

66 연립방정식 연습

예제 1

농장에 닭과 돼지가 모두 합해서 56마리 있다. 동물들의 다리를 모두 합하면 150개이다. 이 농장에 있는 닭과 돼지는 각각 몇 마리인가?

닭의 마릿수를 변수 x, 돼지의 마릿수를 y로 표시한다.

	닭	돼지
마릿수	x	y
다리의 개수	$2x$	$4y$

표를 참고로 연립방정식을 만든다.

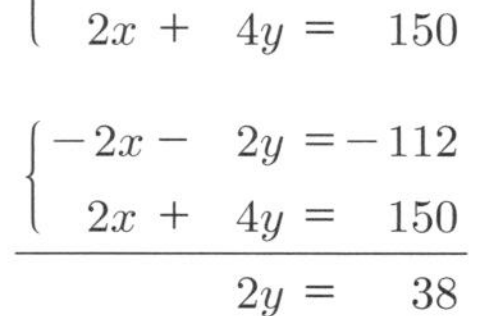

$$\begin{cases} x + y = 56 \\ 2x + 4y = 150 \end{cases}$$

■ 양변에 ×(−2)를 한다.

$$\begin{cases} -2x - 2y = -112 \\ 2x + 4y = 150 \end{cases}$$

$$2y = 38$$

■ 양변에 ÷ 2를 한다.

$$y = 19$$

돼지가 19마리이므로 닭은 $56-19=37$마리이다.
확인 : 동물은 모두 합해서 $19+37=56$마리이다.
다리의 개수는 모두 합해서 $4 \cdot 19+2 \cdot 37=76+74=150$개이다.

정답 : 닭 37마리, 돼지 19마리

연습

661 두 수의 합은 10이고 차는 20이다. 조건에 맞는 연립방정식을 만들고 두 수가 무엇인지 각각 구하시오.

662 우리 반 전체 학생 26명 중 남학생은 여학생보다 8명이 더 많다. 남학생의 수와 여학생의 수에 관한 연립방정식을 만들고 여학생의 수를 구하시오.

663 우리 학교에는 학생이 모두 279명 있다. 여학생이 남학생보다 17명 더 많을 때, 남학생의 수와 여학생의 수에 관한 연립방정식을 만들고 여학생의 수와 남학생의 수를 각각 구하시오.

664 엘리나는 치마와 바지를 샀다. 바지는 치마보다 13 € 더 비쌌고 구입비용은 모두 합해서 51 €였다. 치마의 가격과 바지의 가격을 각각 구하시오.

665 알렉시는 재킷과 셔츠를 샀다. 셔츠는 재킷보다 82 € 저렴했다. 셔츠와 재킷의 총 가격은 136 €였다. 재킷의 가격과 셔츠의 가격을 각각 구하시오.

666 하리는 연필 다섯 자루와 지우개 두 개를 샀고 레이노는 연필 두 자루와 지우개 한 개를 샀다. 하리는 6.50 €, 레이노는 2.70 €를 지불했을 때, 연필의 가격과 지우개의 가격을 각각 구하시오.

667 농장에 거위와 양이 있는데, 머리는 모두 합해서 33개이고 다리는 모두 합해서 100이다. 거위의 수와 양의 수에 관한 연립방정식을 만들고 거위와 양이 각각 몇 마리 있는지 구하시오.

668 농장에 닭과 토끼가 있는데, 머리는 모두 합해서 34개이고 다리는 모두 합해서 78개이다. 닭과 토끼는 각각 몇 마리 있는지 구하시오.

응용

669 소피아는 아르투보다 4살 더 많다. 2년 전 소피아의 나이는 아르투 나이의 3배였다. 이들의 나이에 관한 연립방정식을 만들고 둘의 현재 나이를 각각 계산하시오.

670 1년 전에 엔니의 나이는 티나 나이의 5배였고 1년 후에는 3배가 될 것이다. 둘의 현재 나이를 각각 계산하시오.

671 살미네 가족과 라티네 가족이 아이스하키 경기를 보러 갔다. 살미네 가족에는 어른 둘과 아이 셋이 있고, 라티네 가족에는 어른 하나와 아이 둘이 있다. 살미네 가족의 입장권 가격은 34.50 €, 라티네 가족의 입장권 가격은 19 €였다. 어른의 입장권 가격과 아이의 입장권 가격은 각각 얼마인지 구하시오.

672 배의 가격은 1 kg당 2.90 €, 사과의 가격은 1 kg당 2.40 €이다. 파울리는 두 가지 과일을 모두 합해서 4 kg 샀다. 과일의 총 가격이 10.50 €였을 때 파울리는 배와 사과를 각각 몇 kg 샀는지 구하시오.

673 캠핑학교에서 바자회를 위해 빵을 300개 구웠다. 빵의 개당 가격은 1 €였는데, 바자회가 끝날 무렵 가격을 40% 인하했다. 빵은 다 팔았고 빵을 팔아 생긴 돈은 270 €였다. 인하한 가격으로 판 빵의 개수를 구하시오.

674 견과류의 가격은 1 kg당 3 €, 건포도의 가격은 1 kg당 5 €이다. 학생회에서는 200 g 짜리 건포도견과류 믹스 한 봉지를 1.20 €에 팔아서 한 봉지당 30센트의 이윤을 남기려고 한다. 한 봉지 안에 들어 있는 건포도의 양과 견과류의 양에 관한 연립방정식을 만들고 각각의 양을 구하시오.

67 가격 비교

전기요금 y (€)

60 55 50 45 40 35 30 25 20 15 10 5 0

0 200 400 600 800 1000

한 달 전기사용량 x (kWh)

발로살라마 보이마

예제 1

수오미네 가족은 집에 전기를 놓으면서 두 회사의 전기요금을 비교하였다. 발로살라마 회사는 사용한 전기에만 요금을 매기고, 보이마 회사는 사용요금 외에 기본요금도 청구하였다.

전기회사 가격 비교

	기본요금(€/월)	사용요금(€/kWh)
발로살라마	0.00	0.05
보이마	6.00	0.04

a) 가족의 한 달 전기사용량을 x(kWh), 전기요금을 y(€)라고 하자. 두 회사 각각의 x와 y에 관한 방정식을 만들고 방정식의 그래프를 그리시오.

b) 이 가족의 한 달 전기사용량을 800 kWh로 추정할 때, 어느 회사의 전기요금이 얼마나 더 저렴한가?

a) 발로살라마 회사의 전기요금은 $y=0.05x$이고
보이마 회사의 전기요금은 $y=0.04x+6$이다.

b) $x=800$일 때
발로살라마 회사의 전기요금은 $y=0.05\cdot 800=40$이고,
보이마 회사의 전기요금은 $y=0.04\cdot 800+6=38$이다.
두 회사의 전기요금의 차는 40 €−38 €=2 €이다.

정답 : a) 발로살라마 회사의 전기요금 : $y=0.05x$
보이마 회사의 전기요금 : $y=0.04x+6$
b) 보이마 회사의 전기요금이 2 € 더 저렴하다.

연습

675 144쪽의 그래프를 보고 물음에 답하시오.

a) 발로살라마 회사의 전기요금이 보이마 회사의 전기요금과 같을 때는?

b) 발로살라마 회사의 전기요금이 보이마 회사의 전기요금보다 저렴할 때는?

c) 발로살라마 회사의 전기요금이 보이마 회사보다 전기요금이 비쌀 때는?

676 **타칼라네 가족의 한 달 전기사용량은 500 kWh이다. 144쪽에 있는 두 전기회사 중 어느 회사의 전기요금이 얼마나 더 저렴한가?**

677 **테니스클럽의 회원요금은 연간 40 €이다. 이 클럽에서 관리하는 테니스장의 시간당 대여요금은 회원은 6 €, 비회원은 8 €이다.**

a) 대여하는 시간을 x, 대여요금을 y라고 하자. 회원과 비회원 각각의 x와 y에 관한 방정식을 만드시오.

b) a)의 방정식의 그래프를 그리시오.

c) 올리는 이 테니스장에서 일 년에 22.5시간 동안 테니스를 친다. 올리가 클럽에 회원으로 가입하면 테니스장 대여료를 얼마나 절약하게 되는가?

응용

[678~679] 다음 표를 보고 물음에 답하시오.

이동전화 요금제의 종류와 가격

	기본요금 (€/월)	사용요금 (€/분)
요금제 1	0.00	0.15
요금제 2	20.00	0.10

678 a) 이동전화 사용시간을 x분, 이동전화 요금을 y €라고 하자. 요금제별로 x와 y에 관한 방정식을 만드시오.

b) a)의 방정식의 그래프를 그리시오.

c) 사용시간이 100분일 경우 더 저렴한 요금제는 어느 요금제인가?

d) 같은 시간을 사용하고 두 요금제의 사용요금이 같을 때 이동전화의 사용시간은 얼마인가?

679 **힐마는 이동전화를 한 달에 평균 300분, 빌요는 평균 450분을 쓰고 둘 다 문자는 보내지 않는다. 두 요금제 중 어느 요금제가 다음 사람에게 얼마나 더 저렴한지 구하시오.**

a) 힐마 b) 빌요

680 **다음 표를 보고 물음에 답하시오.**

이삿짐 상자 대여요금

	기본요금 (€)	상자 대여료 (€/주)
이삿짐 회사 1	40.00	1.00
이삿짐 회사 2	0.00	2.00

a) 이삿짐 상자의 대여 개수를 x, 대여요금을 y라고 하자. 두 회사 각각의 x와 y에 관한 방정식으로 만드시오.

b) a)의 방정식의 그래프를 그리시오.

c) 일주일 동안 상자를 30개 빌릴 경우 어느 회사가 얼마나 더 저렴한가?

d) 일주일 동안 상자를 사용하고 두 회사의 대여료가 같을 때 대여한 상자의 개수는 각각 몇 개인가?

68 복습

연습

681 다항식 $7x-9$와 $6x-1$의 다음 식을 만들고 간단히 하시오.

a) 합　　b) 차

682 다음 식을 간단히 하고 $x=10$일 때 식의 값을 구하시오.

a) $x+2+(3x-4)-(-2x-7)$

b) $3x^2+2x-6-(4x^2-3x+5)$

683 다음을 간단히 하시오.

a) $9x^2 \cdot 7x^3$　　b) $-5x^8 \cdot 6x^2$

684 다음을 간단히 하시오.

a) $6 \cdot (8x-9)$　　b) $-2x \cdot (-x-3)$

c) $(x+3) \cdot (x-1)$　　d) $(x-4) \cdot (x-4)$

685 다음을 간단히 하시오.

a) $\dfrac{45x+9}{9}$　　b) $\dfrac{12x^2-32x}{4x}$

686 다음 방정식을 푸시오.

a) $x+15=8$　　b) $3-x=11$

c) $3x=x+14$　　d) $x+8=4x-160$

e) $2(5x+8)=-4$　　f) $-9-3(x-1)=0$

g) $\dfrac{x}{8}+5=12$　　h) $\dfrac{x}{2}-\dfrac{x}{5}=15$

	M	A	R	I	K	E
$x=$	7	−8	56	50	−7	−2

687 순서쌍 $(-2,\ 5)$가 다음 방정식을 만족하는지 알아보시오.

a) $y=2x+1$　　b) $y=-x+3$

688 다음 방정식을 y에 관한 식으로 바꾸고 그래프를 그리시오.

a) $2x+y-5=0$

b) $12x-4y-16=0$

689 다음 그래프에서 직선의 교점 즉 연립방정식의 해를 찾고, 구한 해를 식에 대입하여 확인하시오.

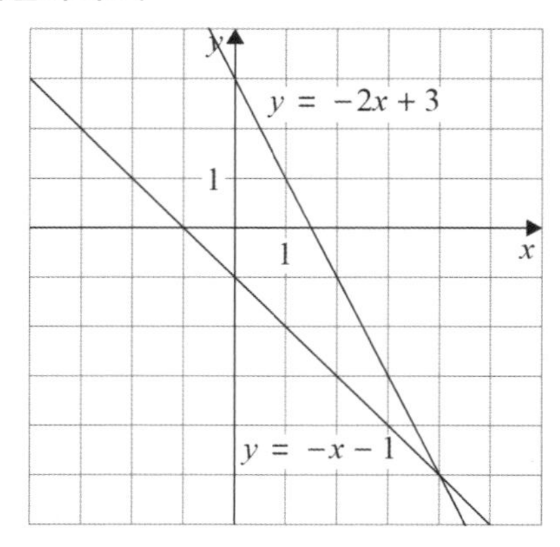

$\begin{cases} y=-x-1 \\ y=-2x+3 \end{cases}$

690 순서쌍 $(10,\ -13)$이 다음 연립방정식의 해인지 계산하여 확인하시오.

a) $\begin{cases} y=4x-53 \\ y=-x+3 \end{cases}$　　b) $\begin{cases} 5x+3y=11 \\ 3x+y=17 \end{cases}$

691 다음 연립방정식을 그래프를 이용하여 푸시오.

a) $\begin{cases} y=-x-3 \\ y=2x+6 \end{cases}$　　b) $\begin{cases} y=-2x+1 \\ y=-3x-1 \end{cases}$

692 다음 연립방정식을 대수학적으로 푸시오.

a) $\begin{cases} y=3x+8 \\ y=-2x-7 \end{cases}$　　b) $\begin{cases} y=-x+11 \\ 5x-y=13 \end{cases}$

693 다음 연립방정식을 대수학적으로 푸시오.

a) $\begin{cases} 3x-2y=25 \\ 3x+2y=17 \end{cases}$　　b) $\begin{cases} 4x-3y=-12 \\ -3x+y=-11 \end{cases}$

694 카리는 아리보다 만화책을 9권 더 많이 가지고 있다. 둘이 가진 만화책을 모두 합하면 33권이다. 각각이 가진 만화책의 개수에 관한 연립방정식을 만들고 카리와 아리가 만화책을 각각 몇 권씩 가지고 있는지 구하시오.

695 다음을 나타내는 식을 만들고 $x=-3$일 때 식의 값을 구하시오.

a) $-x^3+6x$에 $-x^3-5x+1$을 더한다.

b) $4x^2-6x$에서 $5x^2-6x+9$를 뺀다.

696 다음을 간단히 하시오.

a) $\dfrac{51x^3-42x}{-3x}$ b) $\dfrac{15x^2 \cdot 3}{3}$

697 다음 방정식을 푸시오.

a) $5(x-12)=3(x-10)-14$

b) $4-(x+15)-x=4(2x+15)-11$

c) $\dfrac{x-2}{4}=\dfrac{x}{5}$

d) $\dfrac{x-1}{4}=\dfrac{x+3}{2}$

e) $\dfrac{3x}{3}=\dfrac{6-x}{5}$

f) $\dfrac{4x-2}{6}=\dfrac{x+4}{3}$

g) $\dfrac{x}{8}+1=\dfrac{1}{8}$

	K	O	T	I	O	P	A	S
$x=$	8	-1	5	-7	-6	10	-8	1

698 다음 방정식을 푸시오.

a) $-2(3x+9)=-2x-(4x+8)-8$

b) $3-6(-4x+7)=3(8x-13)$

699 야르코는 친구들에게 수 알아맞히기 놀이를 제안했다.

- 정수 하나를 생각한다.
- 위의 수에 4를 곱한다.
- 그 결과에 6을 더한다.
- 그 결과를 2로 나눈다.

투오마스는 17, 삼포는 -15, 헤이키는 45를 얻었다. 방정식을 만들고 셋이 처음에 생각한 수를 구하시오.

700 직선 $y=-2x+4$, $y=x-5$, $y=-x+5$는 삼각형을 만든다. 연립방정식을 만들어 삼각형의 꼭짓점들을 구하시오. 그래프를 그려 좌표를 확인하시오.

701 다음 연립방정식을 푸시오.

a) $\begin{cases} x=2y \\ y=3x-5 \end{cases}$ b) $\begin{cases} 4y=x+12 \\ y=\dfrac{1}{2}x+3 \end{cases}$

702 다음 연립방정식을 푸시오.

a) $\begin{cases} 6x-3y=18 \\ -2x+5y=10 \end{cases}$

b) $\begin{cases} -4x+y=14 \\ x+4y=-12 \end{cases}$

703 다음 연립방정식을 푸시오.

a) $\begin{cases} 13x+12y=4 \\ 10x+8y=-8 \end{cases}$

b) $\begin{cases} 5x+10y=35 \\ 12x+4y=44 \end{cases}$

704 마리는 주스 3 L와 주스 농축액 1.5 L를 사고 10.50 €를 냈다. 주스의 L당 가격이 주스 농축액의 L당 가격의 2배일 때, 주스의 L당 가격과 주스 농축액의 L당 가격을 구하시오.

705 길이가 20 m인 울타리를 이용하여 직사각형 모양의 정원을 두르려고 한다. 정원의 가로 길이는 세로 길이보다 3 m 더 길다. 울타리의 두 변의 길이를 각각 구하시오.

706 현재 라울리는 딸 일로나보다 나이가 25살 더 많다. 10년 전 라울리의 나이는 일로나 나이의 6배였다. 둘의 현재 나이를 각각 구하시오.

제 3 장 | 복습

69 수의 종류

수의 종류

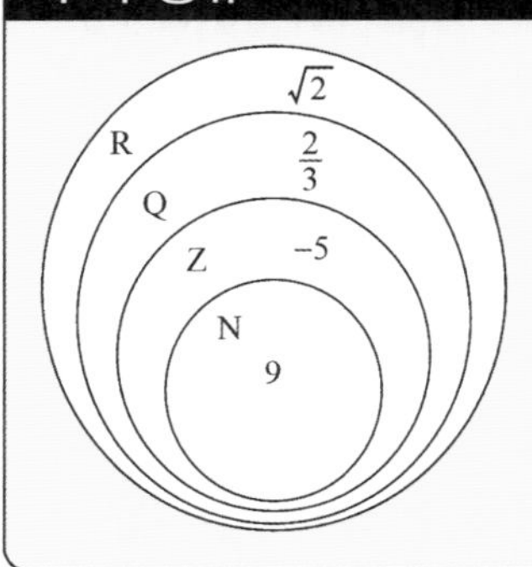

자연수 : N={1, 2, 3,⋯}
정수 : Z={⋯, −3, −2, −1, 0, 1, 2, 3,⋯}
유리수 : Q={모든 정수와 정수가 아닌 유리수}
={모든 유한소수와 순환하는 무한소수}
실수 : R={모든 유리수와 순환하지 않는 무한소수}

순환하지 않는 무한소수를 무리수라고 한다. 대개의 제곱근은 $\sqrt{2}$ 처럼 무리수이다. 계산기는 실제 수의 처음 몇 자리만 보여줄 뿐이다.
$\sqrt{2}=1.414213562\cdots$
순환하지 않음

원의 둘레와 지름의 비율 π 또한 무리수이다.
$\pi=3.141592653\cdots$
순환하지 않음

예제 1

다음이 속하는 수의 종류를 쓰시오.

a) 223　　b) −15　　c) 1.7
d) $0.\dot{2}\dot{7}$　　e) $\sqrt{5}$

a) N, 223은 자연수이다.　　b) Z, −15는 정수이다.
c) Q, 1.7은 유한소수이고 분수 $\frac{17}{10}$ 로 쓸 수 있으므로 유리수이다.
d) Q, $0.\dot{2}\dot{7}=0.272727\cdots$은 순환하는 무한소수이고 나눗셈 $27\div99$, 즉 $0.\dot{2}\dot{7}=\frac{27}{99}$ 이므로 유리수이다.
e) R, $\sqrt{5}=2.236067977\cdots$은 순환하지 않는 무한소수, 즉 무리수이고 분수로 쓸 수 없으므로 실수이다.

예제 2

다음이 참인지 거짓인지 답하고 그 이유를 설명하시오.

a) 두 유리수의 곱은 언제나 유리수이다.
b) 양의 유리수의 제곱근은 언제나 유리수이다.

$$\frac{2}{5}\cdot\frac{7}{11}=\frac{2\cdot7}{5\cdot11}=\frac{14}{55}$$

a) 참. 두 유리수의 곱은 분자는 인수인 분자들의 곱이고 분모는 인수인 분모들의 곱인 유리수이다.
b) 거짓. 예를 들어 유리수 2의 제곱근인 $\sqrt{2}$ 는 순환하지 않는 무한소수, 즉 무리수이다.

연습

707 다음이 속하는 수의 종류를 쓰시오.

a) -11 b) 11 c) $\frac{1}{7}$

d) $0.\dot{1}\dot{6}$ e) π f) -3.55

708 다음 물음에 답하시오.

a) 다음에서 자연수를 찾으시오.

-1	102	0	1.3	$\sqrt{81}$	99	-7	$\frac{16}{4}$
K	Ä	I	S	T	I	Y	Ä

b) 다음에서 정수를 찾으시오.

-4	2.5	0	-8	$\frac{28}{4}$	$\frac{1}{2}$	$-\frac{12}{4}$	$\sqrt{64}$
A	K	A	T	T	O	U	A

c) 다음에서 유리수를 찾으시오.

2.71	-0.9	$\sqrt{5}$	$\frac{2}{6}$	$\sqrt{49}$	$7\frac{3}{5}$	$1.\dot{2}$	$-\sqrt{2}$
Ö	L	Y	I	T	Ä	K	E

709 다음이 속하는 수의 종류에 ○표를 하시오.

수	자연수 (N)	정수 (Z)	유리수 (Q)	실수 (R)
0				
-5				
1.4				
$\sqrt{25}$				
$\sqrt{8}$				

710 다음 식의 값이 속하는 수의 종류를 쓰시오.

a) $2.5-6.5$ b) $\frac{3}{4}\cdot\frac{8}{9}$ c) $\sqrt{6}+1$

응용

711 아래 보기에서 $\frac{x}{3}$ 값이 다음에 속하는 수들을 고르시오.

-651 -9 0 201 1

a) 자연수
b) 정수
c) 유리수

712 다음 식의 값을 자연수로 만드는 x를 다섯 개 쓰시오.

a) $\frac{2x}{9}$ b) $\frac{11-x}{5}$ c) $\sqrt{100-x}$

713 다음이 참인지 거짓인지 답하고 그 이유를 설명하시오.

a) 두 자연수의 차는 언제나 자연수이다.
b) 0이 아닌 두 정수의 나눗셈의 몫은 언제나 정수이다.
c) 0이 아닌 두 유리수의 나눗셈의 몫은 언제나 유리수이다.
d) 두 무리수의 곱은 언제나 무리수이다.

714 수의 집합 X에 속하는 임의의 원소 x, y가 다음 조건을 만족할 때, X가 될 수 있는 집합을 자연수, 정수, 유리수, 실수 중에서 고르시오.

a) $x+y$도 X이다.
b) xy도 X이다.
c) $x-y$도 X이다.
d) $\frac{x}{y}$ $(y\neq 0)$도 X이다.

70 절댓값

절댓값

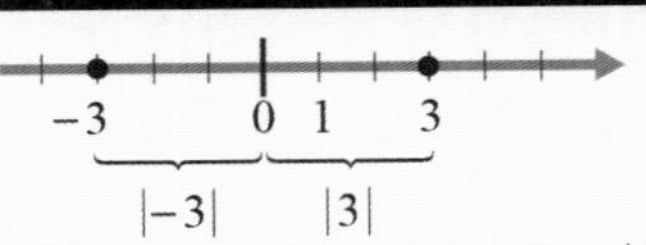

- 실수의 절댓값은 수직선 위에서 0부터 수까지의 거리이다.
- x와 $(-x)$의 절댓값은 같다.

$|3|=3$ • 양수의 절댓값은 수 자체이다.

$|-3|=3$ • 음수의 절댓값은 수에 -1을 곱한 수이다.

$|0|=0$ • 0의 절댓값은 0이다.

예제 1

다음 수의 절댓값을 기호를 이용하여 나타내고 값을 구하시오.

a) 7　　b) -4.3　　c) $\sqrt{2}$

a) $|7|=7$

b) $|-4.3|=4.3$

c) $|\sqrt{2}|=\sqrt{2}\fallingdotseq 1.41$

예제 2

x의 값이 다음과 같을 때 함수 $f(x)=|x-1|$의 값을 계산하시오.

a) $x=-3$　　b) $x=7$　　c) $x=0.3$

a) $f(-3)=|-3-1|=|-4|=4$

b) $f(7)=|7-1|=|6|=6$

c) $f(0.3)=|0.3-1|=|-0.7|=0.7$

예제 3

a) 방정식 $|x|=4$를 만족하는 값을 구하시오.

b) 부등식 $|n|\leq 4$를 만족하는 정수를 구하시오.

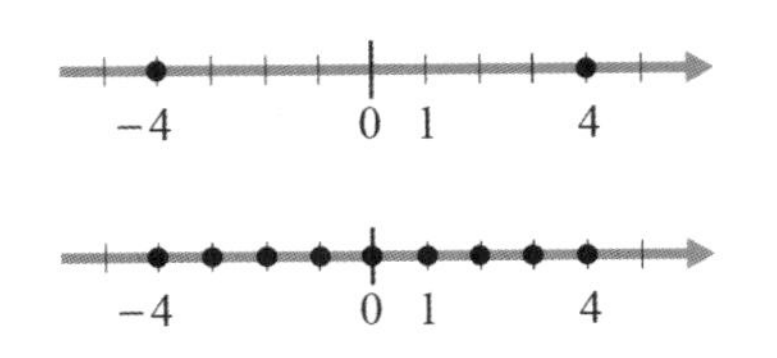

a) 수직선 위에서 0부터 거리가 4인 수들, 즉 -4와 4가 방정식을 만족한다.

b) 수직선 위에서 0부터 거리가 4이거나 4보다 작은 수들, 즉 -4, -3, -2, -1, 0, 1, 2, 3, 4가 부등식을 만족한다.

연습

715 다음을 구하시오.

a) $|9|$　b) $|-57|$　c) $|-0.91|$

716 다음 수의 절댓값을 기호를 이용하여 나타내고 그 값을 구하시오.

a) 92　b) -0.13　c) $\sqrt{64}$

d) $-\sqrt{49}$　e) $-\frac{7}{9}$　f) $3\frac{3}{4}$

717 다음 식의 값을 구하시오.

a) $|-8-3|$　b) $|-8|-3$

c) $|-8|-|3|$　d) $|-8|+|-3|$

718 x의 값이 다음과 같을 때, 함수 $f(x)=|x+1|$의 값을 구하시오.

a) $x=7$　b) $x=-7$

c) $x=-0.5$　d) $x=-2.5$

719 x의 값이 다음과 같을 때, 함수 $f(x)=|x-11|$의 값을 구하시오.

a) $x=5$　b) $x=11$

c) $x=-11$　d) $x=0.7$

720 수직선을 그리고 다음 방정식을 만족하는 수를 표시하시오.

a) $|x|=2$　b) $|x|=7$

c) $|x|=0$　d) $|x|=-2$

721 수직선을 그리고 다음 부등식을 만족하는 정수 n을 표시하시오.

a) $|n|<2$　b) $|n|\leq 3$

c) $|n|\leq 6$　d) $|n|>6$

응용

722 다음 수의 절댓값을 기호를 이용하여 나타내고 그 값을 구하시오.

a) $\frac{35}{7}$　b) $-\frac{3}{111}$　c) $-\sqrt{169}$

d) $\sqrt{-100}$　e) $-\sqrt{0.36}$　f) $\sqrt{2\frac{1}{4}}$

723 -24와 6의 다음을 기호로 나타내고 그 값을 구하시오.

a) 몫의 절댓값　b) 절댓값들의 몫

724 -18과 16의 다음을 기호로 나타내고 그 값을 구하시오.

a) 합의 절댓값　b) 절댓값들의 합

725 -14와 -12의 다음을 기호로 나타내고 그 값을 구하시오.

a) 차의 절댓값　b) 절댓값들의 차

726 어떤 수를 절댓값으로 나누었을 때의 값을 구하시오.

727 x의 값이 다음과 같을 때 함수 $f(x)=|-2x-19|$의 값을 구하시오.

a) $x=9$　b) $x=0$

c) $x=-9$　d) $x=-4.5$

728 다음 방정식을 만족하는 값을 구하시오.

a) $|x|=99$　b) $|x|=-3$

c) $|x+3|=5$　d) $|x|+3=5$

729 다음 부등식을 만족하는 정수 n을 구하시오.

a) $|n|<5$　b) $|n|>9$

c) $|n|\leq 3$　d) $|n|\geq -3$

730 다음 부등식을 만족하는 정수 n을 구하시오.

a) $|2n|\leq 5$　b) $|n+4|<4$

c) $|n-3|<2$　d) $|3n-2|\leq 10$

71 분수의 덧셈과 뺄셈

5 •— 분자
8 •— 분모

분수 $\frac{1}{8}$과 $\frac{5}{8}$는 분모가 같은 수이므로 공통분모를 가지고 있다.
분수 $\frac{3}{5}$과 $\frac{4}{9}$는 분모가 다른 수이므로 공통분모를 가지고 있지 않다.

예제 1

다음을 계산하시오.

a) $\frac{1}{8}+\frac{5}{8}$ b) $\frac{1}{2}+\frac{3}{8}$ c) $\frac{3}{4}-\frac{2}{5}$ d) $1-\frac{5}{6}-\frac{4}{9}$

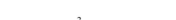

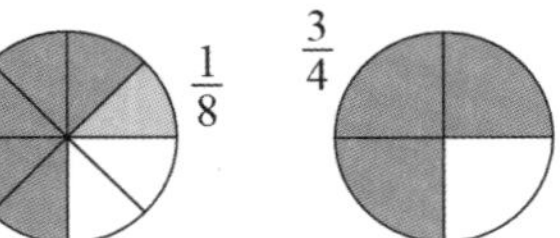

a) $\frac{1}{8}+\frac{5}{8}$ ▪ 분모를 한 개로 표시한다.

$=\frac{1+5}{8}$ ▪ 분자를 계산하고 약분한다.

$=\frac{\overset{3}{\cancel{6}}}{\underset{4}{\cancel{8}}}=\frac{3}{4}$

분모가 서로 다른 분수는 덧셈이나 뺄셈을 계산하기 전에 먼저 분모를 통분한다.

b) $\frac{1}{2}+\frac{3}{8}$ ▪ 통분한다.

$=\frac{1\times4}{2\times4}+\frac{3}{8}=\frac{4}{8}+\frac{3}{8}=\frac{7}{8}$

c) $\frac{3}{4}-\frac{2}{5}$ ▪ 통분한다.

$=\frac{3\times5}{4\times5}-\frac{2\times4}{5\times4}$

$=\frac{15}{20}-\frac{8}{20}$

$=\frac{15-8}{20}=\frac{7}{20}$

d) $1-\frac{5}{6}-\frac{4}{9}$ ▪ 1을 분수로 표시하고 통분한다.

$=\frac{1\cdot18}{1\cdot18}-\frac{5\cdot3}{6\cdot3}-\frac{4\cdot2}{9\cdot2}$

$=\frac{18}{18}-\frac{15}{18}-\frac{8}{18}$

$=\frac{18-15-8}{18}$

$=\frac{-5}{18}=-\frac{5}{18}$

분모를 통분할 때에는 최소공배수를 이용한다. 최소공배수란 0을 제외한 가장 작은 공배수를 말한다. 예를 들어 1, 6, 9의 최소공배수는 18이다.

연습

731 다음 그림에서 색이 다른 각각의 부분을 기약분수로 쓰시오.

a)

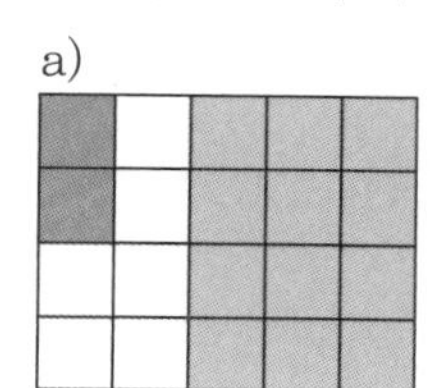

b)

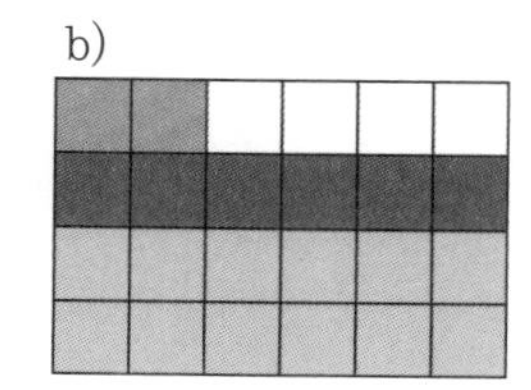

732 모눈종이에 6×8 직사각형을 그리시오.

a) 직사각형의 파란색은 $\frac{3}{8}$, 노란색은 $\frac{1}{4}$, 빨간색은 $\frac{1}{6}$, 초록색은 $\frac{5}{24}$를 칠하시오.

b) 색칠하지 않은 부분을 분수로 표현하시오.

733 다음을 계산하시오.

a) $\frac{1}{5}+\frac{2}{5}$ b) $\frac{1}{9}+\frac{5}{9}$

c) $\frac{2}{7}-\frac{6}{7}$ d) $-\frac{3}{10}-\frac{7}{10}$

734 $\frac{5}{6}, \frac{3}{4}, \frac{7}{8}, \frac{2}{3}, \frac{5}{12}, \frac{1}{2}$의 공통분모를 찾아 통분하고 부등호 $<$를 이용하여 순서대로 재배열하시오.

735 다음 분수를 약분하시오.

a) $\frac{6}{8}$ b) $\frac{15}{20}$ c) $\frac{32}{48}$ d) $\frac{15}{51}$

736 다음을 계산하시오.

a) $\frac{5}{8}-\frac{3}{4}$ b) $\frac{2}{3}+\frac{1}{6}$

c) $-\frac{4}{7}-\frac{2}{5}$ d) $-\frac{7}{8}+\frac{5}{12}$

737 다음을 계산하시오.

a) $\frac{1}{2}-\frac{3}{5}-\frac{9}{10}$ b) $\frac{13}{14}+\frac{1}{2}-\frac{3}{7}$

c) $\frac{3}{5}+\frac{1}{15}-\frac{2}{3}$ d) $\frac{1}{6}+\frac{1}{2}-\frac{2}{3}$

응용

738 다음 색칠한 부분들을 분수로 나타내고 합을 계산하시오.

a)

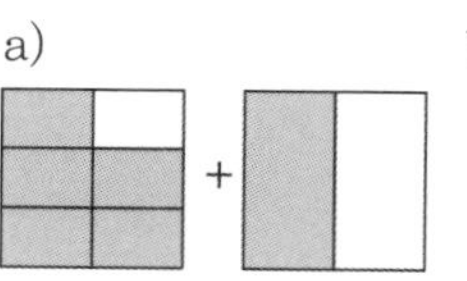

b)

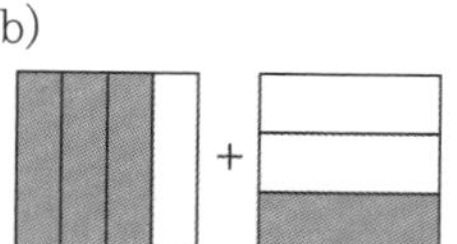

739 다음을 계산하시오.

a) $1-\frac{5}{6}-\frac{1}{9}$ b) $2-\frac{5}{8}-\frac{3}{4}$

c) $4\frac{6}{7}-\frac{13}{14}$ d) $2\frac{7}{15}-1\frac{3}{5}$

740 다음을 계산하시오.

a) $\frac{9}{10}+\left(-\frac{3}{4}\right)-\left(-\frac{7}{20}\right)$

b) $\frac{5}{12}-\left(\frac{1}{10}-\frac{3}{5}\right)$

741 다음을 간단히 하시오.

a) $\frac{4x}{3}-\frac{3x}{4}$ b) $\frac{x}{2}+\frac{x}{3}+\frac{x}{4}$

c) $\frac{4x}{5}-\frac{5x}{6}$ d) $\frac{9x}{10}+\frac{8x}{5}$

742 엄마는 레모네이드를 만들어 이모에게 $\frac{1}{5}$, 이웃집에 $\frac{1}{10}$을 나누어 주었다. 집에 남은 레모네이드의 양을 구하시오.

743 파누는 쿠키의 $\frac{2}{3}$, 오우티는 $\frac{1}{5}$을 먹었고, 남은 쿠키는 엄마가 먹었다. 엄마가 먹은 쿠키의 양을 구하시오.

72 분수의 곱셈과 나눗셈

$$\frac{3}{4}\cdot\frac{5}{6}=\frac{\overset{1}{\cancel{3}}\cdot 5}{4\cdot\underset{2}{\cancel{6}}}=\frac{5}{8}$$

$$\frac{2}{3}\div\frac{4}{5}=\frac{2}{3}\times\frac{5}{4}=\frac{\overset{1}{\cancel{2}}\cdot 5}{3\cdot\underset{2}{\cancel{4}}}=\frac{5}{6}$$

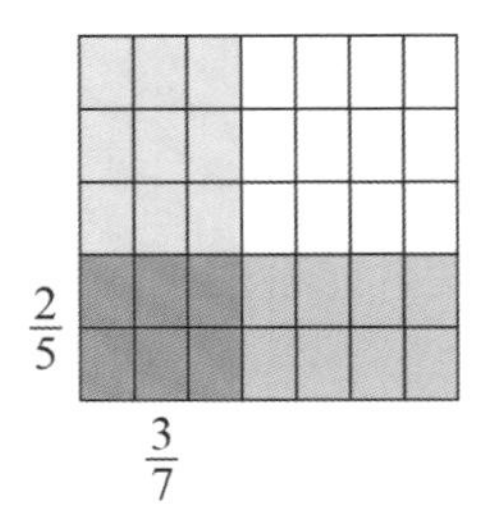

분수의 곱셈은 분자는 분자끼리 분모는 분모끼리 곱하여 계산한다.
분수의 나눗셈은 나누는 수의 역수를 곱하여 계산한다.

예제 1

다음을 계산하시오.

a) $\frac{2}{5}\cdot\frac{3}{7}$ b) $6\cdot\frac{2}{3}$ c) $\frac{1}{3}\cdot 4\frac{1}{2}$

a) $\frac{2}{5}\cdot\frac{3}{7}=\frac{2\cdot 3}{5\cdot 7}=\frac{6}{35}$

b) 먼저 6을 분수로 표시한다.

$$6\cdot\frac{2}{3}=\frac{6}{1}\cdot\frac{2}{3}=\frac{\overset{2}{\cancel{6}}\cdot 2}{1\cdot\underset{1}{\cancel{3}}}=\frac{4}{1}=4$$

c) 먼저 대분수를 분수로 바꾼다.

$$\frac{1}{3}\cdot 4\frac{1}{2}=\frac{1}{3}\cdot\frac{9}{2}=\frac{1\cdot\overset{3}{\cancel{9}}}{\underset{1}{\cancel{3}}\cdot 2}=\frac{3}{2}=1\frac{1}{2}$$

예제 2

다음을 계산하시오.

a) $\frac{1}{2}\div\frac{2}{5}$ b) $\frac{6}{7}\div 9$ c) $\frac{2}{3}\div\left(-\frac{5}{6}\right)$

a) $\frac{1}{2}\div\frac{2}{5}=\frac{1}{2}\cdot\frac{5}{2}=\frac{1\cdot 5}{2\cdot 2}=\frac{5}{4}=1\frac{1}{4}$

b) 먼저 9를 분수로 표시한다.

$$\frac{6}{7}\div 9=\frac{6}{7}\div\frac{9}{1}=\frac{6}{7}\cdot\frac{1}{9}=\frac{\overset{2}{\cancel{6}}\cdot 1}{7\cdot\underset{3}{\cancel{9}}}=\frac{2}{21}$$

c) 먼저 몫의 부호를 정한다.

$$\frac{2}{3}\div\left(-\frac{5}{6}\right)=-\frac{2}{3}\cdot\frac{6}{5}=-\frac{2\cdot\overset{2}{\cancel{6}}}{\underset{1}{\cancel{3}}\cdot 5}=-\frac{4}{5}$$

연습

744 다음을 계산하시오.

a) $\frac{2}{5} \cdot \frac{2}{7}$

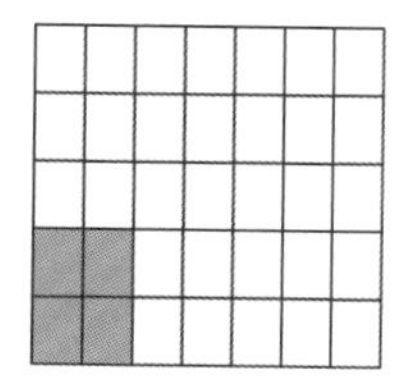

b) $\frac{3}{5} \cdot \frac{5}{7}$

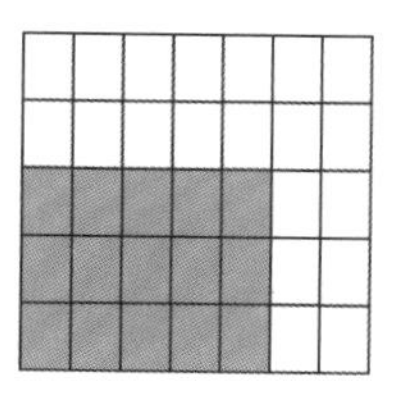

745 다음을 계산하시오.

a) $\frac{5}{9} \cdot \frac{3}{10}$　　b) $\frac{5}{6} \cdot \frac{4}{5}$

c) $\frac{8}{25} \cdot \frac{15}{16}$　　d) $\frac{7}{10} \cdot \frac{5}{14}$

e) $2 \cdot \frac{3}{14}$　　f) $3 \cdot \frac{2}{15}$

g) $\frac{2}{7} \cdot 2\frac{1}{3}$　　h) $\frac{2}{3} \cdot 1\frac{1}{6}$

A	R	I	N
$\frac{1}{6}$	$\frac{3}{10}$	$\frac{7}{9}$	$\frac{1}{2}$

L	O	G	O
$\frac{3}{7}$	$\frac{2}{5}$	$\frac{2}{3}$	$\frac{1}{4}$

746 다음 수의 역수를 쓰시오.

a) $\frac{2}{3}$　　b) $\frac{3}{7}$　　c) $\frac{1}{9}$

d) 2　　e) 5　　f) $1\frac{1}{4}$

747 다음을 계산하시오.

a) $\frac{1}{2} \div \frac{5}{7}$　　b) $\frac{1}{7} \div \frac{7}{8}$　　c) $\frac{8}{15} \div \frac{4}{5}$

748 다음을 계산하시오.

a) $\frac{3}{8} \div 2$　　b) $\frac{6}{7} \div 3$　　c) $\frac{2}{3} \div 6$

응용

749 다음을 계산하시오.

a) $-\frac{3}{4} \div \frac{1}{4}$　　b) $\frac{4}{5} \div \left(-\frac{6}{7}\right)$

c) $-\frac{5}{6} \div \left(-\frac{2}{3}\right)$　　d) $-\frac{5}{6} \div \left(-\frac{5}{6}\right)$

750 다음 나눗셈식 피라미드를 완성하시오.

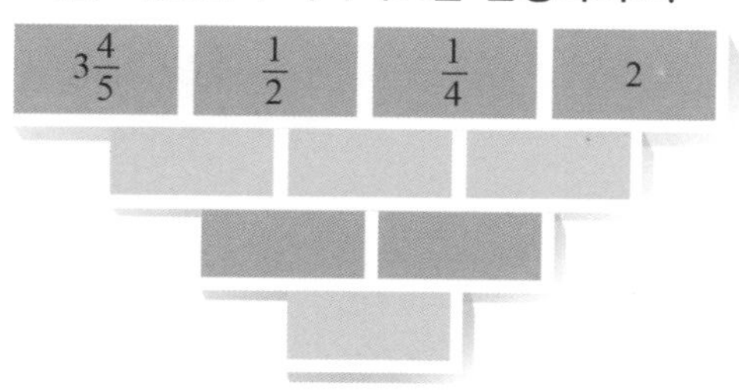

751 $x \neq 0$일 때 다음을 약분하여 간단히 하시오.

a) $\frac{8x^3}{9} \cdot \frac{1}{2}$　　b) $\frac{4x^5}{11} \cdot \frac{3x}{8}$

c) $\frac{8x^7}{15} \div \frac{1}{5}$　　d) $\frac{5x^6}{12} \div \frac{7x^6}{12}$

752 $x \neq 0$일 때 빈칸에 알맞은 단항식을 쓰시오.

a) $\frac{2x}{3} \cdot \square = \frac{x^4}{3}$

b) $\square \cdot \left(-\frac{4x}{5}\right) = \frac{x^3}{2}$

c) $\frac{8x^5}{3} \div \square = \frac{x^2}{6}$

d) $\square \div \frac{3x}{4} = \frac{3x}{2}$

73 백분율 계산

$1\,\% = \frac{1}{100} = 0.01$

$1\,‰ = \frac{1}{1\,000} = 0.001$

1퍼센트는 100분의 1이다. (라틴어 pro centum)
1퍼밀은 1 000분의 1이다. (라틴어pro mille)

백분율 계산 기본문제

32는 50의 몇 %인가?

$\frac{32}{50} = 0.64 = 64\,\%$

200의 24%는 무엇인가?

$0.24 \cdot 200 = 48$

45는 어떤 수의 15%인가?

구하려는 수를 x라고 하자.
방정식 $0.15x = 45$에서 $x = \frac{45}{0.15} = 300$이다.

65는 50보다 몇 % 더 큰 수인가?

$65 - 50 = 15$이고
$\frac{15}{50} = 0.30 = 30\,\%$이다.

50은 65보다 몇 % 더 작은 수인가?

$65 - 50 = 15$이고
$\frac{15}{65} \fallingdotseq 0.231 = 23.1\,\%$이다.

자전거의 가격이 250 €이다. 가격이 15% 올랐을 때 새 가격을 구하시오.

$100\% + 15\% = 115\% = 1.15$
인상된 가격은 $1.15 \cdot 250$ € $= 287.50$ €이다.

자전거의 가격이 250 €이다. 가격이 15% 내렸을 때 새 가격을 구하시오.

$100\% - 15\% = 85\% = 0.85$
인하된 가격은 $0.85 \cdot 250$ € $= 212.50$ €이다.

연습

753 **다음은 몇 %인지 구하시오.**

a) 25에서 5
b) 28에서 7
c) 1에서 1
d) 60에서 180

754 **다음 값을 구하시오.**

a) 40의 30%
b) 150의 80%
c) 500의 2%
d) 20의 140%

755 **다음 물음에 답하시오.**

a) 60은 어떤 수의 40%인가?
b) 12는 어떤 수의 3%인가?
c) 720은 어떤 수의 120%인가?

756 **다음 물음에 답하시오.**

a) 18은 25보다 몇 % 더 작은가?
b) 25는 18보다 몇 % 더 큰가?

757 **다음 물음에 답하시오.**

a) 리코더의 가격이 60 €이다. 5% 오른 가격은 얼마인가?
b) 기타의 가격이 240 €이다. 20% 오른 가격은 얼마인가?

758 **다음 물음에 답하시오.**

a) 악보의 가격이 17 €이다. 10% 내린 가격은 얼마인가?
b) 악보대의 가격이 30 €이다. 20% 내린 가격은 얼마인가?

759 **마리는 가격이 120 €인 칸텔레**(핀란드의 민속악기)**를 84 € 주고 샀다. 인하율은 몇 %인지 구하시오.**

응용

760 **한 반에 여학생 14명과 남학생 10명이 있다.**

a) 반 전체 인원 중 여학생은 몇 %인가?
b) 여학생은 남학생보다 몇 % 더 많은가?
c) 남학생은 여학생보다 몇 % 더 적은가?
d) 여학생 1명과 남학생 1명이 전학왔을 때, 이 반의 전체 인원수에서 여학생은 몇 %가 되는가?

761 **시간당 임금이 12 €이다. 다음 수당의 시간당 임금은 얼마인지 구하시오.**

a) 야간 근무수당은 시간당 임금보다 30% 더 많다.
b) 일요일 근무수당은 시간당 임금보다 100% 더 많다.
c) 공휴일 근무수당은 시간당 임금보다 200% 더 많다.

762 **유호의 월급은 1 500 €였다. 다음과 같이 인상했을 때 유호의 연봉을 구하시오.**

a) 연초에 5% 인상했을 때
b) 연초에 3% 인상했고 3월부터 2% 더 인상했을 때

763 **1월에 부츠의 가격은 80 €였다. 2월에 가격이 10% 내렸고 3월에 15% 더 내렸다.**

a) 2월에 부츠의 가격은 얼마인가?
b) 3월에 부츠의 가격은 얼마인가?
c) 1월에서 3월 사이에 부츠 가격의 인하율은 몇 %인가?

764 **12월에 재킷이 180 €였다. 1월에 가격이 20% 내렸고 2월에 20% 더 내렸다.**

a) 2월에 재킷의 가격은 얼마인가?
b) 12월에서 2월 사이에 재킷의 가격은 몇 % 내렸는가?

765 **재킷의 가격을 20% 내리면 72 €가 된다. 이 재킷의 원래 가격은 얼마인지 구하시오.**

74 백분율 계산 활용

예제 1

용기에 소금의 농도가 15%인 소금용액이 10 kg 들어 있다. 물이 4 kg 증발했을 때, 남은 용액의 소금 농도를 구하시오.

이 용액에 있는 소금의 양은 $0.15 \cdot 10\text{kg} = 1.5\text{kg}$이다.
물이 증발하고 난 뒤 용액의 양은 $10\text{kg} - 4\text{kg} = 6\text{kg}$이다.
물이 증발하고 난 뒤, 소금의 농도는 $\frac{1.5}{6} = 0.25 = 25\%$이다.

정답 : 25%

예제 2

목걸이의 무게가 60 g이고 금의 함유율은 585퍼밀(‰)이다. 이 목걸이에 들어 있는 금의 양을 구하시오.

금의 양은 $0.585 \cdot 60\text{g} = 35.1\text{g} \fallingdotseq 35\text{g}$이다.

정답 : 약 35 g

예제 3

프린터의 판매가격은 149 €이다. 이 가격은 부가가치세 23%를 포함하고 있다. 이 프린터에 세금을 부과하기 전 가격을 구하시오.

구하려는 가격을 x유로라고 하자.
판매가격은 세금을 부과하기 전 가격에 부가가치세 23%를 더한 가격이다. 즉, 판매가격은 $x + 0.23x = 1.23x$이다. 판매가격은 149 €이므로 다음과 같은 방정식을 만들 수 있다.

$1.23x = 149.00$ ▪ 양변에 $\div 1.23$을 한다.

$x = \frac{149.00}{1.23} = 121.1382\cdots \fallingdotseq 121.14$

정답 : 약 121.14 €

연습

766 물 6 kg에 다음 양만큼 소금을 녹인 용액의 소금 농도를 구하시오.

a) 1.0 kg b) 2.0 kg c) 500 g

767 용기에 수산화나트륨의 농도가 10%인 수산화나트륨용액이 2.0 kg 들어 있다.

a) 용기에 들어 있는 수산화나트륨의 양은 얼마인지 구하시오.

b) 용기에서 물이 0.8 kg 증발했을 때, 남은 용액의 농도를 구하시오.

768 용기에 설탕의 농도가 12%인 설탕물이 300g 들어 있다. 물을 100g 더 첨가했을 때 설탕의 농도를 구하시오.

769 은귀걸이의 무게가 22.0g이다. 은의 함유율이 다음과 같을 때 이 귀걸이에 들어 있는 은의 양을 구하시오.

a) 800‰ b) 830‰ c) 925‰

770 무게가 25 g인 14캐럿 금목걸이가 있다.

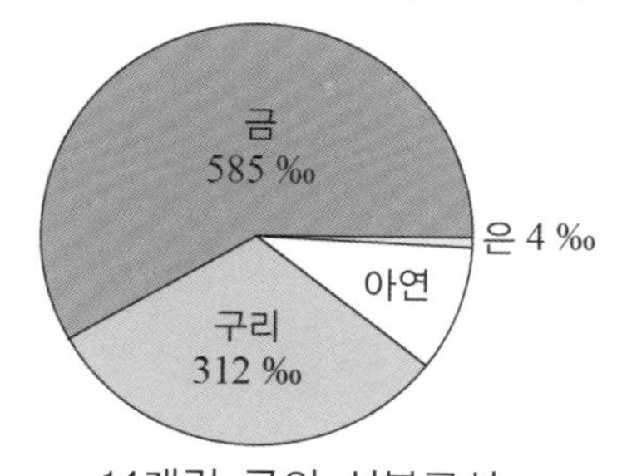

14캐럿 금의 성분구성

출처 : www.timantit.com/prosentit.asp

a) 이 목걸이에 들어 있는 구리의 양을 구하시오.

b) 이 목걸이에 들어 있는 아연의 양을 구하시오.

c) 금이 500 g 있을 때 14캐럿 금목걸이를 몇 개 만들 수 있는지 구하시오.

응용

771 세금을 부과하기 전 1 L짜리 주스의 가격이 0.84 €이다. 부가가치세가 13%일 때 이 주스의 판매가격을 구하시오.

772 은 숟가락의 판매가격은 54 €이다. 이 가격에는 부가가치세 23%가 포함되어 있다.

a) 세금을 부과하기 전 은 숟가락의 가격을 구하시오.

b) 은 숟가락에 붙는 부가가치세액은 얼마인가?

773 책의 판매가격은 42 €이다. 이 가격에는 부가가치세 9%가 포함되어 있다.

a) 세금을 부과하기 전 책의 가격을 구하시오.

b) 책에 붙는 부가가치세액은 얼마인가?

774 냉동피자의 판매가격은 3.49 €이다. 이 가격에는 부가가치세 13%가 포함되어 있다. 세금을 부과하기 전 피자의 가격을 구하시오.

775 시디(CD)의 판매가격에는 부가가치세 23%가 포함되어 있다. 부가가치세액이 3.27 €일 때 세금을 부과하기 전 시디의 가격을 구하시오.

776 기차표의 판매가격에는 부가가치세 9%가 포함되어 있다. 부가가치세액이 0.33 €일 때 기차표의 판매가격을 구하시오.

75 세금

원천징수란 고용주가 급여를 지급할 때 지정된 징수율에 따라 근로자의 세금을 징수하는 것을 말한다. 원천징수세율에는 기본세율과 과유세율이 있다. 기본세율은 급여 연도 근로소득 상한액까지의 근로소득액에 대해 징수하는 세율이고 과유세율은 상한액을 넘는 근로소득액에 대해 징수하는 세율이다.

예제 1

161쪽의 세금카드를 참고하여 빌레 비르타넨의 월급이 다음과 같을 때 원천징수세액을 구하시오.

a) 2513.00 €　　　　b) 2870.00 €

a) 월급은 급여 연도 근로소득 상한액을 넘지 않으므로, 원천징수세액은 0.21 · 2 513.00 € = 527.73 € 이다.
b) 상한액을 넘는 급여 부분은 2 870.00 € − 2 608.33 € = 261.67 € 이다.
원천징수세액은
0.21 · 2608.33 € + 0.385 · 261.67 €
= 648.49225 € ≒ 648.49 € 이다.

정답 : a) 527.73 €　b) 648.49 €

과세대상 근로소득 = 일 년 동안 받은 급여 − 공제분
과세대상 근로소득은 정부나 지방자치단체의 과세에서 다를 수 있다. 이는 공제대상의 종류가 다르기 때문이다.

예제 2

에스포 거주민의 지방세 과세대상 근로소득액은 26 432.55 €이고 정부세 과세대상 근로소득액은 29 309.70 €일 때, 이 사람이 납부하는 다음 세액은 얼마인지 아래 표를 참고하여 구하시오.

a) 지방세액　　　　b) 정부 근로소득세액

a) 0.1775 · 26 432.55 € = 4 691.7776 ··· € ≒ 4 691.78 €
b) 과세대상 급여는 22 600~36 800 사이에 있다. 상한액을 넘는 급여는 29 309.70 € − 22 600 € = 6 709.70 € 이다.
상한액을 넘는 부분에 대한 세금은
0.175 · 6 709.70 € = 1 174.1975 € ≒ 1 174.20 € 이다.
정부 근로소득세액은 이 둘을 합해서
489 € + 1174.20 € = 1663.20 € 이다.

정답 : a) 4 691.78 €　b) 1 663.20 €

2010년 지방세율

지방	소득세율
에스포	17.75
오울루	19.00
하툴라	19.25
리엑사	19.50
빔펠리	19.75
무오니오	20.50

2010년 정부 근로소득세율

과세대상 근로소득(€)	상한액	상한액에 대한 세금(€)	상한액을 넘는 소득에 대한 세율(%)
15 200~22 600미만	15 200	8	6.5
22 600~36 800미만	22 600	489	17.5
36 800~66 400미만	36 800	2 974	21.5
66 400~	66 400	9 338	30.0

주목! 근로자
A 나 B 중에서 하나를 골라 고용주에게 제출하시오.

비르타넨 빌레 발리오

세금 귀속연도 2010

근로소득용
과세 지방자치단체 히밀라
개 인 정 보 011173 – 2X37

원천징수세율 2010년 2월 1일부터			
근로소득 기본세율 21.0%	과유세율 38.5%	**해당 근로소득** 기본세율	과유세율
고용주는 근로자가 A나 B 중에서 선택한 대로 상한액까지는 기본세율에 의한 세금, 상한액을 넘는 부분은 과유세율에 의한 세금을 원천징수하여 납부한다. 기본세율과 과유세율은 근로자가 어떤 방법을 선택하는지와 상관없이 같다.			

A나 B 중에서 한 가지를 골라 표시하시오. 과세 연도 중간에 바꿀 수 없음.

A [X] 과세 연도의 소득상한액에 대한 원천징수를 택함. 과세 연도 상한액					
한 달의 상한액	2주	1주	1일	해당 근로소득	1일 시스템용 연간 상한액
2 608.33	1 203.85	601.92	85.99		

연습

777 빌레 비르타넨의 월급이 다음과 같을 때 원천징수세액을 구하시오.

a) 1 556.50 € b) 2 965.00 €

778 월급이 2 810.90 €일 때 원천징수세액을 제하고 남은 금액을 구하시오.

779 2010년도 과세대상 근로소득액이 19 956.50 €인 납세자가 다음 지역에 살 때 납부해야 하는 지방세액을 구하시오.

a) 오울루
b) 무오니오
c) 리엑사

780 2010년도 과세대상 근로소득액이 다음과 같을 때 정부 근로소득세액을 구하시오.

a) 15 200.00 € b) 22 600.00 €
c) 36 800.00 € d) 16 200.00 €

응용

781 2010년도 과세대상 근로소득액이 다음과 같을 때 정부 근로소득세액을 구하시오.

a) 14120.90 € b) 15500.20 €
c) 31670.10 € d) 59300.15 €

782 2010년도 레타의 지방세 과세대상 근로소득액은 28 819.92 €였고 정부세 과세대상 근로소득액은 31604.14 €였다. 레타가 다음 지역에 살 때 납부해야 하는 소득세액을 구하시오.

a) 하툴라 b) 빔펠리

783 리엑사에 사는 시몬의 2010년도 원천징수세액이 9 150 €였다. 정부세 과세대상 근로소득액은 35 904.17 €였고, 지방세 과세대상 근로소득액은 31 018.29 €였다. 시몬은 세금을 돌려받았을까, 더 냈을까? 그 금액은 얼마인가?

76 수입과 지출의 균형

물건을 현금으로 구입할 경우에는 물건을 살 때 물건값을 모두 지불한다. 할부로 구입할 경우에는 물건값을 여러 번에 걸쳐 내고 물건값을 다 낼 때까지 소유권은 판매자에게 있다. 신용판매가격은 보증금과 할부지불금으로 이루어진다. 물건의 구입 비용은 현금으로 구입할 때보다 할부로 구입할 때 더 비싸다.

440€
24개월 할부 가능!
☞ 매월 27€

예제 1

노트북의 가격을 비교하시오.

a) 현금으로 살 때보다 할부로 살 때 얼마나 더 비싼가?
b) 현금으로 살 때보다 할부로 살 때 몇 % 더 비싼가?

a) 노트북의 가격은 할부로 $24 \cdot 27\,€ = 648\,€$ 이다.
할부가격과 현금가격의 차는 $648\,€ - 440\,€ = 208\,€$ 이다.

b) $\dfrac{208\,€}{440\,€} = 0.472\cdots \fallingdotseq 47\%$

정답 : a) 208 € 더 비싸다. b) 약 47% 더 비싸다.

예제 2

문자대출의 이자율은 얼마인지 계산하시오.

광고에는 이자에 대한 언급이 없지만 입금 및 서비스 비용을 2주 대출 기간에 대한 이자로 생각해볼 수 있다.

2주에 대한 이자는 21.55 €이고 1주일에는 $\dfrac{21.55\,€}{2}$ 이다.

한 해의 이자는 $52 \cdot \dfrac{21.55\,€}{2} = 560.30\,€$ 이다.

대출한 금액에 대한 1년의 이자를 백분율로 표시하면

$\dfrac{560.30\,€}{100\,€} = 5.6030 \fallingdotseq 560\%$ 이다.

정답 : 약 560%

문자로 100 € 대출!

12345로 문자전송 후
바로 당신의 계좌에
100€ 입금.

◈ 상환기간 ☞ 2주
◈ 입금 및 서비스 비용
☞ 21.55€

연습

784 **소파의 현금 판매가격은** 649 €**이고 할부 판매가격은** 6**개월에** 112(€/월)**이다.**

a) 이 소파의 할부 판매가격은 현금 판매가격보다 얼마나 더 비싼가?

b) 이 소파의 할부 판매가격은 현금 판매가격보다 몇 % 더 비싼가?

785 **노트북의 현금 판매가격은** 999 €**이고 할부 판매가격은** 2**년에** 45 €/**월이다.**

a) 이 노트북의 할부 판매가격은 현금 판매가격보다 얼마나 더 비싼가?

b) 이 노트북의 할부 판매가격은 현금 판매가격보다 몇 % 더 비싼가?

786 **문자로 주문한** 80 € **대출의 이자는 모두** 14.40 €**였다. 이 대출의 상환기간이 다음과 같을 때 일 년 이자율은 몇 %인지 구하시오.**

a) 2개월　　　　b) 4주

[787~788] 다음 표에 대하여 물음에 답하시오.

중앙은행 대출의 월 상환액

대출금액 (€)	상환기간		
	2년	6년	10년
2 500	132		
5 000	255	117	
7 500	379	173	
10 000	501	225	176

787 **중앙은행에서** 10**년 동안 갚기로 하고** 10 000 €**를 대출받았다.**

a) 대출액에 대한 이자는 모두 얼마인가?

b) 이자는 대출금의 몇 %인가?

788 **중앙은행에서** 5 000 €**를 대출받았다. 대출금을 다음 기간 동안 상환할 때 이자는 대출액의 몇 %인지 계산하시오.**

a) 2년　　　　b) 6년

응용

789 **자동차의 현금 판매가격은** 19 920 €**이다. 나는 신용 판매가격으로 보증금으로** 3 000 €**를 내고** 4**년 동안** 373.50 €/**월 할부로 구입했다.**

a) 자동차의 신용 판매가격은 얼마인가?

b) 자동차의 신용 판매가격은 현금 판매가격보다 몇 € 더 비싼가?

790 162**쪽의 예제** 2**에서** 50 €**를** 1**년 동안 갚기로 하고 대출받으면 이자는 얼마인지 계산하시오.**

791 **침대의 현금 판매가격은** 2 500 €**이다. 할부로 구입할 때는** 10**개월에** 259 €/**월이다. 또 할부로 구입할 경우, 할부처리 비용을 별도로** 30 €**를 지불해야 한다.**

a) 침대를 할부로 구입할 경우 현금으로 구입하는 것보다 얼마나 더 비싼가?

b) 중앙은행에서 2년 상환 대출로 구입할 경우 현금으로 구입하는 것보다 얼마나 더 비싼가?

77 수 표시법

십진법과 이진법

전 세계에서 수를 표시하는 방법으로 십진법을 사용한다. 십진법은 1000년 전에 인도에서 만들어졌고 1200년대에 아랍의 상인들을 통해 유럽에 전해졌다.

십진법에는 수가 0, 1, 2, …, 9까지 10개가 있다. 모든 정수와 소수를 밑수 10의 거듭제곱의 합으로 나타낸다.
예를 들면 다음과 같다.

10^3	10^2	10^1	10^0
3	6	0	7

$$3607 = 3 \cdot 1\,000 + 6 \cdot 100 + 0 \cdot 10 + 7 \cdot 1$$
$$= 3 \cdot 10^3 + 6 \cdot 10^2 + 0 \cdot 10^1 + 7 \cdot 10^0$$

수 표시법에서 밑수는 10이 아닌 다른 수가 될 수도 있다. 컴퓨터공학에서는 이진법을 사용하는데 두 수는 0과 1이다. 모든 수를 밑수 2의 제곱의 합으로 나타낸다.
예를 들면 다음과 같다.

2^3	2^2	2^1	2^0
1	0	0	1

$$1001_{(2)} = 1 \cdot 2^3 + 0 \cdot 2^2 + 0 \cdot 2^1 + 1 \cdot 2^0$$
$$= 1 \cdot 8 + 0 \cdot 4 + 0 \cdot 2 + 1 \cdot 1$$
$$= 9$$

예제 1

아래첨자 2는 이진법에 의한 수를 나타낸다. 십진법을 사용한 수이거나 정황상 따로 언급할 필요가 없을 때에는 아래첨자를 생략할 수 있다.

a) 이진법으로 표시된 수 $100_{(2)}$ 와 $11011_{(2)}$을 십진법으로 바꾸시오.
b) 십진법으로 표시된 수 15와 49를 이진법으로 바꾸시오.

a) $100_{(2)} = 1 \cdot 2^2 + 0 \cdot 2^1 + 0 \cdot 2^0 = 4 + 0 + 0 = 4$

$11011_{(2)} = 1 \cdot 2^4 + 1 \cdot 2^3 + 0 \cdot 2^2 + 1 \cdot 2^1 + 1 \cdot 2^0$
$= 16 + 8 + 0 + 2 + 1 = 27$

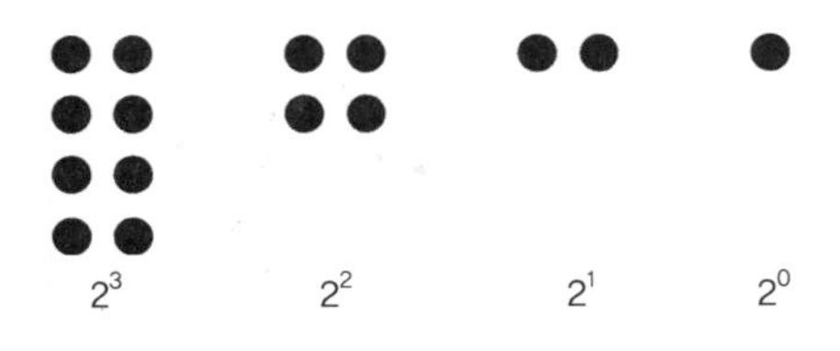

b) 15에서 2의 거듭제곱 중 가장 큰 수를 분리하고 남은 수에서 같은 과정을 반복한다. 이 과정을 반복하면 다음과 같은 이진법의 수가 된다.

$15 = \mathbf{8} + 7 = \mathbf{8} + \mathbf{4} + 3 = \mathbf{8} + \mathbf{4} + \mathbf{2} + 1$
$= 1 \cdot 2^3 + 1 \cdot 2^2 + 1 \cdot 2^1 + 1 \cdot 2^0 = 1111_{(2)}$

49의 경우에도 같은 과정을 반복하면 다음과 같은 이진법의 수가 된다.

$49 = \mathbf{32} + 17 = \mathbf{32} + \mathbf{16} + 1$
$= 1 \cdot 2^5 + 1 \cdot 2^4 + 0 \cdot 2^3 + 0 \cdot 2^2 + 0 \cdot 2^1 + 1 \cdot 2^0$
$= 110001_{(2)}$

연습

792 다음 수를 밑수가 10인 제곱의 합으로 나타내시오.

a) 267
b) 8495
c) 10731

793 다음을 계산하시오.

a) $5 \cdot 10^4 + 2 \cdot 10^3 + 6 \cdot 10^2 + 1 \cdot 10^0$
b) $4 \cdot 10^6 + 7 \cdot 10^4 + 8 \cdot 10^2$

794 다음 표를 완성하시오.

거듭제곱	2^6	2^5	2^4	2^3	2^2	2^1	2^0
거듭제곱의 값							

795 다음 이진법의 수를 십진법의 수로 바꾸시오.

a) $10000_{(2)}$
b) $10001_{(2)}$
c) $11000_{(2)}$
d) $10101_{(2)}$

796 다음 이진법의 수를 십진법의 수로 바꾸시오.

a) $11111_{(2)}$
b) $100011_{(2)}$
c) $110000_{(2)}$
d) $1000110_{(2)}$

797 십진법의 수 1부터 10까지의 자연수를 이진법의 수로 바꾸시오.

798 다음 십진법의 수를 이진법의 수로 바꾸시오.

a) 16　　b) 64
c) 256　　d) 1024

799 다음 십진법의 수를 이진법의 수로 바꾸시오.

a) 12　b) 18　c) 25　d) 30
e) 55　f) 63　g) 65　h) 100

응용

800 다음 십진법의 수를 이진법의 수로 바꾸시오.

a) 200　b) 300　c) 400

801 다음 식의 수를 십진법의 수로 바꾸어 그 결과가 옳은지 확인하시오.

a) $10_{(2)} \cdot 10_{(2)} = 100_{(2)}$
b) $11_{(2)} \cdot 100_{(2)} = 1100_{(2)}$
c) $101_{(2)} \cdot 110_{(2)} = 11110_{(2)}$

802 다음을 계산하시오.

a) $11_{(2)} \cdot 1001_{(2)}$
b) $111_{(2)} \cdot 1001_{(2)}$

803 세로로 써서 계산하시오. 계산식의 수와 구한 값을 십진법의 수로 바꾸어 답을 확인하시오.

a) $101_{(2)} + 100_{(2)}$
b) $111_{(2)} + 101_{(2)}$

804 세로로 써서 계산하시오.

a) $1110_{(2)} + 1111_{(2)}$
b) $1010_{(2)} \cdot 1011_{(2)}$

78 대기권

에베레스트 산의 정상은 해수면에서 8.85km의 높이에 있다. 정상 부근의 기압은 평지의 3분의 1 정도이다. 경험이 많은 산악인들은 별도의 공기장치 없이 견딜 수 있다.

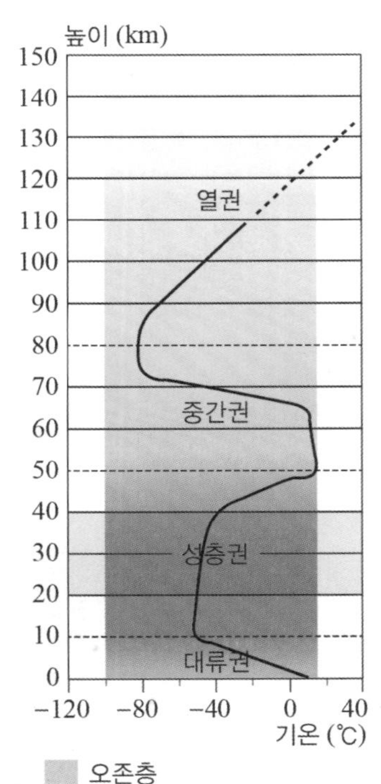

대기권의 층상구조

지구는 대기권에 둘러싸여 있고 대기권은 질소, 산소, 이산화탄소나 기타 기체들로 이루어져 있다. 지구 표면에서부터 100 km 정도의 높이까지 균질권 대기의 구성은 비슷하다. 그보다 높은 비균질권에서 기체들은 부분적으로 섞이지 않고 쌓여 있다. 균질권과 비균질권의 경계 부분에서 태양풍은 오로라 현상을 만든다.

대기권의 총 중량은 약 $5 \cdot 10^{18}$ kg이다. 대기권은 온도에 의하여 그 두께가 지역과 계절에 따라 변화하는 층상구조로 나눌 수 있다. 열권의 기체는 태양광의 영향에 의해 부분적으로 이온화되어 있어서 전기를 일으킨다.

중간권의 기압은 지구 표면 기압의 약 10분의 1 정도이다. 중간권의 위에 있는 대기층은 점차로 우주로 퍼져나간다.

성층권에서는 자외선의 영향으로 오존층을 형성한다. 오존층은 해로운 자외선이 지구 표면에 도착하는 것을 막아준다. 대기층의 중량의 95%는 지구 표면에서 25 km 고도 이하에 있다.

대류권의 기온은 높이가 올라갈수록 낮아지는데 최저기온은 약 −50℃이다. 바람이나 비 등의 기상현상들은 바로 대류권에서 이루어진다. 숨을 쉬는 데 적당한 기압은 대류권의 저층인 지구 표면에서 약 5 km 높이까지로 이 부분은 대기층의 중량의 반 정도를 차지한다.

연습

청정건조한 대기의 구성물질

원소 또는 물질	농도
질소	78.08
산소	20.94
아르곤	0.93
이산화탄소	0.03
네온	0.002
헬륨	0.0002
클립돈	0.0001

805 부피가 20 m^3인 텅 빈 방이 있다. 이 방 안에 있는 다음 기체의 양을 구하시오.

a) 질소　　b) 산소
c) 이산화탄소　　d) 기타 기체

806 가로 12m, 세로 8m, 높이 4m인 교실이 있다. 이 교실에 있는 다음 기체의 양을 구하시오.

a) 질소　　b) 산소
c) 이산화탄소　　d) 헬륨

[807~810] 166쪽의 그래프를 보고 물음에 답하시오.

807 다음 물음에 답하시오.

a) 균질권의 최고기온은?
b) 균질권의 최저기온은?
c) 균질권에서 기온이 0℃보다 높은 층은?
d) 균질권의 기온의 변화량은?

808 기온이 0℃인 지점과 지구 표면 사이 거리를 구하시오.

809 지구 표면과의 거리가 다음과 같은 지점들의 기온을 구하시오.

a) 20 km　　b) 60 km
c) 70 km　　d) 100 km

810 다음 물음에 답하시오.

a) 기온이 올라가는 지점에서 지구 표면까지의 거리는 얼마인가?
b) 기온이 내려가는 지점에서 지구 표면까지의 거리는 얼마인가?

응용

811 다음 기체를 1 L 분리해 내고자 할 때 대기는 몇 L가 필요한지 구하시오.

a) 산소　　b) 아르곤

812 다음은 지구 반지름 6 370 km의 몇 %인지 구하시오.

a) 균질권의 두께
b) 대류권의 두께

813 지름이 30 cm인 지구본에 플라스틱 층을 둘러 다음을 표시하려고 한다. 플라스틱 층의 두께를 구하시오.

a) 균질권의 두께
b) 대류권의 두께

814 다음 부피를 구하시오.

a) 지구　　b) 균질권　　c) 대류권

815 지구 표면을 전체 대기층의 무게와 같은 무게의 물로 둘러씌운다고 가정했을 때 물로 둘러싸인 층의 두께를 구하시오. 물의 밀도는 1 000 kg/m^3이다. (팁 : 물로 둘러싸인 층의 부피는 지구의 넓이에 두께를 곱하여 얻는다. 공의 넓이는 공의 단면 중 가장 큰 원의 넓이에 4를 곱하여 얻을 수 있다.)

79 복습

연습

816 다음을 계산하시오.

a) $|7-15|$ b) $|-9-8|$ c) $|-4|-13$

817 다음 덧셈식 피라미드를 완성하시오.

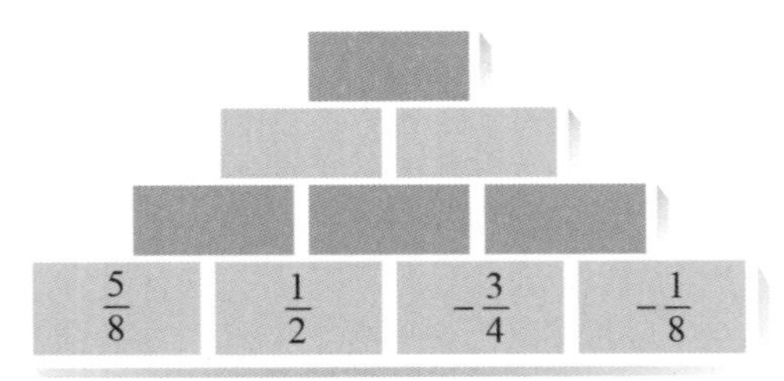

818 $\frac{7}{10}$, $\frac{2}{3}$, $\frac{13}{15}$, $\frac{3}{5}$, $\frac{5}{6}$, $\frac{23}{30}$을 통분하고 부등호 <를 이용하여 순서대로 재배열하시오.

819 다음 분수를 약분하시오.

a) $\frac{24}{36}$ b) $\frac{27}{72}$ c) $\frac{28}{35}$

820 다음을 계산하시오.

a) $\frac{7}{8} \cdot \frac{4}{7}$ b) $\frac{3}{10} \cdot \frac{8}{9}$ c) $\frac{21}{35} \cdot \frac{20}{39}$

d) $\frac{4}{5} \div \frac{1}{5}$ e) $\frac{18}{25} \div \frac{6}{5}$ f) $\frac{36}{55} \div \frac{42}{33}$

821 투이야는 토마토를 $4\frac{1}{2}$ kg 사고 12 €를 냈다. 토마토의 kg당 가격을 구하시오.

822 파티용 음료수를 만들기 위해 탄산수 $\frac{3}{8}$ L, 레모네이드 $\frac{3}{4}$ L, 사과주스 $1\frac{1}{3}$ L가 필요하다. 2.5 L짜리 용기에 이 음료수가 다 들어가는지 알아보시오.

823 다음 물음에 답하시오.

a) 70의 60%는 무엇인가?
b) 12는 240의 몇 %인가?
c) 45는 어떤 수의 15%인가?
d) 11은 55보다 몇 % 더 작은가?

824 식용소금에 요오드화칼륨이 0.036‰ 들어 있다. 450 g짜리 식용소금 한 팩에 들어 있는 요오드화칼륨의 양을 구하시오.

825 다음 물음에 답하시오.

a) 모페드의 점화 플러그 가격은 4.12 €이다. 가격을 5% 인하했을 때 새 가격은 얼마인가?
b) 모페드의 바퀴 가격은 20.70 €이다. 가격을 8% 인상했을 때 새 가격은 얼마인가?

826 욘니는 122 €인 모터사이클 헬멧을 100 €에 구입했다. 할인율은 몇 %인지 구하시오.

827 다음 x값에 대한 함수 $f(x)=|-x-17|$의 값을 구하시오.

a) $x=0$　　b) $x=2$
c) $x=-2$　　d) $x=-17$

828 다음을 계산하시오.

a) $-1\frac{1}{2}+\frac{5}{9}$　　b) $-1\frac{3}{4}+2\frac{1}{3}$
c) $1\frac{2}{7}-1\frac{3}{11}$　　d) $\frac{3}{5}-1\frac{1}{2}$

829 다음을 간단히 하시오.

a) $\frac{x}{4}+\frac{x}{4}$　　b) $\frac{x}{12}+\frac{x}{6}$
c) $-\frac{x}{3}-\frac{2x}{7}$　　d) $\frac{4x}{9}-\frac{x}{8}$

830 다음을 계산하시오.

a) $-2\cdot\frac{3}{5}$　　b) $4\cdot\left(-\frac{2}{5}\right)$
c) $\frac{6}{7}\div 3$　　d) $-\frac{1}{3}\cdot 1\frac{1}{3}$
e) $-\frac{4}{5}\cdot 2\frac{3}{4}$　　f) $5\frac{1}{2}\div 2$
g) $3\frac{1}{3}\div\frac{4}{9}$　　h) $-\frac{5}{12}\div\left(-2\frac{1}{2}\right)$
i) $2\frac{1}{4}\div\frac{3}{4}$

V	E	S	I	M
$-1\frac{1}{5}$	$-1\frac{3}{5}$	$\frac{2}{7}$	3	$\frac{1}{6}$

O	N	O	T
$-2\frac{1}{5}$	$2\frac{3}{4}$	$7\frac{1}{2}$	$-\frac{4}{9}$

831 $x\neq 0$일 때 다음을 간단히 하시오.

a) $\frac{2x^2}{9}\cdot\frac{x}{6}$　　b) $\frac{3x^5}{14}\cdot\frac{4}{15x^4}$
c) $\frac{5x}{11}\div\frac{5x}{11}$　　d) $\frac{6x}{25}\div\frac{3}{10x^3}$

832 빌레가 가지고 있는 책들 중 지식 관련 책은 $\frac{4}{15}$, 소설책은 $\frac{1}{6}$, 나머지는 추리소설로 51권이다.

a) 빌레가 가진 책은 모두 몇 권인가?
b) 지식 관련 책은 몇 권인가?
c) 소설책은 몇 권인가?

833 오이의 단위당 가격이 1월에 3.60 €/kg이었다. 3월에 가격이 30% 내렸고 5월에 25% 더 내렸다.

a) 5월에 오이의 kg당 가격은 얼마인가?
b) 1월에서 5월 사이에 오이 가격의 인하율은 몇 %인가?

834 입학시험에 지원한 학생 중 24%가 1단계를 통과했다. 그중 35%인 21명이 최종합격하였다. 이 학교에 지원한 학생은 모두 몇 명인지 구하시오.

835 모페드의 판매가격에는 부가가치세 23%가 포함되어 있다. 부가가치세액이 465.61 €일 때 이 모페드의 판매가격을 계산하시오.

836 월급이 다음과 같을 때 빌레 비르타넨의 원천징수액은 얼마인지 구하시오. (빌레 비르타넨의 세금카드는 161쪽에 있다.)

a) 1 320.00 €　　b) 3 167.00 €

837 하툴라에 살고 있는 어떤 사람의 지방세 과세대상 근로소득액은 23 236.91 €이고, 정부세 과세대상 근로소득액은 25 280.89 €이다. 이 사람은 다음 세금을 얼마나 내야 하는지 구하시오. (지방세율과 정부 근로소득세율표는 160쪽에 있다.)

a) 지방세
b) 정부 근로소득세

요약

다항식의 계산

다항식의 덧셈과 뺄셈

괄호를 없앤다. 동류항끼리 계산한다.
변수의 차수가 높은 항부터 차례대로 배열한다.

다항식의 곱셈

항별로 곱하고 간단히 만든다.

다항식을 단항식으로 나누기

항을 각각 나누고 간단히 만든다.

방정식

방정식의 답, 즉 근은 방정식을 만족하는 변수의 값, 다시 말하면 방정식의 좌변과 우변을 같게 만드는 변수의 값이다.

항등식은 모든 실수에 대해 식이 만족한다.

불능의 방정식은 어떤 값을 변수에 대입해도 식을 만족하지 않는다.

두 개의 변수의 방정식의 해는 방정식을 만족하는 순서쌍 (x, y), 즉 점 (x, y)이다. 방정식의 그래프는 방정식을 만족하는 점들의 좌표들로 이루어진다.

연립방정식

연립방정식은 두 개의 방정식으로 만들어진다.
연립방정식의 해는 두 방정식을 모두 만족하는 순서쌍 (x, y), 즉 점 (x, y)이다.

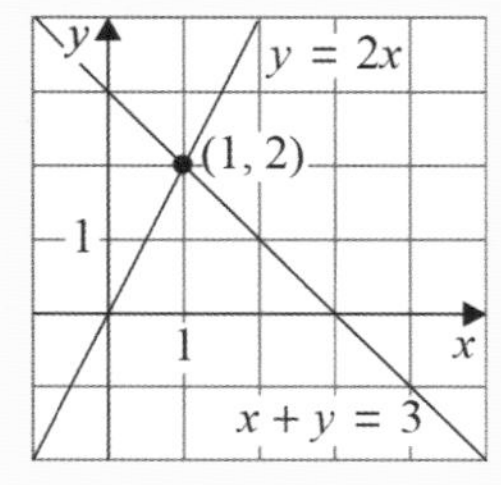

연립방정식
$\begin{cases} y=2x \\ x+y=3 \end{cases}$
의 해는 점 $(1, 2)$이다.

연립방정식을 그래프를 이용하여 풀기

1. 두 방정식을 모두 y에 관한 식으로 바꾼다.
2. 두 방정식의 직선들을 한 좌표평면에 그린다.
3. 직선들의 교점의 좌표를 읽는다. 이 점이 연립방정식의 해이다.
4. 구한 해를 두 방정식에 대입하여 구한 해가 두 방정식을 모두 만족하는지 확인한다.

연립방정식을 계산하여 풀기

대입법

1. 둘 중 한 개의 방정식을 선택하여 y에 관한 식으로 바꾼다.
2. 이를 또 다른 방정식의 y의 자리에 대입한다.
3. 미지수가 한 개인 방정식에서 x의 값을 구한다.
4. 구한 x의 값을 방정식에 대입하여 y의 값을 구한다.

가감법

1. 필요한 경우 변수 y의 계수가 절댓값이 같고 부호가 반대가 되도록 방정식에 적당한 수를 곱한다.
2. 방정식을 같은 변끼리 더한다.
3. x의 값을 구한다.
4. 구한 x의 값을 방정식에 대입하여 y의 값을 구한다.

절댓값

실수의 절댓값은 수직선 위에서 0부터 수까지의 거리이다.

$|-3| = |3| = 3$

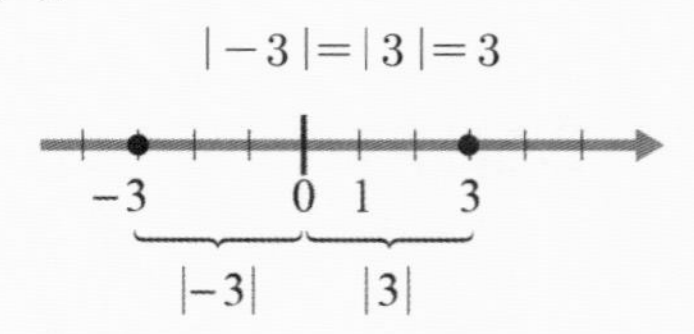

001 **다음과 같이 평행사변형 ABCD의 꼭짓점 D에서 변 AB와 BC에 대해 수직으로 선을 그렸다.**

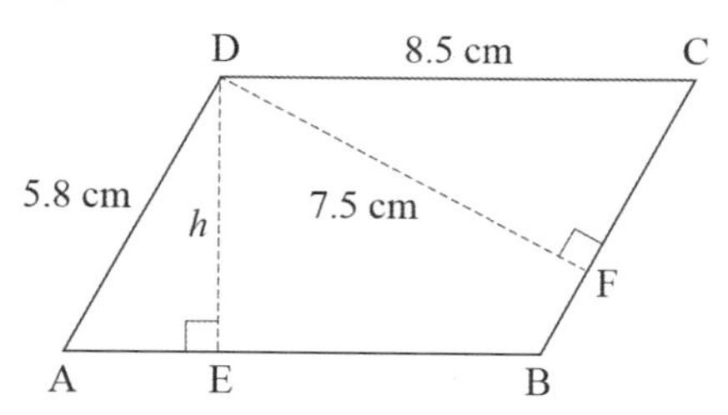

a) 삼각형 CDF와 ADE의 닮음을 설명하시오.
b) 평행사변형의 높이 h를 계산하시오.
c) 평행사변형의 넓이를 계산하시오.

002 **다음 평행사변형 ABCD에서 DE=2.0 cm, EF=0.9 cm, AF=2.7 cm이다. 변 AB의 길이를 계산하시오.**

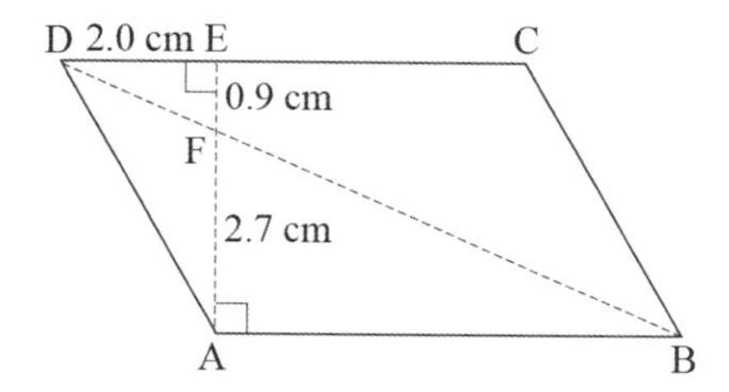

003 **다음 도형에 대하여 물음에 답하시오.**

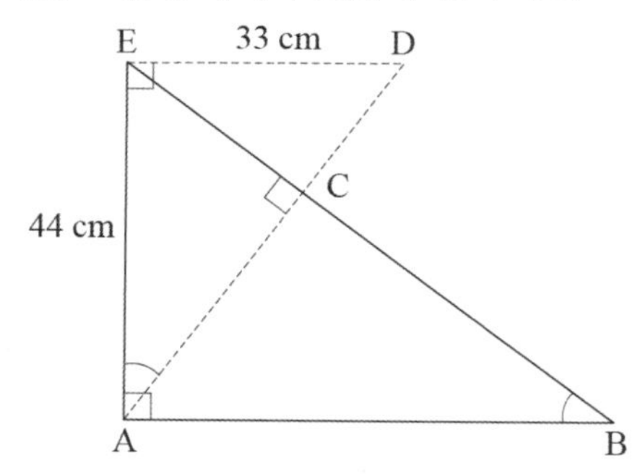

a) 왜 각 EBA와 각 DAE의 크기가 같은지 설명하시오.
b) 변 AB의 길이를 계산하시오.

004 **다음과 같이 직각삼각형의 안에 정사각형 ABDF를 그렸다.**

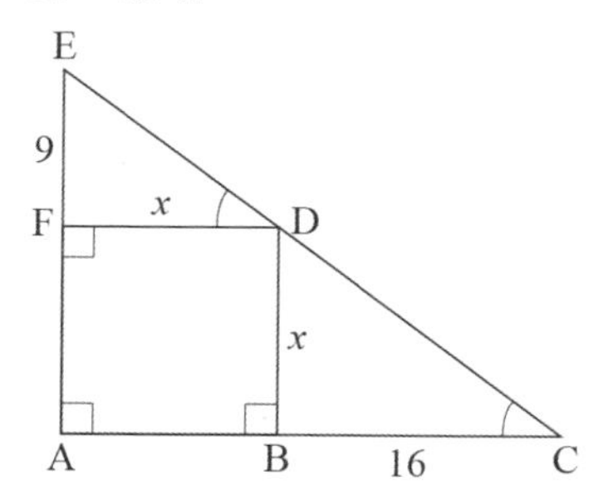

a) 왜 각 DCB와 각 EDF의 크기가 같은지 설명하시오.
b) 삼각형 CDB와 DEF의 닮음을 설명하시오.
c) 정사각형의 한 변의 길이 x를 계산하시오.

005 **아래 삼각형 AED, BCE, ECD는 닮은 삼각형이다. 다음 변의 길이를 계산하시오.**

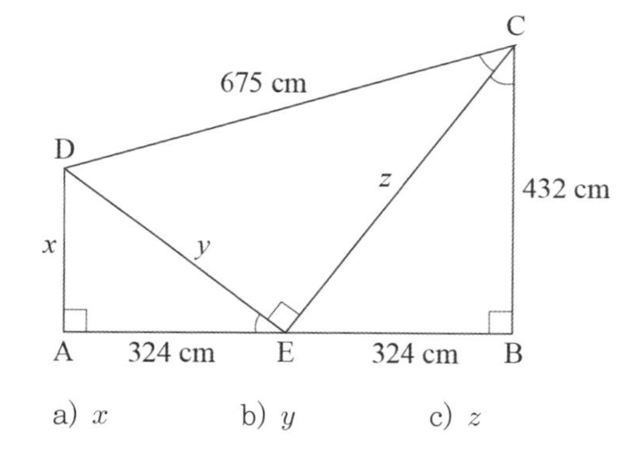

a) x b) y c) z

006 직각삼각형의 변의 길이는 7.0 m, 24 m, 25 m이고 예각의 크기가 74°이다. 삼각형을 그리고 다음을 계산하시오.

a) $\sin 74°$ b) $\cos 74°$ c) $\tan 74°$

007 다음을 계산하시오.

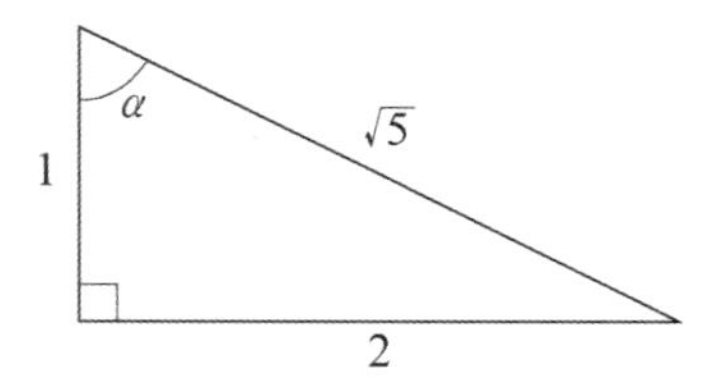

a) $\sin \alpha$ b) $\cos \alpha$ c) $\tan \alpha$

008 다음과 같은 조건을 갖춘 직각삼각형을 그릴 수 있는지 설명하시오.

a) $\sin \alpha = \frac{2}{1}$

b) $\cos \alpha = \frac{2}{1}$

c) $\tan \alpha = \frac{2}{1}$

009 직각삼각형에서 $\sin \alpha = \frac{3}{5}$이고 $\cos \alpha = \frac{4}{5}$이다. 삼각형을 그리고 $\tan \alpha$를 계산하시오.

010 직각삼각형에서 $\sin \alpha = \frac{12}{13}$이고 $\tan \alpha = \frac{12}{5}$이다. 삼각형을 그리고 $\cos \alpha$를 계산하시오.

011 직각삼각형에서 $\tan \alpha = \frac{8}{15}$이고 $\cos \alpha = \frac{15}{17}$이다. 삼각형을 그리고 $\sin \alpha$를 계산하시오.

012 직각삼각형의 두 예각은 α와 β이다. 삼각형을 그리고 $\tan \alpha = \frac{1}{5}$일 때 $\tan \beta$를 계산하시오.

013 다음 이등변삼각형 ABC의 밑변의 길이는 5.0 cm이고 빗변의 길이는 각각 3.5 cm이다. $\cos \alpha$를 계산하시오.

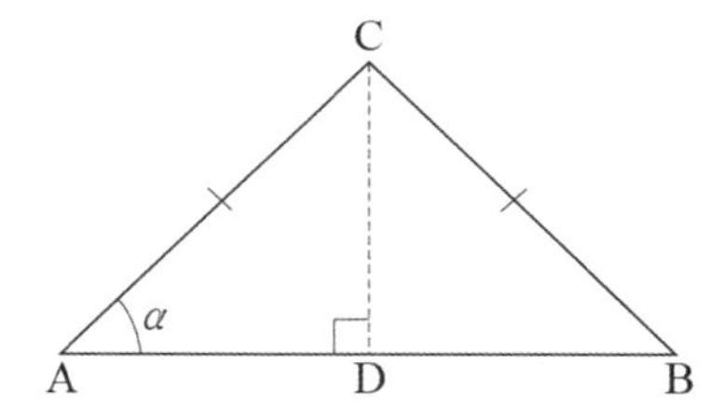

014 다음 정삼각형 ABC의 한 변의 길이는 4이다.

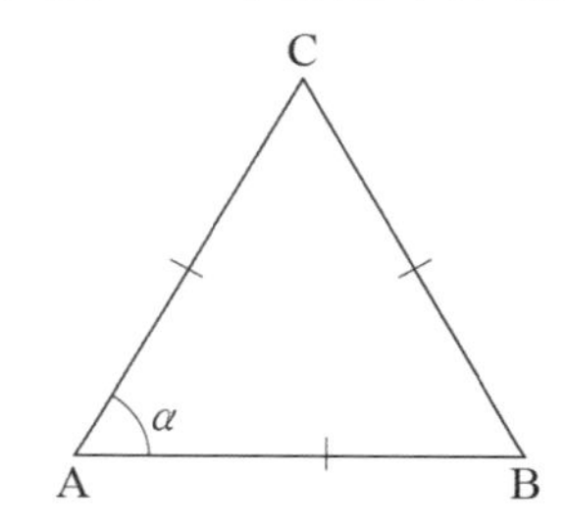

a) 각 α의 크기를 계산하시오.

b) $\cos \alpha$를 계산하시오.

015 각과 마주 보는 변의 길이는 변하지 않고 빗변의 길이가 다음과 같이 변할 때 각의 sin 값은 어떻게 변하는지 쓰시오.

a) 두 배가 될 때

b) 반으로 줄어들 때

016 다음 삼각형 ABC와 DEF의 각 α와 β와 이웃한 변의 길이는 각각 3.0 cm이다. 각 α와 마주 보는 변은 각 β와 마주 보는 변보다 길다. 다음 두 각 중 어느 각이 더 큰지 알아보시오.

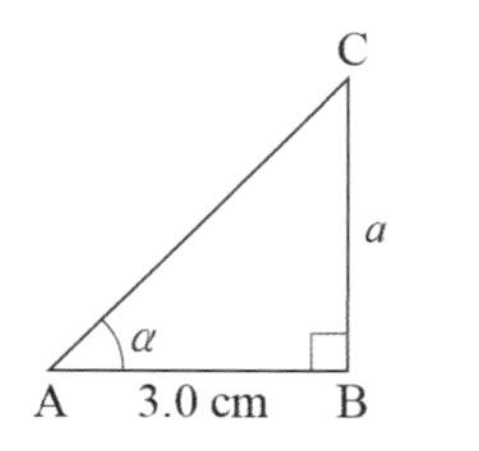

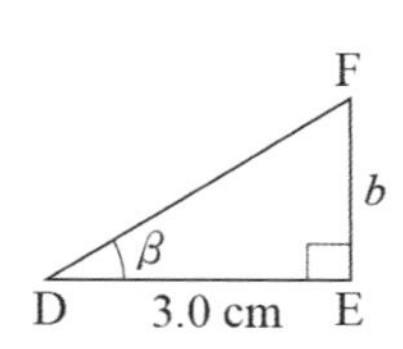

a) $\tan \alpha$와 $\tan \beta$ b) $\cos \alpha$와 $\cos \beta$

017 피사의 탑에서 가장 높은 발코니의 높이는 46m이다. 탑이 기울어져 있기 때문에 발코니의 가장자리는 수직선에서 4.5m 거리에 있다. 이 탑은 몇 도 기울어져 있는지 구하시오.

018 삼각형 ABC의 각 C는 직각이고 변 AB의 길이는 모눈종이 눈금 칸으로 15칸, 변 BC의 길이는 7칸이다.

a) 삼각형 ABC를 그리고 주어진 각과 변의 이름을 표시하시오.
b) 각 A와 B의 크기를 구하시오.

019 다음 슬로프의 그림을 그리고 각 슬로프의 기울기를 계산하시오.

이소－윌레스 슬로프	길이(m)	높이(m)
슬로프 1	3 000	463
슬로프 2	2 600	424
슬로프 세계대회	2 300	424

a) 슬로프 1
b) 슬로프 2
c) 슬로프 세계대회

연구

020 핀란드의 서쪽국경을 이루는 켕케메노 호수－무오니오 강－토르니오 강으로 이루어지는 강줄기는 킬피셰르비 호수에서 시작해 보트니아 해로 흘러간다.

강	길이(km)	강이 시작하는 수면의 높이(m)
켕케메노	90	142
무오니오 강	230	205
토르니오 강	180	126
합계		

다음 강의 기울기를 소수점 아래 둘째자리까지 계산하시오.

a) 켕케메노　　b) 무오니오 강
c) 토르니오 강　　d) 강줄기 전체

021 도랑과 배수구는 바닥이 1 m당 최소한 1 cm 기울어지도록 만든다. 도랑과 배수구의 기울기는 최소한 몇 도인지 계산하시오.

022 수도교, 즉 상수도관은 로마시대에 깨끗한 물을 도시로 공급했다. 카르타고에서 수도교는 40m당 1m가 낮아졌다. 즉, 기울기가 $\frac{1}{40}$ 이었다. 니므의 수도교의 기울기는 $\frac{1}{14\,000}$ 이었다. 다음 수도교의 기울기를 소수점 아래 셋째자리까지 계산하시오.

a) 카르타고의 수도교
b) 니므의 수도교

023 1년 중 낮의 길이가 제일 긴 날인 하지인 6월 21일에 월레스툰투리에서 해는 하루 종일 떠 있다. 태양광은 정오에 지면에서 봤을 때 46°로 비추고 자정에는 지면에서 봤을 때 1°로 비춘다. 다음 시간에 키가 160 cm인 사람의 그림자 길이를 구하시오.

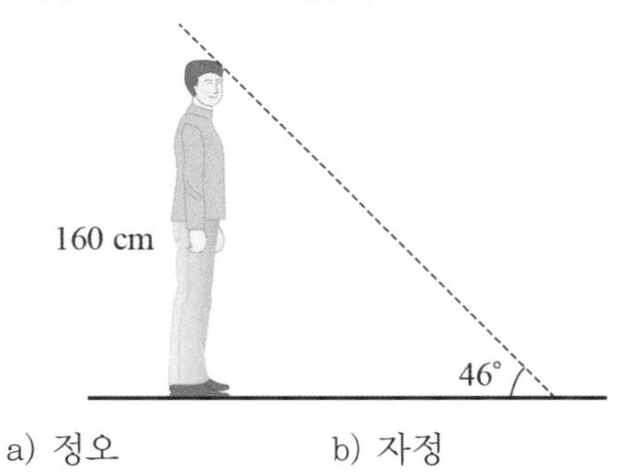

a) 정오 b) 자정

024 해가 지평선 위 28°에 있을 때 평지에서 수직으로 자란 나무의 그림자 길이가 37 m이다. 이 나무의 높이를 구하시오. (1999년 가을 고교졸업 자격시험 수학문제)

025 등대는 750 m 떨어진 바다에서 2°의 각도로 보인다. 등대의 높이를 계산하시오.

026 다음과 같이 수면에서 등대의 높이가 52m일 때 배 A와 B 사이의 거리를 계산하시오.

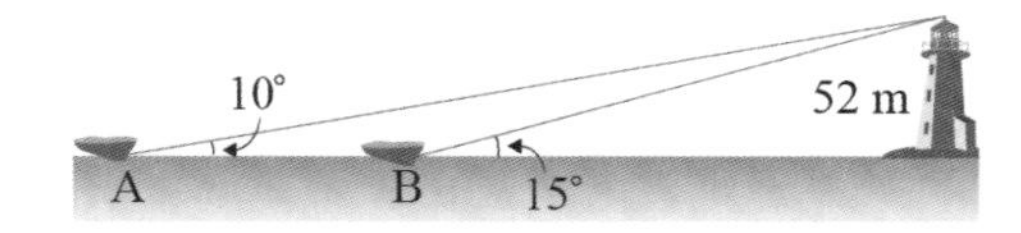

027 고대 세계의 7대 불가사의 중 하나인 파로스의 등대는 기원전 약 300년에 이집트의 알렉산드리아 항에 지어졌다. 높이가 135 m인 등대가 배에서 다음 각도로 보일 때 배는 항구에서 얼마나 떨어져 있는지 계산하시오.

a) 2° b) 3° c) 15°

028 다음 변의 길이를 계산하시오.

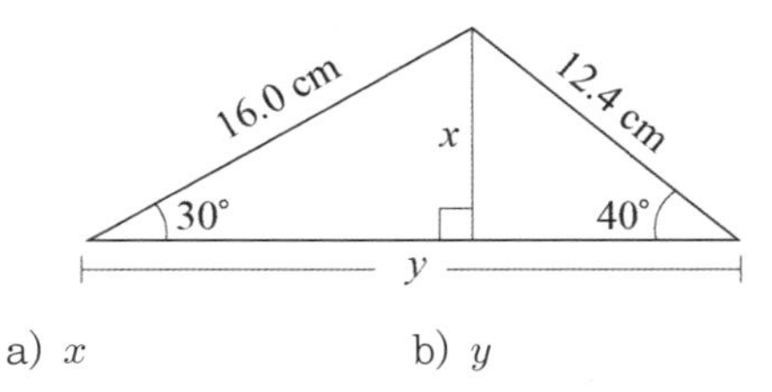

a) x b) y

연구

컴퓨터 모니터를 보는 가장 좋은 자세는 거리가 50~80 cm이고 모니터 윗면이 시선의 수평에서 10~15 cm 아래에 있을 때이다. 또 모니터와 시선은 수직이 되는 게 가장 편하다.

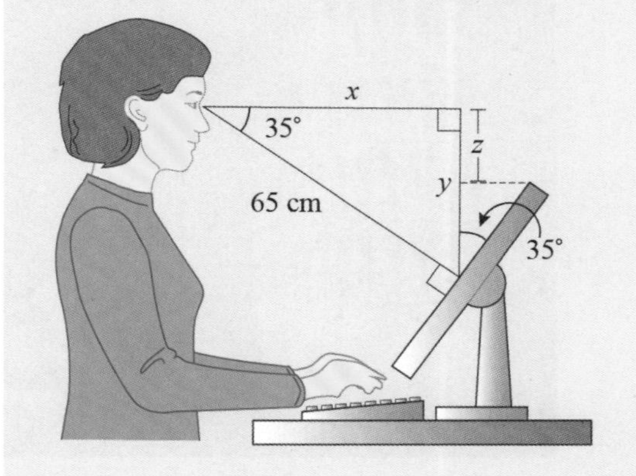

029 눈과 모니터의 수직 거리가 위의 그림처럼 65 cm일 때 그림에 표시된 x와 y를 구하시오.

030 눈과 모니터의 수직 거리가 위의 그림처럼 65 cm이고 모니터의 세로 길이가 24 cm일 때, 그림에 표시된 z의 거리를 구하시오. 그리고 모니터의 윗면은 시선 아래에 위치하는지 답하시오.

031 컴퓨터로 작업할 때 나의 자세는 올바른지 측정해 보시오. 필요하면 자세를 교정하도록 하시오.

032 직각삼각형의 한 예각의 크기는 39°이고 이 각과 마주 보는 변의 길이는 4.0 cm이다. 삼각형을 그리고 빗변의 길이를 계산하시오.

033 직각삼각형의 한 예각의 크기는 10°이고 이 각과 이웃한 변의 길이는 6.5 cm이다. 삼각형을 그리고 빗변의 길이를 계산하시오.

034 직각삼각형의 밑변의 길이와 높이는 3.0 cm와 5.0 cm이다. 삼각형을 그리고 다음을 계산하시오.

a) 작은 예각의 크기
b) 빗변의 길이

035 삼각형 ABC의 꼭짓점들은 A(−6, −2), B(4, −2), C(−4, 2)이다. 삼각형을 그리고 다음을 계산하시오.

a) 빗변의 길이
b) 큰 예각의 크기
c) 밑변의 길이와 높이

036 들판이 강쪽을 향해 9° 기울어져 있다. 봄에 눈이 녹을 때 강물의 수면은 2.5m 상승한다. 들판이 물에 잠기는 폭이 몇 m인지 계산하시오.

037 아래 직각삼각형 ABC의 예각 A는 28°이고 직각의 꼭짓점에서 그린 높이의 선분 CD의 길이는 2.0 cm이다. 다음을 계산하시오.

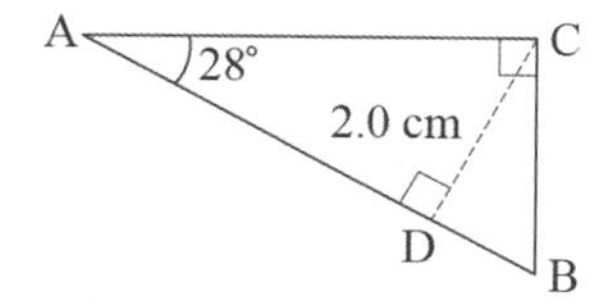

a) 삼각형 ACD의 빗변의 길이
b) 삼각형 CBD의 빗변의 길이

038 다음 변의 길이를 계산하시오.

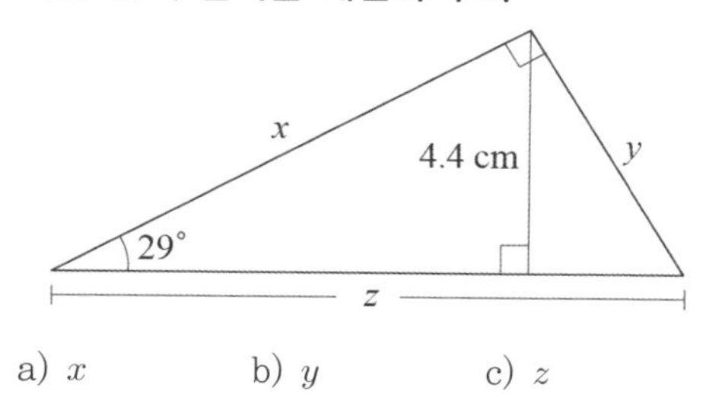

a) x b) y c) z

039 다음 미니골프장 안에서 공이 굴러간 거리를 계산하시오.

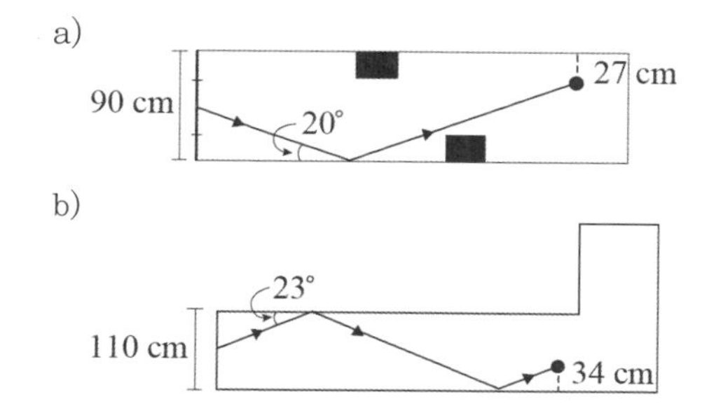

심화학습 22－23쪽

040 아래 삼각형의 다음을 계산하시오.

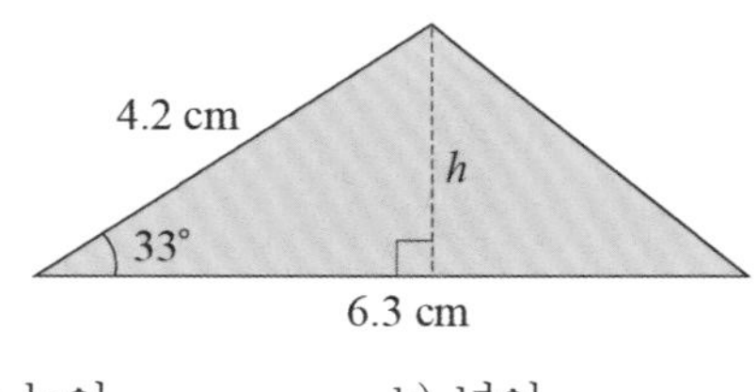

a) 높이　　　　b) 넓이

041 다음을 계산하시오.

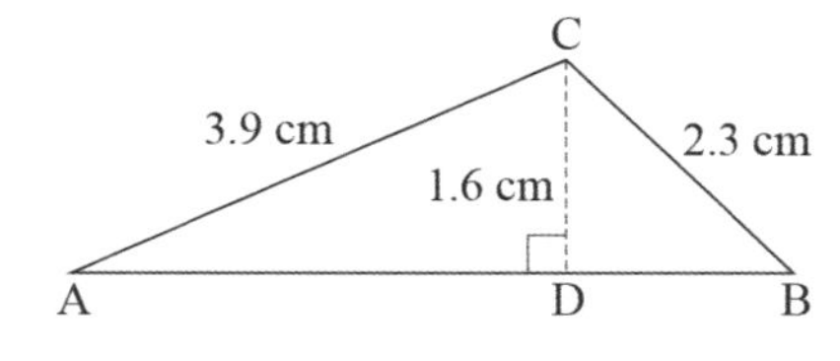

a) 각 BAC의 크기
b) 각 CBA의 크기
c) 변 AD의 길이
d) 변 DB의 길이
e) 변 AB의 길이

042 다음 직각삼각형 ABC의 밑변의 길이와 높이는 6.0 cm와 4.0 cm이다. 꼭짓점 A와 변 BC의 중점 D를 연결하는 선분 AD는 각 $\alpha = \angle BAC$를 β와 γ 두 각으로 나눈다. 각 β와 γ의 크기를 계산하시오.

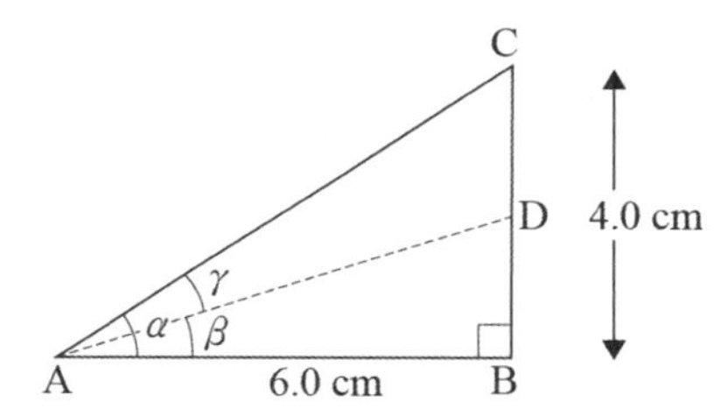

043 직각삼각형 ABC의 변 AC의 길이는 8.4 cm이고 각 A의 크기는 38°이다. 각 A의 이등분선은 변 BC를 점 D에서 만난다. 그림을 그리고 다음을 구하시오.

a) 변 BC
b) 변 DC
c) 변 BD

연구

아르키메데스(기원전 287～212)는 그리스의 수학자이자 물리학자였다. 그는 투석기, 기중기, 아르키메데스의 나선식 펌프라고 불리는 양수기를 고안했다.

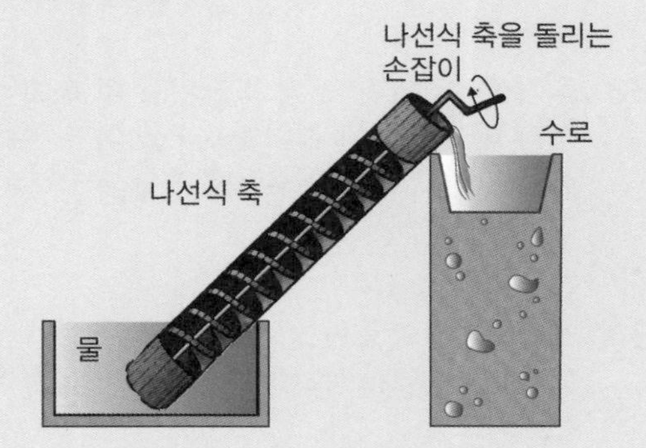

아르키메데스의 나선식 축을 돌리면 물이 올라온다. 축은 원통 안에 들어 있다.

044 아르키메데스의 나선식 펌프의 기울기가 각 $\alpha = 37°$이고 길이가 다음과 같을 때 물은 어느 높이까지 올라가는지 구하시오.

a) 2.5m　　　　b) 4.1m

045 길이가 33 m인 아르키메데스의 나선식 펌프를 이용해서 댐을 넘어 높이 20m까지 물을 끌어올렸다. 다음을 구하시오.

a) 축의 기울기
b) 축의 아랫부분에서부터 댐까지의 거리

046 어린이 과학센터 헤우레카에 있는 아르키메데스의 나선식 펌프의 기울기는 45°이다. 축은 물을 200 cm 높이까지 끌어올린다. 축의 길이를 계산하시오.

047 다음 삼각형의 변 AB의 길이를 계산하시오.

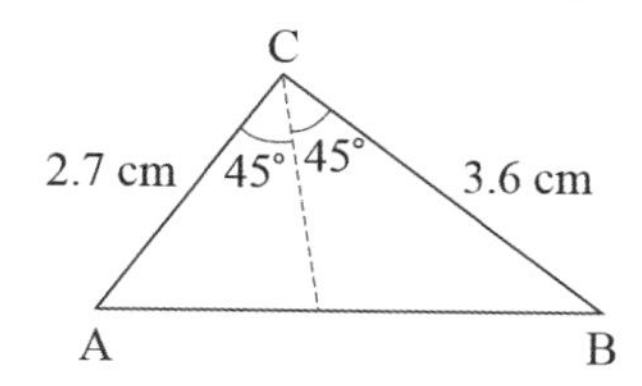

048 이등변삼각형의 밑변 길이는 150 mm이고 빗변의 길이는 각각 125 mm이다. 그림을 그리고 이 삼각형의 다음을 구하시오.

a) 밑변에 대한 높이
b) 넓이

049 높이가 35m인 나무가 7.0m 높이에서 부러졌지만, 완전히 끊기지 않았고 나무의 윗부분은 땅에 닿아 있다. 나무 밑둥에서부터 땅에 닿은 윗부분까지의 거리를 구하시오.

050 트래킹 대회에서 하루 동안에 북쪽으로 9 km, 서쪽으로 2 km, 북쪽으로 7 km를 가고 마지막으로 동쪽으로 14 km를 이동한다. 출발점에서부터 도착점까지의 직선거리를 구하시오.

051 다음과 같이 가로등을 매달고 있는 줄은 도로 양쪽에 28.50 m의 간격으로 서 있는 기둥에 묶여 있다. 가로등은 줄의 중간 지점에 줄이 기둥에 묶인 위치에서 0.90 m 아래에 놓이게 된다. 줄의 길이를 계산하시오.

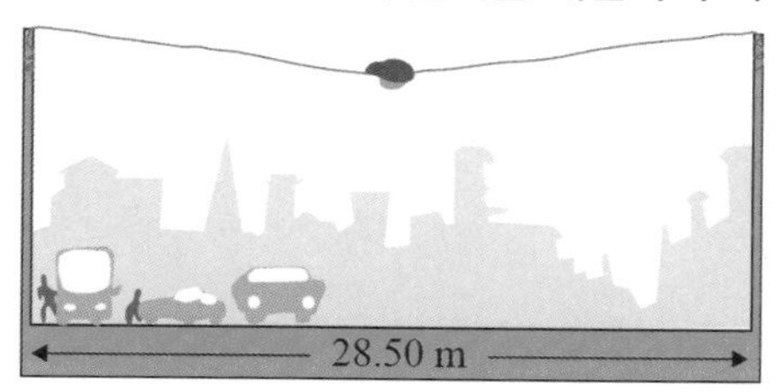

052 얇은 판자의 길이는 240 cm이고 너비는 205 cm이다. 이 판자가 너비가 80 cm이고 높이가 190 cm인 문을 통과할 수 있는지 계산하시오.

연구

예제 **수면 위 180 cm의 높이에서 바다를 바라볼 때 얼마나 멀리까지 볼 수 있을까?**
(지구의 반지름은 6 367 km이다.)

지구의 단면은 원으로, 시야의 길이 AB는 점 B에서 원을 만나고, 지구의 반지름 OB와 탄젠트 AB는 수직이다. 직각삼각형 AOB의 빗변의 길이는 다음과 같다.
AO = 6 367 km + 180 cm = 6 367.0018 km

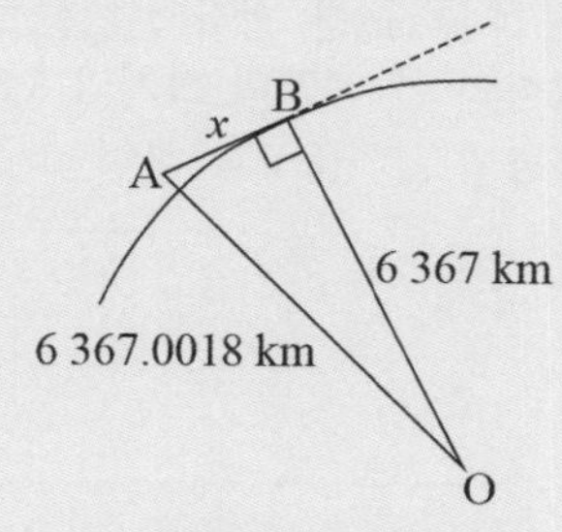

묻고 있는 거리를 변수 x킬로미터로 표시한다. 피타고라스의 정리에 의해 다음과 같은 방정식이 성립한다.

$x^2 + 6\,367^2 = 6\,367.0018^2$

$x^2 = 6\,367.0018^2 - 6\,367^2$

$x = \sqrt{6\,367.0018^2 - 6\,367^2}$

$x = 4.787 \cdots \fallingdotseq 4.8$

정답 : 약 4.8 km 지점까지 볼 수 있다.

053 수평선까지의 거리는 얼마인가?

a) 올림픽 경기장의 탑의 꼭대기에서 81 m 아래에 있는 핀란드 만을 볼 때
b) 네신네울라 탑 꼭대기에서 205 m 아래에 있는 네신예르비 호수를 볼 때
c) 푸이요 탑 꼭대기에서 224 m 아래에 있는 칼라베시 호수를 볼 때

054 헬싱키에서 출발해 오울루까지 가는 핀에어의 비행기 에어버스 A319는 11 000 m 높이까지 올라간다. 비행기 창문에서 보았을 때 수평선까지의 거리를 구하시오.

심화학습 26－27쪽

055 좌표평면에 그려진 선분 OA의 양끝은 원점 O와 점 A(5, 3)이다. 다음을 구하시오.

a) 선분 OA와 x축의 양의 방향이 이루는 각의 크기

b) 선분 OA의 길이

056 다음과 같이 평행사변형 안에 한 변의 길이가 18.0 cm인 정사각형을 그렸다. 평행사변형의 한 예각의 크기가 54°일 때 평행사변형의 넓이를 계산하여 dm^2로 답하시오.

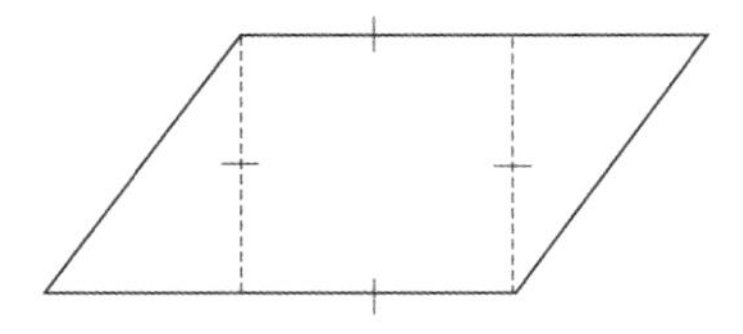

057 삼각형 ABC에서 변 AB＝4.5 cm, 변 AC＝6.0 cm이고 ∠A＝55°이다.

a) 삼각형 ABC와 꼭짓점 C에서 높이의 선분 CD를 그리시오.

b) 선분 CD의 길이를 구하시오.

c) 삼각형의 넓이를 구하시오.

058 직각삼각형의 변은 3.0 cm와 2.0 cm이다. 다음을 계산하시오. (문제의 답은 두 개임을 기억하시오.)

a) 예각들의 크기

b) 세 번째 변의 길이

059 다음과 같이 사미는 1 200m 거리에 있는 별장 쪽을 향해서 원래의 길보다 4° 어긋난 방향으로 걸었다. 사미가 1 200m를 걸었을 때 별장과 사미의 거리를 계산하시오.

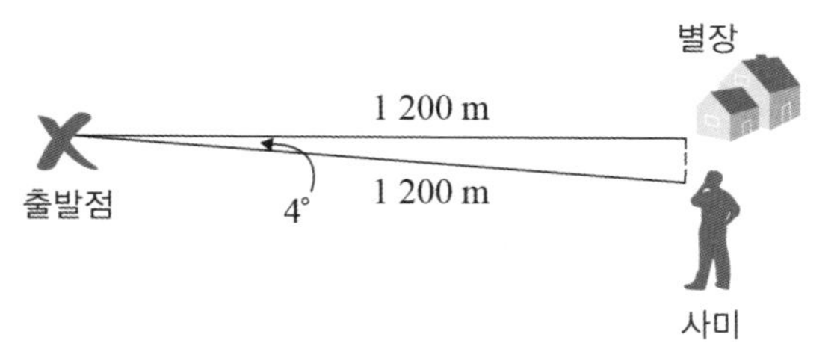

연구

예제 원의 원주각 α의 양 변은 원주의 양 끝점에서 원주와 만난다. 각 α의 크기를 계산하시오.

원의 원주각의 크기는 같은 호에 대한 중심각의 크기의 반이다.

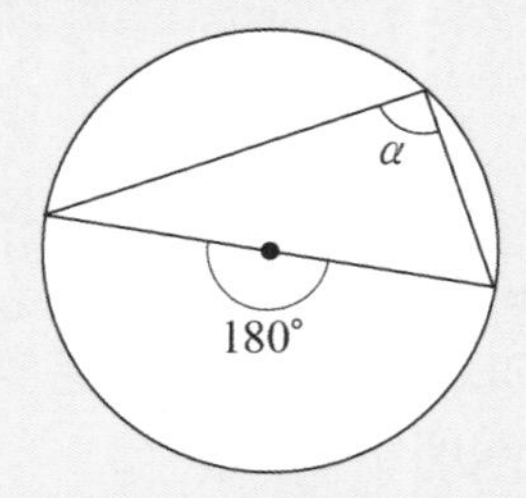

반원의 호에 대한 중심각은 180°이므로 반원에 대한 원주각의 크기는 다음과 같다.
$\alpha = 180° \div 2 = 90°$이다.

정답 : $\alpha = 90°$

060 삼각형의 꼭짓점들은 주위에 그린 원의 둘레 위에 있다.

a) 다음 원의 반지름을 구하시오.

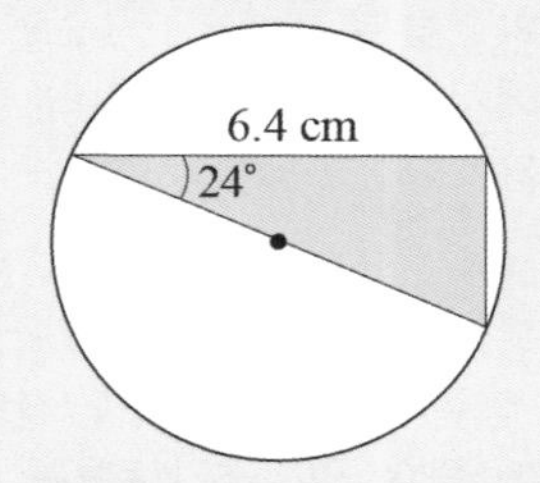

b) 다음 삼각형의 변들의 길이를 구하시오.

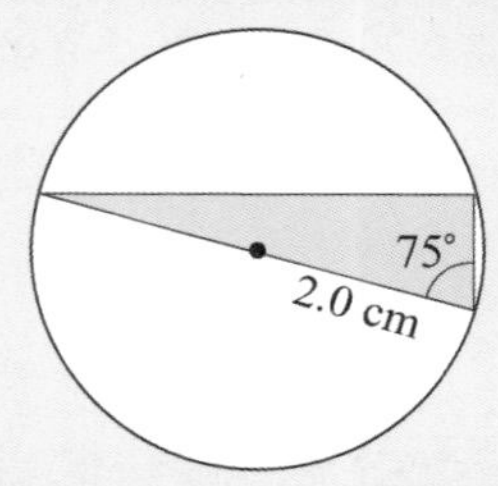

심화학습 30-31쪽

061 정육면체 4개로 적어도 두 면이 서로 붙어 있는 여러 다른 모양의 도형 8개를 만들 수 있다. 두 개를 예로 들면 다음과 같다. 나머지 도형들을 그리시오.

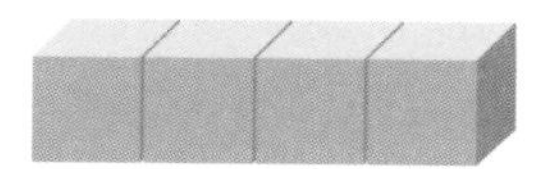

062 아래 그림에서는 정육면체의 단면이 직사각형이 되도록 잘랐다. 잘라낸 단면이 다음과 같은 도형이 되도록 자를 수 있는지 알아보시오.

a) 정사각형
b) 삼각형
c) 육각형
d) 팔각형

063 다음은 어떤 도형인지 쓰시오.

a) 앞과 옆에서 볼 때는 삼각형이고 위에서 보면 정사각형인 도형
b) 앞과 옆에서 볼 때 직사각형이고 위에서 보면 원인 도형
c) 앞과 위에서 볼 때 직사각형이고 옆에서 보면 삼각형인 도형
d) 앞과 옆과 위에서 볼 때 모두 원인 도형

064 정육면체의 세 꼭짓점을 선분으로 연결해서 다른 모양의 삼각형을 몇 개나 만들 수 있는가? 그림을 각각 그리시오.

065 피라미드를 보고 있다. 보이는 피라미드 면의 개수가 다음과 같을 때 내가 서 있는 위치는 어디인지 쓰시오.

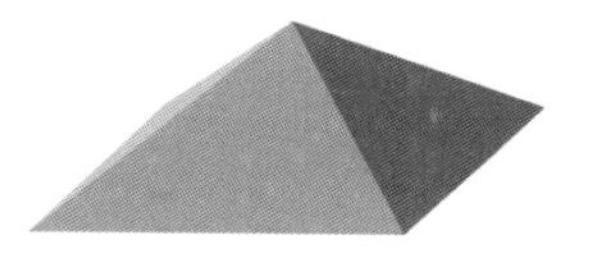

a) 한 면　　b) 두 면
c) 세 면　　d) 네 면

연구

066 다면체는 면들이 모여서 만드는 도형이다. 다각형의 면(T), 꼭짓점(K), 모서리(S)의 개수를 표로 만드시오.

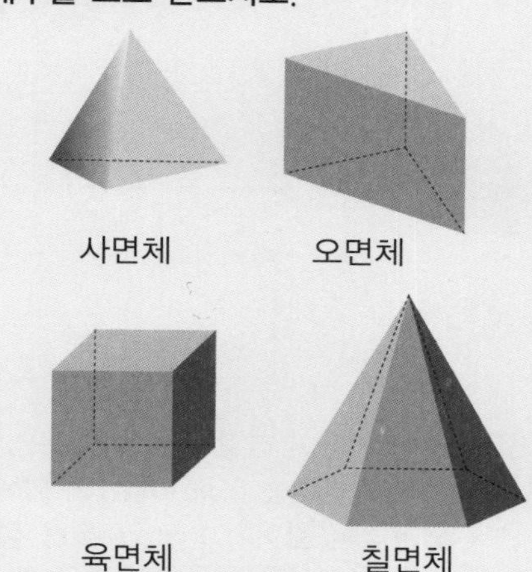

다면체	T	K	S
사면체	4	4	6
오면체			
육면체			
칠면체			

067 a) 위의 표에 세로로 한 줄을 더 만들고 식 T+K−S의 값을 계산해서 쓰시오.
b) a)의 식을 오일러의 방정식이라고 한다. 십면체에는 면과 꼭짓점이 각각 10개 있다. 오일러의 방정식을 이용하여 십면체의 모서리의 개수를 계산하시오.

스위스의 레온하르트 오일러(1701~1773)는 1700년대에 왕성한 활동을 했던 수학자이자 물리학자였다.

068 **다음과 같이 정육면체 모양의 상자를 세 가지 다른 색의 리본으로 묶은 다음 정육면체를 펼쳤다. 다른 색의 리본들을 면에 그려 넣으시오.**

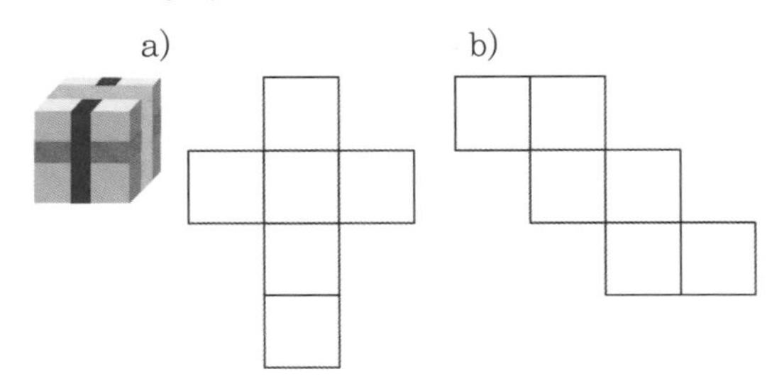

069 **아래와 같이 빨갛게 칠한 정육면체의 한 모서리의 길이는 3 cm이다. 이 정육면체를 한 모서리의 길이가 1 cm인 작은 정육면체 나누었더니 작은 정육면체가 27개 생겼다. 빨간 면의 개수가 다음과 같은 작은 정육면체는 몇 개인지 구하시오.**

a) 3개(정육면체 A)
b) 2개(정육면체 B)
c) 1개(정육면체 C)
d) 0개(정육면체 D)

070 **큰 정육면체의 한 모서리의 길이가 3 cm, 4 cm, 5 cm일 때 위 문제의 정육면체의 A, B, C, D의 개수를 다음과 같이 표로 만드시오. 한 모서리의 길이가 n cm인 정육면체에서 만들어지는 작은 정육면체에 대한 식을 만드시오.**

정육면체	큰 정육면체의 한 모서리의 길이(cm)			
	3	4	5	n
A				
B				
C				
D				

연구

정사각뿔의 밑면은 정사각형이고 옆면은 합동인 이등변삼각형들이다.

예제 **높이가 2.5 cm이고 밑면의 한 모서리의 길이가 3.0 cm인 정사각뿔을 그리시오.**

1. 밑면의 정사각형을 그린다.

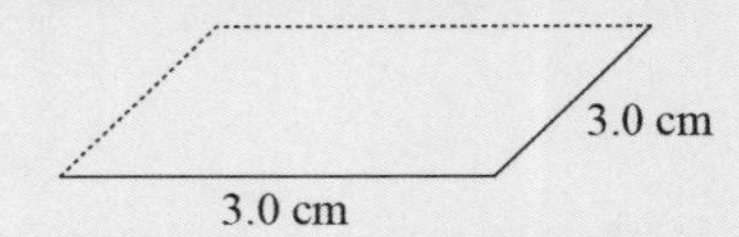

2. 밑면의 대각선들을 그린 다음 대각선들이 만나는 점에서 출발하는 높이의 선분을 그린다.

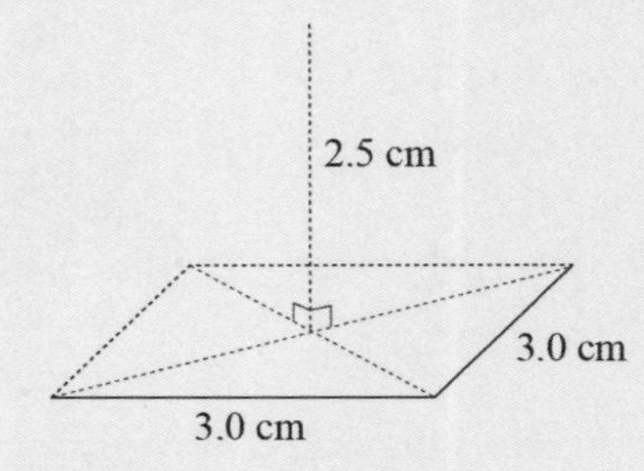

3. 옆선분들을 그린다.

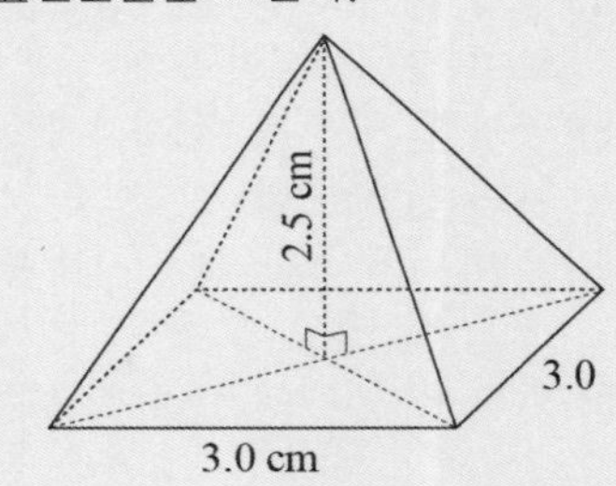

071 **높이와 밑면의 한 모서리의 길이가 각각 7.0 cm인 정사각뿔을 그리시오.**

072 **높이가 2.0 cm이고 밑면의 한 모서리의 길이가 6.0 cm인 정사각뿔을 그리시오.**

073 **다음 물음에 답하시오.**

a) 방정식 $p=2\pi r$을 이용하여 원의 반지름 r를 구하는 방정식을 만드시오.

b) 농구공의 둘레의 길이는 75.4 cm이다. 공의 반지름을 계산하시오.

074 **다음 물음에 답하시오.**

a) 방정식 $A=\pi r^2$을 이용하여 반지름 r를 구하는 방정식을 만드시오.

b) 핀란드 야구에서 투수가 서는 마운드의 넓이는 2 827 cm^{2}이다. 마운드의 반지름을 계산하시오.

075 **육상경기장의 가장 안쪽에 있는 달리기 레인의 길이는 400 m이다. 경기장 양쪽 끝의 달리기 레인은 반지름이 36.5 m인 반원의 모양이다. 그림을 그리고 다음을 계산하시오.**

a) 직선 부분의 길이

b) 가운데 잔디구장 부분의 넓이

076 **직사각형 모양의 잔디밭의 가로 길이는 42 m이다. 이 잔디밭의 넓이가 6.3 a(아르)일 때, 세로 길이를 계산하시오.**

077 **호수와 맞닿아 있는 1.5 ha(헥타르)의 들판 중에서 4 500 m^2 크기와 40 a 크기의 땅을 팔았다.**

a) 땅의 가격이 7.50 €/m^{2}일 때, 판 땅의 가격을 각각 계산하시오.

b) 땅을 팔고 남은 넓이를 계산하여 a로 답하시오. 그리고 남은 땅의 가격을 계산하시오.

연구

앵글로 색슨족이 사용하는 단위

인치(inch)	1 in = 2.54 cm
피트(foot)	1 ft = 12 in
야드(yard)	1 yd = 3 ft
마일(mile)	1 mi = 1 760 yd
갤런(gallon, US)	1 gal ≒ 3.785 L
에이커(acre)	1 acre = 4 840 yd^2

078 **110 m 장애물 달리기에는 10 야드 간격으로 장애물이 10개 있다. 마지막 장애물에서 골인지점까지의 거리는 출발지점에서 첫 번째 장애물까지의 거리보다 30 cm 더 길다. 출발선에서 첫 번째 장애물까지의 거리를 구하시오.**

079 a) 미국에서 온 교환학생 낸시의 키는 5피트 2인치이다. 낸시의 키를 센티미터로 바꾸시오.

b) 라세의 키 178 cm는 몇 피트 몇 인치인지 쓰시오.

080 **다음 넓이를 ha로 바꾸시오.**

a) 20 에이커

b) 1 제곱마일

081 **2010년 2월, 미국에서 기름 1갤런의 가격은 2.98달러(USD)였다. 환율이 1 EUR = 1.3913 USD였을 때 기름의 L당 가격을 계산하여 €로 답하시오.**

082 **중동 지역의 특산품인 카펫의 밀도는 제곱인치당 매듭의 개수, 즉 kpsi(knots per square inch)로 표현한다. 밀도가 1 090 kpsi인 카펫 1 cm^{2}에는 매듭이 몇 개 있는지 구하시오.**

심화학습 36－37쪽

083 **학교 운동장의 길이는** 75m, **너비는** 50m**이다. 운동장에 모래를** 5.0 cm **두께로 깔려고 한다. 트럭 한 대 분량의 모래가 약** 29 m^3 **일 때 트럭 몇 대 분량의 모래가 필요한지 계산하시오.** (모래를 다지는 것은 고려하지 않는다.)

084 **한 모서리의 길이가** 20 cm**인 정육면체 모양의 그릇에 물이 가득 차 있다. 이 그릇에 철로 되어 있고 사방이 막혀 있으며 한 모서리의 길이가 그릇의 한 모서리 길이의 반인 정육면체를 집어넣었다. 물이 얼마나 흘러 넘쳤을까?**

085 **직육면체 모양의** 1 L**짜리 주스팩의 가로는** 7.0 cm, **세로는** 6.0 cm, **높이는** 24 cm**이다. 이 팩의 전체 용량 중 몇 %를 주스** 1 L**가 채우는가?**

086 **벽돌의 가로는** 25.5 cm, **세로는** 12.0 cm, **높이는** 5.5 cm**이다. 벽돌을 쌓아서 그림의 밑면을 만들고자 한다. 벽돌들 사이 회반죽의 두께는** 1.5 cm**이다. 그림과 같은 밑면을 만들려면 회반죽이 몇** L **필요한가?**

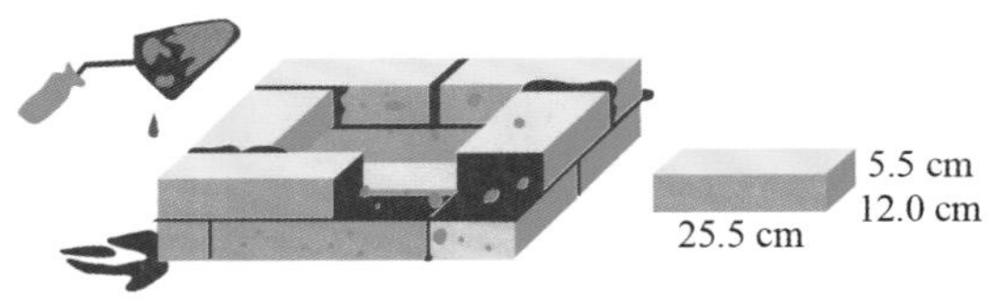

087 **직사각형 모양의 주석판의 가로는** 60 cm**이고 세로는** 20 cm**이다. 이 판을 구부려서 밑면이 정사각형 모양이고 윗면과 아랫면이 없는 통을 만들려고 한다. 높이가 다음과 같을 때 이 도형의 부피를 계산하시오.**

a) 60 cm　　b) 20 cm

088 **한 모서리의 길이가 두 배가 되면 정육면체의 부피는 몇 배가 되는가? 문제를 다음 방식으로 푸시오.**

a) 그려서 푸시오.　　b) 계산해서 푸시오.

연구

직각기둥의 면의 대각선은 면에서 서로 마주 보는 꼭짓점들을 연결한다.
기둥 안의 공간을 가로지르는 대각선은 서로 다른 면에 있는 꼭짓점들을 연결한다.

예제 **아래 직각기둥의 다음을 계산하시오.**

a) 밑면의 대각선 AC의 길이 x
b) 대각선 CD의 길이 y

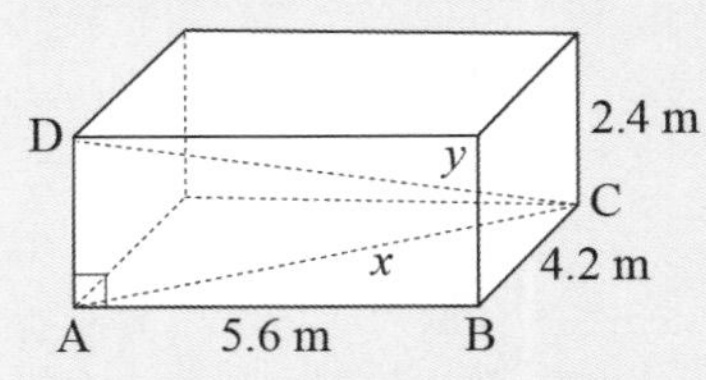

a) 대각선 AC는 직각삼각형 ABC의 빗변이다. 피타고라스의 정리에 의해서
$x^2 = 5.6^2 + 4.2^2 = 49.00$이고,
$x = \sqrt{49.00} = 7.0$이다.

b) 공간을 가로지르는 대각선 CD는 직각삼각형 CDA의 빗변이다. 피타고라스의 정리에 의해서
$y^2 = 2.4^2 + x^2 = 54.76$이고,
$y = \sqrt{54.76} = 7.4$이다.

정답 : a) $x = 7.0$ m　**b)** $y = 7.4$ m

089 **아래 직각기둥의 다음을 구하시오.**

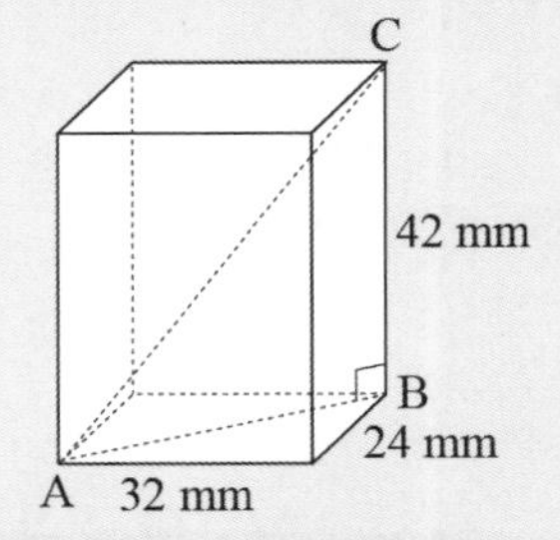

a) 밑면의 대각선 AB의 길이
b) 공간을 가로지르는 대각선 AC의 길이

심화학습 38－39쪽

090 다음 삼각기둥의 부피를 구하시오.

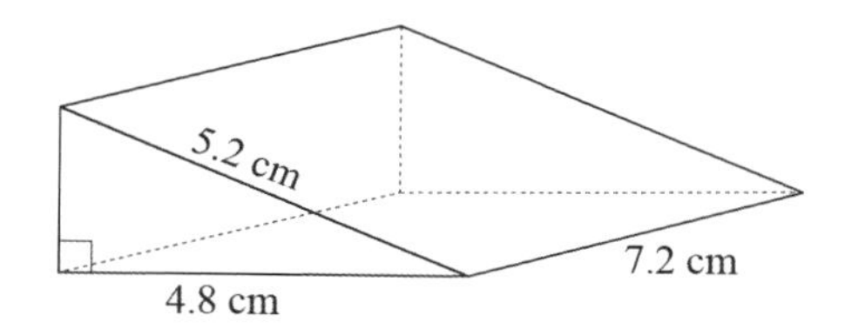

091 다음 사각기둥의 부피를 구하시오.

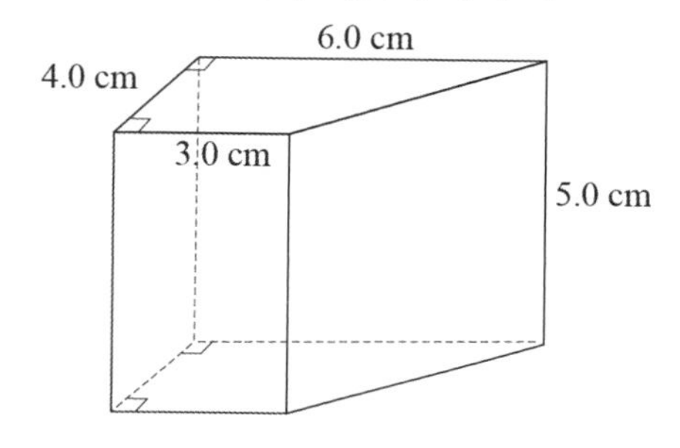

092 다음 수영장 안에 들어가는 물의 부피를 구하시오.

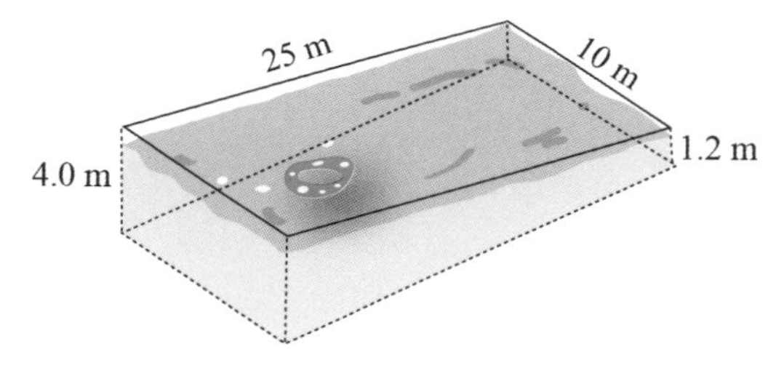

093 밑면이 정사각형인 아래 사각기둥의 다음을 구하시오.

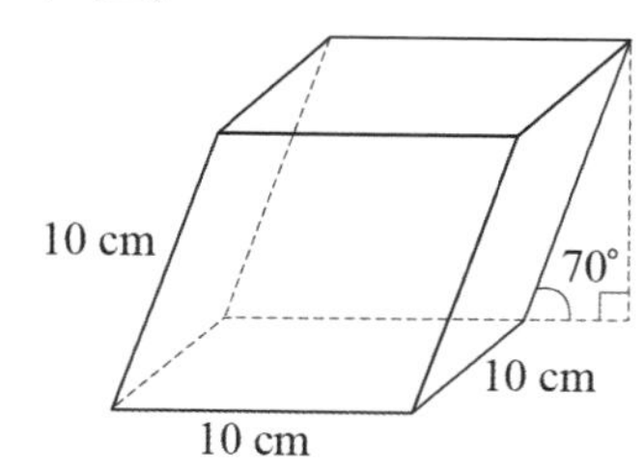

a) 높이　　　　b) 부피

연구

헬싱키 시내에 있는 케스쿠스 로의 땅바닥에 깔린 타일은 건축가 위르요 로신(APRT 사)의 설계작이다.

헬싱키 시내에 있는 케스쿠스 로의 땅바닥에 깔린 타일은 영국의 수학자 로저 펜로즈가 고안해 낸 것으로 연과 화살이라는 이름을 갖고 있다.

연 OABC는 정십각형에서 두 개의 연속한 중심삼각형들을 연결해서 만든다. 화살 OADC는 연에서 점 B를 현 AC를 축으로 대칭해서 점 D를 연결해서 만든다.

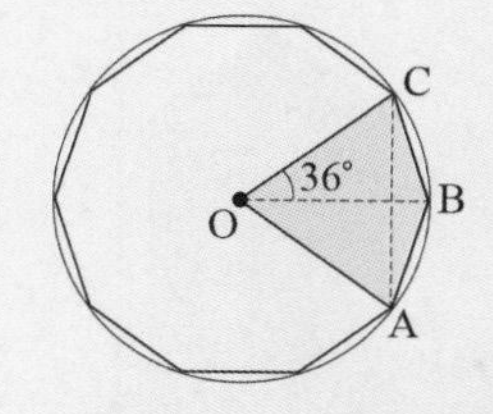

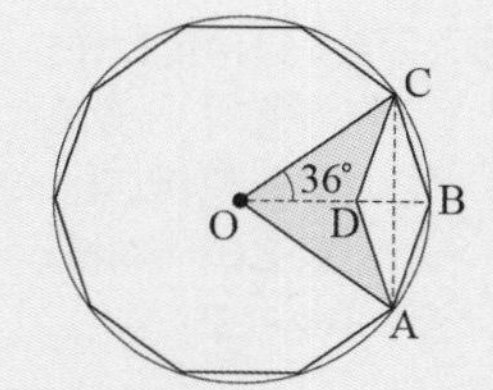

케스쿠스 로에 있는 타일의 두께는 10 cm이고 원의 반지름 OA = 60 cm이다.

094 다음을 구하시오.

a) 삼각형 OBC의 높이
b) 연의 넓이
c) 연의 부피

095 다음을 구하시오.

a) 삼각형 ODC의 밑변의 길이
b) 화살의 넓이
c) 화살의 부피

096 이중원뿔 모양인 다음 부표의 부피를 구하시오.

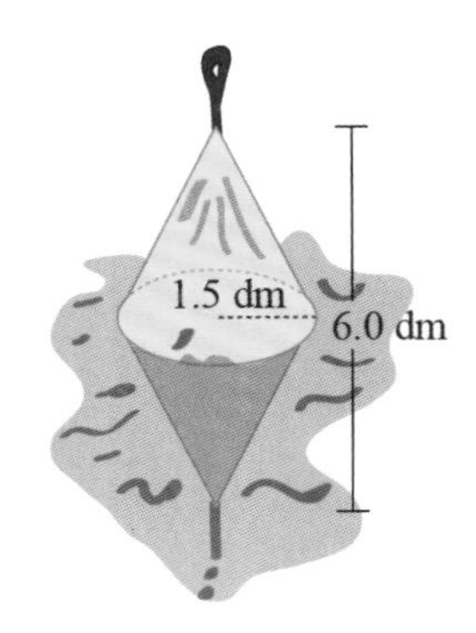

097 옆 곡식저장고는 원기둥과 원뿔로 이루어져 있다. 저장고의 부피를 구하시오.

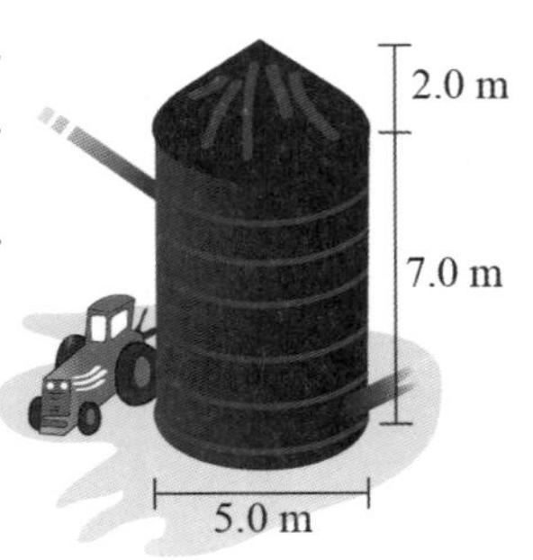

098 원뿔의 밑면의 지름은 12.0 cm이고 높이는 20.0 cm이다. 옆과 같이 원뿔을 높이의 반인 지점에서 잘라서 위의 작은 원뿔은 버렸다. 남아 있는 도형의 부피를 구하시오.

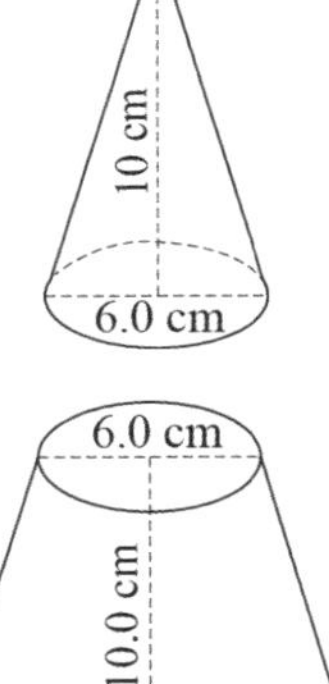

099 원뿔 모양의 아이스크림의 높이는 150 mm이고 밑면의 지름은 65 mm이다. 높이의 반을 먹었을 때 남아 있는 아이스크림의 양을 구하시오.

100 정사각뿔의 밑면의 한 모서리의 길이는 6.0 cm이고 옆면의 모서리 AO와 밑면의 대각선 AC 사이의 각의 크기는 52°이다. 다음을 계산하시오.

a) 선분 AB의 길이
b) 정사각뿔의 높이 BO
c) 정사각뿔의 부피

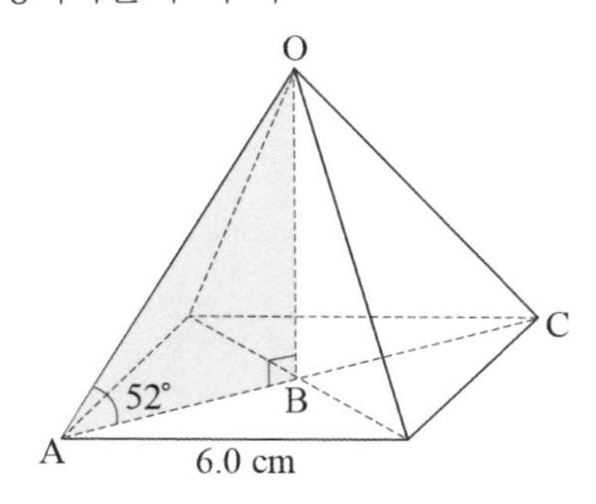

연구

막대사탕 레시피

생크림 2 dL
시럽 2 dL
설탕 2 dL
버터 2스푼

생크림, 시럽, 설탕을 약 15분 정도 걸쭉해질 때까지 약불에서 끓인다. 버터를 넣어 녹이고 실온에서 식힌다.

101 막대사탕의 높이는 7.0 cm, 밑면의 지름은 3.0 cm이고 1스푼은 15 mL일 때, 위 레시피의 재료로 만들 수 있는 원뿔 모양의 막대사탕은 몇 개인지 구하시오.

102 아래 정육면체의 한 모서리의 길이는 8.0 cm 이다. 정육면체의 모서리에서 아래와 같이 삼각기둥들을 잘라냈다. 다음을 계산하시오.

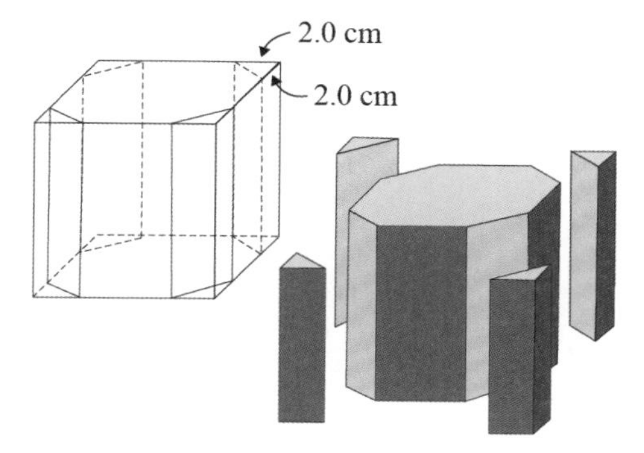

a) 정육면체의 부피
b) 한 삼각기둥의 부피
c) 남아 있는 팔각기둥의 부피

103 비스듬한 아래 원기둥의 다음을 계산하시오.

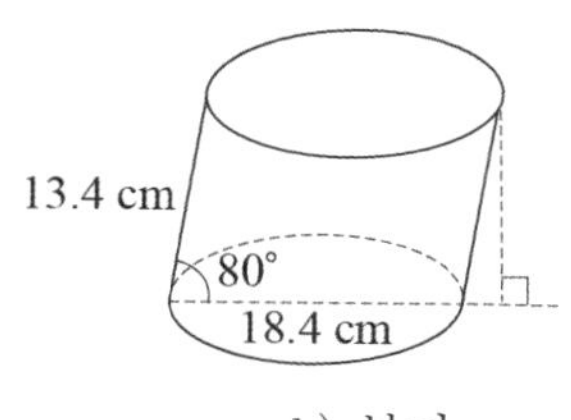

a) 높이 b) 부피

104 비스듬한 아래 원뿔의 다음을 계산하시오.

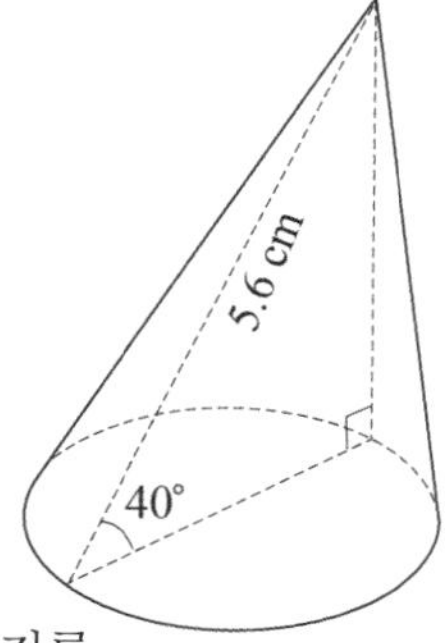

a) 밑면의 지름
b) 밑면의 반지름
c) 높이
d) 부피

105 다음 정팔면체의 8개의 면은 모두 정삼각형이다. 이 정팔면체의 부피를 계산하여 dL로 답하시오.

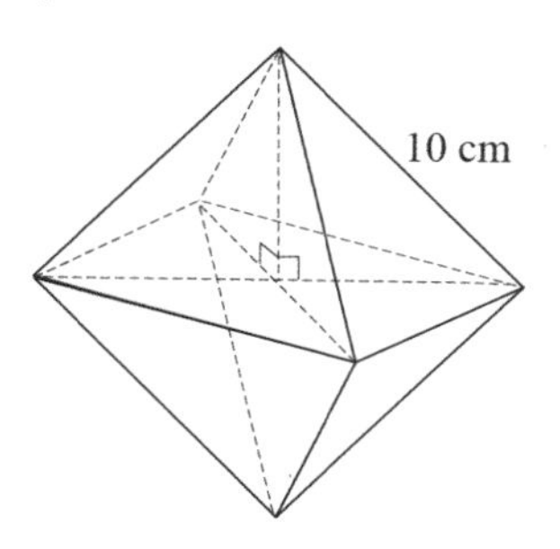

106 찰흙으로 한 모서리의 길이가 4.0 cm인 정육면체를 만들었다. 이 정육면체를 주물러서 다시 밑면의 지름이 정육면체의 한 모서리의 길이와 같은 원기둥을 만들었다. 원기둥의 높이를 계산하시오.

107 강우계에 빗물을 모으는 다음 깔대기 입구의 반지름은 7.0 cm이고 아래 기둥의 반지름은 2.5 cm이다.

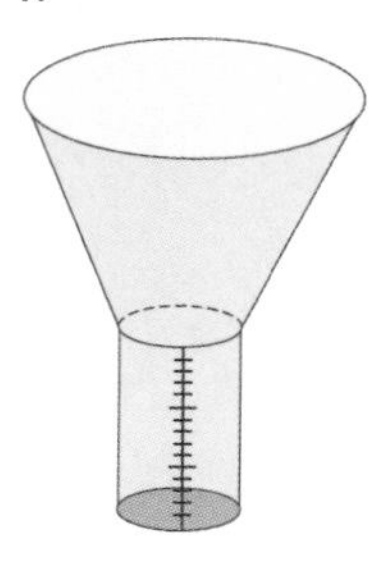

a) 강우량이 1 mm일 때 아래의 기둥 안에 고여 있는 물의 양은 얼마인가?
b) 기둥에는 강우량을 나타내는 눈금이 mm로 표시되어 있다. 물은 몇 mm까지 올라오는가?

108 윗면이 없는 원기둥 모양의 용기를 만드는 데 재료가 두 가지 필요하다. 밑면의 재질 가격은 $2.35\ €/dm^2$이고 옆면의 재질 가격은 밑면의 재질 가격보다 20% 저렴하다. 용기의 높이가 1 000 mm이고 밑면의 반지름이 400 mm일 때, 용기 한 개를 만드는 데 필요한 재료의 가격은 얼마인지 계산하시오.

109 다음과 같이 원기둥 모양의 용기의 윗면의 원 둘레의 한 지점에서 시작해서 기둥 주변을 감싸면서 밑면의 원의 둘레와 같은 위치의 지점까지 철사를 꽉 조여 둘렀다. 이 철사의 길이를 계산하시오.

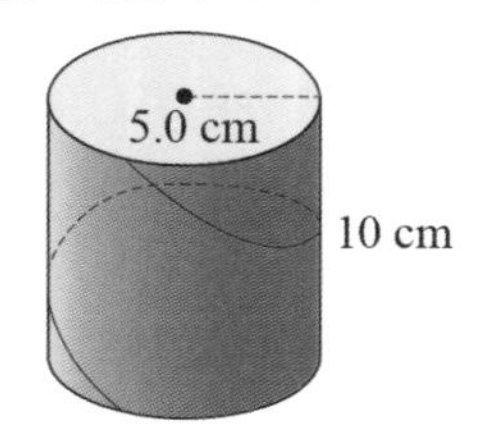

110 원기둥 모양의 다음 쿠션의 밑면의 지름과 높이는 각각 50 cm이다.

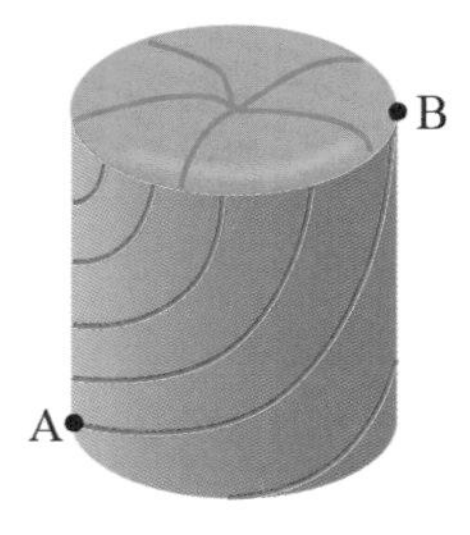

a) 속을 채울 솜이 얼마나 필요한가?
b) 쿠션을 만들 천이 얼마나 필요한가?
c) 쿠션의 주위에 장식용 리본을 연결했다. 이 리본의 길이는 윗면의 둘레의 점 A에서 밑면의 둘레의 반대편에 있는 점 B의 가장 짧은 거리이다. 이 리본들 길이를 계산하시오.

111 삼각기둥 모양의 다음 텐트에 대하여 물음에 답하시오.

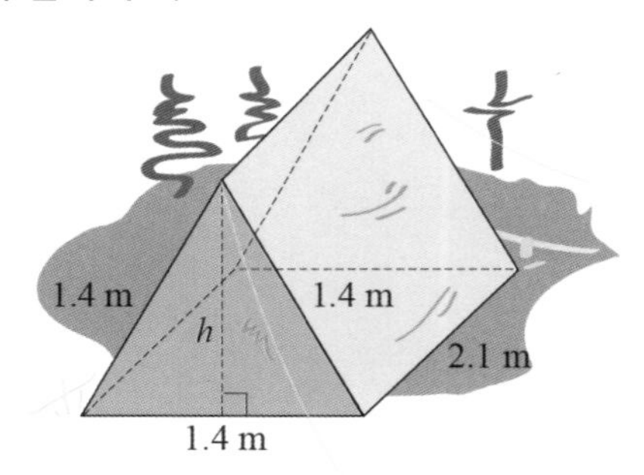

a) 이 텐트의 높이 h를 계산하시오.
b) 이음새에는 완성된 텐트 넓이의 5%의 천이 사용되었고 밑면 또한 같은 천으로 만들었다. 이 텐트에는 천이 얼마나 사용되었는가?

112 다음 방의 구석 A에서 구석 B까지 천장이나 바닥을 거쳐서 가는 가장 짧은 길이를 구하시오.

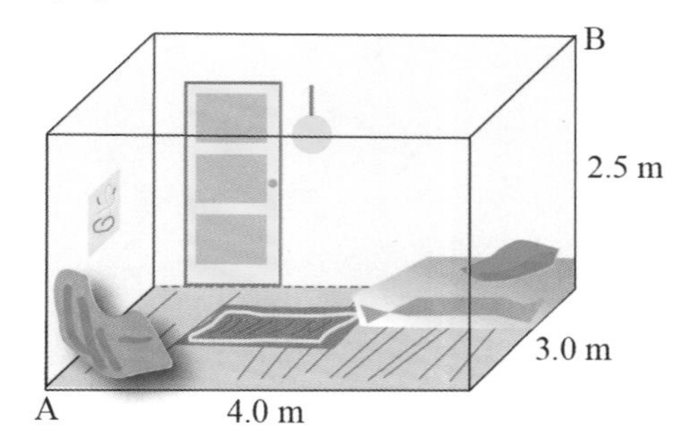

113 다음과 같이 정육면체에서 밑면의 한 모서리의 중점을 지나도록 잘라서 삼각기둥 2개를 만들었다. 남아 있는 육각기둥의 옆면의 넓이의 합이 잘라낸 두 삼각기둥의 옆면의 넓이의 합과 같은 이유를 설명하시오.

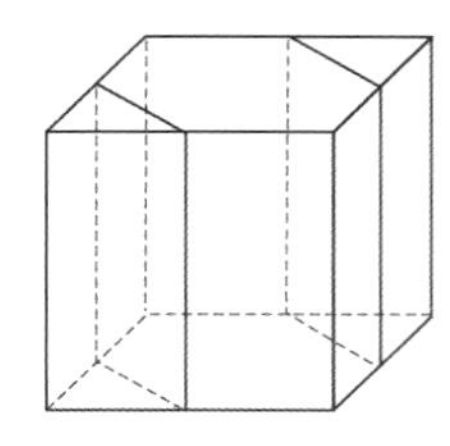
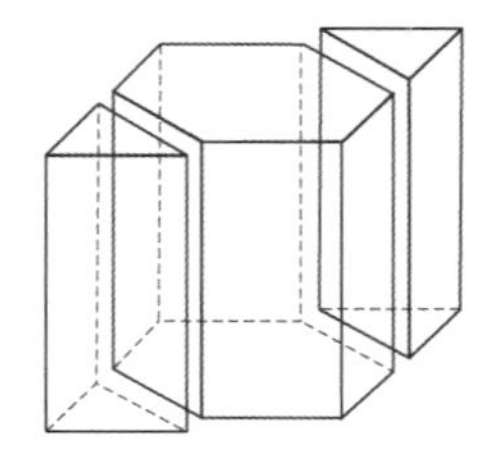

114 다음과 같이 정육면체의 꼭짓점 A, B, C를 지나는 평면으로 정육면체를 잘라냈다. 다음을 구하시오.

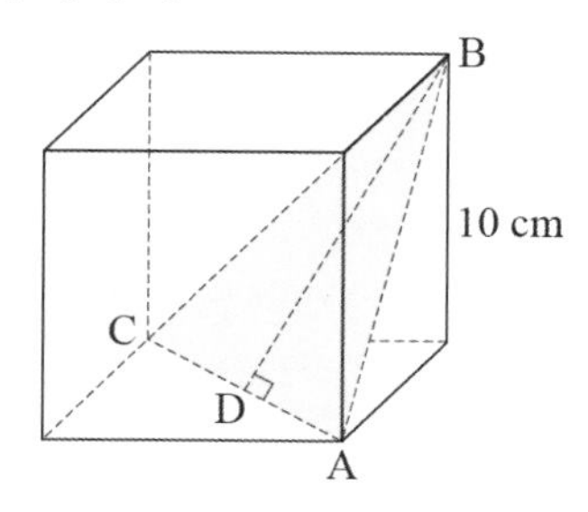

a) 선분 AB의 길이
b) 선분 BD의 길이
c) 삼각형 ABC의 넓이

115 다음과 같이 정육면체에서 정삼각뿔을 잘라냈다.

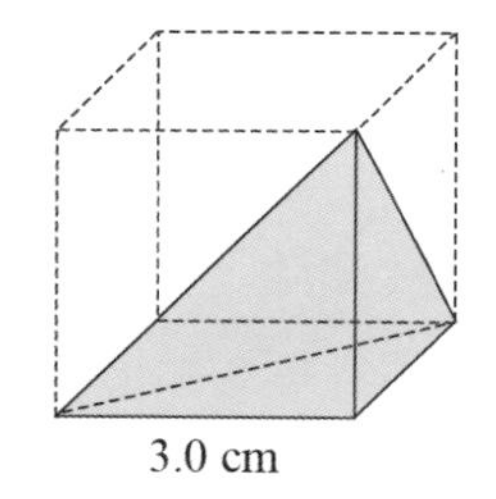

a) 정삼각뿔의 전개도를 그리시오.
b) 정삼각뿔의 겉넓이를 구하시오.

116 다음과 같이 정육면체에서 사각뿔을 잘라냈다.

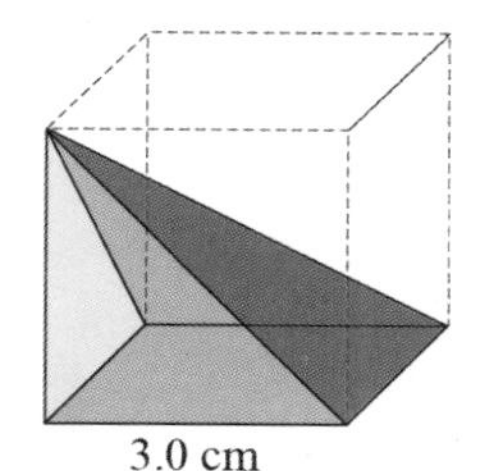

a) 사각뿔의 전개도를 그리시오.
b) 사각뿔의 겉넓이를 구하시오.

117 다음 정사면체의 모든 면은 정삼각형이다.

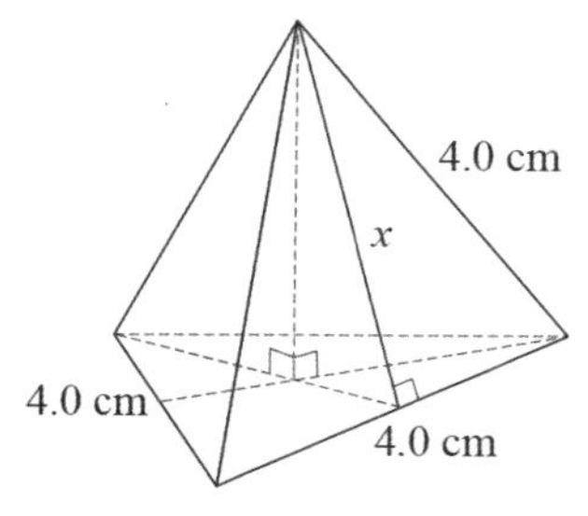

a) 정사면체의 전개도를 그리시오.
b) 옆면의 높이 x를 구하시오.
c) 정사면체의 겉넓이를 구하시오.

118 다음 정자 지붕의 겉넓이를 구하시오.

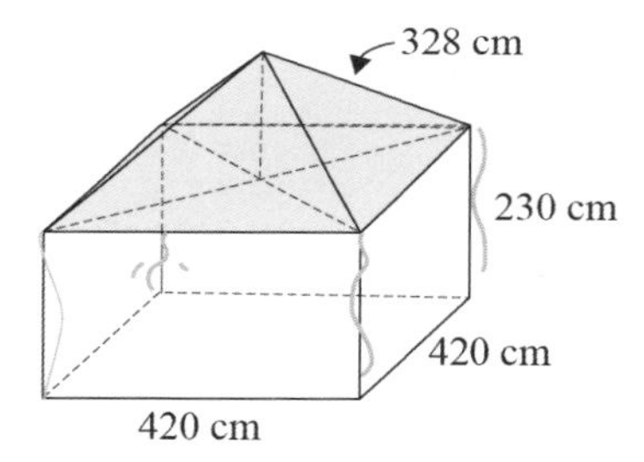

119 투르쿠 성의 서쪽 탑의 지붕은 높이가 6.4m이고 밑면의 한 모서리의 길이가 13.4m인 정사각뿔이다. 이음새는 고려하지 않을 때, 이 지붕을 덮는 구리판의 넓이는 몇 m^2인지 계산하시오.

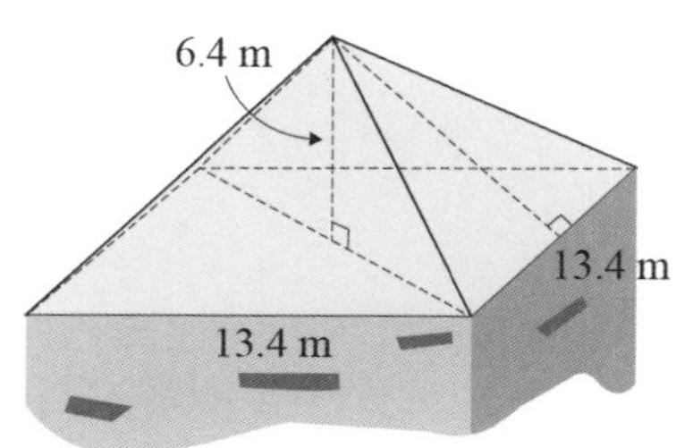

120 **다음과 같이 원뿔을 정육면체 모양의 상자에 담았다. 다음을 구하시오.**

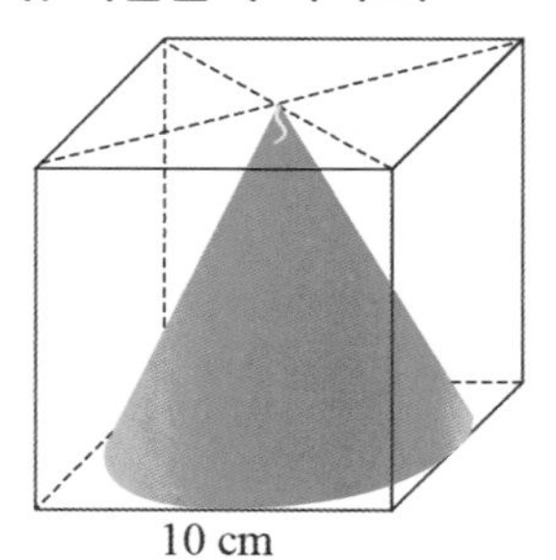

a) 원뿔의 부피
b) 원뿔 옆면의 넓이

121 **다음 부채꼴로 원뿔의 옆면을 만든다. 원뿔의 다음을 계산하시오.**

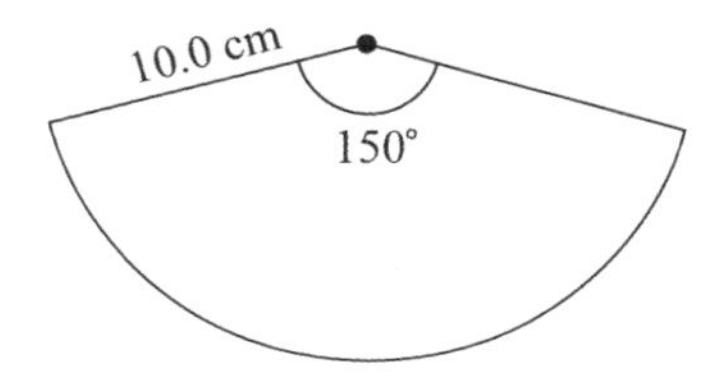

a) 밑면의 둘레의 길이
b) 밑면의 반지름
c) 겉넓이

122 **반지름이 50 cm인 반원으로 원뿔의 옆면을 만든다. 원뿔의 다음을 구하시오.**

a) 밑면의 반지름
b) 부피
c) 겉넓이

123 **원뿔의 옆선분의 길이는 45 cm이고 밑면의 둘레의 길이가 56 cm이다. 원뿔의 다음을 구하시오.**

a) 옆면의 넓이
b) 겉넓이

124 **중세시대 성탑의 지붕은 밑면의 지름이 16.8m인 원뿔이다. 원뿔의 옆선분과 밑면의 지름 사이의 각의 크기는 61°이다. 그림을 그리고 지붕의 겉넓이를 구하시오.**

연구

부채꼴의 넓이 A_s와 호의 길이 b는 원의 전체 넓이 πr^2과 둘레의 길이 $2\pi r$에서 중심각 α에 해당하는 넓이와 둘레의 길이이다.

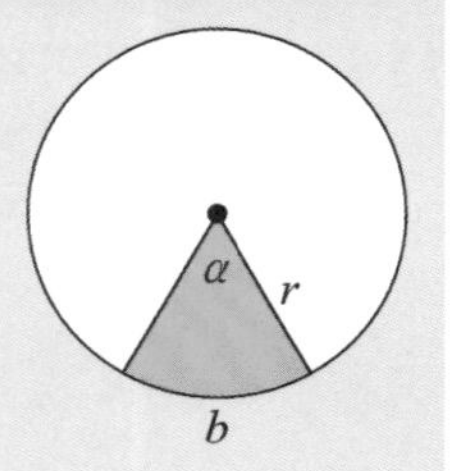

$$A_s = \frac{\alpha}{360°} \cdot \pi r^2$$

$$b = \frac{\alpha}{360°} \cdot 2\pi r$$

125 **비례식 $\frac{A_s}{b}$를 이용해서 부채꼴의 넓이를 구하는 공식 $A_s = \frac{br}{2}$를 유도하시오.**

팁

공통인 인수 $\frac{\alpha}{360°}$, π, r를 약분한다.

126 **비례식을 이용해서 원뿔의 옆면 넓이를 구하는 공식 $A_v = \pi rs$를 유도하시오.**

	넓이	호의 길이
옆면	A_v	$2\pi r$
원 전체	πs^2	$2\pi s$

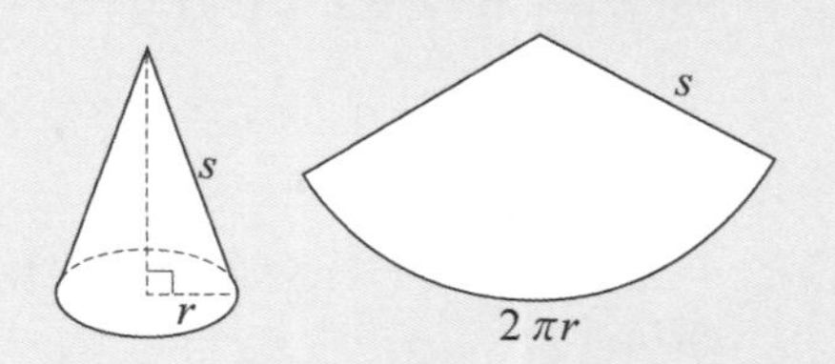

127 **정육면체의 한 모서리의 길이가 3.0 cm이다. 이 정육면체를 같은 크기의 작은 정육면체 27개로 나누었다. 겉넓이는 몇 배로 바뀌는지 구하시오.**

128 **직사각형 모양의 다음 종이를 구부려서 원기둥으로 만드는 방법에는 두 가지가 있다. 원기둥들의 다음을 구하시오.** (겉넓이를 구할 때는 윗면의 넓이와 밑면의 넓이를 합한 겉넓이를 구한다.)

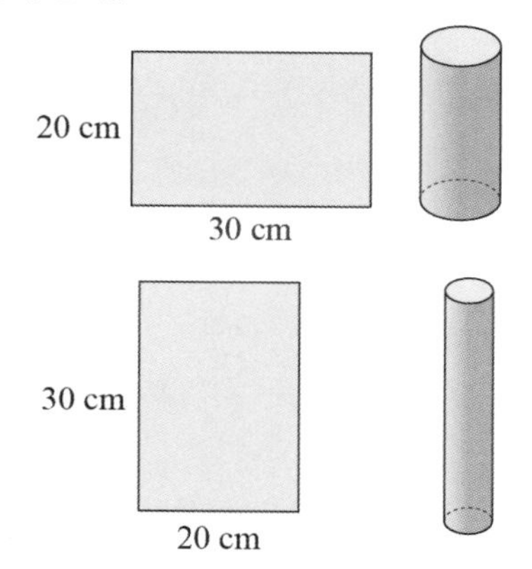

a) 부피
b) 부피의 비율
c) 겉넓이
d) 겉넓이의 비율

129 **다음 각기둥에 대하여 물음에 답하시오.**

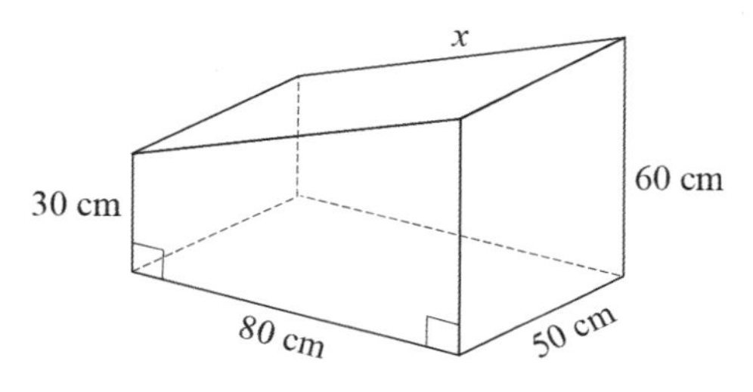

a) 모서리의 길이 x를 구하여 m로 답하시오.
b) 넓이를 구하여 m^2로 답하시오.

130 **다음 삼각뿔의 옆모서리들은 서로 직각이다.**

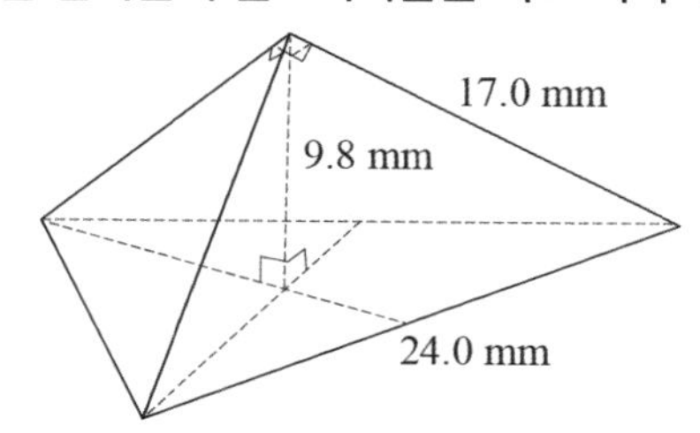

a) 정삼각뿔 옆면의 전개도를 그리시오.
b) 정삼각뿔의 부피를 구하시오.
c) 정삼각뿔 전체 옆면의 넓이를 구하시오.

131 **원기둥의 밑면의 반지름은 $3a$이고 높이는 $4a$이다. 원기둥의 안에 밑면의 반지름과 높이가 원기둥과 같은 원뿔이 있다.**

a) 그림을 그리시오.
b) 원뿔의 겉넓이는 원기둥 옆면의 넓이와 같음을 설명하시오.

> **팁**
> • 계수 a에 적당한 수를 대입하여 계산한다.
> • 문자가 들어 있는 항 그대로 계산할 수 있는지 시도해본다.

132 **반원을 구부려서 원뿔을 만들었다.**

a) 반원과 원뿔을 그리시오. 반원의 반지름을 s, 원뿔 밑면의 반지름을 r로 표시하시오.
b) 원뿔 밑면의 넓이는 원뿔 옆면 넓이의 반임을 설명하시오.

> **팁**
> • 반원의 반지름 s에 적당한 수를 대입하여 계산한다.
> • 문자가 들어 있는 항 그대로 계산할 수 있는지 시도해본다.

133 **밑면의 지름이 20 cm인 원기둥 모양의 냄비 안에 죽이 12 cm 높이까지 들어 있다.**

a) 지름이 20 cm인 공을 반 자른 모양의 그릇에 죽이 다 들어갈지 계산하시오.
b) 공을 반 자른 모양의 국자의 지름은 7.3 cm이다. 국자로 죽을 몇 번 떠야 다 뜰 수 있는가?

134 **규칙에 따르면 핀란드야구 경기에 쓰이는 공의 둘레의 길이는 최소 21.5 cm에서 최대 22.5 cm여야 한다.**

a) 허용된 최대크기의 공의 부피와 최소크기의 공의 부피 차를 계산하시오.
b) 최대크기의 공의 부피는 최소크기의 공의 부피보다 몇 % 더 큰가?

135 **공 모양의 풍선이 밤새 바람이 빠져 반지름이 반이 되었다. 풍선의 부피는 몇 % 줄어들었는지 구하시오.**

136 **공을 반으로 나눈다. 겉넓이는 몇 % 줄어들었는지 구하시오.**

137 **공의 겉넓이는 113 cm^2이다. 공의 반지름을 구하시오.**

연구

세제곱근은 어떤 수의 세제곱의 반대이다. 정육면체의 부피가 8 cm^3라면 정육면체의 한 모서리의 길이는 세제곱이 8인 수이다. 이 수는 $\sqrt[3]{8}$ 이라고 쓰고 세제곱근 8이라고 읽는다.
$2^3=8$이므로 $\sqrt[3]{8}=2$이다. 따라서 정육면체의 한 모서리의 길이는 2 cm이다.

SHIFT x^3 8 = tai 3 SHIFT ∧ 8 =

계산기 사용법

예제 **공의 부피가 33 cm^3일 때 이 공의 반지름을 구하시오.**

공의 반지름을 변수 r 센티미터로 표시한다. 방정식은 다음과 같다.

$\frac{4\pi r^3}{3}=33$ ■ 양변에 ×3을 한다.

$4\pi r^3=99$ ■ 양변에 ÷4π를 한다.

$r^3=\frac{99}{4\pi}$

$r=\sqrt[3]{\frac{99}{4\pi}}=1.989\cdots \fallingdotseq 2.0$

공의 반지름은 약 2.0 cm이다.

138 **정육면체의 부피가 다음과 같을 때 한 모서리의 길이를 구하시오.**

a) 27 cm^3　b) 512 cm^3　c) 1 L

139 **다음을 구하시오.**

a) $\sqrt[3]{1331}$　b) $\sqrt[3]{216}$　c) $\sqrt[3]{3.4}$

140 **아이스크림볼의 부피는 1.0 dL이다. 이 아이스크림볼의 지름을 구하시오.**

141 **찰흙으로 만든 공의 부피는 1.0 dm^3이다. 이 공을 똑같은 크기로 반을 나누어서 공을 두 개 만든다. 작은 공들의 넓이의 합은 큰 공의 넓이보다 몇 % 더 큰가?**

142 원기둥과 원뿔의 밑면의 반지름은 27 mm이고 높이는 36 mm이다. 원뿔의 넓이와 원기둥 옆면의 넓이가 같음을 설명하시오.

143 공 모양인 저장고의 부피는 $5.0\mathrm{m}^3$이다. 이 저장고를 땅속에 묻으려면 최소한 어느 부피의 땅을 파야 하는지 구하시오.

144 정사각뿔의 높이는 5.2 cm이고 옆모서리를 따라 자른 단면은 정삼각형이다.

a) 위의 정사각뿔과 그것을 자른 단면의 정삼각형을 그리시오.

b) 정사각뿔의 밑면의 넓이를 구하시오.

145 공 모양인 물통의 안쪽 지름은 12.5 cm이다. 물통에 물을 1 L를 담아서 냉동고에 넣어 얼리려고 한다. 물은 얼면 그 부피가 8% 늘어난다. 이 물통에 물을 1 L 담아서 얼려도 되는지 계산해서 알아보시오.

146 옆과 같이 길이가 12 cm인 연필의 양 끝을 모두 깎고 이 연필을 높이가 10 cm인 원기둥 모양의 연필꽂이에 비스듬하게 세웠더니 길이가 딱 맞았다. 연필꽂이의 밑면의 반지름을 구하시오.

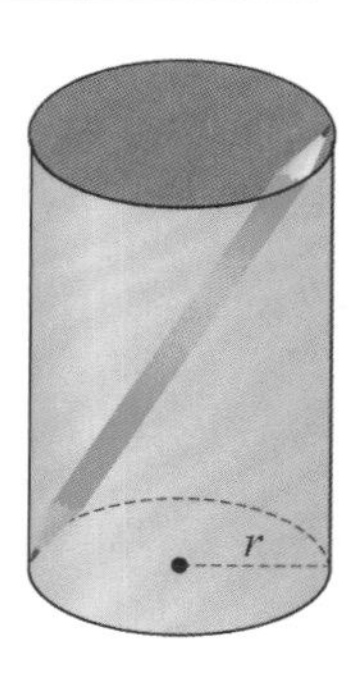

147 직육면체 모양인 다음 상자의 가로는 50 cm, 세로는 30 cm, 높이는 30 cm이다. 상자의 바닥에 반지름이 2.5 cm인 공을 60개 깔아 놓을 수 있다.

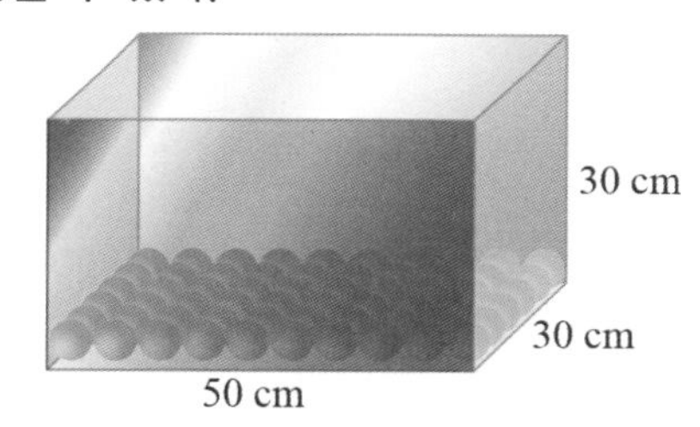

a) 깔려 있는 공들 바로 위에 그대로 계속해서 공을 얹는다고 할 때 상자 안에 공은 몇 개나 들어갈까?

b) 공을 다 채운 상자에 남아 있는 빈 공간의 부피를 구하시오.

148 다음 정삼각뿔의 옆모서리들은 길이가 각각 10 cm이고 서로 수직이다. 정삼각뿔의 다음을 구하시오.

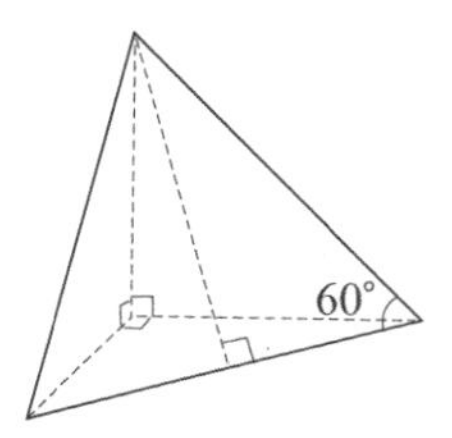

a) 부피

b) 겉넓이

심화학습 56 - 57쪽

여러 물질의 밀도

물질	밀도(g/cm^3)
화강암	2.7
은	10.5
금	19.3
식용유	0.90
스티로폼	0.15
철	7.80

149 **직육면체 모양의 스티로폼 판의 모서리의 길이들은** 1 000 mm, 1 200 mm, 70 mm**이다.**

a) 스티로폼 판의 무게를 계산하시오.

b) 같은 크기의 판을 철로 제작한다면 이 판의 무게는 얼마인가?

150 **냄비 바닥의 넓이는** 200 cm^2**이다. 이 냄비에 식용유** 0.4 kg**을 부었다.**

a) 냄비에 담겨 있는 식용유의 부피를 계산하시오.

b) 냄비에 담겨 있는 식용유의 높이를 계산하시오.

151 **직육면체 모양의 화강암으로 만든 기념비의 가로는** 3.25m, **세로는** 45 cm, **높이는** 90 cm **이다. 트랙터 크레인은 무게** 3**톤까지 들 수 있다. 이 크레인으로 화강암 기념비를 옮길 수 있는지 구하시오.**

152 **철로 만든** I **모양의 아래 보의 다음을 구하시오.**

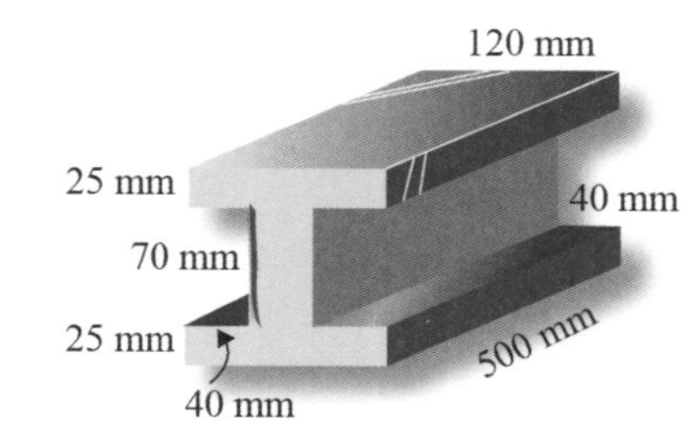

a) 부피　　　　b) 무게

연구

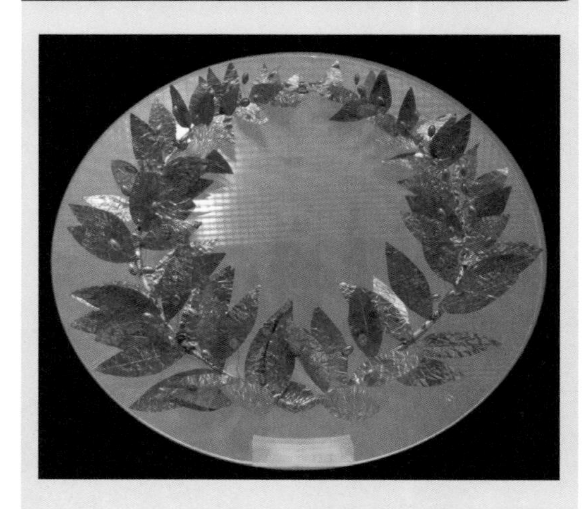

전해 내려오는 이야기에 의하면 아르키메데스(기원전 287~212)는 시라쿠사의 왕인 히에론 2세의 부정직한 금 세공사가 왕이 왕관을 만드는 데 사용하라고 준 금의 일부를 은으로 바꾸고 금을 가로챈 것을 밝혀냈다고 한다. 아르키메데스가 사용한 방법은 물질 고유의 밀도가 서로 다름을 이용한 것이다.

153 **왕관의 무게가** 700g**이라고 가정한다. 왕관을 순전히 다음 물질로 만들었을 때 왕관의 부피를 구하시오.**

a) 금　　　　b) 은

154 **밑면의 가로가** 20 cm**이고 세로가** 15 cm **인 직육면체 모양의 용기에 물을 담고, 왕관을 물에 넣어서 왕관의 부피를 확인할 수 있다. 왕관이 순전히 다음 물질로 만들어졌다면, 물의 높이는 몇** mm **올라가는지 구하시오.**

a) 금　　　　b) 은

155 **아르키메데스가 위의 방법을 이용하여 왕의 금 세공사의 사기를 밝힐 수 있었다고 생각하는가?**

심화학습 66-67쪽

156 **다음 물음에 답하시오.**

a) 정육면체의 넓이는 정육면체의 한 모서리 길이의 함수인가?

b) 공의 부피는 공의 반지름의 함수인가?

c) 학생의 이름은 학생 주민번호의 함수인가?

d) 학생의 주민번호는 학생 이름의 함수인가?

e) 숙제 검사한 결과는 수학 평가점수의 함수인가?

157 **다음 함수의 식을 만족하는 수를 화살표로 이으시오.**

a) $f(x)=-x+47$

x	$f(x)$
0	46
1	47
2	44
3	45

b) $f(x)=-9x-13$

x	$f(x)$
0	−13
1	−22
2	−31
3	−40

158 **다음 $f(x)$를 추정하시오.**

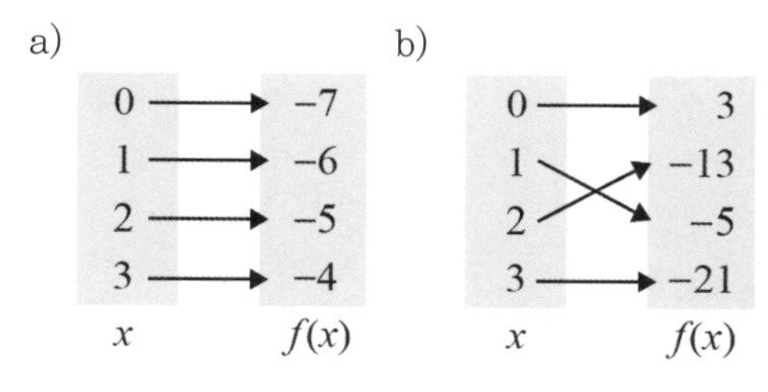

159 **다음은 함수인가, 아닌가?**

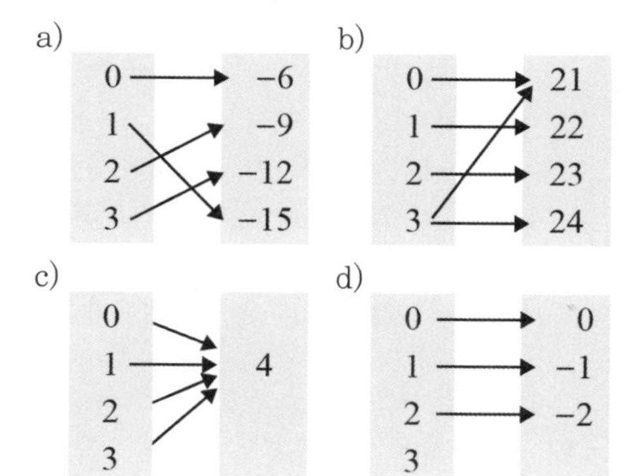

연구

행렬코드는 전달하고자 하는 메시지를 숨기는 간단한 방법이다.
메시지의 송신자와 수신자는 사전에 몇 개의 행과 열을 사용할 것인지 정한다.

예제 **4×6 행렬코드를 이용하기로 한다.**
메시지를 분석한다 : "LET US GO TO THE PARK TONIGHT(저녁에 공원에 가자.)"

4×6 행렬코드에 메시지를 세로로 써내려간다.

L	S	O	P	T	G
E	G	T	A	O	H
T	O	H	R	N	T
U	T	E	K	I	G

표에 칸이 남으면 아무 문자나 써서 빈칸이 없게 한다. (위 예의 경우 한 칸이 남아서 그 칸에 G를 썼다.)

문자를 5개씩 묶어서 가로로 다시 쓴다. 마지막에 아무 문자나 추가해서, 5개 문자를 맞춘다. (아래 예의 경우 한 자가 모자라서 O를 추가했다.)

LSOPT GEGTA OHTOH RNTUT EKIGO

160 **3×7 행렬코드를 이용하여 다음을 암호화하시오.**

COME TO MY HOUSE TOMORROW
(내일 우리집에 와.)

161 **다음으로 보아 3×7 행렬코드에 표시된 메시지는 무엇인지 분석하시오.**

MHACS CIAET SEINT MIIXT GINEO

162 **행렬코드 암호법을 이용하여 친구와 메시지를 주고받으시오.**

163 교과목의 평가점수는 시험점수 x의 함수 $f(x)=\frac{1}{4}x+3\frac{1}{2}$이다. 함수 f를 이용하여 다음을 계산하시오.

a) 시험점수가 10점일 때 평가점수
b) 시험점수가 23점일 때 평가점수
c) 평가점수 10일 때 시험점수
d) 평가점수 7－(6.75)일 때 시험점수

164 다음 행렬의 규칙을 추정하시오. x에 알맞은 수를 구하시오.

a)

1	2	3
4	5	9
10	11	21
22	23	x

b)

2	3	6
4	5	20
6	7	42
8	9	x

연구

예제 수열의 항은 몇 번째 항인지 나타내는 수 n의 함수 $f(n)$이다.

a) 수열 2, 4, 6, 8,…의 n번째 항 $f(n)$은 무엇인가?
b) 수열의 100번째 항을 계산하시오.

a) 수열의 각 항은 수 n에 2를 곱해서 얻으므로 $f(n)=2n$이다.
b) $f(100)=2\cdot100=200$

정답 : a) $f(n)=2n$ b) $f(100)=200$

165 아래 수열의 규칙을 추정하고 수열의 다음 세 항을 계산하시오.

a) 3, 6, 9, 12, …
b) −1, 3, 7, 11, …

166 다음 물음에 답하시오.

a) 수열 4, 8, 12, 16,…의 n번째 항 $f(n)$은 무엇인가?
b) 수열의 100번째 항을 계산하시오.

167 다음 물음에 답하시오.

a) 수열 −2, −4, −6, −8,…의 n번째 항 $f(n)$은 무엇인가?
b) 수열의 100번째 항을 계산하시오.

168 다음 도형수열의 점의 개수는 몇 번째 항인지 나타내는 수 n, 즉 순서의 수 n의 함수이다.

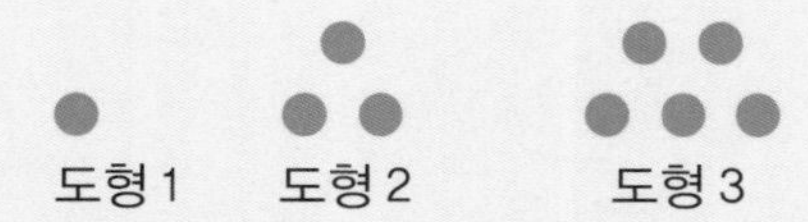

a) 도형수열의 처음 다섯 개 항에 있는 점의 개수를 표로 만드시오.
b) 도형수열의 n번째 항에는 점이 몇 개 있는가?
c) 도형수열의 30번째 항에는 점이 몇 개 있는가?
d) 점의 개수가 100개 이상인 항은 몇 번째 항부터인가?

169 다음 도형수열의 점의 개수는 몇 번째 항인지 나타내는 수 n, 즉 순서의 수 n의 함수이다.

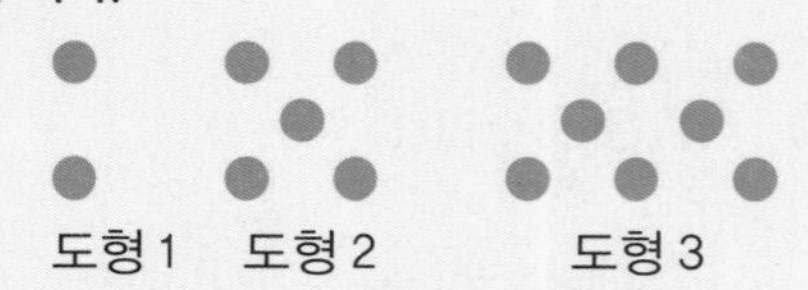

a) 도형수열의 처음 다섯 개 항에 있는 점의 개수를 표로 만드시오.
b) 도형수열의 n번째 항에는 점이 몇 개 있는가?
c) 도형수열의 50번째 항에는 점이 몇 개 있는가?
d) 점의 개수가 100개 이상인 항은 몇 번째 항부터인가?

연구

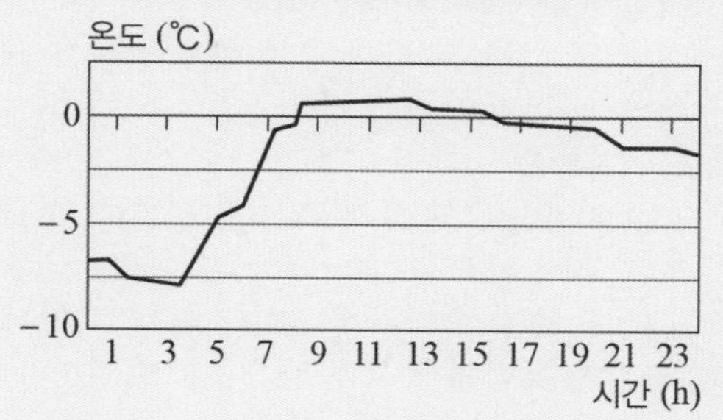

위 그래프는 우츠요키에 있는 기상관측소에서 관측한 것으로 2009년 12월 2일, 0시~24시 사이에 온도와 시간에 대한 함수를 나타내고 있다. 온도는 섭씨로 나타냈고 시간은 0시부터 매시간 측정했다.
출처 : 기상청

그래프에서 다음을 알 수 있다.

- 8시와 16시에 온도는 0도이다.
- 8~16시 사이에 온도는 영상이다.
- 8시 이전과 16시 이후에 온도는 영하이다.
- 최고온도는 1도이다.
- 최고온도는 −8도이다.
- 온도는 4~13시 사이에 상승한다.
- 온도는 4시 이전과 13시 이후에 하강한다.
- 최고온도와 최저온도의 차는 9도이다.

170 아래 그래프에서 다음을 읽으시오.

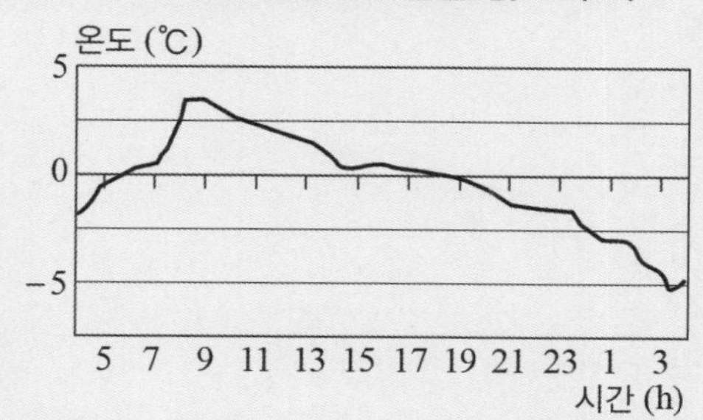

2009년 12월 2~3일, 오울루 공항의 온도

a) 최고온도
b) 최저온도
c) 온도가 올라간 시간대
d) 온도가 내려간 시간대
e) 날이 바뀔 때의 온도
f) 온도변화의 범위

171 아래 그래프에서 다음을 읽으시오.

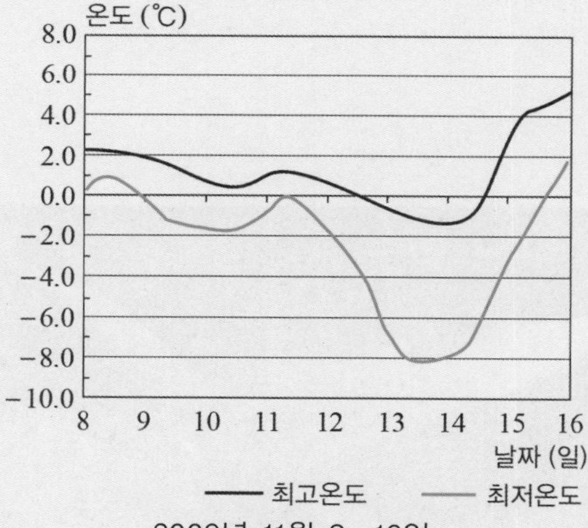

2009년 11월 8~16일,
포리 공항의 최고 온도 및 최저 온도

a) 언제 최고온도가 0 ℃였는가?
b) 언제 최저온도가 0 ℃였는가?
c) 언제 최고온도가 올라갔는가?
d) 언제 최저온도가 내려갔는가?
e) 언제 최고온도가 영하였는가?
f) 언제 최저온도가 영상이었는가?

172 직선 $y=2x+1$을 엑셀 프로그램으로 그리기

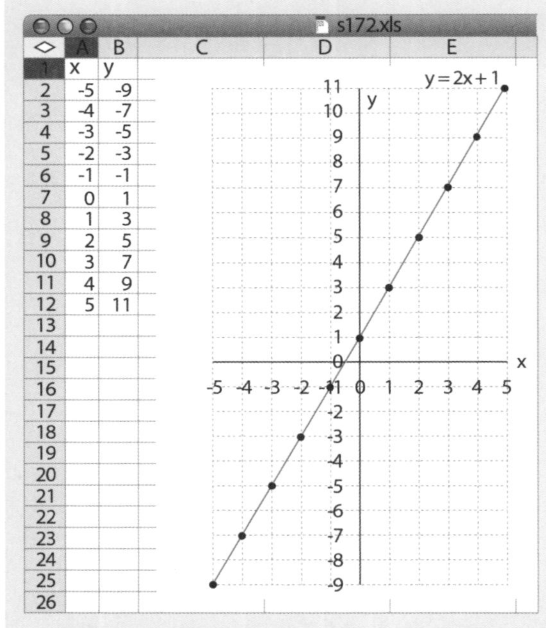

	A	B
1	x	y
2	-5	-9
3	-4	-7
4	-3	-5
5	-2	-3
6	-1	-1
7	0	1
8	1	3
9	2	5
10	3	7
11	4	9
12	5	11

1. 엑셀 프로그램을 연다.
2. 셀 A1을 고르고 x라고 쓴다. 셀 B1을 고르고 y라고 쓴다.
3. 셀 A2 : A12에 -5, -4, …, 4, 5를 쓴다.
4. 셀 B2에 식=2*A2+1을 표시한다.
   이 식은 y축을 계산한다.
5. 셀 B2를 고르고 Ctrl+C를 누르면 이 식이 복사된다. 셀 B3 : B12를 고르고 Ctrl+V를 누르면 이 식이 셀에 붙여넣어진다.
6. 셀 A2 : B12를 고르고 그래프 만들기 버튼을 선택한다. (그래프의 종류로 점을 고르고 점들을 선으로 연결하는 점그래프를 고르고 다음을 클릭한다.)
7. 다음을 클릭해서 데이터정보를 확인한다.
8. 배경눈금선탭에서 (X)축의 선을 굵은 선으로 선택한다. 설명탭에서 설명보이기를 클릭해서 없앤다. 확인을 클릭한다.
9. (Y)축을 더블클릭한다. 레이아웃탭을 선택해서 선의 너비로 가장 굵은 선을 선택한다. 눈금간격탭을 선택하고 최솟값으로 -9, 최댓값으로 11을 쓰고 간격으로 1을 넣는다. (X)축도 같은 방법으로 한다.
10. 그래프의 한 모서리에 커서를 대고 그래프의 크기를 조절해서 그래프의 눈금이 정사각형의 모양이 되도록 만든다.
11. 워크시트를 저장하고 출력한다. 적당한 크기로 자르고 공책에 붙인다.

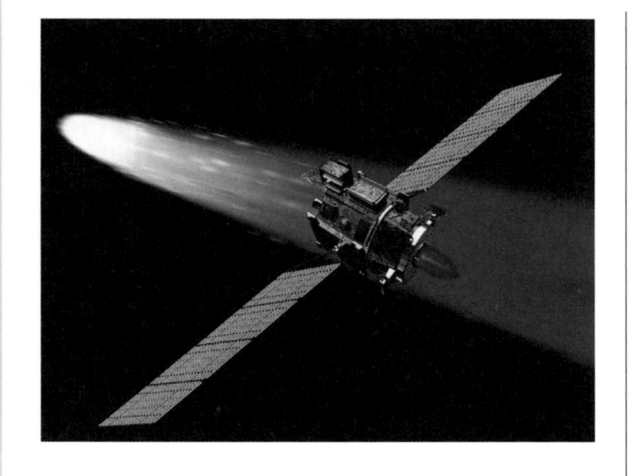

173 엑셀 프로그램을 이용하여 다음 직선을 그리시오.

a) $y=7x-5$ b) $y=-6x+6$

174 엑셀 프로그램을 이용하여 다음 직선을 그리시오.

a) $y=\frac{5}{7}x-2$ b) $y=-\frac{3}{5}x+3$

c) $y=\frac{5}{6}x$ d) $y=\frac{7}{9}x-3$

175 **전기요금은 월 기본요금과 사용한 전기의 양에 대한 요금에 의해 결정된다. 아파트에 사는 3인 가족의 월 기본요금은 9.60 €이고 사용한 전기요금은 8.5센트/kWh이다.**

a) 전기요금 y와 사용한 전기량 x 사이의 방정식을 만드시오.

b) 전기요금을 나타내는 직선을 그리시오.

c) 이 가족은 한 달에 평균 2 600 kWh의 전기를 사용한다. 이 가족의 전기요금을 계산하시오.

176 **다음 물음에 답하시오.**

a) 한 좌표평면 위에 직선 $y=\frac{1}{2}x$와 $y=-2x+5$를 그리시오.

b) 두 직선과 y축이 만드는 삼각형의 넓이를 모눈종이의 칸수로 계산하시오.

177 **다음 물음에 답하시오.**

a) 한 좌표평면 위에 직선 $y=\frac{1}{4}x+1$과 $y=2x-6$을 그리시오.

b) 두 직선과 x축이 만드는 삼각형의 넓이를 모눈종이의 칸수로 계산하시오.

c) 두 직선과 y축이 만드는 삼각형의 넓이를 모눈종이의 칸수로 계산하시오.

연구

예제 **다음 직선들이 만드는 삼각형의 넓이를 모눈종이의 칸수로 계산하시오.**

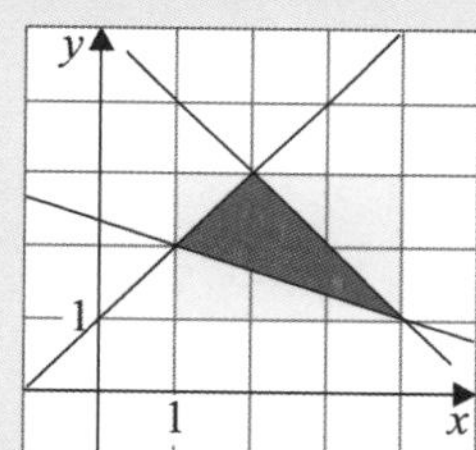

삼각형을 둘러싸는 직사각형의 넓이에서 세 개의 직각삼각형의 넓이를 뺀다.

$$A=3\cdot2-\frac{1\cdot1}{2}-\frac{2\cdot2}{2}-\frac{3\cdot1}{2}$$
$$=6-\frac{1}{2}-2-1\frac{1}{2}=2$$

정답 : 2칸

178 **다음 직선들이 만드는 삼각형의 넓이를 눈금종이의 칸수로 계산하시오.**

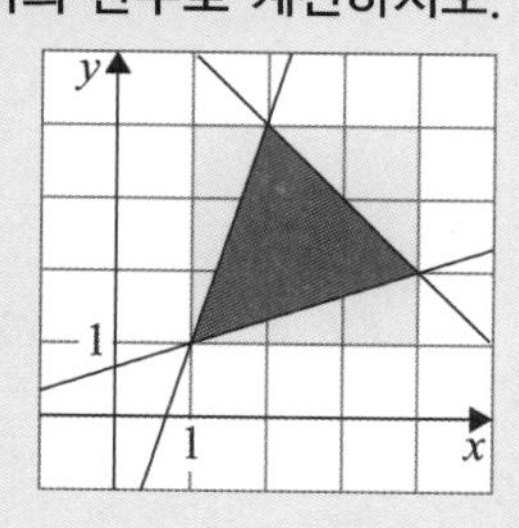

179 **다음 물음에 답하시오.**

a) 한 좌표평면 위에 직선 $y=-\frac{1}{2}x$, $y=-2x+6$, $y=x$를 그리시오.

b) 직선들이 만드는 삼각형의 넓이를 모눈종이의 칸수로 계산하시오.

180 **다음 물음에 답하시오.**

a) 한 좌표평면 위에 직선 $y=-2x+12$, $y=x+3$, $y=\frac{1}{4}x+3$을 그리시오.

b) 직선들이 만드는 삼각형의 넓이를 모눈종이의 칸수로 계산하시오.

181 **다음 물음에 답하시오.**

a) 한 좌표평면 위에 직선 $y=-x+5$, $y=-x-4$, $y=\frac{1}{2}x+2$, $y=\frac{1}{2}x-1$을 그리시오.

b) 직선들이 만드는 사각형의 넓이를 모눈종이의 칸수로 계산하시오.

심화학습 76-77쪽

182 **일차함수 f의 x절편을 대수학적으로 구하시오.**

a) $f(x)=-2x+7$　b) $f(x)=10x+6$
c) $f(x)=4x-3$　d) $f(x)=2.5x+7$

183 **일차함수 f의 x절편을 대수학적으로 구하시오.**

a) $f(x)=2x-\frac{3}{2}$

b) $f(x)=\frac{1}{2}x+\frac{3}{5}$

c) $f(x)=\frac{3}{4}x+2\frac{1}{2}$

184 **$f(1)=2$이고 x절편이 다음과 같을 때 일차함수 f의 그래프를 그리시오.**

a) $x=3$　b) $x=-2$

185 **함수의 절편이 $x=-4$이고 함수의 값이 다음과 같을 때 일차함수 f의 그래프를 그리시오.**

a) $f(-2)=2$　b) $f(5)=-3$

186 **다음 두 점을 지나는 직선을 그리고 x절편을 구하시오.**

a) $(-1,\ 1)$, $(3,\ 3)$
b) $(-2,\ 5)$, $(1,\ -1)$
c) $(-1,\ 2)$, $(3,\ 2)$

연구

187 **섭씨온도는 방정식 $K=C+273.15$로 켈빈온도로 바꿀 수 있다.** (K는 캘빈온도, C는 섭씨온도)

a) 0 ℃는 켈빈온도로 몇 K인가?
b) 0 K는 섭씨온도로 몇 ℃인가?
c) 섭씨온도 x와 켈빈온도 y의 관계를 나타내는 일차함수의 그래프를 그리시오.

188 **섭씨온도는 방정식 $F=\frac{9C}{5}+32$로 화씨온도로 바꿀 수 있다.** (F는 화씨온도, C는 섭씨온도)

a) 0 ℃는 화씨온도로 몇 °F인가?
b) 0 °F는 섭씨온도로 몇 ℃인가?
c) 섭씨온도 x와 화씨온도 y의 관계를 나타내는 일차함수의 그래프를 그리시오.

189 **다음을 구하시오.**

a) 0 K는 화씨온도로 몇 °F인가?
b) 0 °F는 켈빈온도로 몇 K인가?

연구

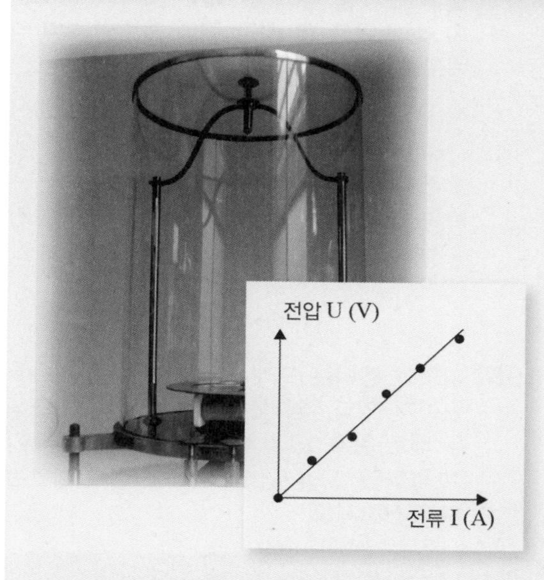

금속으로 만든 줄의 저항은 줄을 통해 전해지는 전류의 크기, 즉 전압을 측정함으로써 알 수 있다. 측정결과를 좌표평면으로 옮기고 점들을 지나는 직선을 그렸다.
직선의 기울기는 금속줄의 저항을 나타낸다. 저항의 단위는 1Ω(옴)이다.

190 **콘스탄탄 사의 저항을 구하시오.**

팁
전류와 전압의 값을 IU 좌표평면에 대입하고 점들을 지나는 직선을 그린다. 직선의 기울기를 계산한다.

콘스탄탄 사

전류 I(A)	전압 U(V)
0	0
0.39	0.40
1.11	1.20
1.83	2.00
2.55	2.80
3.28	3.60

191 **크롬알루미늄 사의 저항을 구하시오.**

크롬알루미늄 사

전류 I(A)	전압 U(V)
0	0
0.37	0.80
0.70	1.60
1.06	2.40
1.45	3.20
1.79	4.00

192 **아래 그래프는 두 개의 황동줄을 통해 흐르는 다양한 전압에 대한 전류의 값을 나타낸 그래프이다. 두 황동줄의 저항을 구하시오. 어느 황동줄의 저항이 더 낮은가?**

황동줄 A

전류 I((A)	전압 U(V)
0	0
1.21	0.30
1.70	0.40
2.14	0.50
2.70	0.60
3.00	0.70

황동줄 B

전류 I(A)	전압 U(V)
0	0
1.35	0.30
1.85	0.40
2.50	0.50
3.25	0.60
3.70	0.70

193 **사라는 파누가 출발한 지 두 시간이 지난 뒤 자전거를 타고 출발했다. 그래프를 보고 다음을 추정하시오.**

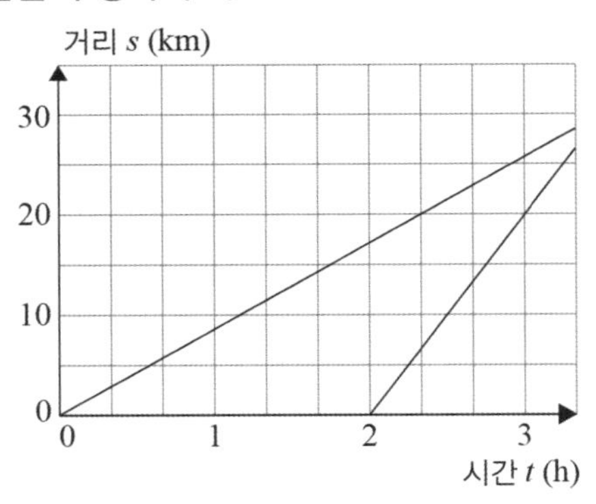

a) 파누의 평균속도
b) 사라의 평균속도
c) 사라는 언제 파누를 따라잡을까?

194 **레타와 빌마는 세르키예르비 호수의 주위를 자전거를 타고 돌았다. 레타의 속도는 10 km/h이고 한 시간 뒤에 출발한 빌마의 속도는 15 km/h이다.**

a) 둘의 자전거 타기를 그래프로 나타내시오. 수평축에 시간, 수직축에 거리를 표시하시오.
b) 빌마가 레타를 따라잡았을 때 이들이 자전거를 탄 시간과 거리를 각각 계산하시오.

195 **티모와 엠미는 모래사장에서 서로 3.0 km 떨어져 있다. 엠미는 티모가 걷는 속도의 두 배로 뛰고 있다. 이 둘이 서로를 향해 가고 있다면, 모래사장의 어느 지점에서 만날지 계산하시오.**

연구

직선의 방정식의 일반적인 형태는 $ax+by+c=0$이다.
직선의 기울기를 알아내야 할 때는 방정식을 해결한 형태인 $y=kx+b$로 바꾸어야 한다.

예제 **직선 $4x+2y-6=0$의 기울기와 y절편은 무엇인가?**

직선의 방정식에서 y를 푼다.

$4x+2y-6=0$ ■ 양변에 $-4x$를 한다.
$2y-6=-4x$ ■ 양변에 $+6$을 한다.
$2y=-4x+6$ ■ 양변에 $\div 2$를 한다.

$$\frac{2y}{2}=\frac{-4x+6}{2}$$

$$y=\frac{-4x}{2}+\frac{6}{2}$$

$$y=-2x+3$$

정답 : 직선의 기울기는 −2이고 직선은 y축을 점 (0, 3)에서 만난다.

196 **직선의 방정식이 $-3x+y+1=0$이다.**

a) 방정식을 해결한 형태로 바꾸시오.
b) 직선의 기울기는 무엇인가?
c) 직선은 상승하는가, 하강하는가?
d) 직선과 y축이 만나는 점은 무엇인가?

197 **다음 직선의 기울기와 y절편을 구하시오.**

a) $-x+y+3=0$
b) $3x+y+2=0$
c) $-2x-y-5=0$

198 **다음 직선의 기울기와 y절편을 구하시오.**

a) $-3x+3y+12=0$
b) $8x-4y+12=0$
c) $10x-2y-16=0$

199 **다음 직선을 그리시오.**

a) $x+y-2=0$ b) $x-y+1=0$

200 직선의 상수항은 -42이고 직선은 점 $(5,\ -2)$를 지난다. 직선의 방정식을 만드시오.

201 직선의 상수항은 21이고 직선은 점 $(-4,\ -3)$을 지난다. 직선의 방정식을 만드시오.

202 다음 물음에 답하시오.

a) 직선 $y=3x+6$을 그리고 y축에 대해 대칭시키시오. 대칭시킨 직선의 방정식을 만드시오.
b) 직선 $y=3x+6$을 x축에 대해 대칭시키시오. 대칭시킨 직선의 방정식을 만드시오.
c) 직선 $y=3x+6$을 원점에 대해 대칭시키시오. 대칭시킨 직선의 방정식을 만드시오.

203 다음 물음에 답하시오.

a) 직선 $y=-2x-4$를 그리고 y축에 대해 대칭시키시오. 대칭시킨 직선의 방정식을 만드시오.
b) 직선 $y=-2x-4$를 x축에 대해 대칭시키시오. 대칭시킨 직선의 방정식을 만드시오.
c) 직선 $y=-2x-4$를 원점에 대해 대칭시키시오. 대칭시킨 직선의 방정식을 만드시오.

204 직선은 점 $(0,\ 3)$에서 y축과 만나고, 좌표축들과 함께 넓이가 3칸인 직각삼각형을 만든다.

a) 그림을 그리시오.
b) 직선의 방정식을 만드시오. 해답을 몇 개 찾을 수 있는가?

205 직선은 점 $(1,\ 4)$를 지나고 좌표축들과 함께 제 1사분면에서 넓이가 9칸인 직각삼각형을 만든다. 그림을 그리고 직선의 방정식을 만드시오.

연구

축과 평행인 직선들

x축과 평행인 직선의 방정식은 $y=b$의 형태이다. 직선의 기울기는 0이다.
y축과 평행인 직선의 방정식은 $x=a$의 형태이다. 이 직선은 기울기가 없다. y축과 같은 방향의 직선의 방정식은 x의 값이 함수의 모든 값을 만족하므로 함수의 그래프가 아니다.

206 한 좌표평면에 직선 $y=5$와 $x=2$를 그리시오.

207 다음 직선 $m,\ n,\ s,\ t$의 방정식을 만드시오.

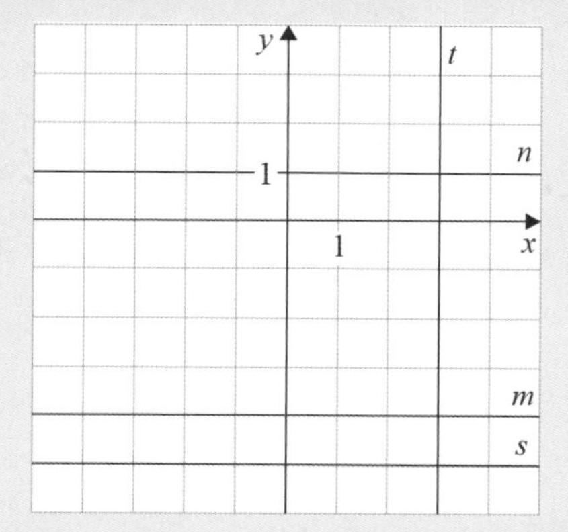

208 직선 $y=3$과 $y=2x+4$는 어느 점에서 만나는지 다음 방법으로 구하시오.

a) 그래프를 그려서 구하시오.
b) 방정식 $2x+4=3$을 풀어서 구하시오.

209 직선 $x=-2$와 $y=3x+1$이 어느 점에서 만나는지 다음 방법으로 구하시오.

a) 그래프를 그려서 구하시오.
b) 방정식 $y=3x+1$에 변수 x의 값으로 $x=-2$를 대입해서 구하시오.

210 직선 $y=7$과 $x=5$는 어느 점에서 서로 만나는지 구하시오.

211 직선 $y=-2x+2$, $y=-2x-5$, $y=3x+2$는 평행사변형을 만든다. 네 번째 직선의 방정식을 만드시오. 최소한 세 개를 생각해 내시오.

212 직선 $y=-2x$와 만나지 않는 직선의 방정식을 만드시오. 최소한 세 개를 생각해 내시오.

213 직선 $y=kx+1$과 $y=3x+2$가 다음과 같이 되게 하는 기울기 k를 구하시오.

a) 교차점이 없다.
b) 교차점이 한 개이다.

214 직선 $y=kx+1$과 $y=2x+b$가 다음과 같이 되게 하는 k와 b를 구하시오.

a) 만나는 점이 한 개이다.
b) 만나는 점이 없다.
c) 만나는 점이 적어도 두 개이다.

연구

수직으로 교차하는 직선

예제 a) 직선 $y=-x-2$와 $y=x+4$가 서로 수직으로 교차하는지 그려서 알아보시오.
b) 직선 $y=-x-2$와 $y=x+4$의 기울기의 곱을 계산하시오.

a)

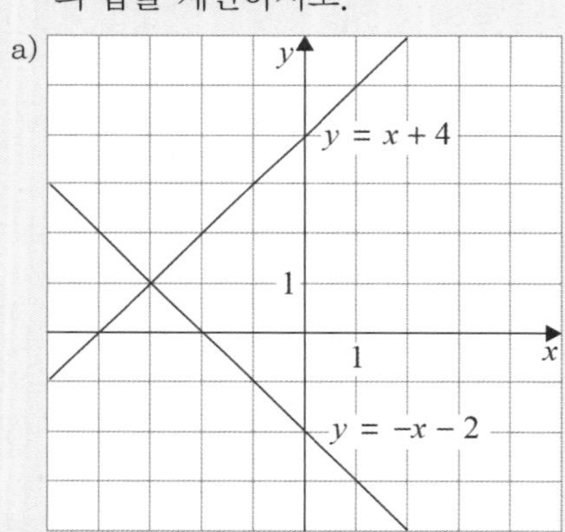

b) $-1 \cdot 1=-1$

정답 : a) 두 직선은 서로 수직으로 교차한다.
b) 기울기의 곱은 −1이다.

두 직선의 기울기의 곱이 −1일 때, 두 직선은 서로 수직으로 교차한다. 수직으로 교차하는 두 직선은 서로에게 수선이다.

215 다음 물음에 답하시오.

a) 한 좌표평면 위에 직선 $y=3x-6$과 $y=-\frac{1}{3}x+4$를 그리시오.
b) 기울기의 곱을 계산하시오.
c) 두 직선은 서로 수직으로 교차하는가?

216 다음 두 직선이 서로 수직으로 교차하는지 계산해서 알아보시오.

a) $y=5x+1$과 $y=2x-3$
b) $y=-4x$ 와 $y=\frac{1}{2}x+2$
c) $y=-5x$와 $y=\frac{1}{5}x+2$

217 다음 직선의 수선의 기울기를 구하시오.

a) $y=-3x$　　b) $y=8x+1$
c) $y=0.5x$　　d) $y=-\frac{4}{5}x-7$

218 직선의 방정식이 다음과 같을 때, 직선의 수선의 방정식을 만드시오.

a) $y=-x+3$　　b) $y=\frac{2}{3}x+5$

219 직선 s는 직선 $y=3x+1$과 수직으로 교차하고 원점을 지난다. 직선 s의 방정식을 만드시오.

220 다음 함수를 그래프로 그리려 할 때 좌표평면의 x축과 y축은 무엇을 나타내는지 답하시오.

a) 양에 대한 가격의 함수
b) 시간에 대한 거리의 함수
c) 부피에 대한 무게의 함수
d) 넓이에 대한 힘의 함수

221 부피가 $1.00\ cm^3$인 금의 무게는 $19.3\ g$이다.

a) 금의 부피와 무게의 관계를 나타내는 그래프를 그리시오.
b) 금의 부피가 세 배가 되면 금의 무게는 어떻게 되는가?
c) 금의 부피에 대한 무게의 함수 그래프의 기울기를 계산하시오. 기울기는 무엇을 뜻하는가?
d) 금의 kg당 가격이 25700 €이면 금 $2.50\ cm^3$의 가격은 얼마인가?

[222~223] 다음 그래프에 대하여 물음에 답하시오.

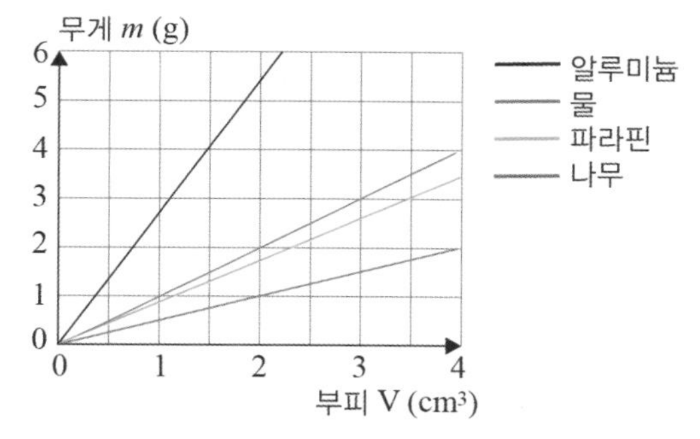

부피에 대한 무게의 함수

222 밀도가 큰 순서대로 나열하시오.

223 다음 물질의 밀도를 구하시오.

a) 물　　b) 알루미늄
c) 파라핀　　d) 나무

224 캘리포니아로 여행을 가는 사람이 100유로를 146USD(미국 달러)로 바꾸었다.

a) 65유로는 달러로 얼마인가?
b) 90달러는 유로로 얼마인가?

225 런던에서 어떤 바지 한 벌이 17파운드, 즉 19유로이다.

a) 28파운드짜리 바지 한 벌은 유로로 얼마인가?
b) 35파운드짜리 신발 한 켤레는 유로로 얼마인가?

226 서로 다른 속도(10 km/h, 20 km/h, 30 km/h, 40 km/h)의 모페드를 타고 50 km를 간다.

a) 같은 좌표평면에 서로 다른 속도의 모페드의 거리와 시간의 관계를 나타내는 직선들을 그리시오. 20 km를 다음 속도로 가면 시간이 얼마나 걸리는지 그래프를 이용하여 구하시오.
b) 40 km/h
c) 30 km/h
d) 20 km/h
e) 10 km/h
f) 모페드를 타고 10 km를 갈 때, 시속 20 km/h로 가는 것은 시속 30 km/h로 가는 것보다 시간이 얼마나 더 걸리는가?

227 활이 구부러지는 정도 x는 활을 당기는 힘 y에 정비례한다.

x(m)	0.018	0.035	0.055	0.072	0.090
y(N)	1.0	2.0	3.0	4.0	5.0

N(뉴턴) : 힘의 단위, 1 N은 1 kg의 물체에 작용하여 매초마다 1 m의 가속도를 얻게 하는 힘이다.

a) 좌표평면에 점들을 표시하고 가능한 한 많은 점을 지나는 직선을 그리시오.
b) 당기는 힘에 대한 활이 구부러지는 정도를 구하시오.

228 **가로 길이가 x, 세로 길이가 y인 직사각형의 넓이는 $xy=20\ \text{cm}^2$이다.**

a) 위의 방정식을 만족하는 x와 y의 값을 적어도 8쌍 표로 만드시오.

b) 좌표평면에 가로 길이 x와 세로 길이 y의 관계를 나타내는 함수의 그래프를 그리시오.

c) 가로 길이와 세로 길이는 정비례인가, 반비례인가?

229 **원뿔의 부피 $\frac{xy}{3}=80\ \text{m}^3$이다.**

a) 원뿔의 밑면의 넓이 x와 높이 y의 값을 적어도 8쌍 표로 만드시오.

b) 좌표평면에 x와 y의 관계를 나타내는 함수의 그래프를 그리시오.

c) 밑면의 넓이와 높이는 정비례인가, 반비례인가?

230 **다음 물음에 답하시오.**

a) 둘레가 20 cm인 직사각형의 가로 길이 x와 세로 길이 y의 값을 적어도 8쌍 표로 만드시오.

b) 좌표평면에 가로 길이 x와 세로 길이 y의 관계를 나타내는 함수의 그래프를 그리시오.

c) 가로 길이와 세로 길이는 정비례인가, 반비례인가?

231 **직각삼각형의 밑변의 길이와 높이의 비는 $\frac{y}{x}=2$이다.**

a) 밑변의 길이 x가 1 cm, 2 cm, 3 cm, …일 때, 높이 y를 표로 만드시오.

b) 좌표평면에 밑변의 길이 x와 높이 y의 관계를 나타내는 함수의 그래프를 그리시오.

c) 밑변의 길이와 높이는 정비례인가, 반비례인가?

232 **x축이 시간을 나타낼 때 y축은 다음을 표현하는 그래프를 고르시오.**

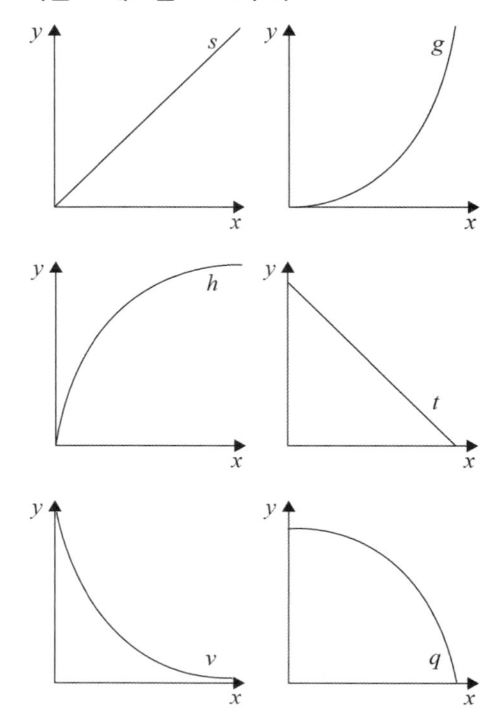

a) 자동차를 일정한 속도로 운전한 거리

b) 자동차를 일정한 속도로 운전할 때 탱크에 남아 있는 기름의 양

c) 가속차량으로 운전한 거리

d) 컵에서 식어가는 커피의 온도

e) 교차로로 진입하기 위해 일정하게 속도를 줄이는 자동차가 움직인 거리

f) 달리기 선수가 결승선에 도달하기 전에 속도를 일정하게 늘려갈 때 선수와 결승선까지의 거리

233 **다음은 정비례인가, 반비례인가?**

a) 속도가 일정할 때 차량이 움직인 거리와 시간

b) 시간이 일정할 때 차량이 움직인 거리와 속도

c) 움직인 거리가 일정할 때 차량의 속도와 시간

234 **직원 6명이 5일 동안 작업을 하면 크리스마스 장식품을 630개 만들 수 있다. 장식품을 크리스마스 시즌이 시작하기 전까지 만들기 위해 일의 속도가 같은 직원을 4명 더 늘렸다.**

a) 이제 장식품 630개를 만드는 데 걸리는 시간은 얼마인가?

b) 직원 10명이 작업을 한다면 5일 동안 장식품을 몇 개 만들 수 있는가?

연구

지렛대의 균형

지렛대 자체의 무게가 들어올려야 할 물체의 무게나 들어올리는 데 사용되는 힘에 비해 작을 때 지렛대의 균형조건을 쓸 수 있다.

힘 × 힘의 길이 = 무게 × 무게의 길이

235 **몸무게가 400 N인 니코와 500 N인 토미가 시소에 앉아 있다. 시소의 중심점에서 니코까지의 거리는 2.5 m이다.**

a) 시소가 균형을 이루고 있다면 토미와 중심점 사이의 거리는 얼마인가?

b) 니코가 중심점을 향해 0.5 m 가까이 가서 앉았다. 시소가 균형을 이루고 있다면 토미와 중심점 사이의 거리는 얼마인가?

236 **사미와 중심점 사이의 거리는 1.8 m이고 요니와 중심점 사이의 거리는 2.4 m일 때 시소는 균형을 이루고 있다. 요니의 몸무게가 600 N일 때 사미의 몸무게를 구하시오.**

237 **다음 그림을 보고 물음에 답하시오.**

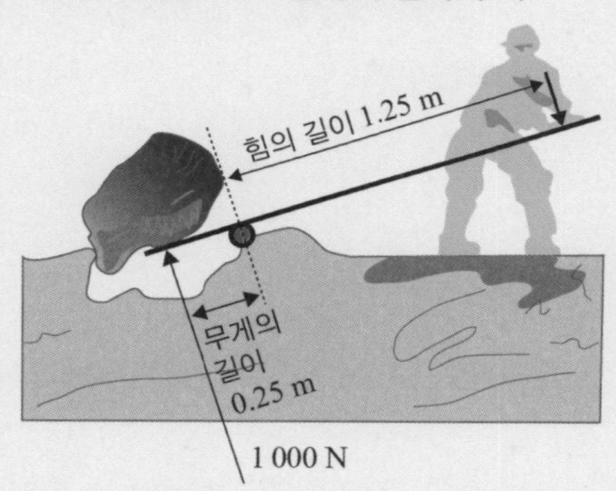

a) 돌을 움직이려고 할 때 필요한 최소의 힘은?

b) 돌을 움직이기 위한 힘이 작아지려면 지렛대를 잡은 지점을 어느 쪽으로 움직여야 하는가?

c) 지렛대를 잡은 지점을 받침점에서 25 cm 멀리 고쳐 잡았다. 돌을 움직이기 위하여 힘을 얼마나 줘야 하는가?

238 **무게가 500 N이고 길이가 3.0m인 봉의 한쪽 끝은 고정되어 있고 다른 쪽 끝에는 들어올릴 수 있도록 손잡이가 달려 있다. 이 봉을 들어올리기 위해 가해야 하는 최소한의 힘의 크기를 구하시오.**

연구

변전기는 두 개의 유도자와 두 개를 잇는 철심으로 만들어진다. 변전기를 이용하여 사용 목적에 맞게 전압을 바꿀 수 있다.

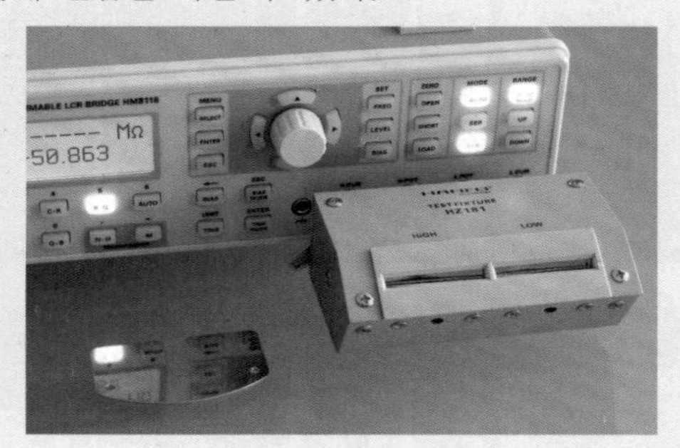

1차 코일을 변전기에 연결하면 전기를 일으키는 전압이 2차 코일로 유도된다.
코일의 전압 U_1과 U_2(V : 볼트)와 코일의 회전수 N_1과 N_2는 정비례하고 전류의 세기 I_1과 I_2 (A : 암페어)는 반비례한다.

$$\frac{U_1}{U_2}=\frac{N_1}{N_2},\ \frac{I_1}{I_2}=\frac{N_2}{N_1}$$

239 다음 표에서 전압과 전류는 반비례인가, 정비례인가?

전압(V)	전류(A)	회전수
460	0.8	1 200
230	1.6	600

240 2차 코일의 다음을 구하시오.

전압(V)	전류(A)	회전수
230	2.4	1 200
		300

a) 전압　　　b) 전류

241 다음 표를 완성하시오.

N_1	N_2	U_1(V)	U_2(V)
300	600	2	
600	300		4
600		2	3
	900	4	12

242 다음 표를 완성하시오.

U_1(V)	U_2(V)	I_1(A)	I_2(A)
2	4	0.1	
6	8		0.3
	12	0.1	0.4
18		0.2	1.2

243 다음 표를 완성하시오.

N_1	N_2	I_1(A)	I_2(A)
300	1 200	0.24	
900	300		0.12
1 200		0.03	0.04
	900	0.3	0.2

244 변전기의 1차 코일의 회전수는 600이다. 9볼트의 전압을 다음과 같이 바꿀 때 2차 코일의 회전수를 계산하시오.

a) 18 볼트　　　b) 4.5 볼트
c) 36 볼트　　　d) 3 볼트

245 변전기를 이용하여 230 볼트를 20 볼트로 바꾸려고 한다. 어떤 방식으로 전압을 바꾸는 것이 가능한가? 세 가지 다른 코일세트를 쓰시오.

[246~249] 다음 그래프에 대하여 물음에 답하시오.

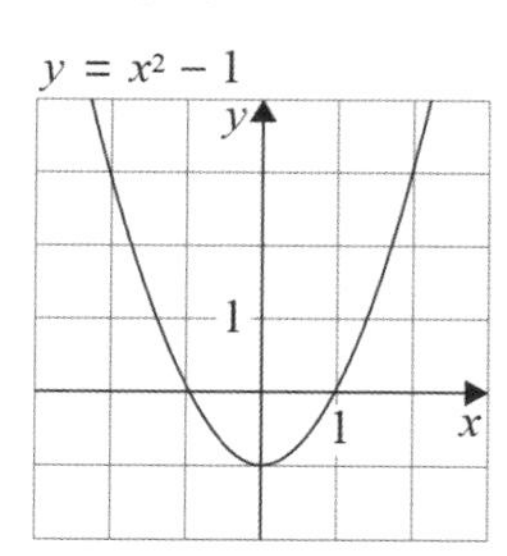

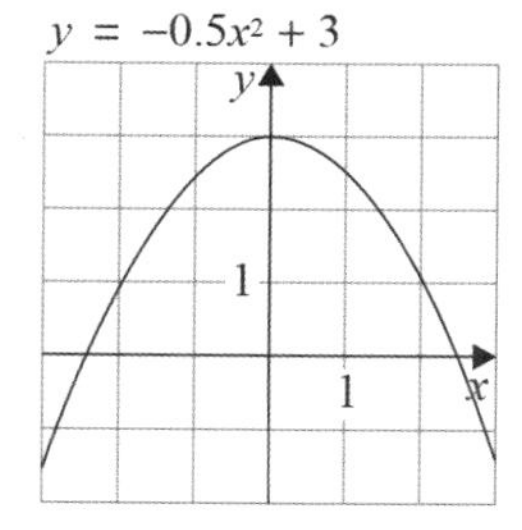

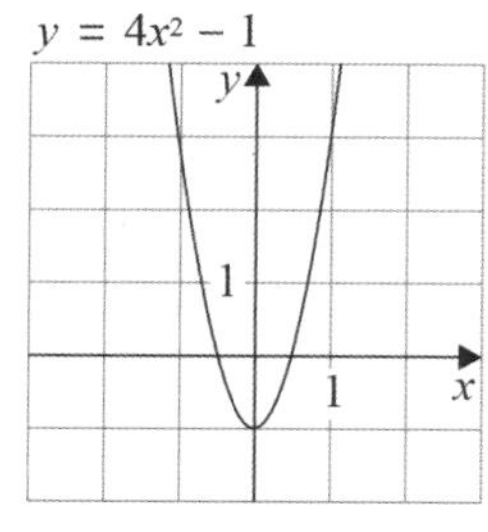

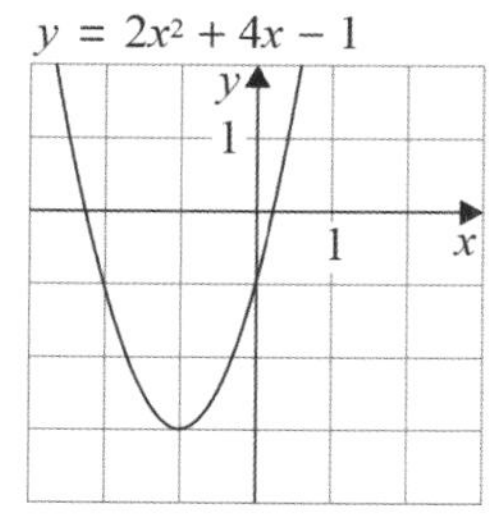

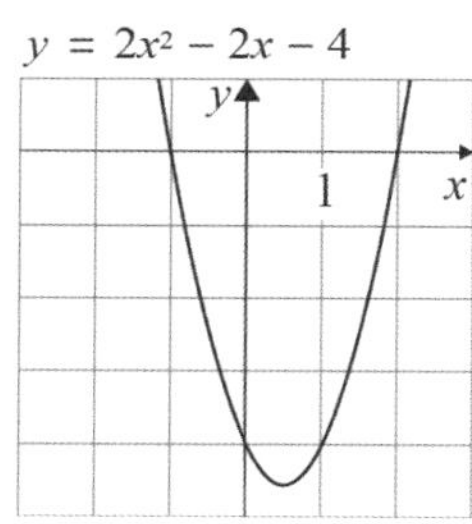

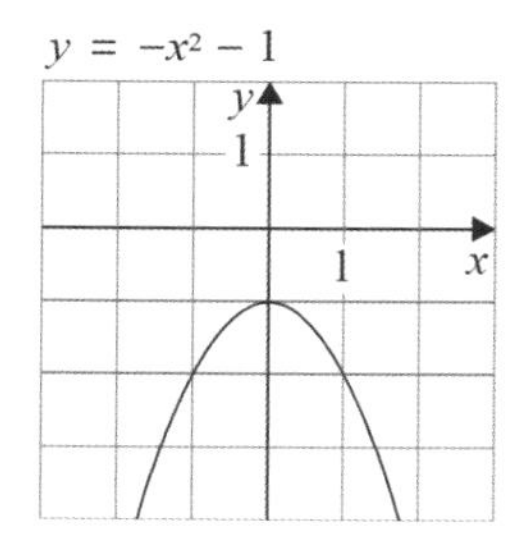

246 a) 꼭짓점이 가장 아래쪽에 있는 포물선들을 나열하시오.
b) 이 방정식들의 공통점은 무엇인가?

247 a) 가장 좁은 포물선은 무엇인가?
b) 가장 넓은 포물선은 무엇인가?
c) 가장 좁은 포물선과 가장 넓은 포물선은 무슨 차이가 있는가?

248 a) y축을 축으로 대칭하는 포물선들을 나열하시오.
b) 이 방정식들의 공통점은 무엇인가?

249 a) 꼭짓점이 점 (0, −1)인 포물선들을 나열하시오.
b) 이 방정식들의 공통점은 무엇인가?

250 다음 포물선과 방정식의 짝을 찾으시오.

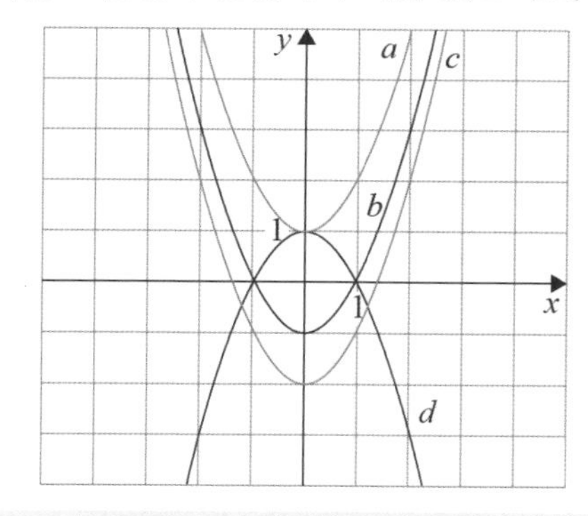

$y=x^2-1$　$y=x^2-2$　$y=x^2$
$y=-x^2+2$　$y=x^2+1$　$y=-x^2+1$

251 다음 포물선과 방정식의 짝을 찾으시오.

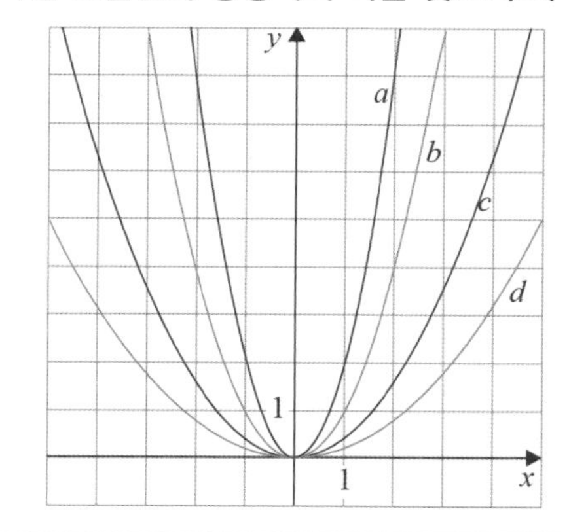

$y=0.1x^2$　$y=0.2x^2$　$y=0.4x^2$
$y=x^2$　$y=1.5x^2$　$y=2x^2$

252 **포물선 $y=x^2$을 엑셀 프로그램을 이용하여 그리시오.**

1. 엑셀 프로그램을 연다.
2. 셀 A1을 고르고 x를 쓴다. 셀 B1을 고르고 y를 쓴다.
3. 셀 A2 : A12에 −5, −4, ⋯, 4, 5를 쓴다.
4. 셀 D2에 항 x^2의 계수 1을 쓰고 셀 D3에는 상수 0을 쓴다.
5. 셀 B2에＝D2*A2*A2＋D3으로 시작하는 식을 쓴다. 식은 y 좌표를 계산한다.
6. 셀 B2를 고르고 Ctrl＋C를 누르면 이 식이 복사된다. 셀 B3 : B12를 선택하고 Ctrl＋V를 누르면 이 식이 셀에 붙여넣어진다.
7. 셀 A2 : B12를 고르고 그래프 그리기 버튼을 선택한다. 그래프의 종류로 점과 점이 직선으로 이어지는 점그래프를 선택하고 다음을 클릭한다.
8. 다음을 클릭하여 데이터정보를 확인한다.
9. 배경눈금선탭에서 (X)축의 선을 굵은 선으로 선택한다. 설명탭에서 설명보이기를 클릭하여 없앤다. 확인을 클릭한다.
10. (Y)축을 더블클릭한다. 레이아웃탭을 선택하여 선의 너비로 가장 굵은 선을 선택한다. 눈금간격탭을 선택하고 최솟값으로 −15, 최댓값으로 15를 쓰고 간격으로 1을 넣는다. OK를 누른다.
11. (X)축을 더블클릭한다. 레이아웃탭을 선택하여 선의 너비로 가장 굵은 선을 선택한다. 눈금간격탭을 선택하고 최솟값으로 −5, 최댓값으로 5를 쓰고 간격으로 1을 넣는다. OK를 누른다.
12. 그래프의 한 모서리에 커서를 대고 그래프의 크기를 조절하여 그래프의 눈금이 정사각형의 모양이 되도록 만든다.
13. 워크시트를 저장한다.

253 a) 셀 D2에 차례대로 x^2항의 계수 −1, 2, −2, 3, −3, 4, 0.5를 쓴다. 항상 ENTER를 누른다. 포물선의 폭과 볼록한 방향을 관찰하시오.

b) 2차항의 계수 a는 포물선 $y=ax^2+b$의 폭과 볼록한 방향에 어떤 영향을 미치는가?

254 **셀 D2에 x^2항에 계수 1을 쓴다.**

a) 셀 D3에 차례대로 상수항 −10, −5, 0, 5를 쓴다. 항상 ENTER를 누른다. 포물선의 좌표평면 위의 위치를 관찰하시오.

b) 상수항 b는 포물선 $y=ax^2+b$의 위치에 어떤 영향을 미치는가?

255 **다음 포물선과 방정식의 짝을 찾으시오.**

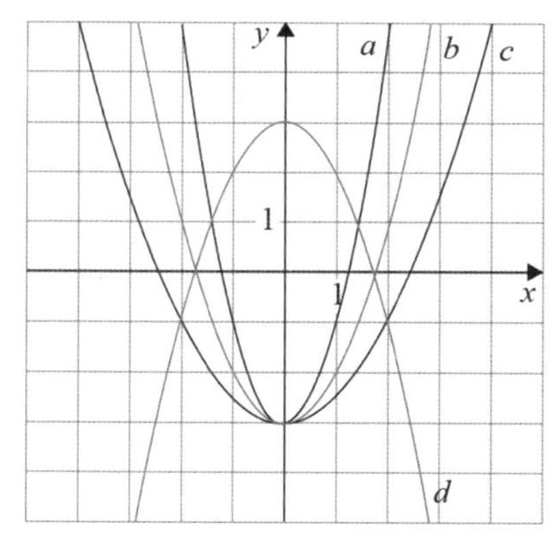

$y=-0.5x^2-3$	$y=-x^2+3$
$y=-x^2-3$	$y=0.5x^2-3$
$y=x^2-3$	$y=x^2+3$
$y=2x^2-3$	$y=2x^2+3$

연구

연립부등식

예제 **수직선 위에 부등식 $x > -2$와 $x \leq 1$의 공통구간, 즉 두 부등식을 모두 만족하는 수들을 나타내시오. 연립부등식을 쓰시오.**

$x > -2$

$-2 \quad 0 \quad 1$

$x \leq 1$

$0 \quad 1$

$x > -2$ 와 $x \leq 1$

$-2 \quad 0 \quad 1$

연립부등식을 만족하는 수의 집합은 $-2 < x \leq 1$이다.

256 **수직선 위에 다음 부등식들의 공통구간을 나타내시오.**

a) $x \geq 1,\ x \leq 5$ b) $x > -1,\ x < 1$
c) $x \leq 0,\ x \geq 2$ d) $x > 2,\ x > 3$

257 **수직선 위에 다음 부등식을 나타내시오.**

a) $1 < x < 4$ b) $-1 \leq x < 2$
c) $-3 \leq x \leq -1$ d) $0 < x \leq 3$

258 **다음 수직선 위에 표시된 공통구간을 만족하는 연립부등식을 아래 보기에서 고르시오.**

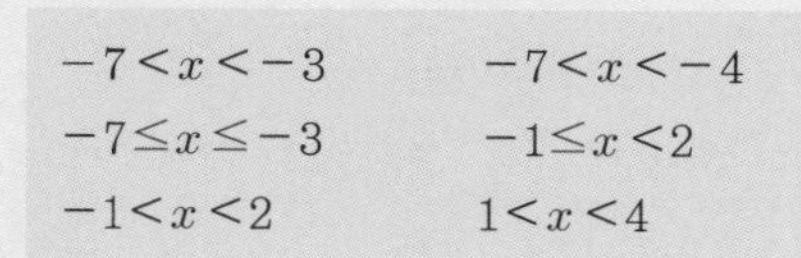

$-7 < x < -3$	$-7 < x < -4$
$-7 \leq x \leq -3$	$-1 \leq x < 2$
$-1 < x < 2$	$1 < x < 4$

a) 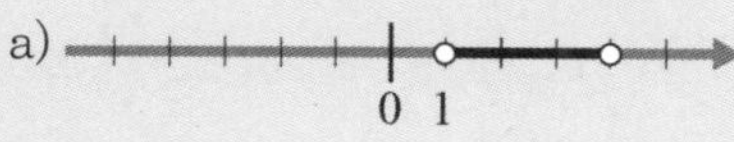

b) 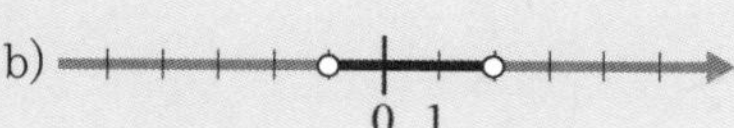

c) 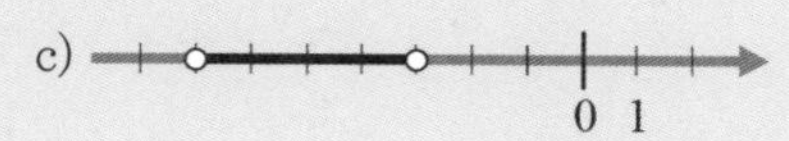

259 **다음 수직선 위에 표시된 구간을 만족하는 부등식을 쓰시오.**

a) 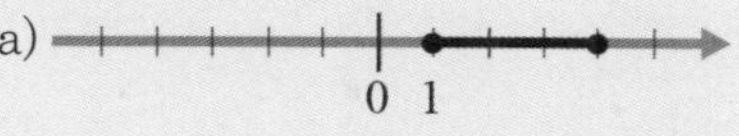

b) 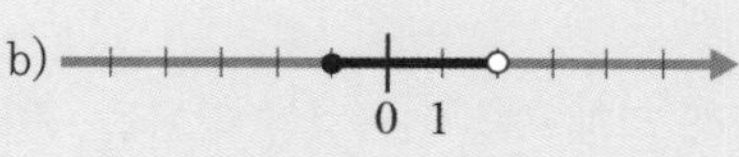

c) 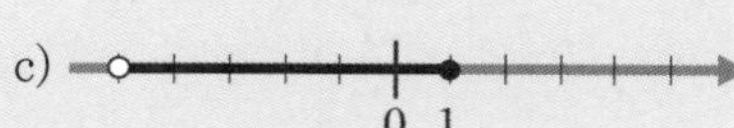

260 **다음 수직선 위에 표시된 구간을 만족하는 부등식을 쓰시오.**

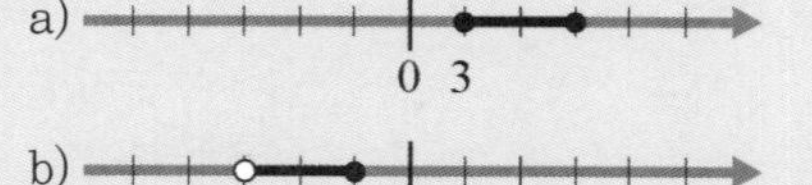

261 **수직선 위에 다음 수들을 나타내시오.**

a) -5와 6 사이에 있는 수
b) 7보다 작고 양수인 수
c) 음수이고 -9보다 큰 수

심화학습 108 – 109쪽

262 아래 그래프를 이용하여 다음을 구하시오.

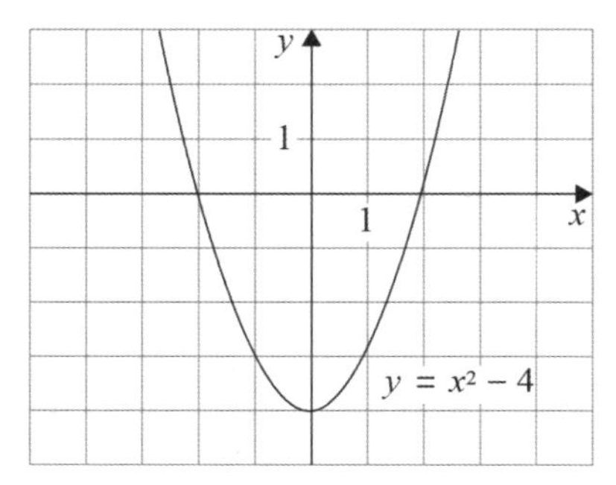

a) 함수 $f(x)=x^2-4$의 x절편

b) 부등식 $x^2-4<0$의 해집합

263 아래 그래프를 이용하여 다음을 구하시오.

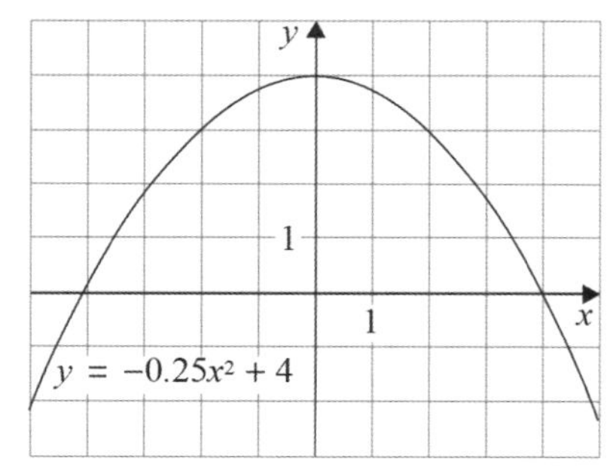

a) 함수 $f(x)=-0.25x^2+4$의 x절편

b) 부등식 $-0.25x^2+4>0$의 해집합

264 풀라와 링켈리는 출장부페 회사이다. 풀라는 기본 서비스료로 100 €를 청구하고 손님 한 명당 15 €를 청구한다. 링켈리는 기본 서비스료가 없지만 한 명당 17 €를 청구한다.

a) 두 회사의 손님수와 최종 청구금액의 관계를 나타내는 함수를 구하시오.

b) 풀라가 링켈리보다 저렴하려면 손님이 최소한 몇 명이어야 하는지 구하시오.

연구

대수학적으로 부등식 풀기

부등호의 방향은 양변에 같은 수를 더하거나 빼도 유지되고 같은 양수로 곱하거나 나누어도 유지된다. 그러나 음수로 곱하거나 나누면 바뀐다.

$1<3$ ■ 양변에 $\times 2$를 한다.
→ 부등호의 방향이 같다.

$2<6$ ■ 양변에 $\times(-1)$을 한다.
→ 부등호의 방향이 바뀐다.

$-2>-6$ ■ 양변에 $\div(-2)$를 한다.
→ 부등호의 방향이 바뀐다.

$1<3$

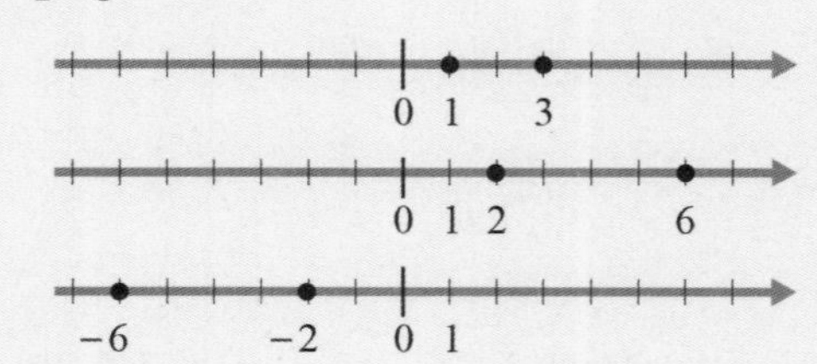

예제 **부등식 $-3x+1<-8$을 푸시오.**

부등식의 좌변에 변수 x만 남도록 한다.

$-3x+1<-8$ ■ 양변에 -1을 한다.

$-3x<-9$ ■ 양변에 $\div(-3)$을 한다.
→ 부등호의 방향이 바뀐다.

$x>3$

265 다음 부등식을 대수학적으로 푸시오.

a) $3x+1<10$

b) $4x-2>3x-5$

c) $x-6>-5x$

d) $7<-2x-3$

266 다음 부등식을 대수학적으로 푸시오.

a) $-2x+2<6$

b) $-4x-1>-9$

c) $2x-3>3x$

d) $-7<5x+8$

심화학습 118－119쪽

267 **다음 가로열쇠와 세로열쇠의 다항식을 간단히 하고 해답을 빈칸에 쓰시오.** (한 칸에는 기호를 포함한 한 개의 항을 쓰되 차수가 높은 항부터 왼쪽에서 오른쪽으로, 위에서 아래로 쓴다.)

가로열쇠

1. $2x^5+3x^4+(x^5-2x^4)$
3. $4x^2+3x-(5x^2+2x)$
5. $2x^2+5x-(x^3-2x^2+4x)$
8. $4x^3-x-(-x^3+2x^2)$
10. $6x-2+(-3x+7)$
11. $-(-12x-4)-(9x-1)$

세로열쇠

1. $-(-x^5+x^4)+2x^5+x^4-x^3$
2. $-x^4-8-(-4x^2-6)+2x^4$
4. $6x^2-(4x^2-x+3)-(2x^2-10)$
6. $3x^5+x^4-2x^2-(-3x^4-3x)-3x^5$
7. $-(2x^2-4x-3)-x-3$
9. $4x-(-x-3)-(6x-2)$

1.	2.		3.	4.
5.				
			6.	
7.		8.		9.
10.			11.	

268 **가로줄과 세로줄에 있는 다항식의 합**(색칠한 칸 포함)**은 색칠한 대각선에 있는 다항식의 합과 같다.** A~G**의 빈칸에 알맞은 다항식을 구하시오.**

$3x$	1	$-x+3$	A
B	$-5x+3$	$-16x+5$	C
D	E	$4x-4$	$-11x-1$
$x-2$	F	G	$x-7$

연구

예제 **다음을 간단히 하시오.**

a) $8-(7-(-2))$

b) $6x-(x-(-3x+8))$

가장 안쪽에 있는 괄호부터 차례로 없앤다.

a) $8-(7-(-2))$
$=8-(7+2)$
$=8-9=-1$

b) $6x-(x-(-3x+8))$
$=6x-(x+3x-8)$
$=6x-x-3x+8=2x+8$

269 **다음을 간단히 하시오.**

a) $12-(6-(-1))$

b) $1-(-2-(-3))$

270 **다음을 간단히 하시오.**

a) $x^3-(x^2-(x-1))+x^3$

b) $4x^2-8-(7x^2-(3x^2+8))$

c) $x^2+4-(x^2-4-(-x^2+1))$

내가 생각하고 있는 것은 두 개의 다항식이며 각각의 다항식에는 항이 세 개 있다. 그리고 두 다항식의 합은 $10x^3-7x^2+x+2$이고 차는 $8x^3-7x^2+5x-2$이다. 이 두 다항식은 무엇인가?

연구

곱셈공식

예제 **일차식 $x+a$의 제곱은 $(x+a)^2=x^2+2ax+a^2$ 공식을 이용하여 구할 수 있음을 다음 방식으로 증명하시오.**

a) 그림을 이용하여
b) 곱셈식을 이용하여

a) $(x+a)^2$은 변의 길이가 $x+a$인 정사각형의 넓이이다. 그림을 그린다.

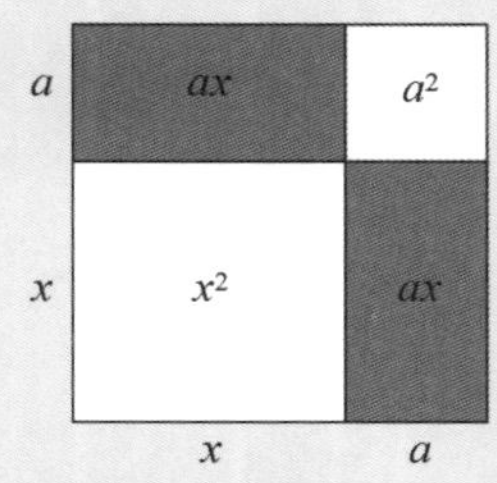

그림에서 보듯이 정사각형의 넓이들의 합은 $x^2+2\cdot ax+a^2=x^2+2ax+a^2$이다.

b) 항별로 곱할 수 있다.

$(x+a)^2$

$=(x+a)\cdot(x+a)$

$=x\cdot x+x\cdot a+a\cdot x+a\cdot a$

$=x^2+2ax+a^2$

예제의 방법으로 다른 일차식의 공식을 증명할 수 있다.

> 합의 제곱 공식
> $(x+a)^2=x^2+2ax+a^2$
>
> 차의 제곱 공식
> $(x-a)^2=x^2-2ax+a^2$
>
> 합과 차의 곱셈 공식
> $(x+a)(x-a)=x^2-a^2$

271 **곱셈공식을 이용하여 다음을 간단히 하고 곱셈식을 이용하여 확인하시오.**

a) $(x+1)^2$
b) $(x-1)^2$
c) $(x+1)(x-1)$

272 **곱셈공식을 이용하여 다음을 간단히 하고 곱셈식을 이용하여 확인하시오.**

a) $(x+5)^2$
b) $(x-5)^2$
c) $(x+5)(x-5)$

273 **곱셈공식을 이용하여 다음을 간단히 하고 곱셈식을 이용하여 확인하시오.**

a) $(2x+1)^2$
b) $(2x-1)^2$
c) $(2x+1)(2x-1)$

274 **곱셈공식을 이용하여 다음을 계산하시오.**

a) 101^2　b) 99^2　c) $101\cdot 99$

275 **곱셈공식을 이용하여 다음을 계산하시오.**

a) 102^2　b) 98^2　c) $102\cdot 98$

276 **차의 제곱 공식 $(x-a)^2=x^2-2ax+a^2$을 곱셈식을 이용하여 증명하시오.**

277 **합과 차의 곱셈 공식 $(x+a)(x-a)=x^2-a^2$을 곱셈식을 이용하여 증명하시오.**

278 **합과 차의 곱셈 공식을 오른쪽에서 왼쪽으로 이용하여 두 이항식의 곱으로 쓰시오.**

a) x^2-9　b) x^2-36　c) $4x^2-25$

279 **합의 제곱 공식을 오른쪽에서 왼쪽으로 이용하여 두 이항식의 곱으로 쓰시오.**

a) x^2+4x+4　b) x^2+6x+9

심화학습 122－123쪽

280 **다음 직사각형의 넓이가 60이다. 방정식을 만들고 직사각형의 세로 길이를 구하시오.**

a)

$2x + 5$

4

b)

$x - 1$

4

281 **다음 도형의 둘레의 길이는 50이다. 방정식을 만들고 도형의 변들의 길이를 구하시오.**

a) b)

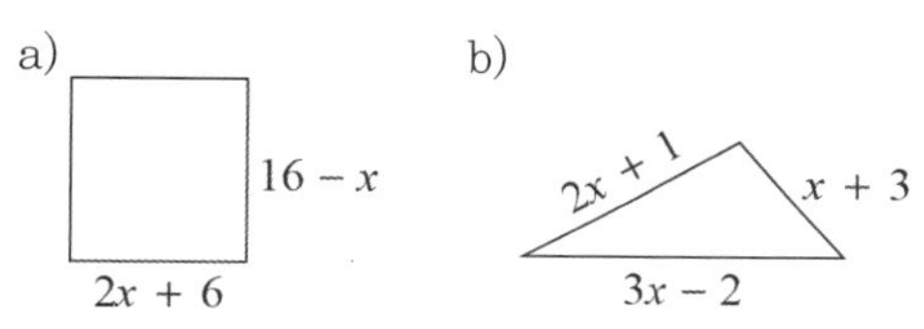

282 **아래 직육면체의 부피와 겉넓이가 다음과 같을 때 x의 값을 구하시오.**

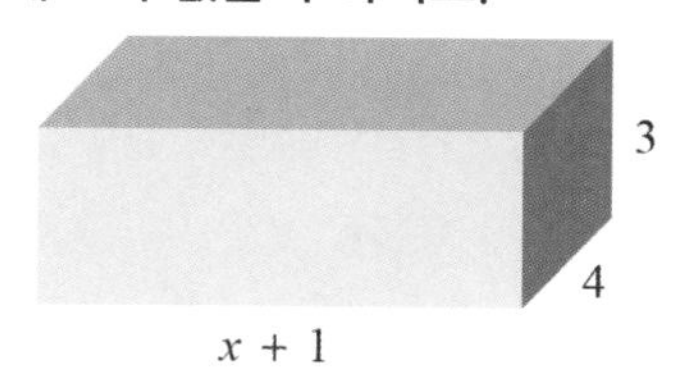

a) 부피가 96일 때

b) 겉넓이가 108일 때

283 **함수 $f(n) = 3n + 1$은 정사각형의 개수가 n개인 도형에서 성냥개비의 개수를 나타낸다.**

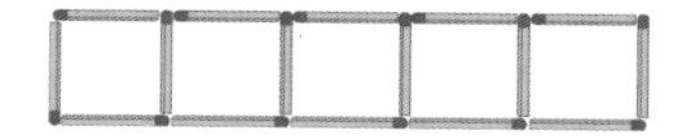

a) 성냥개비가 16개일 때, 정사각형의 개수는?

b) 성냥개비가 64개일 때, 정사각형의 개수는?

c) 성냥개비가 370개일 때, 정사각형의 개수는?

d) 정사각형이 15개일 때 성냥개비의 개수는?

연구

표에는 2부터 시작하여 일정한 규칙에 따라 양의 정수가 들어 있다.

행 \ 열	A	B	C	D	E
1	2	3	4	5	
2		9	8	7	6
3	10	11	12	13	
4		17	16	15	14

284 **표를 공책에 옮겨 그리고 아래쪽에 가로줄 4행을 더 그린 후에 알맞은 수를 표에 쓰시오.**

285 **다음 수는 표에서 몇 번째 행, 몇 번째 열에 있는지 알아보시오.**

a) 46 b) 48

c) 58 d) 64

286 **다음 수는 표에서 몇 번째 행, 몇 번째 열에 있는지 알아보시오.**

a) 2 000 b) 2 010

287 아래 보기의 식들을 이용하여 근이 다음과 같은 방정식을 만드시오.

$2x+3$	$3x+10$	$-3x-7$
$-2x+2$	$4x+7$	$-x+11$

a) $x=-7$ b) $x=3$
c) $x=-9$ d) $x=-2$

288 안니는 쪽지에 수 하나를 썼다. 니코는 안니가 쓴 수에 2를 곱하고 6을 뺐다. 올리는 안니가 쓴 수에 7을 더하고 3을 곱했다. 토미는 안니가 쓴 수에 2를 곱하고 9를 뺀 뒤 2를 곱했다. 다음 두 사람이 얻은 결과가 같을 때 안니가 쪽지에 쓴 수를 구하시오.

a) 니코와 올리
b) 니코와 토미
c) 올리와 토미

289 방정식의 근이 $x=3$일 때 빈칸에 알맞은 수를 구하시오.

a) $2x+\square=19$
b) $4(x+\square)+1=33$

290 방정식 $3(x+a)+9=0$의 근이 다음과 같을 때 상수 a의 값을 구하시오.

a) $x=1$ b) $x=-1$

291 방정식 $a(x+3)=2a-7$의 근이 $x=-2$일 때 상수 a의 값을 구하시오.

연구

곱의 0 규칙

예제1 다음 방정식을 푸시오.

a) $5x=0$ b) $5(x-2)=0$

a) $x=0$일 때 $5x=0$이다.
b) $x-2=0$일 때, 즉 $x=2$일 때 $5(x-2)=0$이다.

곱셈식의 인수 중에 0이 있으면 그 값은 0이 된다.

예제2 방정식 $x(2x+8)=0$을 푸시오.

$x=0$ 또는 $2x+8=0$
$2x+8=0$ ■ 양변에 -8을 한다.
$2x=-8$ ■ 양변에 $\div 2$를 한다.
$x=-4$

정답 : $x=0$ 또는 $x=-4$

292 다음 방정식을 푸시오.

a) $99\cdot 7\cdot x=0$
b) $x\cdot 3x=0$
c) $6(x+9)=0$

293 다음 방정식을 푸시오.

a) $x(x-5)=0$
b) $(x-1)(x+3)=0$
c) $(x+4)(3x-2)=0$
d) $x(x+1)(x-1)=0$

294 다음 방정식의 좌변을 단항식과 일차식의 곱으로 다시 쓰고 푸시오.

a) $x^2+4x=0$
b) $3x^2-9x=0$

295 다음 방정식의 좌변을 일차식의 제곱으로 다시 쓰고 푸시오.

a) $x^2+2x+1=0$
b) $x^2+4x+4=0$
c) $x^2-2x+1=0$

296 삼각형의 한 각은 가장 큰 각의 $\frac{1}{3}$이고 또 다른 각은 가장 큰 각의 $\frac{1}{6}$이다. 삼각형의 세 각의 크기를 구하시오.

297 어떤 수의 $\frac{1}{5}$, $\frac{1}{7}$, $\frac{1}{10}$의 합은 93이다. 어떤 수를 구하는 방정식을 만들고 푸시오.

298 오토는 시디(CD)를 20개 가지고 있다. 시디 중 40%는 핀란드 가수들의 것이고 나머지는 외국 가수들의 것이다. 전체 시디의 75%가 핀란드 가수들의 것이 되게 하려면 핀란드 가수들의 시디를 몇 개 더 구입해야 하는지 구하시오.

299 엘사의 돼지저금통에 있는 2 €, 1 €, 50센트, 20센트, 10센트 동전 들의 개수는 모두 같다. 돈은 모두 합해서 95 €이다. 동전의 개수는 모두 몇 개인지 구하시오.

300 트래킹 용품점에서 25% 세일 행사를 했다. 상점주인이 트래킹 신발의 가격을 15% 더 할인해 준다고 해서 울라는 51 €를 주고 신발을 샀다. 이 신발의 원래 가격은 얼마인지 구하시오.

301 페카는 수학시험에서 $7\frac{1}{2}$, 7+, 9, 8-를 받았다. 평균점수가 $8\frac{1}{2}$이 되게 하려면 다섯 번째 시험에서 몇 점을 받아야 하는지 구하오.

302 세계 역사상 최초의 수학자는 고대 그리스의 피타고라스(기원전 589~475)라고 전해진다. 전설에 의하면 누가 피타고라스에게 제자가 몇 명 있냐고 묻자 피타고라스는 다음과 같이 답했다고 한다. "제자들의 절반은 수학을 공부하고 $\frac{1}{4}$은 철학을 배우고 $\frac{1}{7}$은 침묵의 기술을 배우며, 추가로 여자가 3명 있소." 피타고라스의 제자는 모두 몇 명인지 구하시오.

303 크로시우스 왕은 그릇을 다섯 개 갖고 있고, 그릇들 무게의 총합은 100드락마이다. 가장 가벼운 것부터 무거운 순서로 각 그릇은 1드락마의 무게 차이가 있다. 그릇 다섯 개의 무게를 구하시오.

304 세 개의 연속한 자연수의 합이 135이다. 이 중 가장 작은 수를 구하는 방정식을 만들고 푸시오.

305 400 L짜리 물통에 물이 절반 정도 차 있다. 470 L짜리 물통에 가득 차 있는 물을 펌프를 이용하여 1분에 23 L씩 400 L 물통에 옮겼다. 이 두 물통에 들어 있는 물의 양이 같아지는 데 걸리는 시간을 구하시오.

306 전기요금이 25% 올랐다. 전기요금 청구서의 금액이 예전과 같아지려면 전기 사용량을 몇 %줄여야 하는지 구하시오.

307 "x에서 y를 뺀 값에 2을 곱하면 -6이다." 라는 조건을 만족하는 순서쌍 (x, y)를 고르시오.

a)	$(-1, 4)$	H	b)	$(3, 6)$	M
c)	$(1, 4)$	O	d)	$(6, -3)$	A
e)	$(-1, 2)$	D	f)	$(-5, 8)$	P
g)	$(10, -7)$	H	h)	$(-3, 0)$	I
i)	$(-7, -4)$	S	j)	$(6, -9)$	A
k)	$(9, 12)$	T	l)	$(0, 3)$	I

308 아래 보기의 순서쌍들 중 다음 조건을 만족하는 순서쌍 (x, y)를 고르시오.

$(6, 3)$ $(-2, 3)$ $(9, 7)$ $(3, 6)$
$(2, -3)$ $(7, 14)$ $(7, 9)$ $(14, 7)$

a) x와 y의 합은 16이고 x에서 y를 빼면 -2이다.
b) x에서 y를 빼면 -5이고 x와 y의 곱은 -6이다.
c) x에서 y를 빼면 7이고 y는 x의 반이다.
d) x와 y의 곱은 18이고 y는 x의 두 배이다.

연구

309 2004~2009년 사이 핀란드에 등록된 모터사이클의 수는 방정식 $y=14660x-29236800$을 거의 만족하고 있다. 여기서 x는 해당 연도이고 y는 해당 연도 말의 모터사이클의 수이다.

a) 좌표평면 위에 2004~2009년 사이 핀란드에 등록된 모터사이클의 수를 나타내는 그래프를 그리시오.
b) 그래프를 보고 2006년도에 핀란드에는 모터사이클이 몇 대가 있었는지 구하시오.
c) 핀란드에 모터사이클이 200 000대가 등록된 해는 언제인지 방정식을 만들고 푸시오. 구한 답을 그래프에서 확인하시오.

310 a) 2004~2009년 사이 매해 늘어난 모터사이클의 수는 얼마인가?
b) 증가하는 모터사이클의 수가 같다고 가정할 때, 핀란드에 300 000대의 모터사이클이 등록되는 해는 언제인지 방정식을 만들고 푸시오.
c) 2004년 이후 모터사이클이 해마다 18 000대 증가한다고 가정할 때, 300 000대를 넘어서는 해는 언제인가?

출처 : 핀란드 교통안전국
http : //www.ake.fi

311 다음 그래프에서 연립방정식의 해를 추정하고, 해를 식에 대입하여 확인하시오.

a) $\begin{cases} y = \frac{1}{2}x + 1 \\ y = -3 \end{cases}$

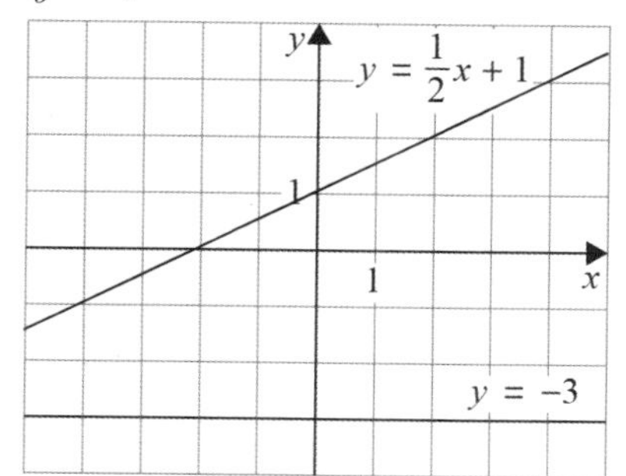

b) $\begin{cases} y = -2x - 5 \\ y = -3x - 2 \end{cases}$

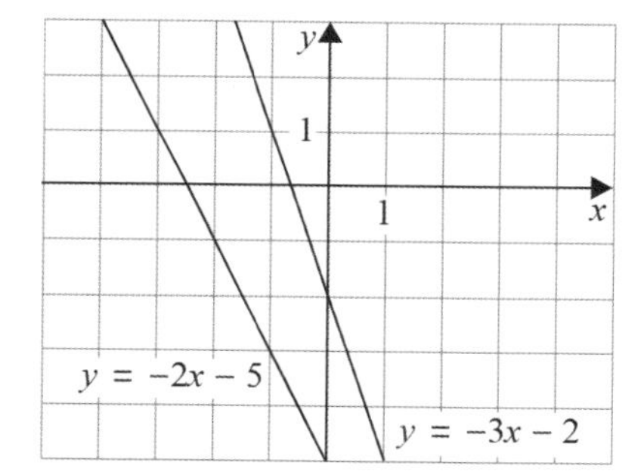

312 연립방정식 $\begin{cases} y = 2x - 1 \\ y = kx - 3 \end{cases}$ 의 해가 다음과 같을 때 기울기 k의 값을 구하시오.

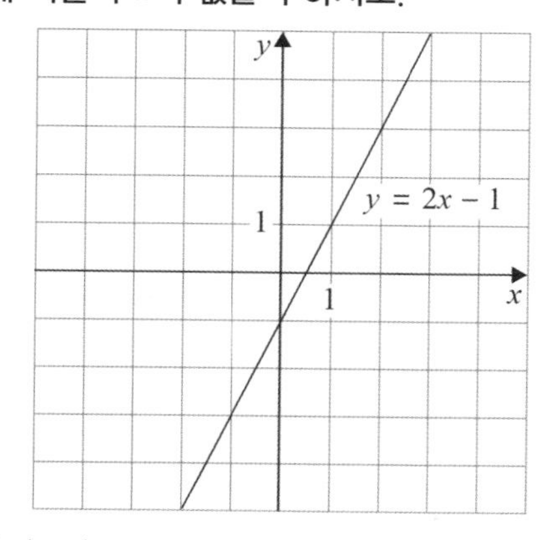

a) (1, 1) b) (−2, −5)
c) (4, 7)

313 연립방정식 $\begin{cases} y = x - 5 \\ y = -2x + b \end{cases}$ 의 해가 다음과 같을 때 상수 b의 값을 구하시오.

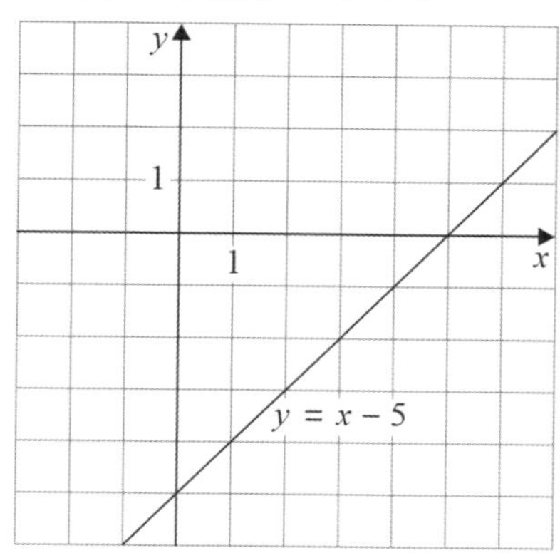

a) (3, −2) b) (1, −4) c) (7, 2)

314 다음 물음에 답하시오.

a) 연립방정식 $\begin{cases} y = x - 1 \\ y = kx + 5 \end{cases}$ 의 해가 (2, 1)일 때 기울기 k의 값을 구하시오.

b) 연립방정식 $\begin{cases} y = 3x - 7 \\ y = 2x + b \end{cases}$ 의 해가 (6, 11)일 때 상수 b의 값을 구하시오.

315 해가 다음과 같은 연립방정식을 두 개 만드시오.

a) (2, 0) b) (1, −1)

316 직선 세 개는 꼭짓점이 (−4, 3), (−6, −5), (−2, −3)인 삼각형을 만든다.

a) 직선들의 방정식을 구하시오.

b) 해가 삼각형의 꼭짓점인 연립방정식을 만드시오.

317 연립방정식 $\begin{cases} y = kx + b \\ y = 2x - 1 \end{cases}$ 의 해가 다음과 같은 상수 k와 b의 값을 구하시오.

a) 해가 하나이다.

b) 해가 없다.

c) 해가 무수히 많다.

318 그래프를 이용하여 다음 연립방정식을 푸시오.

a) $\begin{cases} y=15x+5 \\ y=-10x+30 \end{cases}$

b) $\begin{cases} y=20x+100 \\ y=50x+400 \end{cases}$

319 유호는 야미보다 볼펜을 20개 더 많이 가지고 있다. 둘의 볼펜을 모두 합하면 110개이다. 둘이 볼펜을 각각 몇 개 가지고 있는지 구하는 연립방정식을 만들고 그래프를 이용하여 푸시오.

320 신나와 리사가 가진 우표를 모두 합하면 90장이고, 신나는 리사보다 우표를 2배 더 가지고 있다. 둘이 우표를 각각 몇 개 가지고 있는지를 구하는 연립방정식을 만들고 그래프를 이용하여 푸시오.

321 식탁 위에 포크, 나이프, 접시가 놓여 있다. 포크는 나이프보다 15개 더 많다. 포크와 나이프를 모두 합하면 65개이다. 접시의 개수는 나이프의 개수와 같다. 식탁 위에 접시가 몇 개 있는지를 구하는 연립방정식을 만들고 그래프를 이용하여 푸시오.

322 연립방정식 $\begin{cases} y=x^2 \\ y=x+2 \end{cases}$ 를 그래프를 이용하여 푸시오.

323 x축과 y축의 한 눈금 사이가 10 m인 좌표평면에서 포물선 $y=-x^2+1$의 안쪽은 바다의 만을 나타내고 직선 $y=-x-1$은 이 만을 건너는 기찻길을 나타낸다.

a) 연립방정식을 만들고 만과 철도교가 만나는 지점의 좌표를 구하시오.

b) 피타고라스의 정리를 이용하여 철도교의 길이를 구하고 m 단위로 답하시오.

연구

324 통계청에서 작성한 2010～2025년의 인구변화 예상에 의하면 같은 기간의 칸타－헤메, 포흐얀마와 퀴멘락소의 인구변화는 거의 직선에 가깝다. 다음 표를 이용하여 2010～2020년 이 지역들의 인구변화를 나타내는 그래프를 그리시오.

	2010	2015	2020
칸타－헤메	175 600	182 000	188 200
포흐얀마	177 600	181 800	186 000
퀴멘락소	181 900	180 100	178 900

출처 : 핀란드 통계청 2009년

325 324번의 그래프를 보고 다음 두 지역의 인구가 같을 때를 구하시오.

a) 칸타－헤메와 포흐얀마

b) 칸타－헤메와 퀴멘락소

c) 포흐얀마와 퀴멘락소

326 324번의 그래프를 2025년까지 연장하여 그리고 2025년 각 지방의 인구를 천의 자리까지 추정하시오.

327 다음 연립방정식을 푸시오.

a) $\begin{cases} y=\dfrac{x}{3} \\ \dfrac{x}{3}+y=4 \end{cases}$　　b) $\begin{cases} x=\dfrac{y}{2} \\ \dfrac{y}{4}-x=3 \end{cases}$

328 다음 연립방정식을 푸시오.

a) $\begin{cases} y=-x+5 \\ y=x-2 \end{cases}$　　b) $\begin{cases} y=5x+6 \\ y=2x+4 \end{cases}$

329 다음 연립방정식을 푸시오.

a) $\begin{cases} y=\dfrac{4}{5}x+6 \\ y=\dfrac{1}{5}x-3 \end{cases}$　　b) $\begin{cases} y=\dfrac{1}{2}x+7 \\ y=\dfrac{2}{3}x+4 \end{cases}$

330 다음 연립방정식을 푸시오.

a) $\begin{cases} y=1.8x+0.8 \\ y=-0.7x+10.8 \end{cases}$

b) $\begin{cases} y=3.2x+4.6 \\ y-1.2x=-1.4 \end{cases}$

331 다음 연립방정식을 푸시오.

a) $\begin{cases} y=-0.4x+2 \\ y+0.4x=4 \end{cases}$

b) $\begin{cases} y=0.7x+5 \\ -0.7x+y-5=0 \end{cases}$

332 직선 $y=4x+41$, $y=-1\dfrac{1}{2}x+19$, $y=\dfrac{1}{3}x-14$는 삼각형을 만든다. 삼각형의 꼭짓점들의 좌표를 구하는 연립방정식을 만들고 푸시오.

333 어떤 두 수의 합이 34이다. 첫 번째 수에 2를 곱하고 두 번째 수를 더하면 47이 된다. 두 수를 구하는 연립방정식을 만들고 푸시오.

334 두 수의 차는 22이고 산술평균은 26이다. 두 수를 구하는 연립방정식을 만들고 푸시오.

335 직선 $y=3x+5$, $y=x+1$, $y=-3x-7$은 같은 점을 지난다는 것을 보이시오.

336 다음 국기의 가로 길이와 세로 길이를 구하는 연립방정식을 만들고 푸시오.

a) 국기의 둘레의 길이는 928 cm이고 가로 길이는 세로 길이보다 112 cm 더 길다.

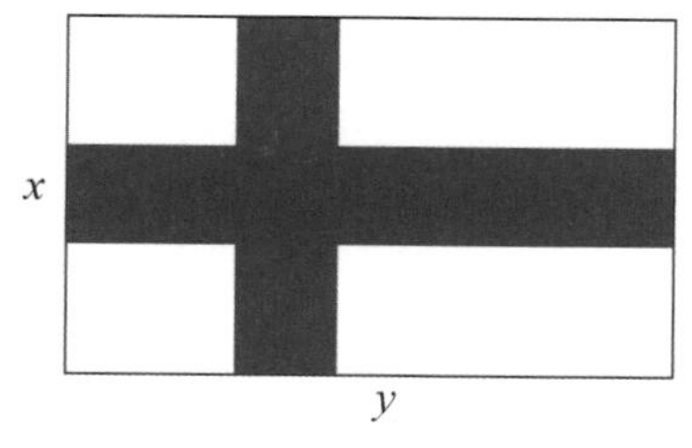

b) 국기의 둘레의 길이는 930 cm이고 가로 길이는 세로 길이의 두 배이다.

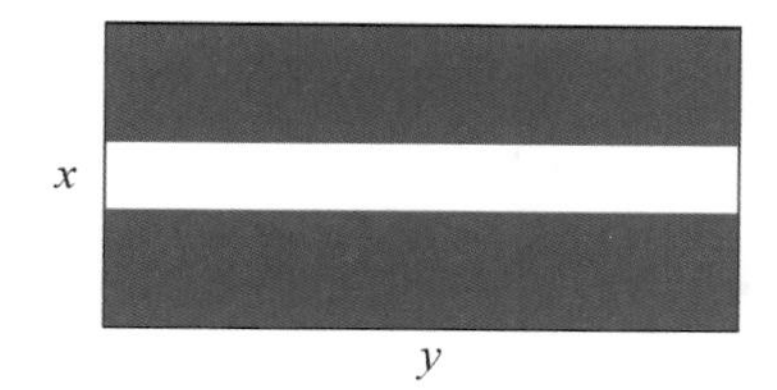

337 **다음 연립방정식을 푸시오.**

a) $\begin{cases} x=2y-1 \\ x-y=10 \end{cases}$　b) $\begin{cases} x=2y-3 \\ y=3x-11 \end{cases}$

c) $\begin{cases} x=3y-4 \\ 2x-y=7 \end{cases}$　d) $\begin{cases} x=-y-8 \\ 3x+2y=7 \end{cases}$

338 **직선** $y=2x-2$, $y=2x-12$, $y=-\frac{1}{2}x+3$, $y=-\frac{1}{2}x-2$**는 정사각형을 만든다.**

a) 정사각형의 꼭짓점들의 좌표를 구하는 연립방정식을 만들고 푸시오.

b) 직선들을 한 좌표평면 위에 그려서 α의 결과를 확인하시오.

339 **1년에 로사의 나이는 핀야 나이의 4배였고 1년 후에 로사의 나이는 핀야 나이의 3배가 된다.**

a) 다음 표를 완성하시오.

나이	핀야	로사
현재	x	y
1년 전		
1년 후		

b) 연립방정식을 만들고 둘의 현재 나이를 각각 구하시오.

340 **직선은 점** $(-1,\ 8)$**과** $(5,\ 2)$**를 지난다.**

a) 점 $(-1,\ 8)$과 $(5,\ 2)$의 좌표를 직선의 방정식 $y=kx+b$에 대입하여 연립방정식을 만드시오.

b) 기울기 k와 상수항 b를 구하시오.

341 **다음 직선들이 같은 점을 지나는지 알아보시오.**

a) $y=5x+17$, $y=-3x-15$, $y=-6x-27$

b) $y=4x-21$, $y=8x-41$, $y=-4x+43$

연구

방정식의 집합

세 개의 미지수 x, y, z를 포함하는 세 개의 방정식으로 구성된 연립방정식의 근은 세 수의 순서쌍 $(x,\ y,\ z)$로 나타낸다.

342 **세 수의 순서쌍** $(x,\ y,\ z)=(1,\ -1,\ 3)$**이 방정식의 근인지 알아보시오.**

a) $\begin{cases} y=2x-z \\ x=2y+z \\ z=2x-y \end{cases}$

b) $\begin{cases} -2x+y+z=0 \\ x-2y+z=1 \\ 3x+y-2z=-4 \end{cases}$

343 **다음 물음에 답하시오.**

a) 첫 번째와 두 번째 방정식으로 x와 y의 값을 구하시오.

$\begin{cases} y=x+2 \\ 2x-y=1 \\ -x+y+z=0 \end{cases}$

b) 구해진 x와 y의 값을 세 번째 방정식에 대입하여 z의 값을 구하시오.

c) 방정식의 근을 세 수의 순서쌍으로 쓰시오.

344 **다음 연립 방정식의 근을 구하시오.**

a) $\begin{cases} y=x-1 \\ 3x-2y=5 \\ x+y+z=4 \end{cases}$

b) $\begin{cases} x=-z+3 \\ 3x-2z=4 \\ 2x-y+z=2 \end{cases}$

345 미코와 알렉시는 마트에서 일한다. 금요일에 미코는 4시간, 알렉시는 3시간을 일했고, 둘이 받은 임금을 합해보니 46 €였다. 토요일에 미코는 5시간, 알렉시는 2시간을 일했고 둘이 받은 임금을 합해보니 47 €였다. 둘의 시간당 임금을 각각 구하시오.

346 마리는 양손에 구슬을 쥐고 있다. 오른손의 구슬 3개를 왼손에 옮겨쥐면 양손에 있는 구슬의 개수가 같아진다. 왼손의 구슬 1개를 오른손에 옮겨쥐면 오른손에 있는 구슬의 개수는 왼손에 있는 구슬 개수의 3배가 된다. 마리는 구슬을 몇 개 가지고 있는지 구하시오.

347 커피 두 종류의 가격이 10 €/kg과 15 €/kg이다. 커피 두 종류를 섞어서 kg당 13 €에 팔려고 한다. 각 커피를 얼마만큼씩 섞어야 하는지 구하는 연립방정식을 만들고 푸시오.

348 라이트우유에는 단백질이 3.2 g/100 g, 지방이 1.5 g/100 g 들어 있다. A 요구르트에는 단백질이 3.8 g/100 g, 지방이 2.5 g/100 g 들어 있다. 단백질을 37 g, 지방을 19.5 g 섭취했을 때 우유와 요구르트를 각각 얼마만큼씩 먹었는지 구하시오.

349 황동은 구리와 아연을 섞은 금속이다. 황동 A, B를 섞어 구리의 함유율이 67%인 황동 1 000 kg을 만들려면 다음 A와 B를 얼마만큼씩 섞어야 하는가?

황동	구리	아연
A	60%	40%
B	70%	30%

350 미카는 $a-(b-c)$를 계산해야 했는데 $a-b-c$를 계산하여 결과가 -100이 나왔다. 정답은 -360이었다. 연립방정식을 만들고 $a-b$는 얼마인지 구하시오.

351 툴라는 두 시간 동안 운전하여 160 km를 갔다. 국도에서는 평균속도 70 km/h로 가다가 고속도로에서는 평균속도 110 km/h로 갔다.

a) 툴라가 운전한 고속도로 부분의 거리를 구하시오.

b) 툴라가 평균속도 70 km/h로 운전한 시간을 구하시오.

352 다음 연립방정식을 적당한 수로 나누고 가감법으로 푸시오.

a) $\begin{cases} -25x+20y=-5 \\ -12x+16y=-100 \end{cases}$

b) $\begin{cases} 18x+9y=27 \\ -4x-12y=4 \end{cases}$

353 다음 연립방정식을 푸시오.

a) $\begin{cases} -5x+2y+5=0 \\ 11x-8y+7=0 \end{cases}$

b) $\begin{cases} 2x+7y-42=0 \\ 4x+9y-44=0 \end{cases}$

354 다음 연립방정식을 푸시오.

a) $\begin{cases} \dfrac{x}{4}+y=2 \\ x-2y=44 \end{cases}$

b) $\begin{cases} x+\dfrac{y}{6}=6 \\ 3x+3y=-12 \end{cases}$

355 다음 연립방정식을 푸시오.

a) $\begin{cases} 0.25x+0.3y=3.6 \\ 1.5x-1.2y=0.6 \end{cases}$

b) $\begin{cases} 1.4x+0.9y=6.7 \\ 0.2x-0.7y=5.1 \end{cases}$

356 실험실에 농도가 5%인 염산과 25%인 염산이 있다. 농도가 15%인 염산 300g을 만들려면 두 가지 농도의 염산을 얼마만큼씩 섞어야 하는지 구하시오.

357 두 자리 수의 각 자릿수의 합은 8이다. 각 자릿수의 순서를 바꾸면 원래의 수보다 18이 작아진다. 원래 수의 십의 자리 수를 x, 일의 자리 수를 y로 표시하여 연립방정식을 만들고 원래의 수를 구하시오.

358 라이사와 에사는 미국과 캐나다로 여행을 가기 위해 은행에서 환전했다. 에사는 캐나다달러 300달러(CAD)와 미국달러 200달러(USD)를 환전했다. 라이사는 캐나다달러 400달러(CAD)와 미국달러 300달러(USD)를 환전했다. 은행에서는 에사에게 363.83 €, 라이사에게 508.33 €를 청구했다. 이 청구 금액에는 은행의 환전 서비스료 3.50 €가 포함되어 있다. 캐나다달러 1달러(CAD)와 미국달러 1달러(USD)는 각각 몇 €인지 구하시오.

359 다음 표를 완성하시오.

수	절댓값	역수	절댓값은 같고 부호는 반대인 수
7			
-9			
0			
$\frac{1}{3}$			
$-\frac{3}{4}$			
$5\frac{1}{4}$			
a			

360 다음을 나타내는 식을 만들고 계산하시오.

a) 3과 절댓값은 같고 부호는 반대인 수와 -8의 차의 절댓값

b) 4의 역수와 -24의 곱의 절댓값

c) -7과 절댓값은 같고 부호는 반대인 수와 -8의 절댓값의 차

361 x의 값이 다음과 같을 때, 함수 $f(x)=2x-|x-9|$의 값을 계산하시오.

a) $x=9$ b) $x=0$

c) $x=-9$ d) $x=-12$

362 x의 값이 다음과 같을 때, 함수 $f(x)=-x-|3x-4|$의 값을 구하시오.

a) $x=2$ b) $x=1$

c) $x=-5$ d) $x=-7$

363 절댓값이 다음 수보다 작은 정수는 몇 개인지 구하시오.

a) 120 b) -34

364 다음 부등식을 만족하는 정수를 구하시오.

a) $|2n|-18 \le 1$ b) $12-|n-3| \le 2$

c) $30-|n|>9$ d) $|n-2|-10 \le 3$

365 아래 보기에서 다음 식과 값이 같은 것을 고르시오.

$1-\sqrt{2}$, $2-\sqrt{2}$, $2-\sqrt{5}$, $4-\pi$
$\pi-4$, $\sqrt{5}-2$, $\sqrt{2}-2$, $\sqrt{2}-1$

a) $|1-\sqrt{2}|$

b) $|2-\sqrt{2}|$

c) $|\pi-4|$

d) $|2-\sqrt{5}|$

366 다음 식을 만족하는 정수 x, y의 짝을 구하시오.

a) $x \cdot y=-15$

b) $|x| \cdot |y|=15$

367 다음 식이 성립하려면 변수 x와 y의 값이 어떤 조건을 만족해야 하는지 설명하시오.

a) $|x \cdot y|=x \cdot y$

b) $|x+y|=x+y$

c) $|x-y|=x-y$

d) $|x-y|=y-x$

e) $|x \cdot y|>x \cdot y$

f) $|x \cdot y|=|x| \cdot |y|$

368 다음 물음에 답하시오.

a) 다음 표를 완성하시오.

x	$y=|x|$	(x, y)
0		
1		
-1		
3		
-3		

b) 함수 $f(x)=|x|$의 그래프를 그리시오.

369 다음 함수의 그래프를 그리시오.

a) $f(x)=|2x|$

b) $g(x)=|x|-1$

c) $h(x)=|x-1|$

370 다음 도형은 정삼각형들로 이루어져 있다. 도형 전체에 대한 색칠한 부분의 비를 분수로 나타내시오.

a) b)

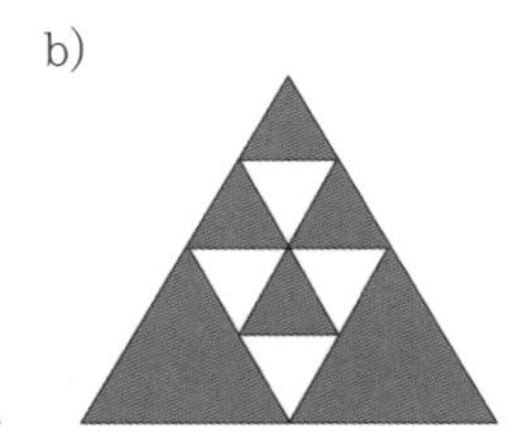

371 다음 도형은 정사각형들로 이루어져 있다. 도형 전체에 대한 색칠한 부분의 비를 분수로 나타내시오.

a)

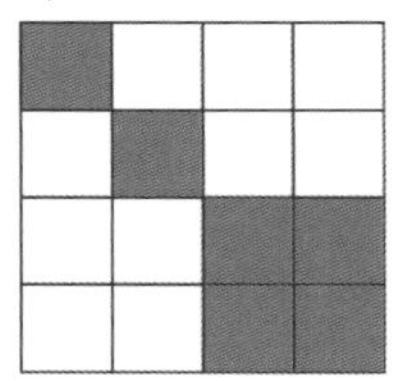

b)

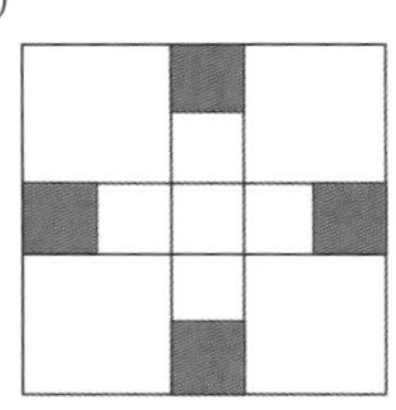

c)

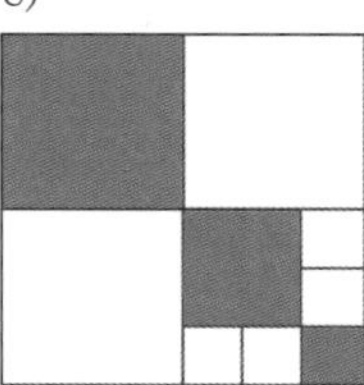

d)

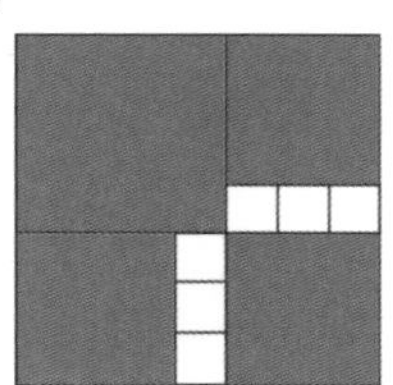

372 다음을 계산하시오.

a) $2\frac{5}{6}-1\frac{3}{4}$ b) $1\frac{1}{5}-1\frac{2}{9}$

c) $-1\frac{1}{3}+1\frac{2}{11}$ d) $-2\frac{2}{3}-1\frac{4}{7}$

373 다음을 계산하시오.

a) $\frac{5}{7}-1\frac{6}{7}-\left(\frac{5}{8}-1\frac{3}{4}\right)$

b) $\frac{5}{6}-2\frac{3}{5}-\left(-\frac{3}{10}-\frac{2}{3}\right)$

374 다음 부등식을 만족하는 정수 x를 구하시오.

a) $\frac{1}{3}<\frac{x}{15}<\frac{11}{15}$

b) $\frac{3}{8}<\frac{x}{24}<\frac{2}{3}$

375 다음 조건을 만족하는 두 수를 구하시오.

a) 합이 $-\frac{107}{200}$이고 차가 $\frac{43}{200}$이다.

b) 합이 $\frac{1}{2}$이고 차가 $\frac{1}{4}$이다.

376 다음 연립방정식을 대수학적으로 푸시오.

a) $\begin{cases} y=\frac{1}{2}x-1\frac{1}{2} \\ y=\frac{1}{3}x \end{cases}$

b) $\begin{cases} y=\frac{4}{3}x+\frac{1}{2} \\ y=\frac{5}{6}x+\frac{1}{4} \end{cases}$

377 다음 연립방정식을 대수학적으로 푸시오.

a) $\begin{cases} 2x-3y=-\frac{5}{6} \\ \frac{x}{2}+\frac{y}{3}=\frac{1}{3} \end{cases}$

b) $\begin{cases} \frac{x}{2}+\frac{y}{6}=\frac{1}{3} \\ \frac{x}{2}+\frac{y}{3}=\frac{1}{6} \end{cases}$

378 다음을 계산하시오.

a) $\left(\frac{2}{3}-\frac{3}{4}\right)^2$　　b) $\frac{1}{2}-\left(\frac{1}{2}\right)^2$

c) $\left(\frac{1}{3}+\frac{4}{9}\right)\cdot\frac{3}{7}$　　d) $\frac{1}{3}+1\frac{1}{3}\div 4$

e) $\left(1\frac{1}{5}-\frac{4}{5}\right)^3$　　f) $\left(5\frac{1}{2}\div 6\right)^2$

g) $\frac{3}{4}-2\cdot\left(-\frac{1}{2}\right)^2$　　h) $9\cdot\left(1\frac{1}{3}\right)^3\div 8^2$

i) $\left(\frac{1}{3}+\frac{1}{2}\right)\div\left(\frac{1}{2}-\frac{1}{3}\right)$

j) $\frac{1}{3}+\frac{1}{2}\cdot\frac{1}{3}-\frac{1}{4}$

U	L	A	V	I	T	S	I
$\frac{2}{3}$	$\frac{121}{144}$	$\frac{8}{125}$	$\frac{1}{144}$	$\frac{1}{4}$	5	$\frac{1}{3}$	$\frac{1}{4}$

379 밑면의 반지름은 5.0 cm, 높이는 8.0 cm인 원뿔이 있다. 높이가 다음과 같고 밑면의 반지름이 원뿔의 밑면의 반지름과 같은 원기둥 안으로 원뿔 안에 가득 채운 물을 몇 번 담을 수 있는지 구하시오. 답은 분수로 쓰시오.

a) 4.0 cm　　b) 2.0 cm　　c) 0.50 cm

380 화원에 묘목이 120그루 있다. 묘목들 중에서 가문비나무는 $\frac{1}{6}$, 측백나무는 $\frac{1}{5}$, 사과나무는 $\frac{1}{4}$이다. 나머지 묘목들은 소나무이다. 이 화원에 있는 소나무 묘목은 몇 그루인지 구하시오.

381 레나의 등굣길은 2.5 km이다. 레나는 시르파와 함께 아침에는 등굣길의 $\frac{3}{5}$을 걸었고 방과 후에는 $\frac{2}{3}$를 걸었다.

a) 둘이 같이 걸어간 길은 전체 등굣길의 얼마인지 계산하여 분수로 쓰시오.

b) 둘이 같이 걸어간 거리를 구하시오.

382 x의 값이 다음과 같을 때, 함수 $f(x)=x^2+2x+1$의 값을 구하시오.

a) $x=\frac{1}{2}$　　b) $x=-\frac{1}{3}$　　c) $x=\frac{3}{4}$

383 x의 값이 다음과 같을 때, 함수 $g(x)=-x^2-x$의 값을 구하시오.

a) $x=\frac{1}{5}$　　b) $x=-\frac{1}{6}$　　c) $x=\frac{2}{3}$

384 다음이 부등식 $\frac{2}{3}x+1<\frac{5}{6}$의 해인지 알아보시오.

a) $x=-\frac{3}{4}$　　b) $x=-\frac{1}{4}$

연구

지구 표면적 중에서 각 대륙이 차지하는 비중

대륙	비중
아시아	$\frac{1}{3}$
아프리카	$\frac{1}{5}$
북미	$\frac{4}{25}$
남미	$\frac{3}{25}$

대륙	비중
남극	$\frac{1}{10}$
유럽	$\frac{1}{20}$
오세아니아	$\frac{1}{20}$

385 아프리카의 넓이는 다음 대륙 넓이의 몇 배인지 구하시오.

a) 유럽　　b) 북미

386 북미의 넓이는 다음 대륙 넓이의 몇 배인지 구하시오.

a) 남미　　b) 남극

387 **바지의 원래 가격과 인하된 가격이 다음과 같을 때 인하율을 구하시오.**

a) 64 €에서 14 €가 내렸다.
b) 45 €에서 33 €로 내렸다.

388 **휴가여행 패키지의 가격이 5% 인상됐다. 인상 후 가격이 294 €일 때, 인상 전 가격은 얼마인지 구하시오.**

389 **롤러스케이트의 인하된 가격이 52 €이다. 할인율이 35%일 때, 인하되기 전의 원래 가격은 얼마인지 구하시오.**

390 **학교 선생님 41명 중 남자 선생님이 9명이다.**

a) 전체 선생님 중 남자 선생님은 몇 %인가?
b) 남자 선생님은 여자 선생님보다 몇 % 더 적은가?

391 **포름산 분자의 원자 중 탄소 원자는 $\frac{1}{5}$ 이다.**

a) 포름산 분자에서 다른 원자들보다 탄소 원자는 몇 % 더 적은가?
b) 탄소 원자보다 다른 원자들은 몇 % 더 많은가?

392 **카티가 가진 세 가지 색깔의 모자들 중 비니모자는 40%, 야구모자는 45%, 다른 여러 모자는 15%이다. 모자들 중 빨간색은 65%, 검은색은 25%, 파란색은 두 개이다. 카티가 가진 빨간색 비니모자는 다음 경우에 몇 개인지 계산하시오.**

a) 최소　　　　b) 최대

393 **다음 물음에 답하시오.**

a) 정사각형의 한 변의 길이가 10% 늘어나면 정사각형의 넓이는 몇 % 늘어나는가?
b) 정사각형의 한 변의 길이가 10% 줄어들면 정사각형의 넓이는 몇 % 줄어드는가?
c) 정사각형의 넓이가 10% 줄어들면 정사각형의 한 변의 길이는 몇 % 줄어드는가?

연구

핀란드의 3대 최대 정당의 2003년과 2007년 국회의원 선거 득표수

정당	2003년	2007년
중도당	689 391	640 428
사회민주당	683 223	594 194
국민연합당	517 904	616 841

투표수는 2003년에 2 815 700표였고 2007년에는 2 771 236표였다.
출처 : www.stat.fi 핀란드 통계청

394 **다음 정당의 득표수는 몇 % 증가 혹은 감소했는지 구하시오.**

a) 사회민주당
b) 중도당
c) 국민연합당

395 **다음 정당의 지지율은 몇 % 증가 혹은 감소했는지 구하시오.**

a) 사회민주당
b) 중도당
c) 국민연합당

396 빵 포장지에는 소금 함유율이 1.2%라고 표기되어 있지만 실제로 빵에는 소금이 1.5 % 들어 있다. 빵의 소금 함유율이 1.2%가 되려면 소금의 양을 현재보다 몇 % 줄여야 하는지 구하시오.

397 농도가 20%인 소금용액 300 g에 소금 80 g과 물 20 g을 섞었다. 섞인 용액의 소금 농도를 구하시오.

398 농도가 40%인 초산 300 g에 물을 얼마나 넣어야 농도가 다음과 같은 초산이 만들어지는지 구하시오.

a) 10% b) 8%

399 농도가 20%인 수산화나트륨용액 400 g과 농도가 10%인 수산화나트륨용액 300 g을 섞었다. 섞인 용액의 수산화나트륨 농도를 구하시오.

연구

예제 실험실에 농도가 37%인 염산과 농도가 10%인 염산이 있다. 키르시는 농도가 20%인 염산 2.0 kg이 필요하다. 두 가지 용액을 얼마만큼씩 섞어야 하는지를 구하는 연립방정식을 만들고 푸시오.

용액의 농도	용액(kg)	염산(kg)
37 %	x	$0.37x$
10 %	y	$0.10y$
20 %	2.00	$0.2 \cdot 2.00 = 0.40$

$$\begin{cases} x + y = 2.00 \\ 0.37x + 0.10y = 0.40 \end{cases}$$

■ 양변에 ×(−10)을 한다.

$$\begin{cases} x + y = 2.00 \\ -3.7x - y = -4.00 \end{cases}$$

$$-2.7x = -2.00$$

■ 양변에 ÷(−2.7)을 한다.

$$x = 0.74$$

$x = 0.74$를 위 방정식에 대입한다.

$0.74 + y = 2.00$

$y = 1.26$

정답 : 농도가 37%인 염산은 0.74 kg, 농도가 10%인 염산은 1.26 kg 필요하다.

400 실험실에 농도가 68%인 질산과 농도가 20%인 질산이 있다. 타르야는 농도가 30%인 질산 500 g이 필요하다. 두 가지 용액을 얼마만큼씩 섞어야 하는지를 구하는 연립방정식을 만들고 푸시오.

401 실험실에 농도가 5%인 황산과 농도가 30%인 황산이 있다. 타르야는 농도가 15%인 황산 120 g이 필요하다. 두 가지 용액을 얼마만큼씩 섞어야 하는지를 구하는 연립방정식을 만들고 푸시오.

연구

근로자는 임금을 받으면 정해진 세금을 정부에 납부해야 한다. 정부는 근로자가 받는 모든 임금에 세금을 부과하는 것이 아니라, 근로자에게 꼭 필요한 비용을 제외한 금액에 대해 세금을 부과한다. 이렇게 세금부과에서 제외된 금액을 '공제대상금액'이라고 하고, 근로소득액(임금)에서 공제대상금액을 제외한 금액을 '정부세 과세대상 근로소득액'이라 한다. 2010년에 공제대상금액은 연금 및 실업보험금, 노동조합 회비, 근로소득비용 공제액(620 €), 출퇴근 비용 중 본인 부담금 600 € 초과부터 7 000 € 까지이다.

예제 2010년 **에르키의 근로소득액은** 34 113.89 €**였다. 에르키의 연금 및 실업보험 금액은** 1 540.41 €, **노동조합 회비는** 349.34 €, **출퇴근 비용은** 780.15 €**였을 때 에르키의 정부세 과세대상 근로소득액을 계산하시오.**

출퇴근 비용에서는 본인부담금 600 €를 넘은 비용만 공제대상이므로
789.15 € − 600 € = 189.15 € 이다.
정부세 과세대상 근로소득액은
34 113.89 € − 189.15 € − 1 540.41 € − 620 € − 349.34 € = 31 414.99 €

정답 : 31 414.99 €

국세청에서는 대중교통수단을 이용한 비용만 출퇴근 비용으로 인정한다.

402 2010년 **리사의 근로소득액은** 31 709.10 €**였다. 리사의 연금 및 실업보험 금액은** 1511.45 €, **노동조합 회비는** 267.95 €, **출퇴근 비용은** 1289.60 €**였을 때 리사의 정부세 과세대상 근로소득액을 계산하시오.**

403 **위 문제의 리사의 정부 근로소득세액을 계산하시오.** (2010년 정부 근로소득세율표는 160쪽에 있다.)

404 2010년 **로사의 근로소득액은** 25 178.65 €**였다. 로사는 회비로 급여의** 1.05%**를 청구하는 노동조합의 회원이었다. 로사는 한 해 동안 출퇴근 비용으로** 1 788.56 €**를 썼고, 연금 및 실업보험 금액은 급여의** 5.1%**였다. 로사의 다음을 계산하시오.**

a) 정부세 과세대상 근로소득액
b) 정부 근로소득세액

숙제 8−9쪽

001 **다음 표를 완성하시오.**

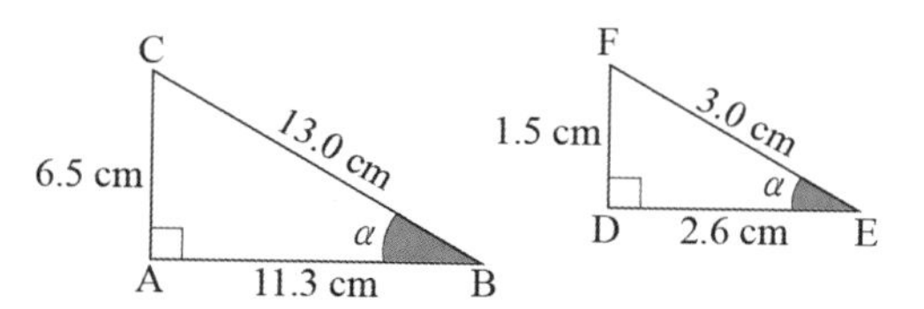

삼각형	ABC	DEF
각 α와 마주 보는 변		
각 α와 이웃한 변		
빗변		

002 **다음 삼각형들은 서로 닮은 삼각형이다. 변의 길이 x를 계산하시오.**

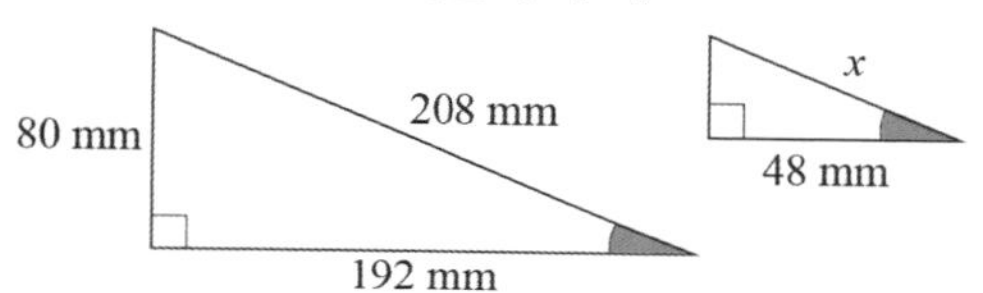

003 **다음 물음에 답하시오.**

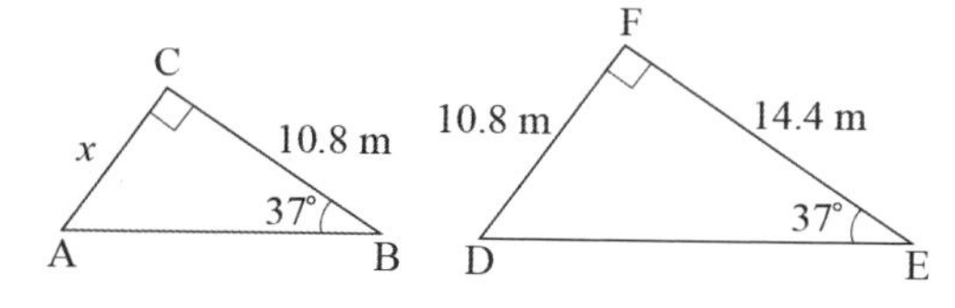

a) 삼각형 ABC와 DEF가 왜 닮은 삼각형인지 설명하시오.
b) 변 AC의 길이 x를 계산하시오.

004 **다음 물음에 답하시오.**

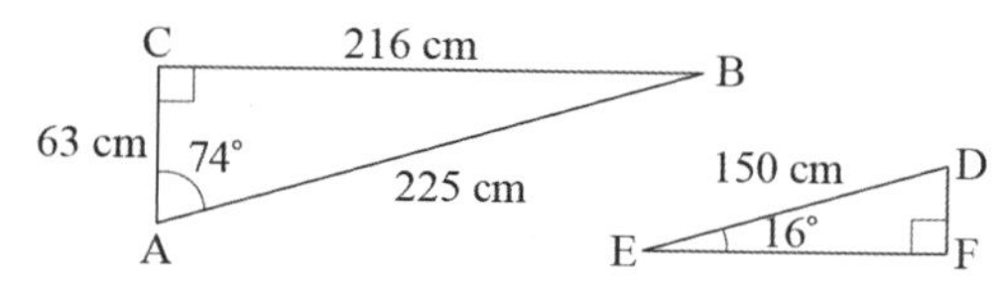

a) 삼각형 ABC와 DEF가 왜 닮은 삼각형인지 설명하시오.
b) 변 EF의 길이를 계산하시오.
c) 변 DF의 길이를 계산하시오.

005 **길이가 250 cm인 막대가 수직으로 서 있을 때 그림자의 길이는 375 cm이다. 같은 시각에 깃대의 그림자 길이는 23.95m이다. 깃대의 높이를 계산하시오.**

숙제 12−13쪽

006 **다음 물음에 답하시오.**

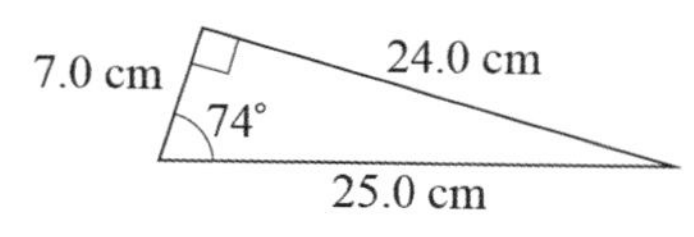

a) 삼각형의 빗변의 길이를 쓰시오.
b) 각 74°와 마주 보는 변의 길이를 쓰시오.
c) sin 74°를 계산하시오.

007 **다음 물음에 답하시오.**

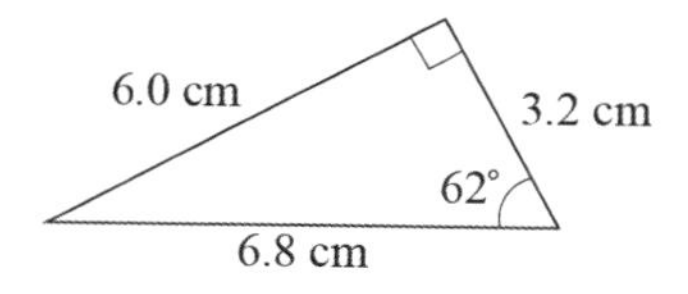

a) 각 62°와 마주 보는 변의 길이를 쓰시오.
b) 각 62°와 이웃한 변의 길이를 쓰시오.
c) tan 62°를 계산하시오.

008 **다음을 계산하시오.**

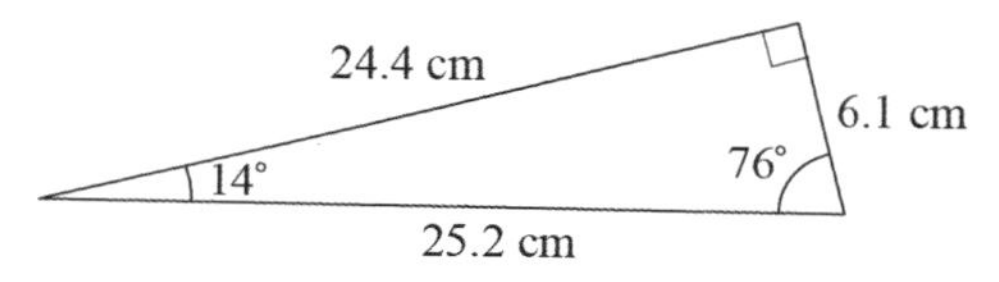

a) sin 14° b) cos 14° c) tan 14°
d) cos 76° e) tan 76° f) sin 76°

009 **다음은 각 53°와 37°의 어떤 삼각비의 값인지 구하시오.**

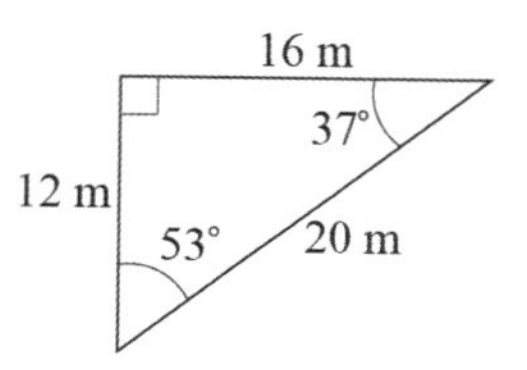

a) $\frac{16}{20}$ b) $\frac{16}{12}$ c) $\frac{12}{20}$ d) $\frac{12}{16}$

010 **모눈종이의 눈금을 이용해서 다음 값에 알맞은 직각삼각형을 그리고 삼각형에 각 α를 표시하시오.**

a) $\tan\alpha = \frac{3}{2}$ b) $\tan\alpha = 4$
c) $\tan\alpha = \frac{1}{3}$ d) $\tan\alpha = 1\frac{1}{3}$

숙제 16－17쪽

011 sin을 이용해서 다음 각 α의 크기를 계산하시오.

a)

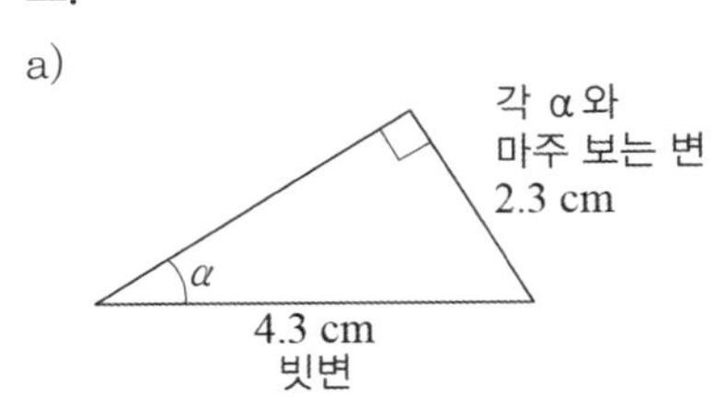

b)

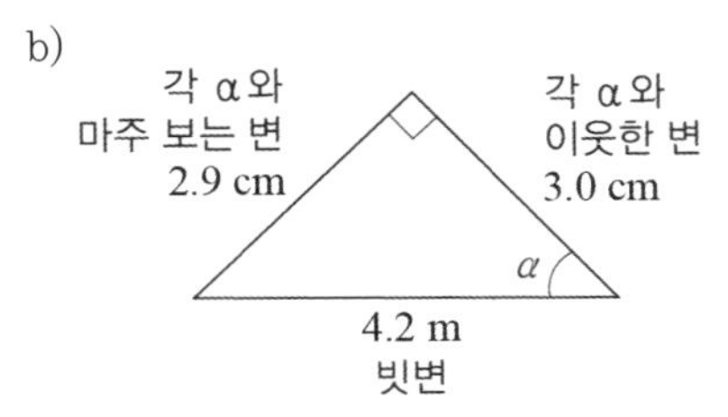

012 다음 각 α와 β의 크기를 계산하시오.

a) b)

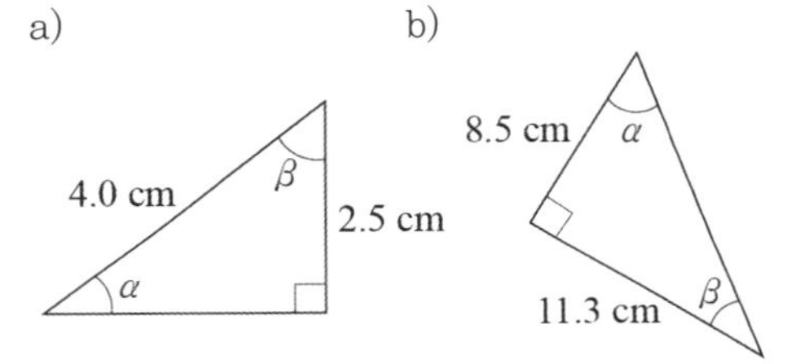

013 깃대의 높이는 8.0m이다. 그림을 그리고 탄젠트를 이용해서 깃대의 그림자의 길이가 다음과 같을 때 태양이 지면과 이루는 각도를 계산하시오.

a) 12.0m b) 6.0m

014 핀란드 수학교과서 한 페이지의 가로 길이는 185 mm이고 세로 길이는 239 mm이다. 그림을 그리고, 대각선이 가로 및 세로와 이루는 각들의 크기를 계산하시오. A4 종이를 오려서 측정하고 답을 확인하시오.

015 다음 각 α, β, γ의 크기를 계산하시오.

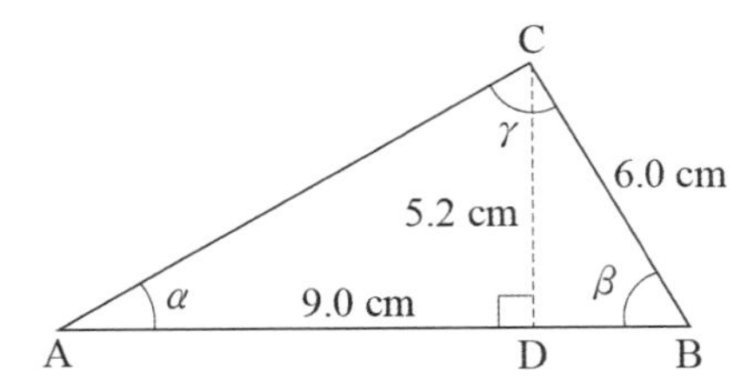

숙제 18－19쪽

016 아래 도형의 다음을 계산하시오.

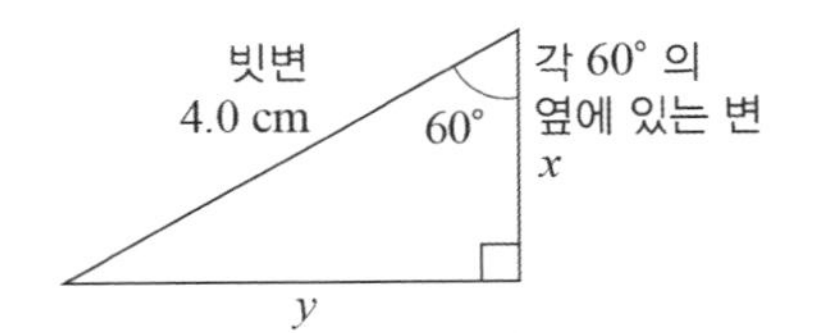

a) 변의 길이 x b) 변의 길이 y

017 다음을 계산하시오.

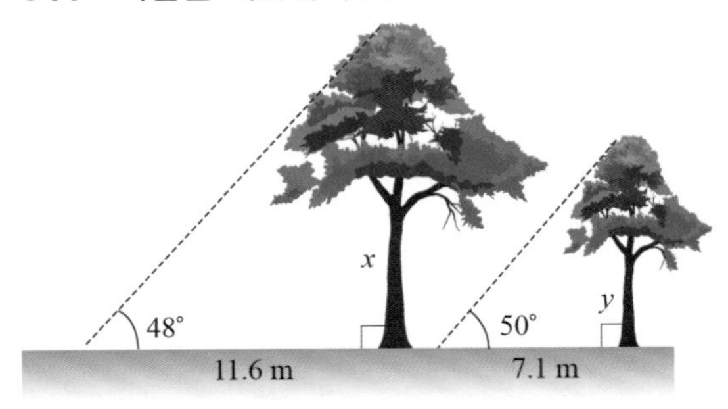

a) 큰 나무의 높이 x

b) 작은 나무의 높이 y

018 아래 도형의 다음을 계산하시오.

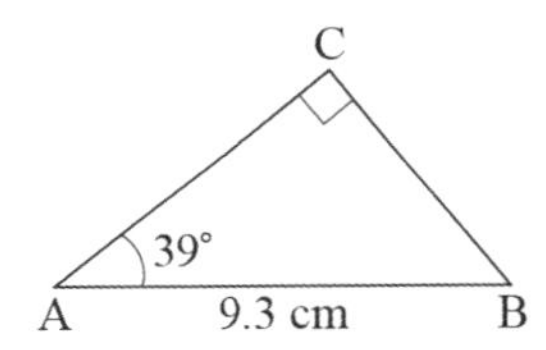

a) 변 AC의 길이 b) 변 BC의 길이

019 밀물과 썰물 현상으로 인해 해수면의 높이는 변한다. 다음 그림과 같이 콘월에 있는 해변의 밀물과 썰물이 해변에 닿은 위치는 75m 차이가 나고 해변의 기울기는 4°이다. 밀물 때와 썰물 때의 해수면의 높이 차이를 계산하시오.

020 직각삼각형의 한 예각의 크기는 41°이고 이 각과 마주 보는 변의 길이는 3.3 cm이다. 그림을 그리고 각 41°와 이웃한 변의 길이를 계산하시오.

숙제 20–21쪽

021 다음 빗변의 길이 x를 계산하시오.

a)

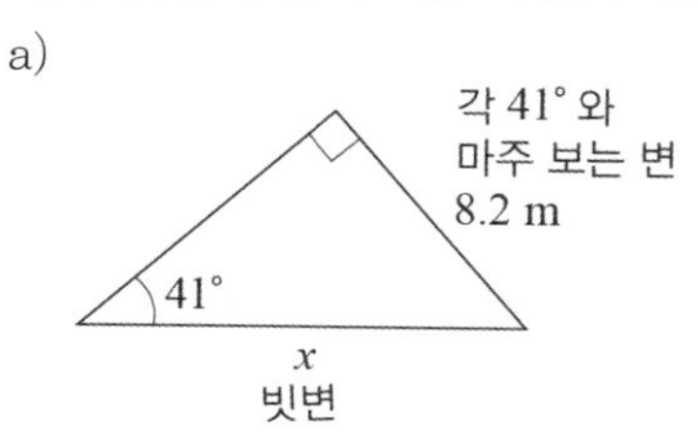

b)

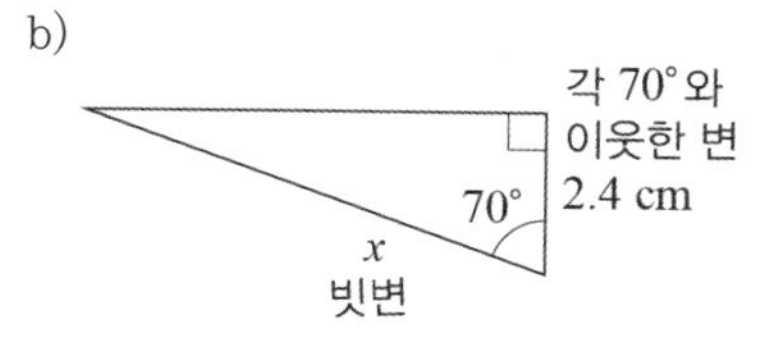

022 다음 빗변의 길이 x를 계산하시오.

a) b)

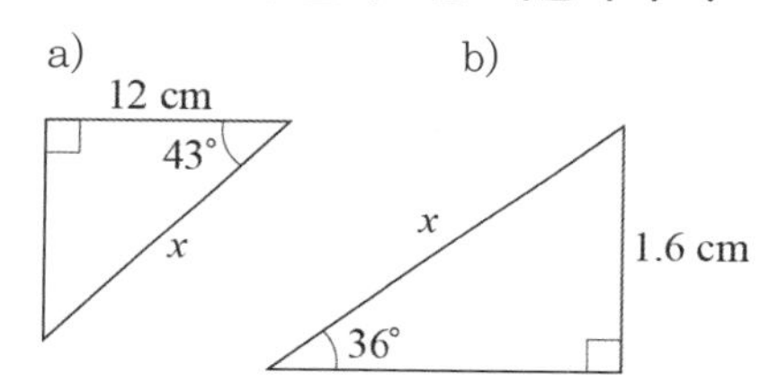

023 이소–윌렉스 스키리조트에 있는 가장 가파르고 긴 슬로프는 오프–포인트(Off–Point) 슬로프이다. 이 슬로프가 평지와 이루는 각의 크기가 13°이고 높이가 350m일 때 슬로프의 길이를 계산하시오.

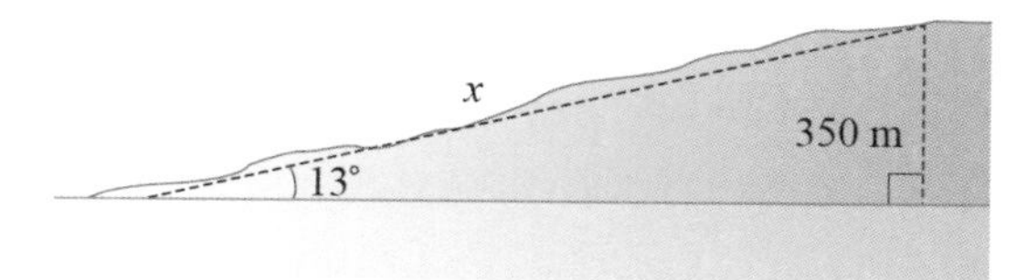

024 출입구에 설치된 유모차용 오름판의 길이 x를 계산하시오.

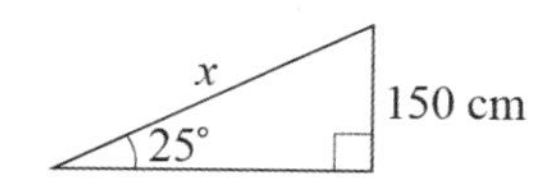

025 직각삼각형의 한 예각의 크기는 68°이고 이 각과 마주 보는 변의 길이는 62 mm이다. 그림을 그리고 빗변의 길이를 계산하시오. 측정해서 답을 확인하시오.

숙제 22–23쪽

026 다음을 계산하시오.

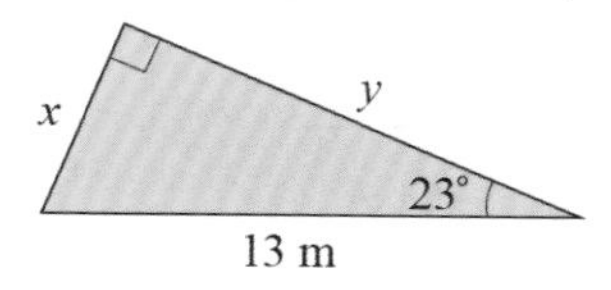

a) 변의 길이 x
b) 변의 길이 y
c) 삼각형의 넓이

027 다음을 계산하시오.

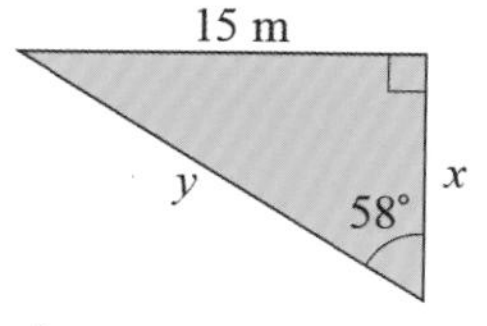

a) 변의 길이 x
b) 빗변의 길이 y
c) 삼각형의 넓이

028 다음을 계산하시오.

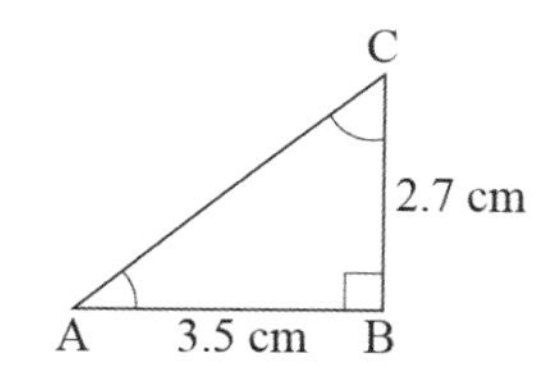

a) 각 A의 크기
b) 각 C의 크기
c) 빗변 AC의 길이

029 다음 변 AC의 길이를 계산하시오.

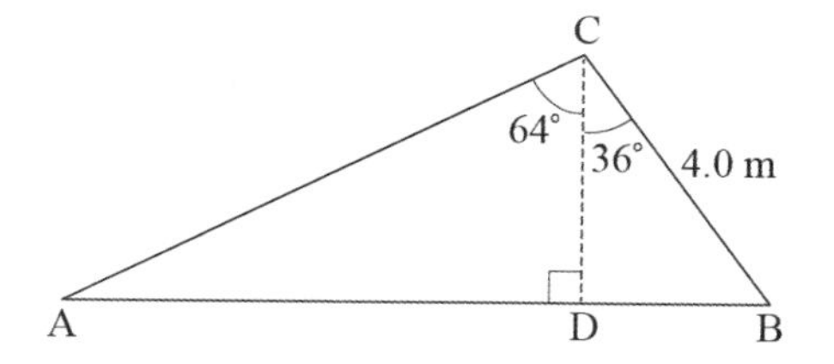

030 직각삼각형의 빗변의 길이는 37 mm이고 한 예각의 크기는 19°이다. 그림을 그리고 밑변의 길이와 높이를 계산하시오.

숙제 24 - 25쪽

031 다음 변의 길이 x를 구하시오.

a) 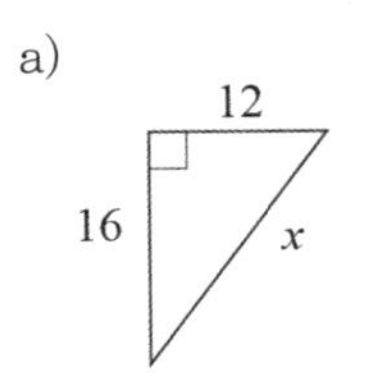

b) 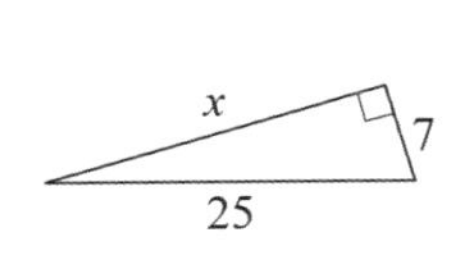

032 다음을 계산하시오.

a) 빗변의 길이 x

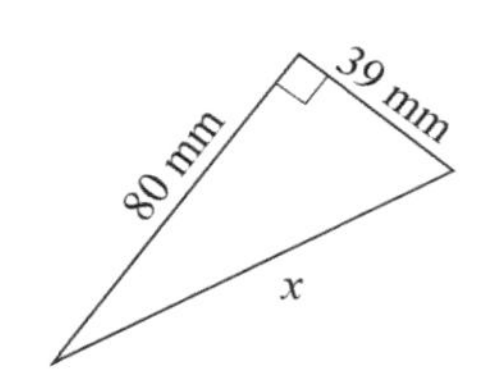

b) 직사각형의 대각선의 길이 x

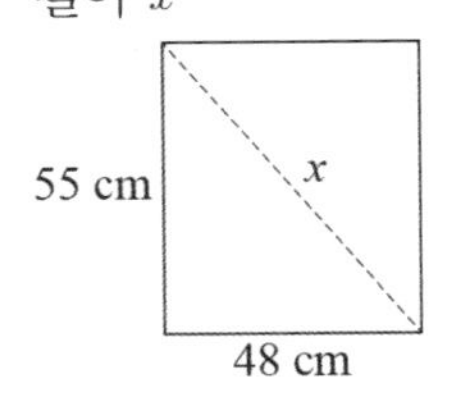

033 다음을 계산하시오.

a) 변의 길이 x

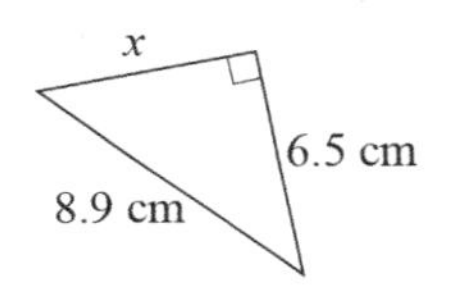

b) 슬로프의 높이

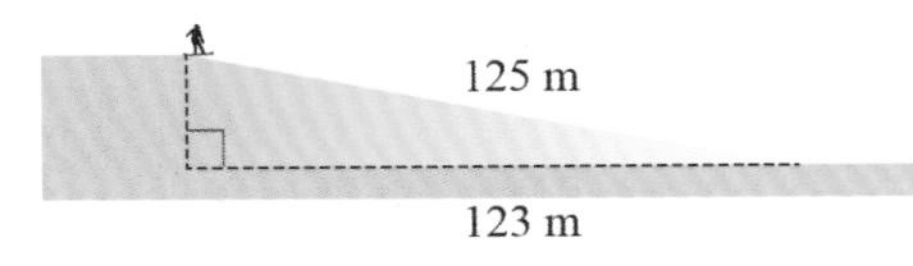

034 한 변의 길이가 1.20m인 정삼각형 모양의 창문이 있다. 그림을 그리고 창문의 다음을 구하시오.

a) 높이　　b) 넓이

035 피타고라스의 정리를 이용해서 다음 삼각형이 직각삼각형인지 알아보시오.

a) 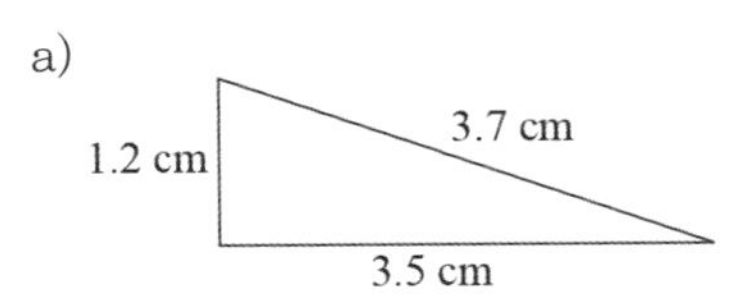

b) 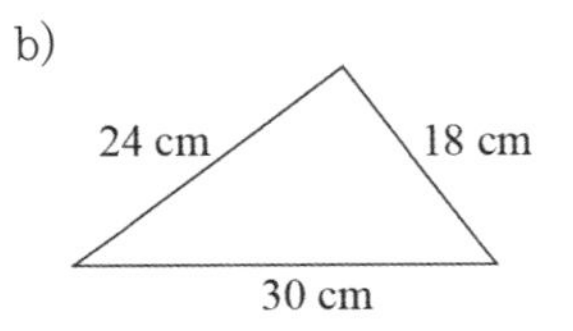

숙제 26 - 27쪽

036 마름모의 한 변의 길이는 4.0 cm이고 한 예각의 크기는 58°이다. 마름모의 넓이를 계산하시오.

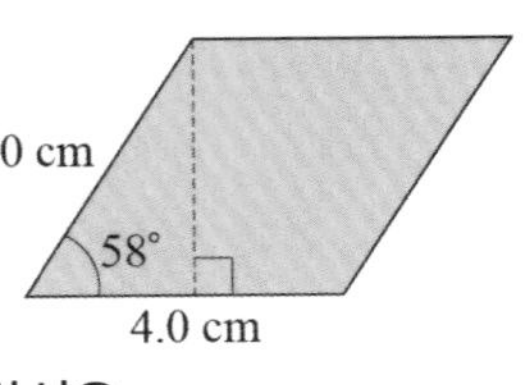

037 핀란드에서 가장 높은 지역은 해발 1 328 m인 할티 산이다. 정상에서부터 2.5 km 지점에 작은 오두막이 있어서 이곳에서 등산을 시작할 수 있다. 오르막의 평균 각의 크기는 9°이다. 오두막에서 정상까지의 높이 h를 계산하시오.

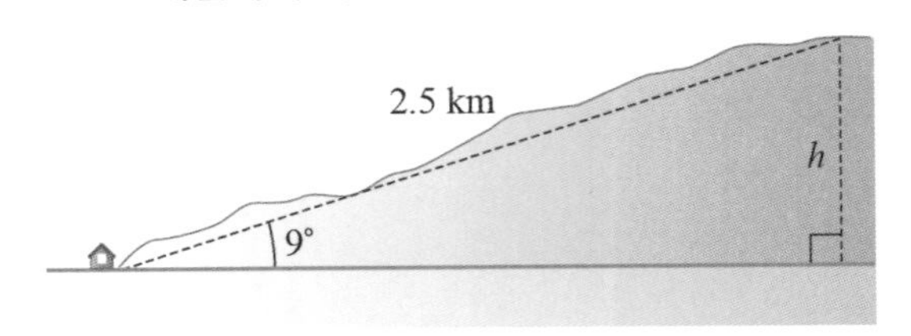

038 아래 이등변삼각형 ABC의 밑각의 크기는 46°이고 밑변의 길이는 8.0 cm이다. 다음을 계산하시오.

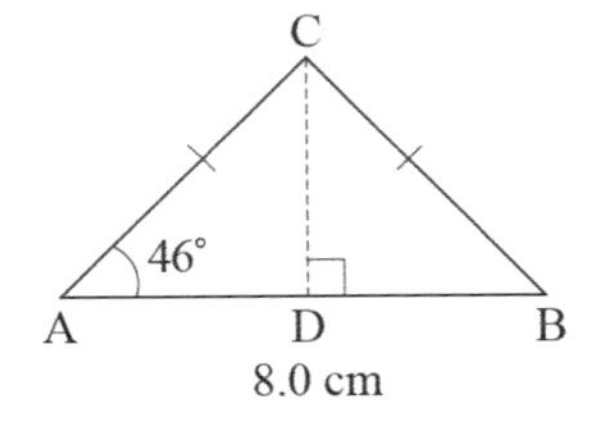

a) 변 AC의 길이

b) 높이의 선분 CD의 길이

039 다음 평행사변형의 각 α와 β의 크기를 계산하시오.

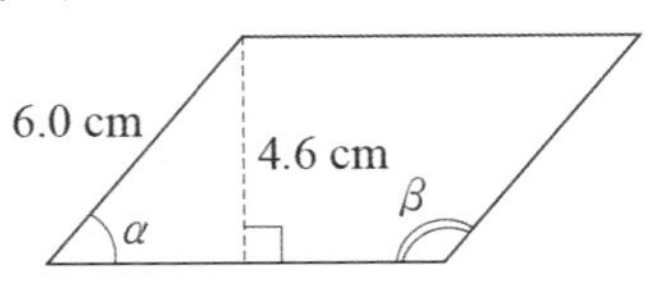

040 지구의 표면과 달의 표면 사이의 거리는 376 300 km이고 지구의 반지름은 6 367 km이다. 달에서 지구의 맨위쪽을 볼 때와 맨 아래쪽을 볼 때 이루어지는 각의 크기를 구하시오.

숙제 30-31쪽

041 A~H의 입체도형들 중 다음 도형을 고르시오.

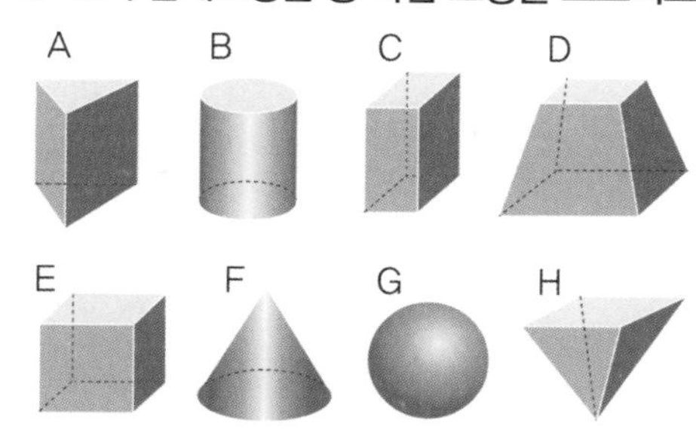

a) 직육면체　　b) 사각뿔
c) 각기둥　　d) 기둥
e) 원기둥　　f) 뿔
g) 원뿔

042 다음 입체도형의 이름을 쓰시오.

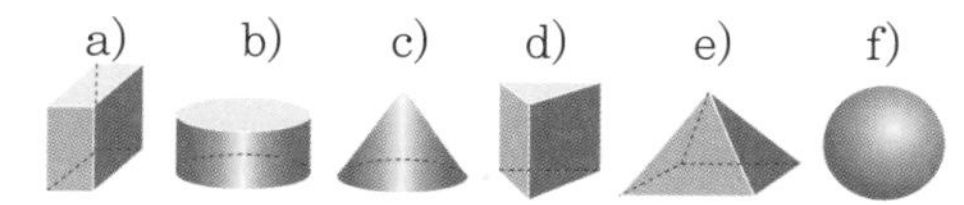

043 다음과 같은 모양의 물체를 열거하시오.

a) 직육면체　　b) 원기둥
c) 원뿔　　d) 구

044 정육면체의 한 모서리를 고르고 다음 모서리의 개수를 쓰시오.

a) 이 모서리와 꼭짓점을 공유하는 모서리의 개수
b) 이 모서리와 평행인 모서리의 개수
c) 이 모서리와 수직인 모서리의 개수
d) 이 모서리와 평행도 아니고 수직도 아닌 모서리의 개수

045 아래 그림에서 세 줄로 캔 14개를 쌓아올렸다. 같은 방식으로 캔을 쌓아올릴 때 높이가 다음 줄이면 캔은 몇 개인지 계산하시오.

a) 5줄
b) 10줄

숙제 32-33쪽

046 가로가 6.0 cm, 세로가 4.0 cm, 높이가 3.0 cm인 직육면체를 그리시오.

047 한 모서리의 길이가 30 mm인 정육면체를 그리시오.

048 다음을 그리시오.

a) 밑면의 지름과 높이가 각각 42 mm인 수직의 원기둥
b) 높이가 49 mm이고 밑면의 반지름이 28 mm인 수직의 원뿔

049 정자의 몸체는 높이가 2.0m, 밑면의 지름이 4.0m인 수직의 원기둥이다. 정자의 지붕은 밑면이 같은 수직의 원뿔이고 높이는 3.0m이다. 적당한 축척을 골라 그림을 그리시오.

050 직육면체 모양의 상자의 앞 · 뒤 · 위 · 아래는 빨간색으로, 옆은 파란색으로 칠하려고 한다.

a) 상자를 그리고 색칠하시오.
b) 빨간색 면과 파란색 면이 만나는 모서리는 몇 개인가?
c) 두 개의 빨간색 면이 만나는 모서리는 몇 개인가?
d) 두 개의 파란색 면이 만나는 모서리는 몇 개인가?

숙제 34−35쪽

051 다음 표를 완성하시오.

ha	a	m^2	dm^2	cm^2
			50	
				12000
		6000		
	1.5			

052 다음 표를 완성하시오.

m^3	dm^3	cm^3	mm^3
	50		
		2500	
			300000
0.47			

053 다음 도형의 넓이를 계산하여 cm^2로 답하시오.

a)

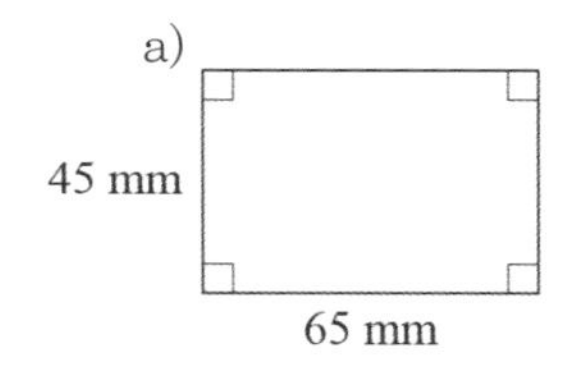

b)

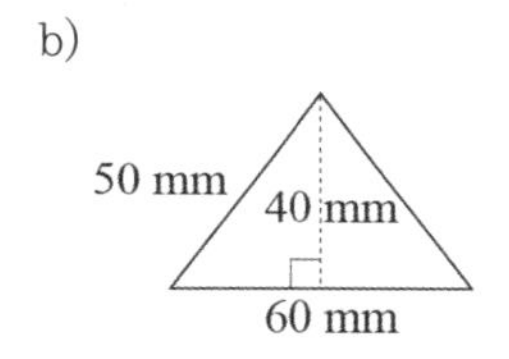

054 다음 도형의 넓이를 계산하여 a로 답하시오.

a)

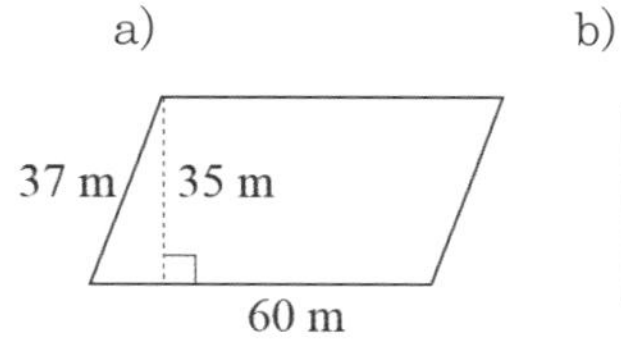

b)

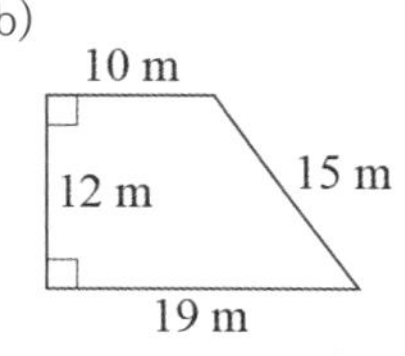

055 부피가 50 mL인 향수병은 40 €이다. 한 방울의 부피는 25 mm^3이다. 타냐는 매일 향수를 네 방울 사용한다.

a) 이 향수병 한 병을 며칠 동안 쓸 수 있는가?
b) 하루에 쓰는 향수의 가격은 얼마인가?

숙제 36−37쪽

056 다음 정육면체의 부피와 겉넓이를 계산하시오.

a)

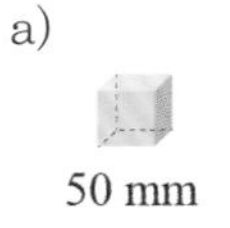

b)

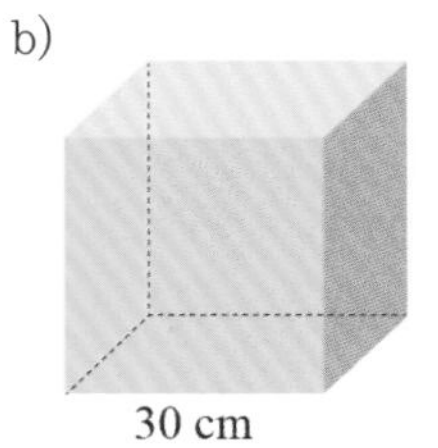

057 다음 직육면체의 부피와 겉넓이를 계산하시오.

a)

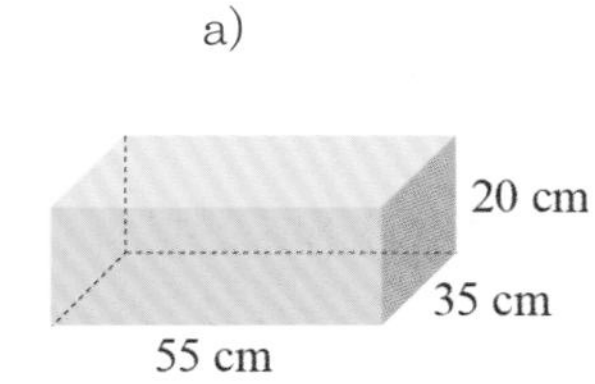

b)

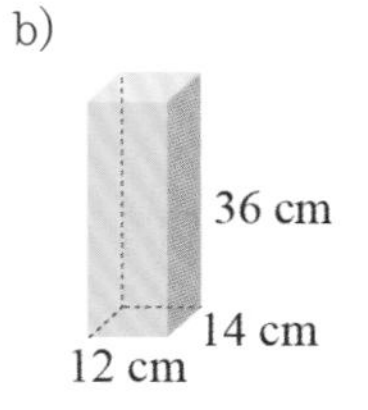

058 다음 감자 됫박의 부피를 계산하여 L로 답하시오.

a) 작은 됫박의 내벽 치수는 17 cm, 17 cm, 17 cm이다.
b) 큰 됫박의 내벽 치수는 30.5 cm, 30.5 cm, 30 cm이다.

059 정원에 통로를 만들기 위해 석분을 6.0m^3 주문했다. 너비 80 cm, 두께 10 cm로 통로를 만든다면 얼마나 긴 통로를 만들 수 있는지 계산하시오.

060 직육면체 모양의 용기에 돌을 집어넣었더니 수면이 1.5 cm 상승했다. 이 돌의 부피를 계산하시오.

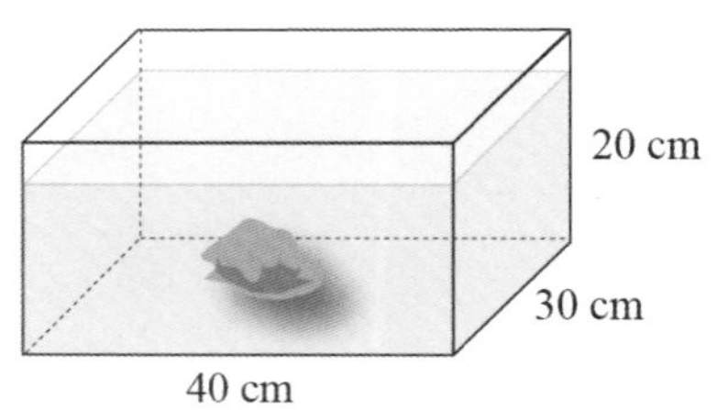

061 다음 기둥의 부피를 계산하시오.

a)

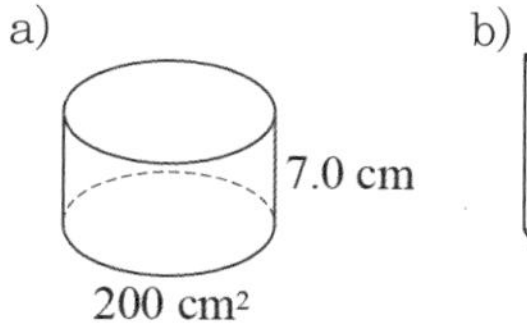

b)

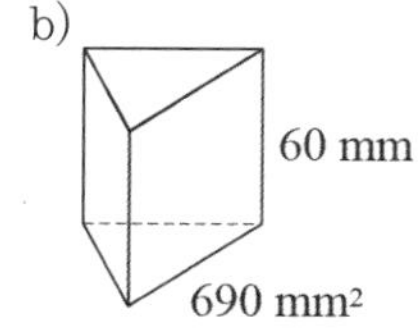

062 다음 원기둥의 부피를 계산하시오.

a) b)

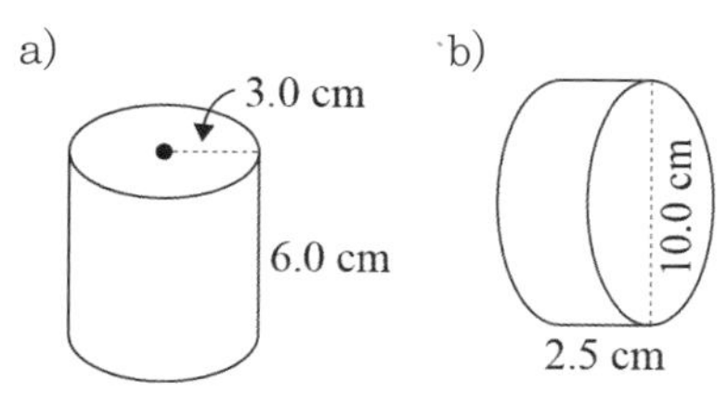

063 완두콩수프 캔의 높이는 100 mm이고 밑면의 지름은 70 mm이다.

a) 완두콩수프 캔의 부피를 계산하시오.

b) 반 캔의 물을 첨가하면 완두콩수프는 몇 dL가 되는가?

064 옆 삼각기둥의 다음을 계산하시오.

a) 모서리의 길이 x

b) 전체 옆면의 넓이

c) 밑면의 넓이

d) 부피

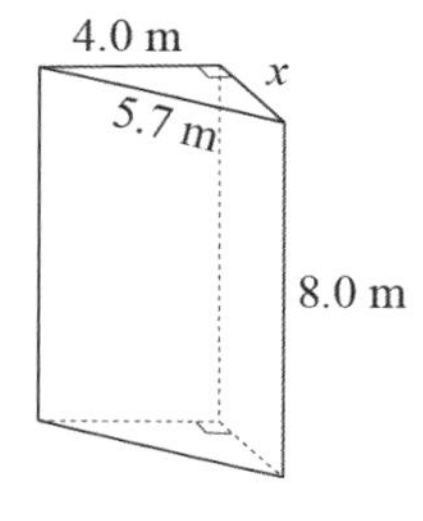

065 카야니의 땅속으로 길이가 3 005m인 수력발전소 터널이 지나간다. 터널의 입구는 반원이 얹혀 있는 사각형 모양이다.

a) 터널의 단면의 넓이를 계산하시오.

b) 굴을 몇 m^3 판 것인가?

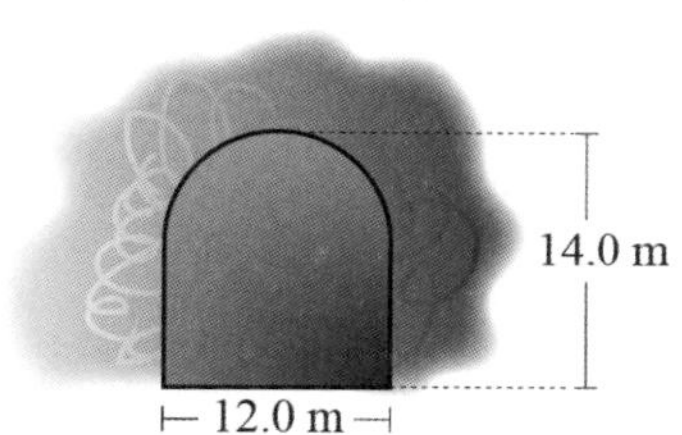

066 다음 뿔의 부피를 계산하시오.

a)

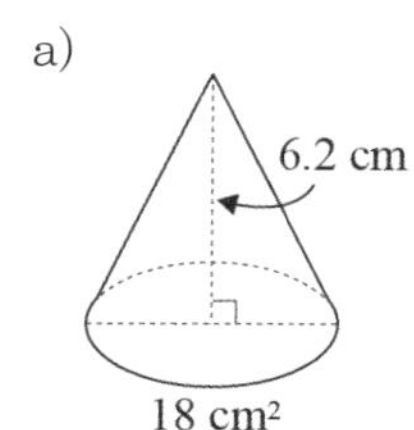

b)

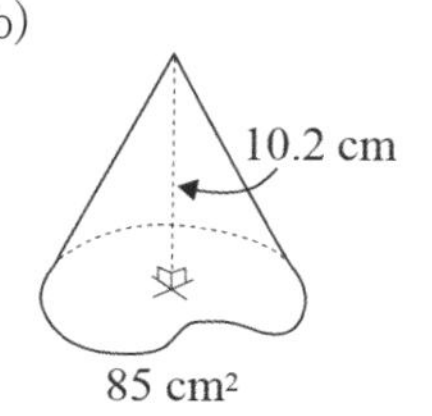

c)

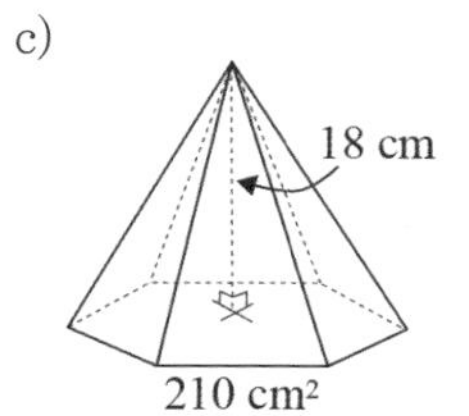

d)

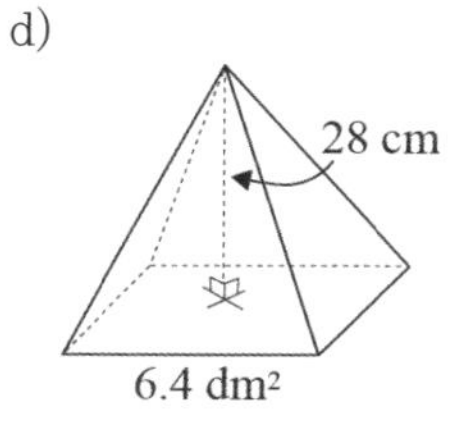

067 옆 사각뿔의 밑면이 정사각형이다. 이 정사각뿔의 부피를 계산하시오.

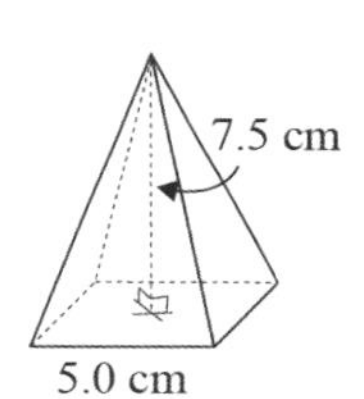

068 원뿔의 밑면의 반지름은 2.0 cm이고 높이는 5.0 cm이다.

a) 그림을 그리시오.

b) 원뿔의 부피를 계산하시오.

069 다음 물음에 답하시오.

a) 정육면체에서 잘라 낸 삼각뿔의 부피를 계산하시오.

b) 정육면체의 부피는 삼각뿔 부피의 몇 배인가?

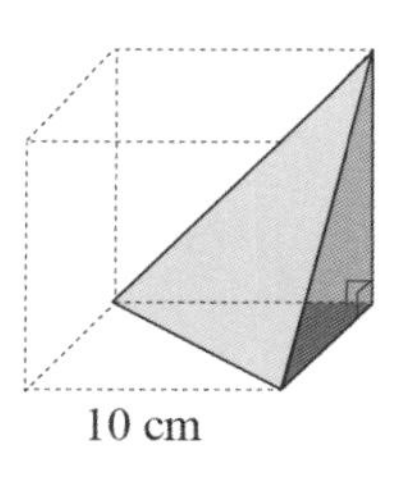

070 다음 원뿔의 부피를 계산하시오.

a)

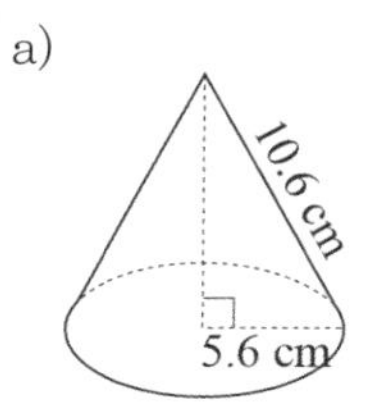

b)

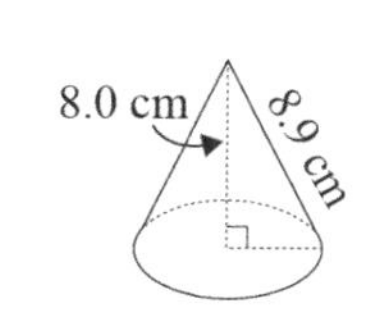

숙제 42-43쪽

071 직육면체 모양의 소금 상자 안에 있는 소금이 모두 원기둥 모양의 용기에 들어가는지 계산하시오.

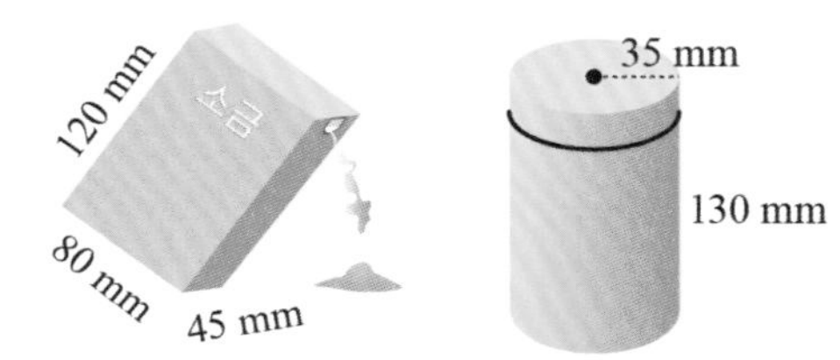

072 직육면체 모양의 상자의 모서리의 길이는 각각 193 mm, 193 mm, 63 mm이다. 상자 안에 높이가 150 mm이고 밑면의 지름이 60 mm인 아이스크림콘 6개를 넣었다. 이 상자의 빈 공간의 부피는 상자 부피의 몇 %인지 계산하시오.

073 옆 곡식저장고는 정사각기둥과 그 아래에 있는 정사각뿔로 이루어져 있다. 이 저장고의 부피를 계산하시오.

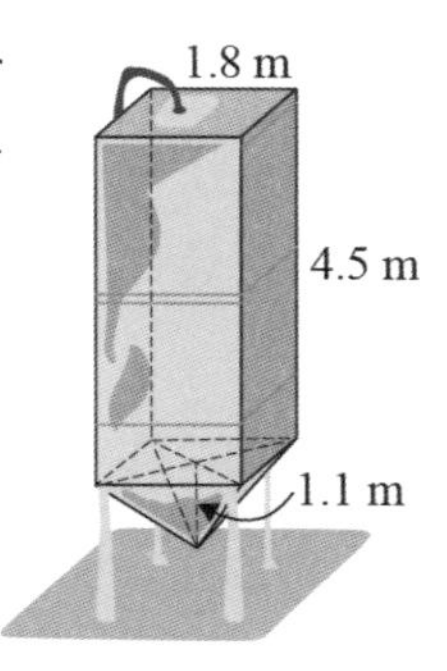

074 원기둥 모양의 케이크틀의 내부지름은 22.6 cm이고 높이는 6.4 cm이다. 이 틀에 케이크 반죽을 1.4 L 부었다. 이 반죽은 오븐에서 구워지면서 75% 팽창한다. 다 구워진 케이크가 이 틀에 들어가는지 계산하시오.

075 다음과 같이 정사각뿔의 안에 원뿔이 있다. 원뿔의 부피는 정사각뿔 부피의 몇 %인지 계산하시오.

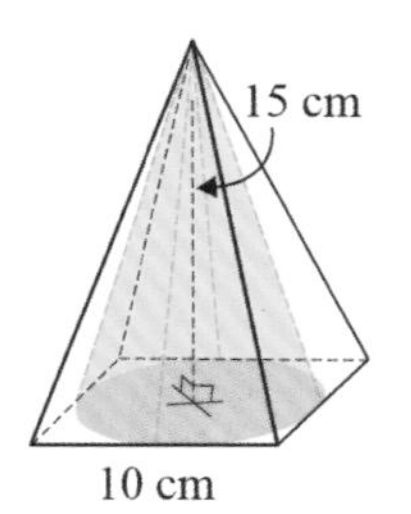

숙제 44-45쪽

076 밑면의 반지름이 14 mm이고 높이가 35 mm인 원기둥을 그리시오. 이 기둥의 다음을 구하시오.

a) 옆면의 넓이
b) 밑면의 넓이
c) 겉넓이

077 다음 입체도형의 전체 옆면의 넓이를 계산하시오.

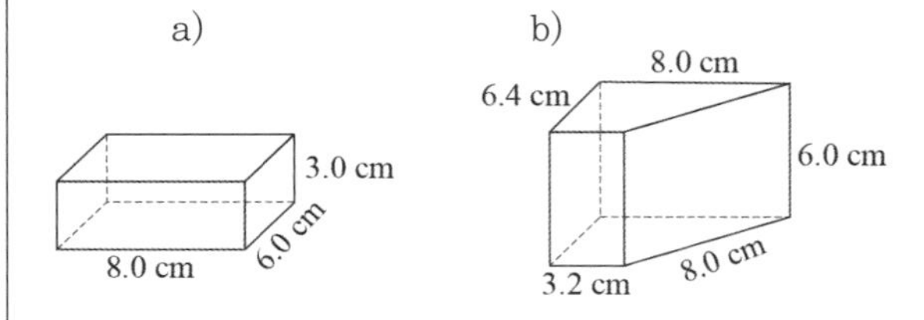

078 윗면이 없는 원기둥 모양의 케이크틀의 내부지름은 22.6 cm이고 높이는 6.4 cm이다. 이 케이크틀 안쪽에는 테프론 코팅이 되어 있다. 테프론 코팅이 된 부분의 넓이를 계산하시오.

079 아래 도형의 한쪽면은 이등변삼각형이다. 이 기둥의 다음을 계산하시오.

a) 부피
b) 전체 옆면의 넓이
c) 겉넓이

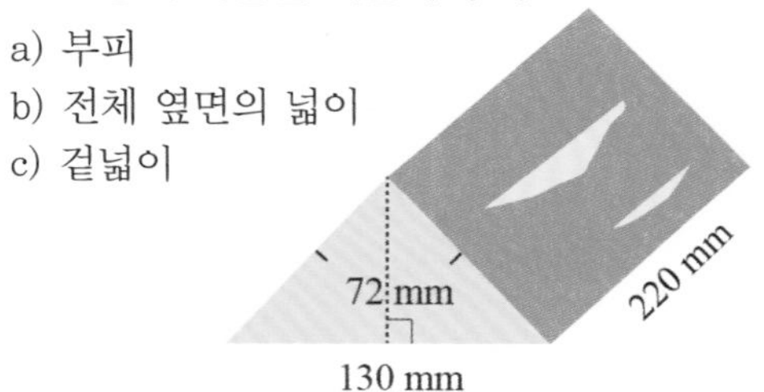

080 다음과 같이 가운데가 비어 있는 원기둥의 겉넓이를 계산하시오.

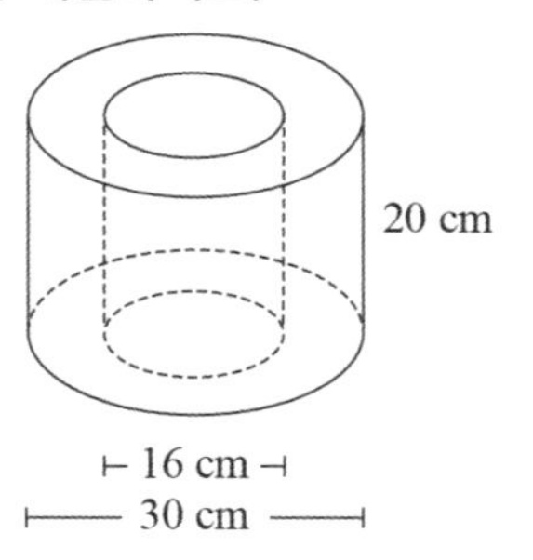

숙제 46 - 47쪽

081 정사각뿔의 밑면의 한 모서리의 길이는 모눈종이 눈금 6칸이고 옆면의 높이는 5칸이다. 이 정사각뿔의 전개도를 그리시오.

082 다음 정사각뿔의 겉넓이를 계산하시오.

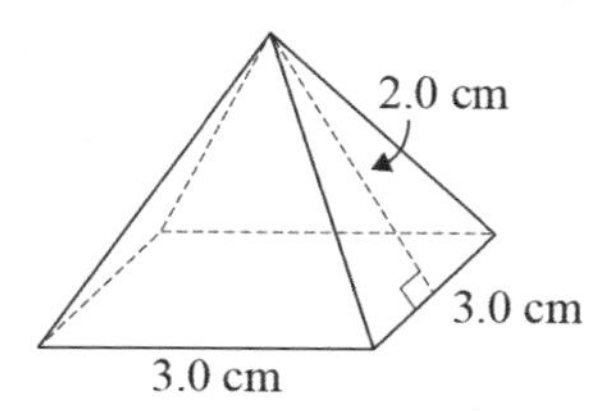

083 다음 전개도를 접으면 정다각뿔을 만들 수 있는지 설명하시오.

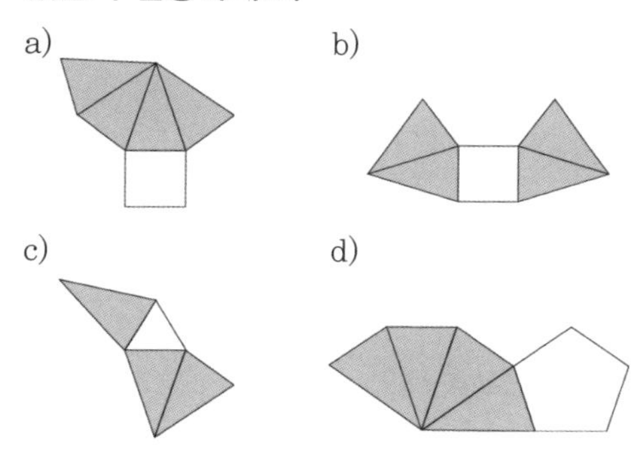

084 아래는 정삼각뿔을 펼친 그림이다. 다음을 계산하시오.

a) 옆면의 높이 x

b) 전체 옆면의 넓이

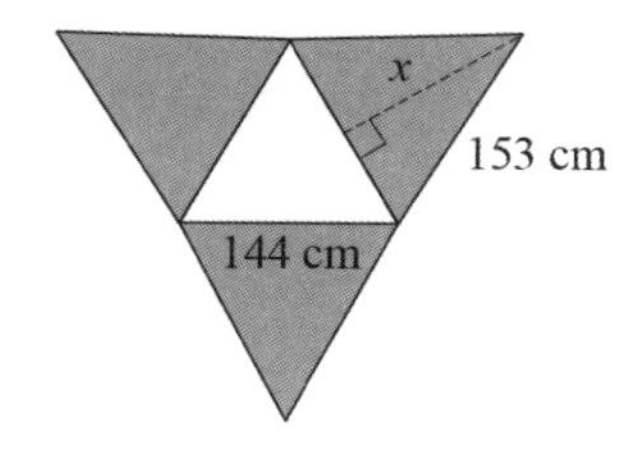

085 정사각뿔의 높이는 5.6 cm이고 밑면의 한 모서리의 길이는 6.6 cm이다. 이 정사각뿔의 다음을 구하시오.

a) 옆면의 높이

b) 전체 옆면의 넓이

c) 겉넓이

숙제 48 - 49쪽

086 다음 원뿔의 옆면의 넓이를 계산하시오.

a) 6.0 cm, 3.0 cm

b) 9.0 cm, 8.0 cm

087 필요한 길이를 측정하고 아래 원뿔의 다음을 구하시오.

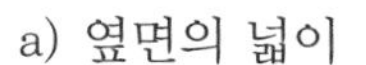

a) 옆면의 넓이

b) 겉넓이

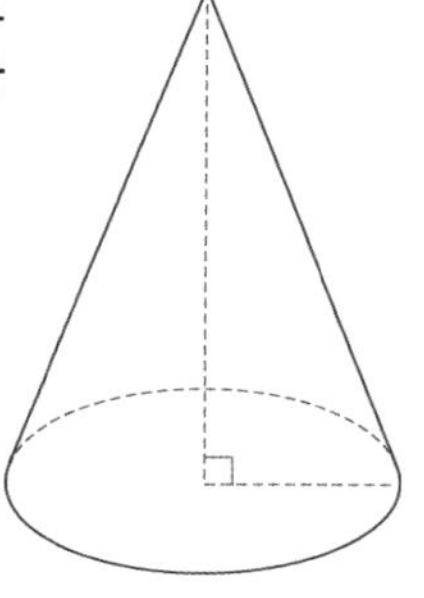

088 아래 원뿔의 다음을 구하시오.

a) 밑면의 반지름

b) 옆면의 넓이

c) 원뿔의 부피

r, 24 cm, 40 cm

089 아래와 같이 직각삼각형이 다음 변을 축으로 360° 회전할 때 생기는 원뿔의 겉넓이를 계산하시오.

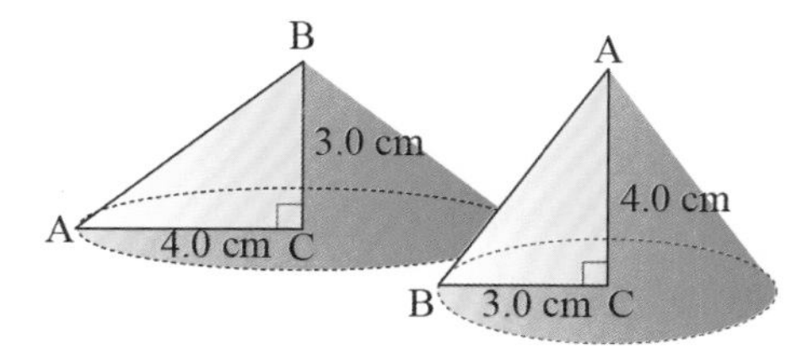

a) 변 BC를 축으로

b) 변 AC를 축으로

090 원뿔의 높이는 60 mm이고 모선의 길이는 68 mm이다. 다음을 계산하시오.

a) 밑면의 반지름

b) 겉넓이

숙제 50－51쪽

091 흙을 다지기 위해 사용되는 원기둥 모양의 롤러의 너비는 120.0 cm이고 지름은 38.0 cm이다. 이 롤러가 10바퀴 돌 때 몇 m^2를 다지게 되는지 계산하시오.

092 다음 정다각뿔의 전체 옆면의 넓이를 계산하시오.

a) b)

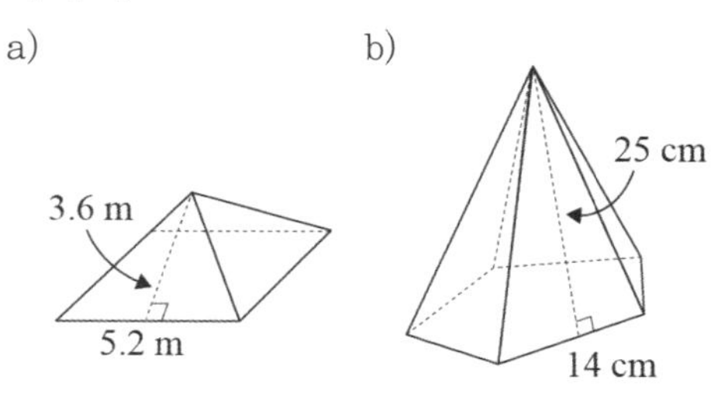

093 뚜껑이 없는 직육면체 모양의 상자의 가로는 8.0 cm, 세로는 6.0 cm, 높이는 6.0 cm이다. 다음을 계산하시오.

a) 이 상자의 외벽의 넓이
b) 8 m^2/L를 칠할 수 있는 페인트 1 L로 같은 크기의 상자를 몇 개 칠할 수 있는가?

094 다음과 같이 가운데 부분이 비어 있는 원기둥 모양의 틀 안쪽에는 테프론 코팅이 되어 있다. 테프론 코팅이 된 부분의 넓이를 계산하시오.

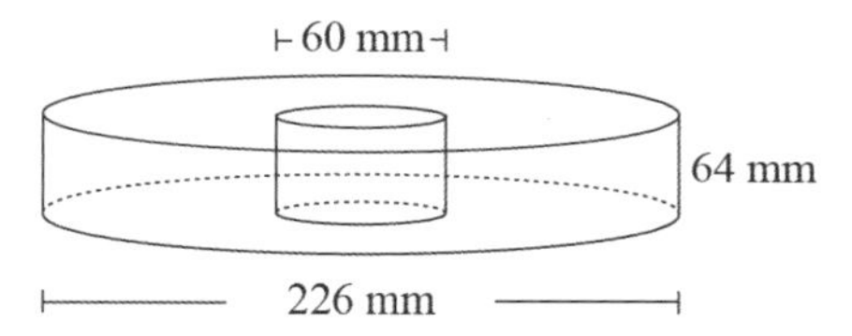

095 다음 도형의 밑면은 이등변삼각형이다. 기둥의 높이는 2.8 cm이고 부피는 35 cm^3이다. 기둥의 다음을 계산하시오.

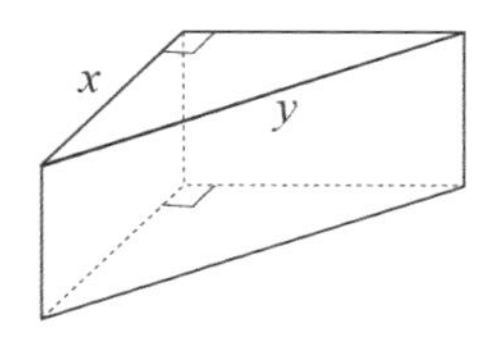

a) 밑면의 넓이
b) 모서리의 길이 x
c) 모서리의 길이 y
d) 전체 옆면의 넓이

숙제 52－53쪽

096 다음 물음에 답하시오.

a) 반지름이 2.8 cm인 공을 그리시오.
b) 공의 부피를 계산하시오.
c) 공의 겉넓이를 계산하시오.

097 다음 공의 부피와 겉넓이를 계산하시오.

a) b)

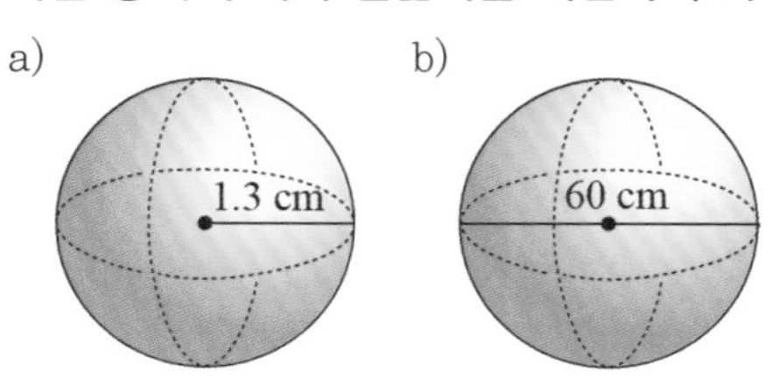

098 과학센터 헤우레카에 있는 베르네 극장은 외부지름이 22m이고 내부지름이 17m인 거의 반원 모양이다. 이 극장의 다음을 계산하시오.

a) 지붕외부의 넓이
b) 내부천장의 넓이

099 골프공의 둘레는 129 mm이다. 공의 다음을 계산하시오.

a) 반지름의 길이
b) 겉넓이
c) 부피

100 유리로 된 예술작품은 반원 모양이고 내부도 반원 모양으로 비어 있다. 이 작품의 외부지름은 190 mm이고 내부지름은 130 mm이다. 이 작품의 다음을 계산하시오.

a) 부피
b) 겉넓이

숙제 54–55쪽

101 다음 초의 부피를 계산하시오.

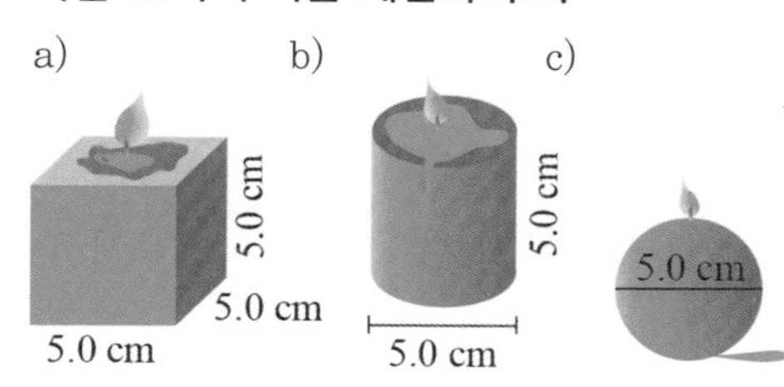

102 원뿔과 원기둥의 높이와 밑면의 지름이 각각 10 cm이다. 원기둥의 부피에 대한 원뿔 부피의 비율을 계산하시오.

103 아이스크림이 든 원뿔 위에 반구 모양의 아이스크림이 있다. 원뿔의 높이는 17 cm이고 반원과 원뿔의 밑면의 지름은 각각 4.8 cm이다. 이 아이스크림의 부피를 계산하고 dL로 답하시오.

104 다음 작은 정사각뿔의 높이와 모서리의 길이는 큰 정사각뿔의 높이와 모서리 길이의 반이다. 다음을 계산하시오.

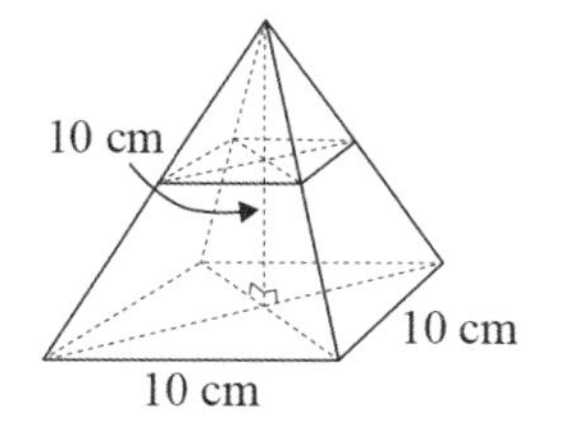

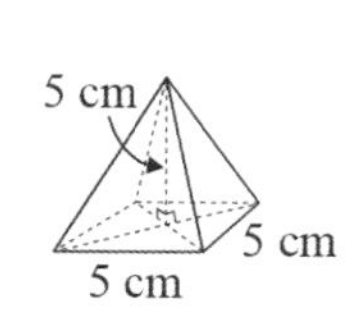

a) 큰 정사각뿔의 부피
b) 작은 정사각뿔의 부피
c) 큰 정사각뿔의 부피에 대한 작은 정사각뿔의 부피의 비율

105 테니스공 두 개는 단단하게 비닐로 포장되어 있다. 테니스공의 반지름은 3.2 cm이다. 비닐의 넓이를 계산하시오.

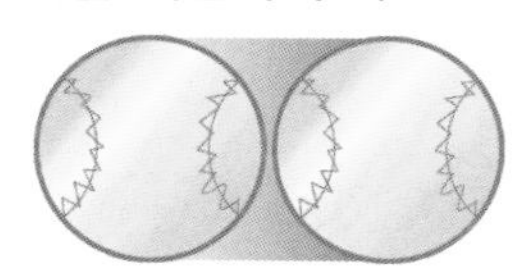

숙제 56–57쪽

106 옆 마른 나무판의 다음을 계산하시오.

a) 부피
b) 무게

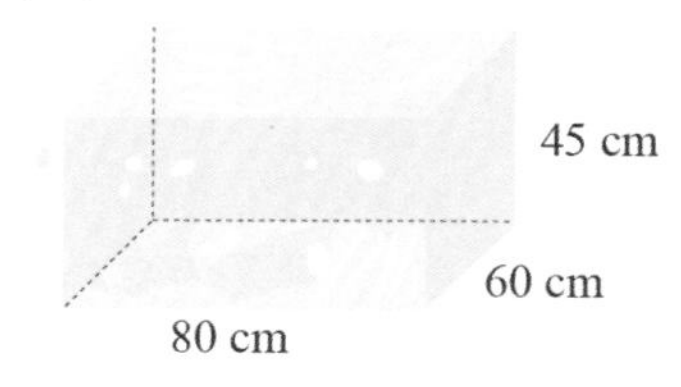

107 꽁꽁 언 호수에서 얼음을 가로 80 cm, 세로 60 cm, 두께 45 cm인 직육면체 모양으로 톱질해서 떼어냈다. 이 얼음조각의 다음을 구하시오.

45 cm
60 cm
80 cm

a) 부피 b) 무게

108 창문유리의 너비는 160 cm, 높이는 114 cm, 두께는 3.0 mm이다. 이 유리의 다음을 구하시오.

a) 부피 b) 무게

[109~110] 다음 표를 보고 물음에 답하시오.

여러 성분의 밀도

성분	밀도(g/cm^3)
마른나무	0.450
공기	0.001293
얼음	0.917
유리창	2.50

109 아래 알루미늄 기둥의 무게는 10.8g이다. 이 기둥의 다음을 계산하시오.

a) 부피
b) g/cm^3의 단위밀도

20 mm
20 mm

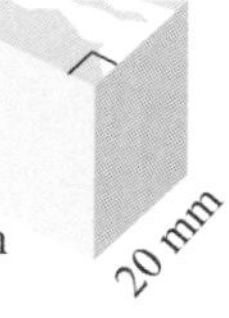

110 우주선 모형의 아랫부분은 원기둥 모양으로 높이가 6.90m, 밑면의 지름이 4.50m이다. 윗부분은 원뿔 모양으로 높이가 1.25m이고 밑면의 지름이 아랫부분의 밑면의 지름과 같다. 위 표의 공기 밀도를 이용하여 이 모형 안에 있는 공기의 무게를 계산하시오.

숙제 66 − 67쪽

111 a) 다음 함수 기계의 규칙을 추정하시오.

입력	출력
1	5
2	10
3	15
10	50

입력이 다음과 같을 때 출력은 무엇인지 계산하시오.

b) 4　　c) 0　　d) x

112 a) 다음 함수 f의 규칙을 추정하시오.

x	f	$f(x)$
0	▶	-2
1	▶	-1
2	▶	0
3	▶	1

입력이 다음과 같을 때 출력은 무엇인지 계산하시오.

b) 4　　c) -4　　d) x

113 **다음 함수 $f(x)$를 만드시오.**

a) 함수는 변수 x의 값에 1을 더한다.

b) 함수는 변수 x의 값에 -1을 곱하고 18을 뺀다.

114 **함수 $f(x)=0.90x$는 사과의 가격(€)과 무게 x(kg)의 상관관계를 나타낸다. 다음을 구하시오.**

a) 사과 4.0 kg의 가격

b) 사과 200g의 가격

c) 2.70 €로 살 수 있는 사과의 무게

115 **다음 함수의 식을 만드시오.**

a) 정삼각형의 둘레의 길이 p는 변의 길이 x의 함수이다.

b) 정육각형의 둘레의 길이 p는 변의 길이 x의 함수이다.

숙제 68 − 69쪽

116 **$f(1)=-4$에서 다음을 찾아 쓰시오.**

a) 변수의 값

b) 함수의 값

117 **함수 $f(x)=x-3$이다. 다음 함수의 값을 계산하시오.**

a) $f(6)$　　b) $f(0)$　　c) $f(-3)$

118 **함수 $f(x)=-3x+1$이다. 다음 함수의 값을 계산하시오.**

a) $f(2)$　　b) $f(-1)$　　c) $f\left(-\frac{1}{3}\right)$

119 **다음 함수의 값에 알맞은 함수식을 아래 보기에서 고르시오.**

$f(x)=2x+12$　　$f(x)=x^2-20$

$f(x)=-x+10$　　$f(x)=-2x-1$

a) $f(2)=-5$　　b) $f(-2)=8$

c) $f(-3)=-11$　　d) $f(-1)=1$

120 **다음 도형의 둘레의 길이 p는 변의 길이 x의 함수이다.**

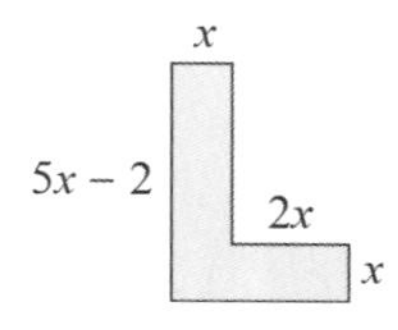

a) 함수 $p(x)$를 만드시오.

b) $p(3)$을 계산하시오.

c) 변수 x의 값이 얼마일 때 $p(x)=12$가 되는가?

숙제 70－71쪽

[121~122] 다음 그래프를 보고 물음에 답하시오.

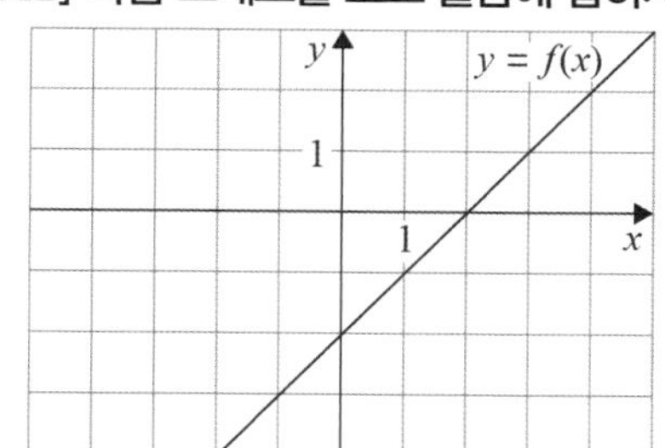

121 x의 값이 다음과 같을 때, 위 그래프에서 함수 f의 값을 읽으시오.

a) $x=0$ b) $x=3$ c) $x=4$

122 위 그래프에서 다음을 구하시오.

a) $f(x)=-3$일 때 x의 값

b) 함수 f의 x절편

[123~124] 다음 그래프를 보고 물음에 답하시오.

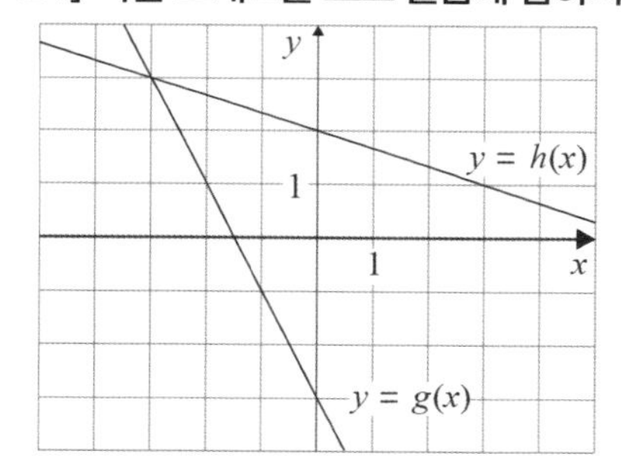

123 함수 g의 그래프에서 다음을 구하시오.

a) $x=0$일 때 함수 g의 값

b) $x=-2$일 때 함수 g의 값

c) $g(x)=-1$일 때 x의 값

124 함수 h의 그래프에서 다음을 구하시오.

a) $h(0)$ b) $h(3)$

c) 변수 x의 값이 얼마일 때 함수 g와 h가 같은 값을 얻는가?

125 다음 그래프를 보고 다음을 구하시오.

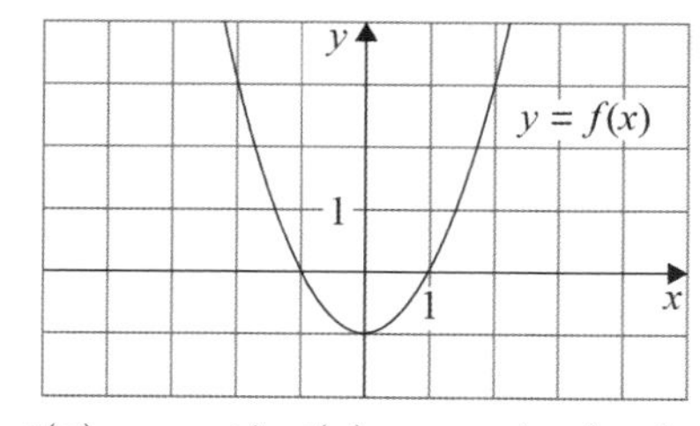

a) $f(0)$ b) $f(2)$ c) $f(-2)$

d) 함수 f의 x절편

숙제 72－73쪽

126 다음 함수 f, g, h, k 중 직선인 함수를 찾으시오.

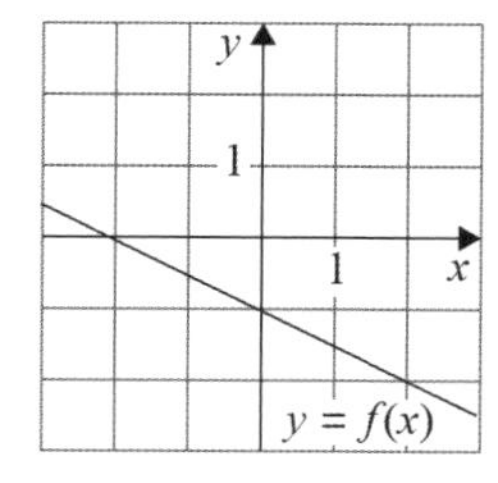

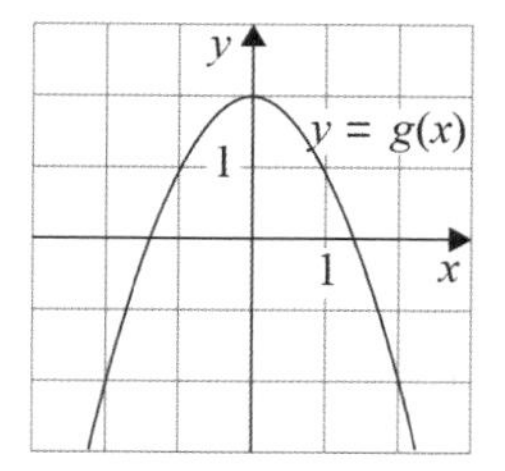

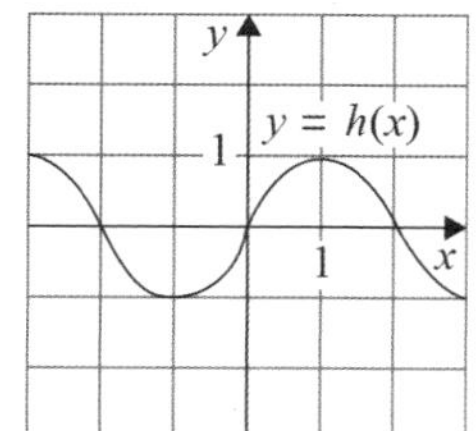

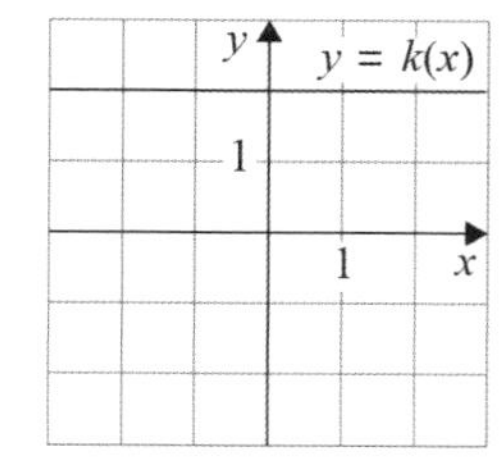

127 다음 물음에 답하시오.

a) 다음 표를 완성하시오.

x	$y=x+3$	(x, y)
0		
2		
4		

b) 직선 $y=x+3$을 그리시오.

128 다음 일차함수 f의 그래프를 그리시오.

a) $f(x)=2x-4$ b) $f(x)=-3x$

129 다음 일차함수 f의 그래프를 그리시오.

a) $f(x)=\frac{1}{3}x-1$

b) $f(x)=-\frac{1}{3}x+1$

c) $f(x)=3$

130 좌표평면에 다음 일차함수 f의 그래프를 그리시오.

a) $f(x)=240x+160$

b) $f(x)=-240x-180$

숙제 74-75쪽

131 **다음 물음에 답하시오.**

a) 직선 $y=2x-1$을 그리시오.

b) 점 A$(-3,\ -5)$와 B$(-4.\ -9)$가 이 직선 위에 있는지 알아보시오.

132 **다음 점들이 직선 $y=2x+7$ 위에 있는지 알아보시오.**

a) $(-5,\ 17)$ b) $(4,\ 15)$ c) $(-8,\ -9)$

133 **점 $(-3,\ 10)$이 다음 함수 f의 그래프 위에 있는지 계산해서 알아보시오.**

a) $f(x)=9x-17$

b) $f(x)=-13x-26$

c) $f(x)=\dfrac{2}{3}x+12$

134 **다음 물음에 답하시오.**

a) $f(-2)=-4$와 $f(0)=2$이고 $g(-3)=3$과 $g(1)=-5$일 때 한 좌표평면에 직선인 f와 g의 그래프를 그리시오.

b) 변수 x의 값이 얼마일 때 함수 f와 g가 같은 값을 가지는가?

135 **다음 물음에 답하시오.**

a) $f(0)=5$이고 $f(4)=-3$일 때 일차함수 f의 그래프를 그리시오. 함수 f의 그래프에서 다음을 찾으시오.

b) $f(2)$

c) $f(3)$

d) 함수의 x절편

e) 변수 x의 값이 얼마일 때 $f(x)=3$이 되는가?

숙제 76-77쪽

136 **아래 그래프에서 다음을 찾으시오.**

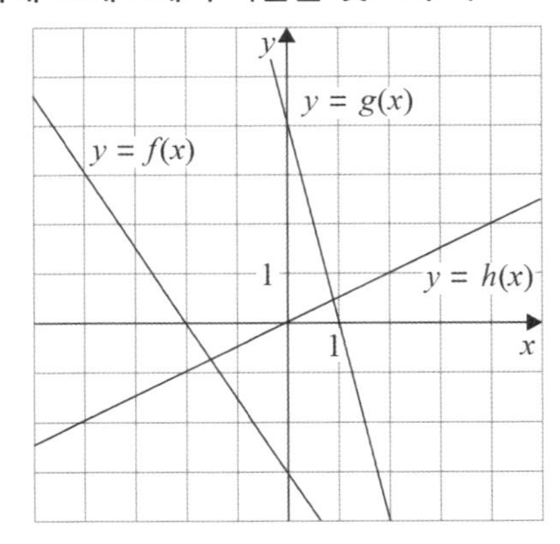

a) $f(x)$의 x절편

b) $g(x)$의 x절편

c) $h(x)$의 x절편

137 **다음 방정식을 푸시오.**

a) $x+1=0$

b) $x-9=0$

c) $2x-22=0$

d) $6x+18=0$

138 **다음 함수 $f(x)$의 x절편을 대수학적으로 구하시오.**

a) $f(x)=-x+19$

b) $f(x)=-3x-126$

139 **함수 $f(x)=-3x+2$의 x절편을 다음 방법으로 구하시오.**

a) 그래프를 그려서 구하시오.

b) 대수학적으로 구하시오.

140 **$x=-0.5$가 다음 함수 f의 x절편인지 알아보시오.**

a) $f(x)=8x-4$

b) $f(x)=-x-0.5$

c) $f(x)=-3x+1.5$

숙제 78−79쪽

141 다음 직선은 점 (−4, 4)와 점 (2, 1)을 지난다. 다음을 계산하시오.

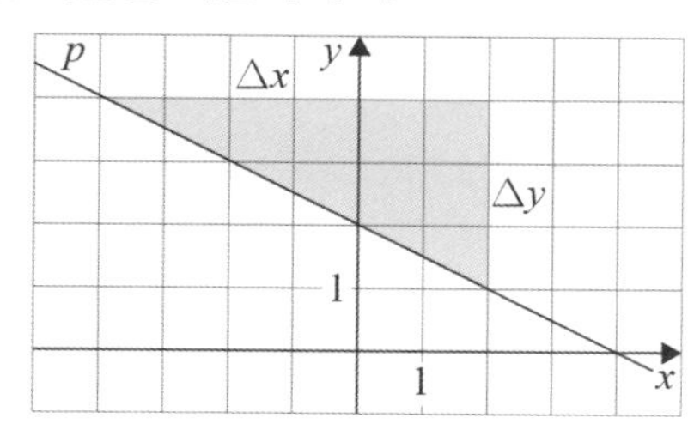

a) Δx b) Δy c) $\dfrac{\Delta y}{\Delta x}$

142 다음 직선 m, n, u의 기울기를 계산하시오.

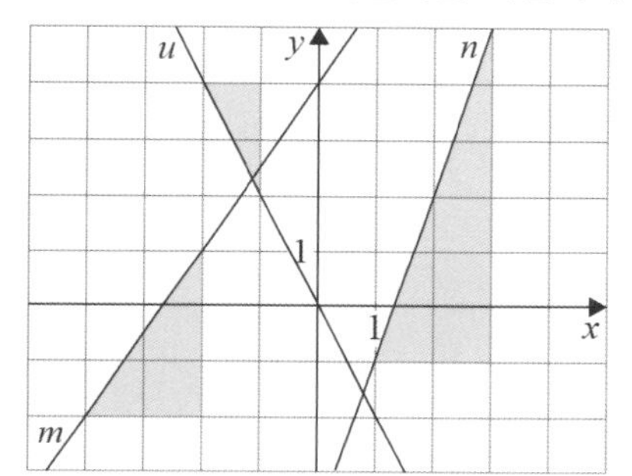

143 다음 직선 r, s, t의 기울기를 계산하시오.

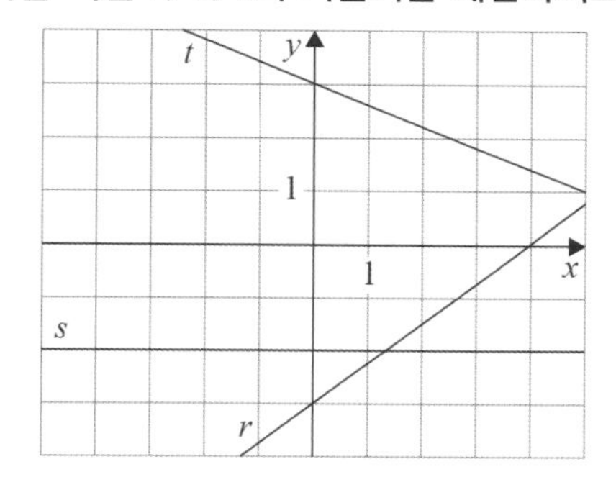

144 다음 점들을 지나는 직선의 기울기 k를 계산하시오.

a) A(2, 0), B(4, 4)

b) A(−3, 5), B(1, −7)

145 점 (−1, 2)를 지나고 기울기가 −5인 직선을 그리시오.

숙제 80−81쪽

146 다음 직선에서 기울기 k와 상수항 b를 찾으시오.

a) $y=12x+1$ b) $y=-x+7$

c) $y=x$ d) $y=-9x-3$

[147~148] 다음 보기에 대하여 물음에 답하시오.

$y=x+4$	$y=-x$	$y=-5$
$y=-5x+3$	$y=4x$	$y=x-5$

147 위 보기에서 기울기가 다음인 직선을 찾으시오.

a) 4 b) 1 c) −5 d) 0

148 위 보기에서 다음 직선을 찾으시오.

a) 상승하는 직선 b) 하강하는 직선

149 다음 직선을 그리시오.

a) $y=2x-2$ b) $y=-3x+5$

c) $y=-x+3$ d) $y=\dfrac{1}{3}x$

150 다음 직선을 그리고 방정식을 쓰시오.

a) 직선의 기울기 $k=3$이고 상수항 $b=1$이다.

b) 직선의 기울기 $k=\dfrac{3}{2}$이고 상수항 $b=-2$이다.

숙제 82－83쪽

151 **다음 직선에 대하여 물음에 답하시오.**

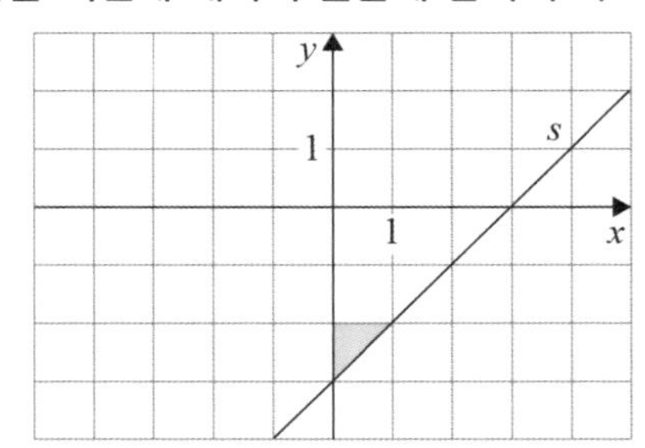

a) 직선 s의 기울기를 쓰시오.
b) 직선 s의 상수항을 쓰시오.
c) 직선 s의 방정식을 만드시오.

152 **직선은 점 A(1, 5)와 B(－1, －1)을 지난다.**

a) 직선을 그리시오.
b) 직선의 기울기는 무엇인가?
c) 직선의 상수항은 무엇인가?
d) 직선의 방정식을 만드시오.

153 **다음 직선의 방정식을 만드시오.**

a) 직선의 기울기는 5이고 직선은 점 (0, －4)에서 y축과 만난다.
b) 직선의 기울기는 －1이고 직선은 점 (0, 0)에서 y축과 만난다.

154 **다음 직선 r, s, t의 방정식을 만드시오.**

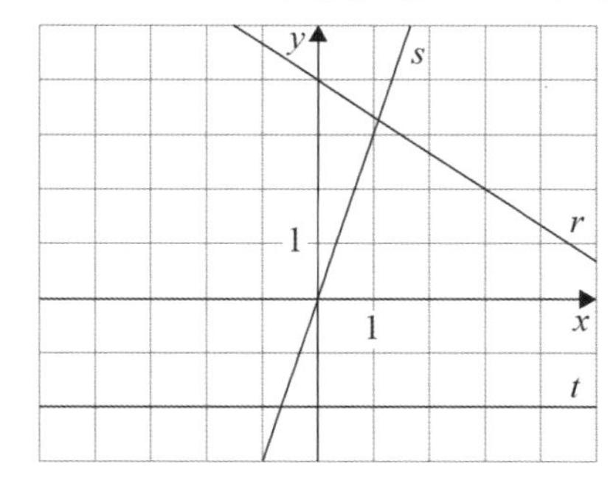

155 **다음 점들을 지나는 직선의 방정식을 만드시오.**

a) (0, 15), (1, 17)
b) (1, －20), (2, －25)
c) (－1, 18), (2, 27)

숙제 84－85쪽

156 **다음 보기에서 서로 평행인 직선들을 찾으시오. 왜 평행인지 설명하시오.**

$y=9x+1$	$y=-9x+1$	$y=9x$
$y=3x-9$	$y=-9x+3$	$y=-3x$

157 **다음 직선들은 평행이다.**

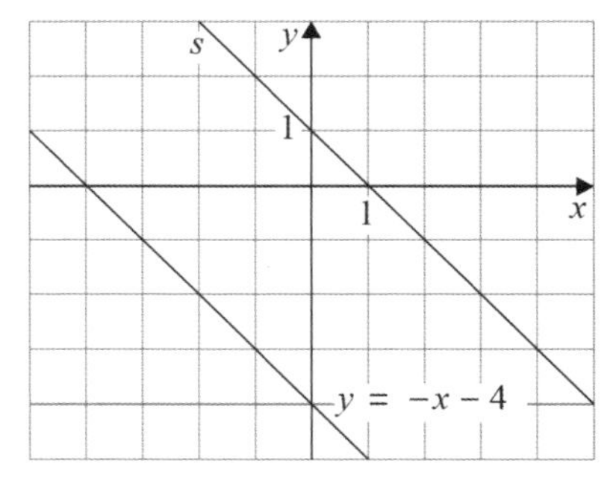

a) 직선 s의 기울기는 무엇인가?
b) 직선 s의 상수항은 무엇인가?
c) 직선 s의 방정식을 만드시오.

158 **다음 물음에 답하시오.**

a) 직선 $y=2x-2$를 그리시오.
b) 같은 좌표평면에 직선 $y=2x-2$와 평행이고 점 (0, 3)을 지나는 직선 r을 그리시오.
c) 직선 r의 방정식을 만드시오.

159 **다음 직선과 평행이고 원점을 지나는 직선의 방정식을 만드시오.**

a) $y=12x-2$ b) $y=-\frac{3}{4}x+\frac{1}{2}$

160 **직선 $y=-4x+8$과 평행이고 다음 점을 지나는 직선의 방정식을 만드시오.**

a) (0, 2) b) (－2, －3)

숙제 92－93쪽

[161~162] 다음 그래프를 보고 물음에 답하시오.

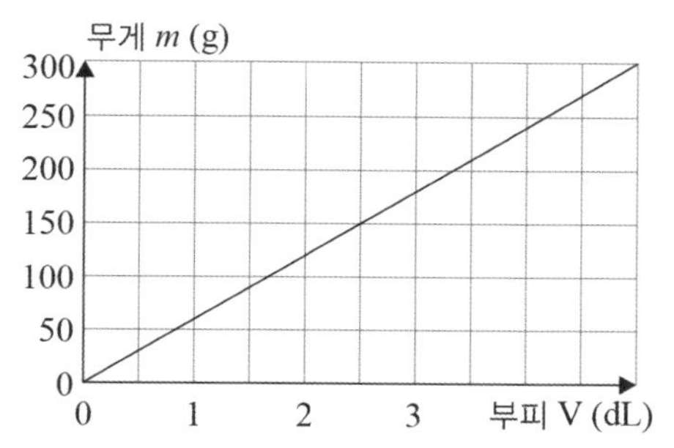

밀가루의 부피에 대한 밀가루의 무게의 함수

161 a) 밀가루 1 dL와 4 dL의 무게를 각각 읽으시오.
b) 부피가 4배 늘어날 때 무게는 어떻게 되는지 알아보시오.
c) 직선의 기울기를 구하시오.

162 밀가루의 부피에 대한 밀가루의 무게를 나타내는 함수의 식 $f(\mathrm{V})$를 만드시오.

163 블루베리 2.5 L가 12.50 €이다.
a) 블루베리의 가격 y(€)와 부피 x(L)의 관계를 나타내는 그래프를 그리시오. 그래프를 보고 다음 물음에 답하시오.
b) 블루베리 1.5 L의 가격은 얼마인가?
c) 25 €로 살 수 있는 블루베리의 양은 얼마인가?
d) 직선의 기울기를 구하시오.
e) 기울기는 무엇을 나타내는가?

164 자두 4 kg이 14 €이다.
a) 21 €로 살 수 있는 자두의 양을 구하시오.
b) 자두 5 kg의 가격을 구하시오.

165 유리의 무게는 부피에 정비례한다. 무게가 2.0 kg인 유리덩어리의 부피는 $0.80\ \mathrm{dm}^3$이다.
a) 유리의 무게 y(kg)를 부피 $x(\mathrm{dm}^3)$의 함수로 쓰시오.
b) 함수의 그래프를 그리시오.
c) 그래프에서 무게 3.5 kg인 유리덩어리의 부피를 읽으시오.

숙제 94－95쪽

166 직사각형의 넓이는 $54\ \mathrm{cm}^2$이다.
a) 직사각형의 가로 길이와 세로 길이로 가능한 값을 표로 만드시오.
b) 가로 길이와 세로 길이의 관계는 정비례인가 반비례인가?

167 x와 y가 반비례일 때 다음 표를 완성하시오.

a)

x	y	곱 xy
1	100	
2		
4		
10		

b)

x	y	곱 xy
1	80	
	20	
	16	
	8	

168 다음은 정비례인가, 반비례인가?

a)

시간 (h)	거리 (km)
1	75
2	150
3	225
4	300

b)

시간(h)	평균속도(km/h)
4	80
5	64
8	40
10	32

169 크기가 $12\ \mathrm{cm}^2$인 타일로 바닥을 덮으려면 타일이 2 250개가 필요하다. 크기가 $225\ \mathrm{cm}^2$인 타일로 같은 넓이의 바닥을 덮을 때는 타일이 몇 개가 필요한지 구하시오.

170 트럭 12대가 공사현장에 모래를 5일 동안 실어 날랐다. 트럭의 대수가 다음과 같을 때, 같은 양의 모래를 실어 나르는 데 며칠이 걸리는지 구하시오.
a) 8대　　b) 20대

숙제 96 – 97쪽

171 다음 물음에 답하시오.

a) 평균속도와 66 km를 가는 데 걸린 시간이 반비례일 때 다음 표를 완성하시오.

v(km/h)	t(h)	곱 vt(km)
30	2.2	
20		
15		
	5.5	

같은 거리를 다음 시간 만에 갈 때 평균속도를 계산하시오.

b) 6시간　　c) 2시간

172 어떤 거리를 평균속도가 140 km/h인 기차를 타고 가면 20분 걸린다. 같은 거리를 평균속도가 100 km/h인 자동차로 간다면 얼마나 걸리는지 구하시오.

173 집 외벽에 페인트를 칠하는 데 3명이 일하면 6일이 걸린다. 일꾼의 수가 다음과 같을 때 며칠이 걸리는지 구하시오.

a) 일꾼 2명　　b) 일꾼 4명

174 페트리와 시모는 바자회에서 판매할 새집을 80개 만들려고 한다. 둘은 하루에 새집을 각각 8개씩 만들 수 있다.

a) 80개를 만드는 데 며칠이 걸리는가?

b) 새집을 같은 속도로 만들 수 있는 얀네, 톰미, 산테리가 합류하면 완성하는 데 며칠이 걸리는가?

175 할아버지가 손주 4명에게 21 €씩 주었다. 만약 이 돈을 손주 4명과 동네아이들 3명에게 나누어 주었다면 아이 한 명당 받는 돈은 얼마인지 계산하시오.

숙제 98 – 99쪽

176 다음 레시피를 보고 물음에 답하시오.

링킬레(30개)의 레시피
- 버터 150 g
- 생크림 2 dL
- 드라이 이스트 $\frac{1}{4}$스푼
- 밀가루 3.5 dL
- 링킬레 위에 뿌릴 설탕

* 링킬레 한 개의 무게는 20g이다.

a) 위 레시피와 같은 크기의 링킬레를 20개 만들려면 밀가루가 얼마나 필요한가?

b) 위 레시피의 반죽으로 링킬레를 40개 만든다면 링킬레 한 개의 무게는 얼마인가?

177 니나는 80 g짜리 시나몬 롤빵을 30개 만들었다. 시나몬 롤빵의 무게가 20 g씩 가벼운 것을 만들었다면 빵을 몇 개 만들었을지 계산하시오.

178 다음 표는 정비례인가, 반비례인가?

a)

속도 (km/h)	거리 (km)
15	30
30	60
45	90
60	120

b)

속도 (km/h)	거리 (km)
15	2.5
20	1.5
30	1.5
60	0.5

179 나사 500개가 들어 있는 통에서 45개를 꺼내서 보니 이 중 6개가 불량이었다. 불량률이 일정하다고 할 때 통에 들어 있는 나사 중 불량품의 개수를 계산하시오.

180 야코와 안티는 길이가 28m인 울타리를 페인트칠하는 일을 3 : 4의 비율로 나누어 맡았다. 각각 몇 m를 맡았는지 계산하시오.

숙제 100-101쪽

[181~182] 다음 그래프를 보고 물음에 답하시오.

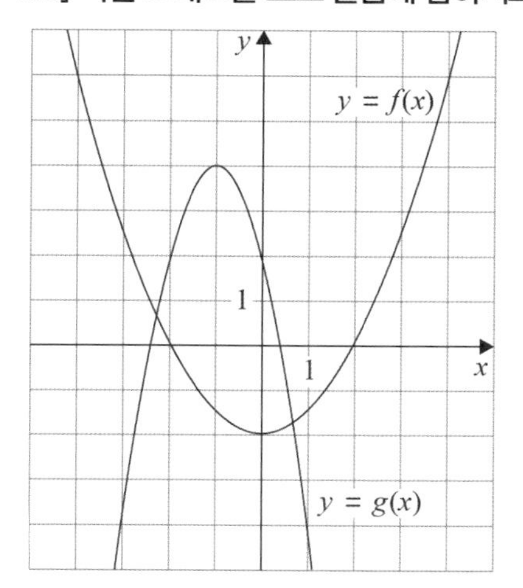

181 함수 $f(x)=0.5x^2-2$의 그래프에서 찾으시오.

a) $x=2$일 때 함숫값
b) $f(x)=6$일 때 x의 값
c) 함수 f의 최솟값

182 함수 $g(x)=-2x^2-4x+2$의 그래프에서 찾으시오.

a) $x=-2$일 때 함숫값
b) $g(x)=-4$일 때 x의 값
c) 함수 g의 최댓값
d) 함수 g의 꼭짓점의 좌표

183 함수 $f(x)=0.5x^2-9$에서 다음 값을 구하시오.

a) $f(3)$ b) $f(0)$ c) $f(-4)$ d) $f(-6)$

184 다음 점이 함수 $f(x)=-x^2$의 그래프 위에 있는지 계산하여 알아보시오.

a) $(-6,\ 36)$ b) $(7,\ -49)$
c) $\left(-\frac{1}{4},\ -\frac{1}{16}\right)$ d) $\left(-\frac{2}{5},\ -\frac{2}{25}\right)$

185 다음 점이 함수 $f(x)=x^2-1$의 그래프 위에 있는지 계산하여 알아보시오.

a) $\left(-\frac{1}{2},\ \frac{3}{4}\right)$ b) $\left(\frac{1}{3},\ -\frac{8}{9}\right)$
c) $\left(-\frac{4}{5},\ -\frac{9}{25}\right)$ d) $\left(\frac{7}{8},\ \frac{15}{64}\right)$

숙제 102-103쪽

186 다음 방정식을 푸시오.

a) $x^2=36$ b) $x^2-64=0$

187 다음은 함수 $f(x)=-x^2+9$의 그래프이다.

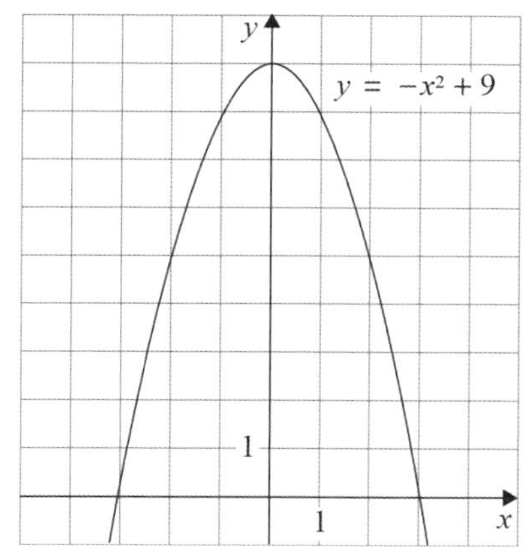

a) x축과 만나는 점의 x좌표를 그래프에서 찾으시오.
b) 방정식 $-x^2+9=0$을 푸시오.

188 다음 물음에 답하시오.

a) 다음 표를 완성하시오.

x	$y=-x^2-1$	$(x,\ y)$
0		
0.5		
−0.5		
3		
−3		

b) 포물선 $y=-x^2-1$을 그리시오.
c) 포물선 $y=-x^2-1$은 위로 볼록한가, 아래로 볼록한가?

189 다음 함수 f가 x축과 만나는 점의 x좌표를 계산하여 구하시오.

a) $f(x)=x^2-400$
b) $f(x)=-x^2+169$

190 다음 이차함수는 x축과 만나는 점의 x좌표를 몇 개 가지고 있는지 추정하시오.

a) $f(x)=x^2-8$ b) $f(x)=-x^2$
c) $f(x)=x^2+2$ d) $f(x)=-x^2+2$

191 다음이 부등식 $x \geq 99$의 해인지 알아보시오.

a) $x=100$　　b) $x=99$　　c) $x=98$

192 다음이 부등식 $x<-12$의 해인지 알아보시오.

a) $x=-11$　　b) $x=-12$　　c) $x=-13$

193 수직선 위에 다음 부등식의 해집합을 표시하시오.

a) $x<6$

b) $x \leq 6$

c) $x \geq -3$

d) $x>7$

194 다음 수직선 위에 표시된 구간을 부등식으로 나타내시오.

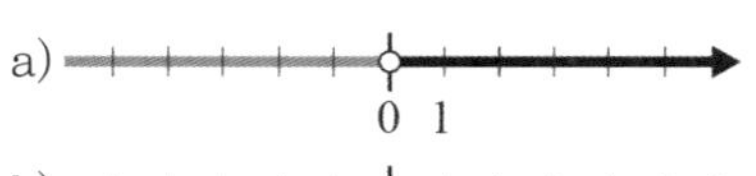

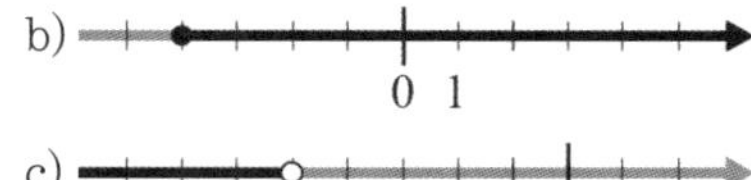

195 다음이 부등식 $x-4<-6$의 해인지 알아보시오.

a) $x=0$　　b) $x=-1$　　c) $x=-3$

196 아래 그래프를 이용하여 다음 부등식의 해집합을 구하시오.

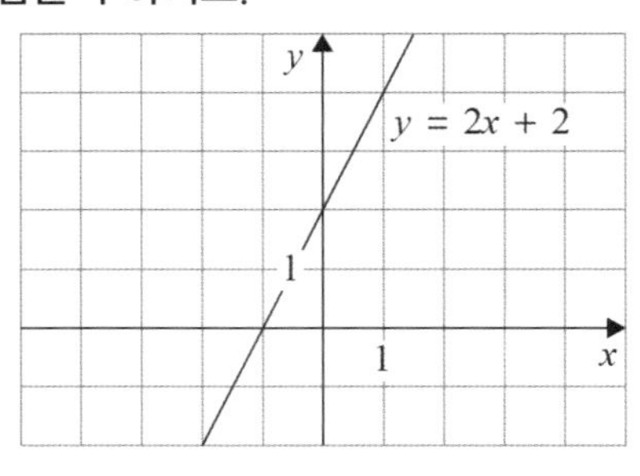

a) $2x+2>0$　　b) $2x+2 \leq 0$

197 아래 그래프를 이용하여 다음 부등식의 해집합을 구하시오.

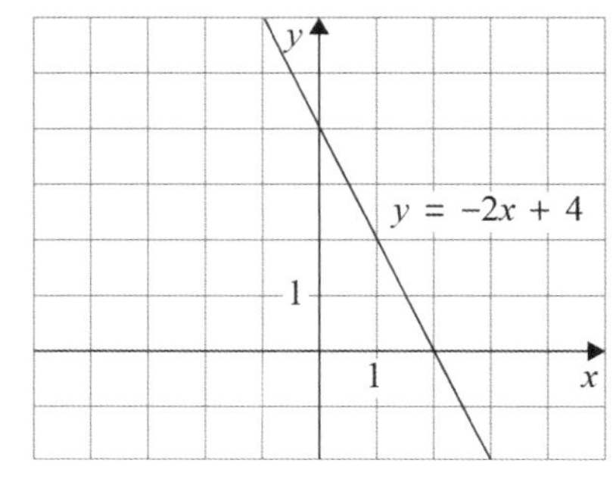

a) $-2x+4>0$　　b) $-2x+4 \leq 0$

198 다음 부등식의 해집합을 그래프를 이용하여 구하시오.

a) $x-5 \geq 0$　　b) $x-5<0$

c) $-3x+3>0$　　d) $-3x+3 \leq 0$

199 다음 부등식의 해집합을 구하시오.

a) $x-3 \geq 3$　　b) $-x+1<-3$

c) $4x-10<-6$　　d) $-\frac{1}{2}x-5 \geq -2$

200 아래 그래프를 보고 다음을 구하시오.

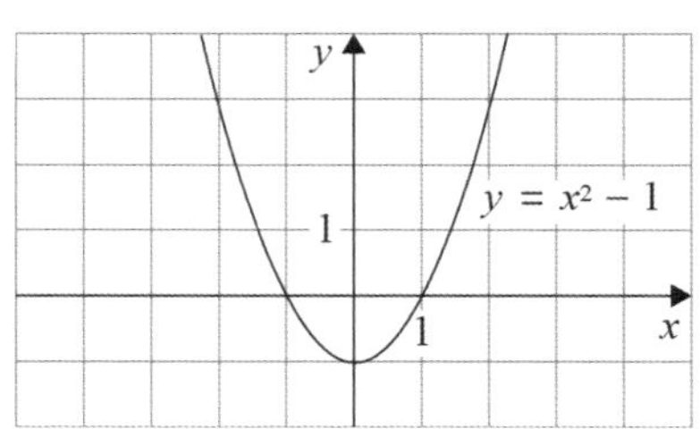

a) 함수 $f(x)=x^2-1$의 x절편

b) 부등식 $x^2-1>0$의 해집합

숙제 118-119쪽

201 다항식 $A=5x+9$와 $B=4x-1$의 다음 식을 만들고 간단히 하시오.

a) $A+B$ b) $A-B$

202 다음을 간단히 하시오.

a) $4x^2+3+(x^2-4)$
b) $4x^3+4-(3x^3+7)$
c) $x^3-1-(-x^3+2)$
d) $5x^2-6x-(-6x-1)$
e) $-x^2-x+(6x^2-x)$
f) $-2x^2+2x-(3x^2+4x)$

$5x^2-2x$	U
$2x^3-3$	T
x^3-3	S

$5x^2-1$	I
$-5x^2-2x$	L
$5x^2+1$	O

203 다음 식을 간단히 하고 $x=5$일 때 식의 값을 구하시오.

a) $-x+3-(-x+13)-(3x-7)$
b) $24x^2+6x-(14x^2+8x)$

204 다음 빈칸에 알맞은 다항식을 구하시오.

a) $\square+(4x-1)=0$
b) $\square-(3x^2+9x)=0$
c) $5x^2-4-(\square)=5x^2-x$

205 다음을 만족하는 두 식을 구하시오.

a) 합이 x이고 차가 $-9x$인 두 개의 단항식
b) 합이 $4x^2-6x$이고 차가 $-2x^2-4x$인 두 개의 이항식

숙제 120-121쪽

206 다음을 간단히 하시오.

a) $5x^3\cdot4x^3$ b) $-6x\cdot7x^9$
c) $\dfrac{35x^2}{7}$ d) $\dfrac{84x}{4}$

207 다음을 간단히 하시오.

a) $\dfrac{12x^2\cdot3}{3}$ b) $\dfrac{12x^2+3}{3}$

208 다음을 간단히 하시오.

a) $x\cdot(9x^2-6x)$
b) $2x^2\cdot(-9x^2+6x)$
c) $-3x^2\cdot(4x+10)$
d) $-x\cdot(-3x+4)$
e) $6x^3\cdot(-3x+2)$
f) $-3x^2\cdot(-5x+2)-10x^3$
g) $4x^3\cdot(x^2-6x)+20x^4$

$9x^3-6x^2$	I
$5x^3-6x^2$	U
$3x^2-4x$	S

$-12x^3-30x^2$	E
$-18x^4+12x^3$	R
$4x^5-4x^4$	P

209 다음을 간단히 하시오.

a) $\dfrac{16x-12}{2}$ b) $\dfrac{35x+28}{7}$
c) $\dfrac{15x^2-10x}{-5x}$ d) $\dfrac{-4x^7\cdot8}{4x}$

210 다음 식을 간단히 하고 $x=-19$일 때 식의 값을 구하시오.

a) $8(-3x+1)+2(7x-4)$
b) $6(2x-6)-4(3x+1)$
c) $(x+3)(2x-5)-2x^2$

숙제 122－123쪽

211 $x=3$이 다음 방정식의 근인지 알아보시오.

a) $x+12=15$
b) $3x+2=4x-1$

212 다음 방정식을 푸시오.

a) $x-7=19$ b) $x+4=-4$
c) $x+13=13$ d) $-5x=60$
e) $-4x=80$ f) $4x=-24$
g) $\frac{x}{9}=11$ h) $\frac{x}{2}=-10$

	R	I	T	A
$x=$	−12	−20	99	12

	F	L	O	S
$x=$	26	−8	0	−6

213 다음 방정식을 푸시오.

a) $x=5x$ b) $6x=12+6x$
c) $5-x=x+9$ d) $x-7=-7+x$

214 $x=-7$이 다음 방정식의 근인지 알아보시오.

a) $17-x=10$
b) $-x=x+14$
c) $x^2+8x=x$
d) $x^2+5x-7=-2x$

215 다음 방정식을 푸시오.

a) $2x=5x+21$
b) $x=18-x$
c) $7x+1=x-5$
d) $-11+4x=x+13$

숙제 124－125쪽

216 다음 방정식을 푸시오.

a) $3(x+7)=18$
b) $8(3x-11)=32$
c) $3-2(x+1)=15$

217 다음 방정식을 푸시오.

a) $\frac{2x}{5}=8$ b) $\frac{3x}{4}=12$
c) $\frac{7x}{9}=14$ d) $\frac{x}{3}+1=7$
e) $\frac{x}{9}+5=1$ f) $\frac{x}{4}-5=\frac{x}{8}$
g) $\frac{x}{5}+\frac{1}{5}=-2$ h) $\frac{x-1}{3}=-4$
i) $\frac{x-4}{5}=\frac{x}{3}$

	A	K	I	F	R	O	G
$x=$	18	−11	40	−36	16	−6	20

218 다음 방정식을 푸시오.

a) $2(x-8)=3(x+11)$
b) $-6x-(x-7)=14-7(x+1)$
c) $1-3(2x+7)=3-(6x-1)$

219 다음 방정식을 푸시오.

a) $\frac{2x-8}{4}=\frac{x}{3}$
b) $\frac{x+2}{3}=\frac{x-6}{4}$

220 다음을 나타내는 방정식을 만들고 푸시오.

a) 어떤 수에 8을 더하고 5를 곱하면 −5가 된다.
b) 어떤 수에서 2를 빼고 7로 나누면 4가 된다.

221 수련회에서 학생들의 숙소로 방갈로와 텐트에 2 : 3으로 배정했다. 수련회에 참여한 학생들이 모두 60명이었을 때 방갈로와 텐트에 배정된 학생 수를 구하시오.

방갈로	텐트
$2x$	$3x$

60

222 유시는 책 60권을 선반 두 개에 나누어서 진열했다. 위쪽 선반보다 아래쪽 선반에 14권을 더 꽂았다. 아래쪽 선반에는 책이 몇 권이 있는지 구하시오.

223 미코의 플로어볼 공은 빨간색이 절반이고 흰색은 $\frac{1}{4}$이다. 나머지는 노란색으로 6개이다. 미코가 가지고 있는 플로어볼 공의 개수를 구하시오.

224 엄마는 44살이고 에로는 16살이다. 엄마의 나이가 에로 나이의 두 배가 되는 해는 몇 년 뒤인지 구하시오.

225 한나는 리카보다 돈을 3 € 적게 가지고 있었다. 과자와 음료수를 사는 데 한나는 2 €를 썼고, 리이카는 4 €를 썼다. 이제 둘이 가지고 있는 돈을 합해보니 21 €가 남았다. 돈을 쓰기 전에 둘이 가지고 있던 돈은 각각 얼마인지 구하시오.

226 순서쌍 (5, 3)이 다음 방정식을 만족하는지 알아보시오.

a) $y = 2x - 7$ b) $x + y = 8$
c) $3x - 4y = 2$ d) $-x + 3y - 4 = 0$

227 다음 물음에 답하시오.

a) 방정식 $y = 4x$를 만족하는 점 5개를 찾아 좌표평면 위에 표시하시오.
b) 위의 방정식의 그래프를 그리시오.

228 다음 물음에 답하시오.

a) 방정식 $x + y = 13$을 만족하는 순서쌍을 세 개 찾으시오.
b) 방정식 $x - y = 1$을 만족하는 순서쌍을 세 개 찾으시오.
c) 위의 두 방정식을 모두 만족하는 순서쌍을 찾으시오.

229 다음 방정식을 y에 관한 식으로 바꾸고 그래프를 그리시오.

a) $x + y = 3$
b) $-3x + y + 1 = 0$
c) $2y = 4x + 10$

230 순서쌍 (1, A), (−3, B), (C, 5), (D, −3)은 방정식 $4x - y + 5 = 0$을 만족한다. A, B, C, D에 알맞은 수를 구하시오.

내가 입은 티셔츠에 있는 두 자릿수 AB는 A+B=10이고 A−B=−6일 때 이 수는 무엇인가?

숙제 130－131쪽

231 다음 그래프에서 직선의 교점, 즉 연립방정식의 해를 찾으시오. 찾은 해를 식에 대입하여 확인하시오.

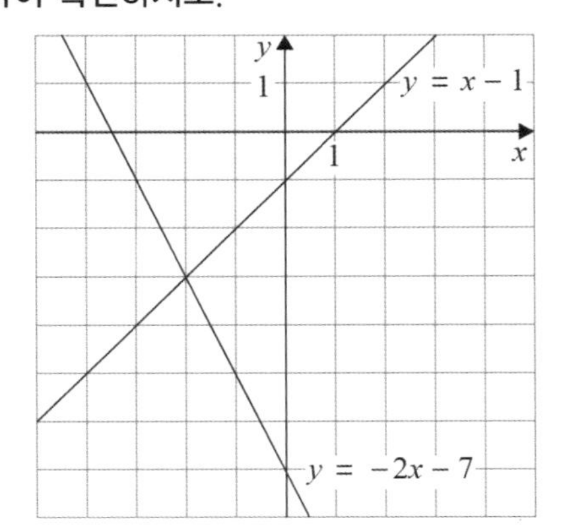

$\begin{cases} y=x-1 \\ y=-2x-7 \end{cases}$

232 순서쌍 $(-5,\ -3)$이 다음 연립방정식의 해인지 계산하여 알아보시오.

a) $\begin{cases} y=3x+12 \\ y=-x-2 \end{cases}$

b) $\begin{cases} -3x+2y=9 \\ y=-x-8 \end{cases}$

233 아래 보기의 방정식들을 이용하여 해가 다음과 같은 순서쌍인 연립방정식을 만드시오.

$y=-4x$	$y=-x-3$	$y=-2x+3$
$y=x-5$	$y=-x-1$	$y=-3x+5$

a) $(2,\ -1)$　　　　b) $(1,\ -4)$

234 직선 $y=x-6$과 $y=4x$가 점 $(-2,\ -8)$에서 교차한다는 것을 계산하여 증명하시오.

235 다음 조건을 만족하는 연립방정식을 만들고 해를 구하시오.

a) 두 수의 합은 14이고 차는 0이다.

b) 두 수의 합은 16이고 차는 -6이다.

숙제 132－133쪽

236 직선 $y=-2x+6$과 $y=x-3$을 그리시오. 두 직선의 교점의 좌표를 그래프에서 구하시오.

237 그래프를 이용하여 다음 연립방정식을 푸시오.

a) $\begin{cases} y=2x-2 \\ y=3x-4 \end{cases}$

b) $\begin{cases} y=4x-5 \\ y=-3x+2 \end{cases}$

238 그래프를 이용하여 다음 연립방정식을 푸시오. 구한 해를 식에 대입하여 확인하시오.

a) $\begin{cases} y=x+8 \\ y=-\dfrac{1}{2}x-1 \end{cases}$

b) $\begin{cases} y=\dfrac{3}{4}x-1 \\ y=\dfrac{1}{4}x-3 \end{cases}$

239 직선 $y=5x$, $y=-x-6$, $y=x+4$는 삼각형을 만든다. 직선들을 그리고 삼각형의 꼭짓점의 좌표를 구하시오.

240 직선 s, r, t로 해가 점 A, B, C인 연립방정식을 만드시오.

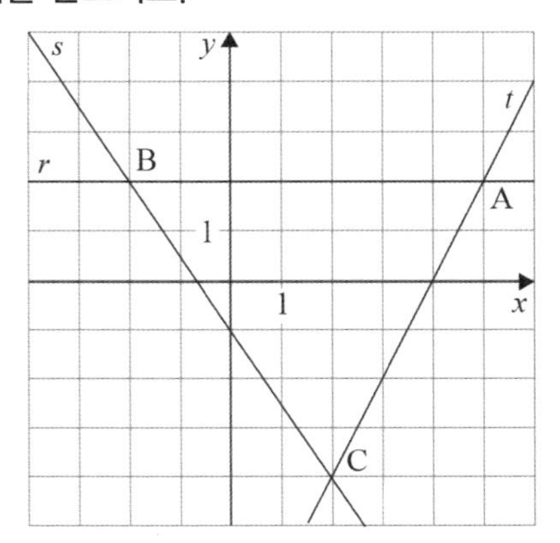

숙제 134-135쪽

241 다음 연립방정식을 대입법으로 푸시오.

$\begin{cases} y=4x+1 \\ y=3x+7 \end{cases}$

242 다음 연립방정식을 대입법으로 푸시오.

a) $\begin{cases} y=7x+5 \\ y=5x-1 \end{cases}$ b) $\begin{cases} y=-2x+6 \\ y=-x-7 \end{cases}$

243 다음 연립방정식을 대입법으로 푸시오.

a) $\begin{cases} y=x+1 \\ x+y=-5 \end{cases}$ b) $\begin{cases} y=5x+4 \\ -9x+y=12 \end{cases}$

244 다음 연립방정식을 대입법으로 푸시오.

a) $\begin{cases} x=-8 \\ y=4x-1 \end{cases}$ b) $\begin{cases} y=3x-4 \\ y=5 \end{cases}$

245 직선 $y=4x+1$, $y=-x-9$, $y=2x+3$은 삼각형을 만든다. 삼각형의 꼭짓점들을 구하는 연립방정식을 만들고 대입법으로 푸시오. 그래프를 그려서 답을 확인하시오.

고슴도치 가족에는 엄마와 새끼가 다섯 마리가 있다. 고슴도치 가족의 몸무게는 전부 합쳐 2600 g이다. 엄마는 새끼보다 800 g 더 무거울 때 새끼 한 마리의 몸무게는?

숙제 136-137쪽

246 다음 연립방정식을 푸시오.

a) $\begin{cases} y=x-11 \\ 2x-y=7 \end{cases}$ b) $\begin{cases} y=-6x+7 \\ 4x-y=13 \end{cases}$

247 다음 연립방정식을 푸시오.

a) $\begin{cases} y=-3x+4 \\ 7x+2y=5 \end{cases}$ b) $\begin{cases} y=2x+7 \\ -3x+4y=3 \end{cases}$

248 올리의 가방과 안티의 가방은 합해서 9.2 kg이다. 올리의 가방은 안띠의 가방보다 1.6 kg 더 무겁다.

a) 올리의 가방 무게를 y, 안티의 가방 무게를 x로 표시하고 연립방정식을 만드시오.
b) 가방 2개의 무게를 각각 구하시오.

249 다음 연립방정식을 푸시오.

a) $\begin{cases} y=x-6 \\ 8x-2y=30 \end{cases}$

b) $\begin{cases} y=8x-2 \\ 9x-6y=-1 \end{cases}$

250 물병과 병의 내용물의 가격이 합해서 2.10 €이다. 내용물은 물병보다 1.30 € 비싸다. 물병은 얼마인지 구하시오.

숙제 138－139쪽

251 다음 연립방정식을 푸시오.

a) $\begin{cases} x+y=7 \\ 2x-y=2 \end{cases}$

b) $\begin{cases} -3x+5y=2 \\ 3x-7y=8 \end{cases}$

252 다음 연립방정식을 푸시오.

a) $\begin{cases} 3x-4y=2 \\ 2x+y=16 \end{cases}$

b) $\begin{cases} -4x+y=10 \\ -7x+5y=11 \end{cases}$

253 다음 연립방정식을 푸시오.

a) $\begin{cases} 7x-5y=12 \\ -11x+10y=9 \end{cases}$

b) $\begin{cases} 2x+3y=6 \\ 7x+9y=9 \end{cases}$

254 볼펜 한 자루와 연필 두 자루는 합해서 5 €이다. 볼펜 두 자루와 연필 한 자루는 합해서 4 €이다. 연립방정식을 만들고 두 필기구 한 자루의 가격을 각각 구하시오.

255 여름방학 아르바이트로 안티는 창고에서 일했고 리사는 마트에서 일했다. 둘이 여름방학 동안 일하고 받은 돈을 합해보니 3 190 €였고 리사가 번 돈이 안티가 번 돈보다 108 € 더 많았다. 이 둘이 번 돈을 각각 계산하시오.

숙제 140－141쪽

256 다음 연립방정식을 푸시오.

a) $\begin{cases} 7x-3y=14 \\ -2x+3y=11 \end{cases}$

b) $\begin{cases} 3x-4y=14 \\ 5x-4y=10 \end{cases}$

257 다음 연립방정식을 푸시오.

a) $\begin{cases} 8x+2y=-8 \\ 9x+y=16 \end{cases}$

b) $\begin{cases} -4x+6y=10 \\ 5x-2y=15 \end{cases}$

258 한나의 스케이팅복은 안니카의 것보다 7 € 더 비싸다. 둘의 스케이팅복의 가격의 합은 121 €이다. 연립방정식을 만들고 스케이팅복의 가격을 각각 구하시오.

259 다음 연립방정식을 푸시오.

a) $\begin{cases} -7x+5y=9 \\ 5x-7y=-3 \end{cases}$

b) $\begin{cases} 7x-8y=-11 \\ 9x-6y=3 \end{cases}$

260 학교에서 봄에 9학년 학생들 중 14명에게 장학금을 20 € 또는 50 € 주었다. 장학금의 총액은 400 €였다. 20 €를 받은 학생과 50 €를 받은 학생이 각각 몇 명인지 구하시오.

숙제 150-151쪽

261 다음을 구하시오.

a) $|31|$　b) $|-17|$　c) $|0|$

262 다음 수의 절댓값을 기호를 이용하여 나타내고 그 값을 구하시오.

a) 0.42　b) -2.33　c) $-\sqrt{400}$

d) $\sqrt{1.44}$　e) $\frac{5}{6}$　f) $-1\frac{1}{7}$

263 x의 값이 다음과 같을 때 함수 $f(x)=|-x-21|$의 값을 구하시오.

a) $x=40$　b) $x=21$　c) $x=-21$

264 수직선을 그리고 다음 부등식을 만족하는 정수를 표시하시오.

a) $|n|\leq 1$　b) $|n|\geq 3$　c) $|n|>-1$

265 다음 부등식을 만족하는 정수를 구하시오.

a) $|n+3|<6$

b) $|2n|\leq 3$

c) $|n-5|\leq 2$

d) $|n|-5\leq 2$

숙제 152-153쪽

266 다음을 계산하시오.

a) $\frac{1}{3}+\frac{2}{3}$

b) $\frac{7}{11}-\frac{10}{11}$

c) $-\frac{3}{8}+\frac{1}{8}$

d) $-\frac{1}{12}-\frac{5}{12}$

267 $\frac{2}{3}$, $\frac{8}{15}$, $\frac{1}{6}$, $\frac{3}{5}$, $\frac{1}{2}$, $\frac{7}{10}$의 공통분모를 찾아 통분하고 부등호 $<$를 이용하여 순서대로 재배열하시오.

268 다음을 간단히 하시오.

a) $\frac{11}{12}-\frac{3}{4}$

b) $\frac{3}{10}+\frac{7}{20}$

c) $\frac{6}{7}-\frac{1}{2}-\frac{5}{14}$

d) $\frac{1}{5}+\frac{1}{6}+\frac{1}{2}$

269 다음을 간단히 하시오.

a) $-\frac{2x}{3}+\frac{3x}{4}-\frac{5x}{6}$

b) $-\frac{5x}{12}-\frac{5x}{8}+\frac{3x}{4}$

270 풍선의 파란색은 $\frac{1}{4}$, 노란색은 $\frac{2}{5}$이고 나머지 부분은 빨간색이다. 빨간색 부분이 얼마나 되는지 분수로 나타내시오.

숙제 154-155쪽

271 다음을 계산하시오.

a) $\frac{1}{2} \cdot \frac{3}{4}$ b) $2 \cdot \frac{3}{4}$

c) $3 \cdot 1\frac{1}{3}$ d) $\frac{1}{2} \cdot 1\frac{1}{3}$

272 다음을 계산하시오.

a) $\frac{4}{9} \cdot \frac{27}{28}$ b) $\frac{7}{16} \cdot \frac{32}{35}$

c) $\frac{24}{21} \cdot \frac{3}{8}$ d) $\frac{4}{15} \cdot \frac{5}{12}$

e) $3 \cdot \frac{5}{6}$ f) $\frac{1}{2} \cdot 2\frac{1}{2}$

g) $\frac{3}{7} \div \frac{2}{7}$ h) $\frac{2}{3} \div \frac{3}{2}$

i) $\frac{8}{9} \div 2$ j) $2\frac{3}{4} \div \frac{1}{3}$

A	S	U	M	I	N	E	N
$\frac{3}{7}$	$\frac{4}{9}$	$2\frac{1}{2}$	$\frac{2}{5}$	$8\frac{1}{4}$	$1\frac{1}{2}$	$1\frac{1}{4}$	$\frac{1}{9}$

273 다음을 계산하시오.

a) $\frac{9}{5} \div \left(-\frac{3}{5}\right)$ b) $-\frac{2}{7} \div \left(-\frac{7}{4}\right)$

274 $x \neq 0$일 때 다음을 약분하여 간단히 하시오.

a) $\frac{8x}{3} \cdot \frac{9x^4}{2}$ b) $\frac{4x^3}{3} \cdot \frac{9x^3}{4}$

c) $\frac{3x}{5} \div \frac{1}{6x}$ d) $\frac{8x^4}{3} \div \frac{24x}{9}$

275 $x \neq 0$일 때 빈칸에 알맞은 단항식을 쓰시오.

a) $\frac{5x}{6} \cdot \square = -\frac{x^7}{3}$

b) $\square \cdot \frac{x^5}{8} = \frac{x^{10}}{4}$

c) $\frac{4x^6}{5} \div \square = \frac{2x^4}{3}$

d) $\square \div \frac{7x}{2} = \frac{2x}{5}$

숙제 156-157쪽

276 다음 물음에 답하시오.

a) 50의 40%를 구하시오.
b) 15는 125의 몇 %인지 구하시오.
c) 123은 어떤 수의 20%인지 구하시오.
d) 18은 5보다 몇 % 더 큰지 구하시오.

277 시리얼의 소금 함유율은 0.9%이다. 시리얼 350g에 들어 있는 소금의 양을 구하시오.

278 다음 물음에 답하시오.

a) 주스의 가격은 2.90 €이다. 가격이 10% 내렸을 때 새 가격을 구하시오.
b) 요구르트 한 묶음의 가격이 4.20 €이다. 가격이 5% 올랐을 때 새 가격을 계산하시오.

279 오트밀 플레이크 한 상자에 지방이 46.9 g, 즉 6.7% 들어 있다. 이 오트밀 플레이크 한 상자의 무게는 얼마인지 구하시오.

280 3월에 시디(CD) 플레이어의 가격은 120 €였다. 6월에 가격이 15% 내렸고 8월에 15% 더 내렸다.

a) 6월에 시디 플레이어의 가격은 얼마인가?
b) 8월에 시디 플레이어의 가격은 얼마인가?
c) 8월의 가격은 3월에 비해 몇 % 내렸는가?

숙제 158－159쪽

281 **용기에는 소금의 농도가 0.8%인 발트 해 해수가 9.0 kg이 들어 있다.**

a) 이 용기에 들어 있는 소금의 양을 구하시오.
b) 용기에서 물 3.0 kg이 증발했다. 남아 있는 발트해 해수의 소금 농도를 구하시오.

282 **백금반지의 무게는 12 g이다.**

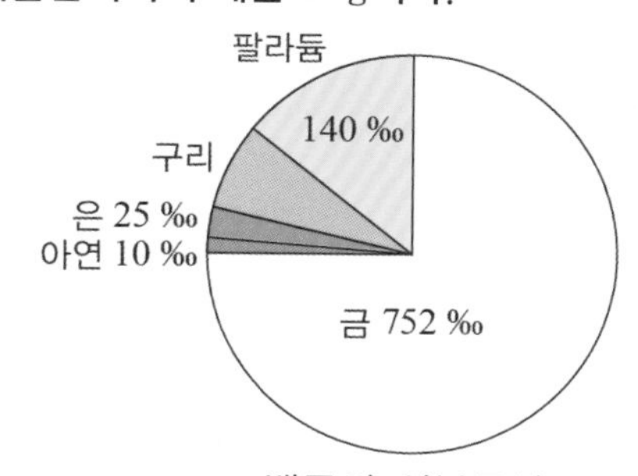

백금의 성분구성
출처 : 칼레발라 보석

a) 이 반지에 들어 있는 팔라듐의 양을 구하시오.
b) 이 반지에 들어 있는 구리의 양을 구하시오.
c) 금 100g이 있을 때 백금반지를 몇 개 만들 수 있는지 구하시오.

283 **팔찌의 세전가격은 27.64 €이다. 이 가격에 부가가치세 23%가 추가된다. 이 팔찌의 판매가격을 구하시오.**

284 **책의 판매가격은 26.90 €이다. 이 가격에는 부가가치세 9%가 포함되어 있다.**

a) 책의 세전가격은 얼마인가?
b) 책의 부가가치세액은 얼마인가?

285 **아이스크림 케이크의 판매가격에는 부가가치세 13%가 포함되어 있다. 케이크의 부가가치세액이 0.85 €일 때 판매가격을 구하시오.**

숙제 160－161쪽

2010년도 지방세율과 정부 근로소득세율은 160쪽을 참고하시오.

286 **아래 세금카드를 보고 월급이 다음과 같을 때 베라의 원천징수세액을 구하시오.**

a) 2 356.50 € b) 3 265.00 €

287 **2010년도 과세대상 근로소득액이 15 711.10 €인 납세자가 다음 지역에 살 때 지방세액을 구하시오.**

a) 하툴라 b) 리엑사

288 **2010년도 과세대상 근로소득액이 다음과 같을 때 정부세근로소득세액을 구하시오.**

a) 13 551.33 € b) 45 210.41 €

289 **빔펠리에 사는 납세자의 2010년도 지방세 과세대상 근로소득액이 15 286.71 €이고, 정부세 과세대상 근로소득액이 17 180.88 €일 때, 납세액을 구하시오.**

290 **오울루에 사는 카트리의 월급에서 원천징수액은 4 617.11 €였다. 정부세 과세대상 근로소득액이 22 734.61 €였고 지방세 과세대상 근로소득액이 19 692.56 €였다. 카트리는 세금을 돌려받았을까, 더 냈을까? 그 금액은 얼마인가?**

「 납세자

베론막사야 베라

「 세금
귀속연도 2010
근로소득용
과세 지방자치단체
개인정보

원천징수세율 2010년 2월 1일부터

근로소득 기본세율	23.0%	과유세율	46.5%	해당 근로소득 기본세율

고용주는 근로자가 A나 B 중에서 선택한 대로 상한액까지는 기본세율에 의한 세금, 상한액을 넘는 부분은 과유세율에 의한 세금을 원천징수하여 납부한다. 기본세율과 과유세율은 근로자가 어떤 방법을 선택하는지와 상관없이 같다.

A나 B 중에서 한 가지를 골라 표시하시오. 과세 연도 중간에 바꿀 수 없음.

A ☒ 과세 연도의 소득상한액에 대한 원천징수를 택함. 과세 연도 상한액

한 달의 상한액	2주	1주	1일	해당
2 917.20	1 338.60	654.30	96.17	

감사의 인사

핀란드 중학교 수학교과서는 새로운 콘텐츠, 새로운 방식의 수학책을 열망하는 많은 수학선생님들과 학부모님들의 후원으로 만들어질 수 있었습니다. 후원해주신 모든 분들께 감사의 인사를 드립니다. 그중에서도 이 책이 꼭 나와야 한다며, 후원을 제안하시고, 그 모든 진행에 관심과 열정을 쏟아주신, 다음(Daum) 수학세상(math114)의 운영자 이형원 선생님(아이디:한량)께 무한한 감사의 인사를 드립니다. 이형원 선생님의 제안과 응원이 없었다면 이 책은 나올 수 없었을 것입니다.

또 감사의 인사를 전할 분들이 계십니다. 처음 이 책을 기획했을 때 기꺼이 7학년의 수고로운 풀이를 맡고 전체 진행을 도와주신 전국수학교사모임의 남호영 선생님께도 특별한 감사의 인사를 드립니다. 책의 진행이 흔들리고 어려움을 겪는 가운데에서도 조용히 기다려주시고 응원해주신 남호영 선생님이 아니었다면 이 책의 완성도는 많이 낮았을 것입니다.

8학년의 풀이와 많은 조언과 도움을 주신 선생님들이 계십니다. 김교림 선생님과 윤상혁 선생님께도 이 자리를 빌려 진심어린 감사의 인사를 드립니다. 8학년의 풀이는 우리나라와 많이 달라서 특히 풀이가 힘들었습니다.

시간이 촉박한 상황에서도 9학년의 풀이를 맡아주신 김하정 선생님과 배유진 선생님께도 이 자리를 빌려 진심어린 감사의 인사를 드립니다.

또한 부족한 시간 가운데에서도 책의 완성도를 높이기 위해 기꺼이 풀이를 점검해주신, 수학세상의 운영진 이형원, 권태호, 김영진, 문기동, 이도형, 고인용, 김일태 선생님께도 감사의 인사를 전합니다.

생각보다 훨씬 힘든 책이었습니다. 용어를 통일시키는 것과 핀란드 책의 의도와 장점을 해치지 않으면서도 한국 수학교육의 방식대로 맞추는 것부터 풀이를 다 점검하는 것 등이 작은 출판사가 감당하기에는 너무나 버거운 책이었습니다. 어쨌든 오랜 고생 끝에 마무리를 합니다. 이 힘든 작업에 함께 동참해준 많은 분들에게 이 자리를 빌어 감사의 인사를 전합니다.

모쪼록 이 책이 새로운 수학교육을 꿈꾸는 선생님들과 수학에 흥미를 갖고 공부하고 싶은 학생들에게 도움이 되기를 바랍니다.

'이렇게 가르칠 수도 있구나'하며
한 장 한 장 넘기며 감탄하게 만드는 책 ★남호영

수학 이렇게 공부해야 한다에 한 표! ★이형원

수학을 구체적으로 경험하게 해주는 책 ★문기동

다양한 문제를 통해
재미있게 수학 공부를 하고 싶은 학생뿐만 아니라
지금까지와는 다른 방법으로 수학을 지도해보고 싶은
교사들에게 이 책을 추천한다. ★김하정

기본에 충실하면서도
생각하고 상상하게 만드는 수학책 ★윤상혁

수학 왜 배워요? 배워서 어디에 쓰나요?
이런 생각을 갖는 친구들이 꼭 한번 봤으면 하는 교과서!
우리 주변을 수학의 눈으로 볼 수 있게 해주는 책! ★김교림

반복되고, 깊어지고, 우리가 사는 세상이
모두 수학이라는 깨달음을 주는 책 ★배유진

핀란드인들의 실용주의를 느낄 수 있는
기본이 탄탄한 수학책 ★권태호

수학의 본질은
문제를 해결하는 데 있음을 보여주는 책 ★김일태

이 책으로 여러분과 함께 행복하고 싶습니다. ★고인용

Teuvo Laurinolli,
Raija Lindroos-Heinänen,
Erkki Luoma-aho,
Timo sankilampi,
Riitta Selenius,
Kirsi Talvitie,
Outi Vähä-Vahe

핀란드 중학교 수학교과서
해설&정답

풀이 및 해설
김하정 수원외국어고등학교
배유진 일산동고등학교

솔빛길

일러두기

1. 우리가 사용하지 않는 단위들(예를 들어, dL, dm 등)도 많이 나옵니다. 그러나 그것이 이 책의 전체적인 흐름과 깊은 관련이 있고, 또한 데시 단위들을 쓰는 것이 수학적인 개념 이해에 유용함이 있어서 그대로 사용하였습니다.

2. 이 책에는 많은 답이 근삿값으로 주어져 있습니다. 핀란드의 근삿값 범위는 우리보다 훨씬 그 관용도가 높습니다. 우리는 가능하면 한국 상황에 맞춰서 유효숫자와 반올림을 활용하여 한국 상황에 맞췄습니다. 그러나 교육부의 수학교과 선진화방안에서도 언급되었듯이 답보다는 과정을 중시하는 수학의 취지에서는 핀란드의 방법도 충분히 유효한 방안이라는 생각이 듭니다. 그러므로 문제 풀이의 과정이 맞았다면, 답을 근삿값으로 해도 수학적으로는 유효한 방안이 될 것입니다. 지도하는 선생님들께서는 이 점을 유의해 주셨으면 합니다.

3. 일부 문제에서는 계산기를 사용해서 풀으라고 합니다. 가능하다면 공학용 계산기를 가지고 계산을 해야 되는 문제가 많습니다.

4. 이미 앞에서 해설이 되었거나, 또는 풀이가 굳이 필요하지 않은 문제들은 풀이를 생략하였습니다.

5. Daum math114 검색 책의 내용과 답에 관련한 질문은 **다음카페**로 들어와서 해 주십시오.
http://cafe.daum.net/-math114-

제1부 | 삼각비와 공간기하학 해설 및 정답

1 직각삼각형 8p

001 a) 5.0 cm b) 3.0 cm c) 4.0 cm
d) 4.0 cm e) 3.0 cm

002

삼각형	ABC	DEF
각 α와 마주 보는 변	5.0 m	2.5 m
각 α와 이웃한 변	12.0 m	6.0 m
빗변	13.0 m	6.5 m

003 a) $x \fallingdotseq 2.8$ cm b) $x = 68$ cm

004 a)

삼각형	ABC	DEF
각 α와 마주 보는 변	2.8 cm	x
각 α와 이웃한 변	4.5 cm	y
빗변	5.3 cm	6.3 cm

b) $x \fallingdotseq 3.3$ cm
c) $y \fallingdotseq 5.3$ cm

005 a) 직각삼각형 ABC와 DEF는 두 각의 크기가 37°와 90°로 같으므로 닮은 삼각형이다.
b) 3.2 cm c) 2.1 cm

006 a) 직각삼각형 ABC, ACD와 CBD는 두 각의 크기가 각 α와 90°로 같으므로 닮은 삼각형이다.
b)

삼각형	ABC	ACD	CBD
각 α와 마주 보는 변	6.5 cm	6.0 cm	2.5 cm
각 α와 이웃한 변	15.6 cm	14.4 cm	6.0 cm
빗변	16.9 cm	15.6 cm	6.5 cm

2 직각삼각형의 변의 관계 11p

007

삼각형	ABC	GHI
각 α와 마주 보는 변(mm)	60	72
각 α와 이웃한 변(mm)	25	30
빗변(mm)	65	78

008 a) 삼각형 ABC : $\dfrac{\text{이웃한 변의 길이}}{\text{빗변의 길이}} = 0.4$
b) 삼각형 GHI : $\dfrac{\text{이웃한 변의 길이}}{\text{빗변의 길이}} = 0.4$
c) 비율은 모두 0.4이다.

009 a) 삼각형 ABC : $\dfrac{\text{마주 보는 변의 길이}}{\text{이웃한 변의 길이}} = 2.4$
b) 삼각형 GHI : $\dfrac{\text{마주 보는 변의 길이}}{\text{이웃한 변의 길이}} = 2.4$
c) 두 삼각형의 비율은 모두 2.4이다.

010 삼각형 ABC : $\dfrac{20}{25} = 0.80$, 삼각형 DEF : $\dfrac{36}{45} = 0.80$
삼각형 GHI : $\dfrac{52}{65} = 0.80$, 비율은 모두 0.80로 같다.

011 삼각형 ABC : $\dfrac{15}{20} = 0.75$, 삼각형 DEF : $\dfrac{27}{36} = 0.75$
삼각형 GHI : $\dfrac{39}{52} = 0.75$, 비율은 모두 0.75로 같다.

012 a) b) 학생 스스로 그림을 그리고 측정하시오.
c) 두 삼각형 모두
$\dfrac{\text{각 30°와 마주 보는 변의 길이}}{\text{빗변의 길이}} = 0.5$

013 a) b)

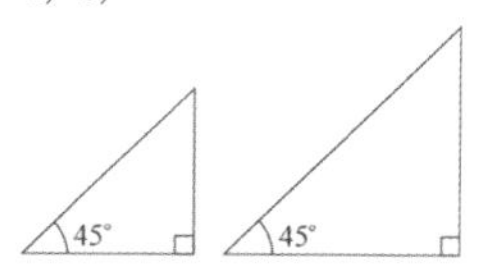

c) $\dfrac{\text{각 45°와 마주 보는 변의 길이}}{\text{각 45°와 이웃한 변의 길이}} = 1.0$

3 각의 사인, 코사인, 탄젠트 13p

014 a) 6.27 cm b) 4.80 cm c) 0.766

015 a) 7.90 m b) 4.07 m c) 0.515

016 a) 21 cm b) 20 cm c) 1.050

017 a) 0.471 b) 0.882 c) 0.533

018 a) 0.438 b) 0.899 c) 0.438
d) 0.488 e) 0.899 f) 2.051

019 a) sin 65° 또는 cos 25° b) tan 25°
c) sin 25° 또는 cos 65° d) tan 65°

020 a) 0.800 b) 1.250 c) 0.333 d) 0.600

021 a)

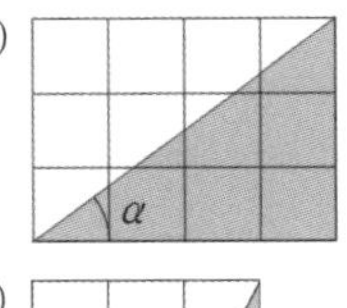

b) c) d)

022 a) 0.540 b) 0.840 c) 0.643

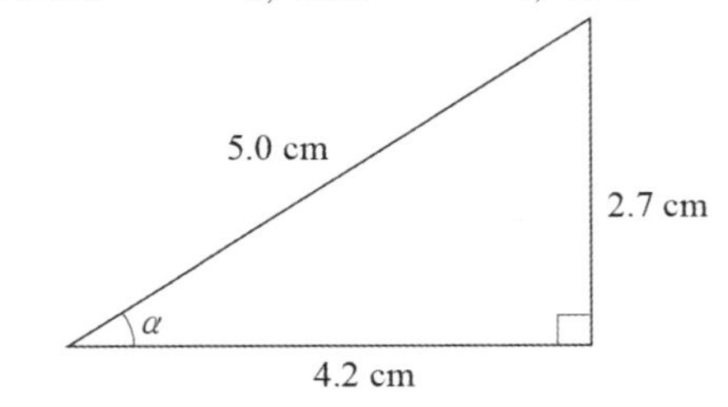

4 계산기와 표의 사용 15p

023 a) 0.500 b) 0.500 c) 1.000 d) 0.358 e) 0.035 f) 0.588

024 a) $\alpha \fallingdotseq 16°$ b) $\alpha \fallingdotseq 46°$ c) $\alpha \fallingdotseq 27°$ d) $\alpha \fallingdotseq 81°$ e) $\alpha \fallingdotseq 79°$ f) $\alpha \fallingdotseq 50°$

025 a) 0.194 b) 0.999 c) 0.988 d) 0.985 e) 0.231 f) 0.982

026 a) $\alpha = 45°$ b) $\alpha = 30°$ c) $\alpha = 60°$ d) $\alpha \fallingdotseq 60°$ e) $\alpha \fallingdotseq 80°$ f) $\alpha \fallingdotseq 25°$

027 a) $\frac{13}{20} = 0.65 \quad \therefore \alpha \fallingdotseq 33°$

b) $\frac{47}{50} = 0.94 \quad \therefore \alpha \fallingdotseq 20°$

c) $\frac{18}{25} \fallingdotseq 0.64 \quad \therefore \alpha \fallingdotseq 46°$

d) $\frac{9}{10} = 0.9 \quad \therefore \alpha \fallingdotseq 42°$

028

a) 1.8	b) 4.8	c) 4.9	d) 1.8	e) 2.3	f) 33	g) 14	h) 13
E	S	T	E	N	O	M	I

〈ESTENOMI〉

029 a) $\alpha \fallingdotseq 64°$ b) $\alpha \fallingdotseq 72°$ c) $\alpha \fallingdotseq 12°$ d) $\alpha \fallingdotseq 13°$ e) $\alpha \fallingdotseq 52°$ f) $\alpha \fallingdotseq 61°$

030 a) $\alpha \fallingdotseq 24°$ b) $\alpha \fallingdotseq 43°$ c) $\alpha \fallingdotseq 70°$ d) $\alpha \fallingdotseq 35°$ e) $\alpha \fallingdotseq 77°$ f) $\alpha \fallingdotseq 43°$

031 a) $<, <$ b) $>, >$ c) $<, <$ d) $=$

032 a) 값은 0.017에서 1.000으로 커진다.
b) 값은 1.000에서 0.017로 작아진다.
c) 값은 0.017에서 57.290으로 커진다.

033 a) α b) α c) α d) β

5 각의 크기 구하기 17p

034 a) $\sin\alpha = \frac{2.8}{11.2} = 0.25 \quad \therefore \alpha \fallingdotseq 14°$

b) $\tan\alpha = \frac{6.1}{4.3} \fallingdotseq 1.4 \quad \therefore \alpha \fallingdotseq 55°$

c) $\cos\alpha = \frac{1.8}{9.1} \fallingdotseq 0.20 \quad \therefore \alpha \fallingdotseq 79°$

d) $\tan\alpha = \frac{2.9}{15.7} \fallingdotseq 0.18 \quad \therefore \alpha \fallingdotseq 10°$

035 a) $\sin\alpha = \frac{1.7}{2.9} \fallingdotseq 0.59 \quad \therefore \alpha \fallingdotseq 36°$

b) $\sin\alpha = \frac{3.4}{3.8} \fallingdotseq 0.89 \quad \therefore \alpha \fallingdotseq 63°$

036 a) $\tan\alpha = \frac{23}{33} \fallingdotseq 0.67 \quad \therefore \alpha \fallingdotseq 35°$

b) $\tan\alpha = \frac{23}{33} \fallingdotseq 4.44 \quad \therefore \alpha \fallingdotseq 77°$

037 a) $\sin\alpha = \frac{4.6}{8.5} \fallingdotseq 0.54 \quad \therefore \alpha \fallingdotseq 33°$

b) $\cos\alpha = \frac{1.4}{3.2} \fallingdotseq 0.43 \quad \therefore \alpha \fallingdotseq 64°$

c) $\tan\alpha = \frac{7.8}{4.5} \fallingdotseq 1.7 \quad \therefore \alpha \fallingdotseq 60°$

d) $\sin\alpha = \frac{17.9}{19} \fallingdotseq 0.94 \quad \therefore \alpha \fallingdotseq 70°$

038 a) $\sin\alpha = \frac{1.65}{3.3} = 0.5 \quad \therefore \alpha = 30°$

b) $\tan\alpha = \frac{1.7}{5.1} \fallingdotseq 0.33 \quad \therefore \alpha \fallingdotseq 18°$

039 a) $\sin\alpha = \frac{56}{106} \fallingdotseq 0.52,\ \beta = 90° - \alpha$

$\therefore \alpha \fallingdotseq 32°,\ \beta \fallingdotseq 58°$

b) $\sin\alpha = \frac{19.8}{25.76} \fallingdotseq 0.77,\ \beta = 90° - \alpha$

$\therefore \alpha \fallingdotseq 50°,\ \beta \fallingdotseq 40°$

040 a) A4 종이 한 장의 가로 길이는 210 mm이고 세로 길이는 297 mm이므로 대각선과 가로 길이가 만드는 각의 크기를 α라고 하고, 대각선과 세로 길이가 만드는

각의 크기를 β라고 하면 $\tan\alpha = \dfrac{297}{210} \fallingdotseq 1.41 \fallingdotseq 55°$이고 $\alpha+\beta = 90°$이므로
$\alpha \fallingdotseq 55°$, $\beta \fallingdotseq 35°$이다.

b) B5 종이 한 장의 가로 길이는 176 mm이고 세로 길이는 250 mm이므로 대각선과 가로 길이가 만드는 각의 크기를 α라고 하고, 대각선과 세로 길이가 만드는 각의 크기를 β라고 하면 $\tan\alpha = \dfrac{250}{176} \fallingdotseq 1.42 \fallingdotseq 55°$이고 $\alpha+\beta = 90°$이므로
$\alpha \fallingdotseq 55°$, $\beta \fallingdotseq 35°$이다.

041 직각삼각형의 빗변과 긴 변이 만드는 각의 크기를 α로 놓고 짧은 변이 만드는 각의 크기를 β로 놓으면
$\tan\alpha = \dfrac{6}{7} \fallingdotseq 0.86 \fallingdotseq 41°$이고 $\alpha+\beta = 90°$이므로
$\alpha \fallingdotseq 41°$, $\beta \fallingdotseq 49°$이다.

042

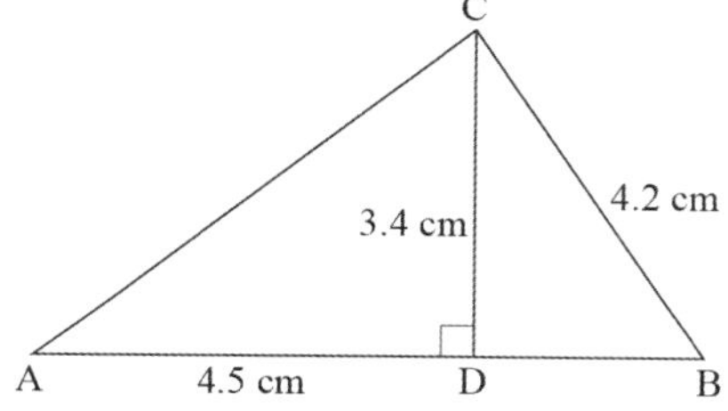

a) $\tan\angle ACD = \dfrac{4.5}{3.4} \fallingdotseq 1.32$, $\angle ACD \fallingdotseq 53°$

$\cos\angle BCD = \dfrac{3.4}{4.2} \fallingdotseq 0.81$, $\angle DCB \fallingdotseq 36°$

b) $\angle A = 90° - \angle ACD \quad \therefore \angle ACD \fallingdotseq 37°$
$\angle B = 90° - \angle BCD \quad \therefore \angle BCD \fallingdotseq 54°$
$\angle C = \angle ACD + \angle DCB \quad \therefore \angle C = 89°$

6 밑변의 길이와 높이 구하기 19p

043 a) $x = 54$
b) $x = 28$
c) $x = 50\sin 30° = 50 \times \dfrac{1}{2} = 25$
d) $x = 8.0\tan 20° = 8.0 \times 0.36 = 2.88 \fallingdotseq 2.9$

044 a) $x = 8.1\cos 35° \fallingdotseq 8.1 \times 0.82 = 6.6 \quad \therefore x \fallingdotseq 6.6$ cm
b) $y = 8.1\sin 35° \fallingdotseq 8.1 \times 0.57 = 4.6 \quad \therefore y \fallingdotseq 4.6$ cm

045 a) $x = 5.6\sin 50° \fallingdotseq 5.6 \times 0.77 = 4.3 \quad \therefore x \fallingdotseq 4.3$ cm
b) $y = 5.6\cos 50° \fallingdotseq 5.6 \times 0.64 = 3.6 \quad \therefore y \fallingdotseq 3.6$ cm

046 $x = 2.4\cos 25° \fallingdotseq 2.4 \times 0.9 = 2.2 \quad \therefore x \fallingdotseq 2.2$ cm

047 높이 $= 10\tan 17° = 10 \times 0.306 = 30.6$
그러므로 높이는 약 3.1 km이다.

048 a) 높이 $h = 3.5\sin 43° = 3.5 \times 0.68 = 2.38$
높이는 약 2.4 m이다.
b) 가로 길이 $x = 3.5\cos 43° = 3.5 \times 0.73 = 2.55$
가로 길이는 약 2.6 m이다.
c) 세로 길이 $d = 3 \times 2.4 = 7.2$
세로 길이는 약 7.2 m이다.

049 a) $\overline{AC} = 4.3\sin 52° = 4.3 \times 0.79 = 3.397$
그러므로 $\overline{AC} \fallingdotseq 3.4$ cm
b) $\overline{AC} = 4.3\cos 38° = 4.3 \times 0.79 = 3.397$
그러므로 $\overline{AC} \fallingdotseq 3.4$ cm

050 $\overline{BC} = 2.8\tan 24° \fallingdotseq 2.8 \times 0.445 = 1.246$
그러므로 $\overline{BC} \fallingdotseq 1.2$ m

051 $\dfrac{1.1}{\overline{AC}} = \tan 25°$
$\overline{AC} = \dfrac{1.1}{\tan 25°} = \dfrac{1.1}{0.466} = 2.36$
그러므로 $\overline{AC} \fallingdotseq 2.4$ cm

052 높이 $x = 4.2\sin 63° \fallingdotseq 3.5 \times 0.89 \fallingdotseq 3.74$
그러므로 높이는 약 3.7 m이다.

053 a) 가장 낮게 떠 있는 높이
$= 65\sin 60° = 65 \times 0.866 = 56.29$
약 5.6 m
b) 가장 높게 떠 있는 높이
$= 65\sin 70° = 65 \times 0.94 = 61.6$
약 61 m

7 빗변의 길이 구하기 21p

054 a) $x = 6$ b) $x = 8$
c) $x = 15$ d) $x \fallingdotseq 16.97 \fallingdotseq 17$

055 a) $x = \dfrac{4.0}{\cos 38°} \quad \therefore x \fallingdotseq 5.1$ cm
b) $x = \dfrac{13}{\sin 68°} \quad \therefore x \fallingdotseq 14$ cm

056 a) 2.0 cm b) 4.0 cm

057 $x = \dfrac{2.0}{\sin 16°} \fallingdotseq 7.3$ km

058 $\overline{AC} = \dfrac{52}{\cos 33°} \fallingdotseq 62$ m

059 a) $\dfrac{1.9}{\sin 55°} \fallingdotseq 2.3$ cm b) $\dfrac{1.9}{\cos 35°} = 2.3$ cm

060 빗변 $= \dfrac{2}{\sin 14°} \quad \therefore$ 빗변 $\fallingdotseq 8.3$
총 길이 $= 2 + 8.3 = 10.3$ m

061 a) $x=\dfrac{33}{\sin 35°}$ ∴ $x \fallingdotseq 58$ mm

$y=\dfrac{33}{\cos 35°}$ ∴ $y \fallingdotseq 47$ mm

b) $x=2\tan 60°$ ∴ $x \fallingdotseq 3.5$ cm

$y=\dfrac{2}{\cos 45°}$ ∴ $y \fallingdotseq 2.8$ cm

062

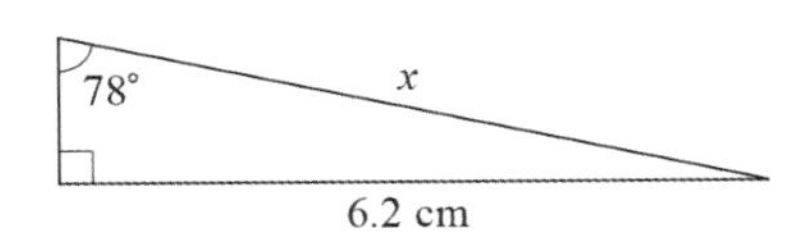

빗변의 길이 $=\dfrac{6.2}{\sin 78°}$

∴ 빗변의 길이는 약 6.3 cm이다.

063

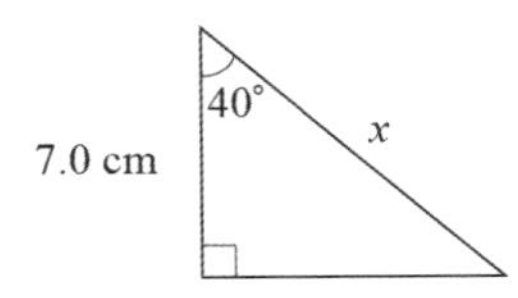

빗변의 길이 $=\dfrac{7}{\cos 40°}$

∴ 빗변의 길이는 약 9.1 cm이다.

8 삼각형 연습 23p

064 a) $a=2.5\times\cos 43° \fallingdotseq 1.8$ ∴ $a \fallingdotseq 1.8$ cm

b) $h=2.5\times\sin 43° \fallingdotseq 1.7$ ∴ $h \fallingdotseq 1.7$ cm

065 a) 넓이 $=\dfrac{1}{2}\times 2.5\cos 43°\times 2.5\sin 43° \fallingdotseq 1.56$

그러므로 넓이는 약 1.6 cm^2이다.

b) 넓이 $\fallingdotseq \dfrac{1}{2}\times 1.5\times 1.5\times \tan 42°$ ∴ 넓이는 약 1.0 m^2

066 a) $\overline{BC}=6.2\tan 28° \fallingdotseq 3.3$ ∴ $\overline{BC} \fallingdotseq 3.3$ cm

b) $\overline{AB}=\dfrac{6.2}{\cos 28°}$ ∴ $\overline{AB} \fallingdotseq 7.0$ cm

c) 넓이 $\fallingdotseq \dfrac{1}{2}\times 6.2\times 3.3$ ∴ 넓이는 약 10 cm^2

067 a) $\overline{AC}=\dfrac{12}{\tan 56°}$ ∴ $\overline{AC} \fallingdotseq 8.1$ m

b) $\overline{AB}=\dfrac{12}{\sin 56°}$ ∴ $\overline{AB} \fallingdotseq 14$ m

c) 넓이 $\fallingdotseq \dfrac{1}{2}\times 8.1\times 12$ ∴ 넓이는 약 49 m^2

068 a) 넓이 $\fallingdotseq \dfrac{1}{2}\times 5.6\times 9.0$ ∴ 넓이는 약 25 cm^2

b) 넓이 $\fallingdotseq \dfrac{1}{2}\times 10.6\times 12$ ∴ 넓이는 약 63.6 cm^2

069 a) $\cos A=\dfrac{6.5}{8.4}=0.77$, $\angle A \fallingdotseq 39°$

b) $\angle B \fallingdotseq 51°$

c) $\overline{BC}=8.4\cos 51° \fallingdotseq 5.3$ ∴ $\overline{BC} \fallingdotseq 5.3$ cm

d) 넓이 $\fallingdotseq \dfrac{1}{2}\times 6.5\times 5.3$ ∴ 넓이는 약 17 cm^2

070 a) $\tan A=\dfrac{3.9}{2.0}=1.95$, $\angle A \fallingdotseq 63°$

b) $\angle B \fallingdotseq 27°$

c) $\overline{AB}=\dfrac{3.9}{\sin 63°}$ ∴ $\overline{AB} \fallingdotseq 4.4$ cm

d) 넓이 $\fallingdotseq \dfrac{1}{2}\times 3.9\times 2.0$ ∴ 넓이는 3.9 cm^2

071 a) 열기구와 관측지점 A 사이의 거리 $=\dfrac{450}{\sin 40°}$

∴ 거리는 약 700 m

b) 열기구와 관측지점 B 사이의 거리 $=\dfrac{450}{\sin 30°}$

∴ 거리는 900 m

c) $\dfrac{450}{\tan 40°}+\dfrac{450}{\tan 30°} \fallingdotseq 536+780=1\,316$

그러므로 $\overline{AB} \fallingdotseq 1\,300$ m이다.

9 피타고라스의 정리 25p

072 a) 69 b) 10.8 c) 3.0 d) 1000

073 a) $x=10$ b) $x=13$

074 a) $x=15$ b) $x=32$

075 a) 50 cm b) 7.7 cm c) 9.7 cm d) 4.0 cm

076

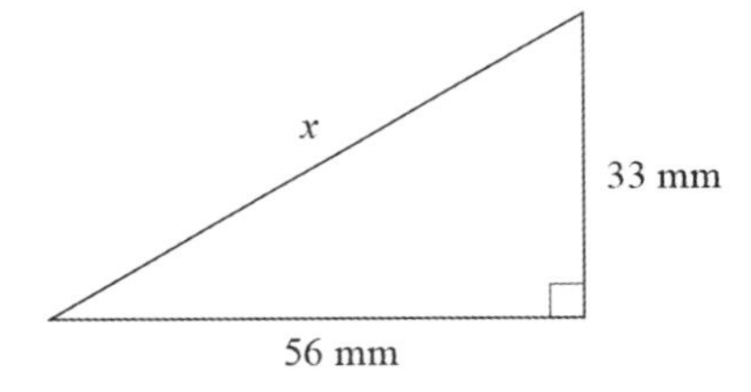

$x^2=56^2+32^2$, $x=65$(mm)

077 a) $x=\sqrt{8.4^2-6.9^2} \fallingdotseq 4.8$(cm)

b) $x=8.4\cdot\cos 55° \fallingdotseq 4.8$(cm)

078 a) 삼각형의 높이를 h, 넓이를 A라고 하면

$x^2+0.9^2=4.1^2$, $x=4.0$

$A=0.9\text{ m}\cdot 4.0\text{ m}=3.6\text{ m}^2$

b) $x^2+120^2=350^2$, $x=\sqrt{108\,100}=328.78 \fallingdotseq 329$

$A=120\text{ mm}\cdot\sqrt{108\,100}\text{ mm} \fallingdotseq 39500\text{ mm}^2$

079 a) $x^2=1.0^2+1.0^2$, $x \fallingdotseq 1.4$(cm)

b) $x^2=7.1^2+7.1^2$, $x=10$(cm)

080 a) 삼각형의 넓이를 A라고 하면

$h=\sqrt{3.0^2-1.5^2}\text{ cm}\fallingdotseq 2.6\text{ cm}$

$\text{A}=\dfrac{3.0\text{ cm}\cdot\sqrt{3.0^2-1.5^2}\text{ cm}}{2}\fallingdotseq 3.9\text{ cm}^2$

b) $h=3.0\text{ cm}\cdot\sin 60°\fallingdotseq 2.6\text{ cm}$

$\text{A}=\dfrac{3.0\text{ cm}\cdot\sin 60°\cdot 3.0\text{ cm}}{2}\fallingdotseq 3.9\text{ cm}^2$

081 a) 삼각형의 넓이를 A라고 하면

$a=2\cdot\sqrt{19.4^2-14.4^2}\text{ cm}=26\text{ cm}$

$\text{A}=\dfrac{26.0\text{ cm}\cdot 14.4\text{ cm}}{2}\fallingdotseq 187\text{ cm}^2$

b) $a=2\cdot 14.4\text{ cm}\cdot\tan 42°\fallingdotseq 26.0\text{ cm}$

$\text{A}=\dfrac{2\cdot 14.4\text{ cm}\cdot\tan 42°\cdot 14.4\text{ cm}}{2}\fallingdotseq 187\text{ cm}^2$

10 직각삼각형의 활용 27p

082 평행사변형의 넓이를 A라고 하면

$h=3\sin 61°\fallingdotseq 2.6$, $\text{A}=2.6\text{ cm}\times 6.0\text{ cm}=15.6\text{ cm}^2$

그러므로 넓이는 약 16 cm^2

083 평행사변형의 넓이를 A라고 하면

$h=3.9\sin 45°\fallingdotseq 2.77$

$\text{A}=\dfrac{1}{2}\times 2.77\text{ cm}\times 4.2\text{ cm}=5.81\text{ cm}^2$

그러므로 넓이는 약 5.8 cm^2

084 a) $h=\sqrt{5.8^2-4.0^2}\text{ cm}=4.2\text{ cm}$

b) $\sin\alpha=\dfrac{4.2}{5.8}=0.69\quad\therefore\ \alpha\fallingdotseq 46°$

c) $\beta=180°-2\times 46°=180°-92°=88°$

085 a) $\tan\alpha=\dfrac{2.3}{11.5}\quad\therefore\ \alpha\fallingdotseq 11°$

b) $\sqrt{2.3^2+11.5^2}\fallingdotseq 11.7$

∴ 깃대의 전체 높이 $=2.3+11.7=12\text{ m}$

086

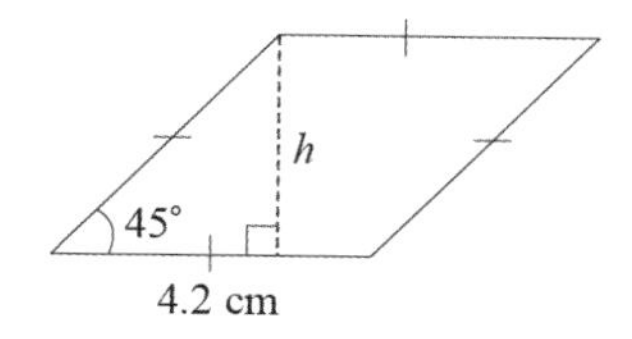

a) $h=4.2\text{ cm}\cdot\sin 45°\fallingdotseq 3.0\text{ cm}$

b) 넓이 $\text{A}=4.2\text{ cm}\cdot\sin 45°\cdot 4.2\text{ cm}\fallingdotseq 12\text{ cm}^2$

087 a) $\overline{\text{CD}}=274\times\cos 22°\fallingdotseq 254\text{ cm}$

b) $\overline{\text{AB}}=2\times 274\times\sin 22°\fallingdotseq 206\text{ cm}$

088

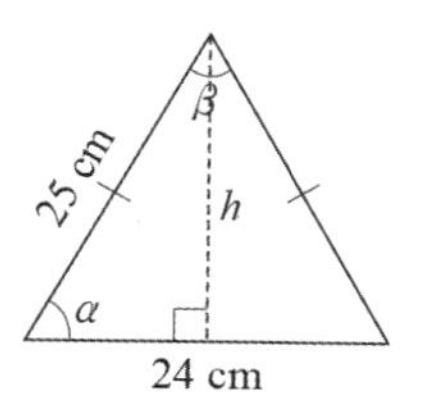

a) $h=\sqrt{25^2-12^2}\text{ cm}\fallingdotseq 22\text{ cm}$

b) 밑각을 α라고 하고 꼭지각을 β라고 하면

$\cos\alpha=\dfrac{12}{25}=0.48\quad\therefore\ \alpha\fallingdotseq 61°,\ \beta\fallingdotseq 58°$

c) 넓이 $\text{A}=\dfrac{24\text{ cm}\cdot\sqrt{25^2-12^2}\text{ cm}}{2}\fallingdotseq 260\text{ cm}^2$

089 a) $\dfrac{180\text{ m}}{655\text{ m}}\fallingdotseq 0.27\quad\therefore\ 27\%$

b) $\sin\alpha=\dfrac{180}{655}\quad\therefore\ \alpha\fallingdotseq 16°$

c) $80\text{ m}\times 0.52\fallingdotseq 42\text{ m}$

090 구하려는 각도를 2α라고 하면 $\sin\alpha=\dfrac{1\,738}{376\,300}$,

계산기를 이용하여 각을 구하면 $\alpha\fallingdotseq 0.264°$이다. 그러므로 지구에서 달을 바라볼 때 생기는 각은 $2\alpha\fallingdotseq 0.53°$이다.

11 복습 29p

091 a) 직각삼각형 ABC와 DEF는 두 각의 크기가 65°와 90°로 같으므로 닮은 삼각형이다.

b)

삼각형	ABC	DEF
각 65°와 마주 보는 변	6.6 cm	10.6 cm
각 65°와 이웃한 변	3.1 cm	5.0 cm
빗변	7.3 cm	11.7 cm

092 a) $\sin\alpha=0.600$, $\cos\alpha=0.800$, $\tan\alpha=0.750$

b) $\sin\alpha\fallingdotseq 0.508$, $\cos\alpha\fallingdotseq 0.862$, $\tan\alpha\fallingdotseq 0.589$

093 계산기를 이용하여 구하면

a) $\alpha\fallingdotseq 39°$　b) $\alpha\fallingdotseq 45°$

c) $\alpha\fallingdotseq 34°$　d) $\alpha\fallingdotseq 42°$

094 a) $x\fallingdotseq 4.0$　b) $x\fallingdotseq 6.8$

c) $x\fallingdotseq 6.5$　d) $x\fallingdotseq 28$

095 a) $\alpha\fallingdotseq 58°$　b) $\alpha\fallingdotseq 54°$

096 a) $\alpha=30°$, $\beta=60°$　b) $\alpha=45°$, $\beta=45°$

097 a) $x\fallingdotseq 10\text{ cm}$　b) $y\fallingdotseq 9.0\text{ cm}$

098 a) $x\fallingdotseq 14\text{ m}$　b) $y\fallingdotseq 9.5\text{ cm}$

099 a) $a = 14\text{ cm} \cdot \cos 32° ≒ 12\text{ cm}$
b) $h = 14\text{ cm} \cdot \sin 32° ≒ 7.4\text{ cm}$
c) 넓이 $A = \dfrac{14\text{ cm} \cdot \cos 32° \cdot 14\text{ cm} \cdot \sin 32°}{2} ≒ 44\text{ cm}^2$

100 a) $x = 3.0\text{ cm}$　　b) $x = 14\text{ cm}$

101 a) 직각삼각형 ABC와 ACD는 두 각의 크기가 각 α와 90°로 같으므로 닮은 삼각형이다.

b)

삼각형	ABC	ACD
각 α와 마주 보는 변	3.3 m	2.8 m
각 α와 이웃한 변	5.6 m	4.8 m
빗변	6.5 m	5.6 m

102 a)

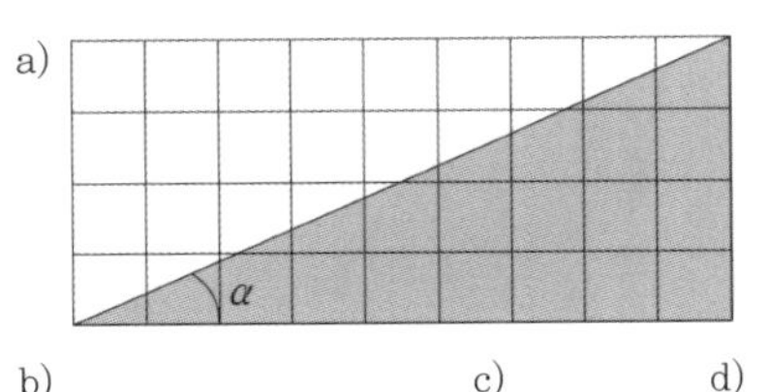

b)　　c)　　d)

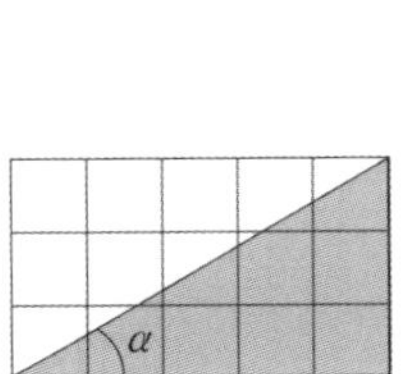

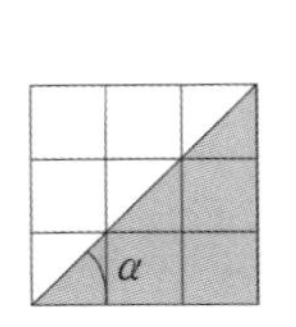

103 a) $\sqrt{5.2^2 - 2^2} = 4.8$　　$\therefore$ 4.8 cm
b) 밑각을 α라고 하면 $\cos\alpha = \dfrac{2}{5.2}$이므로 $\alpha ≒ 23°$이고 나머지 각은 약 67°이다.

104

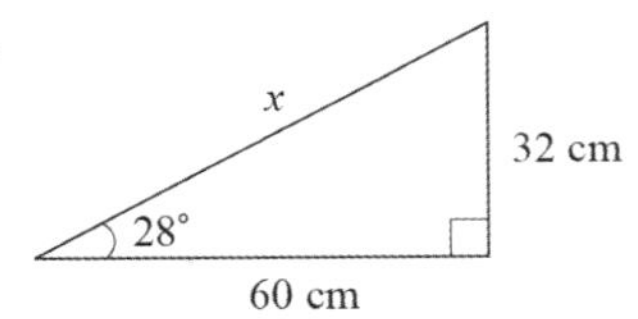

a) $\sqrt{32^2 + 60^2} = 68$　　$\therefore x = 68\text{ cm}$
b) $x = \dfrac{32}{\sin 28°} ≒ 68$　　$\therefore x ≒ 68\text{ cm}$

105

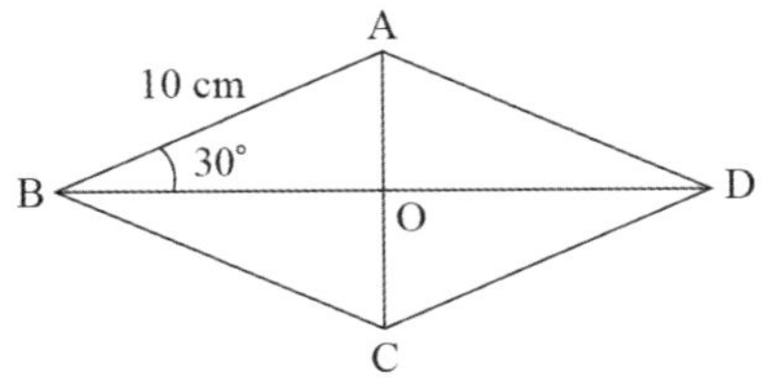

△AOB≡△AOD≡△BOC≡△DOC이므로 마름모의 넓이는 △AOB의 네 배이다.
그림에서 ∠ABO=30°이다.
△AOB의 넓이는 $\dfrac{1}{2} \times 10\cos 30° \times 10\sin 30°$이므로 약 21.7 cm^2이다.
$\therefore$ 마름모의 넓이는 약 87 cm^2이다.

106 나무의 높이는 $8.5 \cdot \tan 40° + 8.5 \cdot \tan 30°$이므로 약 12 m

107

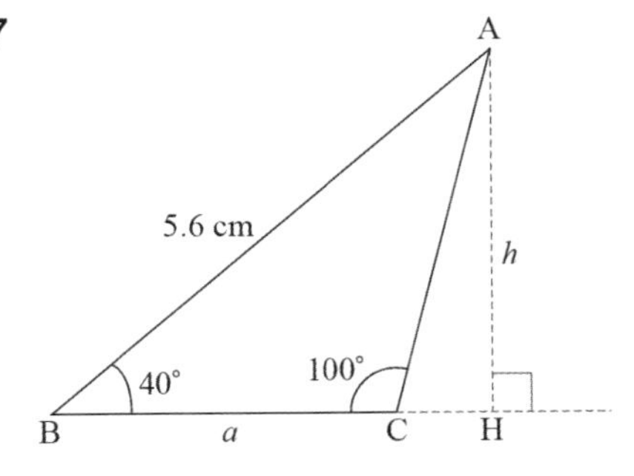

a) $h = 5.6\sin 40°$　　$\therefore h ≒ 3.6\text{ cm}$
b) 꼭지점 A에서 선분 BC의 연장선 위에 내린 수선의 발을 H라고 하자.
그림에서 빗변은 5.6 cm, ∠C=80°이다.
$a = \overline{BH} - \overline{CH}$이고
$\overline{BH} = 5.6\cos 40°$, $\overline{CH} = \dfrac{h}{\tan 80°} ≒ \dfrac{3.6}{\tan 80°}$이므로
a는 약 3.7 cm
c) △ABC의 넓이를 S라고 하면
$S = \dfrac{1}{2}ah ≒ \dfrac{1}{2} \times 3.7 \times 3.6$
$\therefore$ 넓이는 약 6.6 cm^2이다.

108 a) $\overline{AC} ≒ 5.2\text{ cm}$　　b) $\angle BAC = 30°$
c) 넓이 $A ≒ 7.8\text{ cm}^2$

109 구하는 각도를 2α로 놓으면
$\sin\alpha = \dfrac{6\,370}{40\,000 + 6\,370}$이므로
$\alpha ≒ 7.89°$, 약 8°이므로
우주선에서 지구를 바라볼 때 생기는 각의 크기는 $2\alpha = 16°$이다.

12 입체도형 31p

110 a) A, G　　b) E　　c) A, F, G
d) A, B, F, G　　e) B　　f) D, E
g) D

111 a) 원기둥　　b) 원뿔　　c) 직육면체
d) 삼각뿔　　e) 삼각기둥　　f) 기둥

112 a) 면 6개, 꼭짓점 8개, 모서리 12개
b) 면 7개, 꼭짓점 10개, 모서리 15개

113 a) 원기둥
b) 정육면체 또는 직육면체
c) 사각뿔 또는 정팔면체
d) 직육면체
e) 원뿔
f) 삼각기둥

114 a) b) c)

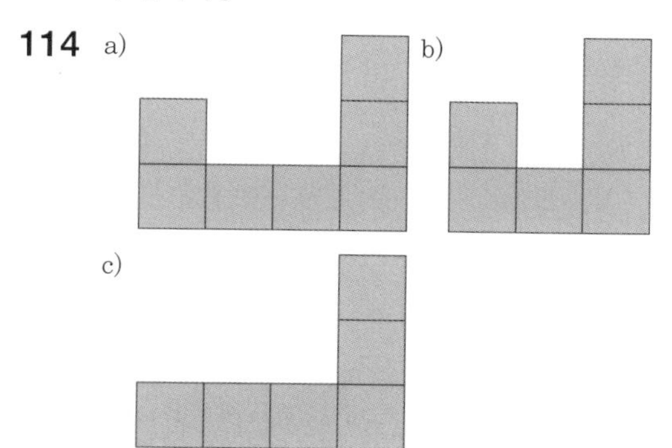

115 a) b)

116 a) 도형은 6개의 작은 정육면체로 만들어진다. 정육면체들은 아래층에 4개, 위층에 2개가 있다.

b) 도형은 9개의 작은 정육면체로 만들어진다. 작은 정육면체들은 아래층에 6개, 중간층에 2개와 가장 위층에 1개가 있다.

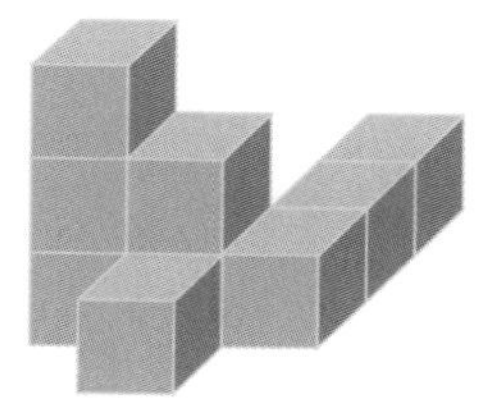

13 입체도형 그리기 33p

117

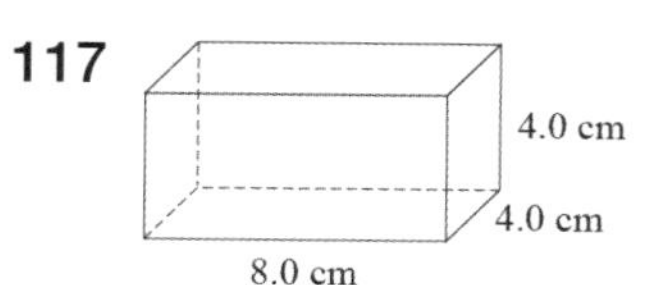

118

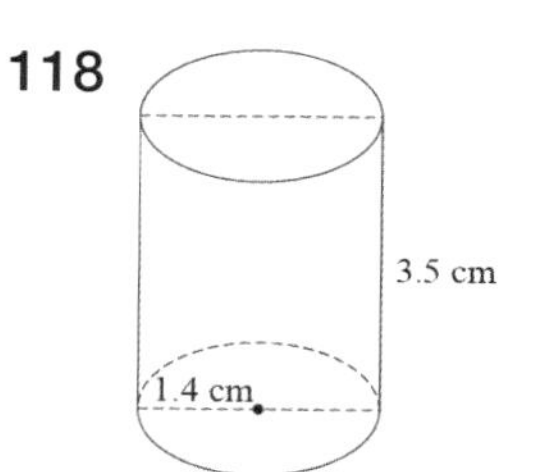

119

4.9 cm
2.1 cm

120

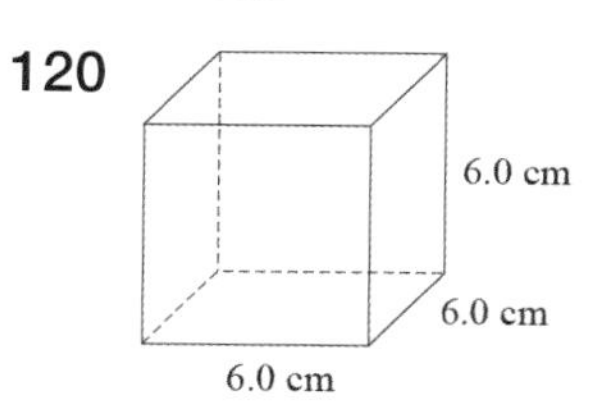

121

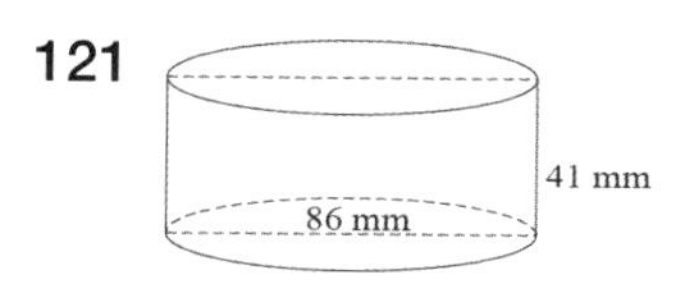

122

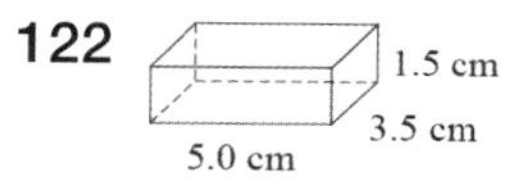

123

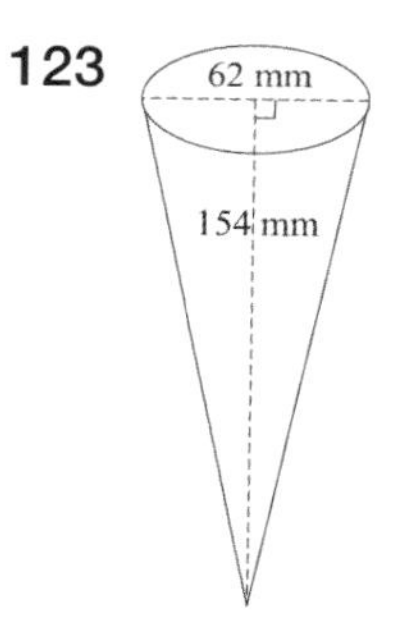

124 축척 1 : 100에서 가로는 7 ㎝, 세로는 5 ㎝, 높이 4 ㎝이다.

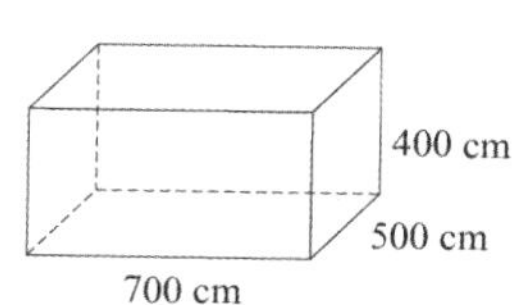

125 축척 1 : 8에서 밑면의 지름과 높이는 각각 5 ㎝이다.

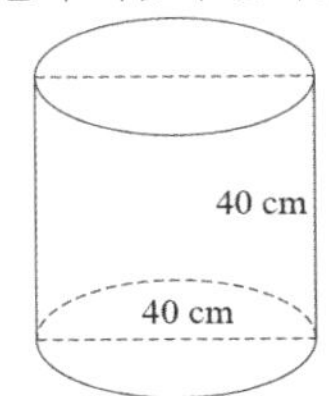

126

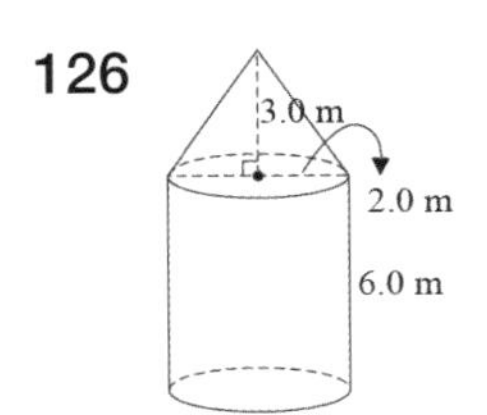

127

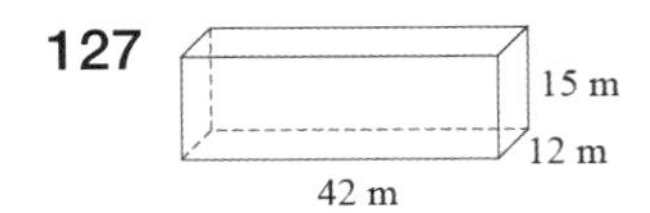

128

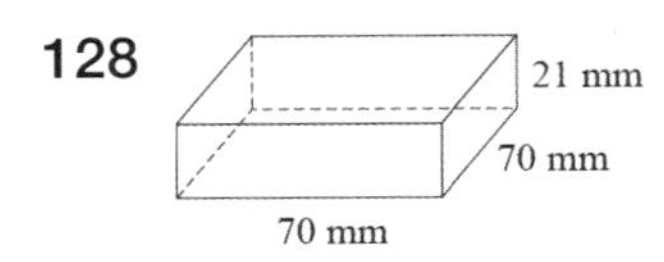

129

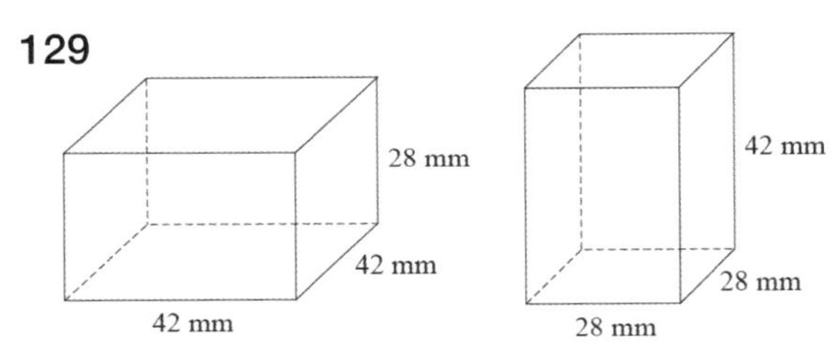

14 넓이와 부피의 단위 35p

130 a) 26 ㎠ b) $20\,000 \text{ ㎠}$ c) 600 ㎠
d) $5\,800 \text{ ㎠}$ e) 0.49 ㎠ f) $25\,000 \text{ ㎠}$

131 a) $4\,000 \text{ dm}^3$ b) 0.8 dm^3 c) 0.01 dm^3
d) 6 dm^3 e) 2 dm^3 f) 1.7 dm^3

132 a) 1.5 L b) 8 L c) 300 L
d) 1 000 L e) 3 L f) 30 L

133

ha	a	m^2	dm^2	cm^2
0.025	2.5	250	25 000	2 500 000
0.0003	0.03	3	300	30 000
0.00006	0.006	0.6	60	6 000
0.35	35	3 500	350 000	35 000 000

134

m^3	dm^3	cm^3	mm^3
0.014	14	14 000	14 000 000
0.76	760	760 000	760 000 000
0.003	3	3 000	3 000 000
0.0005	0.5	500	500 000

135 $0.00003 \text{ m}^3 = 3 \text{ cL} < 0.3 \text{ dm}^3 < 3\,000 \text{ mL} < 300 \text{ dL} < 300\,000 \text{ ㎤}$

136 a) $A = 2\,500 \text{ ㎠} = 0.25 \text{ m}^2$
b) $A = 1\,200 \text{ ㎠} = 0.12 \text{ m}^2$

137 a) $1.7 \text{ dm} \times 2.3 \text{ dm} = 3.91 \text{ dm}^2$
b) $(0.6 \text{ dm})^2\pi = 0.36\pi \text{ dm}^2 = 1.1 \text{ dm}^2$

138 a) $A = 20\,160 \text{ m}^2 \fallingdotseq 2.02 \text{ ha}$
b) $A = 12\,960 \text{ m}^2 \fallingdotseq 1.3 \text{ ha}$

139 a) $64.8 \times 3.6 = 233.28$ $\therefore$ 233.28 €
b) $64.8 \text{ m}^3 = 64\,800 \text{ L}$이므로 $\frac{64\,800}{22} \fallingdotseq 2\,945$분이 걸린다. 하루를 분으로 환산하면 1 440분이므로 약 2일 1시간 5분이 걸린다.

15 직육면체의 부피와 겉넓이 37p

140 a)

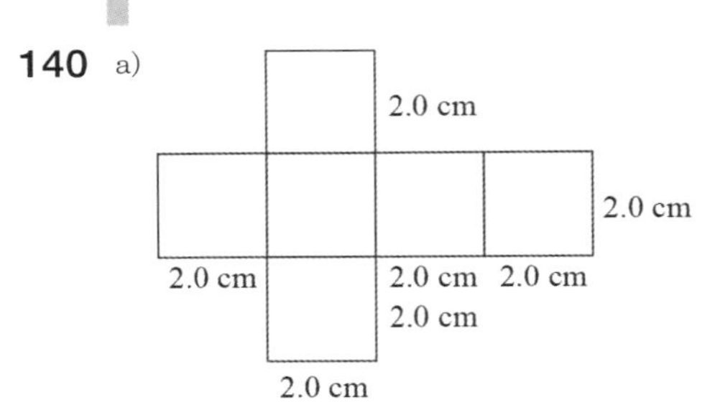

b)

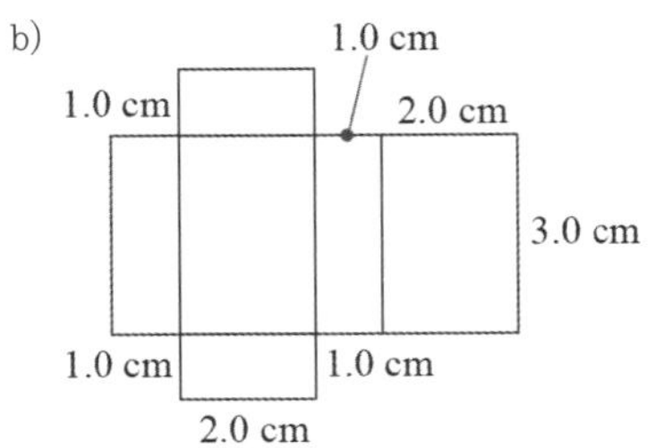

141 a) $V = 8.0 \text{ ㎤}$, $A = 24 \text{ ㎠}$
b) $V = 2\,200 \text{ ㎤}$, $A = 1\,010 \text{ ㎠}$

142 a) $V = 5.0 \text{ ㎝} \times 3.0 \text{ ㎝} \times 2.0 \text{ ㎝} = 30 \text{ ㎤}$
$A = 2(5.0 \text{ ㎝} \times 3.0 \text{ ㎝} + 5.0 \text{ ㎝} \times 2.0 \text{ ㎝} + 3.0 \text{ ㎝} \times 2.0 \text{ ㎝}) = 62 \text{ ㎠}$
b) $V = 2.0 \text{ ㎝} \times 4.0 \text{ ㎝} \times 7.0 \text{ ㎝} = 56 \text{ ㎤}$
$A = 2(2.0 \text{ ㎝} \times 4.0 \text{ ㎝} + 2.0 \text{ ㎝} \times 7.0 \text{ ㎝} + 4.0 \text{ ㎝} \times 7.0 \text{ ㎝}) = 100 \text{ ㎠}$

143 $4.1\ \text{dm} \cdot 2.5\ \text{dm} \cdot 2.6\ \text{dm} \fallingdotseq 27\ \text{dm}^3 = 27\ \text{L}$

144 $2(5.0\ \text{m} \cdot 2.4\ \text{m} + 4.0\ \text{m} \cdot 2.4\ \text{m}) - 4.7\ \text{m}^2 = 38.5\ \text{m}^2$,

$\dfrac{2 \cdot 38.5\ \text{m}^2}{7\ \text{m}^2/\text{L}} = 11\ \text{L}$이므로

11 L의 페인트를 준비해야 한다.

145 a) $\text{V} = 210\,375\ \text{cm}^3 \fallingdotseq 210\ \text{dm}^3 = 210\ \text{L}$

b) $\dfrac{\text{V}}{\text{A}_\text{P}} = \dfrac{180\,000\ \text{cm}^3}{85\ \text{cm} \cdot 45\ \text{cm}} \fallingdotseq 47\ \text{cm}$이므로

수면의 높이는 47 cm이다.

146 $125\ \text{dm} \cdot 80\ \text{dm} \cdot 0.050\ \text{dm} = 500\ \text{dm}^3$이므로 잔디밭에 내린 비의 양은 500 L이다.

147 a) $\text{V} = 22\ \text{cm} \times 13\ \text{cm} \times 4\ \text{cm} = 1\,144\ \text{cm}^3$

b) $2 \cdot (4.0\ \text{cm} \cdot 13\ \text{cm} + 4.0\ \text{cm} \cdot 22\ \text{cm})$

$+ 13\ \text{cm} \cdot 22\ \text{cm} = 566\ \text{cm}^2$이므로

겉넓이는 약 $570\ \text{cm}^2$이다.

16 기둥의 부피 39p

148 a) $78\ \text{cm}^2 \cdot 5.0\ \text{cm} = 390\ \text{cm}^3$

b) $1.00\ \text{dm}^2 \cdot 1.50\ \text{dm} = 1.50\ \text{dm}^3$

c) $4.5\ \text{cm}^2 \cdot 15\ \text{cm} = 67.5\ \text{cm}^3 \fallingdotseq 68\ \text{cm}^3$

d) $12\ \text{cm}^2 \cdot 7.2\ \text{cm} = 86.4\ \text{cm}^3 \fallingdotseq 86\ \text{cm}^3$

149 a) $\pi(4.5\ \text{cm})^2 \cdot 5.0\ \text{cm} = 318.08\ \text{cm}^3 \fallingdotseq 320\ \text{cm}^3$

b) $\pi(6.0\ \text{cm})^2 \cdot 4.0\ \text{cm} = 452.38 \fallingdotseq 450\ \text{cm}^3$

150 a)

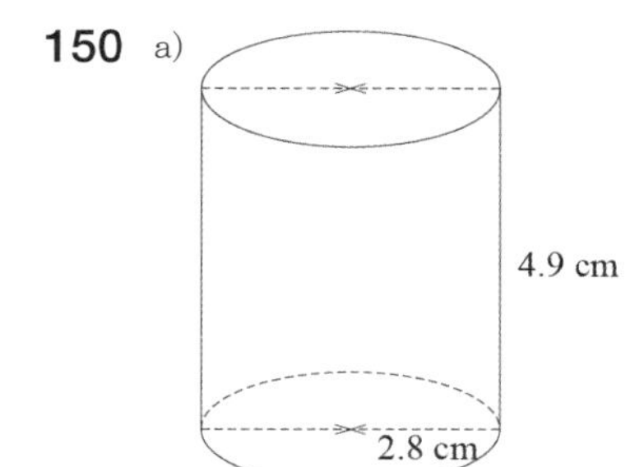

b) $\pi(2.8\ \text{cm})^2 \cdot 4.9\ \text{cm} = 120.68\ \text{cm}^3 \fallingdotseq 120\ \text{cm}^3$

151 $28.5\ \text{m}^2 \cdot 150\ \text{m} = 4\,275\ \text{m}^3 \fallingdotseq 4\,280\ \text{m}^3$

152 a) $\text{Ap} = \dfrac{1}{2} \cdot 10.0\ \text{cm} \cdot 10.0\ \text{cm} = 50.0\ \text{cm}^2$

b) $\text{V} = 50.0\ \text{cm}^2 \cdot 10.0\ \text{cm} = 500\ \text{cm}^3$

153 a) 팔각기둥

$\text{V} = 19\ \text{cm}^2 \cdot 2.0\ \text{cm} = 38\ \text{cm}^3$

b) 삼각기둥

$\text{V} = \dfrac{1}{2} \cdot 3.0\ \text{cm} \cdot 4.0\ \text{cm} \cdot 6.0\ \text{cm} = 36\ \text{cm}^3$

154 $\text{V} = \pi \cdot (\dfrac{0.19\ \text{dm}}{2})^2 \cdot 250\ \text{dm} \fallingdotseq 7.1\ \text{dm}^3$

155 $\text{V} = \pi \cdot (4.0\ \text{cm})^2 \cdot 3.0\ \text{cm} \fallingdotseq 150\ \text{cm}^3$

156 $h = \dfrac{1\,000\ \text{cm}^3}{\pi \cdot (9.0\ \text{cm})^2} \fallingdotseq 3.9\ \text{cm}$

17 뿔의 부피 41p

157 a) $\text{V} = \dfrac{65\ \text{cm}^3 \cdot 9.1\ \text{cm}}{3} \fallingdotseq 200\ \text{cm}^3$

b) $\text{V} = \dfrac{13\ \text{cm}^2 \cdot 5.0\ \text{cm}}{3} \fallingdotseq 22\ \text{cm}^3$

c) $\text{V} = \dfrac{36\ \text{cm}^2 \cdot 4.0\ \text{cm}}{3} = 48\ \text{cm}^3$

d) $\text{V} = \dfrac{14\ \text{cm}^2 \cdot 4.3\ \text{cm}}{3} \fallingdotseq 20\ \text{cm}^3$

158 a) $\text{V} = \dfrac{6.0\ \text{cm} \cdot 4.0\ \text{cm} \cdot 6.0\ \text{cm}}{3} = 48\ \text{cm}^3$

b) $\text{V} = \dfrac{5.0\ \text{cm} \cdot 4.5\ \text{cm} \cdot 5.5\ \text{cm}}{3} \fallingdotseq 41\ \text{cm}^3$

159 a) $\text{V} = \dfrac{3.2\ \text{cm} \cdot 2.6\ \text{cm} \cdot 0.5 \cdot 3.8\ \text{cm}}{3} \fallingdotseq 5.3\ \text{cm}^3$

b) $\text{V} = \dfrac{6.3\ \text{cm} \cdot 3.0\ \text{cm} \cdot 0.5 \cdot 7.4\ \text{cm}}{3} \fallingdotseq 23\ \text{cm}^3$

160 a)

35 mm

14 mm

b) $\text{V} = \dfrac{\pi \cdot (14\ \text{mm})^2 \cdot 35\ \text{mm}}{3} \fallingdotseq 7\,200\ \text{mm}^3$

161 a) $h = \sqrt{106^2 - 56^2}\ \text{cm} = 90\ \text{cm}$

$\text{V} = \dfrac{\pi \cdot (56\ \text{cm})^2 \cdot 90\ \text{cm}}{3} \fallingdotseq 300\,000\ \text{cm}^3 = 300\ \text{dm}^3$

b) $h = \sqrt{7.4^2 - 2.4^2}\ \text{cm} \fallingdotseq 7.0\ \text{cm}$

$\text{V} = \dfrac{\pi \cdot (2.4\ \text{cm})^2 \cdot 7.0\ \text{cm}}{3} \fallingdotseq 42\ \text{cm}^3$

162 $\text{V} = \dfrac{\pi \cdot (0.325\ \text{dm})^2 \cdot 1.5\ \text{dm}}{3} \fallingdotseq 0.17\ \text{dm}^3$

$= 0.17\ \text{L} = 1.7\ \text{dL}$

163 a) $\text{V} = \dfrac{(1.0\ \text{dm})^2 \cdot 1.0\ \text{dm}}{3} = 0.333\cdots\ \text{dm}^3 \fallingdotseq 0.33\ \text{dm}^3$

b) 3배

164 $\dfrac{1.2\ \text{dm}^3}{\left(\dfrac{\pi \cdot (0.35\ \text{dm})^2 \cdot 1.3\ \text{dm}}{3}\right)} \fallingdotseq 7$

165 a) $A_P = \dfrac{3V}{h} = \dfrac{3 \cdot 1\,500\ \text{cm}^3}{20\ \text{cm}} = 225\ \text{cm}^2 \fallingdotseq 230\ \text{cm}^2$

b) $r = \sqrt{\dfrac{A_P}{\pi}} = \sqrt{\dfrac{225\ \text{cm}^2}{\pi}} \fallingdotseq 8.5\ \text{cm}$

18 부피 43p

166 오트밀 상자의 부피$= 1.43\ \text{dm} \cdot 0.71\ \text{dm} \cdot 1.85\ \text{dm}$

$\fallingdotseq 1.88\ \text{dm}^3$

원기둥의 부피$= \pi(1.20\ \text{dm})^2 \cdot 1.75\ \text{dm} = 1.98\ \text{dm}^3$

원기둥의 부피가 더 크기 때문에 모두 들어간다.

167 a) $V = \pi(3.0\ \text{cm})^2 \cdot 12.0\ \text{cm} = 339.29\ \text{cm}^3 \fallingdotseq 340\ \text{cm}^3$

b) 원뿔의 부피$= \dfrac{\pi(6.0\ \text{cm})^2 \cdot 9\ \text{cm}}{3}$

$= 339.29\ \text{cm}^3 \fallingdotseq 340\ \text{cm}^3$

부피가 같으므로 가능하다.

168 a) $V = \pi \cdot 5^2\ \text{cm}^2 \cdot 10\ \text{cm} \fallingdotseq 790\ \text{cm}^3$

b) $1\,000\ \text{cm}^3 - 790\ \text{cm}^3 = 210\ \text{cm}^3$

c) $\dfrac{210}{1\,000} = 0.21$ $\quad\therefore$ 약 21%

169 $\pi \cdot (4.15\ \text{cm})^2 \cdot 8.0\ \text{cm} - \pi \cdot (3.15\ \text{cm})^2 \cdot 6.2\ \text{cm}$

$= 239.5\cdots\ \text{cm}^3 \fallingdotseq 240\ \text{cm}^3$

170 가방의 부피는 $93\,296\ \text{cm}^3$이고

당첨금의 부피는 $101\,253.6\ \text{cm}^3$이므로 지폐를 가방에 모두 넣을 수 없다.

171 정사각뿔의 부피

$V_P = \dfrac{4 \cdot 0.5 \cdot 6.0\ \text{cm} \cdot 6.0\ \text{cm} \cdot 6.0\ \text{cm}}{3}$

기둥의 부피

$V_L = \pi \cdot (6.0\ \text{cm})^2 \cdot 6.0\ \text{cm}$

$\dfrac{V_P}{V_L} \fallingdotseq 0.21$이므로 정사각뿔의 부피는 기둥 부피의 약 21%이다.

172 a) $V = \pi \cdot (13.5\ \text{cm})^2 \cdot 39\ \text{cm}$

$= 22\,329.6\cdots\ \text{cm}^3 \fallingdotseq 22\ \text{L}$

b) $\dfrac{\pi \cdot (13.5\ \text{cm})^2 \cdot 39\ \text{cm}}{70\ \text{cm} \cdot 50\ \text{cm}} \fallingdotseq 6.4\ \text{cm}$

c) $\dfrac{70\ \text{cm} \cdot 50\ \text{cm} \cdot 50\ \text{cm}}{\pi \cdot (13.5\ \text{cm})^2 \cdot 39\ \text{cm}} = 7.837\cdots$, 8번

173 $\dfrac{22\ \text{cm} \cdot 70\ \text{cm} \cdot 50\ \text{cm}}{50\ \text{cm} \cdot 50\ \text{cm}} = 30.8\ \text{cm} \fallingdotseq 31\ \text{cm}$

19 기둥의 겉넓이 45p

174 a) $63\ \text{cm}^2$ b) $13\ \text{cm}^2$

c) $88\ \text{cm}^2$, 원기둥이 그림과 같으므로 윗면의 넓이, 밑변의 넓이, 옆면의 넓이의 총합은 약 $88\ \text{cm}^2$이다.

175

28 mm

14 mm

원기둥이 그림과 같으므로 윗면의 넓이, 밑변의 넓이, 옆면의 넓이의 총합은 약 $7\,400\ \text{mm}^2$이다.

$\pi \cdot 2 \cdot 28\ \text{mm} \cdot 14\ \text{mm} + 2 \cdot \pi(28\ \text{mm})^2$

$= 7389.025\ \text{mm}^2 \fallingdotseq 7400\ \text{mm}^2$

176 a) ① $4.2\ \text{cm} \cdot 4.2\ \text{cm}$를 밑면으로 볼 경우

$4 \cdot (4.2\ \text{cm} \cdot 4.2\ \text{cm}) = 109.2\ \text{cm}^2 \fallingdotseq 110\ \text{cm}^2$

② $4.2\ \text{cm} \cdot 6.5\ \text{cm}$를 밑면으로 볼 경우

$2(4.2\ \text{cm} \cdot 4.2\ \text{cm}) + 2(4.2\ \text{cm} \cdot 6.5\ \text{cm})$

$= 89.88\ \text{cm}^2 \fallingdotseq 90\ \text{cm}^2$

177 a) $x = \sqrt{1.7^2 + 1.7^2} = 1.7\sqrt{2} = 2.404 \fallingdotseq 2.4\ \text{m}$

b) $(1.7\ \text{m} + 1.7\ \text{m} + 2.4\ \text{m}) \cdot 2.1\ \text{m} + \dfrac{1}{2} \cdot (1.7\ \text{m})^2 \cdot 2$

$= 15.07\ \text{m}^2 \fallingdotseq 15\ \text{m}^2$

178 밑넓이$= \pi(0.5 \cdot 2.56$인치$\cdot 2.54)^2 \cdot 2 = 66.41\ \text{cm}^2$

옆넓이$= \pi(2.56$인치$\cdot 2.54\ \text{cm})(2.56$인치$\cdot 2.54\ \text{cm} \cdot 4)$

$= 531.32\ \text{cm}^2$

겉넓이$= 66.41\ \text{cm}^2 + 531.32\ \text{cm}^2$

$= 597.75\ \text{cm}^2 \fallingdotseq 598\ \text{cm}^2$

179

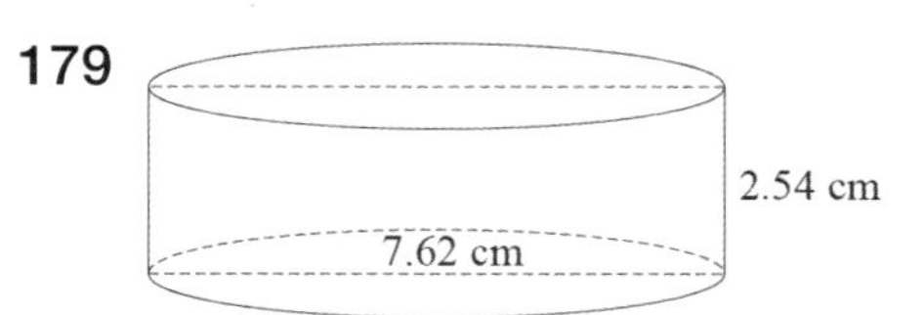

a) $152\ \text{cm}^2$ b) $116\ \text{cm}^3$

180 a) $x = \sqrt{(4.0\ \text{cm})^2 + (3.0\ \text{cm})^2} = 5.0\ \text{cm}$

b) $(4.0\ \text{cm} + 3.0\ \text{cm}) \cdot 2 + 5.0\ \text{cm} \cdot 5 = 39\ \text{cm}$

c) $(4.0\ \text{cm} + 3.0\ \text{cm} + 5.0\ \text{cm}) \cdot 5.0\ \text{cm}$

$+ (\dfrac{1}{2} \cdot 4.0\ \text{cm} \cdot 3.0\ \text{cm}) \cdot 2 = 72\ \text{cm}^2$

181 a) $(\dfrac{2 \cdot 3.8 \cdot 10 + 2 \cdot 3.8 \cdot 5.4 + 2 \cdot 1.6 \cdot 5.4}{2})\text{m}^2$

$= 125.68\ \text{m}^2$

$125.68\ \text{m}^2 - 9.8\ \text{m}^2 = 115.88\ \text{m}^2$이므로

약 $120\ \text{m}^2$을 칠해야 한다.

b) $\dfrac{2 \cdot 115.88\ \text{m}^2}{6\ \text{m}^2/\text{L}} = 38.626\cdots\ \text{L}$ 이므로

약 39 L의 페인트가 필요하다.

182 원기둥의 겉넓이는 옆면의 넓이와 밑면 넓이 두 배의 합이다.
밑면의 반지름을 r라 하고 높이를 h라 하면 겉넓이 $A = 2r^2\pi + 2rh\pi$ 이므로
$A = 2(10\text{ cm})^2 \cdot \pi + 2 \cdot 10\text{ cm} \cdot 20\text{ cm} \cdot \pi \fallingdotseq 1\,884\text{ cm}^2$

a) $\dfrac{126}{1\,884} = 0.067$ ∴ 약 6.7%

b) $\dfrac{2 \cdot (11\text{cm})^2 \cdot \pi - 2 \cdot (10\text{cm})^2 \cdot \pi + 20\text{cm} \cdot 2\text{cm} \cdot \pi}{1\,884}$
$\fallingdotseq 0.137$ ∴ 약 14%

c) $\dfrac{2 \cdot (11\text{cm})^2 \cdot \pi + 2 \cdot 11\text{ cm} \cdot 22\text{ cm} \cdot \pi - 1884\text{ cm}^2}{1\,884}$
$\fallingdotseq 0.21$ ∴ 약 21%

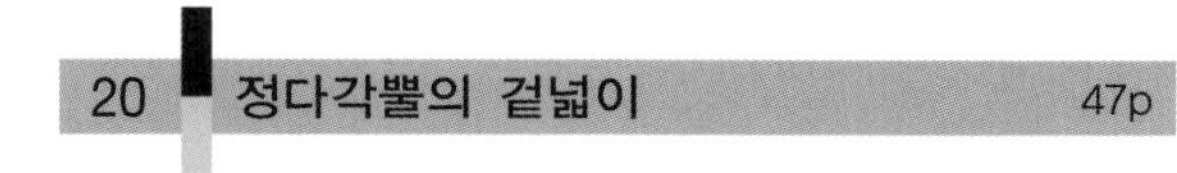

20 정다각뿔의 겉넓이 47p

183 a)

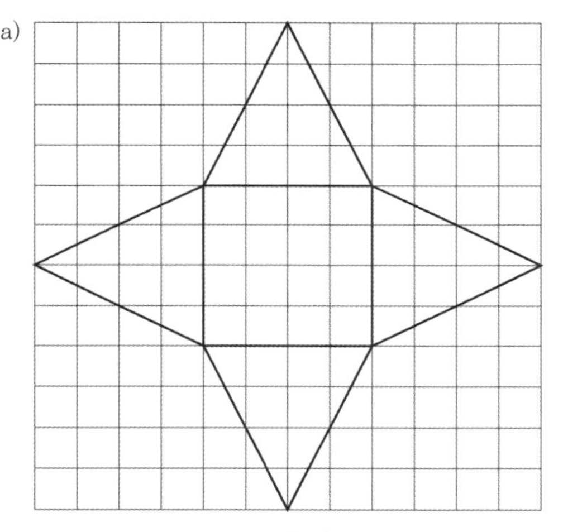

b) 전체 옆면의 넓이 $A_V = \dfrac{4 \cdot 4}{2} \times 4 = 32$

c) 겉넓이 : 전체 옆면의 넓이 32와 밑면의 넓이 16을 더하면 48이다.

184 a) 밑면의 넓이 $A_P = \dfrac{4.00\text{ cm} \cdot 3.46\text{ cm}}{2} = 6.92\text{ cm}^2$

b) 전체 옆면의 넓이
$A_V = \dfrac{3 \cdot 4.00\text{ cm} \cdot 6.00\text{ cm}}{2} = 36.0\text{ cm}^2$

c) 겉넓이 : 전체 옆면의 넓이와 밑면의 넓이를 더하면 약 42.9 cm^2이다.

185 $A = \dfrac{4 \cdot 3.00\text{ m} \cdot 1.65\text{ m}}{2} = 9.90\text{ m}^2$

186 a) 만들 수 없다. 옆면의 모서리의 길이가 다르다. 그리고 밑면이 정사각형이 아니다.
b) 만들 수 없다. 정다각뿔의 높이는 0일 수 없다.
c) 만들 수 없다. 옆면이 하나 부족하다.
d) 만들 수 있다.

187 a) $x = \sqrt{15^2 + 8^2}\text{ cm} = 17\text{ cm}$

b) $A_V = \dfrac{4 \cdot 16\text{ cm} \cdot 17\text{ cm}}{2} = 544\text{ cm}^2$

c) 전체 옆면의 넓이와 밑면 넓이의 합이므로
$544\text{ cm}^2 + 16\text{ cm} \cdot 16\text{ cm} = 800\text{ cm}^2$

188 a) $h = \sqrt{10.0^2 - 2.8^2}\text{ cm} = 9.6\text{ cm}$

b) $A_V = \dfrac{4 \cdot 5.6\text{ cm} \cdot 9.6\text{ cm}}{2} = 110\text{ cm}^2$

189 a) 밑면의 넓이와 옆면 넓이의 합이므로
$A = 10\text{ cm} \cdot 10\text{ cm} + 4 \times \dfrac{10\text{ cm} \cdot 13\text{ cm}}{2} = 360\text{ cm}^2$

b) $h = \sqrt{13^2 - 5^2}\text{ cm} = 12\text{ cm}$

c) $V = \dfrac{10\text{ cm} \cdot 10\text{ cm} \cdot 12\text{ cm}}{3} = 400\text{ cm}^3$

21 원뿔의 겉넓이 49p

190 a) $A_V = \pi \cdot 2.0\text{ cm} \cdot 4.0\text{ cm} \fallingdotseq 25\text{ cm}^2$

b) $A_V = \pi\left(\dfrac{12.0\text{ cm}}{2}\right) \times 25.0\text{ cm} \fallingdotseq 471\text{ cm}^2$

191 a) $A = \pi \cdot (5.0\text{ cm})^2 + \pi \cdot 5.0\text{ cm} \cdot 9.5\text{ cm} \fallingdotseq 230\text{ cm}^2$
b) $A = \pi \cdot (1.0\text{ cm})^2 + \pi \cdot 1.0\text{ cm} \cdot 7.0\text{ cm} \fallingdotseq 25\text{ cm}^2$

192 a) $A_V = \pi \cdot 15\text{ mm} \cdot 34\text{ mm} \fallingdotseq 1600\text{ mm}^2$
b) $A = \pi \cdot (15\text{ mm})^2 + \pi \cdot 15\text{ mm} \cdot 34\text{ mm}$
$\fallingdotseq 2\,300\text{ mm}^2$

193 a) $r = \dfrac{54\text{ cm}}{2\pi} \fallingdotseq 8.6\text{ cm}$

b) $A_V = \pi \cdot \dfrac{54\text{ cm}}{2\pi} \cdot 42\text{ cm} = 1\,134\text{ cm}^2 \fallingdotseq 11\text{ dm}^2$

194 a) 불가능하다. 원뿔의 옆면은 부채꼴 모양이어야 한다.
b) 가능하다. 원뿔의 옆면은 부채꼴 모양이다.
c) 가능하다. 원뿔의 옆면은 부채꼴 모양이다.
d) 가능하다. 원뿔의 옆면은 부채꼴 모양이다.

195 a) $A_V = \pi \cdot 1.3\text{ cm} \cdot 2.95\text{ cm} \fallingdotseq 12\text{ cm}^2$
b) $A = \pi \cdot (1.3\text{ cm})^2 + \pi \cdot 1.3\text{ cm} \cdot 2.95\text{ cm} \fallingdotseq 17\text{ cm}^2$
c) $V = \dfrac{\pi \cdot (1.3\text{ cm})^2 \cdot 2.65\text{ cm}}{3} \fallingdotseq 4.7\text{ cm}^3$

196 a) $s = \sqrt{10^2 + 24^2}\text{ cm} = 26\text{ cm}$
b) $A_V = \pi \cdot 10\text{ cm} \cdot 26\text{ cm} \fallingdotseq 820\text{ cm}^2$

197 a) $h = \sqrt{17^2 - 8^2}\text{ cm} = 15\text{ cm}$
b) $A = \pi \cdot 8.0\text{ cm} \cdot 17\text{ cm} + \pi \cdot (8.0\text{ cm})^2 \fallingdotseq 630\text{ cm}^2$
c) $V = \dfrac{\pi \cdot (8.0\text{ cm})^2 \cdot 15\text{ cm}}{3} \fallingdotseq 1\,000\text{ cm}^3$

198 a) $r = \sqrt{23^2 - 11^2}$ cm $= \sqrt{408}$ cm ≒ 20 cm

b) $A = \pi \cdot \sqrt{408}$ cm $\cdot$ 23 cm $+ \pi \cdot (\sqrt{408}$ cm$)^2$

≒ 2 700 cm^2

22 겉넓이 51p

199 a) $A = \pi \cdot 0.74$ m $\cdot$ 1.10 m ≒ 2.6 m^2

b) $A = 7 \cdot \pi \cdot 0.74$ m $\cdot$ 1.10 m ≒ 18 m^2

200

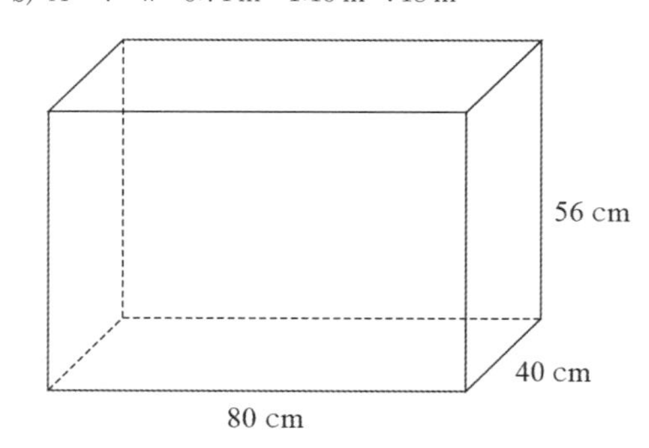

$A = 8.0$ dm $\cdot$ 4.0 dm $+ 2 \cdot 4.0$ dm $\cdot$ 5.6 dm

$+ 2 \cdot 8.0$ dm $\cdot$ 5.6 dm $= 166.4$ dm^2 ≒ 170 dm^2

201 $A = 2 \cdot \pi \cdot (0.48$ dm$)^2$

$+ 2 \cdot \pi \cdot 0.48$ dm $\cdot$ 1.12 dm ≒ 4.8 dm^2

202 $A = \pi \cdot (1.0$ dm$)^2 + \pi \cdot 1.0$ dm $\cdot$ 2.0 dm ≒ 9.4 dm^2

203 $A_V = \dfrac{6 \cdot 3.0\text{ m} \cdot 6.5\text{ m}}{2}$ ≒ 59 m^2

204 $A = \dfrac{2 \cdot 1.55\text{ m} \cdot 1.55\text{ m}}{2} + 2 \cdot 1.55\text{ m} \cdot 2.15\text{ m}$

$+ 2.15\text{ m} \cdot \sqrt{1.55^2 + 1.55^2}\text{ m}$ ≒ 12.780 m^2

$\dfrac{13.780\text{ m}^2}{7.5\text{ m}^2/\text{L}}$ ≒ 1.9 L, 충분하다.

205 $\dfrac{100\text{ m}^2}{(\pi \cdot 1.48\text{ m} \cdot 2.13\text{ m})}$ ≒ 10 즉 10바퀴 돌았다.

206 정육면체의 한 모서리의 길이는 $\sqrt{50}$ 이다.

a) $A = 2 \cdot \pi \cdot (5.0$ cm$)^2$

$+ 2 \cdot \pi \cdot 5.0$ cm $\cdot \sqrt{50}$ cm ≒ 380 cm^2

b) $A = 6 \cdot 50$ cm^2 $= 300$ cm^2

c) $\dfrac{300}{380} \times 100$ ≒ 79 79%

207 $A = \pi \cdot 6.0\text{ m} \cdot \sqrt{6^2 + 3.9^2}\text{ m}$ ≒ 130 m^2

208 a) 10.00 cm

b) $r = \sqrt{\dfrac{100.0}{\pi}}$ cm ≒ 5.642 cm

c) 정육면체의 겉넓이는 600.0 cm^2 이다.
원기둥의 겉넓이는 554.4507 ⋯ cm^2 이다.
원기둥의 겉넓이는 정육면체의 겉넓이보다 7.585% 작다.

209

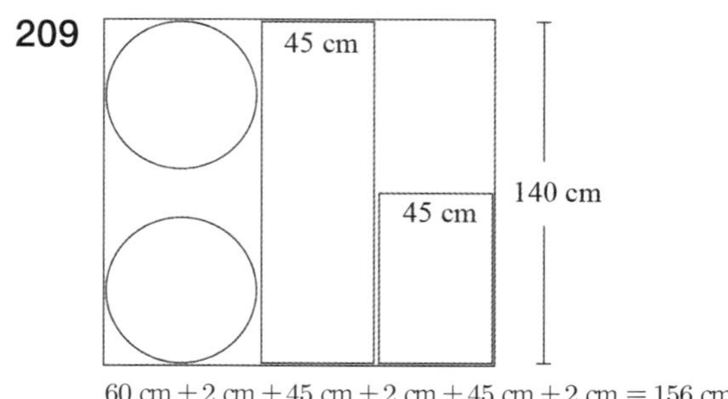

60 cm + 2 cm + 45 cm + 2 cm + 45 cm + 2 cm = 156 cm

∴ 1.56 m

23 구 53p

210 a) $A = 4 \cdot \pi \cdot (3.5$ cm$)^2$

$= 153.93$ cm^2 ≒ 150 cm^2

b) $V = \dfrac{4 \cdot \pi \cdot (28\text{ cm})^3}{3} = 91\,952.3225$ cm^3

≒ 92 000 cm^2

c) $A = 4 \cdot \pi \cdot (5.0$ cm$)^2 = 314.15$ cm^2 ≒ 310 cm^2

d) $V = \dfrac{4\pi \cdot (12\text{ mm})^3}{3} = 7\,238.2294$ mm^3 ≒ 7 200 mm^3

211 a)

2.1 cm

b) $V = \dfrac{4 \cdot \pi \cdot (2.1\text{ cm})^3}{3}$ ≒ 39 cm^3

c) $A = 4 \cdot \pi \cdot (2.1$ cm$)^2$ ≒ 55 cm^2

212 a) $V = \dfrac{4 \cdot \pi \cdot (7.0\text{ cm})^3}{3}$ ≒ 1 400 cm^3

$A = 4 \cdot \pi \cdot (7.0$ cm$)^2$ ≒ 620 cm^2

b) $V = \dfrac{4 \cdot \pi \cdot (5.5\text{ cm})^3}{3}$ ≒ 700 cm^3

$A = 4 \cdot \pi \cdot (5.5$ cm$)^2$ ≒ 380 cm^2

213 a) $V = \dfrac{4 \cdot \pi \cdot (12.0\text{ cm})^3}{3}$ ≒ 7 240 cm^3

$A = 4 \cdot \pi \cdot (12.0$ cm$)^2$ ≒ 1 810 cm^2

b) $V = \dfrac{4 \cdot \pi \cdot (3.2\text{ cm})^3}{3}$ ≒ 140 cm^3

$A = 4 \cdot \pi \cdot (3.2$ cm$)^2$ ≒ 130 cm^2

214 a) $V_S = \frac{4 \cdot \pi \cdot (2.0\text{ cm})^3}{3} = \frac{32}{3}\pi\text{ cm}^3 \fallingdotseq 34\text{ cm}^3$

$V_P = \frac{4 \cdot \pi \cdot (1.0\text{ cm})^3}{3} = \frac{4}{3}\pi\text{ cm}^3 \fallingdotseq 4.2\text{ cm}^3$

b) $\frac{V_S}{V_P} = \frac{\frac{32}{3}\pi}{\frac{4}{3}\pi} = 8$

215 a) $A_I = \pi \cdot (7.0\text{ cm})^2 = 49\pi\text{ cm}^2$

$= 153.93\cdots\text{ cm}^2 \fallingdotseq 150\text{ cm}^2$

b) $A_K = \frac{4 \cdot \pi \cdot (7.0\text{ cm})^2}{2} = 98\pi\text{ cm}^2$

$= 307.87\cdots\text{ cm}^2 \fallingdotseq 310\text{ cm}^2$

c) $\frac{A_K}{A_I} = \frac{98\pi\text{ cm}^2}{49\pi\text{ cm}^2} = 2$

216 a) $r = \frac{70\text{ cm}}{2 \cdot \pi} \fallingdotseq 11\text{ cm}$

b) $V = \frac{4 \cdot \pi \cdot (\frac{70\text{ cm}}{2 \cdot \pi})^3}{3} \fallingdotseq 5\,800\text{ cm}^3$

c) $A = 4 \cdot \pi \cdot (\frac{70\text{ cm}}{2 \cdot \pi})^2 \fallingdotseq 1\,600\text{ cm}^2$

217 $1\,000 \cdot \frac{\text{cm}^3}{\left(\frac{4 \cdot \pi \cdot (1.5\text{ cm})^3}{3}\right)} = 70.73\cdots$, 70개

218 $\frac{3.00\text{ €}}{\left(\frac{2 \cdot 4 \cdot \pi \cdot (0.225\text{ dm})^3}{3}\right)} \fallingdotseq 31.44\text{ €/L}$

219 $\frac{\left(\frac{4 \cdot \pi \cdot (6.0\text{ cm})^3}{3}\right)}{50\text{ cm} \cdot 30\text{ cm}} + 17.5\text{ cm} \fallingdotseq 18.1\text{ cm}$

220 a) $V_A = \frac{4 \cdot \pi \cdot (4.0\text{ cm})^3}{3} \fallingdotseq 270\text{ cm}^3$

b) $V_K = \frac{4 \cdot \pi \cdot (4.0\text{ cm})^3}{3} - \frac{4 \cdot \pi \cdot (3.3\text{ cm})^3}{3}$

$\fallingdotseq 120\text{ cm}^3$

c) $\frac{V_K}{V_A} \fallingdotseq 44\%$

221 공의 반지름$= 2.0\text{ cm}$

공의 겉넓이$= (2.0\text{ cm})^2 \cdot 4\pi = 16\pi\text{ cm}^2$

원의 넓이$= \pi r^2\text{cm}^2$

$\pi r^2\text{cm}^2 = 16\pi\text{cm}^2$

$r^2 = 16\text{ cm}^2$

$r = 4\text{ cm}$이다.

반지름이 4 cm인 원을 그리면 된다.

24 부피와 겉넓이 55p

222 a) $V = 6.0\text{ cm} \cdot 6.0\text{ cm} \cdot 10.0\text{ cm} = 360\text{ cm}^3$

b) $V = \pi \cdot (3.0\text{ cm})^2 \cdot 12.0\text{ cm} \fallingdotseq 340\text{ cm}^3$

c) $V = \frac{(9.0\text{ cm})^2 \cdot 13.0\text{ cm}}{3} \fallingdotseq 350\text{ cm}^3$

d) $V = \frac{4 \cdot \pi \cdot (4.5\text{ cm})^3}{3} \fallingdotseq 380\text{ cm}^3$

223 $\frac{\pi \cdot (5.0\text{ cm})^2 \cdot 10\text{ cm}}{\left(\frac{4 \cdot \pi \cdot (5.0\text{ cm})^3}{6}\right)} = 3$(번)

224 $V = \pi \cdot (1.5\text{ dm})^2 \cdot 5.0\text{ dm}$

$+ \frac{4 \cdot \pi \cdot (1.5\text{ dm})^3}{3} \fallingdotseq 49\text{ dm}^3 = 49\text{ L}$

225 $V = \frac{\left(\frac{10.0\text{ cm} \cdot 10.0\text{ cm}}{2}\right) \cdot 10.0\text{ cm}}{3} \fallingdotseq 170\text{ cm}^3$

226 콘의 부피$= \frac{1}{3} \cdot \pi \cdot (2.5\text{ cm})^2 \cdot 12\text{ cm} = 78.54\text{ cm}^3$

아이스크림의 부피$= \frac{4}{3}\pi \cdot (3\text{ cm})^3 = 113.10\text{ cm}^3$

녹은 아이스크림의 부피가 더 크기 때문에 콘에 모두 담을 수 없다.

227 a) $r = \sqrt{\frac{100\text{ cm}^2}{4 \cdot \pi}}$

$V = \frac{4 \cdot \pi \cdot \left(\sqrt{\frac{100\text{ cm}^2}{4 \cdot \pi}}\right)^3}{3}$

$= 94.0315\cdots\text{ cm}^3 \fallingdotseq 94.0\text{ cm}^3$

b) $a = \sqrt{\frac{100\text{ cm}^2}{6}}$

$V = \left(\sqrt{\frac{100\text{ cm}^2}{6}}\right)^3 = 68.0413\cdots\text{ cm}^3 \fallingdotseq 68.0\text{ cm}^3$

c) $\frac{94.0315\cdots\text{ cm}^3 - 68.0413\cdots\text{ cm}^3}{68.0413\cdots\text{ cm}^3}$

$= 0.3819\cdots \fallingdotseq 38.2\%$

공의 부피는 정육면체의 부피보다 38.2% 더 크다.

228 $\frac{V_P}{V_K} = \frac{\left(\frac{4 \cdot \pi \cdot (5.0\text{ cm})^3}{6}\right)}{\left(\frac{\pi \cdot (5.0\text{ cm})^2 \cdot 10\text{ cm}}{3}\right)} = 1$

25 무게와 밀도 57p

229 a) $(5.0\text{ cm} \cdot 3.6\text{ cm}) \cdot 1.5\text{ cm} = 27\text{ cm}^3$

b) $(19.3\text{ g/cm}^3) \cdot 27\text{ cm}^3 = 521.1\text{ g} \fallingdotseq 520\text{ g}$

c) $23.609\text{ €/g} \cdot 520\text{ g} \fallingdotseq 12\,302.65\text{ €} \fallingdotseq 12\,000\text{ €}$

230 얼음판의 부피$= (5.0\text{ m} \cdot 2.2\text{ m} \cdot 0.3\text{ m}) = 3.3\text{ m}^3$

얼음의 무게$= 920\text{ kg/m}^3 \times 3.3\text{ m}^3$

$= 3\,036\text{ kg} \fallingdotseq 3\,000\text{ kg}$

231 a) $9.0\ \text{m} \cdot 7.5\ \text{m} \cdot 2.9\ \text{m} = 195.75\ \text{m}^3$
약 $200\ \text{m}^3$
b) 공기의 밀도$= 0.001293\ \text{g/cm}^3 = 1.293\ \text{kg/m}^3$ 이므로
공기의 무게$= 1.293\ \text{kg/m}^3 \cdot 195.75\ \text{m}^3$
$= 253.1\ \text{kg} \fallingdotseq 250\ \text{kg}$

232 부피$= 60 \cdot 120 \cdot 3 = 21\,600\ (\text{cm}^3)$
대리석의 밀도는 $2.8\ \text{g/cm}^3$ 이므로
대리석의 무게$= 2.8\ \text{g/cm}^3 \cdot 21\,600\ \text{cm}^3$
$= 60\,480\ \text{g} = 60.48\ \text{kg}$이다.
약 60 kg이다.

233 귀걸이의 부피$= \dfrac{1}{3}\pi(0.3\ \text{cm})^2 \cdot 0.8\ \text{cm}$
은의 밀도$= 10.5\ \text{g/cm}^3$ 이므로
귀걸이의 무게$= \dfrac{1}{3}\pi(0.3\ \text{cm})^2 \cdot 0.8\ \text{cm} \cdot 10.5\ \text{g/cm}^3$
$= 0.792\ \text{g}$

234 a) $m = 0.178\ \text{g/dm}^3 \cdot \dfrac{4 \cdot \pi \cdot (3.0\ \text{dm})^3}{3} \fallingdotseq 20\ \text{g}$
b) $m = 1.293\ \text{g/dm}^3 \cdot \dfrac{4 \cdot \pi \cdot (3.0\ \text{dm})^3}{3} \fallingdotseq 150\ \text{g}$

235 a) $V = 16\,000\ \text{cm}^3 = 16\ \text{dm}^3$
b) $\rho = \dfrac{40\ \text{kg}}{16\ \text{dm}^3} = 2.5\ \text{kg/dm}^3$

236 a) $V = 13\,720\ \text{mm}^3 = 14\ \text{cm}^3$
b) $\rho = \dfrac{100\ \text{g}}{13.72\ \text{cm}^3} = 7.3\ \text{g/cm}^3$

237 a) $V = \pi \cdot ((0.06\ \text{dm})^2 - (0.05\ \text{dm})^2) \cdot 40\ \text{dm}$
$= 0.13823\cdots\ \text{dm}^3 \fallingdotseq 0.14\ \text{dm}^3$
b) $m = 8.96\ \text{kg/dm}^3 \cdot 0.13823\cdots\ \text{dm}^3 \fallingdotseq 1.2\ \text{kg}$

238 a) $m = 19.3\ \text{g/cm}^3 \cdot \dfrac{4 \cdot \pi \cdot (2.315\ \text{cm})^3}{3} \fallingdotseq 1\,000\ \text{g}$
b) $m = 19.3\ \text{g/cm}^3 \cdot$

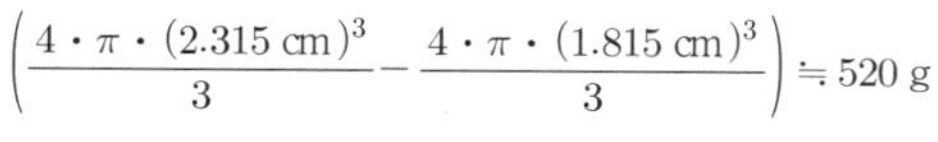

$$\left(\frac{4 \cdot \pi \cdot (2.315\ \text{cm})^3}{3} - \frac{4 \cdot \pi \cdot (1.815\ \text{cm})^3}{3}\right) \fallingdotseq 520\ \text{g}$$

26 기자의 피라미드 59p

239 a) 23년 b) 26년

240 a)

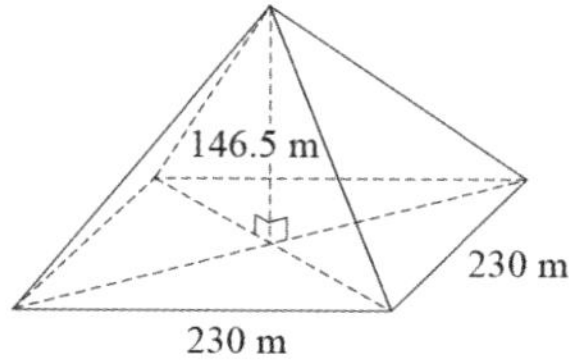

b)

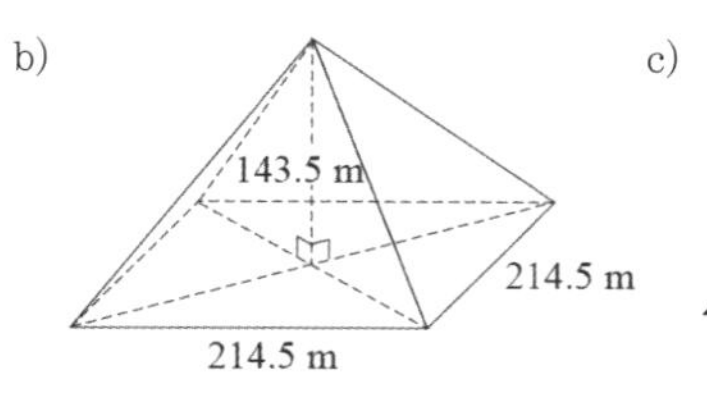

c)

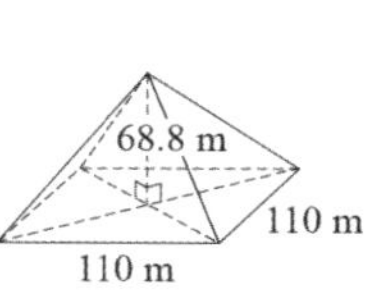

241 a) $A_P = (230\ \text{m})^2 = 52\,900\ \text{m}^2 = 5.29\ \text{ha}$
b) $A_P = (214.5\ \text{m})^2 = 46\,010.25\ \text{m}^2 \fallingdotseq 4.60\ \text{ha}$
c) $A_P = (110\ \text{m})^2 = 12\,100\ \text{m}^2 = 1.21\ \text{ha}$

242 a) $V = \dfrac{(214.5\ \text{m})^2 \cdot 143.5\ \text{m}}{3} \fallingdotseq 2\,201\,000\ \text{m}^3$
b) $V = \dfrac{(110\ \text{m})^2 \cdot 68.8\ \text{m}}{3} \fallingdotseq 277\,000\ \text{m}^3$

243 a) $\sqrt{100^2 + 120^2}\ \text{m} \fallingdotseq 156\ \text{m}$
b) $\sqrt{70^2 + 220^2}\ \text{m} \fallingdotseq 230\ \text{m}$

244 a) $A_V = 4 \cdot \dfrac{214.5\ \text{m} \cdot \sqrt{107.25^2 + 143.5^2}\ \text{m}}{2}$
$\fallingdotseq 76\,900\ \text{m}^2$
b) $A_V = 4 \cdot \dfrac{110\ \text{m} \cdot \sqrt{55^2 + 68.8^2}\ \text{m}}{2} \fallingdotseq 19\,400\ \text{m}^2$

245 a) $\overline{AB} = \sqrt{230.0^2 + 230.0^2}\ \text{m} = \sqrt{105\,800}\ \text{m} \fallingdotseq 325.3\ \text{m}$
b) $\tan\alpha = \dfrac{146.5\ \text{m}}{\left(\dfrac{\sqrt{105\,800}\ \text{m}}{2}\right)}$, $\alpha \fallingdotseq 42°$

27 플라톤의 입체도형 61p

247 a) 정사각기둥
b) 정삼각뿔

248 정육면체

249

도형	면의 개수	꼭짓점의 개수	모서리의 개수
정사면체	4	4	6
정육면체	6	8	12
정팔면체	8	6	12
정십이면체	12	20	30
정이십면체	20	12	30

250

도형	이중도형(쌍대다면체)
정사면체	정사면체
정육면체	정팔면체
정팔면체	정육면체
정십이면체	정이십면체
정이십면체	정십이면체

251 입체도형을 만들기 위해 하나의 꼭짓점에 적어도 세 개의 면이 만나야 하는데, 정육각형 한 내각의 크기는 120°, 세 개가 모이면 360°이므로 평면이 되기 때문에 입체도형을 만들 수 없다.

252 정다면체는 내각의 크기가 모두 같은 도형들이 모여 만들어진다. 내각의 크기가 가장 작은 정삼각형의 경우를 보아도 한 내각의 크기가 60°, 여섯 개가 모이면 360°이기 때문에 입체도형을 만들 수 없다.

28 복습 62p

253 a) E　　b) A
c) B, E, G　　d) B, C, D, E, F, G
e) C, F　　f) A, H
g) H

254

m^3	dm^3	cm^3	mm^3
0.002	2	2 000	2 000 000
0.00005	0.05	50	50 000
0.048	48	48 000	48 000 000

255 a)

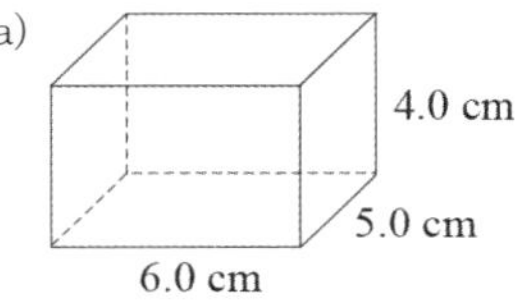

b) $V = 120\ cm^3$, $A = 150\ cm^2$

256 a) $V = 0.52\ L$　　b) $V \fallingdotseq 1.4\ L$

257 a) $V = \frac{1}{3}\pi(0.5 \cdot 7.2\ cm)^2 \cdot 6.7\ cm = 91\ cm^3$

b) $V = \frac{1}{3}(0.5 \cdot 6.0\ cm \cdot 6.0\ cm) \cdot 6.0\ cm = 36\ cm^2$

258 a) $\pi(0.5 \cdot 20\ cm)^2 = 314\ cm^2 \fallingdotseq 310\ cm^2$
b) $\pi \cdot 20\ cm \cdot 11\ cm = 691.15\ cm^2 \fallingdotseq 690\ cm^2$
c) $2 \cdot 310\ cm^2 + 690\ cm^2 = 1\,310\ cm^2 \fallingdotseq 1\,300\ cm^2$
d) $\pi(0.5 \cdot 20\ cm)^2 \cdot 11\ cm = 3\,455.75\ cm^2 \fallingdotseq 3\,500\ cm^3$

259 a) $V = \frac{1}{3}\pi(1.2\ cm)^2 \cdot 3.5\ cm = 5.2752\ cm^3 \fallingdotseq 5.3\ cm^3$

$A = \pi \cdot 1.2\ cm \cdot 3.7\ cm + \pi \cdot (1.2\ cm)^2 \fallingdotseq 18\ cm^2$

b) $V = \frac{\pi \cdot (2.4\ cm)^2 \cdot 3.2\ cm}{3} \fallingdotseq 19\ cm^3$

$A = \pi \cdot 2.4\ cm \cdot 4.0\ cm + \pi \cdot (2.4\ cm)^2 \fallingdotseq 48\ cm^2$

260 a)

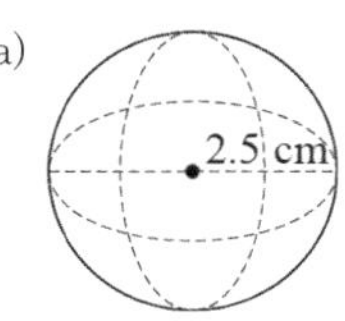

b) $V = \frac{4}{3}\pi(2.5\ cm)^3 = 65.41\ cm^3 \fallingdotseq 65\ cm^3$

$A = 4\pi(2.5\ cm)^2 = 78.5\ cm^2 \fallingdotseq 79\ cm^2$

261 $V = \frac{4}{3}\pi\left(\frac{19\ cm}{2}\right)^3 = 3\,589.54\ cm^3 \fallingdotseq 3\,600\ cm^3$

$A = 4\pi\left(\frac{19\ cm}{2}\right)^2 = 1\,133.54\ cm^2 \fallingdotseq 1\,100\ cm^2$

262 a) $V = 15.0\ dm \cdot 15.0\ dm \cdot 1.15\ dm$
$= 258.75\ dm^3 \fallingdotseq 259\ dm^3$
b) $m = 0.950\ kg/dm^3 \cdot 258.75\ dm^3 \fallingdotseq 246\ kg$

263 $A = 2 \cdot \pi \cdot 0.55\ m \cdot 1.5\ m \fallingdotseq 5.2\ m^2$

264 a)

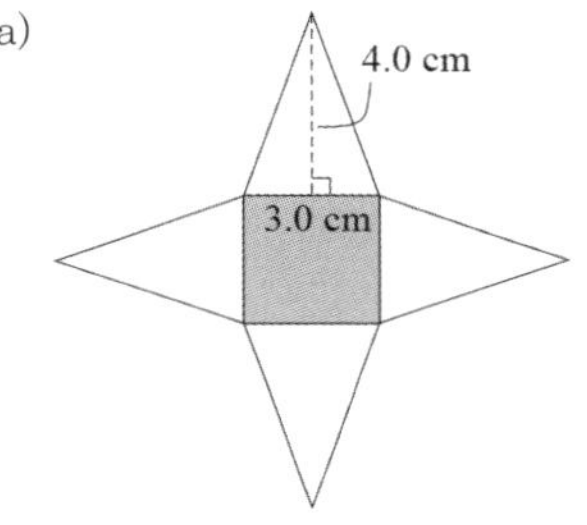

b) 옆면의 넓이$= 4 \cdot \frac{1}{2} \cdot 3.0\ cm \cdot 4.0\ cm = 24\ cm^2$

겉넓이$= 24\ cm^2 + 3.0\ cm \cdot 3.0cm = 33\ cm^2$

265 $\dfrac{\pi \cdot \frac{10.0\ m}{2\pi} \cdot 2.50\ m}{2\ m^2/L} \fallingdotseq 6.3\ L$

266 직육면체의 부피$= 14\ cm \cdot 22\ cm \cdot 5.0\ cm = 1\,540\ cm^3$
원기둥 모양의 보관함 부피$= \pi(0.5 \cdot 11\ cm)^2 \cdot 19\ cm$
$= 1\,804.72\ cm^3$
그러므로 옮겨 담을 수 있다.

267 a) $V = \pi \cdot ((46.5\ cm)^2 - (10.5\ cm)^2) \cdot 28\ cm$
$= 180\,503.3\cdots\ cm^3 \fallingdotseq 180\,000\ cm^3$
b) 맷돌의 바깥쪽 옆면과 안쪽 옆면, 도넛 모양의 윗면과 밑면의 합이므로
$A = 2 \cdot \pi \cdot 46.5\ cm \cdot 28\ cm + 2 \cdot \pi \cdot 10.5\ cm \cdot 28\ cm$
$+ 2 \cdot \pi \cdot (46.5\ cm)^2 - 2 \cdot \pi$
$= 22\,921.06\cdots\ cm^2 \fallingdotseq 23\,000\ cm^2$

268 a) $V = \dfrac{4\pi \cdot \left(\frac{193\ cm}{2\pi}\right)^3}{3} \fallingdotseq 121\,000\ cm^3$

b) $A = 4\pi \cdot \left(\frac{193\ cm}{2\pi}\right)^3 \fallingdotseq 11\,900\ cm^2$

269 a) $V = \dfrac{\left(\dfrac{12\text{ cm} \cdot 12\text{ cm}}{2} \cdot 12\text{ cm}\right)}{3}$

$= 288\text{ cm}^3 \fallingdotseq 290\text{ cm}^3$

b) $\dfrac{(12\text{ cm})^3}{288\text{ cm}^3} = 6$배

270 주스의 높이는 부피를 넓이로 나눈 것이므로

$\dfrac{1\,500\text{ cm}^3}{9.0\text{ cm} \cdot 7.0\text{ cm}} \fallingdotseq 23.8\text{ cm}$이다.

주스통의 높이와 주스 높이의 차는

$24.5\text{ cm} - 23.8\text{ cm} \fallingdotseq 7\text{ mm}$이다.

271 a) 큰 정육면체의 부피$= (5.0\text{ cm})^3 = 125\text{ cm}^3$이므로

작은 정육면체의 부피$= 125\text{ cm}^3 \div 8$

$= 15.6\text{ cm}^3 \fallingdotseq 16\text{ cm}^3$

b) 모서리의 길이를 x cm라고 하면

$x^3 = 125 \div 8 = \left(\dfrac{5}{2}\right)^3$

그러므로 $x = 2.5$ cm이다.

c) $A = 6 \cdot (2.5\text{ cm})^2 = 37.5\text{ cm}^2 \fallingdotseq 38\text{ cm}^2$

272 지붕의 사각뿔의 높이를 h라고 하면,

$h = \sqrt{49^2 - 36^2}\text{ cm} = \sqrt{1105}\text{ cm} = 33.24\text{ cm}$이다.

a) $V = 72\text{ cm} \cdot 72\text{ cm} \cdot 152\text{ cm}$

$+ \dfrac{1}{3}(72\text{ cm} + 72\text{ cm}) \cdot \sqrt{1105}\text{ cm}$

$= 787\,968\text{ cm}^3 + 57\,441\text{ cm}^3$

$= 845\,409\text{ cm}^3 \fallingdotseq 845\,000\text{ cm}^3 = 845\text{ dm}^3$

b) $A = (72\text{ cm})^2 + (72\text{ cm} \cdot 4 \cdot 152\text{ cm})$

$+ 4(\dfrac{1}{2} \cdot 72\text{ cm} \cdot 49\text{ cm})$

$= 5\,184\text{ cm}^2 + 43\,776\text{ cm}^2 + 7\,056\text{ cm}^2$

$= 56\,016\text{ cm}^2 \fallingdotseq 5.60\text{ m}^2$

c) 밀도가 2.7 kg/dm^3이므로

무게 $m = 2.7\text{ kg/dm}^3 \cdot 845\text{ dm}^3$

$= 2\,281.5\text{ kg} \fallingdotseq 2\,300\text{ kg}$

제 2 부 | 함수

해설 및 정답

29 함수 67p

273 a) 입력된 수에 15를 더한다.
b) 19 c) 15 d) $x+15$

274 a) 입력된 수에 2를 곱하고 1을 더한다.
b) 9 c) -7 d) $2x+1$

275 a) $f(x) = 2x - 13$ b) $f(x) = \dfrac{1}{2}x + 7$
c) $f(x) = -4x + \dfrac{1}{3}$ d) $f(x) = -x + 2$

276 a) 1297.40 € b) $f(x) = 0.6487x$

277 a) 6.60 € b) 1.65 € c) $f(x) = 3.30x$

278 a) 12.00 € b) 0.72 € c) 2.00 *kg*

279 a) $p(x) = 2 \cdot x + 2 \cdot \dfrac{1}{2}x = 3x$
b) $A(x) = x \cdot \dfrac{1}{2}x = \dfrac{1}{2}x^2$

280 a) $p(x) = 4 \cdot 3x = 12x$ b) $A(x) = 5 \cdot x \cdot x = 5x^2$

281 a) $V(x) = x \cdot x \cdot x = x^3$ b) $A(x) = 6 \cdot x \cdot x = 6x^2$

30 함수의 값 69p

282 a) 4 b) 17

283 a) $f(3) = 8$ b) $f(0) = 5$ c) $f(-8) = -3$

284 a) $f(4) = 5$ b) $f(1) = -4$ c) $f(-3) = -16$

285 a) $f(6) = -7$ b) $f(-1) = 0$ c) $f(\dfrac{1}{5}) = -\dfrac{6}{5}$

286 a) $f(\dfrac{1}{4}) = -1$ b) $f(0) = -2$ c) $f(-6) = -26$

287 a) $f(x) = x + 4$ b) $f(x) = -4x - 1$
c) $f(x) = x + 4$ d) $f(x) = 3x - 4$

288 a) $f(-1) = (-1)^2 + (-1) = 0$
b) $f(0) = 0^2 + 0 = 0$
c) $f(\dfrac{3}{5}) = (\dfrac{3}{5})^2 + (\dfrac{3}{5}) = \dfrac{24}{25}$

289 a) $f(0) = 4 - 0^2 = 4$ b) $f(2) = 4 - 2^2 = 0$
c) $f(-4) = 4 - (-4)^2 = -12$

290 a) $f(1)=\sqrt{1}=1$ b) $f(81)=\sqrt{81}=9$
c) $f(\frac{9}{16})=\sqrt{\frac{9}{16}}=\frac{3}{4}$

291 a) $p(x)=2\cdot 3x+2\cdot x=8x$
b) $p(4)=8\cdot 4=32$
c) $p(x)=24,\ x=3$

292 a) $V(x)=2x\cdot x\cdot(3x+1)=6x^3+2x^2$
b) $V(2)=6\cdot 2^3+2\cdot 2^2=56$
c) $V(4)=6\cdot 4^3+2\cdot 4^2=416$

293 a) $x=1$ b) $x=4$ c) $x=-5$ d) $x=-\frac{2}{3}$

294 a) $f(x)=-x+10$ b) $f(x)=\sqrt{x}$

31 함수의 그래프와 x절편 71p

295 a) $f(0)=2$ b) $f(-2)=1$
c) $f(x)=3,\ x=2$ d) $f(x)=4,\ x=4$
e) $f(x)=0,\ x=-4$

296 a) $f(0)=-2$ b) $f(3)=4$
c) $f(x)=-4,\ x=-1$ d) $f(x)=2,\ x=2$
e) $f(x)=0,\ x=1$

297 a) $g(0)=2$ b) $g(-4)=4$
c) $g(x)=0,\ x=4$ d) $g(x)=1,\ x=2$
e) $g(x)=3,\ x=-2$

298 a) $f(0)=4$
b) $f(2)=2$
c) $f(-2)=2$
d) $f(x)=-4,\ x=-4$ 또는 $x=4$

299 a) $f(0)=4$
b) $f(1)=2$
c) $f(3)=4$
d) $f(x)=0,\ x=-1$ 또는 $x=2$

300 $g(-3)=-2<g(0)=-1<g(-2)=0<g(-1)=2<g(-4)=3$

32 일차함수와 직선 73p

301 일차함수는 $f(x),\ k(x)$이다.

302 a)

x	$y=x-3$	$(x,\ y)$
0	$0-3=-3$	$(0,\ -3)$
3	$3-3=0$	$(3,\ 0)$
6	$6-3=3$	$(6,\ 3)$

b)

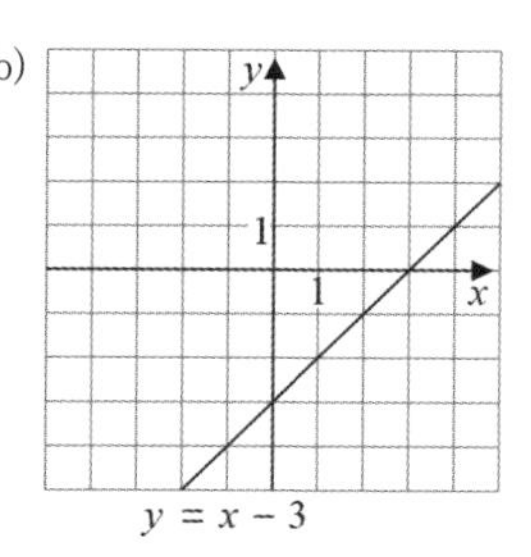

303 a)

x	$y=2x+2$	$(x,\ y)$
0	$0+2=2$	$(0,\ 2)$
1	$2\cdot 1+2=4$	$(1,\ 4)$
2	$2\cdot 2+2=6$	$(2,\ 6)$

b)

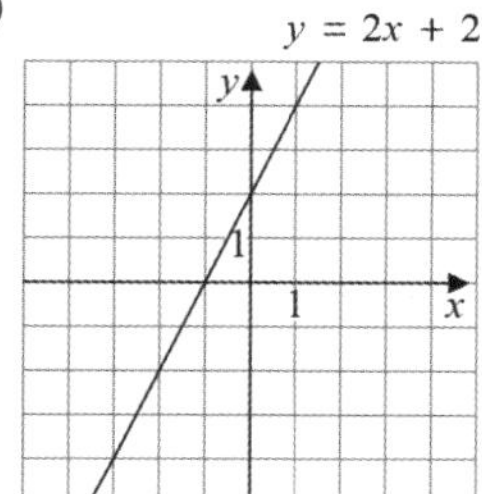

304

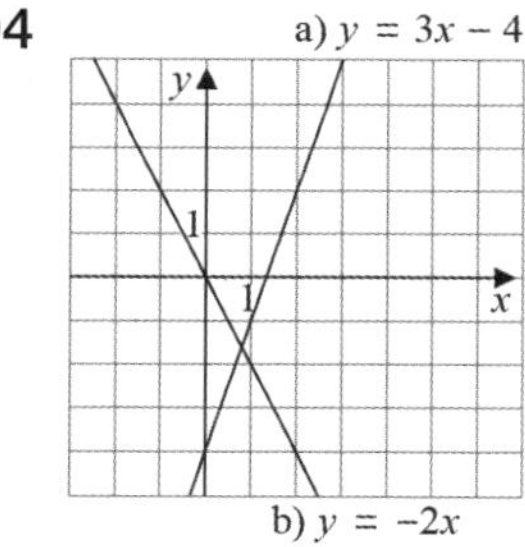

305 $g(x),\ k(x),\ q(x)$

306 a)

x	$y=-x-1$	$(x,\ y)$
0	$0-1=-1$	$(0,\ -1)$
2	$-2-1=-3$	$(2,\ -3)$
3	$-3-1=-4$	$(3,\ -4)$

b)

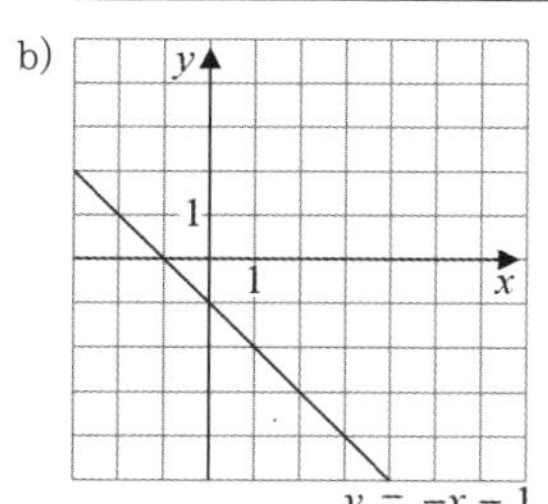

307 a)

x	$y=-2$	$(x,\ y)$
0	-2	$(0,\ -2)$
1	-2	$(2,\ -2)$
2	-2	$(3,\ -2)$

b)

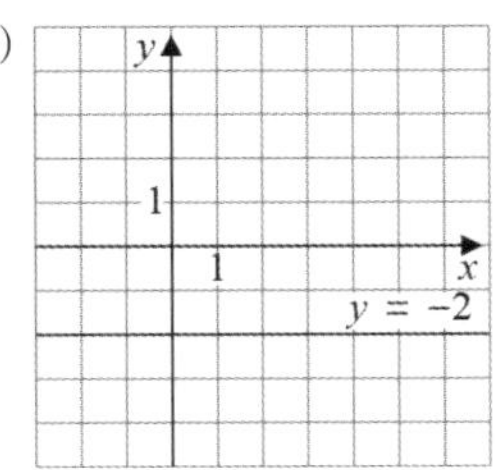

308

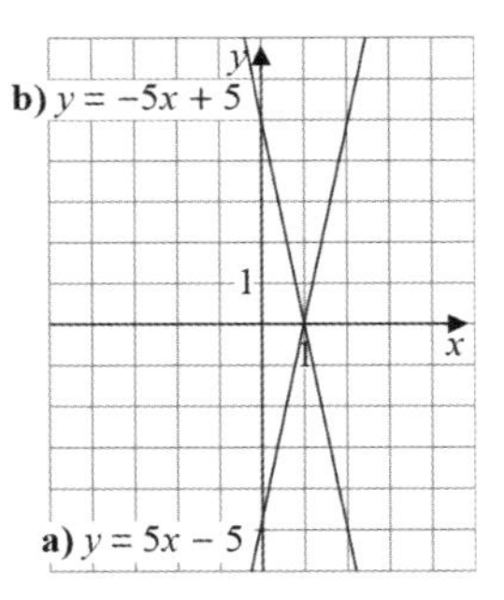

309

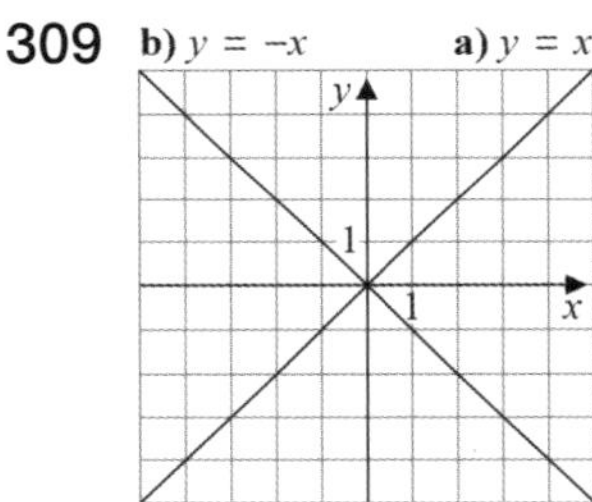

310

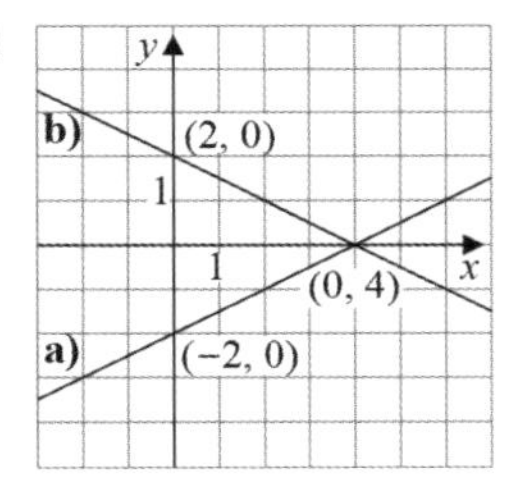

311 a) x축과 만나는 점은 $-\frac{3}{2}$, y축과 만나는 점은 150이므로 y축에 거의 평행한 그래프를 그려야 한다.

b) x축과 만나는 점은 $-\frac{5}{3}$, y축과 만나는 점은 350이므로 y축에 거의 평행한 그래프를 그려야 한다.

33 일차함수 75p

312 a)

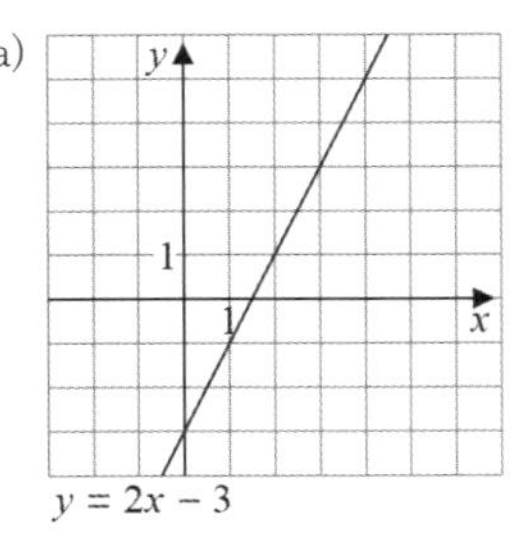

b) 점 A는 직선 위에 있지 않고, 점 B는 직선 위에 있다.

313 a)

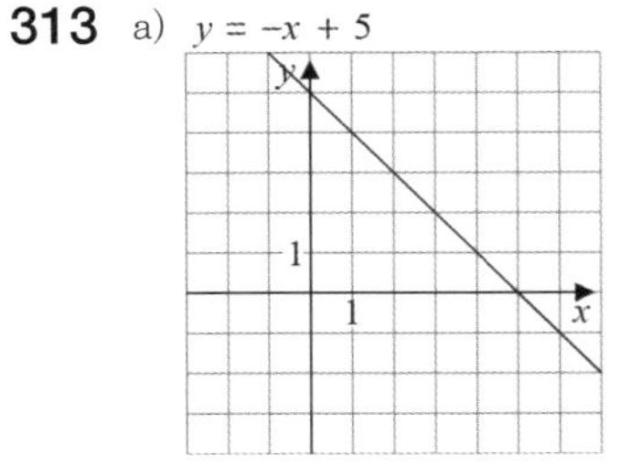

b) 점 A는 직선 위에 있고, 점 B는 직선 위에 있지 않다.

314 a) 직선 위에 있다. b) 직선 위에 있지 않다. c) 직선 위에 있다.

315 a) 직선 위에 있다. b) 직선 위에 있지 않다. c) 직선 위에 있다. d) 직선 위에 있다.

316 a)

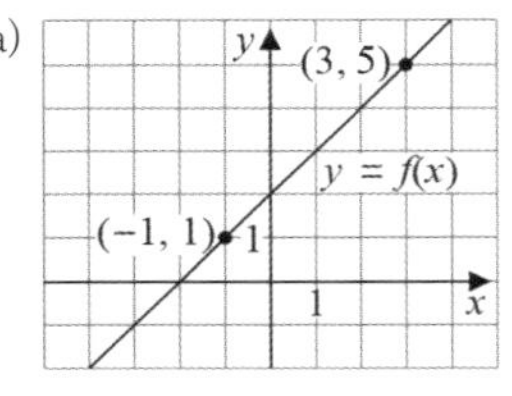

b) $f(2)=4$, $f(-2)=0$ c) $f(x)=-2$, $x=-4$

317 a)

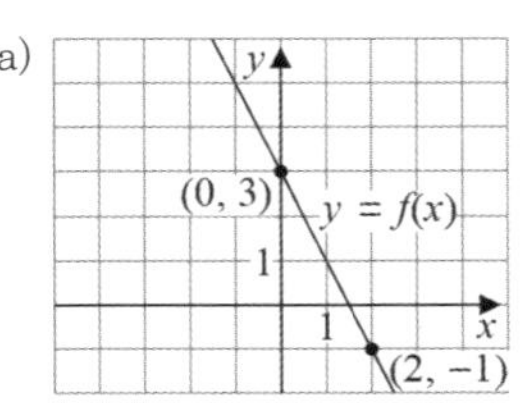

b) $f(1)=1$, $f(-1)=5$ c) $f(x)=9$, $x=-3$

318 a)

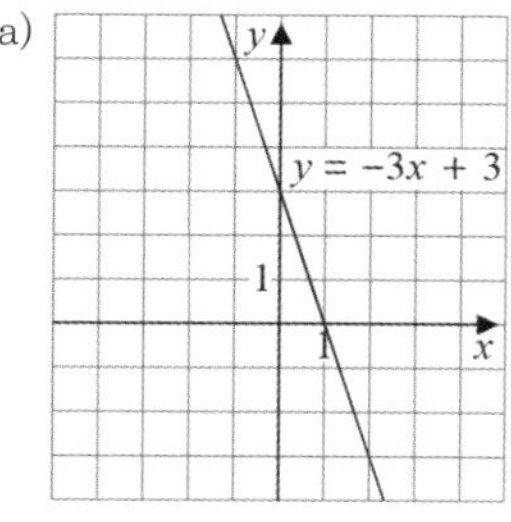

b) $f(-1)=6$ c) $f(0)=3$

d) $f(2)=-3$ e) $f(x)=0,\ x=1$

319 a)

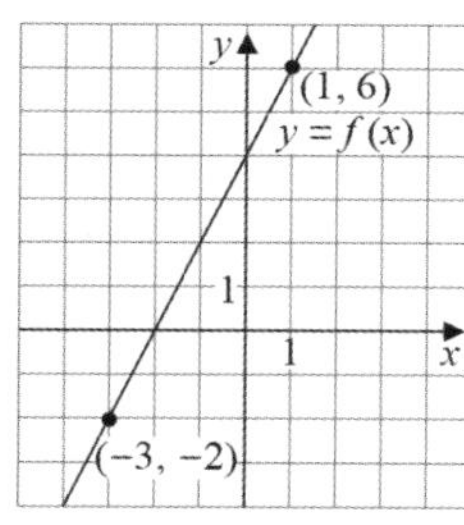

b) $f(0)=4$ c) $f(-1)=2$

d) $f(x)=0,\ x=-2$ e) $f(x)=-4,\ x=-4$

320 a) 직선의 방정식에 점 A의 x값을 대입하면
$12\cdot1-5=7$이므로 직선 위에 있다.
직선의 방정식에 점 B의 x값을 대입하면
$12\cdot2-5=19$이므로 직선 위에 있지 않다.

b) 직선의 방정식에 점 A의 x값을 대입하면
$-8\cdot1.5-3=-15$이므로 직선 위에 있다.
직선의 방정식에 점 B의 x값을 대입하면
$-8\cdot(-0.5)-3=1$이므로 직선 위에 있지 않다.

321 a)

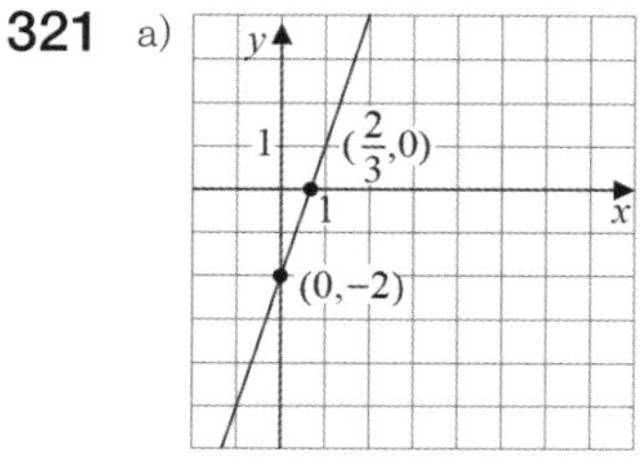

b) 그래프에서 $x=-1$일 때 $y=-5$이다.

c) $f(-1)=(-1)\cdot3-2=-5$로 b)의 답과 같다.

d) 그래프에서 $y=4$일 때 $x=2$이다.

e) $x=2$로 d)의 답과 같다.

322 a)

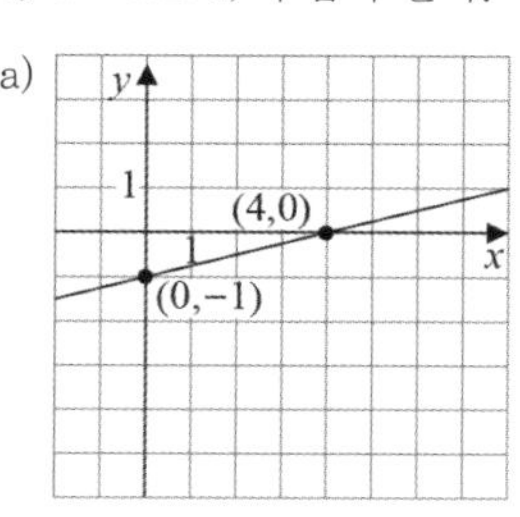

b) 그래프에서 $x=3$일 때 $y=-\frac{1}{4}$이다.

c) $f(3)=\frac{1}{4}\cdot3-1=-\frac{1}{4}$로 b)의 답과 같다.

d) 그래프에서 $y=-2$일 때 $x=-4$이다.

e) $x=-4$로 d)의 답과 같다.

34 일차함수의 x절편 77p

323 a) $x=-1$ b) $x=2$ c) $x=-3$

324 a) $x=-7$ b) $x=10$ c) $x=3$ d) $x=5$

325 a)

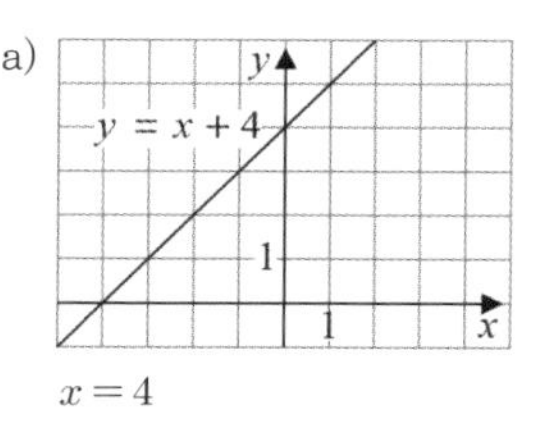

$x=4$

b) $x+4=0,\ x=-4$

326 a) $x=7$ b) $x=3$ c) $x=5$ d) $x=-41$

327 a) x절편이다. b) x절편이 아니다.

c) x절편이다. d) x절편이 아니다.

328 a)

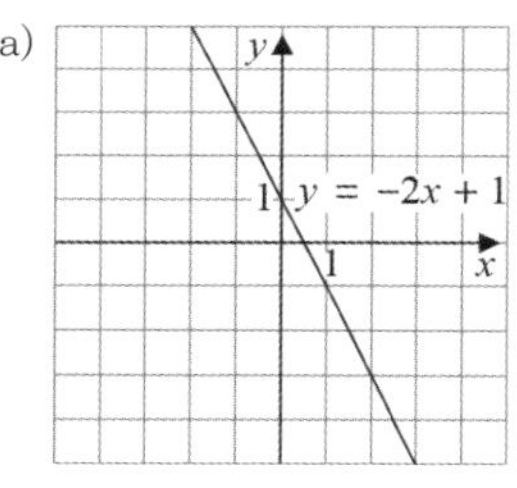

b) $-2x+1=0,\ x=\frac{1}{2}$

329 a) $x=-18$ b) $x=23$

c) $x=-21$ d) $x=10$

330 a) $f(-6)=-(-6)+6=12$, x절편이 아니다.

b) $f(-6)=-5\cdot(-6)-30=0$, x절편이다.

c) $f(-6)=-6-6=-12$, x절편이 아니다.

331 a) $f(-\frac{1}{5})=5\cdot(-\frac{1}{5})-5=-6$, x절편이 아니다.

b) $f(-\frac{1}{5})=-10\cdot(-\frac{1}{5})-2=0$, x절편이다.

c) $f(-\frac{1}{5})=100\cdot(-\frac{1}{5})+25=5$, x절편이 아니다.

332 a)

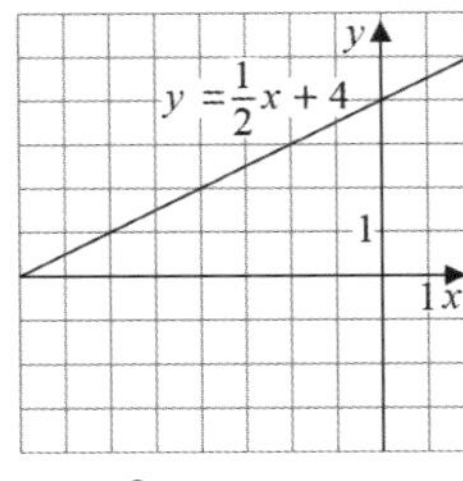

$x=-8$

b) $\frac{1}{2}x+4=0,\ x=-8$

333 a)

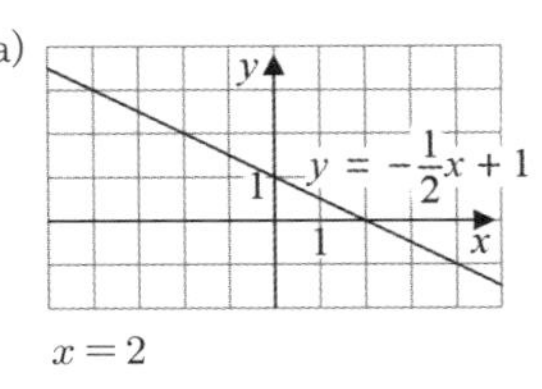

$x=2$

b) $-\frac{1}{2}x+1=0,\ x=2$

35 직선의 기울기 79p

334 a) $\Delta x=1$ b) $\Delta y=3$ c) $\frac{\Delta y}{\Delta x}=\frac{3}{1}=3$

335 $r: k=\frac{\Delta y}{\Delta x}=\frac{2}{2}=1,\ t: k=\frac{\Delta y}{\Delta x}=\frac{-3}{3}=-1,$

$u: k=\frac{\Delta y}{\Delta x}=\frac{-3}{6}=-\frac{1}{2}$

336 $a: k=\frac{\Delta y}{\Delta x}=\frac{4}{1}=4,\ b: k=\frac{\Delta y}{\Delta x}=\frac{3}{1}=3,$

$c: k=\frac{\Delta y}{\Delta x}=\frac{-1}{2}=-\frac{1}{2},\ d: k=\frac{\Delta y}{\Delta x}=\frac{0}{1}=0$

337

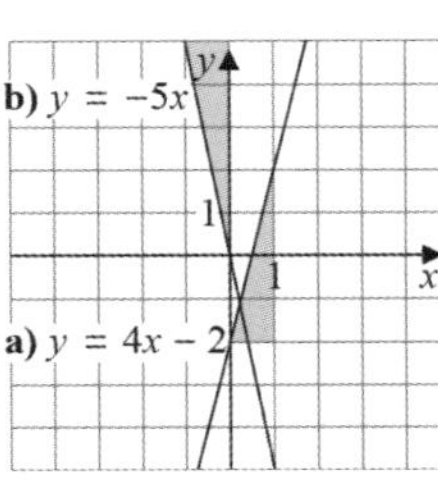

c) y = x + 3

d) y = −2

a) $k=\frac{\Delta y}{\Delta x}=\frac{4}{1}=4$ b) $k=\frac{\Delta y}{\Delta x}=\frac{-5}{1}=-5$

c) $k=\frac{\Delta y}{\Delta x}=\frac{1}{1}=1$ d) $k=\frac{\Delta y}{\Delta x}=\frac{0}{1}=0$

338 $m: k=\frac{\Delta y}{\Delta x}=-\frac{3}{2},\ n: k=\frac{\Delta y}{\Delta x}=\frac{5}{2},$

$p: k=\frac{\Delta y}{\Delta x}=-\frac{3}{2},\ q: k=\frac{\Delta y}{\Delta x}=\frac{1}{4}$

339

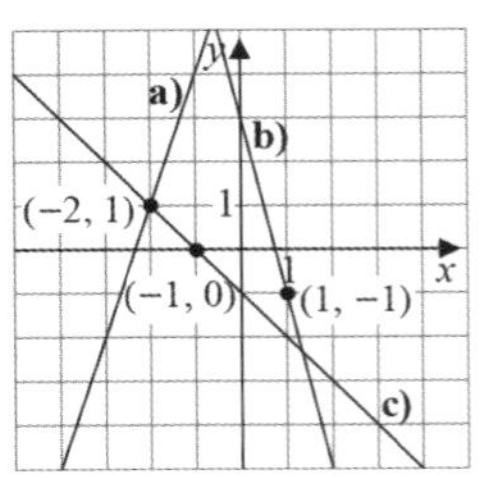

a) $k=\frac{\Delta y}{\Delta x}=\frac{5-(-3)}{1-(-1)}=\frac{8}{2}=4$

b) $k=\frac{\Delta y}{\Delta x}=\frac{1-(-2)}{4-(-2)}=\frac{3}{6}=\frac{1}{2}$

340 a) $k=1$ b) $k=2$ c) $k=-3$ d) $k=-\frac{3}{2}$

341 a) 1 b) -3 c) 7 d) 0

342

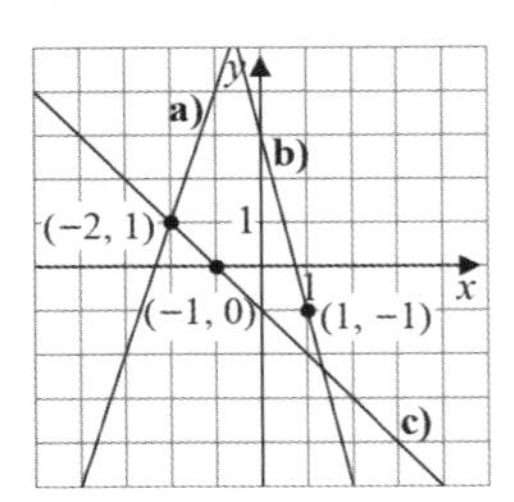

36 직선의 방정식 81p

343 a) t b) u c) r d) u

344 a) 12 b) -10

345 a) $k=10,\ b=4$ b) $k=1,\ b=-6$
c) $k=7,\ b=0$ d) $k=-1,\ b=0$

346 a) $k=8$ 상승 b) $k=1$ 상승
c) $k=-15$ 하강 d) $k=-0.2$ 하강

347 a) $(0,-10)$ b) $(0,11)$ c) $(0,0)$ d) $(0,0.5)$

348 a) $y=7x+4$ b) $y=-5x-2$

349

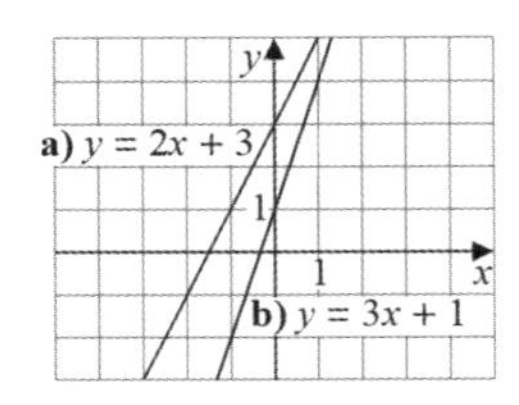

c) y = 4x

d) y = −2x + 4

350 a) $y=-2x+1,\ y=7x+1,\ y=1$
b) $y=2x-2,\ y=x-2$

351 a) $y=7x+1$ b) $y=2x-2$
c) $y=x-2$ d) $y=1$

352 a) $y=7x+1$ b) $y=-3x$
c) $y=1$ d) $y=-3x$

353 a) $y=x$ b) $y=6$

354

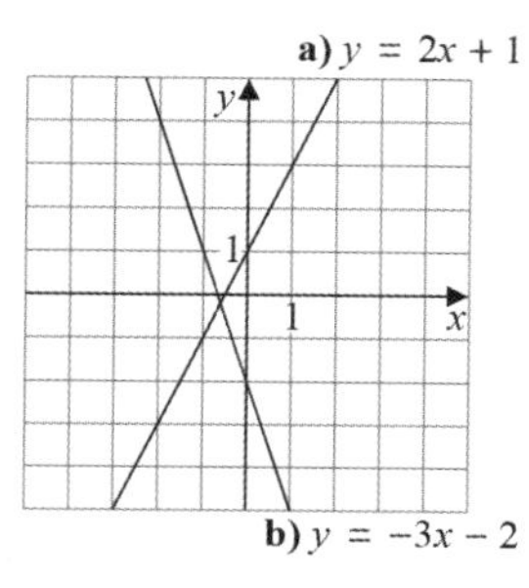

355

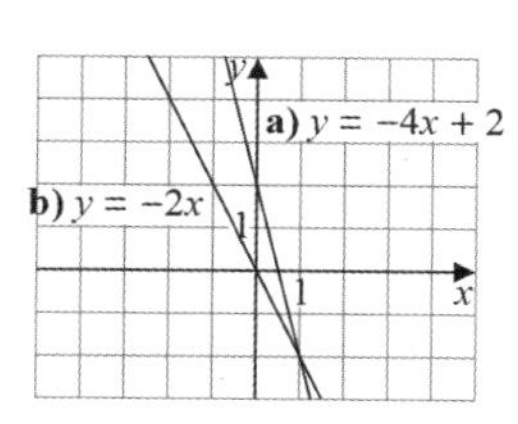

d) $y=-0.5x-1$

c) $y=x-5$

356

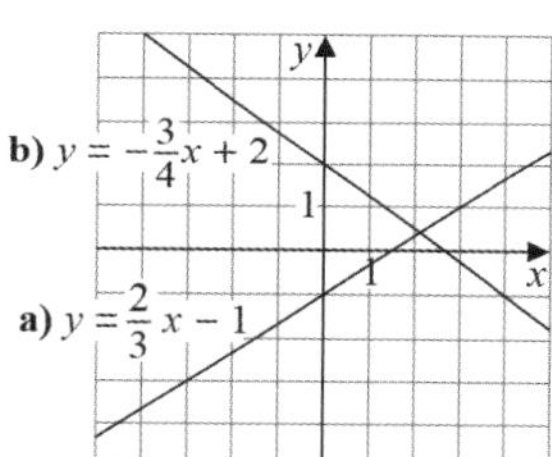

357

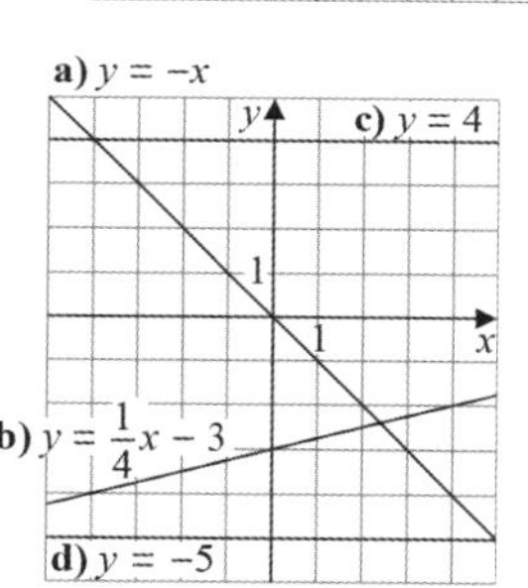

37 직선의 방정식 만들기 83p

358 a) $k=\dfrac{\Delta y}{\Delta x}=\dfrac{1}{1}=1$ b) $b=-4$
c) $y=x-4$

359 $y=-3x+4$

360 a)

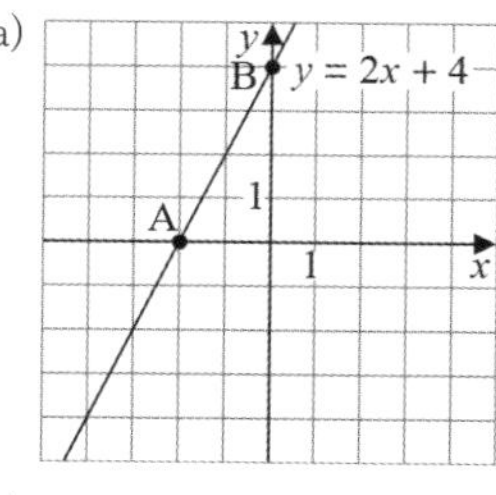

b) 2 c) 4 d) $y=2x+4$

361

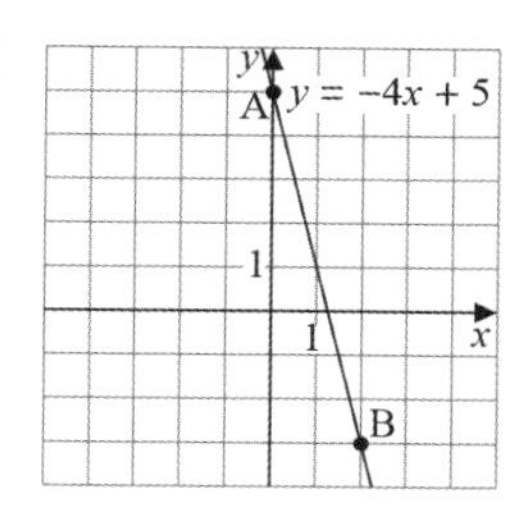

362 a) $y=-3x+2$ b) $y=5x$

363 a) $y=2x+b$ b) $1=2\times2+b=4+b$
c) $b=-3$ d) $y=2x-3$

364 $r:y=2x$, $s:y=x$, $t:y=-x$

365 $m:y=\dfrac{1}{2}x+3$, $n:y=\dfrac{3}{2}x-2$, $s:y=-\dfrac{1}{4}x+1$,
$t:y=-4$

366

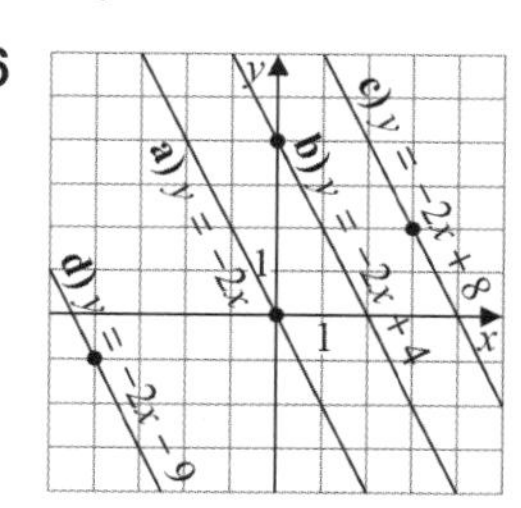

367 $y=2.5x-1.5$

368 a) $y=6x-4$ b) $y=1$ c) $y=3x+12$

38 평행인 직선 85p

369 $y=-2x+1$, $y=-2x$은 기울기가 -2로 같으므로 평행이고 $y=x$, $y=x-5$은 기울기가 1로 같으므로 평행이다.

370 a) 직선 m의 기울기는 2, 직선 n의 기울기는 3, 직선 t의 기울기는 2이다.
b) 직선 m과 직선 t이 기울기가 2로 같으므로 평행이다.

371 a) 1 b) 4 c) $y=x+4$

372

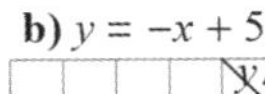

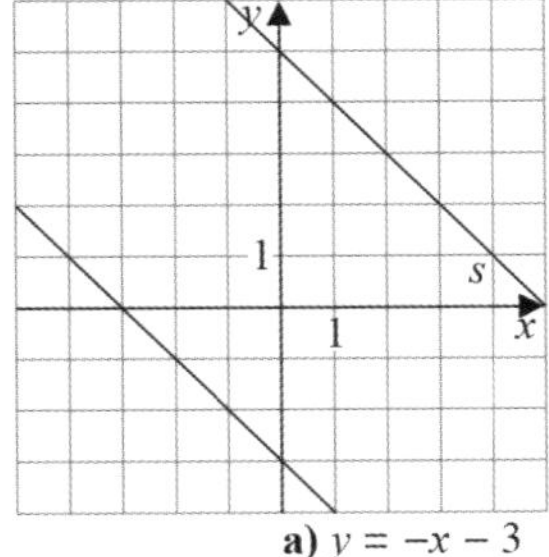

a) $y = -x - 3$

c) $y = -x + 5$

373 a) $y = 5x$ b) $y = -\frac{1}{2}x$

374

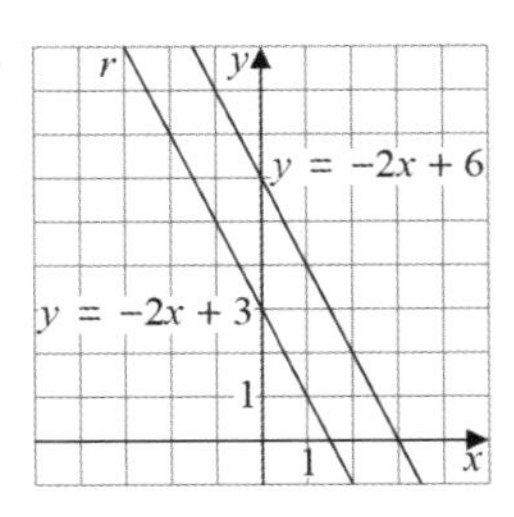

$r: y = -2x + 3$

375 a) $y = 5x + 1$ b) $y = 5x - 10$

376 a) $b = 0$
b) $k = -9,\ b \neq 17$
c) $k \neq 12,\ b = -6$

377

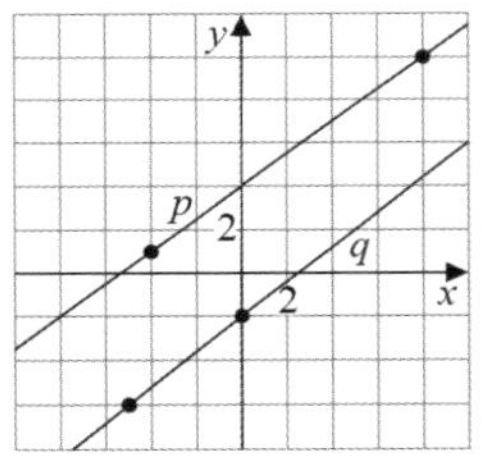

직선 p의 기울기는 $\frac{3}{4}$이고, 직선 q의 기울기는 $\frac{4}{5}$이므로 평행이 아니다.

378 a) $y = 2x$ b) $y = -3x - 5$ c) $y = -7x + 18$

39 직선의 방정식 활용 87p

379 그래프의 y값을 읽으면 아스모는 5, 안티는 7, 마이야는 9이다.

380 a)

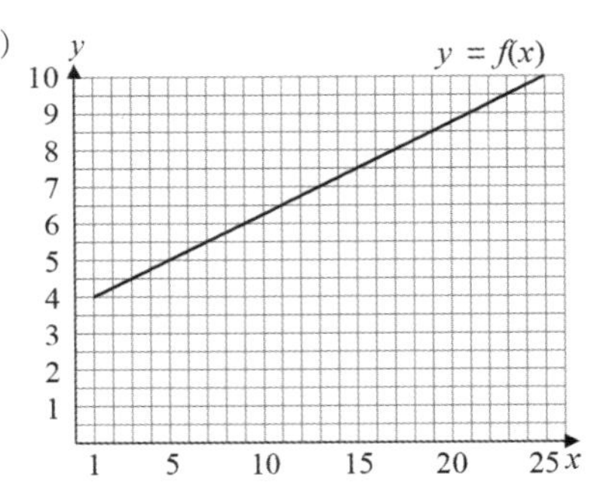

b) 아이노는 8+, 일포는 $6\frac{1}{2}$, 릴야는 9+이다.

381 카이사는 6, 테무는 $7\frac{1}{2}$, 알렉시는 9−이다.

382 a) $f(x) = \frac{1}{3}x + 3$

b) 율리아는 8, 라우리는 6, 욘나는 9이다.

383 a)

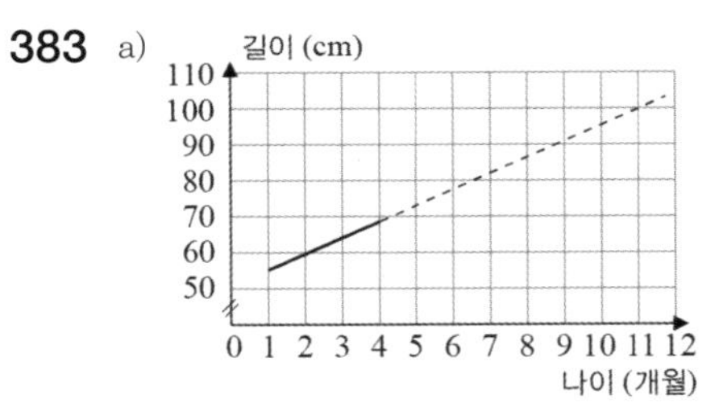

b) 103 cm

384 a) $k \fallingdotseq 4.3,\ b \fallingdotseq 51$ b) $y = 4.3x + 51$
c) 약 154 cm와 약 310 cm이다.

385 a)

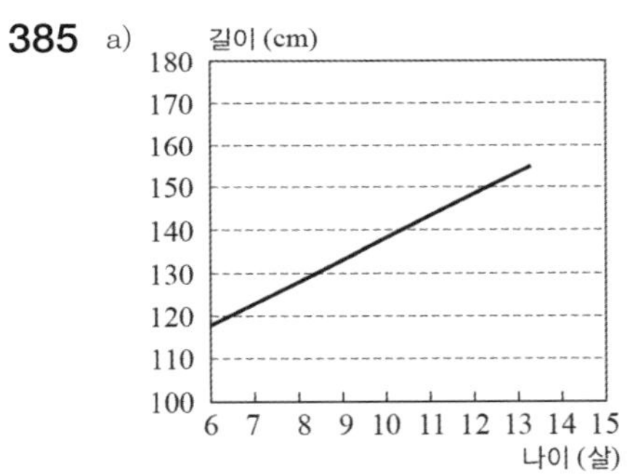

b) 145 cm

c) $\frac{\Delta y}{\Delta x} = \frac{155 - 117}{13 - 6} = \frac{38}{7} = 5\frac{3}{7}$

$b = 117 - 6 \cdot \frac{38}{7} = \frac{591}{7}$

$y = 5\frac{3}{7}x + \frac{591}{7}$

d) $5\frac{3}{7} \cdot 17 + 84\frac{3}{7} = 176\frac{5}{7} \fallingdotseq 177$

약 177 cm

386 a) 입력된 수에서 3을 뺀다.
b) 1　c) -5　d) $x-3$

387 a) 2　b) 18

388 a) $f(3)=-3+9=6$　b) $f(0)=-0+9=9$
c) $f(-9)=-(-9)+9=18$

389 a) $f(x)=-3x+10$　b) $f(x)=3x-12$
c) $f(x)=-x-1$　d) $f(x)=-3x+10$

390 a) $f(0)=-1$　b) $f(-4)=1$
c) $f(x)=-3,\ x=4$　d) $f(x)=0,\ x=-2$

391 a)

x	$y=-2x+3$	$(x,\ y)$
0	$-2\cdot0+3=3$	$(0,\ 3)$
1	$-2\cdot1+3=1$	$(1,\ 1)$
2	$-2\cdot2+3=-1$	$(2,\ -1)$

b)

392 a)

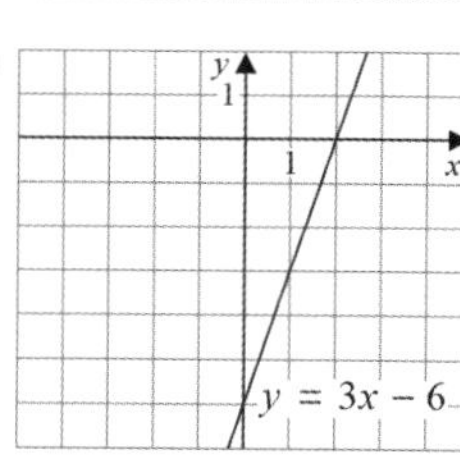

$x=2$

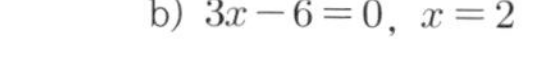

b) $3x-6=0,\ x=2$

393 a) $f(-4)=3\cdot(-4)+12=0$, x절편이다.
b) $f(-4)=-2\cdot(-4)-8=0$, x절편이다.
c) $f(-4)=-(-4)+4=8$, x절편이 아니다.

394 a) $k=7,\ b=4$　b) $k=1,\ b=-8$
c) $k=-9,\ b=0$　d) $k=-1,\ b=0$

395

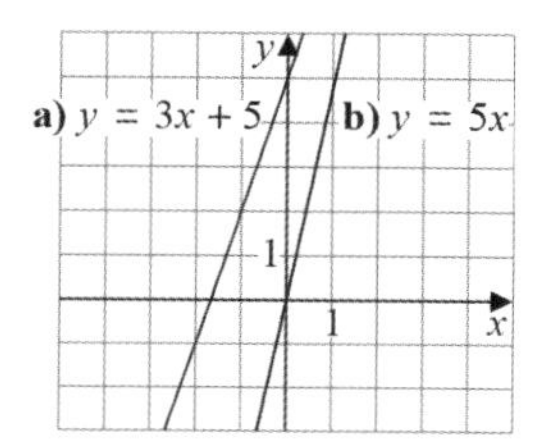

396 $y=x-3$, $y=x+5$, $y=x$는 기울기가 1로 같으므로 평행이고, $y=-3x+1$, $y=-3x$는 기울기가 -3로 같으므로 평행이다.

397 a)

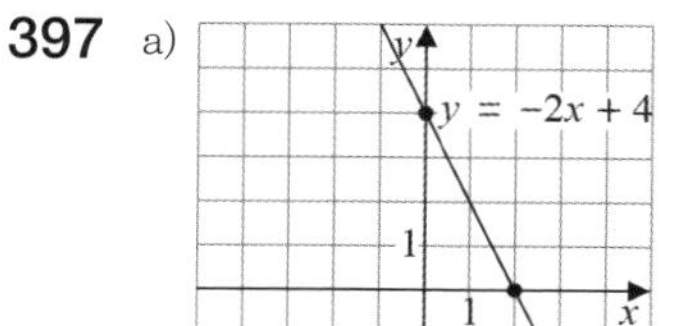

b) $k=\dfrac{0-4}{2-0}=\dfrac{-4}{2}=-2$
c) $b=4$　d) $y=-2x+4$

398 a) $f(-2)=-3$　b) $f(0)=-1$
c) $f(3)=3$
d) $f(x)=0$, $x=-3$ 또는 $x=2$
e) $f(x)=-4,\ x=1$

399 a) $p(x)=14x+4$, $A(x)=x\cdot(6x+2)=6x^2+2x$
b) $p(3)=14\cdot3+4=46$, $A(3)=6\cdot3^2+2\cdot3=60$
c) $14x+4=88,\ x=6$

400 a) $-6x+3=15,\ x=-2$　b) $-6x+3=-9,\ x=2$

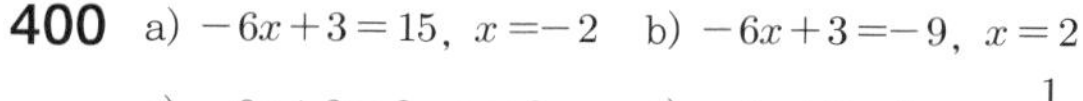

c) $-6x+3=3,\ x=0$　d) $-6x+3=0,\ x=\dfrac{1}{2}$

401 a) $-2\cdot(-4)-1=7$　b) $-(-4)+3=7$
c) $-4+10=6$　d) $3\cdot(-4)+19=7$
a), b), d)가 직선 위에 있다.

402 a)

b) 5　c) -1　d) 9　e) $x=3$

403

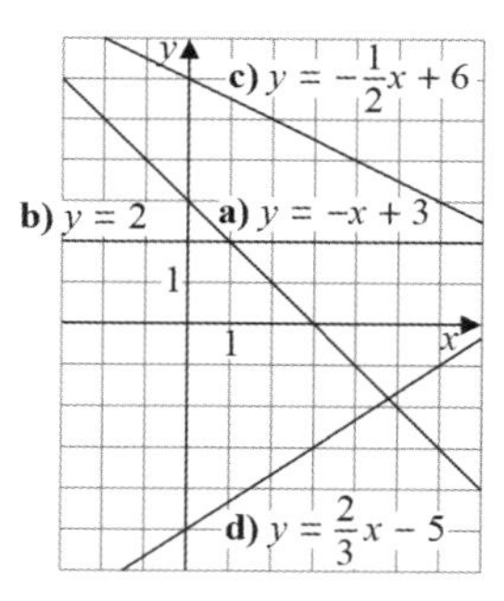

404 a)

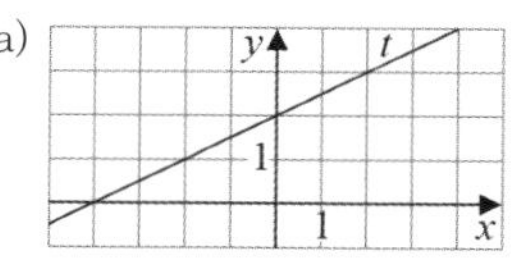

b) $t: y=\dfrac{1}{2}x+2$

405 $m: y=5$, $n: y=\frac{1}{5}x+3$, $s: y=\frac{4}{3}x-3$, $t: y=-x$

406 $y=-3x-4$

407 $y=5x+3$

408 $y=4x-11$

409 a) $y=-x-22$ b) $y=-9x+38$ c) $y=-6x$

41 전기전자통신 91p

410 a) $\frac{3}{6}=\frac{24}{x}$, $x=48$ b) $\frac{3}{2}=\frac{24}{x}$, $x=16$

411 a) $\frac{3}{5}=\frac{48}{x}$, $x=80$ b) $\frac{3}{16}=\frac{48}{x}$, $x=256$

412 a) $\frac{8}{x}=\frac{64}{40}$, $x=5$ b) $\frac{8}{x}=\frac{64}{88}$, $x=11$

c) $\frac{8}{x}=\frac{64}{128}$, $x=16$ d) $\frac{8}{x}=\frac{64}{200}$, $x=25$

413 a) $\frac{3.20}{2.65}=\frac{50}{x}$, 41.4초 b) $\frac{3.20}{3.52}=\frac{50}{x}$, 55초

414 a) $\frac{x}{20288}=\frac{768}{512}$, 30 400 kt

b) $\frac{x}{20288}=\frac{256}{512}$, 10 100 kt

415 a) 미코 $\frac{x}{118}=\frac{9\,650}{12\,650}$, $x=90$, 1분 30초

카리 $\frac{x}{80}=\frac{9\,650}{7\,800}$, $x=99$, 1분 39초

b) 미코의 인터넷이 더 빠르다.

416 $v_1=\frac{45\cdot 1\,024(\text{kt})}{12\cdot 60(\text{초})}=64\text{ kt/초}$

$v_2=\frac{4.7\cdot 1\,024\cdot 1\,024(\text{kt})}{2\cdot 60\cdot 60(\text{초})}$

$=684.4\cdots\text{ kt/초} \fallingdotseq 680\text{ kt/초}$

$\frac{684.4\cdots\text{ kt/초}}{64\text{ kt/초}} \fallingdotseq 11$, 약 11배

42 직선의 비례 93p

417 a) 1 kg의 가격은 3 €, 2 kg의 가격은 6 €이다.

b) 가격도 두 배가 된다.

c) $k=\frac{\Delta y}{\Delta x}=\frac{3}{1}=3$, 기울기는 토마토의 단위무게당 가격(€/kg)을 나타낸다.

418 a) $10\text{ m}^2 : 2\text{ L}$, $25\text{ m}^2 : 5\text{ L}$

b) $1\text{ L} : 5\text{ m}^2$, $4\text{ L} : 20\text{ m}^2$

c) 기울기 $k=\frac{\Delta y}{\Delta x}=\frac{1}{5}$, 기울기는 단위 넓이당 들어가는 페인트의 양(L/m^2)을 나타낸다.

419 a)

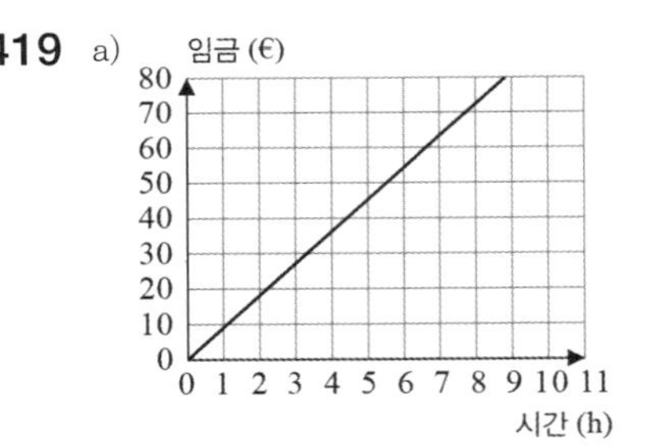

b) $\frac{3}{7}=\frac{27}{x}$, $x=63$, 63 €

c) $k=\frac{\Delta y}{\Delta x}=\frac{27}{3}=9$(€/시간)

기울기는 단위시간당 임금(€/h)을 나타낸다.

420 a)

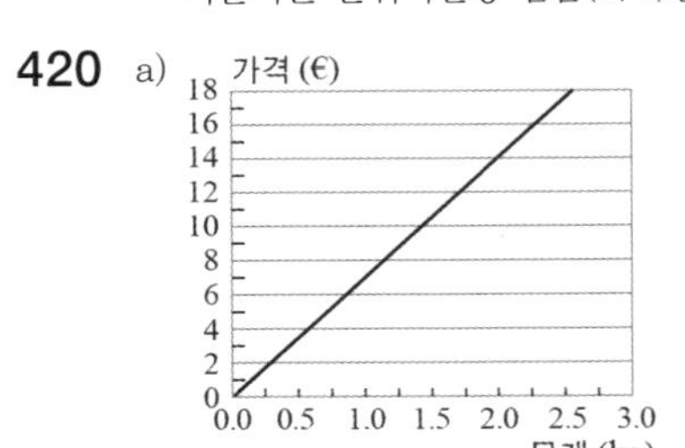

b) $\frac{2}{0.5}=\frac{14}{x}$, $x=3.5$, 3.50 €

c) $\frac{x}{2}=\frac{17.5}{14}$, $x=2.5$, 2.5 kg

d) $k=\frac{14.00}{2.0}=7.00$(€/kg)

e) 기울기는 딸기의 단위무게당 가격(€/kg)을 나타낸다.

421 a)

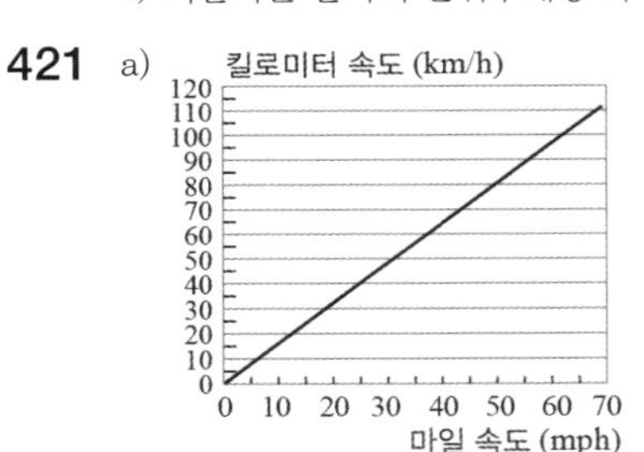

b) 56 km/h c) 104 km/h

422

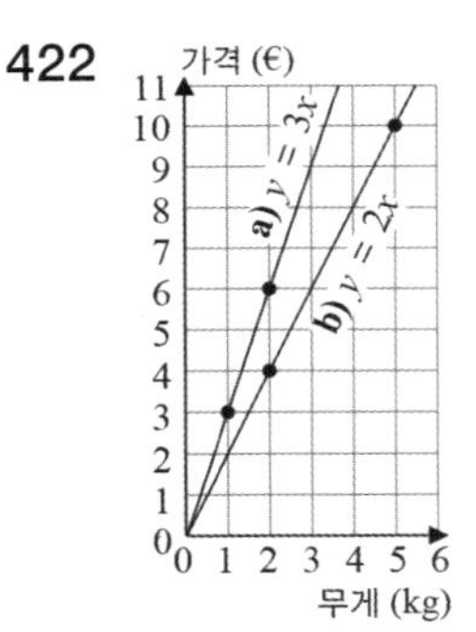

423 a) b)

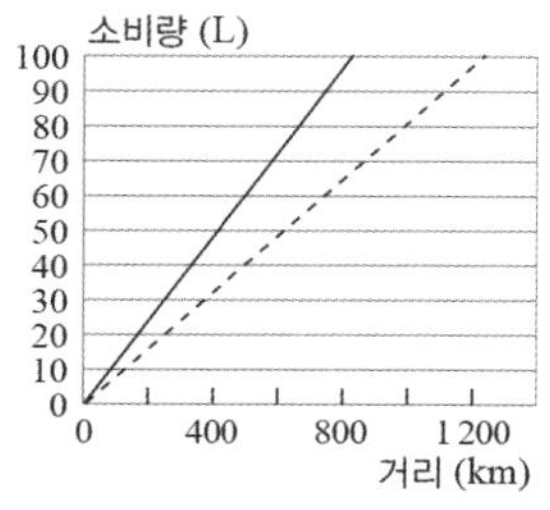

c) $\frac{8.0}{100}=\frac{100}{x}$, $x=1\,250$, 1 250 km

43 반비례 95p

424 a)

가로의 길이(cm)	세로의 길이(cm)
1	60
2	30
3	20
4	15
5	12
6	10

b) 반비례

425 a) (0.5, 128), (2, 32), (4, 16), (8, 8), …
b) (1, 105), (3, 35), (15, 7), (21, 5), …

426 a)

x	y	xy
1	24	24
2	12	24
3	8	24
6	4	24

b)

x	y	xy
1	40	40
2	20	40
5	8	40
10	4	40

427 a) (인원수)×(일한 시간)이 일정하므로 반비례이다.
b) (인원수)×(일한 시간)이 일정하지 않으므로 반비례가 아니다.

428 a)

밑면의 넓이	높이
5	100
10	50
20	25
40	12.5
50	10
100	5

b) (밑면의 넓이)×(높이)가 일정하므로 반비례이다.

429 a) $4\cdot 6=2x$, $x=12$, 12개월
b) $4\cdot 6=3x$, $x=8$, 8개월

430 a) $2\cdot 10=4x$, $x=5$, 5시간
b) $2\cdot 10=8x$, $x=2.5$, 2.5시간
c) $2\cdot 10=x$, $x=20$, 20시간
d) $2\cdot 10=5x$, $x=4$, 4시간

431 $100x=600\cdot 520$, $x=3\,120$, 3 120개

432 a) 반비례 b) 정비례
c) 반비례 d) 정비례

44 반비례하는 값들 97p

433 a)

v(km/h)	$t(h)$	곱 vt(km)
40	4.5	180
50	3.6	180
60	3.0	180
80	2.25	180
100	1.8	180
120	1.5	180

b) $2x=180$, $x=90$, 90 km/h
c) $2.5x=180$, $x=72$, 72 km/h

434 $45\cdot\frac{40}{60}=20x$, $x=1.5$, 90분

435 a) $\frac{x}{4}=\frac{90}{45}$, $x=8$, 8일
b) $\frac{x}{4}=\frac{90}{60}$, $x=6$, 6일
c) $\frac{x}{4}=\frac{90}{72}$, $x=5$, 5일
d) $\frac{x}{4}=\frac{90}{40}$, $x=9$, 9일

436 a) $30\cdot 8=20x$, $x=12$, 12일
b) $30\cdot 8=40x$, $x=6$, 6일

437 a) $3\cdot 200=4x$, $x=150$, 150 €
b) $3\cdot 200=5x$, $x=120$, 120 €
c) $3\cdot 200=6x$, $x=100$, 100 €
d) $3\cdot 200=8x$, $x=75$, 75 €

438 $4\cdot 18=3x$, $x=24$, 24명

439 $95\cdot 37=120x$, $x\fallingdotseq 30$, 30개

440 a) $2048x=1024\cdot 33$, $x=16.5$, 16.5초
b) $256x=1024\cdot 33$, $x=132$, 132초=2분 12초

441 a) $6\cdot 1\,024x=1\,024\cdot 320$, $x=53.3\cdots$, 약 53초
b) $320-53=267$, 267초=4분 27초

442 a) $20x=18\cdot 9.50$, $x=8.55$ €
b) $15x=18\cdot 9.50$, $x=11.40$ €

45 비례의 활용 99p

443 a) $\frac{1.5}{x}=\frac{12}{36}$, $x=4.5$, 4.5 dL

b) $50 \cdot 12=40x$, $x=15$, 15 g

444 a) $15 \cdot 4=20x$, $x=3$, 3개

b) $15 \cdot 3=20x$, $x=2.25$, 2.25 dL

445 a) $22 \cdot 4=16x$, $x=5.5$, 5시간 30분

b) $22 \cdot 4=24x$, $x \fallingdotseq 3.66\cdots$, 3시간 40분

446 $\frac{9}{x}=\frac{135}{336}$, $x=22.4$, 약 22 cm

447 a) 기울기가 10 인 정비례

b) $\frac{10}{x}=\frac{1}{4.5}$, $x=45$, 45 m/s

c) $\frac{\Delta v}{\Delta t}=\frac{30}{3}=10\ \text{m/s}^2$

448 빌푸의 임금을 x (€)라고 하자.

$\frac{x}{3}=\frac{12\,000}{8}$, $x=4\,500$

빌푸의 임금은 4 500 €, 빌야미의 임금은 7 500 €

449 $\frac{x}{2}=\frac{67}{19}$, $x=7.052\cdots$, $7.05-2=5.05$, 약 5일

450 a) $\frac{x}{80}=\frac{100}{76}$, $x=105.2\cdots$, 약 110 km/h

b) $\frac{x}{76}=\frac{90}{80}$, $x=85.5$, 약 86 km/h

46 이차함수와 포물선 101p

451 a) $f(1)=1$

b) $f(-0.7)=0.49$

c) $f(x)=4$, $x^2=4$, $x^2-4=0$, $(x+2)(x-2)=0$, $x=2$ 또는 $x=-2$

d) $(0,\ 0)$

452 a) $f(2)=0$ b) $f(3)=5$

c) $f(-2)=0$ d) -4

453 a) $f(5)=5^2=25$ 그래프 위에 있다.

b) $f(-4)=(-4)^2=16$ 그래프 위에 있다.

c) $f(8)=8^2=64$ 그래프 위에 있지 않다.

d) $f(-12)=(-12)^2=144$ 그래프 위에 있지 않다.

454 a) $f(4)=-1$

b) $f(-3)=-2.75$

c) $f(x)=0$, $x=\sqrt{20}$ 또는 $x=-\sqrt{20}$

d) $f(x)=-4$, $x=2$ 또는 $x=-2$

e) $(0,\ -5)$

455 a) $f(3)=1.5$

b) $f(-1)=1.5$

c) $f(x)=3$, $x=0$, $x=2$

d) $f(x)=-1$, $-0.5x^2+x+3=-1$, $x^2-2x-8=0$, $x=-2$ 또는 $x=4$

e) 3.5

456 a) $f\left(\frac{1}{2}\right)=\left(\frac{1}{2}\right)^2-2=-1\frac{3}{4}$ 그래프 위에 있다.

b) $f\left(\frac{1}{3}\right)=\left(\frac{1}{3}\right)^2-2=-1\frac{8}{9}$ 그래프 위에 있지 않다.

c) $f\left(-\frac{2}{3}\right)=\left(-\frac{2}{3}\right)^2-2=-1\frac{5}{9}$ 그래프 위에 있지 않다.

d) $f\left(-\frac{5}{4}\right)=\left(-\frac{5}{4}\right)^2-2=-\frac{7}{16}$ 그래프 위에 있다.

47 이차함수의 종류 103p

457 a)

x	$y=x^2$	(x, y)
0	0	(0, 0)
0.5	0.25	(0.5, 0.25)
−0.5	0.25	(−0.5, 0.25)
1	1	(1, 1)
−1	1	(−1, 1)
1.5	2.25	(1.5, 2.25)
−1.5	2.25	(−1.5, 2.25)
2	4	(2, 4)
−2	4	(−2, 4)
2.5	6.25	(2.5, 6.25)
−2.5	6.25	(−2.5, 6.25)
3	9	(3, 9)
−3	9	(−3, 9)

b)

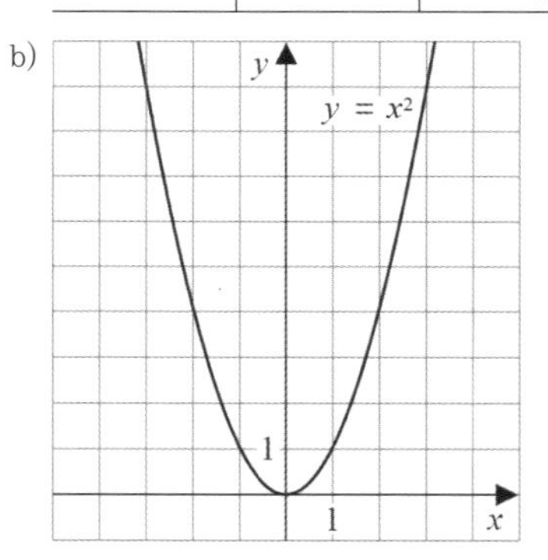

458 a) $x=4$ 또는 $x=-4$ b) $x=5$ 또는 $x=-5$

c) $x=7$ 또는 $x=-7$ d) 근이 존재하지 않는다.

459 a) $x=2$, $x=-2$ b) $x=2$, $x=-2$

460 $x=3$, $x=-3$

461 a)

x	$y=x^2-2$	(x, y)
0	-2	$(0, -2)$
0.5	-1.75	$(0.5, -1.75)$
-0.5	-1.75	$(-0.5, -1.75)$
1	-1	$(1, -1)$
-1	-1	$(-1, -1)$
1.5	0.25	$(1.5, 0.25)$
-1.5	0.25	$(-1.5, 0.25)$
2	2	$(2, 2)$
-2	2	$(-2, 2)$
2.5	4.25	$(2.5, 4.25)$
-2.5	4.25	$(-2.5, 4.25)$
3	7	$(3, 7)$
-3	7	$(-3, 7)$

b)

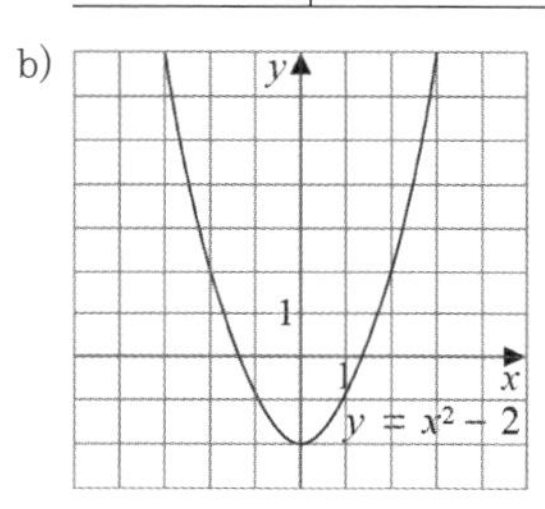

c) 아래로 볼록하다.

d) $x^2-2=0$, $x=\sqrt{2}\fallingdotseq 1.4$, $x=-\sqrt{2}\fallingdotseq -1.4$

462 a)

x	$y=-x^2+5$	(x, y)
0	5	$(0, 5)$
0.5	4.75	$(0.5, 4.75)$
-0.5	4.75	$(-0.5, 4.75)$
1	4	$(1, 4)$
-1	4	$(-1, 4)$
1.5	2.75	$(1.5, 2.75)$
-1.5	2.75	$(-1.5, 2.75)$
2	1	$(2, 1)$
-2	1	$(-2, 1)$
2.5	-1.25	$(2.5, -1.25)$
-2.5	-1.25	$(-2.5, -1.25)$
3	-4	$(3, -4)$
-3	-4	$(-3, -4)$

b)

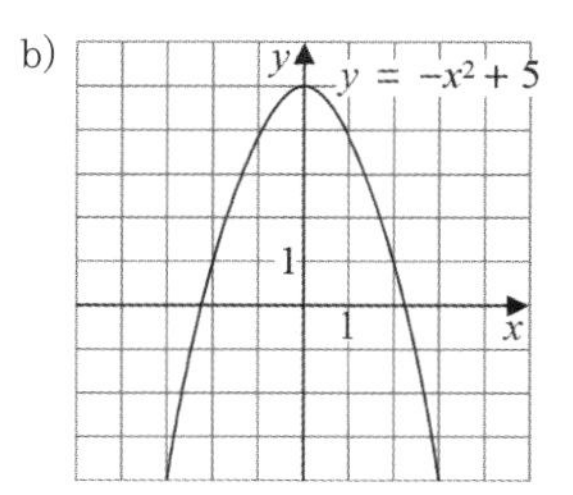

c) 위로 볼록하다.

d) $-x^2+5=0$, $x=\sqrt{5}\fallingdotseq 2.2$, $x=-\sqrt{5}\fallingdotseq -2.2$

463 a) x축과 만나지 않는다.
b) $x=10$, $x=-10$
c) $x=7$, $x=-7$

464 a) 꼭짓점의 좌표가 $(0, -7)$이고 아래로 볼록하므로 x축과 두 개의 점에서 만난다.
b) x축과 한 개의 점에서 만난다.
c) x축과 만나지 않는다.
d) 꼭짓점의 좌표가 $(0, 4)$이고 위로 볼록하므로 x축과 두 개의 점에서 만난다.

465 a) 3.2 m b) 4.55 m c) 0 m

466 3.5 m 또는 12.5 m

467 a) 1.5 m b) 8.4 m
c) 50 m d) 12 m
e) 1.2 m 또는 47.5 m

468 a) 14 m b) 1초
c) 2초 d) 19 m
e) 0초에서 1초 사이 f) 3초

49 부등식 107p

469 a) $x=4$를 $x<4$에 대입하면 $4<4$이므로 부등식이 성립하지 않는다.
따라서 4는 $x<4$의 해가 아니다.
b) $3<4$이므로 부등식이 성립한다.
따라서 3은 $x<4$의 해이다.
c) $-4<4$이므로 부등식이 성립한다.
따라서 -4는 $x<4$의 해이다.

470 a) $x=-1$을 $x\geq -2$에 대입하면 $-1\geq -2$이므로 부등식이 성립한다.
따라서 -1은 $x\geq -2$의 해이다.
b) $-2\geq -2$이므로 부등식이 성립한다.
따라서 -2는 $x\geq -2$의 해이다.
c) $-3\leq -2$이므로 부등식이 성립하지 않는다.
따라서 -3는 $x\geq -2$의 해가 아니다.

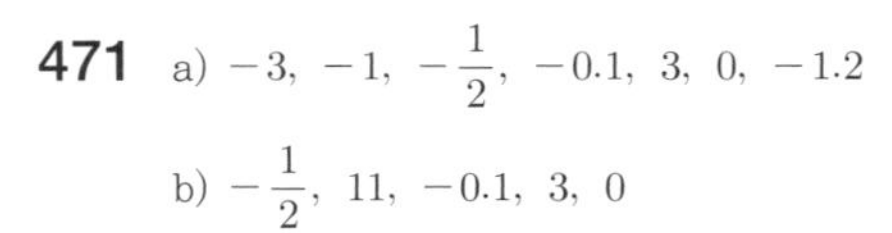

471 a) $-3,\ -1,\ -\frac{1}{2},\ -0.1,\ 3,\ 0,\ -1.2$

b) $-\frac{1}{2},\ 11,\ -0.1,\ 3,\ 0$

472

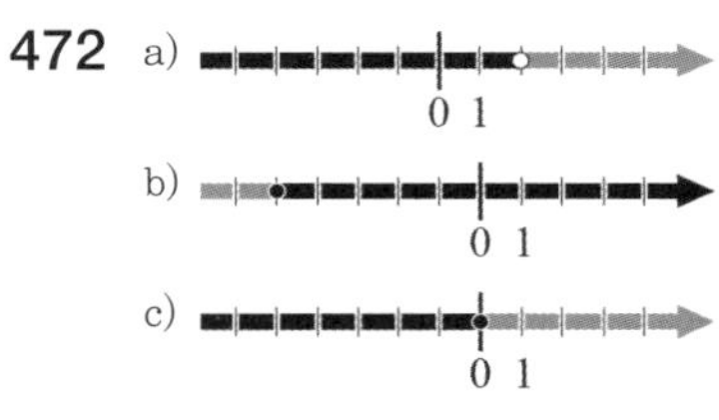

473 a) $6<7$　　b) $1.3>-0.2$
c) $-3.6<2.5$　　d) $-0.1<-0.01$

474 a) $x>3$　b) $x\ge-2$　c) $x<4$　d) $x\le-2$

475 a)

b)

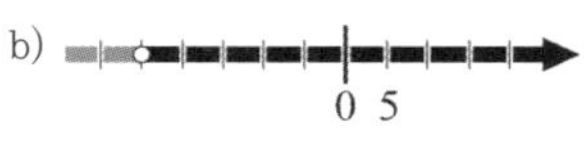

c) d)

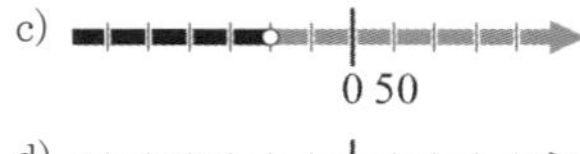

476 a) $x\ge6$　b) $x<6$　c) $x>-4$　d) $x\le15$

477 a) $\frac{1}{3}<\frac{1}{2}$　　b) $\frac{1}{3}>-\frac{1}{2}$

c) $-\frac{1}{3}<\frac{1}{2}$　　d) $-\frac{1}{3}>-\frac{1}{2}$

478 a) $x=4$를 $x+2<5$에 대입하면 $6<5$이므로 부등식이 성립하지 않는다.
따라서 4는 $x+2<5$의 해가 아니다.
b) 부등식의 해이다.
c) 부등식의 해가 아니다.

479 a) 부등식의 해가 아니다.
b) 부등식의 해이다.
c) 부등식의 해이다.

480 a) $1.5,\ \frac{1}{2},\ \frac{1}{4},\ 0,\ 0.1$

b) $-7,\ \frac{1}{2},\ \frac{1}{4},\ -1,\ 0,\ 0.1,\ -2$

481 a) $x<9$　b) $x>-3$　c) $x>-8$　d) $x>-3$

50 부등식의 풀이 109p

482 a) $x>-1$　　b) $x<-1$

483 a) $x<4$　　b) $x\ge4$

484 a) $x\le-2$　　b) $x>-2$

485 a) $x\ge0$

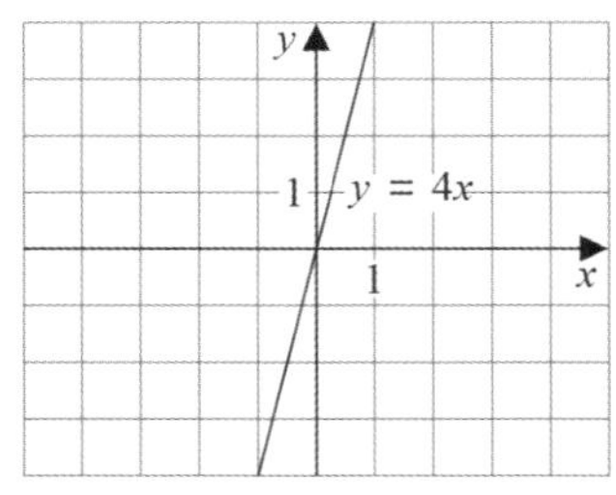

b) $x<0$

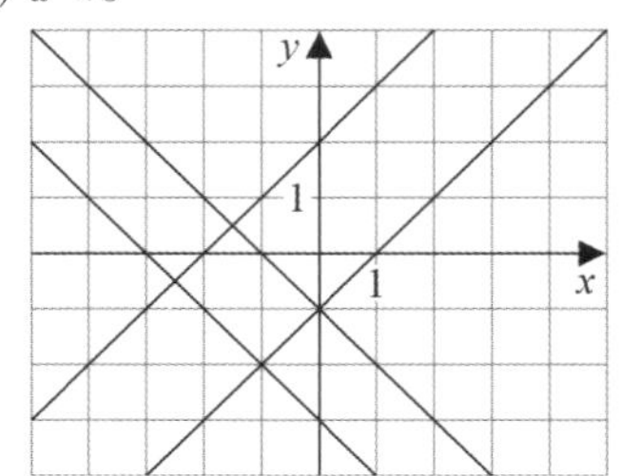

486 b) $y=-x-1$　　c) $y=x+2$

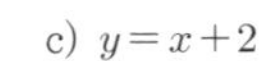

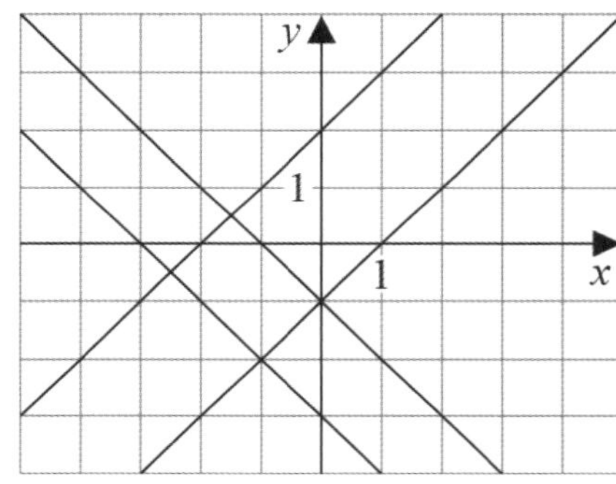

a) $y=x-1$　　d) $y=-x-3$

487 a) $x\ge\frac{3}{2}$　b) $x\le-2$　c) $x>4$　d) $x<-4$

488 a) $x<-4$　b) $x\ge-2$　c) $x\le-8$　d) $x<-4$

489 a) $x=2$ 또는 $x=-2$　　b) $x<-2$ 또는 $x>2$

490 a) $x=3$ 또는 $x=-3$　　b) $x\le-3$ 또는 $x\ge3$

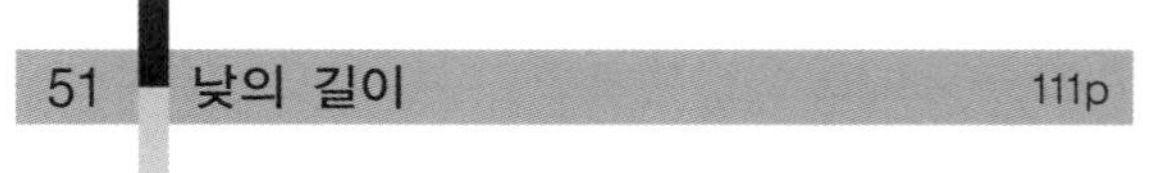

51 낮의 길이 111p

491 a) 6시간　b) 3.5시간　c) 0시간　d) 동지

492 a) 3월과 9월　　b) 춘분과 추분

493 a) 2월과 10월　b) 2월과 10월　c) 3월과 10월

494 a) 20시간이 되는 달은 없다.　b) 5월과 7월
c) 5월과 8월

495 a) 1월과 12월　b) 1월과 11월　c) 2월과 11월

496 a) 9시간　b) 8시간　c) 7시간

497 a) 5.5시간　b) 2.5시간

498 a) 5시간　b) 3.5시간　c) 3시간

499 4월

500 a) 낮의 길이를 나타내는 세로축의 값이 0이다.
b) $1\frac{2}{3}$ 개월 (11월 26일 경~1월 15일 경)
c) $2\frac{1}{3}$ 개월 (5월 17일 경~7월 26일 경)
d) 없다.

501 a) 시계 반대 방향으로 시침을 한 칸
b) 실시하지 않았다.
c) 그래프의 낮 시간을 나타내는 세로축이 한 칸씩 위로 올라간다.
d) 길어진 낮 시간을 충분히 활용할 수 있다.

52 방목장 113p

502

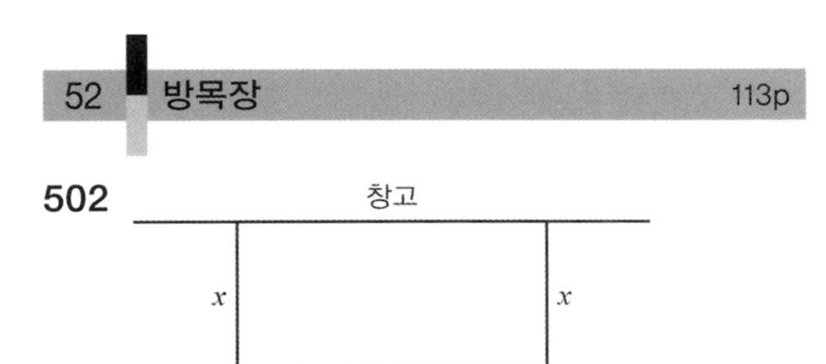

a) $A=3\cdot14=42\text{ m}^2$　b) $A=4\cdot12=48\text{ m}^2$
c) $A=5\cdot10=50\text{ m}^2$　d) $A=6\cdot8=48\text{ m}^2$

503

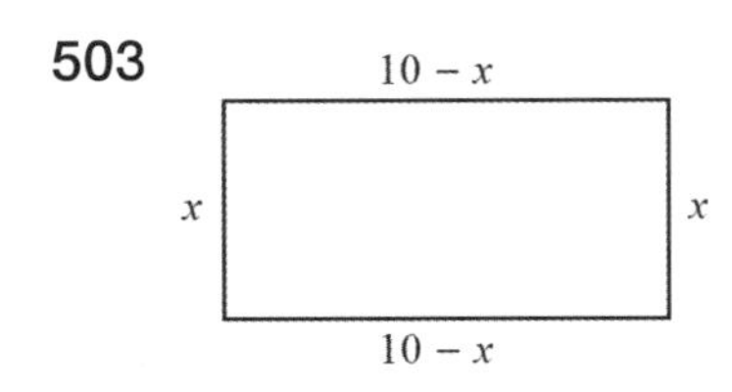

a) $A=3\cdot7=21\text{ m}^2$　b) $A=4\cdot6=24\text{ m}^2$
c) $A=5\cdot5=25\text{ m}^2$　d) $A=6\cdot4=24\text{ m}^2$

504 a) 10 m와 80 m 또는 40 m와 20 m
b) 20 m와 60 m 또는 30 m와 40 m

505 a) 음의 길이는 존재하지 않기 때문이다.
b) $x=50$일 때 호숫가와 나란한 길이가 0이므로 직사각형의 공간이 성립하지 않는다.

506 a)

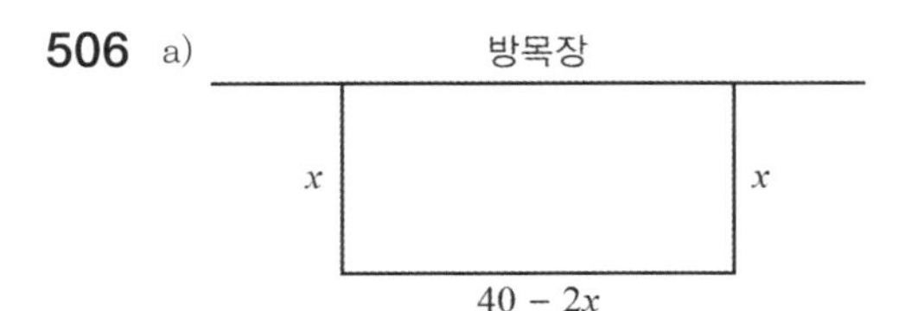

b) 호숫가와 나란한 변의 길이가 음수일 수 없으므로 $40-2x>0$, $0<x<20$
c) $40-2x$
d) $A(x)=x(40-2x)=40x-2x^2=-2x^2+40x$

507 a) $0<x<50$

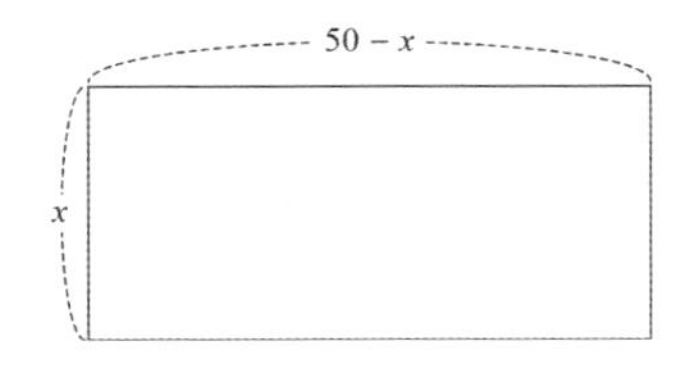

b) $50-x$
c) $A(x)=x(50-x)=50x-x^2=-x^2+50x$
d) 그래프에 따르면 방목장의 넓이는 한 면의 길이가 25 m일 때 가장 크다. 이때 방목장의 또 다른 변의 길이는 $50-25=25$ m이다. 즉, 두 변의 길이가 각각 25 m일 때 방목장의 넓이는 가장 크다.
e) 625 m^2

53 복습 115p

508 a) 1 dL일 때 90 g, 5 dL일 때 450 g
b) 180 g일 때 2 dL, 360 g일 때 4 dL
c) $k=\frac{\Delta y}{\Delta x}=\frac{90}{1}=90$

509 a)

x	y	xy
1	120	120
2	60	120
5	24	120
8	15	120

b)

x	y	xy
1	160	160
4	40	160
5	32	160
20	8	160

510 $\frac{5}{x}=\frac{60}{96}$, $x=8$, 8개

511 $\frac{20}{x}=\frac{75}{30}$, $x=50$, 50분

512 a) $f(1)=-2$　b) $f(-1)=-2$
c) $f(2)=1$　d) -3

513 a) 0 1

b) 0 1

c) 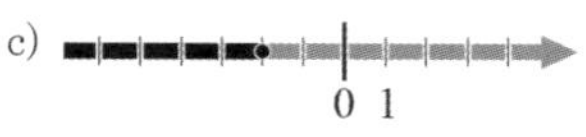

d) 0 1

514 a) $0.1<1$ b) $19.3>19.03$
c) $0.9>0.89$ d) $-2.6<-2.5$

515 a) 함숫값이 0보다 작은 때의 x를 구하면 $x<2$
b) $x \geq 6$

516 a) 킬로미터 속도 (km/h) / 노트

b) $\dfrac{43.6}{x}=\dfrac{25}{6}$, $x=10.5$, 10.5 km/h

c) $\dfrac{43.6}{x}=\dfrac{25}{22}$, $x=38.4$, 38.4 km/h

517 a) $20 \cdot 40=16x$, $x=50$, 50 €
b) $20 \cdot 40=25x$, $x=32$, 32 €

518 a) $512 \cdot 58=1\,024 \cdot 2x$, $x=14.5$, 14.5초
b) $58-14.5=43.5$초

519 a) $y=-x^2+2$

b) 위로 볼록하다.
c) x축과 두 개의 점에서 만난다.

520 a) $x=0$
b) $-x^2+121=0$, $(x+11)(x-11)=0$,
$x=11$ 또는 $x=-11$
c) x축과 만나지 않는다.
d) $x=\sqrt{98}\fallingdotseq 9.9$, $x=-\sqrt{98}\fallingdotseq -9.9$

521 a) $f(5)=-21$, $(5,\ -29)$는 함수의 그래프 위에 있지 않다.
b) $f(-5)=-21$, $(-5,\ -29)$는 함수의 그래프 위에 있지 않다.
c) $f(4)=-12$, $(4,\ -12)$는 함수의 그래프 위에 있다.
d) $f(-4)=-12$, $(-4,\ -12)$는 함수의 그래프 위에 있다.

522 a) $x>-7$ b) $x<8$ c) $x>-6$

523 a) $2 \cdot 0-3=-3<-4$는 부등식이 성립하지 않으므로 $x=0$은 부등식의 해가 아니다.
b) $2 \cdot (-1)-3=-5<-4$는 부등식이 성립하므로 $x=-1$은 부등식의 해이다.
c) $2 \cdot (-2)-3=-7<-4$는 부등식이 성립하므로 $x=-2$는 부등식의 해이다.

524 a) $x \geq 2$ b) $x<2$

525 a) $x>1$ b) $x \leq 0$ c) $x<9$ d) $x>-3$

526 a) $x=2$ 또는 $x=-2$ b) $x<-2$ 또는 $x>2$

제 3 부 | 방정식과 연립방정식 — 해설 및 정답

54 다항식의 덧셈과 뺄셈 119p

527 a) $3x+7+(x+4)=4x+11$
b) $3x+7-(x+4)=2x+3$

528 a) $x^2+1-(5x^2-4)=-4x^2+5$
b) $-4 \cdot 5^2+5=-95$

529

a) $7x^2-3x$	O	f) $7x^2-3x$	O
b) $7x^3-3x$	R	g) $6x+4$	L
c) $7x+7$	N	h) $7x^2-3x$	O
d) $7x^2+3$	I	i) $10x-4$	G
e) $6x^2-4x$	T	j) $7x^2+3$	I

<ORNITOLOGI> 조류학자

530

$10x^2+8$	$2x^2-1$	x^2	$-x^2+3$
$8x^2+9$	x^2-1	$2x^2-3$	
$7x^2+10$	$-x^2+2$		
$8x^2+8$			

531 a) $9x^2-x-7+(10x^2-x+7)=19x^2-2x$
b) $9x^2-x-7-(10x^2-x+7)=-x^2-14$

532 a) $2x+1$, -5 b) $30x^2-7x$, 291
c) $20x+20$, -40

533 a) $-x^3-8+(4x^3-9)=3x^3-17$, -20
b) $-2x^2+11-(-2x^2)=11$, 11
c) $8x^4-2x-(x^4-11x-2)=7x^4+9x+2$, 0

534 a) $\square=9x-6$
b) $\square=(3x^2+8)+(4x^2+10x)=7x^2+10x+8$
c) $\square=(6x^2+5)-(x+3)=6x^2-x+2$

535 a) $3x^2$, $4x^2$
b) $-2x^3+7$, $-3x^3+1$
c) $-3x^4+x^3-x^2$, $-x^3+2x^2-10$

55 다항식의 곱셈과 나눗셈 121p

536 a) x^2 b) x^5 c) $8x^7$
d) $-3x^9$ e) $24x^4$ f) $-36x^{14}$

537 a) $6x-10$ b) $-9x-27$

538 a) $-5x^2+30x$ b) $-8x^2+36x$

539 a) x^2-1 b) x^2+4x+4

540 a) $6x$ b) $4x^3$

541 a) $2x-3$ b) $9x+4$ c) $9x+5$
d) $x+3$ e) $x-2$ f) $5x+1$
g) $x-2$ h) $4x-2$ i) $4x+3$

542 a) $12x^2$ b) $3x^2+2$

543 a) $7x^3(6x^2-9x)=42x^5-63x^4$
b) $-x(-2x^4+8x^3)=2x^5-8x^4$
c) $(x+9)(x-9)=x^2-81$
d) $(x-4)(4x+5)=4x^2-11x-20$

544 a) $\dfrac{-25x+100}{5}=-5x+20$
b) $\dfrac{56x^2-24}{8x}=7x-3$

545 a) 10 b) $13x-28$

546 a) $30x-27$, 63 b) $20x^2-35x$, 75
c) $-x-10$, -13

547 a) $6x^2$ b) $9x^2-11x$
c) $-3x^2+1$ d) $12x$

548 a) $-x^2+10$ b) $-28x^2$
c) $10x+1$ d) $-14x^3$

56 방정식과 그 풀이 123p

549 a) $7+3=10$이므로 $x=7$은 방정식의 근이다.
b) $8\cdot7+5=61$, $9\cdot7-1=62$이므로 $x=7$은 방정식의 근이 아니다.
c) $6\cdot7-3=39$, $4\cdot7+11=39$이므로 $x=7$은 방정식의 근이다.

550

a) $x=9$	P	f) $x=-5$	I
b) $x=21$	R	g) $x=-40$	S
c) $x=-10$	O	h) $x=-10$	O
d) $x=0$	V	i) $x=21$	R
e) $x=12$	I	j) $x=12$	I

<PROVIISORI> 약사

551 a) $x+3=12$, $x=9$ b) $x-7=4$, $x=11$

552 a) $x=7$
b) 근이 없다.(불능)
c) 근이 무수히 많다.(항등식)
d) $x=0$

553 a) $x=-8$은 근이 아니다.
b) $-(-8)^2-4\cdot(-8)=-32$ $x=-8$은 근이다.
c) $(-8)^2-5=59$, $-9\cdot(-8)-13=59$이므로 $x=-8$은 근이다.

554 a) $x=5$ b) $x=-16$ c) $x=7$ d) $x=-13$

555 a) 근이 없다.(불능) b) $x=3$
c) 근이 무수히 많다.(항등식)
d) $x=-7$

556 a) $x-3=3x$, $x=-1\frac{1}{2}$ b) $x+5=4-x$, $x=-\frac{1}{2}$

557 $4(x+1)=5x$, $x=4$
도형 A의 한 변의 길이 : $x+1=5$
도형 B의 한 변의 길이 : $x=4$

558 $2(2x+3)+2(x+5)=4(2x+1)$, $x=6$
도형 A의 가로 길이 : $2x+3=15$
도형 A의 세로 길이 : $x+5=11$
도형 B의 한 변의 길이 : $2x+1=13$

57 방정식 연습 125p

559 a) $x=11$ b) $x=2$ c) $x=-5$ d) $x=9$

560 a) $x=45$ b) $x=10$ c) $x=6$ d) $x=12$

561

a) $x=15$	S	e) $x=5$	I
b) $x=30$	T	f) $x=15$	S
c) $x=10$	A	g) $x=30$	T
d) $x=30$	T	h) $x=20$	I

<STATISTI> 여분의, 정원 외의

562 a) $\dfrac{x}{5}=3$, $x=15$ b) $\dfrac{x}{3}+2=5$, $x=9$
c) $\dfrac{x}{4}-\dfrac{x}{6}=1$, $x=12$

563 a) $4(x-6)=8$, $x=8$　b) $\frac{x+3}{2}=13$, $x=23$

c) $\frac{x-7}{3}=x$, $x=-3\frac{1}{2}$

564 a) 근이 없다.(불능)

b) $x=\frac{1}{2}$

c) 근이 무수히 많다.(항등식)

d) $x=-14$

565 a) $x=4$　b) $x=7$　c) $x=2$　d) $x=3$

566 a) $x=4$　b) $x=18$　c) $x=-10$

567 욘나 : $\frac{x+9}{5}=15$, $x=66$

사투 : $\frac{x+9}{5}=0$, $x=-9$

카이야 : $\frac{x+9}{5}=-10$, $x=-59$

58 방정식 활용 127p

568 $45-x=x+21$, $x=12$, 12 m, 33 m

569 $23-x=x+7$, $x=8$, 8 m, 15 m

570 $21 \cdot \frac{3}{7}=9$, $21 \cdot \frac{4}{7}=12$, 9 m, 12 m

571 B조의 인원을 x라고 하면
$19-x=x+3$, $x=8$
A조 11명, B조 8명

572 아침조의 인원을 x라고 하면
$x+(x+1)+(x+3)=19$, $x=5$
아침조 5명, 점심조 6명, 저녁조 8명

573 $\frac{x}{2}+\frac{x}{3}+3=x$, 18마리

574 $\frac{x}{4}+\frac{2x}{5}+\frac{x}{6}+22=x$, $x=120$, 120쪽

575 테르투는 전체 카드의 $\frac{1}{4}$인 17장을 갖는다. 남은 카드는 51장이지만 책상 아래 2장이 있었으므로 49장의 카드를 나누는 것과 같다. 레아의 카드를 x로 놓으면 레아(x) + 헬리$(x+5)$ + 카리나$(2x)=4x+5=49$이므로 $x=11$이다.
테르투 17장, 레아 11장, 헬리 16장, 카리나 22장

576 카네르바가 출발할 때 가지고 있던 돈을 x라고 하면 라우라가 출발할 때 가지고 있던 돈은 $(x-2)$이다. 캠핑 학교를 끝내고 둘이 가진 돈의 합을 식으로 만들면 $(x-13)+(x-14)=3$, $x=15$이므로 처음 가지고 있던 돈은 카네르바가 15 €, 라우라가 13 €이다.

577 야코가 쓴 돈을 x라고 하면 마루코가 쓴 돈은 $2x$이다. 남은 돈에 관한 식을 만들면 $2(4.5-2x)=3-x$, $x=2$이므로 아야코가 쓴 돈은 2 €, 마루코가 쓴 돈은 4 €이다.

59 변수가 두 개인 방정식 129p

578 a) $x=2$, $y=3$을 방정식에 대입하면 성립하므로 만족한다.

b) 방정식을 만족하지 않는다.

c) 방정식을 만족한다.

d) 방정식을 만족하지 않는다.

579 b), c), e), f) <GRIP> 손잡이

580 a) 예 : (0, 8), (2, 6), (4, 4), (5, 3), (7, 1)

b)

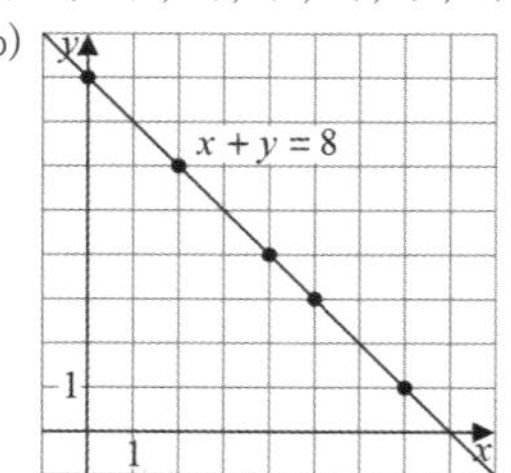

581 a) 예 : (0, 5), (1, 4), (2, 3), (3, 2), (4, 1)

b) 예 : (5, 4), (4, 3), (3, 2), (2, 1), (1, 0)

c) (3, 2)

582 a) $y=x-3$　b) $y=-3x+4$

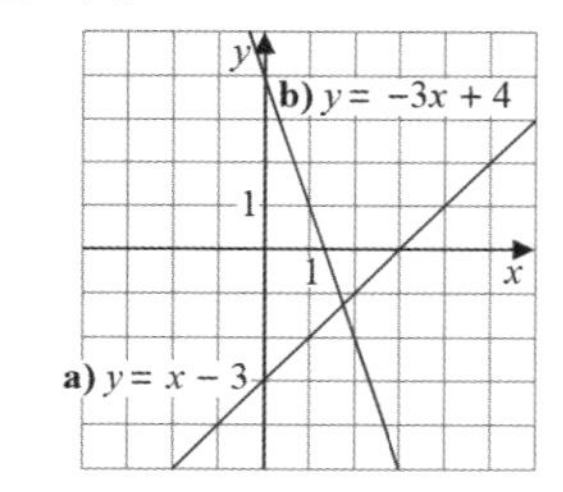

583 a) $y=-x+4$　b) $y=3x+2$

584 a) $x+y=6$　b) $y=-x+6$

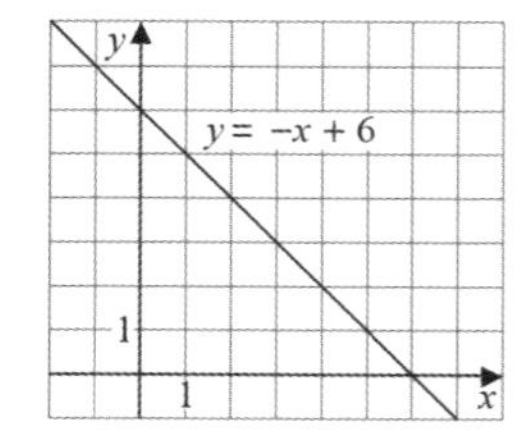

585 a) $x-y=4$ b) $y=x-4$

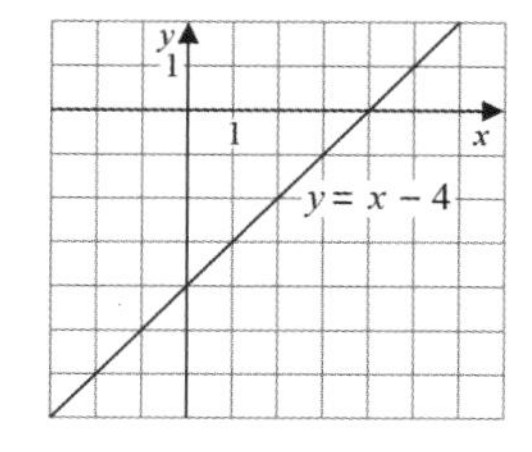

586 a) 예 : (3, 8), (4, 9), (5, 10)
b) 예 : (3, 5), (4, 7), (5, 9)
c) (6, 11)

587 a) 예 : (0, −9), (1, −13), (−1, −5)
b) 예 : (0, 3), (1, 5), (−1, 1)
c) (−2, −1)

588 a) $y=2x+3$ b) $y=-2x-1$

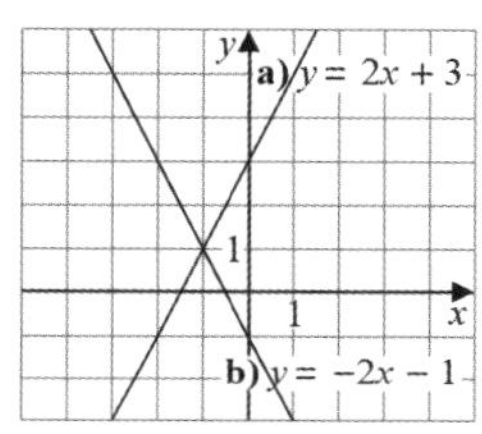

589 A = 0, B = 5, C = 8, D = 2

답 : (5, 12)

60 연립방정식 131p

590 a) $x=2,\ y=-3$ b) $x=-2,\ y=1$

591 a) $x=6,\ y=13$을 $y=2x+1,\ y=x+7$에 대입하면 두 방정식을 모두 만족하므로 연립방정식의 해이다.
b) $x=6,\ y=13$을 $y=4x-9$에 대입하면 방정식이 성립하지 않으므로 연립방정식의 해가 아니다.

592 a) $x=8,\ y=7$을 $x+y=15,\ y-x=-1$에 대입하면 두 방정식을 모두 만족하므로 연립방정식의 해이다.
b) $x=8,\ y=7$을 $-x+2y=22$에 대입하면 방정식이 성립하지 않으므로 연립방정식의 해가 아니다.

593 a) $\begin{cases} y=2.5x+3 \\ y=-0.5x+3 \end{cases}$ b) $\begin{cases} y=-0.5x+3 \\ y=0.5x-1 \end{cases}$
c) $\begin{cases} y=2.5x+3 \\ y=0.5x-1 \end{cases}$

594 a) $x=-7,\ y=3$을 $-3y-4x=9$에 대입하면 방정식이 성립하지 않으므로 연립방정식의 해가 아니다.
b) $x=-7,\ y=3$을 $x-y=-10,\ y-x=10$에 대입하면 두 방정식을 모두 만족하므로 연립방정식의 해이다.

595 a)

방정식	좌변	우변
$-x+y=-10$	$-4-6=-10$	-10
$x+2y=-10$	$4+2\cdot(-6)=-8$	-10

두 방정식 중 위 방정식은 만족하나 아래 방정식은 만족하지 않으므로 연립방정식의 해가 아니다.

b)

방정식	좌변	우변
$2x-y=14$	$2\cdot4-(-6)=14$	14
$\frac{x}{2}+\frac{y}{3}=0$	$\frac{4}{2}+\frac{-6}{3}=0$	0

주어진 두 방정식을 모두 만족하므로 연립방정식의 해이다.

596 a) $\begin{cases} y=x+3 \\ y=-2x+3 \end{cases}$
b) $\begin{cases} y=x+3 \\ y=2x+5 \end{cases}$ $\begin{cases} y=x+3 \\ y=-3x-5 \end{cases}$ $\begin{cases} y=2x+5 \\ y=-3x-5 \end{cases}$

597 두 방정식의 그래프를 그리면 평행이고 y절편이 서로 다른 두 개의 직선임을 알 수 있다. 평행인 두 직선은 만나지 않으므로 교점이 없고 따라서 연립방정식의 해가 없다.

598 a)

방정식	좌변	우변
$y=-3x$	3	$-3\cdot(-1)=3$
$y=-x+2$	3	$-(-1)+2=3$

(−1, 3)이 두 방정식을 모두 만족하므로 두 직선은 점 (−1, 3)에서 교차한다.

b)

방정식	좌변	우변
$y=-3x+6$	-3	$-3\cdot3+6=-3$
$y=x-6$	-3	$3-6=-3$

(3, −3)이 두 방정식을 모두 만족하므로 두 직선은 점 (3, −3)에서 교차한다.

599 a) $\begin{cases} x+y=13 \\ x-y=5 \end{cases}$, $x=9,\ y=4$
b) $\begin{cases} x+y=2 \\ x-y=2 \end{cases}$, $x=2,\ y=0$

61 그래프를 이용하여 연립방정식 풀기 133p

600 a) $x=2,\ y=2$ b) $x=2,\ y=3$

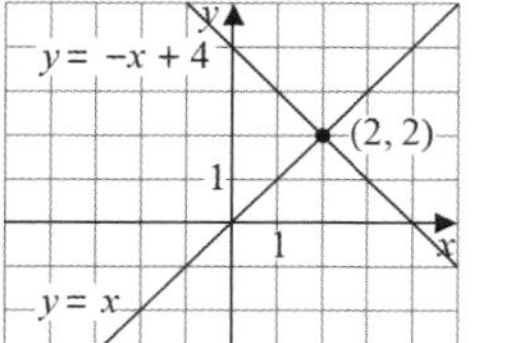

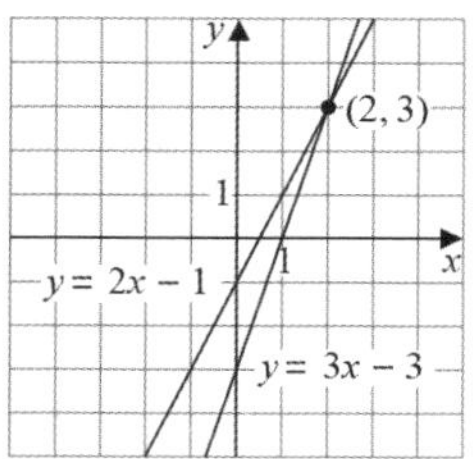

601 a) 해가 없다. b) 한 개 $x=1$, $y=2$

602 a) $x=-2$, $y=-1$ b) $x=4$, $y=2$

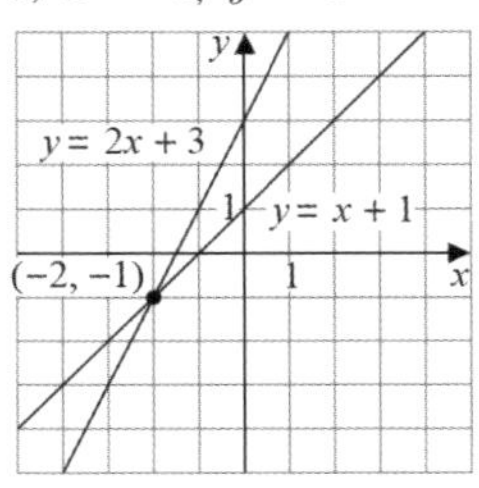

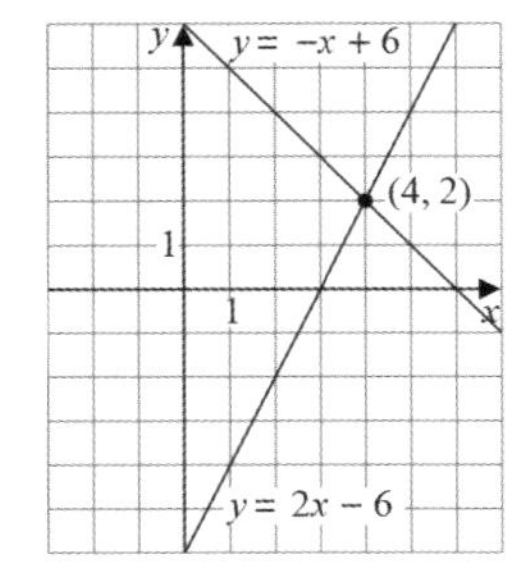

603 a) 해가 없다. b) $x=2$, $y=-2$

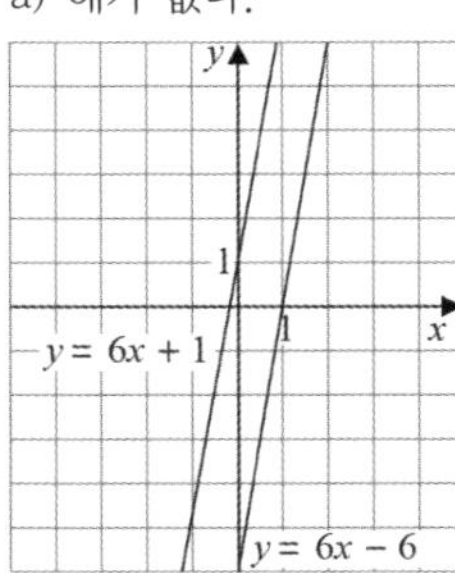

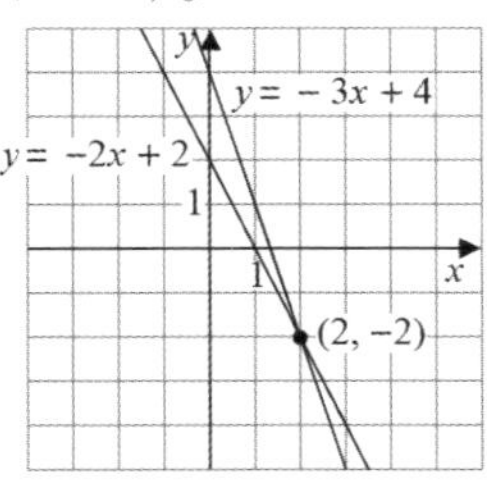

604 $(-1,\ 1)$, $(5,\ 7)$, $(1,\ -1)$

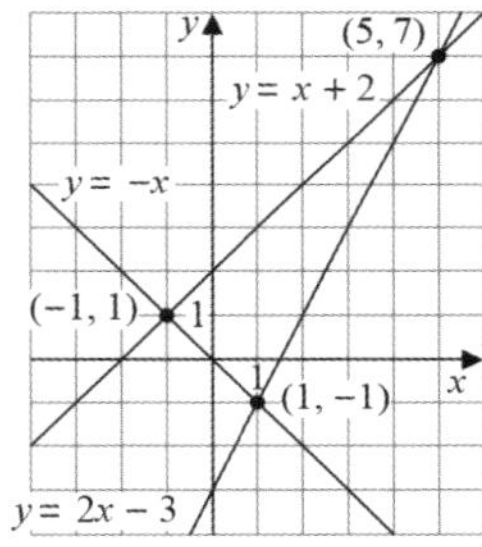

605 a) $x=1$, $y=5$

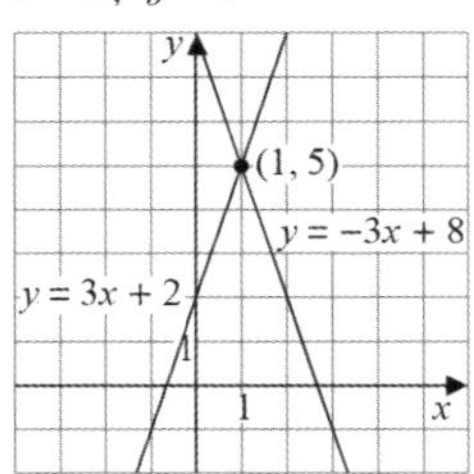

b) $x=-1$, $y=-3$

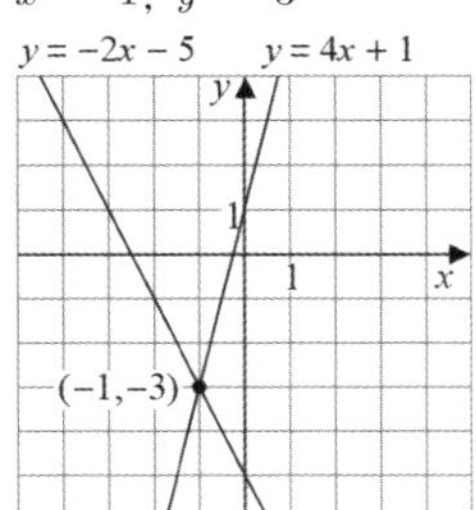

606 a) $x=4$, $y=2$

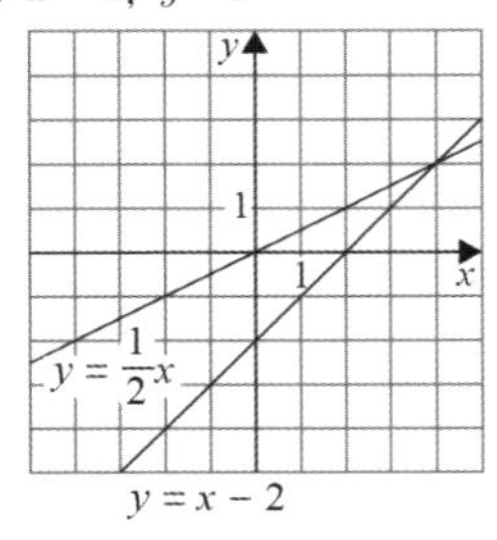

b) $x=-2$, $y=3$

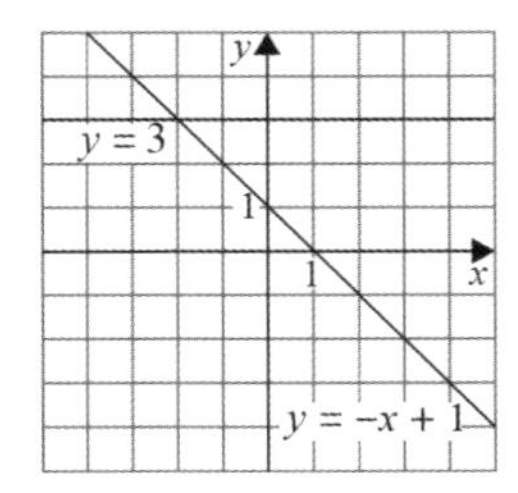

607 a) $x=-6$, $y=-1$

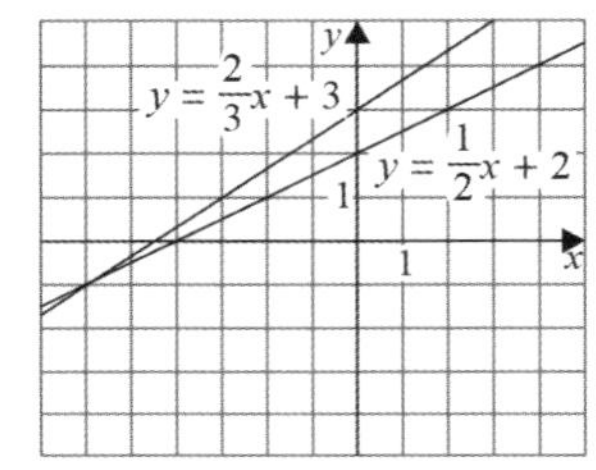

b) $x=-4$, $y=2$

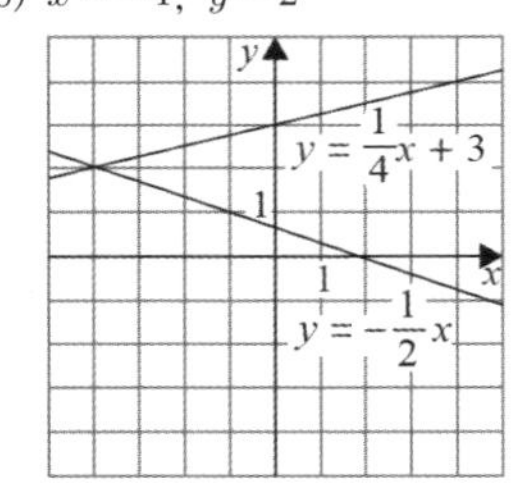

608 $y+x=8$, $y=-x+8$

$y-x=10$, $y=x+10$

연립방정식의 해는 $x=-1$, $y=9$이다.

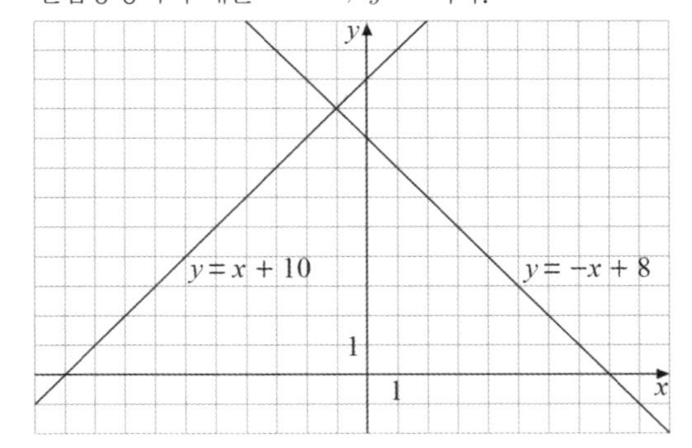

609 a) $\begin{cases} y = x+3 \\ y = -3x-1 \end{cases}$

연립방정식의 해는 $x=-1$, $y=2$이다.

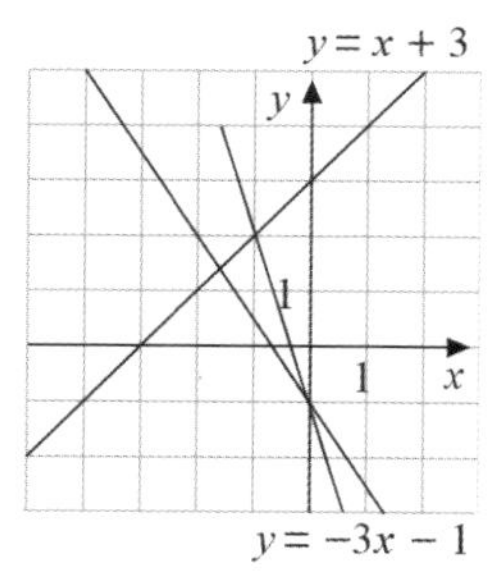

b) $\begin{cases} y = x-4 \\ y = -\dfrac{1}{2}x-1 \end{cases}$

연립방정식의 해는 $x=2$, $y=-2$이다.

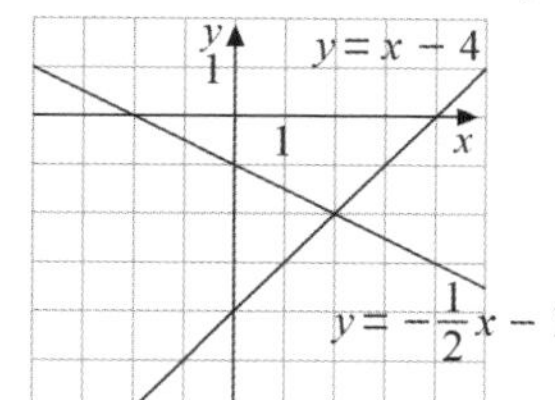

610 a) 해가 없다.(불능)

b) 해가 무수히 많다.(항등식)

611 a) $s: y=-\dfrac{1}{2}+2$, $r: y=-3x-1$, $t: y=2x-6$

b) 점 A는 s와 r의 교점이다.

점 A $\begin{cases} s: y=-\dfrac{1}{2}x+2 \\ r: y=-3x-1 \end{cases}$

점 B는 s와 t의 교점이다.

점 B $\begin{cases} s: y=-\dfrac{1}{2}x+2 \\ t: y=2x-6 \end{cases}$

점 C는 t와 r의 교점이다.

점 C $\begin{cases} t: y=2x-6 \\ r: y=-3x-1 \end{cases}$

62 대입법 135p

612 a) $2x-1=x+2$ b) $x=3$
c) $y=3+2=5$ d) $x=3$, $y=5$

613 a) $x=1$, $y=2$ b) $x=3$, $y=13$

614 a) $x=-2$, $y=3$ b) $x=2$, $y=3$

615 a) $x=-2$, $y=4$ b) $x=3$, $y=-7$

616 a) $x=4$, $y=3$ b) $x=-5$, $y=9$

617 a) $x=2$, $y=0$ b) $x=-3$, $y=-6$

618 $\begin{cases} y=4x-8 \\ y=-2x+10 \end{cases}$, $x=3$, $y=4$

619 a) ▼ = ●+6을 대입하면 ●+6+●+●=12이므로
●=2, ▼=8
b) ▼=2, ●=5
c) ▼=7, ●=2

620 a) $x=11$, $y=-5$ b) $x=2$, $y=0$

621 a) $x=-6$, $y=-7$ b) $x=-4$, $y=1$

622 a) $x=3$, $y=-5$ b) $x=-5$, $y=-2$

623 $\begin{cases} y=x-4 \\ y=-3x+4 \end{cases}$, $x=2$, $y=-2$

$\begin{cases} y=x-4 \\ y=2x-1 \end{cases}$, $x=-3$, $y=-7$

$\begin{cases} y=2x-1 \\ y=-3x+4 \end{cases}$, $x=1$, $y=1$

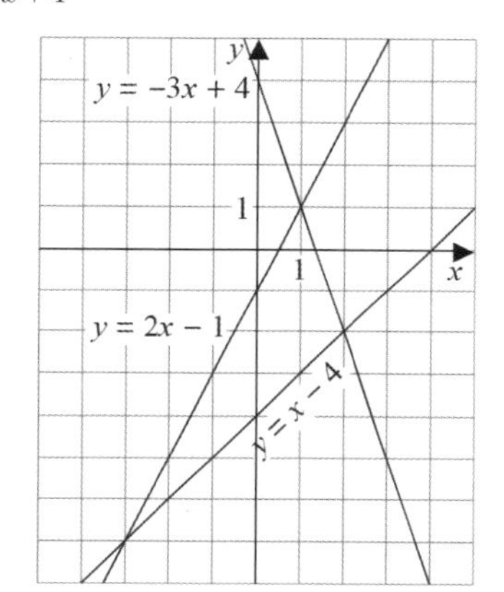

63 대입법 연습 137p

624 a) $x=2$, $y=3$ b) $x=5$, $y=4$

625 a) $x=3$, $y=5$ b) $x=-13$, $y=31$

626 a) $\begin{cases} x+y=15 \\ y=x+3 \end{cases}$ b) $x=6$, $y=9$

627 a) $x=9$, $y=25$ b) $x=5$, $y=-7$

628 a) $x=-2$, $y=-2$ b) $x=-3$, $y=7$

629 a) $\begin{cases} y=x+30 \\ x+y=120 \end{cases}$ b) $x=45$, $y=75$

630 a) $x=10$, $y=13$ b) $x=2$, $y=6$

631 a) $x=\dfrac{3}{4}$, $y=\dfrac{1}{2}$ b) $x=\dfrac{5}{7}$, $y=-\dfrac{2}{7}$

632 a) $x=8$, $y=1$ b) $x=6$, $y=5$

633 야나의 나이를 x, 헬리의 나이를 y라 하면
$\begin{cases} y=x+8 \\ y+3=2(x+3) \end{cases}$, $x=5$, $y=13$
야나의 나이 5살, 헬리의 나이 13살

634 세포의 나이를 x, 에스코의 나이를 y라 하면
$\begin{cases} y=x-9 \\ x+1=4(y+1) \end{cases}$, $x=11$, $y=2$
세포의 나이 11살, 에스코의 나이 2살

635 65센트짜리 우표의 개수를 x, 80센트짜리 우표의 개수를 y라 하면 $\begin{cases} x+y=18 \\ 65x+80y=1\,380 \end{cases}$
$y=18-x$를 아래 방정식에 대입하면
$65x+80(18-x)=1\,380$, $x=4, y=14$
65센트짜리 우표의 개수 4개, 80센트짜리 우표의 개수 14개

64 가감법 139p

636 a) $6x=30$ b) $x=5$
c) $10+5y=25$, $y=3$ d) $x=5$, $y=3$

637 a) $x=7$, $y=2$ b) $x=9$, $y=1$

638 $\begin{cases} x+y=77 \\ x-y=11 \end{cases}$, $x=44$, $y=33$

639 $\begin{cases} x+y=-84 \\ x-y=48 \end{cases}$, $x=-18$, $y=-66$

640 a) $x=5$, $y=7$ b) $x=9$, $y=4$

641 a) $x=9$, $y=20$ b) $x=-4$, $y=6$

642 a) 카스퍼가 일한 시간을 x, 유하가 일한 시간을 y라 하면
$\begin{cases} x+y=11 \\ 6x+7y=74 \end{cases}$, $x=3$, $y=8$
카스퍼가 일한 시간 3시간
b) 카스퍼의 보수 18 €, 유하의 보수 56 €

643 승용차의 수를 x, 모페드의 수를 y라 하면
$\begin{cases} x+y=39 \\ 4x+2y=124 \end{cases}$, $x=23$, $y=16$
승용차 23대, 모페트 16대

644 a) $x=-4$, $y=6$ b) $x=10$, $y=12$

645 a) $x=-6$, $y=9$ b) $x=-1$, $y=3$

646 a) $x=1$, $y=2$ b) $x=3$, $y=-9$

647 원형탁자의 수를 x, 학생의 수를 y라 하면
$\begin{cases} 8x+10=y \\ 9(x-1)+3=y \end{cases}$, $x=16$, $y=138$
원형탁자 16개, 학생 138명

648 색연필의 수를 x, 학생의 수를 y라 하면
$\begin{cases} 7(y-2)=x \\ 6y+7=x \end{cases}$, $x=133$, $y=21$
색연필 133개, 학생 21명

65 가감법 연습 141p

649 a) $x=11$, $y=-6$ b) $x=-3$, $y=3$

650 a) $x=4$, $y=2$ b) $x=-17$, $y=15$

651 a) $x=8$, $y=-7$ b) $x=-3$, $y=-7$

652 a) $x=7$, $y=-4$ b) $x=7$, $y=2$

653 엔니가 가진 돈을 x, 한나의 돈을 y라 하면
$\begin{cases} x+y=60 \\ x-y=20 \end{cases}$, $x=40$, $y=20$
엔니 40 €, 한나 20 €

654 사미가 가지고 있는 돈을 x, 라우리가 가지고 있는 돈을 y라 하면
$\begin{cases} x+y=57 \\ x-y=13 \end{cases}$, $x=35$, $y=22$
사미 35 €, 라우리 22 €

655 5 €짜리 지폐의 수를 x, 10 €짜리 지폐의 수를 y라 하면
$\begin{cases} x+y=19 \\ 5x+10y=140 \end{cases}$, $x=10$, $y=9$
5 €짜리 지폐 10장, 10 €짜리 지폐 9장

656 a) $x=-2$, $y=-4$ b) $x=8$, $y=-15$

657 a) $x=2$, $y=7$ b) $x=-3$, $y=6$

658 a) $x=5$, $y=-5$ b) $x=4$, $y=1$

659 1 €짜리 동전의 수를 x, 2 €짜리 동전의 수를 y라 하면
$\begin{cases} x+y=21 \\ x+2y=34 \end{cases}$, $x=8$, $y=13$
1 €짜리 동전 8개, 2 €짜리 동전 13개

660 큰 용량(1.75 L) 주스의 L당 가격을 x,
작은 용량(1.15 L) 주스의 L당 가격을 y라 하면
$\begin{cases} 1.75x+1.15y=7.33 \\ x-y=-0.12 \end{cases}$, $x=2.48$, $y=2.60$
큰 용량 주스의 L당 가격 2.48 €,
작은 용량 주스의 L당 가격 2.60 €

66 연립방정식 연습 143p

661 $\begin{cases} x+y=10 \\ x-y=20 \end{cases}$, $x=15$, $y=-5$

662 여학생의 수를 x, 남학생의 수를 y라 하면
$\begin{cases} x+y=26 \\ y=x+8 \end{cases}$, $x=9$, $y=17$
여학생 9명

663 여학생의 수를 x, 남학생의 수를 y라 하면
$\begin{cases} x+y=279 \\ y=x-17 \end{cases}$, $x=148$, $y=131$
여학생 148명, 남학생 131명

664 치마의 가격을 x, 바지의 가격을 y라 하면
$\begin{cases} x+y=51 \\ y=x+13 \end{cases}$, $x=19$, $y=32$
치마의 가격 19 €, 바지의 가격 32 €

665 재킷의 가격을 x, 셔츠의 가격을 y라 하면
$\begin{cases} x+y=136 \\ y=x-82 \end{cases}$, $x=109$, $y=27$
재킷의 가격 109 €, 셔츠의 가격 27 €

666 연필의 가격을 x, 지우개의 가격을 y라 하면
$\begin{cases} 5x+2y=6.50 \\ 2x+y=2.79 \end{cases}$, $x=1.1$, $y=0.5$
연필의 가격 1.1 €, 지우개의 가격 0.5 €

667 거위의 마릿수를 x, 양의 마릿수를 y라 하면
$\begin{cases} x+y=33 \\ 2x+4y=100 \end{cases}$, $x=16$, $y=17$
거위 16마리, 양 17마리

668 닭의 마릿수를 x, 토끼의 마릿수를 y라 하면
$\begin{cases} x+y=34 \\ 2x+4y=78 \end{cases}$, $x=29$, $y=5$
닭 29마리, 토끼 5마리

669 아르투의 나이를 x, 소피의 나이를 y라 하면
$\begin{cases} y=x+4 \\ y-2=3(x-2) \end{cases}$, $x=4$, $y=8$
아르투 4살, 소피 8살

670 지금 티나의 나이를 x, 옌니의 나이를 y라 하면
$\begin{cases} y-1=5(x-1) \\ y+1=3(x+1) \end{cases}$, $x=3$, $y=11$
티나 3살, 옌니 11살

671 어른의 입장료를 x, 아이의 입장료를 y라 하면
$\begin{cases} 2x+3y=34.50 \\ x+2y=19.00 \end{cases}$, $x=12.00$, $y=3.50$
어른의 입장료 12.00 €, 아이의 입장료 3.50 €

672 배의 무게를 x, 사과의 무게를 y라 하면
$\begin{cases} x+y=4 \\ 2.9x+2.4y=10.50 \end{cases}$, $x=1.8$, $y=2.2$
배의 무게 1.8 kg, 사과의 무게 2.2 kg

673 1 €에 팔린 빵의 개수를 x,
0.6 €에 팔린 빵의 개수를 y라 하면
$\begin{cases} x+y=300 \\ x+0.6y=270 \end{cases}$, $x=225$, $y=75$
0.6 €에 팔린 빵 75개

674 견과류의 무게를 x, 건포도의 무게를 y라 하면
$\begin{cases} x+y=0.2 \\ 3x+5y=0.9 \end{cases}$, $x=0.05$, $y=0.15$
견과류의 무게 50 g, 건포도의 무게 150 g

67 가격 비교 145p

675 a) $0.05x=0.04x+6$, $x=600$,
전기사용량이 600 kWh일 때
b) 전기사용량이 600 kWh보다 적을 때
c) 전기사용량이 600 kWh보다 많을 때

676 발로살라마 회사의 요금 $0.05 \cdot 500=25$ €
보이마 회사의 요금 $0.04 \cdot 500+6=26$ €
발로살라마 회사의 전기요금이 1 € 저렴하다.

677 a) 회원의 요금 : $y=40+6x$
비회원의 요금 : $y=8x$
b)

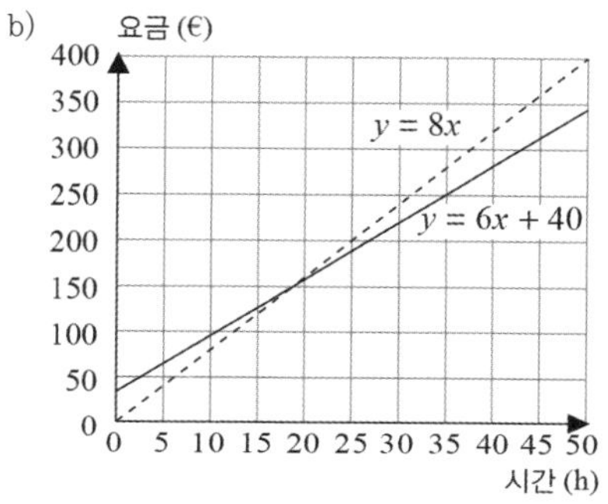

c) 회원일 때 요금 : $40+6 \cdot 22.5=175$ €
비회원일 때 요금 : 180 €
회원일 때 5 €를 절약하게 된다.

678 a) 요금제1 : $y=0.15x$, 요금제2 : $y=20+0.1x$
b)

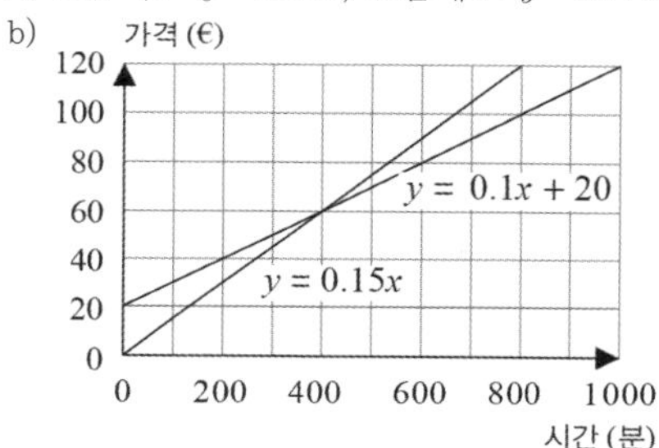

c) 요금제 1 : $0.15 \cdot 100=15$ €,
요금제 2 : $20+0.1 \cdot 100=30$ €,
요금제 1이 더 저렴하다.
d) $0.15x=20+0.1x$, $x=400$, 400분

679 a) 힐마에게는 요금제 1이 5.00 € 더 저렴하다.
b) 빌요에게는 요금제 2가 2.50 € 더 저렴하다.

	힐마	빌요
요금제 1	$0.15 \cdot 300=45$ €	$0.15 \cdot 450=67.50$ €
요금제 2	$20+0.1 \cdot 300=50$ €	$20+0.1 \cdot 450=65$ €

680 a) 이삿짐 회사 1 : $y=x+40$
이삿짐 회사 2 : $y=2x$

b)

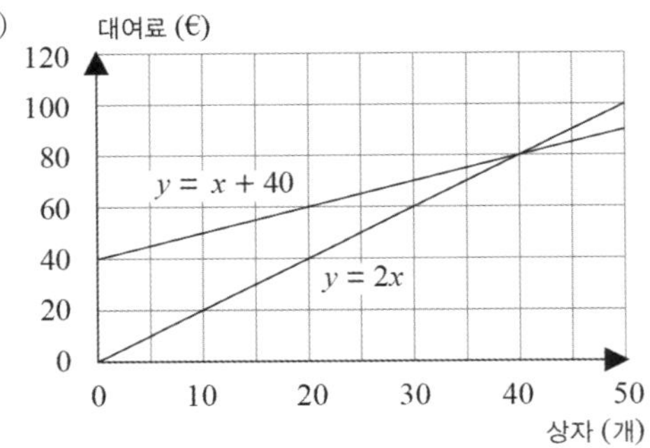

c) 이삿짐 회사 1 : $40+30=70$(€)
이삿짐 회사 2 : $2 \cdot 30=60$(€)
이삿짐 회사 2가 10 € 더 저렴하다.

d) $x+40=2x$, $x=40$, 40개

681 a) $7x-9+(6x-1)=7x-9+6x-1=13x-10$
b) $7x-9-(6x-1)=7x-9-6x+1=x-8$

682 a) $6x+5$, 65 b) $-x^2+5x-11$, -61

683 a) $63x^5$ b) $-30x^{10}$

684 a) $48x-54$ b) $2x^2+6x$
c) x^2+2x-3 d) $x^2-8x+16$

685 a) $5x+1$ b) $3x-8$

686

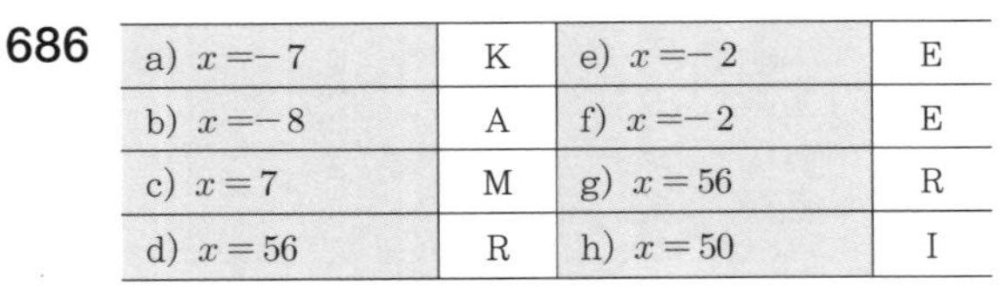

a) $x=-7$	K	e) $x=-2$	E
b) $x=-8$	A	f) $x=-2$	E
c) $x=7$	M	g) $x=56$	R
d) $x=56$	R	h) $x=50$	I

<KAMREERI> 회계원

687 a) $2 \cdot (-2)+1=-3 \neq 5$, $(-2, 5)$는 방정식을 만족하지 않는다.
b) $-(-2)+3=5$, $(-2, 5)$는 방정식을 만족한다.

688 a) $y=-2x+5$ b) $y=3x-4$

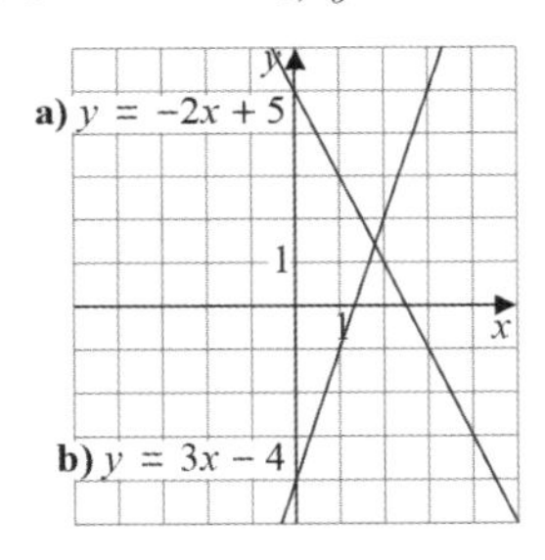

689 $(4, -5)$

방정식	좌변	우변
$y=-x-1$	-5	$-4-1=-5$
$y=-2x+3$	-5	$-2 \cdot 4+3=-5$

690 a) 연립방정식의 해가 아니다.
b) 연립방정식의 해이다.

691 a) $x=-3$, $y=0$ b) $x=-2$, $y=5$

692 a) $x=-3$, $y=-1$ b) $x=4$, $y=7$

693 a) $x=7$, $y=-2$ b) $x=9$, $y=16$

694 카리가 가진 만화책의 수를 x, 아리가 가진 만화책의 수를 y라 하면
$\begin{cases} x=y+9 \\ x+y=33 \end{cases}$, $x=21$, $y=12$
카리는 만화책을 21권, 아리는 12권 가지고 있다.

695 a) $-x^3+6x+(-x^3-5x+1)=-2x^3+x+1$, 52
b) $4x^2-6x-(5x^2-6x+9)=-x^2-9$, -18

696 a) $-17x^2+14$ b) $15x^2$

697

a) $x=8$	K	e) $x=1$	S
b) $x=-6$	O	f) $x=5$	T
c) $x=10$	P	g) $x=-7$	I
d) $x=-7$	I		

<KOPISTI> 서기

698 a) 해가 존재하지 않는다.(불능)
b) 해가 무수히 많다.(항등식)

699 투오마스 $\frac{4x+6}{2}=17$, $x=7$

삼포 $\frac{4x+6}{2}=-15$, $x=-9$

헤이키 $\frac{4x+6}{2}=45$, $x=21$

700 $\begin{cases} y=-2x+4 \\ y=x-5 \end{cases}$, $x=3$, $y=-2$

$\begin{cases} y=-2x+4 \\ y=-x+5 \end{cases}$, $x=-1$, $y=6$

$\begin{cases} y=x-5 \\ y=-x+5 \end{cases}$, $x=5$, $y=0$

701 a) $x=2$, $y=1$ b) $x=0$, $y=3$

702 a) $x=5$, $y=4$ b) $x=-4$, $y=-2$

703 a) $x=-8$, $y=9$ b) $x=3$, $y=2$

704 주스의 L당 가격을 x, 주스 농축액의 L당 가격을 y라 하면
$\begin{cases} 3x+1.5y=10.5 \\ x=2y \end{cases}$, $x=2.8$, $y=1.4$
주스의 L당 가격 2.80 €,
주스 농축액의 L당 가격 1.40 €

705 가로 길이를 x, 세로 길이를 y라 하면

$\begin{cases} 2x+2y=20 \\ x=y+3 \end{cases}$, $x=6.5$, $y=3.5$

가로 길이 6.5 m, 세로 길이 3.5 m

706 일로나의 나이를 x, 라울리의 나이를 y라 하면

$\begin{cases} (y-10)=6(x-10) \\ y=x+25 \end{cases}$, $x=15$, $y=40$

일로나의 나이 15살, 라울리의 나이 40살

69 수의 종류 149p

707 a) 정수(Z), 유리수(Q), 실수(R)
b) 자연수(N), 정수(Z), 유리수(Q), 실수(R)
c) 유리수(Q), 실수(R)
d) 유리수(Q), 실수(R)
e) 실수(R)
f) 유리수(Q), 실수(R)

708 a) 102, $\sqrt{81}$, 99, $\frac{16}{4}$
Ä, T, I, Ä
b) -4, 0, -8, $\frac{28}{4}$, $-\frac{12}{4}$, $\sqrt{64}$
A, A, T, T, U, A
c) 2.71, -0.9, $\frac{2}{6}$, $\sqrt{49}$, $7\frac{3}{5}$, $1.\dot{2}$
Ö, L, I, T, Ä, K

709

수	자연수 (N)	정수 (Z)	유리수 (Q)	실수 (R)
0		○	○	○
-5		○	○	○
1.4			○	○
$\sqrt{25}$	○	○	○	○
$\sqrt{8}$				○

710 a) 자연수(N) b) 유리수(Q) c) 실수(R)

711 a) 201 b) -651, -9, 0, 201
c) -651, -9, 0, 201, 1

712 a) 4.5, 9, 13.5, 18, 29 b) 6, 1, -4, -9, -14
c) 75, 64, 19, 0, -44

713 a) 거짓. 예를들어 5와 6은 자연수이고
$5-6=-1$은 자연수가 아니다.
b) 거짓. 예를들어 1과 2는 0이 아닌 정수이고
$1\div 2=\frac{1}{2}$로 정수가 아니다.
c) 참. 유리수의, 나눗셈 $\frac{1}{2}\div\frac{3}{5}=\frac{1}{2}\times\frac{5}{3}=\frac{5}{6}$로 분자, 분모가 항상 서로소인 정수의 분수로 나타낼 수 있다.
d) 거짓. 예를 들어 $\sqrt{2}$와 $\sqrt{2}$는 무리수이고
$\sqrt{2}\cdot\sqrt{2}=2$로 무리수가 아니다.

714 a) 자연수(N), 정수(Z), 유리수(Q), 실수(R)
b) 자연수(N), 정수(Z), 유리수(Q), 실수(R)
c) 정수(Z), 유리수(Q), 실수(R)
d) 유리수(Q), 실수(R)

70 절댓값 151p

715 a) 9 b) 57 c) 0.91

716 a) $|92|=92$ b) $|-0.13|=0.13$
c) $|\sqrt{64}|=8$ d) $|-\sqrt{49}|=7$
e) $\left|-\frac{7}{9}\right|=\frac{7}{9}$ f) $\left|3\frac{3}{4}\right|=3\frac{3}{4}$

717 a) 11 b) 5 c) 5 d) 11

718 a) 8 b) 6 c) 0.5 d) 1.5

719 a) 6 b) 0 c) 22 d) 10.3

720 a)
−2 0 1 2
b)
−7 0 2 7
c)
0 1
d) 절댓값은 음수가 나올 수 없기 때문에 근이 존재하지 않는다.

721 a)
−2 0 1 2
b)
−3 0 1 3
c)
−6 0 2 6
d)
−6 0 2 6

722 a) $\left|\frac{35}{7}\right|=5$ b) $\left|-\frac{3}{111}\right|=\frac{1}{37}$
c) $|-\sqrt{169}|=13$
d) $\sqrt{-100}$은 실수가 아니므로 양수도 음수도 아니고 절대값을 구할 수 없다.
e) $|-\sqrt{0.36}|=0.6$ f) $\left|\sqrt{2\frac{1}{4}}\right|=1\frac{1}{2}$

723 a) $\left|\frac{-24}{6}\right|=4$ b) $\frac{|-24|}{|6|}=4$

724 a) $|-18+16|=2$ b) $|-18|+|16|=34$

725 a) $|-14-(-12)|=2$ b) $|-14|-|-12|=2$

726 1 또는 -1

727 a) 37　b) 19　c) 1　d) 10

728 a) -99, 99
b) 절댓값은 음수가 나올 수 없기 때문에 근이 존재하지 않는다.
c) -8, 2　d) -2, 2

729 a) -4, -3, -2, -1, 0, 1, 2, 3, 4
b) 10, 11, 12, ⋯, -10, -11, -12, ⋯
c) -3, -2, -1, 0, 1, 2, 3
d) 모든 정수

730 a) -2, -1, 0, 1, 2
b) -7, -6, -5, -4, -3, -2, -1
c) 2, 3, 4
d) -2, -1, 0, 1, 2, 3, 4

71 분수의 덧셈과 뺄셈 153p

731 a) 보라색 $\frac{1}{10}$, 흰색 $\frac{3}{10}$, 회색 $\frac{3}{5}$
b) 보라색 $\frac{1}{12}$, 흰색 $\frac{1}{6}$, 짙은 회색 $\frac{1}{4}$, 회색 $\frac{1}{2}$

732 a)

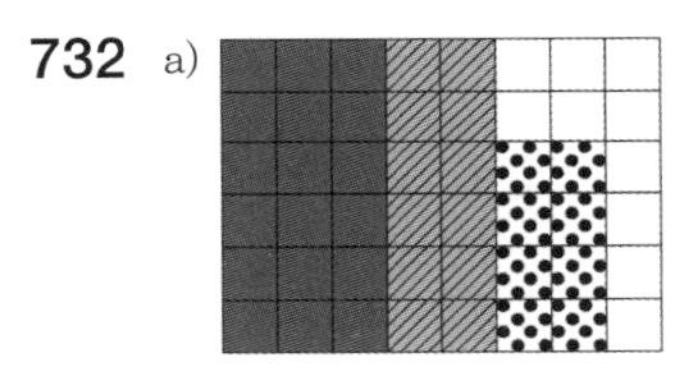

파란색　노란색
빨간색　초록색

b) 색칠되지 않은 부분이 없다.

733 a) $\frac{3}{5}$　b) $\frac{2}{3}$　c) $-\frac{4}{7}$　d) -1

734 $\frac{5}{6}=\frac{20}{24}$, $\frac{3}{4}=\frac{18}{24}$, $\frac{7}{8}=\frac{21}{24}$, $\frac{2}{3}=\frac{16}{24}$, $\frac{5}{12}=\frac{10}{24}$,
$\frac{1}{2}=\frac{12}{24}$, $\frac{10}{24}<\frac{12}{24}<\frac{16}{24}<\frac{18}{24}<\frac{20}{24}<\frac{21}{24}$,
$\frac{5}{12}<\frac{1}{2}<\frac{2}{3}<\frac{3}{4}<\frac{5}{6}<\frac{7}{8}$

735 a) $\frac{3}{4}$　b) $\frac{3}{4}$　c) $\frac{2}{3}$　d) $\frac{5}{17}$

736 a) $-\frac{1}{8}$　b) $\frac{5}{6}$　c) $-\frac{34}{35}$　d) $-\frac{11}{24}$

737 a) -1　b) 1　c) 0　d) 0

738 a) $\frac{5}{6}+\frac{1}{2}=1\frac{1}{3}$　b) $\frac{3}{4}+\frac{1}{3}=1\frac{1}{12}$

739 a) $\frac{1}{18}$　b) $\frac{5}{8}$　c) $3\frac{13}{14}$　d) $\frac{13}{15}$

740 a) $\frac{1}{2}$　b) $\frac{11}{12}$

741 a) $\frac{4x}{3}-\frac{3x}{4}=\frac{16x}{12}-\frac{9x}{16}=\frac{7x}{12}$
b) $\frac{13x}{12}$　c) $-\frac{x}{30}$　d) $\frac{5x}{2}$

742 $1-\frac{1}{5}-\frac{1}{10}=\frac{10}{10}-\frac{2}{10}-\frac{1}{10}=\frac{7}{10}$

743 $1-\frac{2}{3}-\frac{1}{5}=\frac{15}{15}-\frac{10}{15}-\frac{3}{15}=\frac{2}{15}$

72 분수의 곱셈과 나눗셈 155p

744 a) $\frac{4}{35}$　b) $\frac{3}{7}$

745

a) $\frac{1}{6}$	A	e) $\frac{3}{7}$	L
b) $\frac{2}{3}$	G	f) $\frac{2}{5}$	O
c) $\frac{3}{10}$	R	g) $\frac{2}{3}$	G
d) $\frac{1}{4}$	O	h) $\frac{7}{9}$	I

<AGROLOGI> 농경제학자

746 a) $1\frac{1}{2}$　b) $2\frac{1}{3}$　c) 9
d) $\frac{1}{2}$　e) $\frac{1}{5}$　f) $\frac{4}{5}$

747 a) $\frac{7}{10}$　b) $\frac{8}{49}$　c) $\frac{2}{3}$

748 a) $\frac{3}{16}$　b) $\frac{2}{7}$　c) $\frac{1}{9}$

749 a) -3　b) $-\frac{14}{15}$
c) $1\frac{1}{4}$　d) 1

750

$3\frac{4}{5}$	$\frac{1}{2}$	$\frac{1}{4}$	2
$7\frac{3}{5}$	2	$\frac{1}{8}$	
$3\frac{4}{5}$	16		
$\frac{19}{80}$			

751 a) $\frac{4x^3}{9}$ b) $\frac{3x^6}{22}$ c) $\frac{8x^7}{3}$ d) $\frac{5}{7}$

752 a) $\frac{2x}{3}\cdot\square\cdot\frac{3}{2x}=\frac{x^4}{3}\cdot\frac{3}{2x}$, $\square=\frac{x^3}{2}$

b) $\square\cdot\left(-\frac{4x}{5}\right)\cdot\left(-\frac{5}{4x}\right)=\frac{x^3}{2}\cdot\left(-\frac{5}{4x}\right)$,

$\square=-\frac{5x^2}{8}$

c) $\square=\frac{8x^5}{3}\div\frac{x^2}{6}$, $\square=16x^3$

d) $\square=\frac{3x}{2}\cdot\frac{3x}{4}$, $\square=\frac{9x^2}{8}$

73 백분율 계산 157p

753 a) $\frac{5}{25}=0.2=20\%$ b) 25%

c) 100% d) 300%

754 a) $0.3\cdot 40=12$ b) 120

c) 10 d) 28

755 a) $0.4\cdot x=60$, $x=150$ b) 400 c) 600

756 a) $\frac{25-18}{25}=0.28=28\%$

b) $\frac{25-18}{18}=0.388\cdots\fallingdotseq 0.39=39\%$

757 a) $1.05\cdot 60=63$ € b) $1.2\cdot 240=288$ €

758 a) $0.9\cdot 17=15.30$ € b) $0.8\cdot 30=24$ €

759 $\frac{120-84}{120}=0.3=30\%$

760 a) $\frac{14}{24}=0.583=58.3\%$

b) $\frac{14-10}{10}=0.4=40.0\%$

c) $\frac{14-10}{14}\fallingdotseq 0.286=28.6\%$

d) $\frac{14+1}{24+2}=\frac{15}{26}\fallingdotseq 0.577=57.7\%$

761 a) $1.3\cdot 12=15.60$ € b) $2\cdot 12=24$ €

c) $3\cdot 12=36$ €

762 a) $1.05\cdot 1500\cdot 12=18\,900$ €

b) $1.03\cdot 1500\cdot 2+1.02\cdot(1.03\cdot 1500)\cdot 10=18\,849$ €

763 a) $0.9\cdot 80=72$ €

b) $0.85\cdot(0.9\cdot 80)=61.20$ €

c) $\frac{80-61.2}{80}=\frac{18.8}{80}=0.235=23.5\%$

764 a) $0.8\cdot(0.8\cdot 180)=115.20$ €

b) $\frac{180-115.2}{180}=\frac{64.8}{180}=0.36=36\%$

765 $0.8\cdot x=72$, $x=90$ €

74 백분율 계산 활용 159p

766 a) $\frac{1}{7}\fallingdotseq 0.14=14\%$ b) $\frac{2}{8}=0.25=25\%$

c) $\frac{0.5}{6.5}\fallingdotseq 0.077=7.7\%$

767 a) $0.1\cdot 2=0.2$ kg b) $\frac{0.2}{2-0.8}\fallingdotseq 0.17=17\%$

768 $\frac{0.12\cdot 300}{300+100}=\frac{36}{400}=0.09=9\%$

769 a) $0.8\cdot 22=17.6$ g b) $0.83\cdot 22=18.3$ g

c) $0.925\cdot 22=20.4$ g

770 a) 7.8 g b) 2.5 g c) 34개

771 $1.13\cdot 0.84=0.95$ €

772 a) $1.23x=54$, $x\fallingdotseq 43.90$, 43.90 €

b) $54-43.90=10.10$ €

773 a) $1.09x=42$, $x\fallingdotseq 38.53$, 38.53 €

b) $42-38.53=3.47$ €

774 $1.13x=3.49$, $x\fallingdotseq 3.09$, 3.09 €

775 $0.23x=3.27$, $x\fallingdotseq 14.22$, 14.22 €

776 부가가치세를 부가하기 전 기차표의 가격을 x라 하면 부가가치세 0.33 €에 대해 $0.09x=0.33$이 성립한다. $x\fallingdotseq 3.67$ 따라서 기차표의 가격은 $3.67+0.33=4$, 4 €

75 세금 161p

777 a) 한 달의 상한액은 2608.33 €으로 월급 1556.50 €은 상한액을 넘지 않는다. 따라서 원천징수세액은 $1\,556.50\cdot 0.21=326.87$ €

b) 월급 2 965.00 €은 상한액을 $2\,965.00-2\,608.33=356.67$ € 넘으므로 원천징수액은 $2\,608.33\cdot 0.21+356.67\cdot 0.385\fallingdotseq 685.07$ €이다.

778 월급이 한 달의 상한액을 넘으므로 원천 징수세액은 $2\,608.33\cdot 0.21+(2\,810.9-2\,608.33)\cdot 0.385=625.74$ €이다.

그러므로 2810.90 € − 625.74 € = 2 185.16 €가 남는다.

779 a) $19\,956.50\cdot 0.19=3\,791.74$ €

b) $19\,956.50\cdot 0.205=4\,091.08$ €

c) $19\,956.50\cdot 0.195=3\,891.52$ €

780 a) 8.00 €　　b) 489.00 €　　c) 2 974.00 €
d) $8+(16\,200-15\,200)\cdot 0.065=73.00$ €

781 a) 0 €
b) 과세대상 근로소득 15 200 이상~22 600 미만에 해당하므로 상한액에 대한 세금 8 €, 상한액을 넘는 소득에 대한 세금 $(15\,500.20-15\,200)\cdot 0.065=19.51$ €
따라서 정부근로소득세액은 $8+19.51=27.51$ €
c) 과세대상 근로소득 22 600 이상~36 800 미만에 해당하므로 상한액에 대한 세금 489 €, 상한액을 넘는 소득에 대한 세금
$(31\,670.10-22\,600)\cdot 0.175 \fallingdotseq 1\,587.27$ €
따라서 정부근로소득세액은
$489+1\,587.27=2\,076.27$ €
d) $2\,974+(59\,300.15-36\,800)\cdot 0.215=7\,811.53$ €

782 a) 하툴라의 지방세율은 19.25% 이므로
지방세액은 $28\,819.92\cdot 0.1925=5\,547.83$ €,
정부근로소득세액은
$489+(31\,604.14-22\,600)\cdot 0.175=2\,064.72$ €
따라서 납부해야 할 소득세액은
$5\,547.83+2\,064.72=7\,612.56$ €
b) 빔펠리의 지방세율은 19.75% 이므로
지방세액은 $28\,819.92\cdot 0.1975=5\,691.93$ €,
정부근로소득세액은 위와 같으므로 납부해야 할 소득세액은
$5\,691.93+2\,064.72=7\,756.65$ €

783 시몬의 지방세액은 $31\,018.29\cdot 0.195=6\,048.57$ €이고
정부근로소득세액은
$489+(35\,904.17-22\,600)\cdot 0.175=2\,817.22$ €
따라서 납부해야 할 소득세액은
$6\,048.57+2\,817.22=8\,865.79$ €이다.
원천징수액이 납부해야 할 소득세액보다 더 크므로
시몬은 $9\,150-8\,865.79=284.21$ €돌려받았다.

76 수입과 지출의 균형 163p

784 a) (할부 판매가격) − (현금 판매가격)
$112\cdot 6-649=23$(€)
b) $\frac{23}{649}\fallingdotseq 0.035$, 3.5%

785 a) 81 €
b) $\frac{1\,080\text{ €}-999\text{ €}}{999\text{ €}}=8.1\%$

786 a) $\frac{6\cdot 14.40\text{ €}}{80\text{ €}}=108\%$　　b) $\frac{13\cdot 14.40\text{ €}}{80\text{ €}}=234\%$

787 a) $10\cdot 12\cdot 176\text{ €}-10\,000\text{ €}=11\,120$ €
b) $\frac{11\,120\text{ €}}{10\,000\text{ €}}=111.2\%$

788 a) $\frac{2\cdot 12\cdot 255\text{ €}-5\,000\text{ €}}{5\,000\text{ €}}=22.4\%$
b) $\frac{6\cdot 12\cdot 117\text{ €}-5000\text{ €}}{5\,000\text{ €}}\fallingdotseq 68.5\%$

789 a) 20 928 €　　b) 1 708 €

790 $5\,603\cdot 50\text{ €}=280.15$ €

791 a) 120 €　　b) 668 €

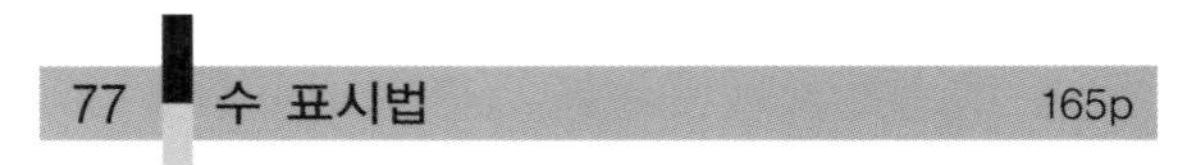

77 수 표시법 165p

792 a) $2\cdot 10^2+6\cdot 10^1+7\cdot 10^0$
b) $8\cdot 10^3+4\cdot 10^2+9\cdot 10^1+5\cdot 10^0$
c) $1\cdot 10^4+7\cdot 10^2+3\cdot 10^1+1\cdot 10^0$

793 a) 52 601　　b) 4 070 800

794

거듭제곱	2^6	2^5	2^4	2^3	2^2	2^1	2^0
거듭제곱의 값	64	32	16	8	4	2	1

795 a) 16　　b) 17　　c) 24　　d) 21

796 a) 31　　b) 35　　c) 48　　d) 70

797 $1=1_{(2)}$, $2=10_{(2)}$, $3=11_{(2)}$, $4=100_{(2)}$, $5=101_{(2)}$, $6=110_{(2)}$, $7=111_{(2)}$, $8=1000_{(2)}$, $9=1001(2)$, $10=1010_{(2)}$

798 a) $10000_{(2)}$　　b) $1000000_{(2)}$
c) $100000000_{(2)}$　　d) $10000000000_{(2)}$

799 a) $1100_{(2)}$　　b) $10010_{(2)}$　　c) $11001_{(2)}$
d) $11110_{(2)}$　　e) $110111_{(2)}$　　f) $111111_{(2)}$
g) $1000001_{(2)}$　　h) $110010000_{(2)}$

800 a) $11001000_{(2)}$　　b) $100101100_{(2)}$　　c) $110010000_{(2)}$

801 a) 옳다. $10_{(2)}=2$, $100_{(2)}=4$이므로
$10_{(2)}\cdot 10_{(2)}=100_{(2)}$은 $2\cdot 2=4$이다.
b) 옳다. $11_{(2)}=3$, $100_{(2)}=4$, $1100_{(2)}=12$이므로
$11_{(2)}\cdot 100_{(2)}=1100_{(2)}$은 $3\cdot 4=12$이다.
c) 옳다. $101_{(2)}=5$, $110_{(2)}=6$, $11110_{(2)}=30$이므로
$101_{(2)}\cdot 110_{(2)}=11110_{(2)}$은 $5\cdot 6=30$이다.

802 a) $101_{(2)}=5$, 27　　b) $111111_{(2)}$, 63

803 a)

	1	0	$1_{(2)}$
+	1	0	$0_{(2)}$
1	0	0	$1_{(2)}$

$101_{(2)}=5$, $100_{(2)}=4$, $1001_{(2)}=9$
$5+4=9$이므로 답이 맞다.

b)

	1	1	
	1	1	$1_{(2)}$
+	1	0	$1_{(2)}$
1	1	0	$0_{(2)}$

$111_{(2)}=7$, $101_{(2)}=5$, $1100_{(2)}=12$
$7+5=12$이므로 답이 맞다.

804 a)

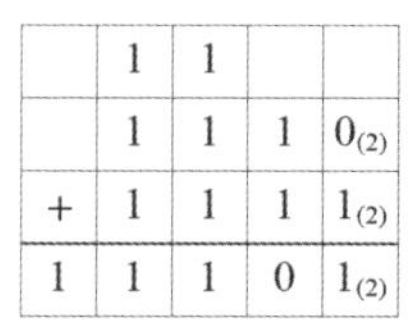

	1	1		
	1	1	1	$0_{(2)}$
+	1	1	1	$1_{(2)}$
1	1	1	0	$1_{(2)}$

$1110_{(2)}=14$, $1111_{(2)}=15$, $11101_{(2)}=29$

b)

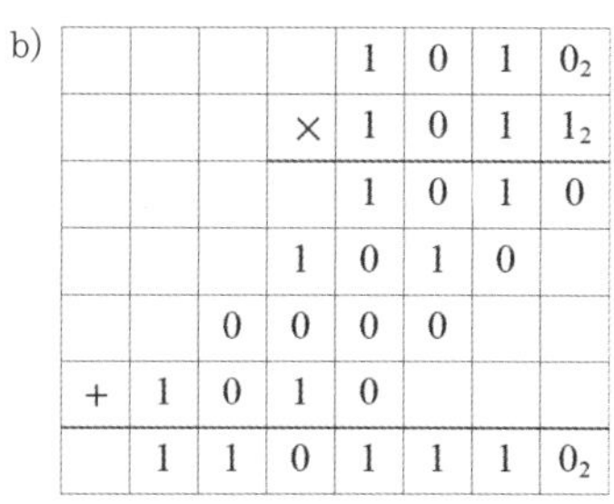

				1	0	1	0_2
			×	1	0	1	1_2
				1	0	1	0
			1	0	1	0	
		0	0	0	0		
+	1	0	1	0			
	1	1	0	1	1	1	0_2

$1010_{(2)}=10$, $1011_{(2)}=11$, $1101110_{(2)}=110$

78 대기권 167p

805 a) $16\ \text{m}^3$ b) $4.2\ \text{m}^3$ c) $6.0\ \text{dm}^3$ d) $0.19\ \text{m}^3$

806 a) 30 0000 L b) 80 000 L c) 120 L d) 0.77 L

807 a) 18 ℃ b) −80 ℃
c) 대류권과 중간권의 하단부
d) 약 98℃

808 2 km, 48 km, 66 km, 118 km

809 a) −50 ℃ b) 17 ℃ c) −44 ℃ d) −42 ℃

810 a) 지구 표면으로부터 10~50 km 구간, 85 km 이상 구간
b) 지구 표면으로부터 0~10 km 구간, 50~85 km 구간

811 a) 4.8 L b) 110 L

812 a) 1.6% b) 0.2%

813 a) 2.4 mm b) 0.2 mm

814 지구의 반지름은 6 370 km이다.
a) $\frac{4}{3}\pi(6\,370\ \text{km})^3=1.086...\times10^{12}\ \text{km}^3$
$\fallingdotseq 1.08\times10^{12}\ \text{km}^3$
b) $\frac{4}{3}\pi(6\,470\ \text{km})^3-\frac{4}{3}\pi(6\,370\ \text{km})^3$
$=5.179\cdots\times10^{10}\fallingdotseq 5.2\times10^{10}...\text{km}^3$
c) $\frac{4}{3}\pi(6\,380\ \text{km})^3-\frac{4}{3}\pi(6\,370\ \text{km})^3$
$=5\,107\,052\,604.689\ \text{km}^3\fallingdotseq 5.1\times10^9\ \text{km}^3$

815 물의 층은 약 10 m이다.

79 복습 168p

816 a) 8 b) 17 c) −9

817

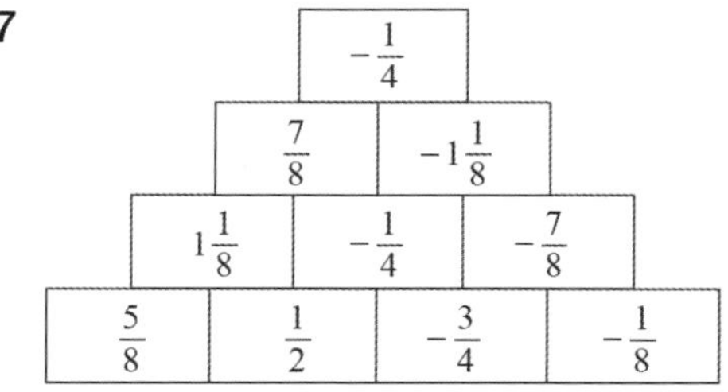

818 $\frac{7}{10}=\frac{21}{30}$, $\frac{2}{3}=\frac{20}{30}$, $\frac{13}{15}=\frac{26}{30}$, $\frac{3}{5}=\frac{18}{30}$, $\frac{5}{6}=\frac{25}{30}$
$\frac{18}{30}<\frac{20}{30}<\frac{21}{30}<\frac{23}{30}<\frac{25}{30}<\frac{26}{30}$
$\frac{3}{5}<\frac{2}{3}<\frac{7}{10}<\frac{23}{30}<\frac{5}{6}<\frac{13}{15}$

819 a) $\frac{2}{3}$ b) $\frac{3}{8}$ c) $\frac{4}{5}$

820 a) $\frac{1}{2}$ b) $\frac{4}{15}$ c) $\frac{4}{13}$
d) 4 e) $\frac{3}{5}$ f) $\frac{18}{35}$

821 2.67 €/kg

822 $\frac{3}{8}+\frac{3}{4}+1\frac{1}{3}=2\frac{11}{24}$, 2.5 L짜리 용기에 다 들어간다.

823 a) 42 b) 5% c) 300 d) 80%

824 0.016 g

825 a) 3.91 € b) 22.36 €

826 18%

827 a) 17 b) 19 c) 15 d) 0

828 a) $-\frac{17}{18}$ b) $\frac{7}{12}$ c) $\frac{1}{77}$ d) $-\frac{9}{10}$

829 a) $\frac{x}{2}$ b) $\frac{x}{4}$ c) $-\frac{13x}{21}$ d) $\frac{23x}{72}$

830

a) $-1\frac{1}{5}$	V	b) $-1\frac{3}{5}$	E	c) $\frac{2}{7}$	S
d) $-\frac{4}{9}$	T	e) $-2\frac{1}{5}$	O	f) $2\frac{3}{4}$	N
g) $7\frac{1}{2}$	O	h) $\frac{1}{6}$	M	i) 3	I

<VESTONOMI> 학사

831 a) $\frac{x^3}{27}$ b) $\frac{2x}{35}$ c) 1 d) $\frac{4x^4}{5}$

832 a) 추리소설은 전체의 $\frac{17}{30}$이므로

전체 책의 수는 $51 \cdot \frac{30}{17} = 90$, 90권

b) $90 \cdot \frac{4}{15} = 24$, 24권

c) $90 \cdot \frac{1}{6} = 15$, 15권

833 a) $3.60 \cdot 0.7 \cdot 0.75 = 1.89$, 1.89 €

b) $\frac{3.6 - 1.89}{3.6} = 0.475 = 47.5\%$

834 1단계 합격자 수는 $21 \cdot \frac{100}{35} = 60$이므로

지원자의 수는 $60 \cdot \frac{100}{24} = 250$, 250 명

835 a) 모페드의 세금이 부과되기 전 가격은

$465.61 \cdot \frac{100}{23} \fallingdotseq 2\,024.40$이므로

판매가는 $2\,024.40 + 465.61 = 2\,490.01$, 2 490.01 €

836 a) $1\,320 \cdot 0.21 = 277.2$, 277.20 €

b) $2\,608.33 \cdot 0.21 + (3\,167 - 2\,608.33) \cdot 0.385 = 762.84$, 762.84 €

837 a) $23\,236.91 \cdot 0.1925 = 4\,473.11$, 4 473.11 €

b) $489 + (25\,280.89 - 22\,600) \cdot 0.175 = 958.16$, 958.16 €

심화학습 해설 및 정답

심화학습 8-9p

001 a) 평행사변형은 마주 보는 두 각의 크기가 같다. 직각삼각형 CDF와 ADE는 ∠A = ∠C이고 90°의 같은 크기의 두 각을 가지고 있으므로 닮은 삼각형이다.

b) $h \fallingdotseq 5.1$ cm c) 넓이 $A \fallingdotseq 44$ cm²

002 직각삼각형 DFE와 BFA에서 ∠DFE, ∠BFA는 맞꼭지각으로 같고 90°의 같은 크기의 두 각을 가지고 있으므로 닮은 삼각형이다.

그러므로 $\frac{\overline{AB}}{2.7} = \frac{2.0}{0.9}$, $\overline{AB} = 6.0$ cm

003 a) $\angle EBA = \alpha$라 하면

$\angle BAC = 90° - \alpha$, $\angle DAE = 90° - (90° - \alpha)$

$\therefore \angle EBA = \angle DAE$

b) $\frac{\overline{AB}}{44} = \frac{44}{33}$, $\overline{AB} \fallingdotseq 59$ cm

004 a) ∠EBA, ∠EDF는 동위각으로 크기가 같다.

b) 직각삼각형 CDB와 DEF는 ∠EBA = ∠EDF이고 90°의 같은 크기의 두 각을 가지고 있으므로 닮은 삼각형이다.

c) $\frac{x}{9} = \frac{16}{x}$이므로 $x = 12$

005 삼각형 AED, BCE, ECD는 닮은 삼각형이므로

$\frac{x}{324} = \frac{324}{432}$, $\frac{y}{675} = \frac{x}{y} = \frac{324}{z}$가 성립한다.

a) $x = 243$ cm b) $y = 405$ cm c) $z = 540$ cm

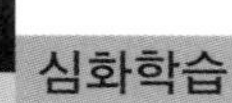

심화학습 12-13p

006

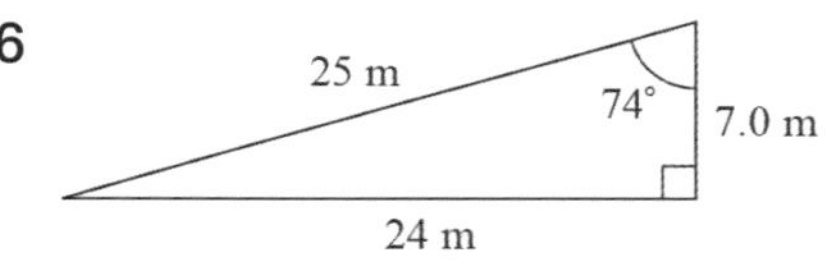

a) 0.960 b) 0.280 c) 3.429

007 a) $\frac{2}{\sqrt{5}} \fallingdotseq 0.894$ b) $\frac{1}{\sqrt{5}} \fallingdotseq 0.447$ c) $\frac{2}{1} = 2.000$

008 직각삼각형 빗변의 길이는 다른 두 변의 길이보다 항상 길고,

$\sin\alpha = \frac{\text{각 }\alpha\text{와 마주 보는 변}}{\text{빗변}}$,

$\cos\alpha = \frac{\text{각 }\alpha\text{와 이웃한 변}}{\text{빗변}}$이므로 1보다 클 수 없다.

a) 불가능 b) 불가능 c) 가능

009

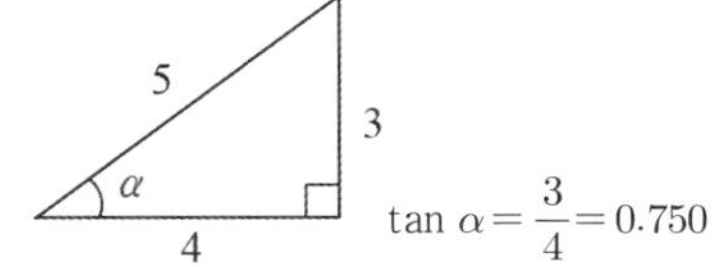

$\tan\alpha = \frac{3}{4} = 0.750$

010

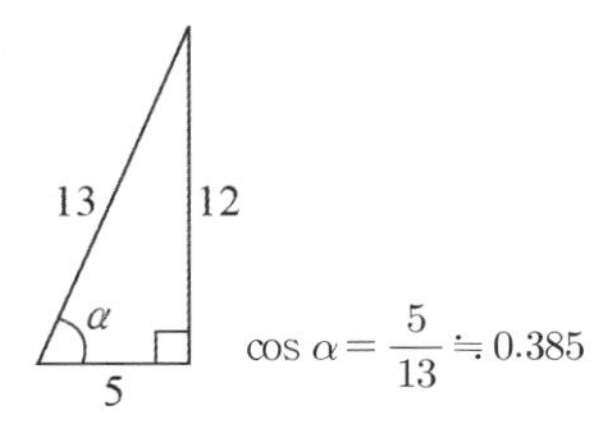

$\cos\alpha = \frac{5}{13} \fallingdotseq 0.385$

011

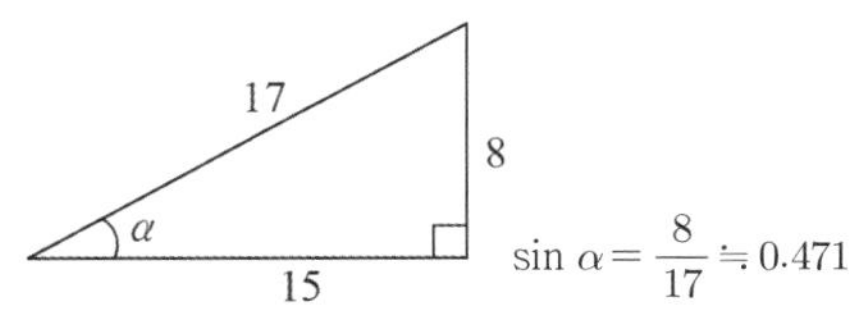

$\sin\alpha = \frac{8}{17} \fallingdotseq 0.471$

012

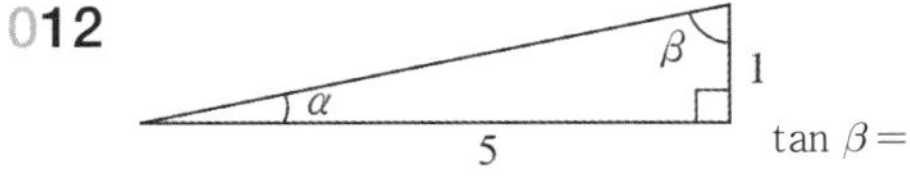

$\tan\beta = 5$

013 0.714

014 a) $\alpha = 60°$ b) 0.500

015 $\sin\alpha = \frac{\text{각 } \alpha \text{와 마주 보는 변}}{\text{빗변}}$ 이므로 빗변의 길이와 반비례한다.

a) 반으로 줄어든다. b) 두 배로 늘어난다.

016 a) $\tan\alpha$ b) $\cos\beta$

심화학습 16－17p

017 $\sin\alpha = \frac{4.5}{46}$ $\therefore\ \alpha \fallingdotseq 5.6°$

018 a)

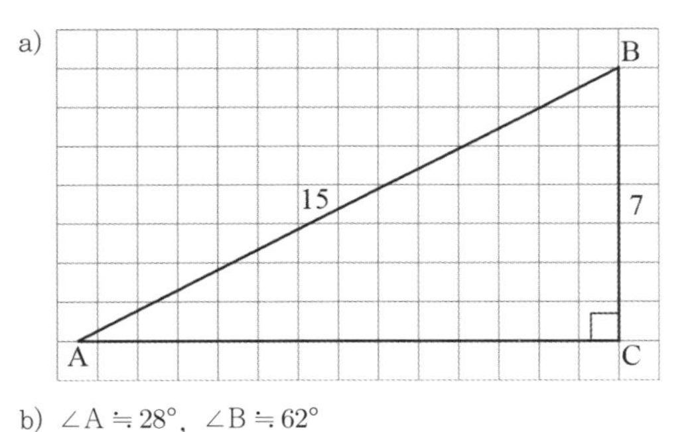

b) $\angle A \fallingdotseq 28°$, $\angle B \fallingdotseq 62°$

019 a) 8.9°

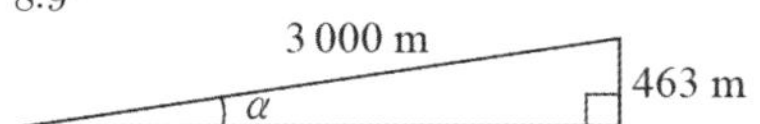

b) 9.4°

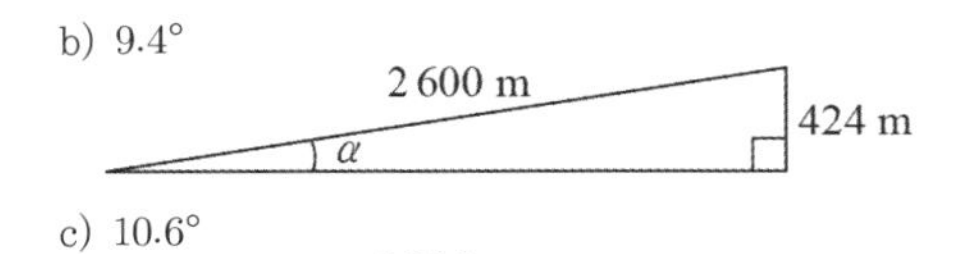

c) 10.6°

2 300 m
424 m
α

020 강의 길이를 m로 바꾸면 아래와 같다.

강	길이(m)	강이 시작하는 수면의 높이(m)
켐케메노 (α)	90 000	142
무오니오 강 (β)	230 000	205
토르니오 강 (γ)	180 000	126
합계 (δ)	500 000	473

a) $\sin\alpha = \frac{142}{90\,000}$ $\therefore\ \alpha \fallingdotseq 0.09°$

b) $\sin\beta = \frac{205}{230\,000}$ $\therefore\ \beta \fallingdotseq 0.05°$

c) $\sin\gamma = \frac{126}{180\,000}$ $\therefore\ \gamma \fallingdotseq 0.04°$

d) $\sin\delta = \frac{473}{500\,000}$ $\therefore\ \delta \fallingdotseq 0.05°$

021 1 m = 100 cm 이므로 기울기를 α라 하면

$\sin\alpha = \frac{1}{100}$ $\therefore\ \alpha \fallingdotseq 0.6°$

022 카르타고 수도교와 니므 수도교의 기울기를 각각 α, β라 하면

a) $\sin\alpha = \frac{1}{40}$ $\therefore\ \alpha \fallingdotseq 1.432°$

b) $\sin\beta = \frac{1}{14\,000}$ $\therefore\ \beta \fallingdotseq 0.004°$

023 a) 정오 때 그림자의 길이를 x cm라고 하면

$\tan 46° = \frac{160\text{ cm}}{x\text{ cm}}$

$x\text{ cm} = \frac{160\text{ cm}}{\tan 46°} = 154.51\text{ cm}$

그러므로 약 155 cm이다.

b) 자정 때 그림자의 길이를 y cm라고 하면

$\tan 1° = \frac{160\text{ cm}}{y}$

$y = \frac{160\text{ cm}}{\tan 1°} = 9\,166.39\text{ cm}$

그러므로 약 92 m이다.

심화학습 18－19p

024 높이 $h = 37\tan 28°$이므로 약 20 m이다.

025 높이 $h = 750\tan 2°$이므로 약 26 m이다.

026 $\overline{AB}=\dfrac{52}{\tan 10^\circ}-\dfrac{52}{\tan 15^\circ}$이므로 $\overline{AB}\fallingdotseq 100$ m

027 a) $\dfrac{135}{\tan 2^\circ}\fallingdotseq 3.9$ km b) $\dfrac{135}{\tan 3^\circ}\fallingdotseq 2.6$ km

c) $\dfrac{135}{\tan 15^\circ}=503.82$, 약 500 m이다.

028 a) $x=16\sin 30^\circ=8$ cm

b) $y=(16\cos 30^\circ+12.4\cos 40^\circ)$cm

$=13.86+9.50\fallingdotseq 23.4$

029

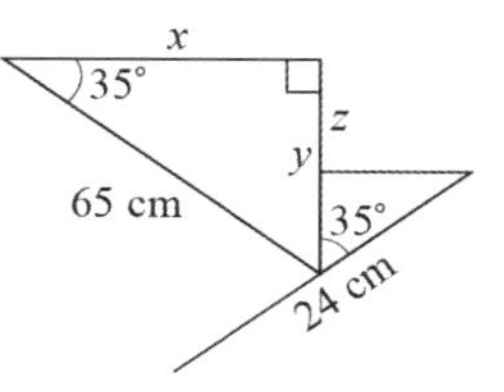

$\dfrac{x}{65}=\cos 35^\circ$, $x\fallingdotseq 53$ cm

$\dfrac{y}{65}=\sin 35^\circ$, $y\fallingdotseq 37$ cm

030 $z\fallingdotseq 27$ cm, 아래에 있다.

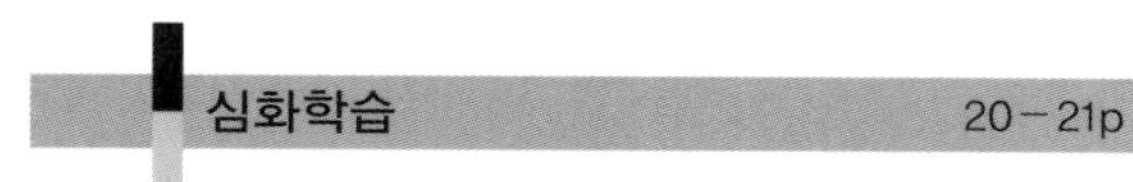

032

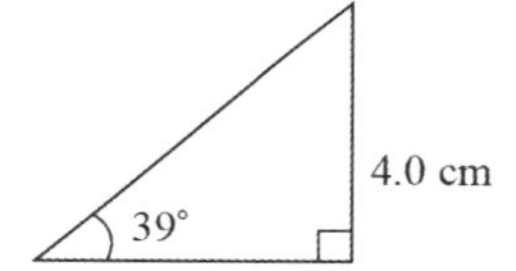

빗변의 길이를 x라고 하면,

$\sin 39^\circ=\dfrac{4.0\text{ cm}}{x}$

$x=\dfrac{4.0\text{ cm}}{\sin 39^\circ}=6.36$ cm

그러므로 빗변의 길이는 약 6.4 cm이다.

033

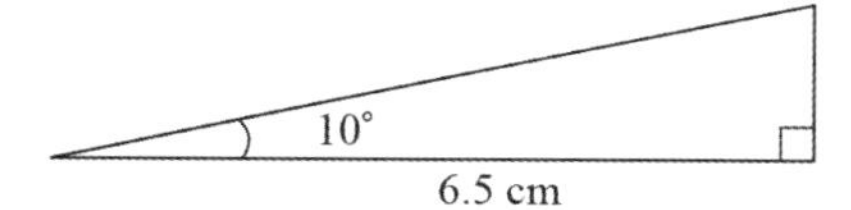

$\cos 10^\circ=\dfrac{6.5}{x}$

$x=\dfrac{6.5}{\cos 10^\circ}=6.60$

$x\fallingdotseq 6.6$ cm

034

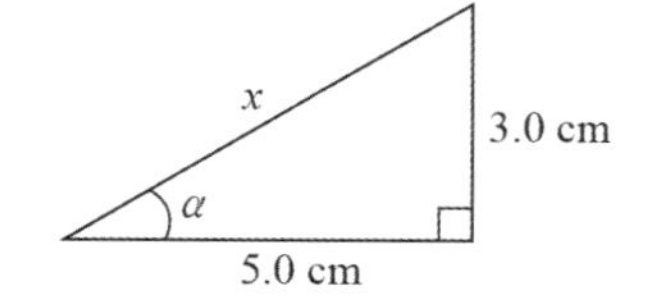

a) $\tan\alpha=\dfrac{3.0}{5.0}$, $\alpha\fallingdotseq 30^\circ$

b) $\sin\alpha=\dfrac{3.0}{x}$, $x=\dfrac{3.0}{\sin 31^\circ}=5.82$, $x\fallingdotseq 5.8$ cm

035

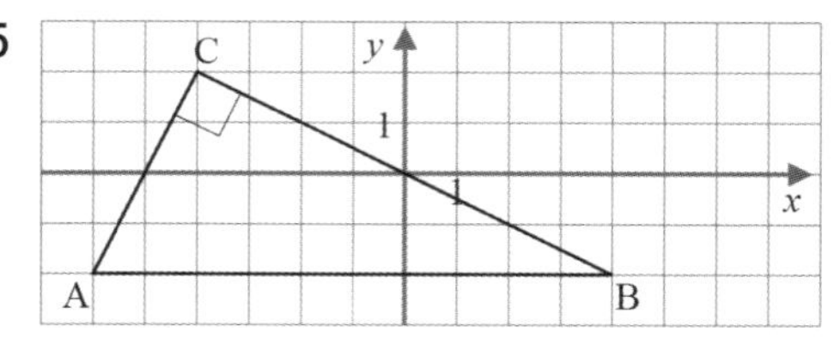

a) 빗변 $\overline{AB}=10$

b) $\tan A=\dfrac{4}{2}$, $\angle A\fallingdotseq 63^\circ$

c) $\cos 63^\circ=\dfrac{\overline{AC}}{10}$, $\overline{AC}=10\cos 63^\circ=4.53$

그러므로 $\overline{AC}\fallingdotseq 4.5$

$\sin 63^\circ=\dfrac{\overline{BC}}{10}$, $\overline{BC}=10\sin 63^\circ=8.91$

그러므로 $\overline{BC}\fallingdotseq 8.9$

036 $\dfrac{2.5}{\sin 9^\circ}\fallingdotseq 16$ m

037 a) $\sin 28^\circ=\dfrac{2.0}{\overline{AC}}$

$\overline{AC}=\dfrac{2.0\text{ cm}}{\sin 28^\circ}=4.26$ cm

그러므로 $\overline{AC}\fallingdotseq 4.3$ cm

b) $\angle BCD=\angle CAD=28^\circ$이므로

$\overline{BC}=\dfrac{2.0\text{ cm}}{\cos 28^\circ}=2.26$

그러므로 $\overline{BC}\fallingdotseq 2.3$ cm

038 a) $x=\dfrac{4.4}{\sin 29^\circ}\fallingdotseq 9.1$ cm

b) $y=\dfrac{4.4}{\cos 29^\circ}\fallingdotseq 5.0$ cm

c) $z=\dfrac{x}{\cos 29^\circ}$

$=\dfrac{4.4}{\sin 29^\circ\cdot\cos 29^\circ}\fallingdotseq 10$ cm

039 a) $\dfrac{45}{\sin 20^\circ}+\dfrac{(90-27)}{\sin 20^\circ}\fallingdotseq 320$이므로

공이 굴러간 거리는 약 320 cm이다.

b) $\dfrac{55}{\sin 23^\circ}+\dfrac{110}{\sin 23^\circ}+\dfrac{34}{\sin 23^\circ}\fallingdotseq 510$이므로

공이 굴러간 거리는 약 510 cm이다.

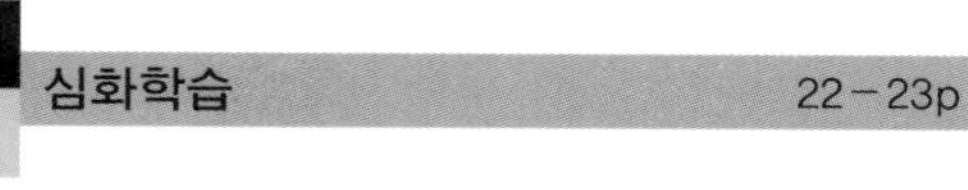

040 a) $h=(4.2\text{ cm})\cdot\sin 33^\circ\fallingdotseq 2.3$ cm

b) 넓이 $A=6.3\text{ cm}\cdot(4.2\text{ cm}\cdot\sin 33^\circ)$

$\fallingdotseq 7.2\text{ cm}^2$

041 a) $\sin(\angle BAC) = \frac{1.6}{3.9}$, $\angle BAC \fallingdotseq 24°$

b) $\sin(\angle CBA) = \frac{1.6}{2.3}$, $\angle CBA \fallingdotseq 44°$

c) 방법1, 피타고라스 정리 이용
$\overline{AD} = \sqrt{(3.9)^2 - (1.6)^2}$ cm $\fallingdotseq 3.6$ cm
방법2, 삼각비 이용
$\overline{AD} = 3.9 \cos 24° \fallingdotseq 3.6$

d) $\overline{DB} = \sqrt{(2.3)^2 - (1.6)^2}$ cm $\fallingdotseq 1.7$ cm

e) $\overline{AB} = \overline{AD} + \overline{DB} = 3.9 \cos 24° + 2.3 \cos 44° \fallingdotseq 5.2$ cm

042 $\tan\alpha = \frac{4.0}{6.0}$, $\alpha \fallingdotseq 34°$

$\tan\beta = \frac{2.0}{6.0}$, $\beta \fallingdotseq 18°$

$r \fallingdotseq \alpha - \beta = 16°$

043

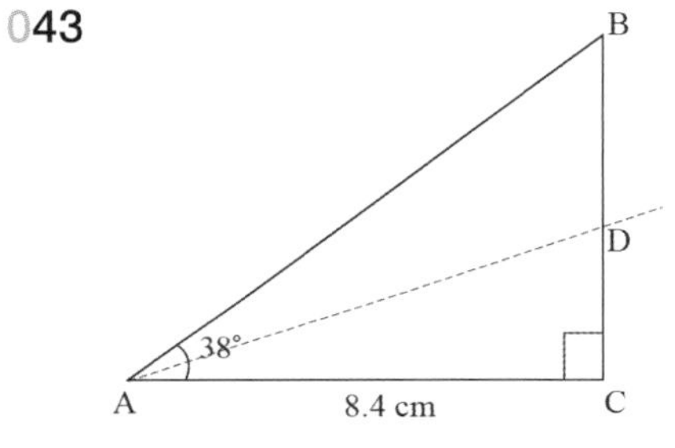

a) $\overline{BC} = (8.4 \text{ cm}) \cdot \tan 38° = 6.56$ cm
그러므로 $\overline{BC} \fallingdotseq 6.6$ cm

b) $\overline{CD} = (8.4 \text{ cm}) \cdot \tan 19° = 2.89$ cm
그러므로 $\overline{CD} \fallingdotseq 2.9$ cm

c) $\overline{BD} = \overline{BC} - \overline{CD}$
$= 6.6 \text{ cm} - 2.9 \text{ cm} = 3.7$ cm

044 a) $1.6 \text{ m} \cdot \sin 37° \fallingdotseq 1.5$ m
b) $4.1 \text{ m} \cdot \sin 37° \fallingdotseq 2.5$ m

045 a) 기울기를 각 α라 하면
$\sin\alpha = \frac{20}{33}$, $\alpha \fallingdotseq 37°$

b) $33 \text{ m} \cdot \cos 37° \fallingdotseq 26$ m

046 $\frac{200}{\sin 45°} \fallingdotseq 283$ cm

심화학습 24-25p

047 $\overline{AB} = \sqrt{(2.7)^2 + (3.6)^2}$ cm $\fallingdotseq 4.5$ cm

048

a) $h = \sqrt{(125)^2 - (75)^2}$ mm $= 100$ mm

b) 넓이 $A = \frac{1}{2} \cdot 150 \text{ cm} \cdot 10 \text{ cm} = 75 \text{ cm}^2$

049 기울어진 나무의 길이는 35 m − 7 m = 28 m이므로
$\sqrt{28^2 - 7^2}$ m $= \sqrt{735}$ m $\fallingdotseq 27$ m

050 이동한 거리를 그림으로 나타내면 다음과 같다.

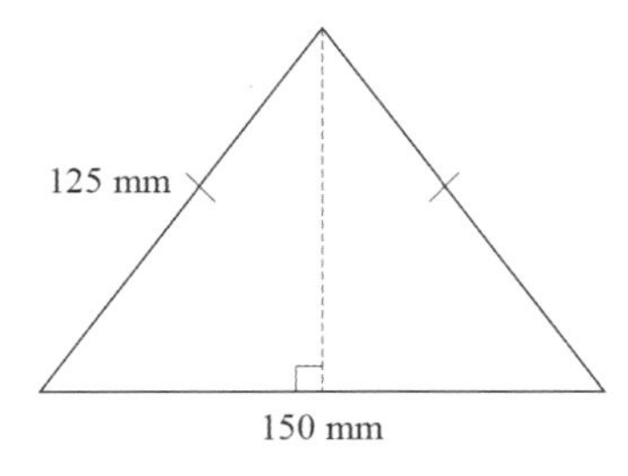

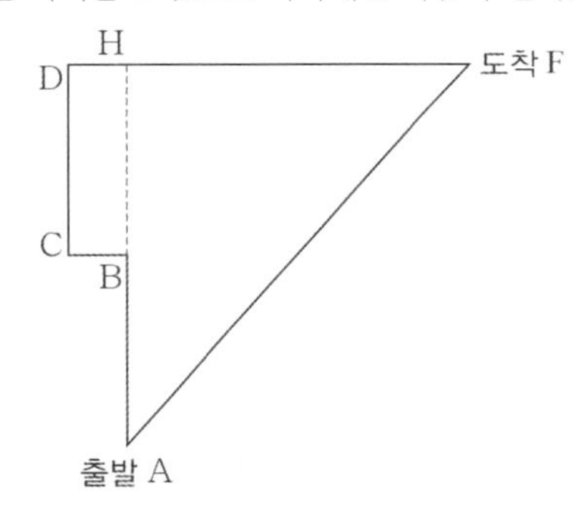

$\overline{AF} = \sqrt{\overline{AH}^2 + \overline{FH}^2} = \sqrt{16^2 + 12^2} = 20$,
그러므로 직선거리는 20 km이다.

051 $2 \cdot \sqrt{14.25^2 + 0.90^2}$ m $\fallingdotseq 29$ m

052 $\sqrt{80^2 + 190^2}$ cm $\fallingdotseq 206$ cm
문의 대각선 길이(약 206 cm)가 판자의 너비(205 cm)보다 크므로 통과할 수 있다.

053 a) $x = \sqrt{6367.081^2 - 6367^2} \fallingdotseq 32$ $\therefore$ 약 32 km
b) $x = \sqrt{6367.205^2 - 6367^2} \fallingdotseq 51$ $\therefore$ 약 51 km
c) $x = \sqrt{6367.224^2 - 6367^2} \fallingdotseq 53$ $\therefore$ 약 53 km

054 $x = \sqrt{6378^2 - 6367^2} \fallingdotseq 374$ $\therefore$ 약 374 km

심화학습 26-27p

055 a) $\tan\alpha = \frac{3}{5}$, $\alpha \fallingdotseq 31°$

b) $\overline{OA} = \sqrt{5^2 + 3^2} \fallingdotseq 5.8$

056 $\tan 54° = \dfrac{18 \text{ cm}}{x}$

$x = \dfrac{18.0 \text{ cm}}{\tan 54°} ≒ 13.1 \text{ cm}$

넓이 $A = (1.31 \text{ dm} + 1.80 \text{ dm}) \cdot 1.80 \text{ dm}$

$= 5.59 \text{ dm}^2 ≒ 5.6 \text{ dm}^2$

057 a)

C

6.0 cm

55°

A D B

4.5 cm

b) $\overline{CD} = 6.0 \text{ cm} \cdot \sin 55° = 4.91$

그러므로 $\overline{CD} ≒ 4.9 \text{ cm}$

c) 넓이 $A = \dfrac{1}{2} \cdot 4.5 \text{ cm} \cdot 4.9 \text{ cm} = 11.025 \text{ cm}^2$

넓이 $A ≒ 11 \text{ cm}^2$

058

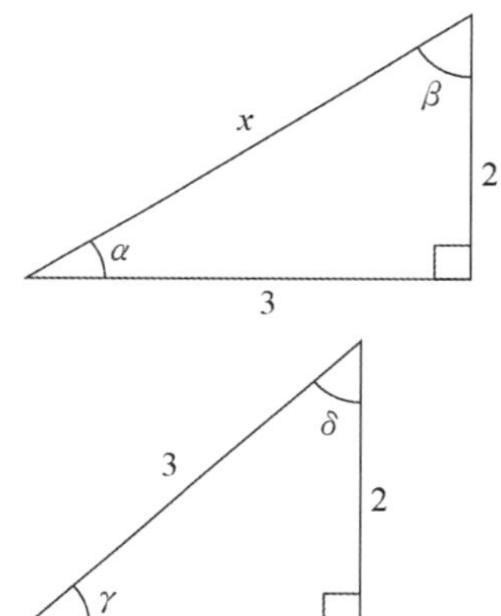

풀이 i)

3.0 cm와 2.0 cm가 밑변과 높이인 경우

빗변을 x라고 하면

a) $\tan\alpha = \dfrac{2.0}{3.0}$, $\alpha ≒ 34°$, $\beta = 90° - 34° = 56°$

b) $x = \sqrt{3^2 + 2^2} \text{ cm} ≒ 3.6 \text{ cm}$

풀이 ii)

3.0 cm가 직각삼각형의 빗변인 경우

a) $\sin\alpha = \dfrac{2.0}{3.0}$, $\alpha ≒ 42°$, $\beta = 90° - 42° = 48°$

b) $y = 3.0 \text{ cm} \cdot \cos 42° = 2.22 \text{ cm}$, $y ≒ 2.2 \text{ cm}$

059 $2 \cdot 1\,200 \text{ m} \cdot \sin 2° = 83.75 \text{ m}$

별장과 사미 사이의 거리는 약 84 m이다.

060 a) $\cos 24° = \dfrac{6.4 \text{ cm}}{2r}$, $r = \dfrac{6.4 \text{ cm}}{2 \cos 24°} ≒ 3.50 \text{ cm}$

그러므로 $r ≒ 3.5 \text{ cm}$

b) 마주보는 변을 x, 이웃한 변을 y라 하면

$x = 4.0 \text{ cm} \cdot \sin 75° = 3.86 \text{ cm}$

그러므로 $x ≒ 3.9 \text{ cm}$

$y = 4.0 \text{ cm} \cdot \cos 75° ≒ 1.03 \text{ cm}$

그러므로 $y ≒ 1.0 \text{ cm}$

심화학습 30－31p

061

062

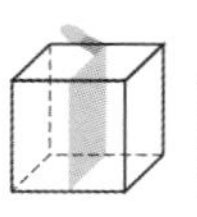
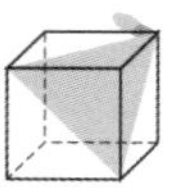
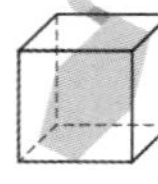

a) 가능하다. b) 가능하다.
c) 가능하다. d) 불가능하다.

063 a) 정사각뿔 b) 원기둥
c) 삼각기둥 d) 구

064 3개

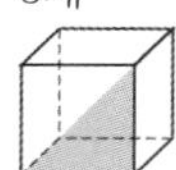
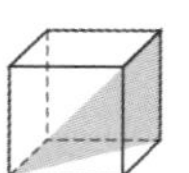
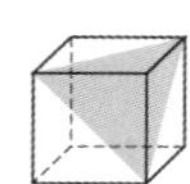

065 a) 정면 b) 모서리
c) 비스듬한 위쪽 d) 위쪽

066

다면체	면 T	꼭짓점 K	모서리 S
사면체	4	4	6
오면체	5	6	9
육면체	6	8	12
칠면체	7	7	12

067 a)

다면체	면T	꼭짓점K	모서리S	T+K－S
사면체	4	4	6	2
오면체	5	6	9	2
육면체	6	8	12	2
칠면체	7	7	12	2

b) $S = T + K - 2 = 10 + 10 - 2 = 18$(개)

심화학습 32-33p

068

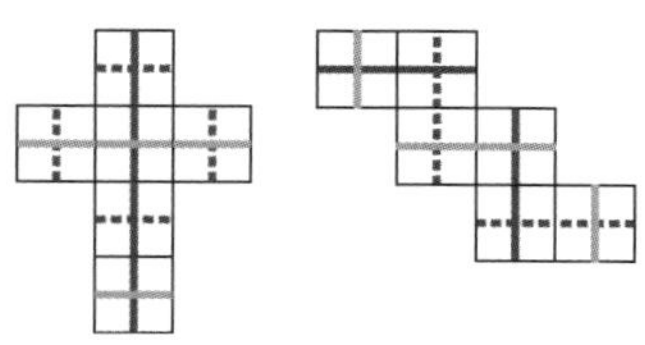

069 a) 8개　　b) 12개　　c) 6개　　d) 1개

070

정육면체	큰 정육면체의 한 모서리의 길이(cm)			
	3	4	5	n
A	8	8	8	8
B	12	24	36	$12\cdot(n-2)$
C	6	24	54	$6\cdot(n-2)^2$
D	1	8	27	$(n-2)^3$

071

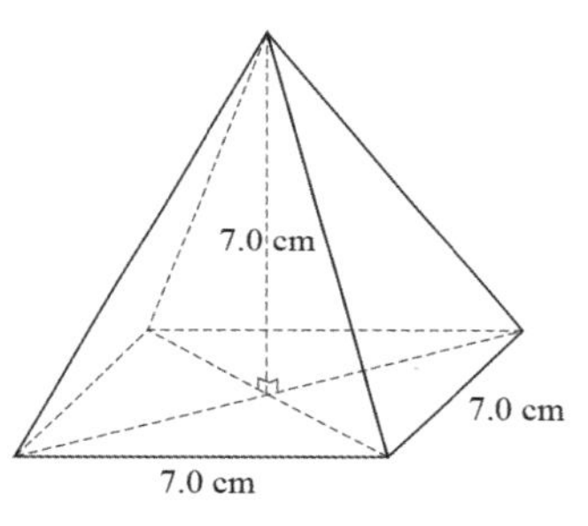

072

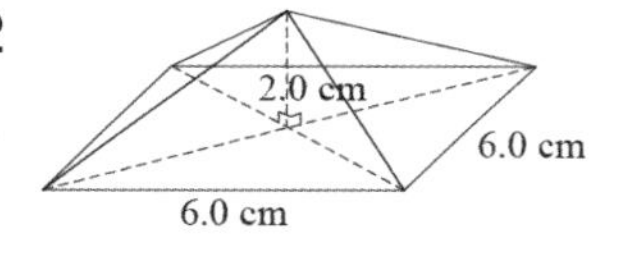

심화학습 34-35p

073 a) $r=\dfrac{p}{2\pi}$　　b) $r=\dfrac{75.4\text{ cm}}{2\pi}\fallingdotseq 12.0\text{ cm}$

074 a) $r=\sqrt{\dfrac{A}{\pi}}$

b) $r=\sqrt{\dfrac{2\,827}{\pi}}\text{ cm}\fallingdotseq 30.00\text{ cm}$

075 a) $2x+73\pi=400$

$x=\dfrac{400-73\pi}{2}=\dfrac{400-73\cdot 3.14}{2}$

$\fallingdotseq\dfrac{400-229.23}{2}=\dfrac{170.77}{2}\fallingdotseq 85.3(\text{m})$

b) 넓이=원의 넓이+직사각형 넓이

$A=(36.5\text{ m})^2\pi+73\text{ m}\cdot 85.3\text{ m}\fallingdotseq 10\,400\text{m}^2$

076 $\dfrac{6.3\ a}{42\text{ m}}=\dfrac{630\text{ m}^2}{42\text{ m}}=15\text{ m}$

077 a) $4\,500\text{ m}^2\cdot 7.50\ €/\text{m}^2=33\,750\ €$,

$4\,000\text{ m}^2\cdot 7.50\ €/\text{m}^2=30\,000\ €$

b) $150\ a-45\ a-40\ a=65\ a$,

$6\,500\text{ m}^2\cdot 7.50\ €/\text{m}^2=48\,750\ €$

078 $\dfrac{(110\text{ m}-9\cdot 10\cdot 3\cdot 12\cdot 0.0254\text{ m}-0.30\text{ m})}{2}\fallingdotseq 13.7\text{ m}$

079 a) $5\cdot 12\cdot 2.54\text{ cm}+2\cdot 2.54\text{ cm}\fallingdotseq 157\text{ cm}$

b) $\dfrac{178}{2.54}\fallingdotseq 70.08$, 즉 70.08인치. $\dfrac{70.08}{12}\fallingdotseq 5.84$이므로

약 5피트 8인치이다.

080 a) $20\text{ acre}=20\cdot 4\,840\text{ yd}^2=20\cdot 40\cdot 3^2\text{ ft}^2$

$=20\cdot 4\,840\cdot 3^2\cdot 12^2\text{ in}^2$

$=20\cdot 4\,840\cdot 3^2\cdot 12^2\cdot 2.54^2\text{ cm}^2$

$\fallingdotseq 810\,000\,000\text{ cm}^3=8.1\text{ ha}$

b) $1\text{ mi}^2=1\,760^2\text{ yd}^2$

$=1\,760^2\cdot 3^2\ ft^2=1\,760^2\cdot 3^2\cdot 12^2\text{ in}^2$

$=1\,765^2\cdot 3^2\cdot 12^2\cdot 2.54^2\text{ cm}^2$

$\fallingdotseq 26\,000\,000\,000\text{ cm}^2=260\text{ ha}$

081 $2.98\ \$/\text{gal}=\dfrac{\dfrac{2.98}{1.3913}\ €}{3.785\text{ L}}=0.566\ €/\text{L}$

082 1제곱인치 안에 1 090개의 매듭이 있다.

1제곱인치$=2.54^2\text{ cm}^2$이므로

$1090\div 2.54^2\fallingdotseq 169$이므로, 매듭은 169개가 있다.

심화학습 36-37p

083 $\dfrac{75\text{ m}\cdot 50\text{ m}\cdot 0.05\text{ m}}{29\text{ m}^3}=6.46\cdots\fallingdotseq 6.5$이므로

약 트럭 6.5대 분량의 모래가 필요하다.

084 $\dfrac{(10\text{ cm})^3}{(20\text{ cm})^3}=\dfrac{1\,000\text{ cm}^3}{8\,000\text{ cm}^3}=\dfrac{1}{8}$

085 $\dfrac{1\,000\text{ cm}^3}{7.0\text{ cm}\cdot 6.0\text{ cm}\cdot 24\text{ cm}}=0.992\cdots\fallingdotseq 99\%$

086 $(6\cdot 25.5\text{ cm}+6\cdot 1.5\text{ cm})\cdot 12.0\text{ cm}\cdot 1.5\text{ cm}$

$+12\cdot 1.5\text{ cm}\cdot 12.0\text{ cm}\cdot 5.5\text{ cm}$

$=4104\text{ cm}^3\fallingdotseq 4.1\text{ dm}^3=4.1\text{ L}$

087 a) $V=(5.0\text{ cm})^2\cdot 60\text{ cm}=1\,500\text{ cm}^3$

b) $V=(15\text{ cm})^2\cdot 20\text{ cm}=4\,500\text{ cm}^3$

088 a)

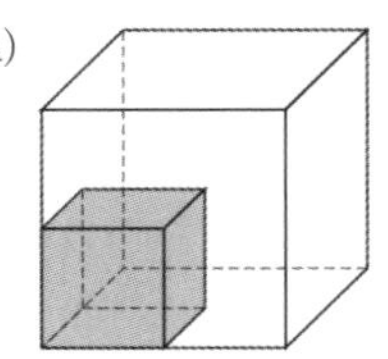

b) $\frac{(2x)^3}{x^3}=8$, 작은 정육면체 부피의 8배이다.

089 a) $\overline{AB}=\sqrt{32^2+24^2}\text{ mm}=40\text{ mm}$

b) $\overline{AC}=\sqrt{40^2+42^2}\text{ mm}=58\text{ mm}$

심화학습 38－39p

090 $V=\frac{4.8\text{ cm}\cdot 2.0\text{ cm}}{2}\cdot 7.2\text{ cm}=34.56\text{ cm}^3\fallingdotseq 35\text{ cm}^3$

091 $V=\frac{3.0\text{ cm}+6.0\text{ cm}}{2}\cdot 4.0\text{ cm}\cdot 5.0\text{ cm}=90\text{ cm}^3$

092 $V=\frac{1.2\text{ m}+4.0\text{ m}}{2}\cdot 25\text{ m}\cdot 10\text{ m}=650\text{ m}^3$

093 a) $10\text{ cm}\cdot\sin 70°\fallingdotseq 9.4\text{ cm}$

b) $V=10\text{ cm}\cdot 10\text{ cm}\cdot 10\text{ cm}\cdot\sin 70°\fallingdotseq 940\text{ cm}^3$

094 a) $60\text{ cm}\cdot\sin 36°=35.26\text{ cm}$

높이는 약 35 cm이다.

b) $2\cdot\frac{1}{2}\cdot 60\text{ cm}\cdot 60\text{ cm}\cdot\sin 36°=2\,116\text{ cm}^2$

연의 넓이는 약 2 100 cm^2이다.

c) 연의 부피

$V=2116\text{ cm}^2\cdot 10\text{ cm}=21\,160\text{ cm}^3=21.16\text{ dm}^3$

그러므로 연의 부피는 $V\fallingdotseq 21\text{ dm}^3$

095 a) $60\cos 36°=48.5\text{ cm}$

밑변$=60\text{ cm}-(60\text{ cm}-48.5\text{ cm})\cdot 2=37\text{ cm}$

b) 넓이 $A=2\cdot\frac{1}{2}\cdot 37\text{ cm}\cdot(60\sin 36°)\text{ cm}$

$=1\,304.8\text{ cm}^2$

그러므로 넓이 $A\fallingdotseq 1\,300\text{ cm}^2$

c) $V=1\,304.8\text{ cm}^2\cdot 10\text{ cm}=13\,048\text{ cm}^3=13.048\text{ dm}^3$

그러므로 $V\fallingdotseq 13\text{ dm}^3$

심화학습 40－41p

096 $V=2\cdot\frac{\pi\cdot(1.5\text{ dm})^2\cdot 3.0\text{ dm}}{3}\fallingdotseq 14\text{ dm}^3$

097 $V=\frac{\pi\cdot(2.5\text{ m})^2\cdot 2.0\text{ m}}{3}$

$+\pi\cdot(2.5\text{ m})^2\cdot 7.0\text{ m}\fallingdotseq 150\text{ m}^3$

098 $V=\frac{\pi\cdot(6.0\text{ cm})^2\cdot 20.0\text{ cm}}{3}$

$-\frac{\pi\cdot(3.0\text{ cm})^2\cdot 10.0\text{ cm}}{3}\fallingdotseq 660\text{ cm}^3$

099 $V=\frac{\pi\cdot(16.25\text{ mm})^2\cdot 75\text{ mm}}{3}\fallingdotseq 21\,000\text{ mm}^3$

$=21\text{ cm}^3$

100 a) $\overline{AB}=\frac{1}{2}\sqrt{6^2+6^2}\text{ cm}=4.24\text{ cm}$

$\overline{AB}\fallingdotseq 4.2\text{ cm}$

b) $\overline{BO}=\overline{AB}\tan 52°=4.24\text{ cm}\cdot\tan 52°=5.42\text{ cm}$

$\overline{BO}\fallingdotseq 5.4\text{ cm}$

c) $V=\frac{1}{3}(6.0\text{ cm})^2\cdot 5.4\text{ cm}=64.8\text{ cm}^3$

그러므로 $V\fallingdotseq 65\text{ cm}^3$

101 $\frac{630\text{ cm}^3}{\left(\frac{\pi\cdot(1.5\text{ cm})^2\cdot 7.0\text{ cm}}{3}\right)}\fallingdotseq 38$(개)

심화학습 42－43p

102 a) $V=(8.0\text{ cm})^3=512\text{ cm}^3$

b) $V=\frac{2.0\text{ cm}\cdot 2.0\text{ cm}}{2}\cdot 8.0\text{ cm}=16\text{ cm}^3$

c) $V=512\text{ cm}^3-4\cdot 16\text{ cm}^3=448\text{ cm}^3$

103 a) $13.4\text{ cm}\cdot\sin 80°\fallingdotseq 13.2\text{ cm}$

b) $V=\pi\cdot(9.2\text{ cm})^2\cdot 13.4\text{ cm}\cdot\sin 80°\fallingdotseq 3{,}500\text{ cm}^3$

104 a) $5.6\text{ cm}\cdot\cos 40°\fallingdotseq 4.3\text{ cm}$

b) $\frac{5.6\text{ cm}\cdot\cos 40°}{2}\fallingdotseq 2.1\text{ cm}$

c) $5.6\text{ cm}\cdot\sin 40°\fallingdotseq 3.6\text{ cm}$

d) $V=\frac{\pi\left(\frac{5.6\text{ cm}\cdot\cos 40°}{2}\right)^2}{3}\cdot 5.6\text{ cm}\cdot\sin 40°$

$=17.34\text{ cm}^3$

그러므로 $V\fallingdotseq 17\text{ cm}^3$

105 $V=2\cdot\frac{10\text{ cm}\cdot 10\text{ cm}\cdot\sqrt{50}\text{ cm}}{3}\fallingdotseq 470\text{ cm}^3$

$=0.47\text{ L}=4.7\text{ dL}$

106 $\pi\cdot(2.0\text{ cm})^2\cdot h=(4.0\text{ cm})^3=64\text{ cm}^3$

$h\fallingdotseq 5.1\text{ cm}$

107 a) $\pi\cdot(7.0\text{ cm})^2\cdot 0.1\text{ cm}\fallingdotseq 15\text{ cm}^3$

b) $\frac{\pi\cdot(7.0\text{ cm})^2\cdot 0.1\text{ cm}}{\pi\cdot(2.5\text{ cm})^2}=0.784\text{ cm}\fallingdotseq 8\text{ mm}$

심화학습 44－45p

108 $2 \cdot \pi \cdot (4.00\ \text{dm})^2 \cdot 2.35\ €/\text{dm}^2$
$+2 \cdot \pi \cdot 4.00\ \text{dm} \cdot 10.00\ \text{dm} \cdot 0.8 \cdot 2.35\ €/\text{dm}^2$
$\fallingdotseq 708.74\ €$

109 $\sqrt{10^2+(2 \cdot \pi \cdot 5.0)^2}\ \text{cm} \fallingdotseq 33\ \text{cm}$

110 a) $\pi \cdot (25\ \text{cm})^2 \cdot 50\ \text{cm} \fallingdotseq 98\,000\ \text{cm}^3$
b) $2 \cdot \pi \cdot (25\ \text{cm})^2 + \pi \cdot 50\ \text{cm} \cdot 50\ \text{cm} \fallingdotseq 12\,000\ \text{cm}^2$
c) $\sqrt{50^2+(\frac{\pi \cdot 50}{2})^2}\ \text{cm} \fallingdotseq 93\ \text{cm}$

111 a) $h=\sqrt{1.4^2-0.7^2}\ \text{m}=\sqrt{1.47}\ \text{m} \fallingdotseq 1.2\ \text{m}$
b) $A=1.05 \cdot \left(2 \cdot \frac{1.4\ \text{m} \cdot \sqrt{1.47}\ \text{m}}{2}+3 \cdot 1.4\ \text{m} \cdot 2.1\ \text{m}\right)$
$\fallingdotseq 11\ \text{m}^2$

112 $\sqrt{4.0^2+(2.5+3.0)^2}\ \text{m} \fallingdotseq 6.8\ \text{m}$

113 칼로 자른다고 가정하면 칼의 면이 닿은 부분의 넓이가 같고, 정육면체의 옆면이 이등분되었으므로 육각기둥에 포함된 부분과 삼각기둥에 포함된 부분의 넓이가 같다.

심화학습 46－47p

114 a) $\overline{AB}=\sqrt{10^2+10^2}\ \text{cm}=\sqrt{200}$
선분 $\overline{AB} \fallingdotseq 14\ \text{cm}$
b) $\overline{BD}=\sqrt{(10\sqrt{2})^2-(5\sqrt{2})^2}=5\sqrt{6}\ \text{cm} \fallingdotseq 12\ \text{cm}$
c) $\triangle ABC=\frac{1}{2} \cdot \overline{AC} \cdot \overline{BD}$
$=\frac{1}{2} \cdot 10\sqrt{2}\ \text{cm} \cdot 5\sqrt{6}\ \text{cm}$
$=50\sqrt{3}\ \text{cm}^2 \fallingdotseq 87\ \text{cm}^2$

115 a)

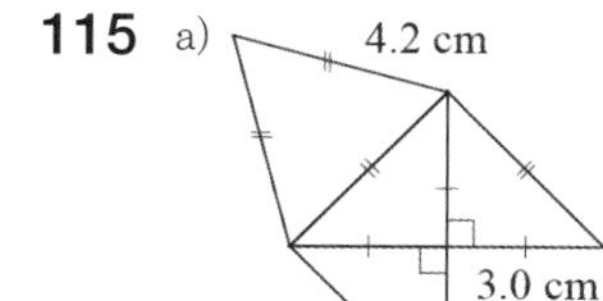

b) $A=3 \cdot \frac{3.0\ \text{cm} \cdot 3.0\ \text{cm}}{2}$
$+\frac{\sqrt{18}\ \text{cm} \cdot \sqrt{13.5}\ \text{cm}}{2} \fallingdotseq 21\ \text{cm}^2$

116 a)

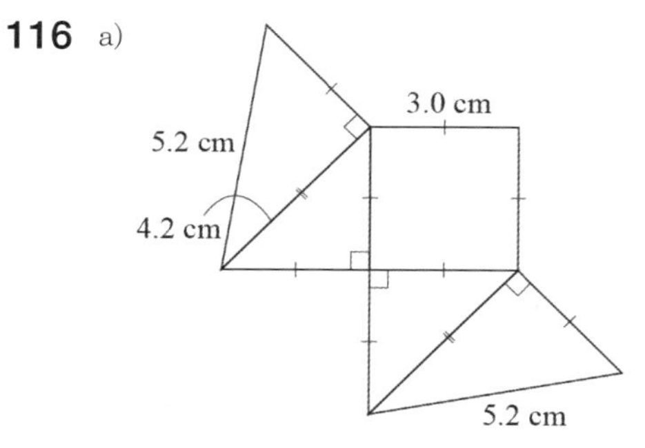

b) $A=3.0\ \text{cm} \cdot 3.0\ \text{cm}+2 \cdot \frac{3.0\ \text{cm} \cdot 3.0\ \text{cm}}{2}$
$+2 \cdot \frac{3.0\ \text{cm} \cdot \sqrt{18}\ \text{cm}}{2} \fallingdotseq 31\ \text{cm}^2$

117 a)

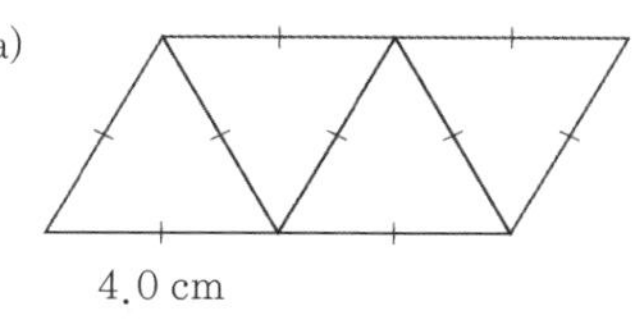

b) $x=\sqrt{4.0^2-2.0^2}\ \text{cm}=\sqrt{12}\ \text{cm} \fallingdotseq 3.5\ \text{cm}$
c) $A=4 \cdot \frac{4.0\ \text{cm} \cdot \sqrt{12}\ \text{cm}}{2} \fallingdotseq 28\ \text{cm}^2$

118 $h=\sqrt{328^2-210^2}\ \text{cm}$
$=251.96\ \text{cm} \fallingdotseq 252\ \text{cm}$
$A=4 \cdot \frac{1}{2} \cdot 420\ \text{cm} \cdot \sqrt{328^2-210^2}\ \text{cm}$
$=211\,646.66\ \text{cm}^2 \fallingdotseq 212\,000\ \text{cm}^2=21.2\ \text{m}^2$

119

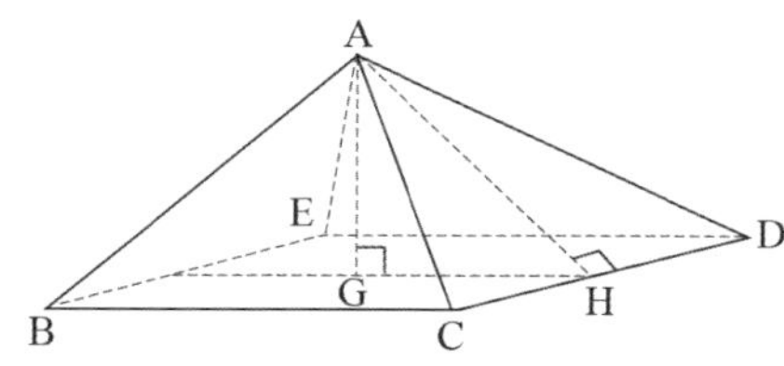

정사각뿔 A－BCDE의 꼭지점 A에서 사각형 BCDE에 내린 수선의 발을 G라 하고 A에서 선분BC에 내린 수선의 발을 H라 하면 $\overline{AG}=6.4\ \text{m}$이고
$\overline{BC}=\overline{CD}=\overline{DE}=\overline{EB}=13.4\ \text{m}$이며 $\overline{GH}=6.7\ \text{m}$이므로
$\overline{AH}=\sqrt{(6.4\text{m})^2+(6.7\text{m})^2} \fallingdotseq 9.3\ \text{m}$
$\triangle ABC$의 넓이는 $\frac{1}{2} \cdot 13.4\ \text{m} \cdot 9.3\ \text{m} \fallingdotseq 62.3\ \text{m}^2$이므로
지붕 전체의 넓이는 약 $250\ \text{m}^2$이다.

심화학습 48－49p

120 a) $V = \frac{1}{3}\pi(5\text{ cm})^2 \cdot 10\text{ cm} = 261.7\text{ cm}^2$

$V \fallingdotseq 260\text{ cm}^2$

b) 모선의 길이를 s라 하면

$s = \sqrt{5^2+10^2}\text{ cm} = 5\sqrt{5}\text{ cm}$

옆면의 넓이 $A = \pi \cdot 5\text{ cm} \cdot 5\sqrt{5}\text{ cm} \fallingdotseq 175.5\text{ cm}^2$

그러므로 $A \fallingdotseq 180\text{ cm}^2$

121 a) $2\pi \cdot 10\text{ cm} \cdot \frac{150}{360} \fallingdotseq 26.2\text{ cm}$

b) $r = \dfrac{2\pi \cdot 10\text{ cm} \cdot \frac{150}{360}}{2\pi} \fallingdotseq 4.17\text{ cm}$

c) $A = \pi rs + \pi r^2$

$= \pi \cdot 4.17\text{ cm} \cdot 10\text{ cm} + \pi(4.17\text{ cm})^2$

$= 130 \cdot 938\text{ cm}^2 + 54.601\text{ cm}^2$

$= 185.539\text{ cm}^2$

그러므로 $A \fallingdotseq 185\text{ cm}^2$

122 a) $r = \dfrac{\frac{1}{2} \cdot 2\pi \cdot 50\text{ cm}}{2\pi} = 25\text{ cm}$

b) $V = \frac{1}{3} \cdot \pi(25\text{ cm})^2 \cdot \sqrt{50^2-25^2}\text{ cm}$

$= 28\,326.25\text{ cm}^3 \fallingdotseq 28\,000\text{ cm}^3$

c) $A = \pi(25\text{ cm})^2 + \pi \cdot 25\text{ cm} \cdot 50\text{ cm}$

$= 5\,887.5\text{ cm}^2$

그러므로 $A \fallingdotseq 5\,900\text{ cm}^2$

123 a) 옆면의 넓이$= \pi \cdot \frac{56\text{ cm}}{2\pi} \cdot 45\text{ cm}$

$= 1\,260\text{ cm}^2 \fallingdotseq 1\,300\text{ cm}^2$

b) 겉넓이=옆면의 넓이+밑면의 넓이

$= 1\,260\text{ cm}^2 + \pi\left(\frac{56\text{ cm}}{2\pi}\right)^2$

$= 1\,260\text{ cm}^2 + 250\text{ cm}^2$

$= 1\,510\text{ cm}^2 \fallingdotseq 1\,500\text{ cm}^2$

124

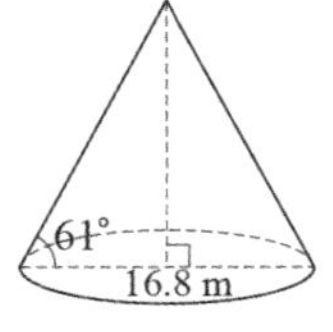

$A = \pi \cdot 8.4\text{ m} \cdot \frac{8.4\text{ m}}{\cos 61°} \fallingdotseq 460\text{ m}^2$

125 $\frac{A_S}{b} = \dfrac{\frac{\alpha}{360°} \cdot \pi r^2}{\frac{\alpha}{360°} \cdot 2\pi r} = \frac{r}{2}$ $\quad \therefore A_S = \frac{br}{2}$

126 $\frac{A_V}{\pi s^2} = \frac{2\pi r}{2\pi s} = \frac{r}{s}$, $A_V = \frac{r}{s} \cdot \pi s^2$ $\quad \therefore A_V = \pi rs$

127 큰 정육면체의 겉넓이는 $9\text{ cm}^2 \times 6 = 54\text{ cm}^2$이고 작은 정육면체의 겉넓이는 $6\text{ cm}^2 \cdot 27 = 162\text{ cm}^2$이므로 3배 증가한다.

심화학습 50－51p

128 a) $V_1 = \pi\left(\frac{30\text{ cm}}{2\pi}\right)^2 \cdot 20\text{ cm} \fallingdotseq 1\,400\text{ cm}^3$

$V_2 = \pi\left(\frac{20\text{ cm}}{2\pi}\right)^2 \cdot 30\text{ cm} \fallingdotseq 950\text{ cm}^3$

b) $\frac{V_1}{V_2} = \frac{30^2 \cdot 20}{20^2 \cdot 30} = \frac{3}{2} = 3.2$

c) $A_1 = \pi\left(\frac{30\text{ cm}}{2\pi}\right)^2 + 20\text{ cm} \cdot 30\text{ cm} \fallingdotseq 740\text{ cm}^2$

$A_2 = \pi\left(\frac{20\text{ cm}}{2\pi}\right)^2 + 30\text{ cm} \cdot 20\text{ cm} \fallingdotseq 660\text{ cm}^2$

d) $\frac{A_1}{A_2} \fallingdotseq \frac{74}{66} \fallingdotseq 1.1$

129 a) $x = \sqrt{0.8^2+0.3^2}\text{ m} \fallingdotseq 0.85\text{ m}$

b) $A = 2 \cdot \frac{1}{2}(0.3\text{ m}+0.6\text{ m}) \cdot 0.8\text{ m} + (0.8\text{ m} \cdot 0.5\text{ m})$

$+ (0.5\text{ m} \cdot 0.3\text{ m}) + (0.5\text{ m} \cdot 0.6\text{ m})$

$+ (0.5\text{ m} \cdot 0.85\text{ m})$

$= 0.72\text{ m}^2 + 0.4\text{ m}^2 + 0.15\text{ m}^2 + 0.3\text{ m}^2 + 0.425\text{ m}^2$

$= 1.995\text{ m}^2$

그러므로 $A \fallingdotseq 2.0\text{ m}^2$

130 b) $A_P = \dfrac{\sqrt{24.0^2-12.0^2} \cdot 24.0}{2}\text{ mm}^2$,

$V = \dfrac{(A_P \cdot 9.8\text{ mm})}{3} \fallingdotseq 810\text{ mm}^3$

c) $A_V \fallingdotseq 434\text{ mm}^2$

131 a)

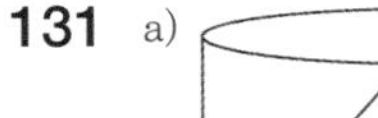
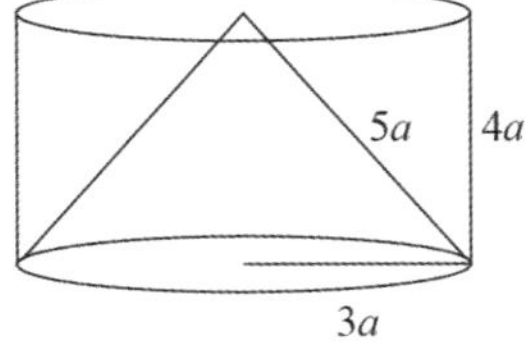

b) 원뿔의 모선의 길이 $s = \sqrt{(3a)^2+(4a)^2} = 5a$

원뿔의 겉넓이 $A_k = \pi \cdot (3a)^2 + \pi \cdot 3a \cdot 5a = 24\pi a^2$

원기둥 옆면의 넓이 $A_L = 2 \cdot \pi \cdot 3a \cdot 4a = 24\pi a^2$이므로 원뿔의 겉넓이와 원기둥 옆면의 넓이는 항상 일치한다.

132 a)

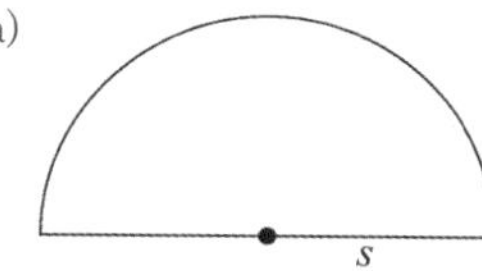

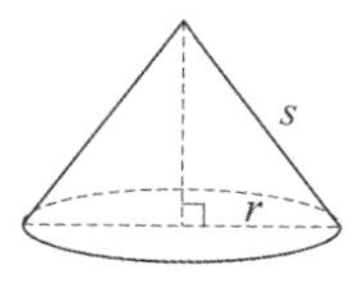

b) 반원의 호의 길이는 πs인데 이것은 원뿔 밑면의 둘레와 같다. $\pi s = 2\pi r \quad \therefore\ s = 2r$

원뿔 옆면의 넓이는 $\frac{\pi s^2}{2}$이고, 밑면의 넓이는 πr^2이다.

원뿔 밑면의 넓이는 πr^2이다.

$r = \frac{s}{2}$이므로 $\pi r^2 = \frac{\pi s^2}{4}$이다.

그러므로 s 값에 상관없이 원뿔 밑면의 넓이는 옆면 넓이의 반이다.

심화학습 52－53p

133 a) 죽의 부피$= \pi(10\text{ cm})^2 \cdot 12\text{ cm} = 3\,768\text{ cm}^2$

그릇의 부피$= \frac{2}{3}\pi(10\text{ cm})^3 \fallingdotseq 2\,093.3\text{ cm}^3$

죽을 그릇 안에 다 담을 수 없다.

b) 국자의 부피$= \frac{2}{3}\pi\left(\frac{7.3\text{ cm}}{2}\right)^3 = 101.8\text{ cm}^3 \fallingdotseq 102\text{ cm}^3$

$\frac{3\,768}{102} = 36.94 \fallingdotseq 37$

37번 떠야 한다.

134 a) $\frac{4}{3}\pi\left(\frac{22.5\text{ cm}}{2\pi}\right)^3 - \frac{4}{3}\pi\left(\frac{21.5\text{ cm}}{2\pi}\right)^3$

$= 24.49\text{ cm}^3 \fallingdotseq 24.5\text{ cm}^3$

b) $\dfrac{24.5\text{ cm}^3}{\frac{4}{3}\pi\left(\frac{21.5\text{ cm}}{2\pi}\right)^3} \fallingdotseq 0.146$

즉, 14.6% 더 크다.

135 $\dfrac{\frac{4\cdot\pi}{3}\cdot(2^3-1^3)}{\left(\frac{4\cdot\pi\cdot 2^3}{3}\right)} = 0.875,\quad 87.5\%$이다.

136 $\frac{2\pi r^2}{4\pi r^2} = 0.5,\ 50\%$이다.

137 $r = \sqrt{\frac{113}{4\pi}}\text{ cm} \fallingdotseq 3.00\text{ cm}$

138 a) 3.0 cm b) 8.00 cm c) 10 cm

139 a) 11 b) 6 c) 1.5

140 $r = \sqrt{\frac{3\cdot 100\text{ cm}^2}{4\pi}} = 2.88\text{ cm}$

$2r = 5.76\text{ cm} \fallingdotseq 5.8\text{ cm}$

141 작은 공들의 넓이의 합

$A_p = 2\cdot 4\pi\cdot\left(\sqrt[3]{\frac{3\cdot 0.5}{4\pi}}\right)^2\text{ dm}^2$

$= 6.09\cdots\text{ dm}^2 \fallingdotseq 6.1\text{ dm}^2$

큰 공의 넓이

$A_s = 4\pi\cdot\left(\frac{\sqrt[3]{3\cdot 1.0}}{4\pi}\right)^2\text{ dm}^2 = 4.83\cdots\text{ dm}^2 \fallingdotseq 4.8\text{ dm}^2$

$\frac{A_p - A_s}{A_s} \fallingdotseq 0.26$, 약 26% 더 크다.

심화학습 54－55p

142 원뿔 모선의 길이는 $\sqrt{27^2+36^2} = 45\text{ mm}$이므로

원뿔의 겉넓이는

$A_k = \pi\cdot(27\text{ mm})^2 + \pi\cdot 27\text{ mm}\cdot 45\text{ mm}$

$= 1\,944\pi\text{ mm}^2$이고

원기둥 옆면의 넓이는

$A_L = 2\cdot\pi\cdot 27\text{ mm}\cdot 36\text{ mm} = 1\,944\pi\text{ mm}^2$이므로 같다.

143 땅을 파야 하는 부피는 반구와 높이가 반지름인 원기둥의 합이므로

$V = \frac{4\pi r^3}{2\cdot 3} + \pi r^3$

$= \left(\frac{4}{6}+1\right)\cdot\pi r^3 = 1\frac{2}{3}\pi\cdot\frac{3\cdot 5.0\text{ m}^3}{4\pi}$

$= 6.25\text{ m}^3 \fallingdotseq 6.3\text{ m}^3$

144 a)

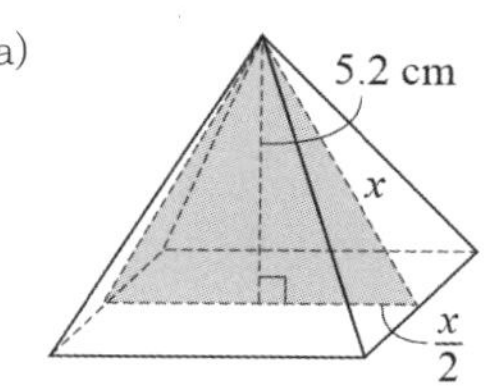

b) $A_P = 4\cdot\frac{5.2^2}{3}\text{ cm}^2 \fallingdotseq 36\text{ cm}^2$

145 물통의 부피 $V_p = \frac{4\pi\cdot(6.25\text{ cm})^3}{3} = 1\,022.65\cdots\text{ cm}^3$,

약 $1\,023\text{ cm}^2$이고

8% 늘어난 물의 부피 $V_j = 1.08\cdot 1\,000\text{ cm}^3 = 1\,080\text{ cm}^3$

이므로 물통에 담을 수 없다.

146 $r = \frac{\sqrt{12^2-10^2}}{2}\text{ cm} \fallingdotseq 3.3\text{ cm}$

147 a) $\frac{30\text{ cm}}{5.0\text{ cm}} = 6,\ 6\cdot 60 = 360$(개)

b) $V = 50\text{ cm}\cdot 30\text{ cm}\cdot 30\text{ cm}$

$-360\cdot\frac{4\pi\cdot(2.5\text{ cm})^3}{3} \fallingdotseq 21\,000\text{ cm}^3$

148 a) $V=\dfrac{(10\text{ cm})^3}{6} \fallingdotseq 170\text{ cm}^3$

b) $A=3\cdot\dfrac{(10\text{ cm})^2}{2}$

$+\dfrac{\sqrt{10^2+10^2}\text{ cm}\cdot\sqrt{10^2+10^2}\text{ cm}\cdot\sin 60°}{2}$

$\fallingdotseq 240\text{ cm}^2$

심화학습 56－57p

149 a) $m=100.0\text{ cm}\cdot 120.0\text{ cm}\cdot 7.0\text{ cm}\cdot 0.15\text{ g/cm}^3$
$=12\,600\text{ g}\fallingdotseq 13\text{ kg}$

b) $m=100.0\text{ cm}\cdot 120.0\text{ cm}\cdot 7.0\text{ cm}\cdot 7.80\text{ g/cm}^3$
$=655\,200\text{ g}\fallingdotseq 660\text{ kg}$

150 a) $\dfrac{400\text{ g}}{0.90\text{ g/cm}^3}\fallingdotseq 440\text{ cm}^3$ b) $\dfrac{\left(\dfrac{400\text{ g}}{0.90\text{ g/cm}^3}\right)}{200\text{ cm}^2}\fallingdotseq 2.2\text{ cm}$

151 $325\text{ cm}\cdot 45\text{ cm}\cdot 90\text{ cm}\cdot 2.7\text{ g/cm}^3$
$=3\,553\,875\text{ g}\fallingdotseq 3.6\text{ t}$
화강암의 무게는 약 3.6 t인데 크레인은 3 t까지 들 수 있으므로 옮길 수 없다.

152 a) $V=2\cdot 2.5\text{ cm}\cdot 12.0\text{ cm}\cdot 50.0\text{ cm}$
$+7.0\text{ cm}\cdot 4.0\text{ cm}\cdot 50.0\text{ cm}=4\,400\text{ cm}^3$

b) $m=4\,400\text{ cm}^3\cdot 7.80\text{ g/cm}^3\fallingdotseq 34\,000\text{ g}=34\text{ kg}$

153 a) $\dfrac{700\text{ g}}{19.3\text{ g/cm}^3}\fallingdotseq 36.3\text{ cm}^3$

b) $\dfrac{700\text{ g}}{10.5\text{ g/cm}^3}\fallingdotseq 66.7\text{ cm}^3$

154 a) $\dfrac{\left(\dfrac{700\text{ g}}{19.3\text{ g/cm}^3}\right)}{20\text{ cm}\cdot 15\text{ cm}}\fallingdotseq 0.12\text{ cm}=1.2\text{ mm}$

b) $\dfrac{\left(\dfrac{700\text{ g}}{10.5\text{ g/cm}^3}\right)}{20\text{ cm}\cdot 15\text{ cm}}\fallingdotseq 0.22\text{ cm}=2.2\text{ mm}$

155 높이의 차이가 1mm에 지나지 않아 세공사의 사기를 밝히기는 어려웠을 것이다.

심화학습 66－67p

156 함수 f는 각 변수 x의 값이 정확히 단 하나의 값 $f(x)$을 만족하는 규칙이다.

	x	$f(x)$	결과
a)	정육면체의 한 모서리 길이	정육면체 넓이	함수이다.
b)	공의 반지름	공의 부피	함수이다.
c)	학생의 주민번호	학생의 이름	함수이다.
d)	학생의 이름	학생의 주민번호	하나의 이름에 여러 명의 다른 사람이 있을 수 있다. 결국 여러 개의 다른 주민번호가 있을 수 있으므로 함수가 아니다.
e)	수학 평가점수	숙제 검사한 결과	동일한 점수를 받았지만 검사가 경우가 다를 수 있다. 그러므로 함수가 아니다.

157 a) b)

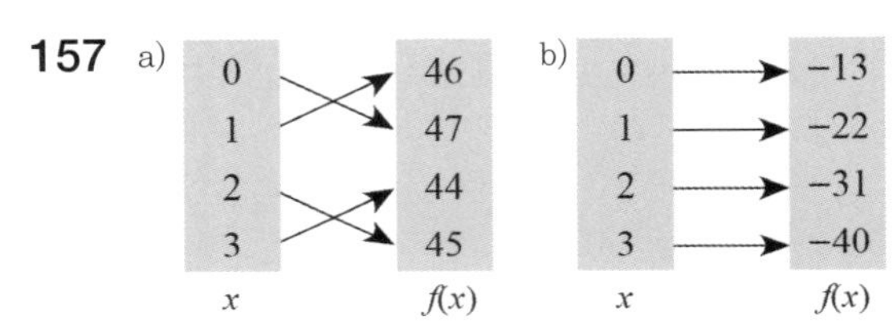

158 a) $f(x)=x-7$ b) $f(x)=-8x+3$

159 a) 함수이다. b) 함수가 아니다.
c) 함수이다. d) 함수가 아니다.

160

C	E	M	O	E	M	R
O	T	Y	U	T	O	O
M	O	H	S	O	R	W

161

M	H	A	C	S	C	I
A	E	T	S	E	I	N
T	M	I	I	X	T	G

MATHEMATICS IS EXCITING (수학은 흥미로워)

심화학습 68－69p

163 a) 6 b) 9+ c) 26점 d) 13점

164 a) 왼쪽 두 수의 합이 가장 오른쪽 수이다.
$\therefore\ x=45$

b) 왼쪽 두 수의 곱이 가장 오른쪽 수이다.
$\therefore\ x=72$

165 a) 3의 배수이므로 다음 세 수는 15, 18, 21이다.
b) 앞의 항에 4를 더하는 규칙이 있으므로 다음 세 수는 15, 19, 23이다.

166 a) $f(n)=4n$　　b) $f(100)=400$

167 a) $f(n)=-2n$　　b) $f(100)=-200$

168 a)

항	개수
1	1
2	3
3	5
4	7
5	9

b) $2n-1$개　　c) 59개　　d) 51번째 항

169 a)

항	개수
1	2
2	5
3	8
4	11
5	14

b) $3n-1$개　　c) 149개　　d) 34번째 항

심화학습 70-71p

170 a) 3.5 ℃　　b) −5.5 ℃
c) 12월 2일 4시~9시, 12월 3일 3시~4시
d) 12월 2일 9시~12월 3일 3시
e) −2.5 ℃　　f) 9 ℃

171 a) 11월 12일, 14일
b) 11월 8일, 11일, 15일
c) 11월 10일~11일, 14일~15일
d) 11월 8일~9일, 11일~12일
e) 11월 12일~14일
f) 11월 8일, 15일

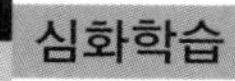

심화학습 72-73p

172 (규칙을 따라하며 엑셀을 활용해 그래프를 그린다.)

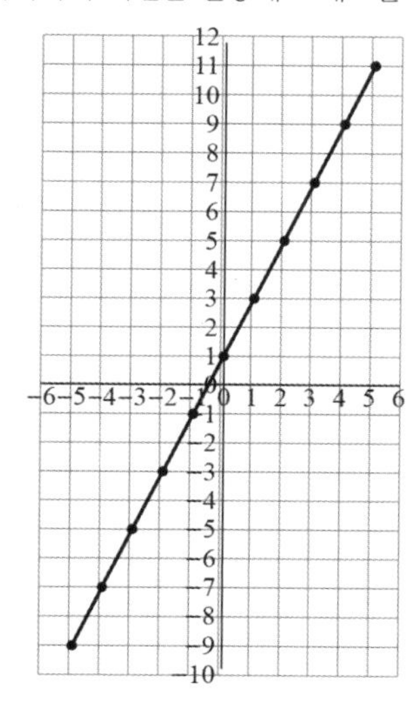

173 b) $y=-6x+6$

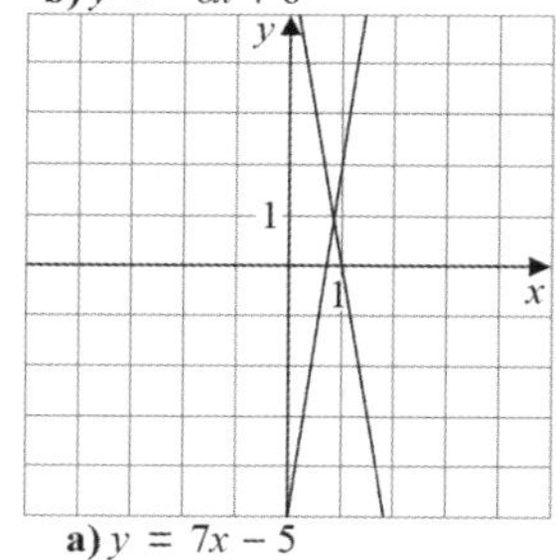

a) $y=7x-5$

174 b) $y=-\frac{3}{5}x+3$

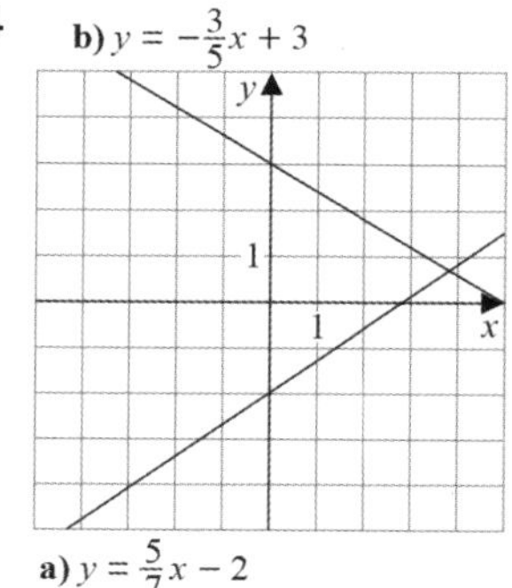

a) $y=\frac{5}{7}x-2$

c) $y = \frac{5}{6}x$

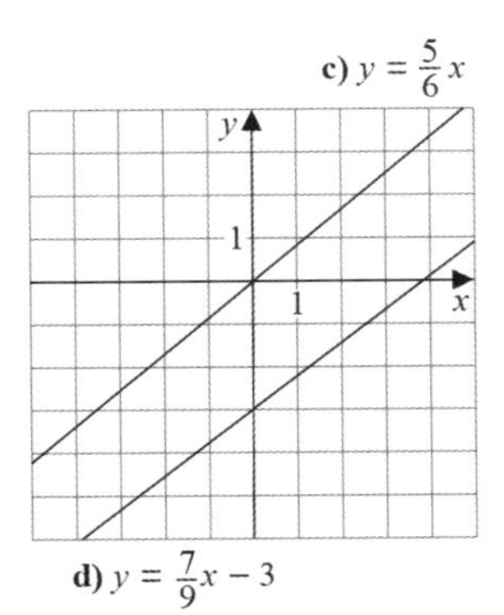

d) $y = \frac{7}{9}x - 3$

심화학습 74−75p

175 a) $y = 8.5x + 960$

b)

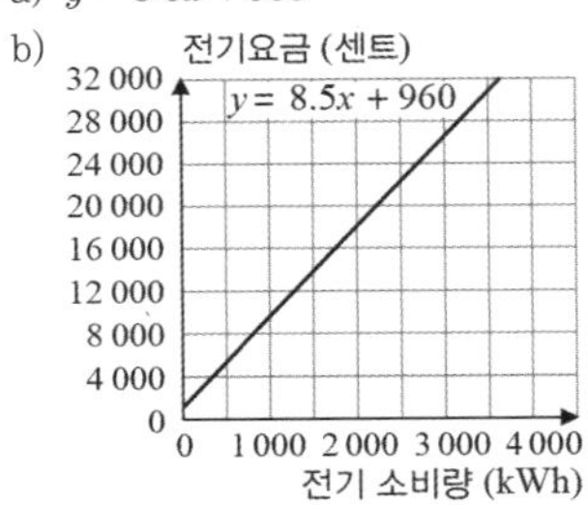

c) 230.60 €

176 a)

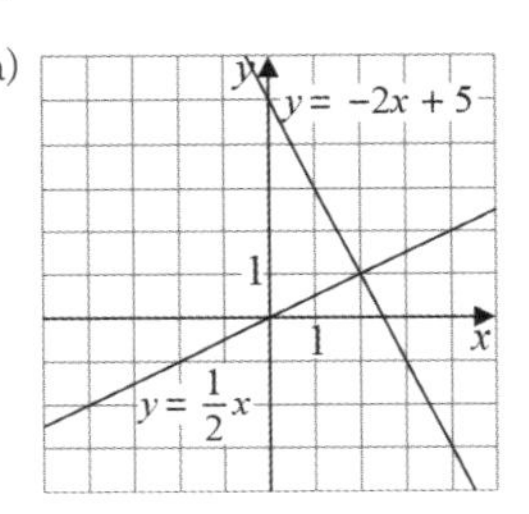

b) 5칸

177 a)

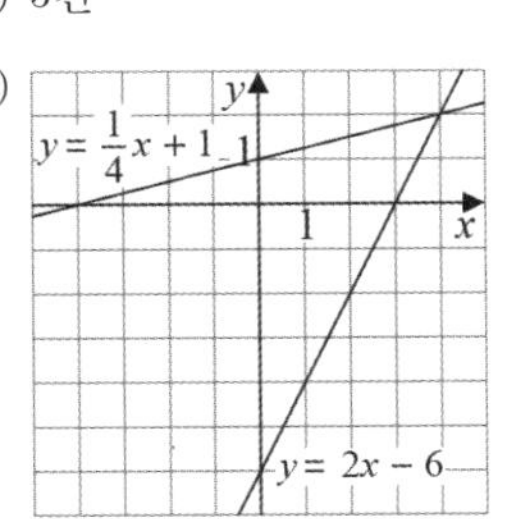

b) 7칸 c) 14칸

178 4칸

179 a)

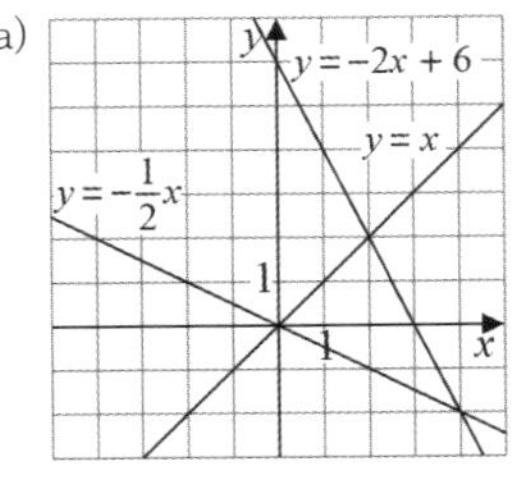

b) 6칸

180 a)

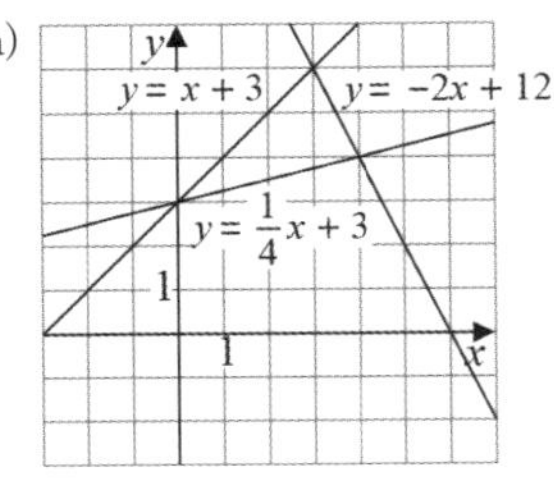

b) 4.5칸

181 a)

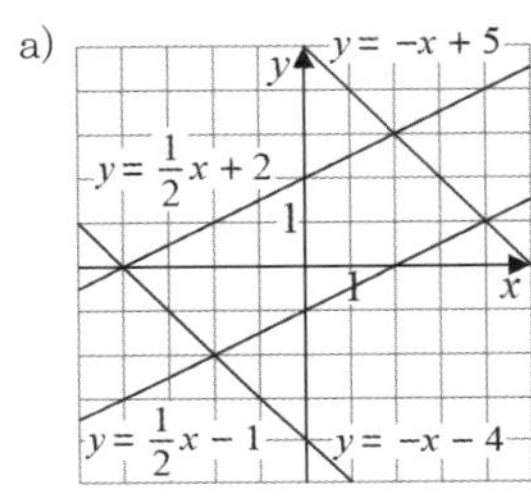

b) 18칸

심화학습 76−77p

182 a) $x = \frac{7}{2}$ b) $x = -\frac{3}{5}$ c) $x = \frac{4}{3}$

183 a) $x = \frac{3}{4}$ b) $x = -\frac{6}{5}$ c) $x = -3\frac{1}{3}$

184

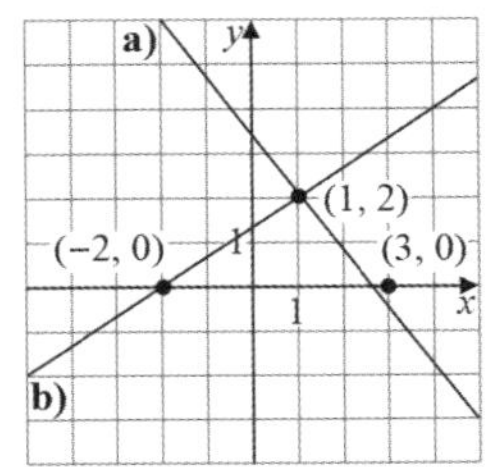

a) (1, 2)와 (3, 0)을 지나는 직선
b) (1, 2)와 (−2, 0)을 지나는 직선

185

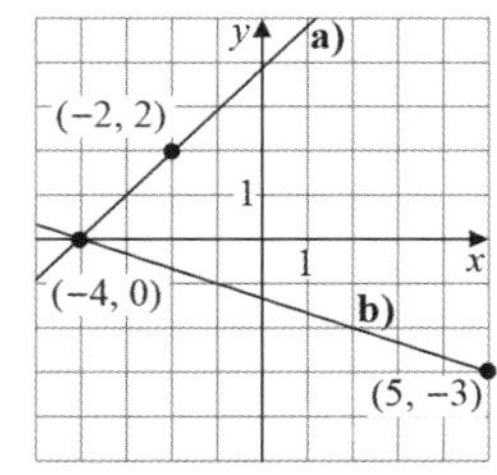

a) $(-4,\ 0)$과 $(-2,\ 2)$를 지나는 직선
b) $(-4,\ 0)$과 $(5,\ -3)$을 지나는 직선

186

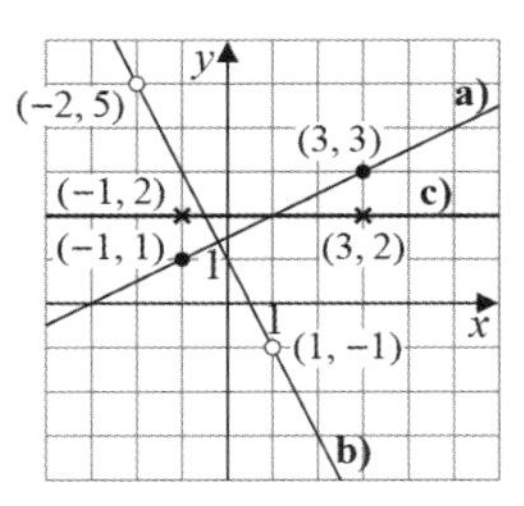

a) $x=-3$　　　　b) $x=\frac{1}{2}$

c) x축에 평행인 직선으로 x 절편이 없다.

187 a) 273.15 K　　　　b) −273.15 ℃

c)

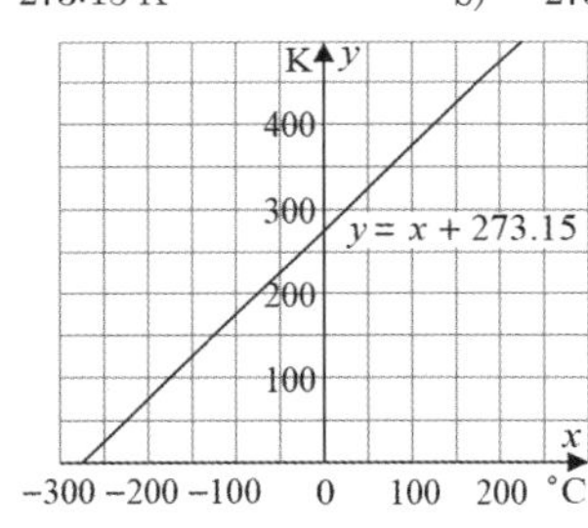

188 a) 32 °F　　　　b) −17.8 ℃

c)

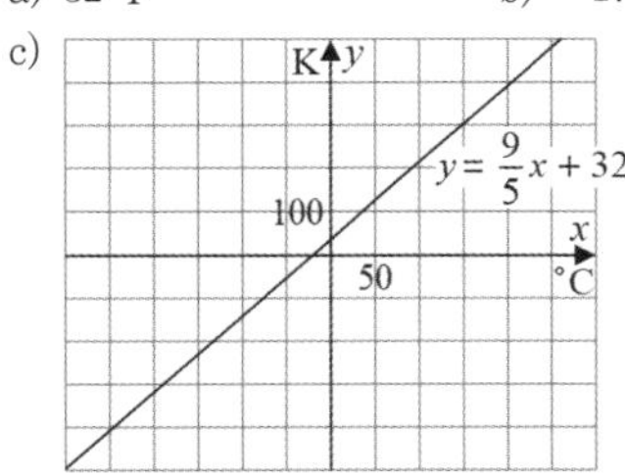

189 a) −459.67 °F　　　　b) 255.37 K

심화학습　78−79p

190

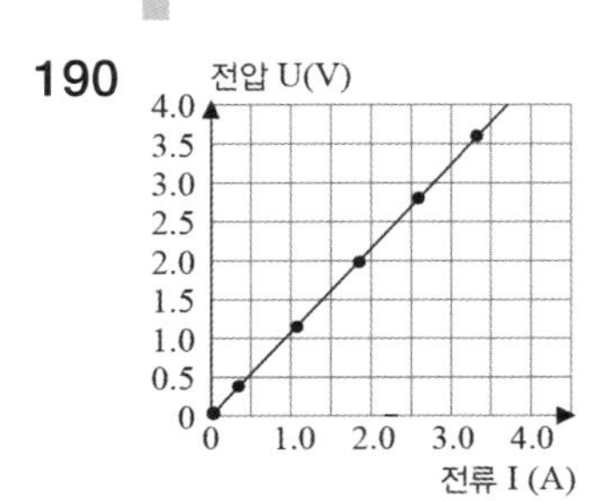

콘스탄탄 사의 저항은 1.1 Ω이다.

191

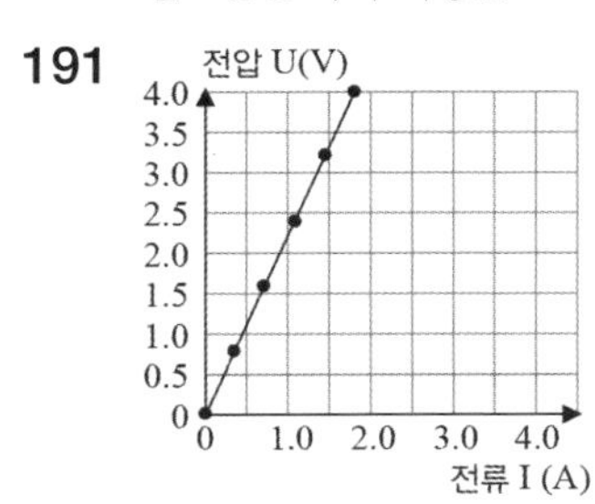

크롬알루미늄 사의 저항은 2.2 Ω이다.

192

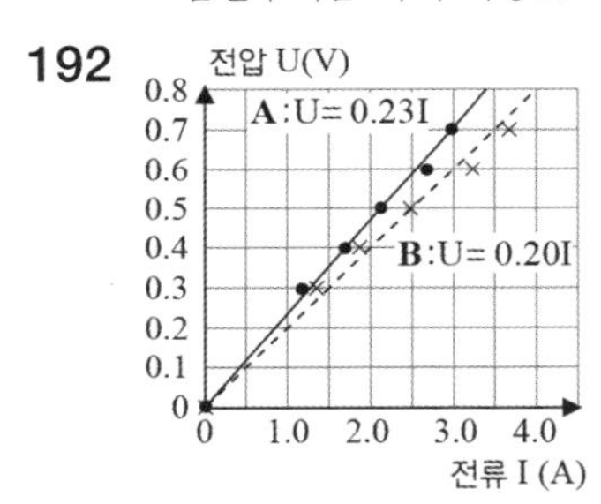

황동줄 A의 저항은 0.23 Ω, 황동줄 B의 저항은 0.20 Ω이므로 황동줄 B는 저항이 더 낮다.

심화학습　80−81p

193 a) 8.6 km/h　　　　b) 20 km/h

c) 그래프의 시간축을 분으로 바꾸고 시간(분)과 이동거리(km)를 이용하여 그래프를 그리면 파누의 직선은 (0, 0)과 (140, 20)을 지나는 직선, 사라의 직선은 (120, 0)과 (180, 20)을 지나는 직선이라고 할 수 있다.

파누의 직선 방정식은 $y=\frac{20}{140}x$이고, 사라의 직선 방정식은 $y=\frac{20}{60}(x-120)$이므로

두 직선 교점의 x좌표는 210, 즉 3.5시간이다. 사라는 2시에 출발했으므로 둘이 만나는 시간은 사라가 출발하고 나서 1.5시간이 지난 후이다.

194 a)

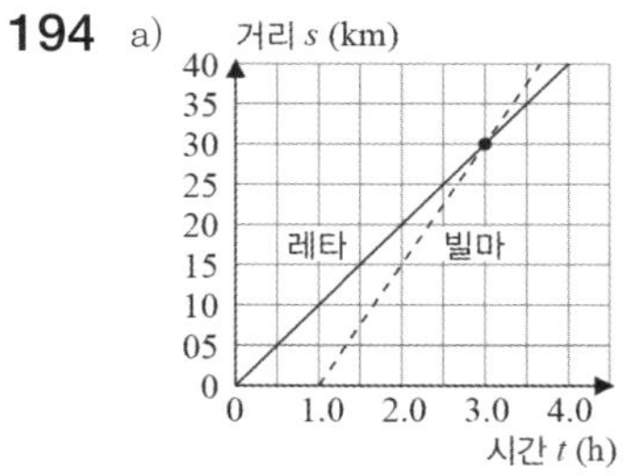

b) 빌마는 2시간, 레타는 3시간 자전거를 탔고, 두 사람의 이동거리는 30 km이다.

195 티모가 이동한 거리를 x라 하고, 엠미가 이동한 거리를 $3-x$라 하면 티모가 이동한 거리가 엠미가 이동한 거리의 두 배이므로 $2x=3-x$, $x=1$이다.
티모로부터 1 km 떨어진 거리에서 만난다.

196 a) $y=3x-1$ b) 3
c) 상승한다. d) $(0,\ -1)$

197 a) $y=x-3$, 기울기 1, y절편 $(0,\ -3)$
b) $y=-3x-2$, 기울기 -3, y절편 $(0,\ -2)$
c) $y=-2x-5$, 기울기 -2, y절편 $(0,\ -5)$

198 a) $y=x-4$, 기울기 1, y절편 $(0,\ -4)$
b) $y=2x+3$, 기울기 2, y절편 $(0,\ 3)$
c) $y=5x-8$, 기울기 5, y절편 $(0,\ -8)$

199 a) $y=-x+2$ b) $y=x+1$

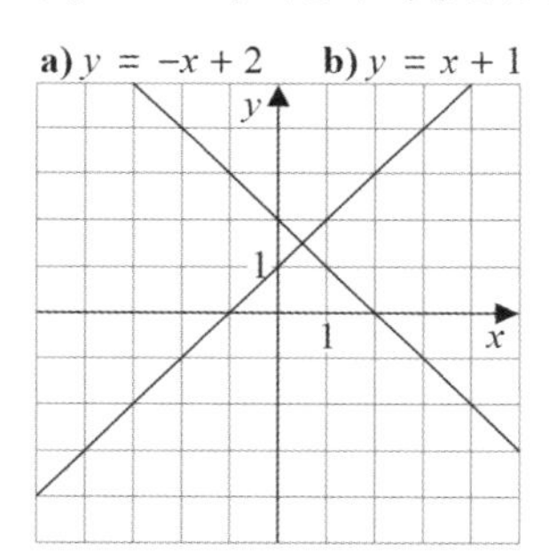

심화학습 82-83p

200 $y=8x-42$

201 $y=6x+21$

202

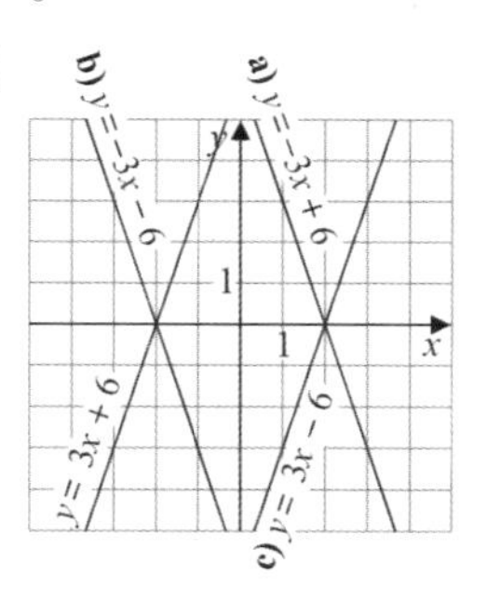

203

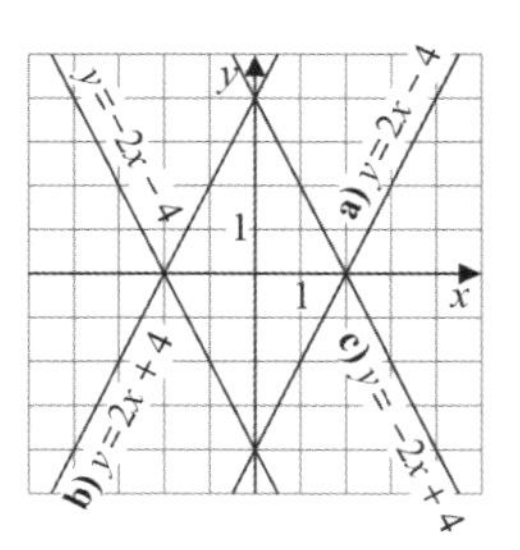

204 a)

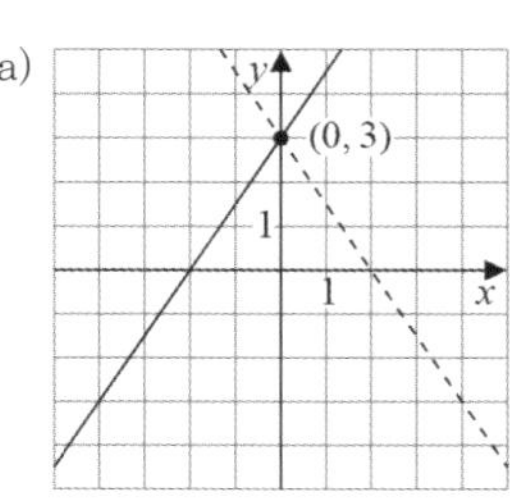

b) $y=1\frac{1}{2}x+3$, $y=-1\frac{1}{2}x+3$, 두 개

205

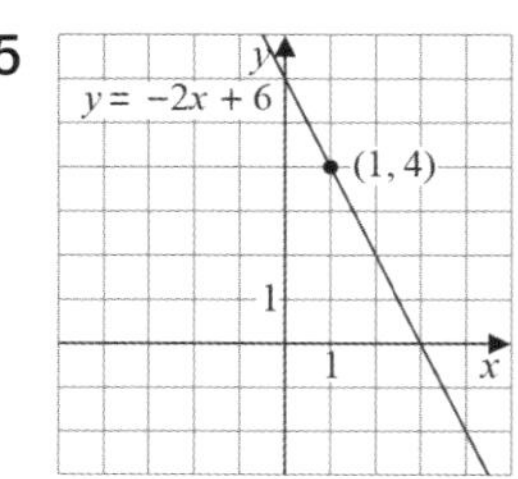

또 다른 답으로 $y=-8x+12$가 가능하다.

206

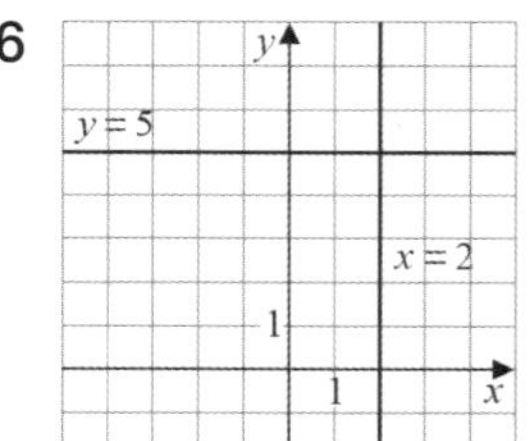

207 $m : y=-4$, $n : y=1$, $s : y=-5$, $t : x=3$

208 $(-0.5,\ 3)$

209 $(-2,\ -5)$

210 $(5,\ 7)$

심화학습 84-85p

211 $y=3x-2$, $y=3x$, $y=3x+7$

212 $y=-2x+1$, $y=-2x+2$, $y=-2x+3$

213 a) $k=3$ b) $k\neq 3$

214 a) $k\neq 2$ b) $k=2$, $b\neq 1$ c) $k=2$, $b=1$

215 a)

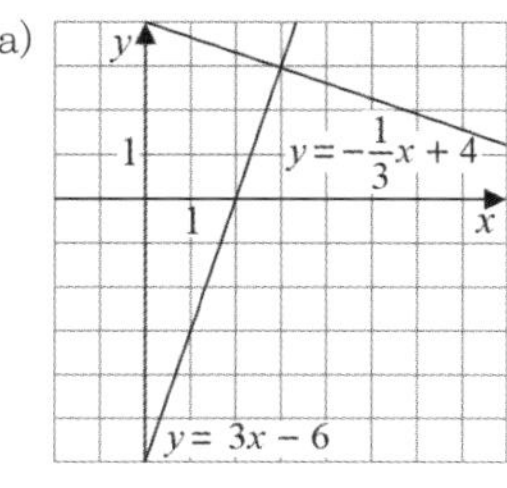

b) $3 \cdot (-\frac{1}{3})=-1$

c) 기울기의 곱이 -1이므로 두 직선은 서로 수직으로 교차한다.

216 a) $5 \cdot 2=10$, 수직으로 교차하지 않는다.

b) $-4 \cdot \frac{1}{2}=-2$, 수직으로 교차하지 않는다.

c) $-5 \cdot \frac{1}{5}=-1$, 수직으로 교차한다.

217 a) $\frac{1}{3}$ b) $-\frac{1}{8}$ c) -2 d) $\frac{5}{4}$

218 a) 예 : $y=x-1$ b) 예 : $y=-\frac{3}{2}x-8$

219 $y=-\frac{1}{3}x$

심화학습 92−93p

220 a) x축은 양, y축은 가격

b) x축은 시간, y축은 거리

c) x축은 부피, y축은 무게

d) x축은 넓이, y축은 힘

221 a)

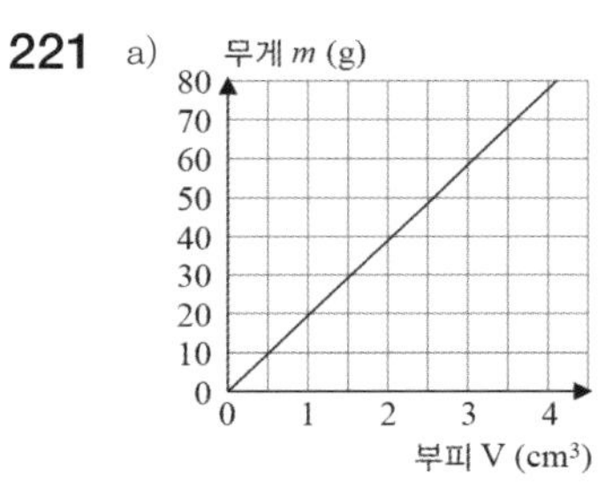

b) 부피도 세배가 된다.

c) $k=19.3$, 단위부피에 대한 무게의 변화율

d) 1 240 €

222 알루미늄, 물, 파라핀, 나무

223 a) 1.0 g/cm^3 b) 2.7 g/cm^3

c) 0.86 g/cm^3 d) 0.50 g/cm^3

224 a) 95 달러 b) 62유로

225 a) 31 유로 b) 39 유로

226 a)

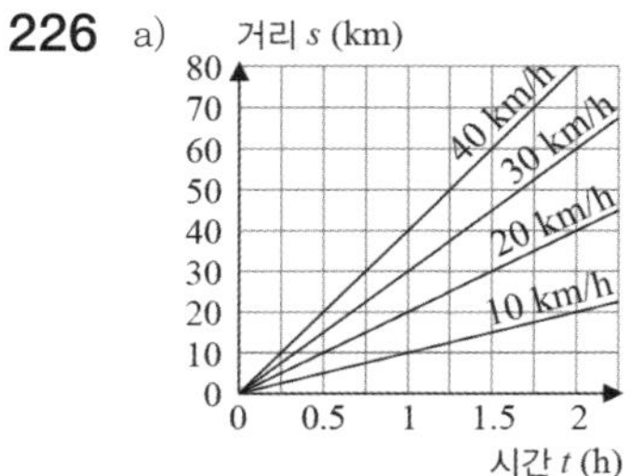

b) 30 분 c) 40 분 d) 1 시간

e) 2 시간 f) 10분

227 b) 55.5 N/m

심화학습 94−95p

228 a)

x	1	2	3	4	5	10	20	40
y	20	10	$\frac{20}{3}$	5	4	2	1	$\frac{1}{2}$

b)

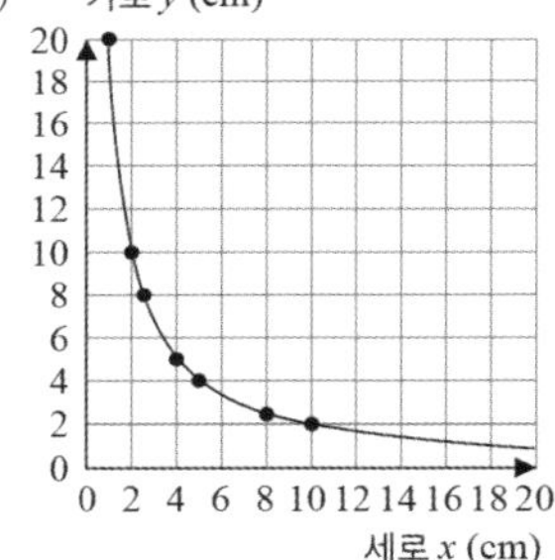

c) 반비례

229 a)

x	1	2	3	4	20	120	240	480
y	240	120	80	60	12	2	1	$\frac{1}{2}$

c) 반비례

230 a)

x	1	2	3	4	5	6	8.5	9
y	9	8	7	6	5	4	1.5	1

c) 정비례도 반비례도 아니다.

231 a)

x	1	2	3	…
y	2	4	6	…

c) 정비례

232 a) s b) t c) g

d) v e) h f) q

233 a) 정비례 b) 정비례 c) 반비례

심화학습 96 – 97p

234 a) 한 명이 1 일 동안 만드는 장식품의 개수는

$\frac{630}{6 \cdot 5} = 21$개이므로 $x = \frac{630}{21 \cdot 10} = 3$(일)

b) $\frac{x}{630} = \frac{10}{6}$, $x = 1\,050$(개)

235 a) $\frac{400\text{ N} \cdot 2.5\text{ m}}{500\text{ N}} = 2.0\text{ m}$ b) $\frac{400\text{ N} \cdot 2.0\text{ m}}{500\text{ N}} = 1.6\text{ m}$

236 $\frac{600\text{ N} \cdot 2.4\text{ m}}{1.8\text{ m}} = 800\text{ N}$

237 a) $\frac{1\,000\text{ N} \cdot 0.25\text{ m}}{1.25\text{ m}} = 200\text{ N}$

b) 중심점에서 멀어지는 방향

c) $\frac{1\,000\text{ N} \cdot 0.25\text{ m}}{1.50\text{ m}} = 166.7\text{ N}$

238

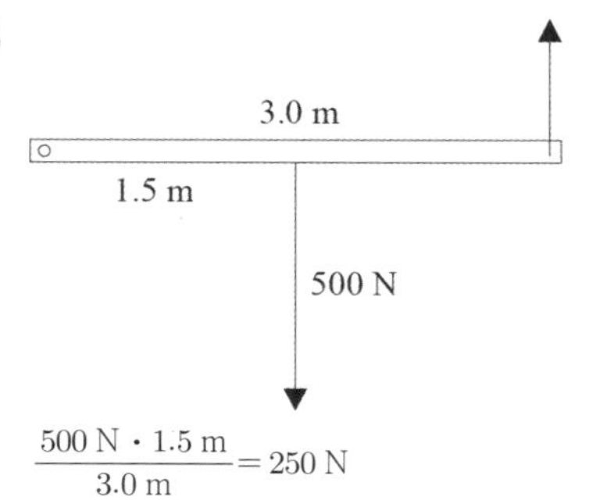

$\frac{500\text{ N} \cdot 1.5\text{ m}}{3.0\text{ m}} = 250\text{ N}$

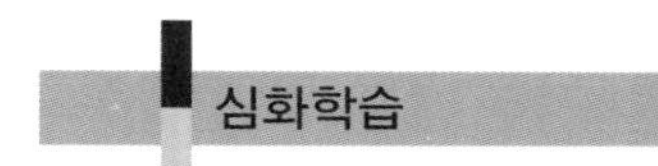

심화학습 98 – 99p

239 반비례

240 a) $U_2 = \frac{300 \cdot 230\text{ V}}{1200} \fallingdotseq 57.5\text{ V}$

b) $I_2 = \frac{1200 \cdot 2.4\text{ A}}{300} = 9.6\text{ A}$

241

N_1	N_2	U_1(V)	U_2(V)
300	600	2	4
600	300	8	4
600	900	2	3
300	900	4	12

242

U_1(V)	U_2(V)	I_1(V)	I_2(V)
2	4	0.1	0.05
6	8	0.4	0.3
48	12	0.1	0.4
18	3	0.2	1.2

243

N_1	N_2	I_1(V)	I_2(V)
300	1 200	0.24	0.06
900	300	0.04	0.12
1 200	900	0.03	0.04
600	900	0.3	0.2

244 a) $N_2 = \frac{600 \cdot 18\text{ V}}{9\text{ V}} = 1\,200$

b) $N_2 = \frac{600 \cdot 4.5\text{ V}}{9\text{ V}} = 300$

c) $N_2 = \frac{600 \cdot 36\text{ V}}{9\text{ V}} = 2\,400$

d) $N_2 = \frac{600 \cdot 3\text{ V}}{9\text{ V}} = 200$

245 $N_1 = 460$, $N_2 = 40$ $N_1 = 690$, $N_2 = 60$

$N_1 = 920$, $N_2 = 80$

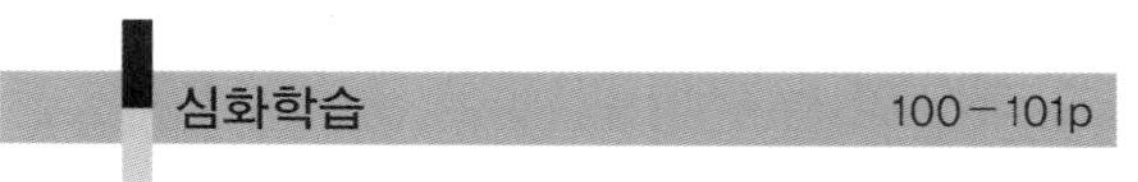

심화학습 100 – 101p

246 a) $y = x^2 - 1$, $y = 4x^2 - 1$, $y = 2x^2 + 4x - 1$,

$y = 2x^2 - 2x - 4$

b) 아래로 볼록하다.

247 a) $y = 4x^2 - 1$ b) $y = -0.5x^2 + 3$

c) x의 이차항의 계수의 절댓값이 크면 포물선의 폭이 좁고, 작으면 넓다.

248 a) $y = x^2 - 1$, $y = -0.5x^2 + 3$, $y = 4x^2 - 1$, $y = -x^2 - 1$

b) x의 일차항의 계수가 0이다.

249 a) $y = x^2 - 1$, $y = 4x^2 - 1$, $y = -x^2 - 1$

b) x의 일차항의 계수가 0이고 상수항이 -1이다.

250 a : $y = x^2 + 1$ b : $y = x^2 - 1$

c : $y = x^2 - 2$ d : $y = -x^2 + 1$

251 a : $y = 2x^2$ b : $y = x^2$

c : $y = 0.4x^2$ d : $y = 0.2x^2$

심화학습 102－103p

253 b) a가 양수이면 포물선이 아래로 볼록하고, 음수이면 위로 볼록하다. 그리고 $|a|$가 크면 포물선의 폭이 좁고, 작으면 폭이 넓다.

254 b) 포물선의 꼭짓점은 $(0,\ b)$이다.

255 a : $y=2x^2-3$　　b : $y=x^2-3$
c : $y=0.5x^2-3$　　d : $y=-x^2+3$

심화학습 106－107p

256 a)  0 1
b) 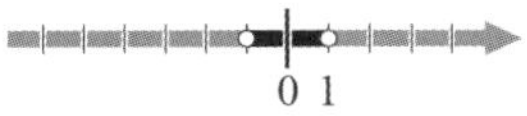 0 1
c) 해가 없다.
d)  0 1

257 a) 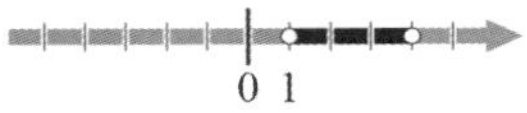 0 1
b)  0 1
c) 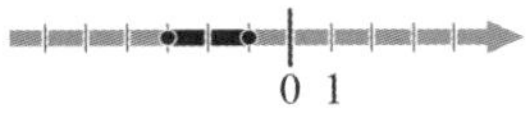 0 1
d)  0 1

258 a) $1<x<4$　b) $-1<x<2$　c) $-7<x<-3$

259 a) $1\le x\le 4$　b) $-1\le x<2$
c) $-5<x\le 1$

260 a) $3\le x\le 9$　b) $-12<x\le -4$

261 a)  0 1
b)  0 1
c)  0 1

심화학습 108－109p

262 a) $f(x)=0,\ x=-2,\ x=2$
b) $-2<x<2$

263 a) $f(x)=0,\ x=-4,\ x=4$
b) $-4<x<4$

264 a) $f(x)=15x+100,\ g(x)=17x$
b) 두 그래프가 $x=50$ 부근에서 교차하기 때문에 약 50명이다.

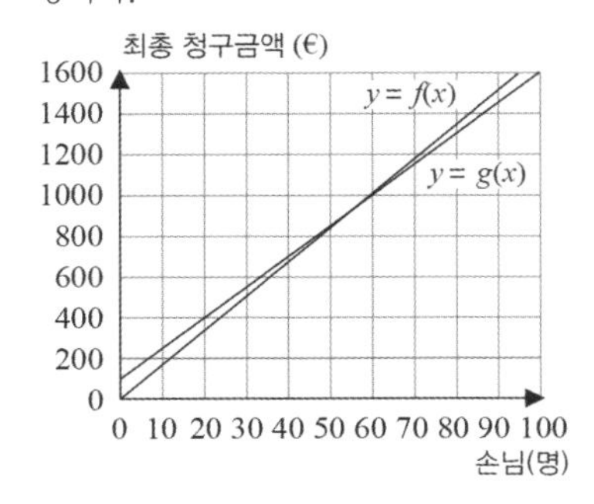

265 a) $x<3$　b) $x>-3$　c) $x>1$　d) $x<-5$

266 a) $x>-2$　b) $x<2$　c) $x<-3$　d) $x>-3$

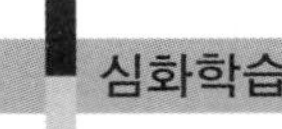

심화학습 118－119p

267

1. $+3x^5$	2. $+x^4$		3. $-x^2$	4. $+x$
5. $-x^3$	$+4x^2$	$+x$		$+7$
	-2		6. $+4x^4$	
7. $-2x^2$		8. $+5x^3$	$-2x^2$	9. $-x$
10. $+3x$	$+5$		11. $+3x$	$+5$

268 A : $x-12$　B : $12x-28$　C : $12x+12$
D : $-13x+22$　E : $23x-25$　F : $-15x+13$
G : $16x-12$

269 a) 5　b) 0

270 a) $2x^3-x^2+x-1$　b) 0　c) $-x^2+9$
답 : $9x^3-7x^2+3x,\ x^3-2x+2$

심화학습 120－121p

271 a) x^2+2x+1　b) x^2-2x+1　c) x^2-1

272 a) $x^2+10x+25$　b) $x^2-10x+25$　c) x^2-25

273 a) $4x^2+4x+1$　b) $4x^2-4x+1$　c) $4x^2-1$

274 a) $101^2=(100+1)^2=100^2+2\cdot 100\cdot 1+1^2=10201$
b) $99^2=(100-1)^2=100^2-2\cdot 100\cdot 1+1^2=9801$
c) $101\cdot 99=(100+1)(100-1)=100^2-1^2=9999$

275 a) $102^2=(100+2)^2=100^2+2\cdot100\cdot2+2^2=10404$
b) $98^2=(100-2)^2=100^2-2\cdot100\cdot2+2^2=9604$
c) $102\cdot98=(100+2)(100-2)=100^2-2^2=9996$

276 $(x-a)^2=(x-a)\cdot(x-a)$
$=x\cdot x-x\cdot a-a\cdot x+a\cdot a=x^2-2ax+a^2$

277 $(x+a)\cdot(x-a)=x\cdot x-x\cdot a+a\cdot x-a\cdot a$
$=x^2-a^2$

278 a) $x^2-9=x^2-3^2=(x+3)(x-3)$
b) $x^2-36=x^2-6^2=(x+6)(x-6)$
c) $4x^2-25=(2x)^2-5^2=(2x+5)(2x-5)$

279 a) $x^2+4x+4=x^2+2\cdot x\cdot 2+2^2=(x+2)^2$
b) $x^2+6x+9=x^2+2\cdot x\cdot 3+3^2=(x+3)^2$

심화학습 122-123p

280 a) $4(2x+5)=60$, $x=5$
직사각형의 세로 길이 15
b) $6(x-1)=60$, $x=11$
직사각형의 세로 길이 10

281 a) $2(2x+6)+2(16-x)=50$, $x=3$
직사각형의 가로 길이 12, 세로 길이 13
b) $x+3+(2x+1)+(3x-2)=50$, $x=8$
삼각형의 세 변의 길이 17, 22, 11

282 a) $x=7$ b) $x=5$

283 a) $3n+1=16$, $n=5$(개) b) $3n+1=64$, $n=21$(개)
c) 123(개) d) $3\cdot15+1=46$(개)

284

행 \ 열	A	B	C	D	E
1	2	3	4	5	
2		9	8	7	6
3	10	11	12	13	
4		17	16	15	14
5	18	19	20	21	
6		25	24	23	22
7	26	27	28	29	
8		33	32	31	30

285 a) m행에서 가장 작은 수는 $2+(m-1)\cdot4=4m-2$이고 $4\cdot12-2=46$이므로 46은 12행의 첫 번째 수이다. 12는 짝수이므로 E열에서 시작한다. 따라서 46은 12행 E열에 있다.
b) a)에 의해 12행에는 4개의 수가 있고 첫 번째 수인 46은 E열에서 시작하므로 48은 12행 C열에 있다.
c) $4\cdot15-2=58$이므로 58은 15행의 첫 번째 수이다. 15는 홀수이므로 A열에서 시작한다. 따라서 58은 15행 A열에 있다.
d) $4\cdot16-2=62$이므로 64는 16행의 세 번째 수이다. 16은 짝수이므로 E열에서 시작한다. 따라서 64는 16행 C열에 있다.

286 a) $4\cdot500-2=1\,998$이므로 2 000은 500행의 세 번째 수이다. 500은 짝수이므로 E열에서 시작한다. 따라서 2 000은 500행 C열에 있다.
b) $4\cdot503-2=2\,010$이므로 2 010은 503행의 첫 번째 수이다. 503은 홀수이므로 A열에서 시작한다. 따라서 2 010은 503행 A열에 있다.

심화학습 124-125p

287 a) $3x+10=2x+3$
b) $4x+7=3x+10$
c) $-x+11=-2x+2$, $-x+11=-3x-7$,
$-2x+2=-3x-7$
d) $2x+3=4x+7$, $2x+3=-3x-7$, $4x+7=-3x-7$

288 안니가 쓴 수 x, 니코의 결과 $2x-6$,
올리의 결과 $(7+x)\cdot3$, 토미의 결과 $(2x-9)\cdot2$
a) $2x-6=(7+x)\cdot3$, $x=-27$
b) $2x-6=(2x-9)\cdot2$, $x=6$
c) $(7+x)\cdot3=(2x-9)\cdot2$, $x=39$

289 a) $2\cdot3+\square=19$, $\square=13$
b) $4(3+\square)+1=33$, $\square=5$

290 a) $3(1+a)+9=0$, $a=-4$ b) $a=-2$

291 $a(-2+3)=2a-7$, $a=7$

292 a) $x=0$ b) $x=0$ c) $x=-9$

293 a) $x=0$, $x=5$ b) $x=1$, $x=-3$
c) $x=-4$, $x=\frac{2}{3}$ d) $x=-1$, $x=0$, $x=1$

294 a) $x(x+4)=0$, $x=0$, $x=-4$
b) $3x(x-3)=0$, $x=0$, $x=3$

295 a) $(x+1)^2=0$, $x=-1$ b) $(x+2)^2=0$, $x=-2$
c) $(x-1)^2=0$, $x=1$

심화학습 126-127p

296 가장 큰 각을 x라 하면 $x+\frac{x}{3}+\frac{x}{6}=180°$이므로
$x=120°$ 따라서 세 각은 120°, 40°, 20°

27 어떤 수를 x라 하면 $\frac{x}{5}+\frac{x}{7}+\frac{x}{10}=93$, $x=210$

298 추가로 구입하는 핀란드 가수들의 CD의 개수를 x 라 하면

$\frac{8+x}{20+x}=0.75$, $x=28$(개)

299 전체 동전의 개수를 x 라 하면

$\frac{2x}{5}+\frac{x}{5}+\frac{0.5x}{5}+\frac{0.2x}{5}+\frac{0.1x}{5}=95$, $x=125$(개)

300 신발의 원래 가격을 x 라 하면

$0.75 \cdot 0.85x=51$, $x=80$(€)

301 다섯 번째 시험의 점수를 x 라 하면

$\frac{7.5+7+9+8+x}{5}=8.5$, $x=11$(점)

302 $\frac{x}{2}+\frac{x}{4}+\frac{x}{7}+3=x$, $x=28$(명)

303 18 드라마, 19 드라마, 20 드라마, 21 드라마, 22 드라마

304 $x+(x+1)+(x+2)=135$, $x=44$

305 옮겨야 하는 물의 양을 x 라고 하면

$200+x=470-x$, $x=135$, $\frac{135\text{ L}}{23\text{ L/분}} \fallingdotseq$ 5분 52초

306 이전 전기요금을 A, 줄여야 하는 전기 사용량을 x 라 하면 $\mathrm{A}=1.25\mathrm{A}(1-x)$ 따라서 $x=20\%$

심화학습 128−129p

307 $2(x-y)=-6$이므로 $y=x+3$을 만족하는 순서쌍은 b), c), e), h), i), k), l)이다.
〈MODISTI〉 여성용 모자 제조인

308 a) (7, 9) b) (−2, 3) c) (14, 7) d) (3, 6)

309 a)

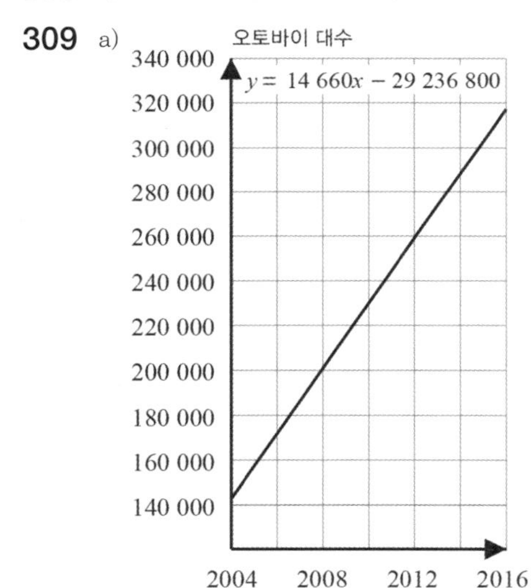

b) 약 170 000 대

c) $14\,660x-29\,236\,800=200\,000$, $x=2\,007.96\cdots$
2008년

310 a) 14 660

b) $14\,660x-29\,236\,800=300\,000$, $x=2\,014.78\cdots$
2015년

c) $14\,660 \cdot 2\,004-29\,236\,800=141\,840$
$18\,000x+141\,840=300\,000$
$x=8.78\cdots$
2013년

심화학습 130−131p

311 a) (−8, −3) b) (3, −11)

312 a) $1=1 \cdot k-3$, $k=4$ b) $k=1$ c) $k=2\frac{1}{2}$

313 a) $-2=-2 \cdot 3+b$, $b=4$ b) $b=-2$ c) $b=16$

314 a) $k=-2$ b) $b=-1$

315 a) 예 : $\begin{cases} y=x-2 \\ y=-x+2 \end{cases}$, $\begin{cases} y=-\frac{1}{2}x+1 \\ x=2 \end{cases}$

b) 예 : $\begin{cases} y=x-2 \\ y=2x-3 \end{cases}$, $\begin{cases} y=-x \\ y=-2x+1 \end{cases}$

316 a) $y=4x+19$, $y=-3x-9$, $y=\frac{1}{2}x-2$

b) $\begin{cases} y=4x+19 \\ y=-3x-9 \end{cases}$, $\begin{cases} y=4x+19 \\ y=\frac{1}{2}x-2 \end{cases}$, $\begin{cases} y=-3x-9 \\ y=\frac{1}{2}x-2 \end{cases}$

317 a) $k \neq 2$ b) $k=2$, $b \neq -1$ c) $k=2$, $b=-1$

심화학습 132−133p

318 a) (1, 20) b) (−10, −100)

319 $\begin{cases} y=x+20 \\ x+y=110 \end{cases}$, $x=45$, $y=65$

야미 45개, 유호 65개

320 $\begin{cases} y=2x \\ x+y=90 \end{cases}$, $x=30$, $y=60$

리이사 30개, 산나 60개

321 $\begin{cases} y=x+15 \\ x+y=65 \end{cases}$, $x=25$, $y=40$, 접시의 개수는 25개

322 (2, 4), (−1, 1)

323 a) $\begin{cases} y=-x^2+1 \\ y=-x-1 \end{cases}$, (−1, 0), (2, −3)

b) $\sqrt{3^2+3^2} \cdot 10\text{ m} \fallingdotseq 42\text{ m}$

324

325 a) 2014년　　b) 2014년　　c) 2013년

326 칸타-헤메 195 000명, 포흐얀마 190 000명
퀴멘락소 177 000명

327 a) $x=6,\ y=2$　　b) $x=-6,\ y=-12$

328 a) $x=3\frac{1}{2},\ y=1\frac{1}{2}$　　b) $x=-\frac{2}{3},\ y=2\frac{2}{3}$

329 a) $x=-15,\ y=-6$　　b) $x=18,\ y=16$

330 a) $x=4,\ y=8$　　b) $x=-3,\ y=-5$

331 a) 근이 없다.　　b) 근이 무수히 많다.

332 $\begin{cases} y=4x+41 \\ y=-1\frac{1}{2}x+19 \end{cases}$의 근은 $(-4,\ 25)$

$\begin{cases} y=4x+41 \\ y=\frac{1}{3}x-14 \end{cases}$ 의 근은 $(-15,\ -19)$

$\begin{cases} y=-1\frac{1}{2}x+19 \\ y=\frac{1}{3}x-14 \end{cases}$ 의 근은 $(18,\ -8)$

333 $\begin{cases} x+y=34 \\ 2x+y=47 \end{cases}$, 두 수는 13, 21

334 $\begin{cases} x-y=22 \\ \frac{x+y}{2}=26 \end{cases}$, 두 수는 37, 15

335 $\begin{cases} y=3x+5 \\ y=x+1 \end{cases}$, $x=-2,\ y=-1$,

$\begin{cases} y=3x+5 \\ y=-3x-7 \end{cases}$, $x=-2,\ y=-1$,

$\begin{cases} y=x+1 \\ y=-3x-7 \end{cases}$, $x=-2,\ y=-1$

336 a) $\begin{cases} 2(x+y)=928 \\ x=y+112 \end{cases}$, 288 cm, 176 cm

b) $\begin{cases} 2(x+y)=930 \\ x=2y \end{cases}$, 310 cm, 155 cm

337 a) $x=21,\ y=11$　　b) $x=5,\ y=4$
c) $x=5,\ y=3$　　d) $x=23,\ y=-31$

338

$y=2x-2$　$y=2x-12$
(2, 2)　(6, 0)　(0, -2)　(4, -4)
$y=-\frac{1}{2}x+3$
$y=-\frac{1}{2}x-2$

$\begin{cases} y=2x-2 \\ y=-\frac{1}{2}x+3 \end{cases}$의 근은 $(2,\ 2)$

$\begin{cases} y=2x-2 \\ y=-\frac{1}{2}x-2 \end{cases}$의 근은 $(0,\ -2)$

$\begin{cases} y=2x-12 \\ y=-\frac{1}{2}x+3 \end{cases}$의 근은 $(6,\ 0)$

$\begin{cases} y=2x-12 \\ y=-\frac{1}{2}x-2 \end{cases}$의 근은 $(4,\ -4)$

339 a)

나이	핀야	로사
현재	x	y
1년 전	$x-1$	$y-1$
1년 후	$x+1$	$y+1$

b) $\begin{cases} y-1=4(x-1) \\ y+1=3(x+1) \end{cases}$, 핀야 5살, 로사 17살

340 a) $\begin{cases} -k+b=8 \\ 5k+b=2 \end{cases}$　　b) $k=-1,\ b=7$

341 a) $(-4,\ -3)$을 지난다.
b) 같은 점을 지나지 않는다.

342 a) 세 개의 방정식을 모두 만족하므로 근이다.
b) $x-2y+z=1$을 만족하지 않으므로 근이 아니다.

343 a) $\begin{cases} y=x+2 \\ 2x-y=1 \end{cases}$, $x=3,\ y=5$
b) $z=-2$　　c) $(x,\ y,\ z)=(3,\ 5,\ -2)$

344 a) $(x,\ y,\ z)=(3,\ 2,\ -1)$ b) $(x,\ y,\ z)=(2,\ 3,\ 1)$

심화학습 138－139p

345 $\begin{cases}4x+3y=46\\5x+2y=47\end{cases}$, $x=7$, $y=6$

미코는 7€, 알렉시는 6€이다.

346 오른손에 쥐고 있는 구슬의 개수를 x, 왼손에 쥐고 있는 구슬의 개수를 y라 하면

$\begin{cases}x-3=y+3\\x+1=3(y-1)\end{cases}$, $x=11$, $y=5$

마리는 구슬을 16개 가지고 있다.

347 10€/kg짜리 커피를 A, 15€/kg짜리 커피를 B라 하면

$\begin{cases}A+B=1\\10A+15B=13\end{cases}$, $A=0.4$, $B=0.6$

10€/kg짜리 커피 0.4 kg, 15€/kg짜리 커피 0.6 kg을 섞어야 한다.

348 우유의 양을 x, A요구르트의 양을 y라 하면

$\begin{cases}3.2x+3.8y=37\\1.5x+2.5y=19.5\end{cases}$, $x=800$, $y=300$

우유 800 g, 요구르트 300 g을 먹었다.

349 $\begin{cases}A+B=1000\\0.6A+0.7B=670\end{cases}$, A : 300 kg, B : 700 kg

350 $\begin{cases}a-b+c=-360\\a-b-c=-100\end{cases}$, $a-b=-230$

351 a) $\begin{cases}x+y=160\\\dfrac{x}{70}+\dfrac{y}{110}=2\end{cases}$, $x=105$ km, $y=55$ km

b) $\dfrac{(거리)}{(속도)}=\dfrac{105}{70}=1.5$시간

심화학습 140－141p

352 a) $x=-12$, $y=-15.25$ b) $x=2$, $y=-1$

353 a) $x=3$, $y=5$ b) $x=-7$, $y=8$

354 a) $x=32$, $y=-6$ b) $x=8$, $y=-12$

355 a) $x=6$, $y=7$ b) $x=8$, $y=-5$

356 농도가 5%인 염산을 x, 농도가 25%인 염산을 y라 하면

$\begin{cases}x+y=300\\0.05x+0.25y=45\end{cases}$, $x=150$ g, $y=150$ g

농도가 5%인 염산과 농도가 25%인 염산을 각각 150 g씩 섞어야 한다.

357 십의 자리 수를 x, 일의 자리 수를 y라 하면

$\begin{cases}x+y=8\\9x-9y=18\end{cases}$, $x=5$, $y=3$ 따라서 구하려는 수는 53

358 1CAD의 가격을 x유로, 1USD의 가격을 y유로라 하면

$\begin{cases}300x+200y=360.33\\400x+200y=504.83\end{cases}$, $x=0.7133$, $y=0.7317$

1 CAD : 0.7133유로, 1 USD : 0.7317유로

심화학습 150－151p

359

수	절댓값	역수	절댓값은 같고 부호는 반대인 수
7	7	$\frac{1}{7}$	-7
-9	9	$-\frac{1}{9}$	9
0	0	없음	0
$\frac{1}{3}$	$\frac{1}{3}$	3	$-\frac{1}{3}$
$-\frac{3}{4}$	$\frac{3}{4}$	$-\frac{4}{3}=-1\frac{1}{3}$	$\frac{3}{4}$
$5\frac{1}{4}$	$5\frac{1}{4}$	$\frac{4}{21}$	$-5\frac{1}{4}$
a	$a(a\ge 0)$, $-a(a<0)$	$\frac{1}{a}(a\ne 0)$	$-a$

360 a) $|-3-(-8)|=|5|=5$

b) $\left|\frac{1}{4}\cdot(-24)\right|=|-6|=6$

c) $-(-7)-|-8|=7-8=-1$

361 a) 18 b) -9 c) -36 d) -45

362 a) -4 b) -2 c) -14 d) -18

363 a) -119, -118, $\cdots$, -1, 0, 1, $\cdots$, 118, 119이므로 239개

b) 없다.

364 a) -9, -8, -7, $\cdots$, 7, 8, 9

b) -7, -8, -9, $\cdots$, 13, 14, 15

c) -20, -19, -18, $\cdots$, 18, 19, 20

d) -11, -10, -9, $\cdots$, 13, 14, 15

365 a) $\sqrt{2}-1$ b) $2-\sqrt{2}$

c) $4-\pi$ d) $\sqrt{5}-2$

366 a) 1, -15 또는 -1, 15 또는 3, -5 또는 -3, 5

b) 1, 15 또는 1, -15 또는 -1, 15 또는 -1, -15 또는 3, 5 또는 3, -5 또는 -3, 5 또는 -3, -5

367 a) $x\ge 0$, $y\ge 0$ 또는 $x\le 0$, $y\le 0$

b) $x+y\ge 0$

c) $x-y\ge 0$, $x\ge y$

d) $x-y\le 0$, $x\le y$

e) x와 y의 부호가 서로 다르고 $xy\ne 0$

f) 모든 x, y에 대해 성립한다.

368 a)

x	$y=\|x\|$	(x, y)
0	0	(0, 0)
1	1	(1, 1)
−1	1	(−1, 1)
3	3	(3, 3)
−3	3	(−3, 3)

b)

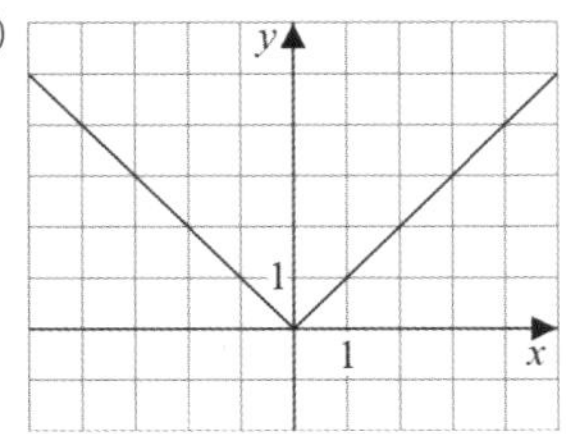

369

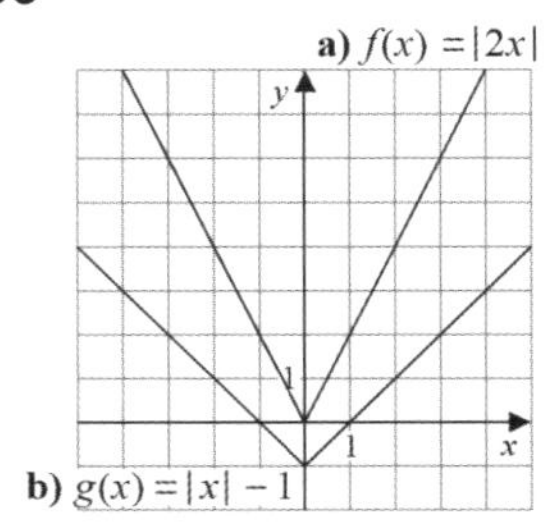

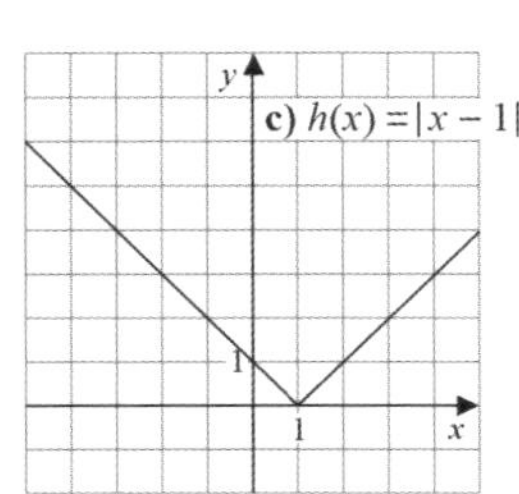

심화학습 152−153p

370 a) $\frac{1}{4}+2\cdot\frac{1}{4}\cdot\frac{1}{4}=\frac{3}{8}$ b) $2\cdot\frac{1}{4}+4\cdot\frac{1}{4}\cdot\frac{1}{4}=\frac{3}{4}$

371 a) $\frac{1}{4}+2\cdot\frac{1}{4}\cdot\frac{1}{4}=\frac{3}{8}$ b) $4\cdot\frac{1}{25}=\frac{4}{25}$

c) $\frac{7}{18}$ d) $\frac{43}{49}$

372 a) $1\frac{1}{12}$ b) $-\frac{1}{45}$ c) $-\frac{5}{33}$ d) $-4\frac{5}{21}$

373 a) $-\frac{1}{56}$ b) $-\frac{4}{5}$

374 a) 6, 7, 8, 9, 10 b) 10, 11, 12, 13, 14, 15

375 a) $\begin{cases} x+y=-\frac{107}{200} \\ x-y=\frac{43}{200} \end{cases}$, $-\frac{4}{25}$, $-\frac{3}{8}$ b) $\frac{3}{8}$, $\frac{1}{8}$

376 a) $x=9$, $y=3$ b) $x=-\frac{1}{2}$, $y=-\frac{1}{6}$

377 a) $x=\frac{1}{3}$, $y=\frac{1}{2}$ b) $x=1$, $y=-1$

심화학습 154−155p

378

a) $\frac{1}{144}$	V	f) $\frac{121}{144}$	L
b) $\frac{1}{4}$	I	g) $\frac{1}{4}$	I
c) $\frac{1}{3}$	S	h) $\frac{1}{3}$	S
d) $\frac{2}{3}$	U	i) 5	T
e) $\frac{8}{125}$	A	j) $\frac{1}{4}$	I

<VISUALISTI> 비주얼리스트(시각형 인간)

379 a) $1\frac{1}{2}$ b) $\frac{3}{4}$ c) $\frac{3}{16}$

380 $120-\frac{1}{6}\cdot120-\frac{1}{5}\cdot120-\frac{1}{4}\cdot120=46$

381 a) $\frac{\frac{3}{5}+\frac{2}{3}}{2}=\frac{19}{30}$ b) $\frac{19}{30}\cdot5=3\frac{1}{6}$ km

382 a) $f\left(\frac{1}{2}\right)=2\frac{1}{4}$ b) $f\left(-\frac{1}{3}\right)=\frac{4}{9}$ c) $f\left(\frac{3}{4}\right)=3\frac{1}{16}$

383 a) $g\left(\frac{1}{5}\right)=-\frac{6}{25}$ b) $g\left(-\frac{1}{6}\right)=\frac{5}{36}$ c) $g\left(\frac{2}{3}\right)=-1\frac{1}{9}$

384 a) 부등식의 해이다.
b) 부등식의 해가 아니다.

385 a) 4 배 b) $1\frac{1}{4}$ 배

386 a) $1\frac{1}{3}$ 배 b) $1\frac{3}{5}$ 배

심화학습 156−157p

387 a) $\frac{14}{64}\cdot100\fallingdotseq22\%$ b) 27%

388 $x+0.05\cdot x=294$, 280 €

389 $x-0.35\cdot x=52$, 80 €

390 a) 22% b) 72%

391 a) $\frac{\frac{4}{5}-\frac{1}{5}}{\frac{4}{5}}\cdot100=75\%$ b) 300%

392 a) 빨간색과 검은색 모자는 전체 모자 중 90%이므로 나머지 10%가 2개이다. 그러므로 전체 모자의 개수는 20개이므로 비니모자는 8개, 야구모자는 9개, 다른 여러 모자는 3개다. 또 빨간색 모자는 13개, 검은색 모자는 5개, 파란색 모자는 2개다.
비니모자 중 검은색과 파란색이 많아지면 빨간색 비니모자의 개수가 적어진다. 검은색, 파란색 비니모자는 최대 7개이므로 빨간색 비니모자가 최소일 때는 1개이다.
b) 비니모자가 모두 빨간색일 때 빨간색 비니모자가 가장 많으므로 최대일 때는 8개이다.

393 a) 처음 넓이를 S라 하면 이후 넓이는 $\left(\frac{11}{10}\right)^2\text{S}=\frac{121}{100}\text{S}$이므로 증가된 양은 $\dfrac{\frac{21}{100}\text{S}}{\text{S}}\cdot 100=21\%$
b) 19% c) 5.1%

394 a) $\frac{594\,194-683\,223}{683\,223}\cdot 100 \fallingdotseq -13.639\cdots$, 약 13% 감소
b) 7% 감소 c) 19% 증가

395 a) 2003년 $\frac{683\,223}{2\,815\,700}\cdot 100=24.26\%$
2007년 $\frac{594\,194}{2\,771\,236}\cdot 100 \fallingdotseq 21.44\%$
약 2.8% 감소
b) 2003년 $\frac{689\,391}{2\,815\,700}\cdot 100 \fallingdotseq 24.48\%$
2007년 $\frac{640\,428}{2\,771\,236}\cdot 100 \fallingdotseq 23.11\%$
약 1.4% 감소
c) 2003년 $\frac{517\,904}{2\,815\,700}\cdot 100 \fallingdotseq 18.39\%$
2007년 $\frac{616\,841}{2\,771\,236}\cdot 100 \fallingdotseq 22.26\%$
약 3.9% 증가

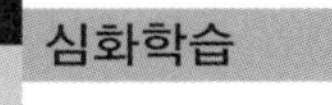

심화학습 158-159p

396 $\frac{00.015-0.012}{0.015}\cdot 100=20\%$

397 $\frac{0.2\cdot 300+80}{300+80+20}=35\%$

398 a) $\frac{0.4\cdot 300}{300+x}=\frac{1}{10}$, 900 g
b) $\frac{0.4\cdot 300}{300+x}=\frac{8}{100}$, 1 200 g

399 $\frac{0.2\cdot 400+10\cdot 300}{400+300}\cdot 100=16\%$

400 농도가 68%인 질산을 x, 농도가 20%인 질산을 y라 하면
$\begin{cases}x+y=500\\0.68x+0.20y=150\end{cases}$, $x\fallingdotseq 104$, $y\fallingdotseq 396$
농도가 68%인 질산 104 g, 농도가 20%인 질산 396 g을 섞어야 한다.

401 농도가 5%인 황산을 x, 농도가 30%인 황산을 y라 하면
$\begin{cases}x+y=120\\0.05x+0.30y=18\end{cases}$, $x=72$, $y=48$
농도가 5%인 황산 72 g, 농도가 30%인 황산 48 g을 섞어야 한다.

심화학습 160-161p

402 28 620.10 €

403 1 542.52 €

404 a) 21 821.60 € b) 438.40 €

숙제 해설 및 정답

숙제 8-9p

001

삼각형	ABC	DEF
각 α와 마주 보는 변 (cm)	6.5	1.5
각 α와 이웃한 변 (cm)	11.3	2.6
빗변 (cm)	13.0	3.0

002 $x=52$ mm

003 a) 직각삼각형 ABC와 DEF는 두 각의 크기가 37°와 90°로 같으므로 닮은 삼각형이다.
b) $x=8.1$ m

004 a) $\angle\text{B}=90°-74°=16°$이다. 직각삼각형 ABC와 DEF는 두 각의 크기가 16°와 90°로 같으므로 닮은 삼각형이다.
b) $\overline{\text{EF}}=144$ cm c) $\overline{\text{DF}}=42$ cm

005 깃대의 높이를 x라 하면
$\frac{x}{23.95}=\frac{250}{375}$ $\therefore x\fallingdotseq 16$ m

숙제 12-13p

006 a) 25.0 cm b) 24.0 cm c) 0.960

007 a) 6.0 cm b) 3.2 cm c) 1.875

008 a) 0.242 b) 0.968 c) 0.250
d) 0.242 e) 4.000 f) 0.968

009 a) sin 53°, cos 37° b) tan 53°
c) sin 37°, cos 53° d) tan 37°

010

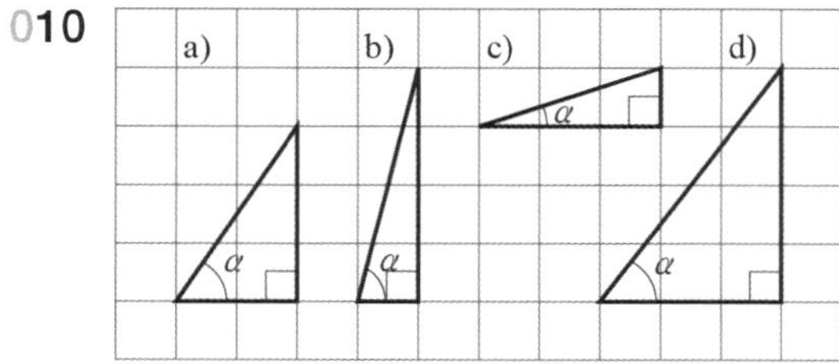

011 a) $\alpha \fallingdotseq 32°$ b) $\alpha \fallingdotseq 44°$

012 a) $\alpha \fallingdotseq 39°$, $\beta \fallingdotseq 51°$ b) $\alpha \fallingdotseq 53°$, $\beta \fallingdotseq 37°$

013 태양과 지면이 이루는 각을 α라 하면 깃대와 이루는 각은 그림과 같다.

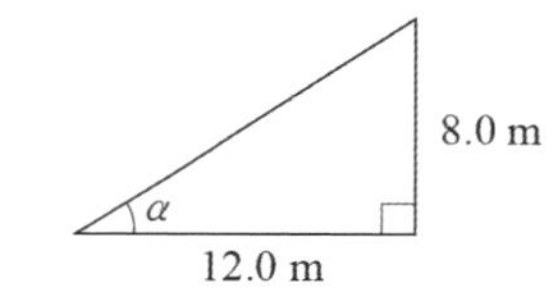

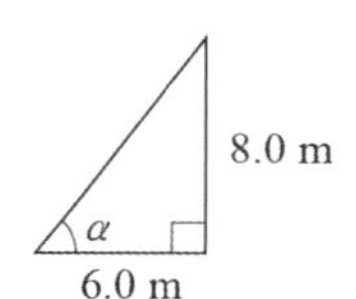

a) $\tan\alpha = \dfrac{8}{12}$ $\therefore \alpha \fallingdotseq 34°$

b) $\tan\alpha = \dfrac{8}{6}$ $\therefore \alpha \fallingdotseq 53°$

014 38°, 52°

015 $\alpha \fallingdotseq 30°$, $\beta \fallingdotseq 60°$, $\gamma \fallingdotseq 90°$

016 a) 2.0 cm b) 3.5 cm

017 a) 12.9 m b) 8.5 m

018 a) 7.2 cm b) 5.9 cm

019

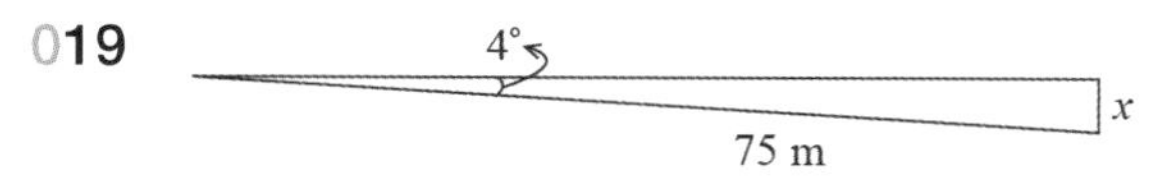

$x = 75 \sin 4°$ $\therefore x \fallingdotseq 5.2$ m

020

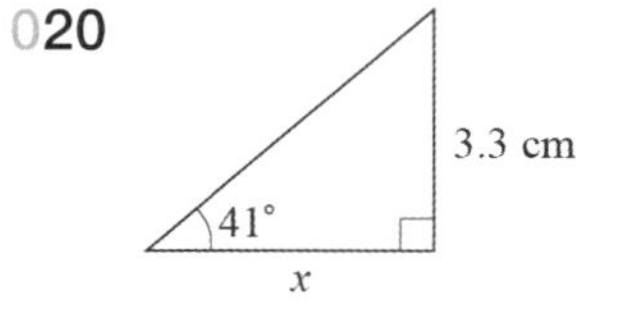

$x = \dfrac{3.3}{\tan 41°}$ $\therefore x \fallingdotseq 3.8$ m

021 a) 12 m b) 7.0 cm

022 a) 16 cm b) 2.7 cm

023 1 600 m

024 350 cm

025

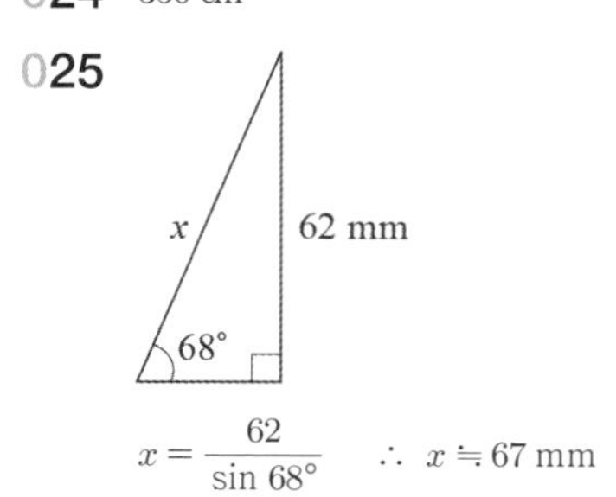

$x = \dfrac{62}{\sin 68°}$ $\therefore x \fallingdotseq 67$ mm

026 a) $x \fallingdotseq 5.1$ m b) $y \fallingdotseq 12$ m c) 넓이 $A \fallingdotseq 30\ m^2$

027 a) $x \fallingdotseq 9.4$ m b) $y \fallingdotseq 18$ m
c) 넓이 $A \fallingdotseq 70\ m^2$

028 a) $\angle A \fallingdotseq 38°$ b) $\angle C \fallingdotseq 52°$ c) $\overline{AC} \fallingdotseq 4.4$ cm

029 $\overline{CD} = 4.0 \cos 36°$, $\overline{AC} = \dfrac{\overline{CD}}{\cos 64°}$ 이므로

$\overline{AC} = \dfrac{4 \cos 36°}{\cos 64°}$ $\therefore \overline{AC} \fallingdotseq 7.4$ m

030

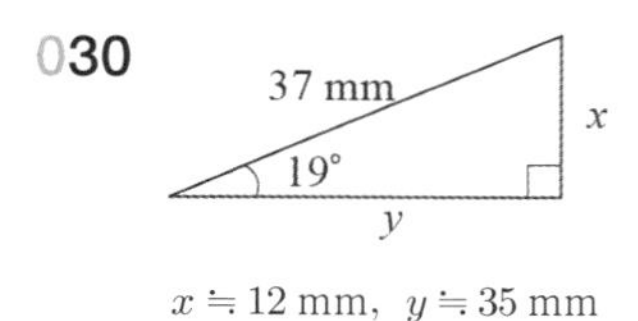

$x \fallingdotseq 12$ mm, $y \fallingdotseq 35$ mm

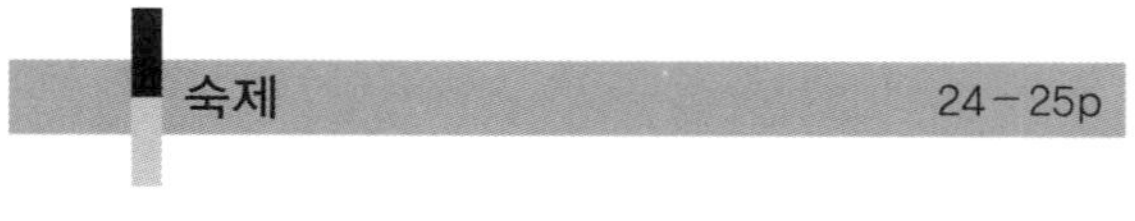

031 a) $x = 20$ b) $x = 24$

032 a) 89 mm b) 73 mm

033 a) 6.1 cm b) 22.3 m

034

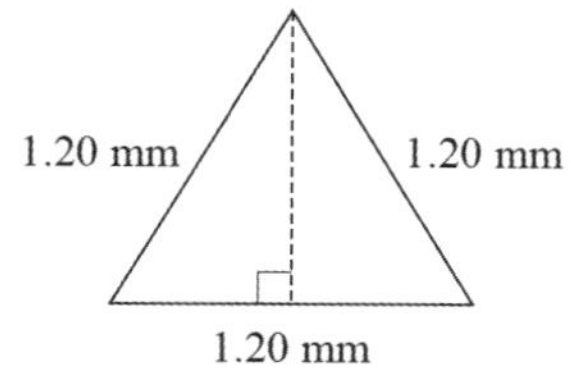

a) 높이 = 1.2 sin 60° ∴ 약 1.04 m

b) 넓이 A ≒ 0.624 m^2

035 a) $1.2^2+3.5^2=13.69$, $3.7^2=13.69$

피타고라스의 정리가 성립하므로 직각삼각형이다.

b) $18^2+24^2=900$, $30^2=900$

피타고라스의 정리가 성립하므로 직각삼각형이다.

숙제 26－27p

036 마름모의 넓이를 A로 놓으면 $A=4\times4\sin58°$이므로 A ≒ 14 cm^2이다.

037 390 m

038 a) $\overline{AC}$ ≒ 5.8 cm b) $\overline{CD}$ ≒ 4.1 cm

039 α ≒ 50°, β ≒ 130°

040 구하려는 각도를 2α라 하면 $\tan\alpha=\frac{6\,367}{376\,300}$이므로 계산기를 이용하여 각을 구하면 α ≒ 0.97°이다. 달에서 이 지구를 바라볼 때 생기는 각의 크기 2α ≒ 1.9°이다.

숙제 30－31p

041 a) C, E b) H c) A, C, E d) A, B, C, E e) B f) F, H g) F

042 a) 직육면체 b) 원기둥 c) 원뿔 d) 삼각기둥 e) 사각뿔 f) 구

043 a) 예 : 종이상자, 시리얼갑 …

b) 예 : 빨대, 전봇대 …

c) 예 : 고깔모자, 깔때기 …

d) 예 : 축구공, 쇠구슬 …

044 a) 4개 b) 3개 c) 8개 d) 없음

045 a) $1^2+2^2+3^2+4^2+5^2=55$

b) $1^2+2^2+3^2+4^2+5^2+6^2+7^2+8^2+9^2+10^2=385$

숙제 32－33p

046

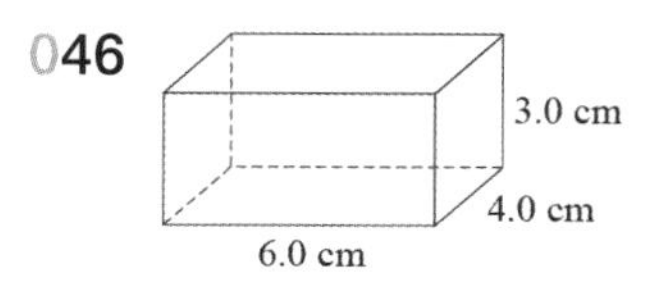

047

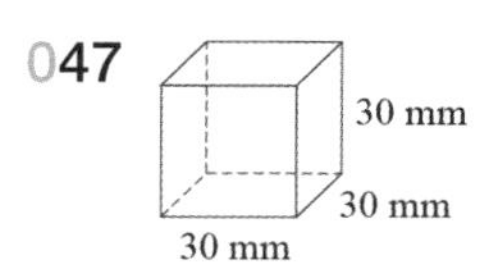

048 a)

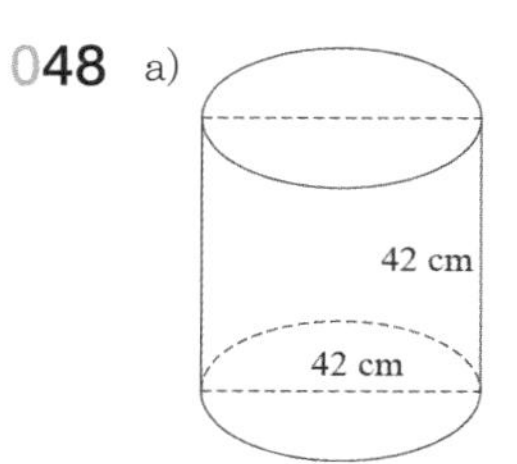

b)

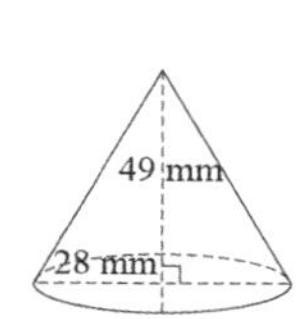

049

3.0 m
2.0 m
4.0 m

050 b) 8 c) 4 d) 0

숙제 34－35p

051

ha	a	m^2	dm^2	cm^2
0.00005	0.005	0.5	50	5 000
0.00012	0.012	1.2	120	12 000
0.6	60	6 000	600 000	60 000 000
0.015	1.5	150	15 000	1 500 000

052

m^3	dm^3	cm^3	mm^3
0.05	50	50 000	50 000 000
0.0025	2.5	2 500	2 500 000
0.0003	0.3	300	300 000
0.47	470	470 000	470 000 000

053 a) A ≒ 29 cm^2 b) A = 12 cm^2

054 a) A = 21 a b) A ≒ 1.7 a

055 a) $\frac{50\,000\ mm^3}{4\cdot25\ mm^3}=500$ b) $\frac{40\ €}{500}=0.08\ €$

숙제 36－37p

056 a) $V = 125\ 000\ mm^3 \fallingdotseq 130\ cm^3$

$A = 15\ 000\ mm^2 = 150\ cm^2$

b) $V = 27\ 000\ cm^3 = 27\ dm^3$

$A = 5\ 400\ cm^2 = 54\ dm^2$

057 a) $V = 38\ 500\ cm^3 \fallingdotseq 39\ dm^3$

$A = 7\ 450\ cm^2 \fallingdotseq 75\ dm^2$

b) $V = 6\ 048\ cm^3 \fallingdotseq 6.0\ dm^3$

$A = 2\ 208\ cm^2 \fallingdotseq 22\ dm^2$

058 a) $V = 4\ 913\ cm^3 \fallingdotseq 4.9\ L$

b) $V = 27\ 907.5\ cm^3 \fallingdotseq 28\ L$

059 $\dfrac{6.0\ m^3}{0.8\ m \cdot 0.1\ m} = 75\ m$

060 $40\ cm \cdot 30\ cm \cdot 1.5\ cm = 1\ 800\ cm^3 = 1.8\ dm^3$

숙제 38－39p

061 a) $V = 1\ 400\ cm^3$

b) $V = 41\ 400\ mm^3 \fallingdotseq 41\ cm^3$

062 a) $V = \pi \cdot (3.0\ cm)^2 \cdot 6.0\ cm \fallingdotseq 170\ cm^3$

b) $V = \pi \cdot (5.0\ cm)^2 \cdot 2.5\ cm \fallingdotseq 200\ cm^3$

063 a) $V = \pi \cdot (3.5\ cm)^2 \cdot 10.0\ cm \fallingdotseq 384.8\ cm^3 \fallingdotseq 385\ cm^3$

b) $1.5 \cdot 384.8\ cm^3 = 577.2\ cm^3$ $\quad\therefore$ 약 5.8 dL

064 a) $x \fallingdotseq 4.1\ m$

b) 전체 옆면의 넓이 $A_V \fallingdotseq 110\ m^2$

c) 밑면의 넓이 $A_P \fallingdotseq 8.1\ m^2$

d) 부피 $V \fallingdotseq 65\ m^3$

065 a) 넓이 $A = \dfrac{\pi \cdot (6.0\ cm)^2}{2} + 12.0\ m \cdot 8.0 \fallingdotseq 153\ m^2$

b) 부피 $V = 152.54 \cdots\ m^2 \cdot 3\ 005\ m \fallingdotseq 458\ 000\ m^3$

숙제 40－41p

066 a) $V = 37.2\ cm^3 \fallingdotseq 37\ cm^3$

b) $V = 289\ cm^3$

c) $V = 1\ 260\ cm^3$

d) $V = 5.973 \cdots\ dm^3 \fallingdotseq 6.0\ dm^3$

067 $V = 62.5\ cm^3$

068 a)

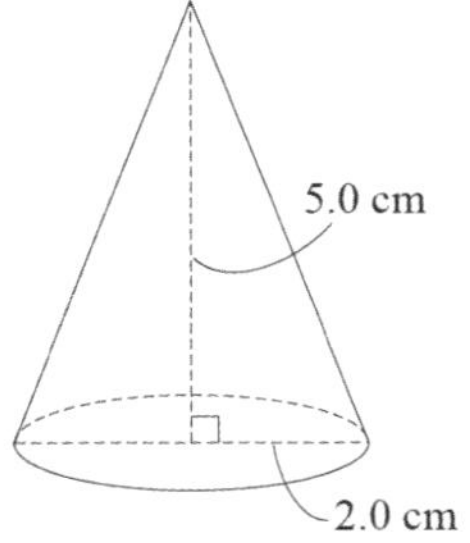

b) $V = 20.94 \cdots\ cm^3 \fallingdotseq 21\ cm^3$

069 a) 삼각뿔의 부피 $V = 166.66 \cdots\ cm^3 \fallingdotseq 170\ cm^3$

b) 정육면체의 부피는 $1\ 000\ cm^3$ 이므로

$\dfrac{1\ 000}{170} \fallingdotseq 5.88$, 약 6배이다.

070 a) $V = 295.56 \cdots\ cm^3 \fallingdotseq 300\ cm^3$

b) $V = 127.42\ cm^3 \fallingdotseq 130\ cm^3$

숙제 42－43p

071 소금 상자의 부피 $V \fallingdotseq 430\ cm^3$,
원기둥의 부피 $V \fallingdotseq 500\ cm^3$ 이므로 모두 들어간다.

072 상자의 부피는 $2\ 346.687\ mm^3 \fallingdotseq 2\ 347\ cm^3$ 이고
아이스크림 콘 6개의 부피는
$848\ 230.0 \cdots mm^3 \fallingdotseq 848\ cm^3$ 이므로 $\dfrac{2\ 347 - 848}{2\ 347} \fallingdotseq 0.64$,
남은 공간은 상자 부피의 약 64%이다.

073 $V = (1.8\ m)^2 \cdot 4.5\ m + \dfrac{(1.8\ m)^2 \cdot 1.1\ m}{3}$

$= 15.768\ m^3 \fallingdotseq 16\ m^3$

074 케이크틀의 부피는
$V_V = \pi \cdot (11.3\ cm)^2 \cdot 6.4\ cm \fallingdotseq 2.57\ L$ 이고
팽창된 케이크의 부피는
$V_k = (1 + 0.75) \cdot 1.4\ L = 2.45\ L$ 이므로
다 구워진 케이크는 반죽 틀에 들어간다.

075 정사각뿔의 부피 $V_p = \dfrac{(10\ cm)^2 \cdot 15\ cm}{3} = 500\ cm^3$

원기둥의 부피 $V_k = \dfrac{\pi \cdot (5.0\ cm)^2 \cdot 15\ cm}{3}$

$= 125\pi\ cm^3 = 392.69 \cdots\ cm^3$

$\dfrac{V_k}{V_p} = 0.7853 \cdots$, 약 79%이다.

숙제 44−45p

076

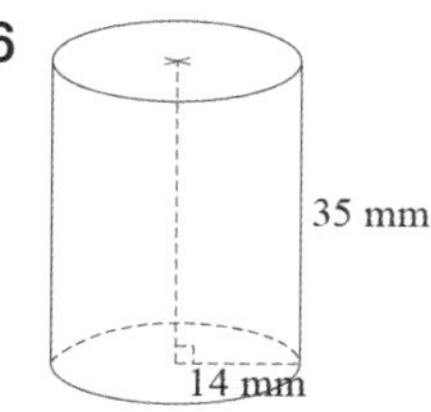

a) 옆면의 넓이 $A_V \fallingdotseq 31\ \text{cm}^2$

b) 밑면의 넓이 $A_P \fallingdotseq 6.2\ \text{cm}^2$

c) 전체의 넓이 $A = A_V + 2 \cdot A_P \fallingdotseq 43\ \text{cm}^2$

077 a) 회전이 가능한 도형이므로 어디를 밑면으로 보느냐에 따라 다음과 같은 세 가지 결과를 얻을 수 있다.

① 6 cm × 8 cm를 밑면으로 보았을 때
$A_V = 2 \cdot 3\ \text{cm} \cdot 8\ \text{cm} + 2 \cdot 3\ \text{cm} \cdot 6\ \text{cm} = 84\ \text{cm}^2$

② 3 cm × 8 cm를 밑면으로 보았을 때
$A_V = 2 \cdot 6\ \text{cm} \cdot 8\ \text{cm} + 2 \cdot 3\ \text{cm} \cdot 6\ \text{cm} = 132\ \text{cm}^2$

③ 3 cm × 6 cm를 밑면으로 보았을 때
$A_V = 2 \cdot 6\ \text{cm} \cdot 8\ \text{cm} + 2 \cdot 3\ \text{cm} \cdot 8\ \text{cm} = 144\ \text{cm}^2$

b) $A_V = 153.6\ \text{cm}^2 \fallingdotseq 150\ \text{cm}^2$

078 옆면의 넓이와 밑면 넓이의 합이므로
전체 넓이 $A = \pi \cdot 22.6\ \text{cm} \cdot 6.4\ \text{cm} + \pi \cdot (11.3\ \text{cm})^2 \fallingdotseq 860\ \text{cm}^2$

079 a) $V \fallingdotseq 1\,000\ \text{cm}^3$ b) $A_V \fallingdotseq 710\ \text{cm}^2$
c) $A \fallingdotseq 810\ \text{cm}^2$

080 $A = \pi \cdot 30\ \text{cm} \cdot 20\ \text{cm} + \pi \cdot 16\ \text{cm} \cdot 20\ \text{cm} + 2 \cdot \pi \cdot (15\ \text{cm})^2 - 2 \cdot \pi \cdot (8.0\ \text{cm})^2 = 3\,901.8 \cdots \text{cm}^2 \fallingdotseq 39\ \text{dm}^2$

숙제 46−47p

081

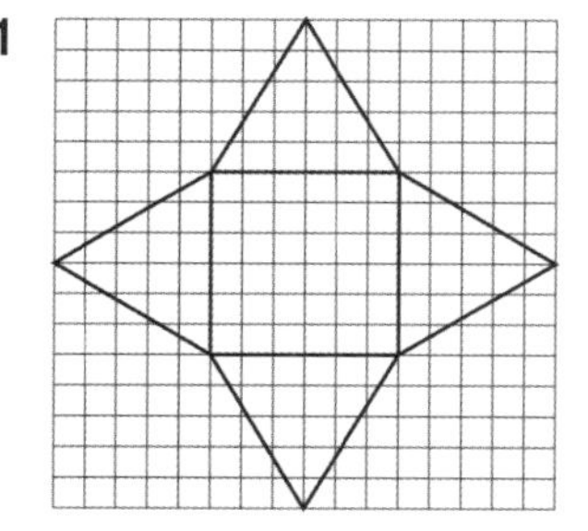

082 $A = 3.0\ \text{cm} \cdot 3.0\ \text{cm} + 4 \cdot \dfrac{3.0\ \text{cm} \cdot 2.0\ \text{cm}}{2} = 21\ \text{cm}^2$

083 a) 만들 수 있다. 사각뿔 형태의 피라미드를 만들 수 있다.
b) 만들 수 없다. 밑면의 한 쪽 모서리에는 두 개의 옆면이 있고, 그 맞은편 모서리에는 옆면이 없다.
c) 만들 수 있다. 삼각뿔 형태의 피라미드를 만들 수 있다.
d) 만들 수 없다. 옆면의 개수가 밑면의 모서리 개수보다 한 개가 적다.

084 a) $x = 135\ \text{cm}$ b) $A_V \fallingdotseq 292\ \text{dm}^2$

085 a) 6.5 cm b) $A_V \fallingdotseq 86\ \text{cm}^2$
c) $A \fallingdotseq 130\ \text{cm}^2$

숙제 48−49p

086 a) $A_V \fallingdotseq 57\ \text{cm}^2$ b) $A_V \fallingdotseq 110\ \text{cm}^2$

087 a) $A_V = \pi \cdot 1.3\ \text{cm} \cdot 3.6\ \text{cm} \fallingdotseq 15\ \text{cm}^2$
b) $A \fallingdotseq 20\ \text{cm}^2$

088 a) $r = \sqrt{40^2 - 24^2}\ \text{cm} = 32\ \text{cm}$
b) $A_V \fallingdotseq 4\,000\ \text{cm}^2$
c) $V \fallingdotseq 26\,000\ \text{cm}^3$

089 a) $A \fallingdotseq 110\ \text{cm}^2$ b) $A \fallingdotseq 75\ \text{cm}^2$

090 a) $r = \sqrt{68^2 - 60^2}\ \text{mm} = 32\ \text{mm}$
b) $A \fallingdotseq 10\,000\ \text{mm}^2$

숙제 50−51p

091 $A = 120\ \text{cm} \cdot 38\ \text{cm} \cdot \pi \cdot 10 \fallingdotseq 143$
$\therefore\ A = 14.3\ \text{m}^2$

092 a) $A_V \fallingdotseq 37\ \text{m}^2$ b) $A_V \fallingdotseq 880\ \text{cm}^2$

093 a) 옆면 외벽의 넓이 $2(8 \cdot 6 + 6 \cdot 6) = 168\ \text{cm}^2$
밑면 외벽의 넓이 $48\ \text{cm}^2$이므로
외벽의 총 넓이는 $216\ \text{cm}^2$이다.

b) $\dfrac{80\,000\ \text{cm}^2}{216\ \text{cm}^2} \fallingdotseq 370$개 칠할 수 있다.

094 $A = \pi \cdot 60\ \text{mm} \cdot 64\ \text{mm} + \pi \cdot 226\ \text{mm} \cdot 64\ \text{mm} + \pi \cdot (113\ \text{mm})^2 - \pi \cdot (30\ \text{mm})^2 = 94791.2 \cdots\ \text{mm}^2 \fallingdotseq 950\ \text{cm}^2$

095 a) $A_P \fallingdotseq 13\ \text{cm}^2$ b) $x = 5.0\ \text{cm}$
c) $y \fallingdotseq 7.1\ \text{cm}$ d) $A_V \fallingdotseq 48\ \text{cm}^2$

숙제 52-53p

096 a)

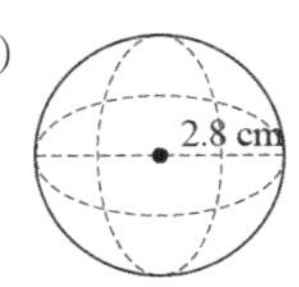

b) $V = \dfrac{4 \cdot \pi \cdot (2.8\text{ cm})^3}{3} \fallingdotseq 92\text{ cm}^3$

c) $A = 4 \cdot \pi \cdot (2.8\text{ cm})^2 \fallingdotseq 99\text{ cm}^2$

097 a) $V \fallingdotseq 9.2\text{ cm}^3$, $A \fallingdotseq 21\text{ cm}^2$

b) $V \fallingdotseq 110\,000\text{ cm}^3$, $A \fallingdotseq 11\,000\text{ cm}^2$

098 a) $A = \dfrac{4 \cdot \pi \cdot (11\text{ m})^2}{2} \fallingdotseq 760\text{ m}^2$

b) $A = \dfrac{4 \cdot \pi \cdot (8.5\text{ m})^2}{2} \fallingdotseq 450\text{ m}^2$

099 a) $\dfrac{129\text{ mm}}{2\pi} = 20.53\cdots\text{ mm} \fallingdotseq 20.5\text{ mm}$

b) $A = 4 \cdot \pi \cdot (20.53\cdots\text{ mm})^2 \fallingdotseq 5\,300\text{ mm}^2$

c) $V = \dfrac{4 \cdot \pi \cdot (20.53\cdots\text{ mm})^3}{3} \fallingdotseq 36\,300\text{ mm}^3$

100 a) $V = \dfrac{2\pi \cdot (95\text{ mm})^3}{3} - \dfrac{2\pi \cdot (65\text{ mm})^3}{3}$

$= 1\,220\,508.7\cdots\text{ mm}^3 \fallingdotseq 1\,200\text{ cm}^3$

b) $A = 2\pi \cdot (95\text{ mm})^2 + 2\pi \cdot (65\text{ mm})^2$

$+ \pi \cdot (95\text{ mm})^2 - \pi \cdot (65\text{ mm})^2$

$= 98\,331.8\cdots\text{ mm}^2 \fallingdotseq 980\text{ cm}^2$

숙제 54-55p

101 a) $V = (5.0\text{ cm})^3 = 125\text{ cm}^3 \fallingdotseq 130\text{ cm}^3$

b) $V = \pi \cdot (2.5\text{ cm})^2 \cdot 5.0\text{ cm} \fallingdotseq 98\text{ cm}^3$

c) $V = \dfrac{4 \cdot \pi \cdot (2.5\text{ cm})^3}{3} \fallingdotseq 65\text{ cm}^3$

102 $\dfrac{\pi \cdot (5.0\text{ cm})^2 \cdot 10\text{ cm}}{3} : (\pi \cdot (5.0\text{ cm})^2 \cdot 10\text{ cm}) = 1 : 3$

103 $V = \dfrac{2\pi \cdot (0.24\text{ dm})^3}{3} + \dfrac{\pi \cdot (0.24\text{ dm})^2 \cdot 1.7\text{ dm}}{3}$

$\fallingdotseq 0.13\text{ dm}^3 = 1.3\text{ dL}$

104 a) 큰 정사각뿔의 부피

$V_i = 333.33\cdots\text{ cm}^3 \fallingdotseq 330\text{ cm}^3$

b) 작은 정사각뿔의 부피 $V_p = 41.66\cdots\text{ cm}^3 \fallingdotseq 42\text{ cm}^3$

c) $\dfrac{V_p}{V_i} = \dfrac{1}{8}$

105 $A = 4 \cdot \pi \cdot (3.2\text{ cm})^2$

$+ 2 \cdot \pi \cdot 3.2\text{ cm} \cdot 6.4\text{ cm} \fallingdotseq 260\text{ cm}^2$

숙제 56-57p

106 a) $V = 20\,000\text{ cm}^3$

b) $m = \rho \cdot V$

$= 0.450\text{ g/cm}^3 \cdot 20\,000\text{ cm}^3$

$= 9\,000\text{ g} = 9.0\text{ kg}$

107 a) $V = 216\,000\text{ cm}^3 \fallingdotseq 220\text{ dm}^3$

b) $m = 198{,}072\text{ g} \fallingdotseq 200\text{ kg}$

108 a) $V = 5\,472\text{ cm}^3 \fallingdotseq 5.5\text{ dm}^3$

b) $m = 13{,}680\text{ g} \fallingdotseq 14\text{ kg}$

109 a) $V = 4\,000\text{ mm}^3 = 4.0\text{ cm}^3$

b) $\rho = \dfrac{m}{V} = \dfrac{10.8\text{ g}}{4.0\text{ cm}^3} = 2.7\text{ g/cm}^3$

110 모형의 부피는 원기둥의 부피와 원뿔 부피의 합이므로

$V = \pi \cdot 2.25^2 \cdot 6.9 + \pi \cdot 2.25^2 \cdot 1.25 \cdot \dfrac{1}{3}$

$\therefore$ $V \fallingdotseq 116\text{ m}^3$이고

$m = \rho V = 0.001293\text{ g/cm}^3 \cdot 116\,000\,000\text{ cm}^3 \fallingdotseq 150\text{ kg}$

이다.

숙제 66-67p

111 a) 입력된 수에 5를 곱한다.

b) 20　　c) 0　　d) $5x$

112 a) 입력된 수에서 2를 뺀다.

b) 2　　c) -6　　d) $x-2$

113 a) $f(x) = x+1$　　b) $f(x) = -x-18$

114 a) 3.60 €　　b) 0.18 €　　c) 3.0 kg

115 a) $p(x) = 3x$　　b) $p(x) = 6x$

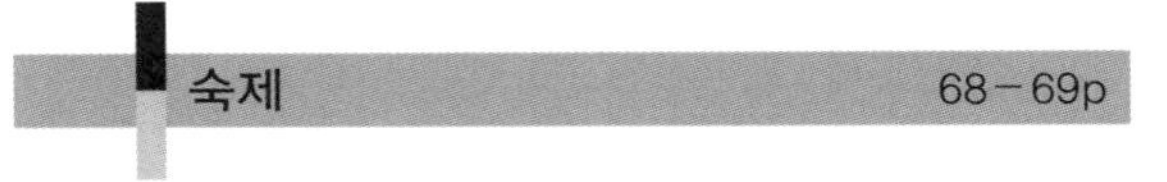

숙제 68-69p

116 a) 1　　b) -4

117 a) $f(6) = 3$　　b) $f(0) = -3$　　c) $f(-3) = -6$

118 a) $f(2) = -5$　　b) $f(-1) = 4$　　c) $f(-\frac{1}{3}) = 2$

119 a) $f(x) = -2x-1$　　b) $f(x) = 2x+12$

c) $f(x) = x^2-20$　　d) $f(x) = -2x-1$

120 a) $p(x)=16x-4$ b) $p(3)=44$
c) $x=1$

숙제 70－71p

121 a) $f(0)=-2$ b) $f(3)=1$ c) $f(4)=2$

122 a) $f(x)=-3,\ x=-1$ b) $f(x)=0,\ x=2$

123 a) $g(0)=-3$ b) $g(-2)=1$
c) $g(x)=-1,\ x=-1$

124 a) $h(0)=2$ b) $h(3)=1$ c) $x=-3$

125 a) $f(0)=-1$ b) $f(2)=3$
c) $f(-2)=3$
d) $f(x)=0,\ x=-1$ 또는 $x=1$

숙제 72－73p

126 직선인 함수는 $f(x)$, $k(x)$이다.

127 a)

x	$y=x+3$	$(x,\ y)$
0	$0+3=3$	$(0,\ 3)$
2	$2+3=5$	$(2,\ 5)$
4	$4+3=7$	$(4,\ 7)$

b)

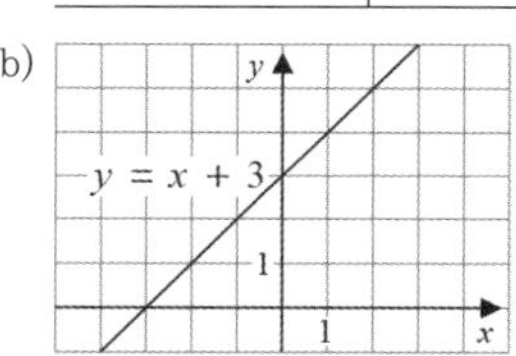

128

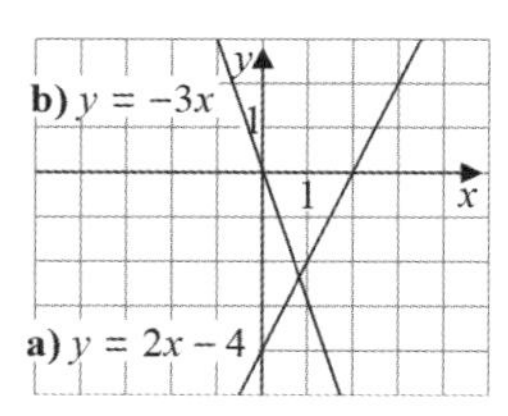

129

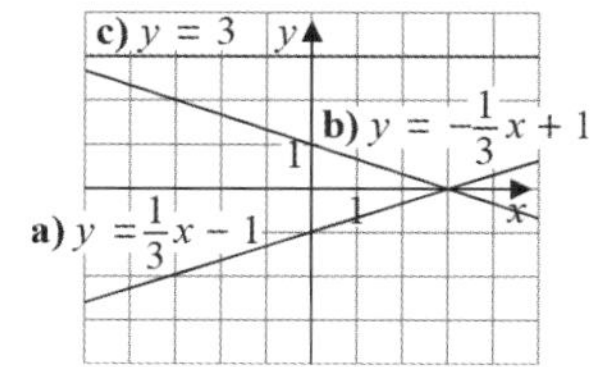

130 a) x축과 만나는 점은 $-\frac{2}{3}$, y축과 만나는 점은 160이므로 y축에 거의 평행인 그래프를 그려야 한다.
b) x축과 만나는 점은 $-\frac{3}{4}$, y축과 만나는 점은 -180이므로 y축에 거의 평행인 그래프를 그려야 한다.

숙제 74－75p

131 a)

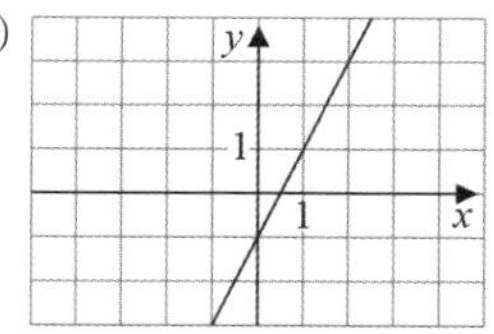

b) 점 A는 직선 위에 있지 않고, 점 B는 직선 위에 있다.

132 a) 직선 위에 있지 않다. b) 직선 위에 있다.
c) 직선 위에 있다.

133 a) 직선 위에 있지 않다. b) 직선 위에 있지 않다.
c) 직선 위에 있다.

134 a)

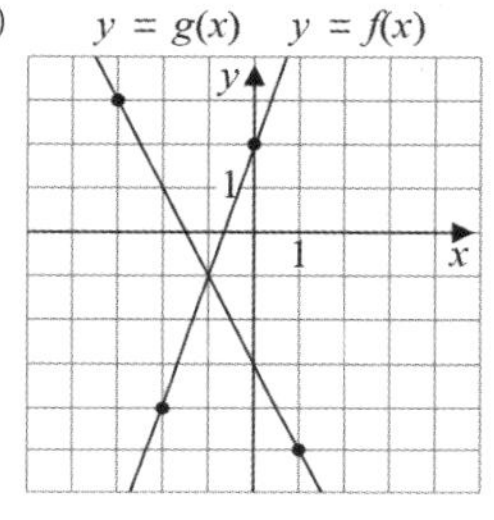

b) $f(x)=g(x),\ x=-1$

135 a)

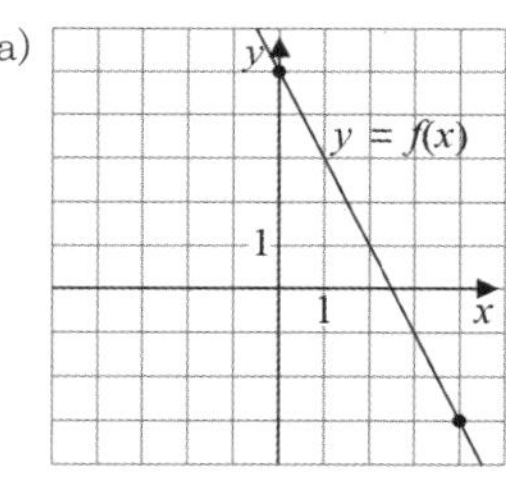

b) $f(2)=1$ c) $f(3)=-1$
d) $f(x)=0,\ x=2.5$ e) $f(x)=3,\ x=1$

숙제 76－77p

136 a) $x=-2$ b) $x=1$ c) $x=0$

137 a) $x=-1$ b) $x=9$ c) $x=11$ d) $x=-3$

138 a) $x=19$ b) $x=-42$

139 a)

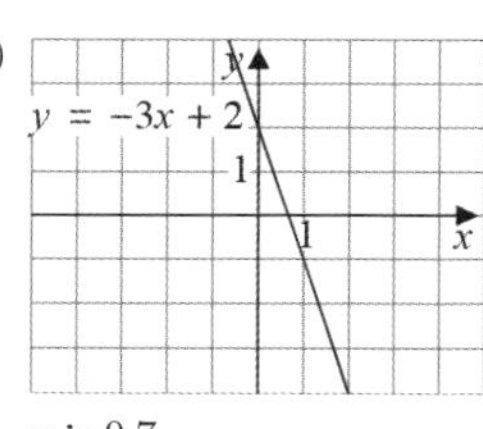

$x \fallingdotseq 0.7$

b) $x=\frac{2}{3}$

140 a) x절편이 아니다. b) x절편이다.
c) x절편이 아니다.

숙제 78–79p

141 a) $\Delta x=6$ b) $\Delta y=-3$
c) $\frac{\Delta y}{\Delta x}=\frac{-3}{6}=-\frac{1}{2}$

142 $m:k=\frac{\Delta y}{\Delta x}=\frac{3}{2}$, $n:k=\frac{\Delta y}{\Delta x}=\frac{6}{2}=3$
$u:k=\frac{\Delta y}{\Delta x}=\frac{-2}{1}=-2$

143 $r:k=\frac{\Delta y}{\Delta x}=\frac{3}{4}$, $s:k=\frac{\Delta y}{\Delta x}=\frac{0}{1}=0$,
$t:k=\frac{\Delta y}{\Delta x}=\frac{-2}{5}=-\frac{2}{5}$

144 a) $k=\frac{\Delta y}{\Delta x}=\frac{4}{2}=2$ b) $k=\frac{\Delta y}{\Delta x}=\frac{-12}{4}=-3$

145

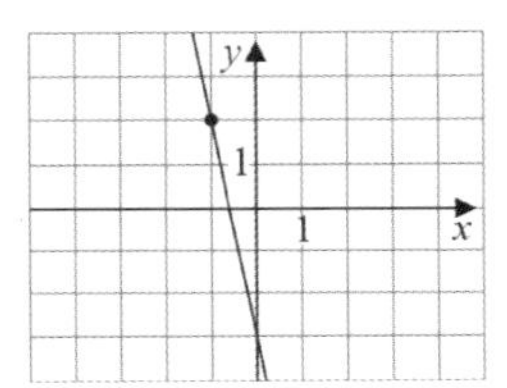

숙제 80–81p

146 a) $k=12,\ b=1$ b) $k=-1,\ b=7$
c) $k=1,\ b=0$ d) $k=-9,\ b=-3$

147 a) $y=4x$ b) $y=x-5,\ y=x+4$
c) $y=-5x+3$ d) $y=-5$

148 a) $y=x+4,\ y=4x,\ y=x-5$
b) $y=-x,\ y=-5x+3$

149 b) $y = -3x + 5$ a) $y = 2x - 2$

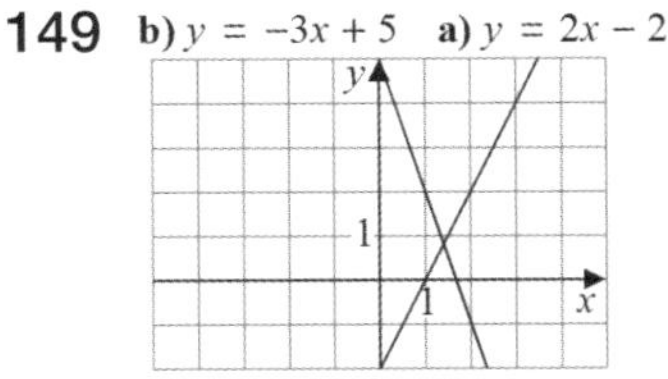

c) $y = -x + 3$

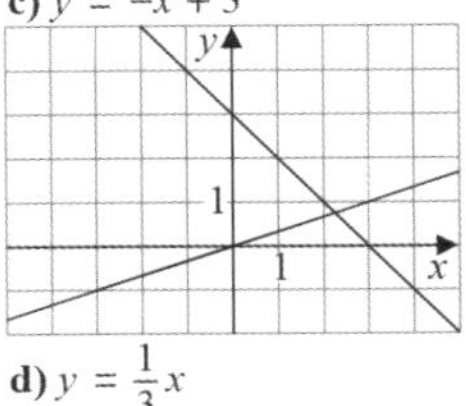

d) $y = \frac{1}{3}x$

150 a) $y = 3x + 1$

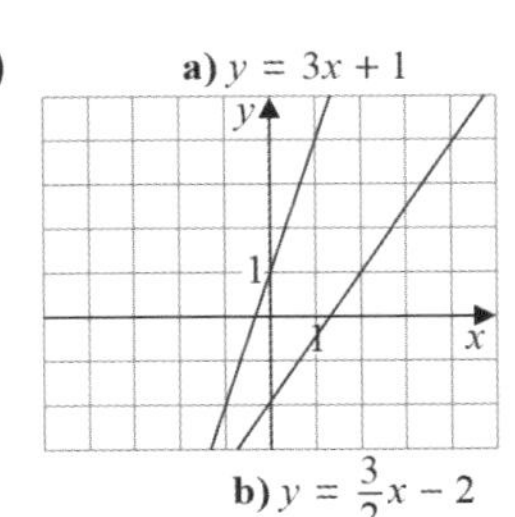

b) $y = \frac{3}{2}x - 2$

숙제 82–83p

151 a) $k=1$ b) $b=-3$ c) $y=x-3$

152 a)

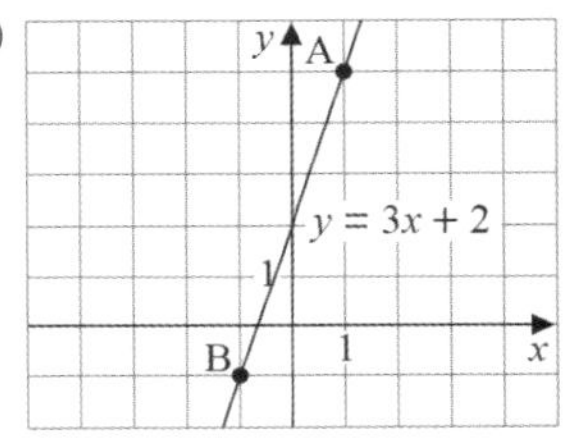

b) 3 c) 2 d) $y=3x+2$

153 a) $y=5x-4$ b) $y=-x$

154 $r:y=-\frac{2}{3}x+4$, $s:y=3x$, $t:y=-2$

155 a) $y=2x+15$ b) $y=-5x-15$
c) $y=3x+21$

숙제 84–85p

156 $y=9x+1$, $y=9x$는 기울기가 9로 같으므로 평행이고, $y=-9x+1$, $y=-9x+3$은 기울기가 -9로 같으므로 평행이다.

157 a) -1 b) 1 c) $y=-x+1$

158

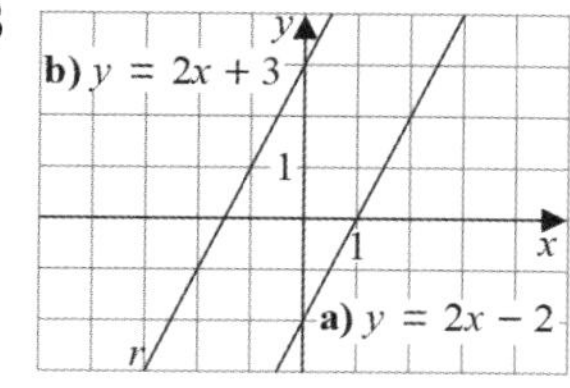

c) $y=2x+3$

159 a) $y=12x$　　b) $y=-\dfrac{3}{4}x$

160 a) $y=-4x+2$　　b) $y=-4x-11$

숙제 92-93p

161 a) 60 g, 240 g　　b) 4 배 늘어난다.

c) $k=\dfrac{\Delta y}{\Delta x}=\dfrac{150}{2.5}=60(\text{g/dL})$

162 $f(\text{V})=60\ \text{V}$

163 a)

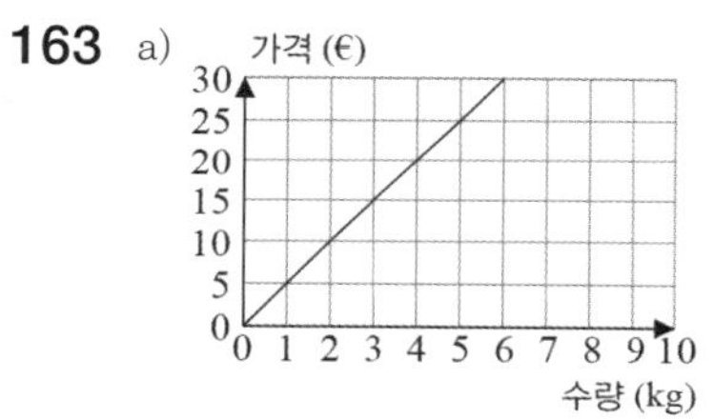

b) 7.50 €　　c) 5.0 L

d) $k=\dfrac{\Delta y}{\Delta x}=\dfrac{7.5}{1.5}=5(\text{€/L})$

e) 단위부피당 가격을 나타낸다.

164 a) $\dfrac{4(\text{kg})}{14(\text{€})}\cdot 21(\text{€})=6\ \text{kg}$

b) $\dfrac{14(\text{€})}{4(\text{kg})}\cdot 5(\text{kg})=17.50\ \text{€}$

165 a) $k=\dfrac{2.0}{0.8}$ 이므로 $y=2.5x$

b)

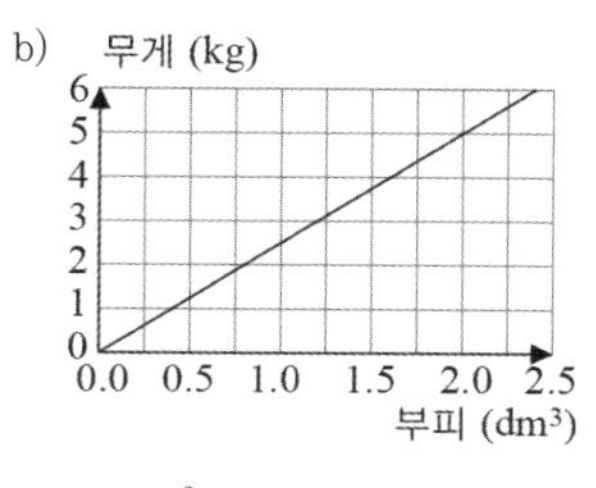

c) 1.4 dm^3

숙제 94-95p

166 a)

가로 (cm)	세로 (cm)
1	54
2	27
3	18
4	13.5
5	10.8
6	9

b) 반비례

167 a)

x	y	xy
1	100	100
2	50	100
4	25	100
10	10	100

b)

x	y	xy
1	80	80
4	20	80
5	16	80
10	8	80

168 a) 정비례　　b) 반비례

169 바닥의 넓이와 타일의 개수는 반비례이므로

$\dfrac{12(\text{cm}^2)\cdot 2250(\text{개})}{225(\text{cm}^2)}=120$개

170 a) 트럭의 수와 걸린 일수는 반비례이므로

$\dfrac{12(\text{대})\cdot 5(\text{일})}{8(\text{대})}=7.5$일

b) $\dfrac{12(\text{대})\cdot 5(\text{일})}{20(\text{대})}=3$일

숙제 96-97p

171 a)

v(km/h)	$t(h)$	vt(km)
30	2.2	66
20	3.3	66
15	4.4	66
12	5.5	66

b) $\dfrac{66(\text{km})}{6(\text{h})}=11\ \text{km/h}$　　c) $\dfrac{66(\text{km})}{2(\text{h})}=33\ \text{km/h}$

172 $\dfrac{140(\text{km/h})\cdot\dfrac{20}{60}(\text{h})}{100(\text{km/h})}=\dfrac{7}{15}\text{h}=28$분

173 a) $\dfrac{3(\text{명})\cdot 6(\text{일})}{2(\text{명})}=9$일　　b) $\dfrac{3(\text{명})\cdot 6(\text{일})}{4(\text{명})}=4.5$일

174 a) $\dfrac{80(\text{개})}{2(\text{명})\cdot 8(\text{개/일})}=5$일　b) $\dfrac{80(\text{개})}{5(\text{명})\cdot 8(\text{개/일})}=2$일

175 $\frac{4(\text{명}) \cdot 21(€)}{7(\text{명})} = 12\,€$

숙제 98−99p

176 a) $\frac{3.5(\text{dL}) \cdot 20(\text{개})}{30(\text{개})} \fallingdotseq 2.3\text{ dL}$

b) $\frac{20(\text{g}) \cdot 30(\text{개})}{40(\text{개})} = 15\text{ g}$

177 $\frac{80(\text{g}) \cdot 30(\text{개})}{60(\text{g})} = 40(\text{개})$

178 a) 정비례 b) 정비례도 반비례도 아니다.

179 $\frac{6}{45} \cdot 500 \fallingdotseq 67$개

180 야코 12 m, 안티 16 m

숙제 100−101p

181 a) $f(2)=0$

b) $f(x)=6$, $x=-4$ 또는 $x=4$

c) -2

182 a) $g(-2)=2$

b) $g(x)=-4$, $x=-3$ 또는 $x=1$

c) 4

d) $(-1,\ 4)$

183 a) $f(3)=-4.5$ b) $f(0)=-9$

c) $f(-4)=-1$ d) $f(-6)=9$

184 a) $-(-6)^2=-36 \neq 36$, 함수$y=f(x)$ 위에 있지 않다.

b) 함수$y=f(x)$ 위에 있다.

c) 함수$y=f(x)$ 위에 있다.

d) 함수$y=f(x)$ 위에 있지 않다.

185 a) $\left(-\frac{1}{2}\right)^2-1=-\frac{3}{4} \neq \frac{3}{4}$, 함수$y=f(x)$ 위에 있지 않다.

b) 함수$y=f(x)$ 위에 있다.

c) $\left(-\frac{4}{5}\right)^2-1=-\frac{9}{25}$, 함수$y=f(x)$ 위에 있다.

d) 함수$y=f(x)$ 위에 있지 않다.

숙제 102−103p

186 a) $x=-6$ 또는 $x=6$ b) $x=-8$ 또는 $x=8$

187 a) $x=-3$ 또는 $x=3$ b) $x=-3$ 또는 $x=3$

188 a)

x	$y=-x^2-1$	$(x,\ y)$
0	-1	$(0,\ -1)$
0.5	-1.25	$(0.5,\ -1.25)$
-0.5	-1.25	$(-0.5,\ -1.25)$
1	-2	$(1,\ -2)$
-1	-2	$(-1,\ -2)$
1.5	-3.25	$(1.5,\ -3.25)$
-1.5	-3.25	$(-1.5,\ -3.25)$
2	-5	$(2,\ -5)$
-2	-5	$(-2,\ -5)$
2.5	-7.25	$(2.5,\ -7.25)$
-2.5	-7.25	$(-2.5,\ -7.25)$
3	-10	$(3,\ -10)$
-3	-10	$(-3,\ -10)$

b)

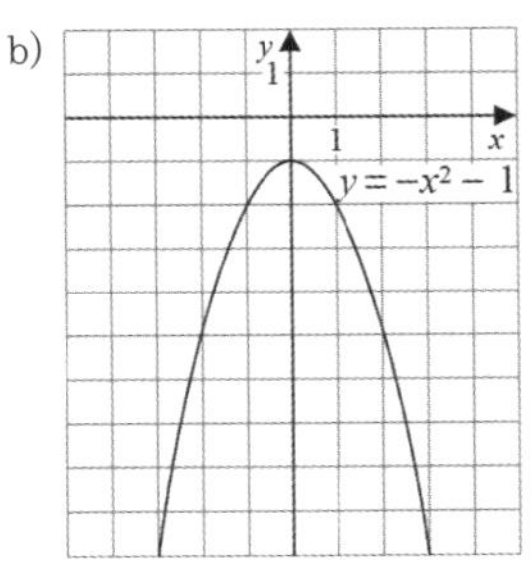

c) 위로 볼록하다.

189 a) $x=20$ 또는 $x=-20$ b) $x=13$ 또는 $x=-13$

190 a) 2개 b) 1개 c) 0개 b) 2개

숙제 106−107p

191 a) $100 \geq 99$가 성립하므로 100은 $x \geq 99$의 해이다.

b) $99 \geq 99$가 성립하므로 99는 $x \geq 99$의 해이다.

c) $98 \geq 99$가 성립하지 않으므로 98은 $x \geq 99$의 해가 아니다.

192 a) $-11<-12$가 성립하지 않으므로 -11은 $x<-12$의 해가 아니다.

b) $-12<-12$가 성립하지 않으므로 -12는 $x<-12$의 해가 아니다.

c) $-13<-12$가 성립하므로 -13은 $x<-12$의 해다.

193 a)

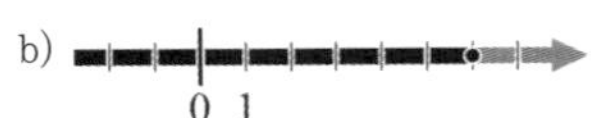

b) 0 1

c) 0 1

d)  (number line: 0 1)

194 a) $x>0$ b) $x\geq-4$ c) $x<-5$ d) $x\leq-7$

195 a) $0-4=-4<-6$가 성립하지 않으므로 0은 부등식의 해가 아니다.
b) $(-1)-4=-5<-6$가 성립하지 않으므로 -1은 부등식의 해가 아니다.
c) $(-3)-4=-7<-6$가 성립하므로 -3은 부등식의 해이다.

숙제 108-109p

196 a) $x>-1$ b) $x\leq-1$

197 a) $x<2$ b) $x\geq2$

198 $y=-3x+3$

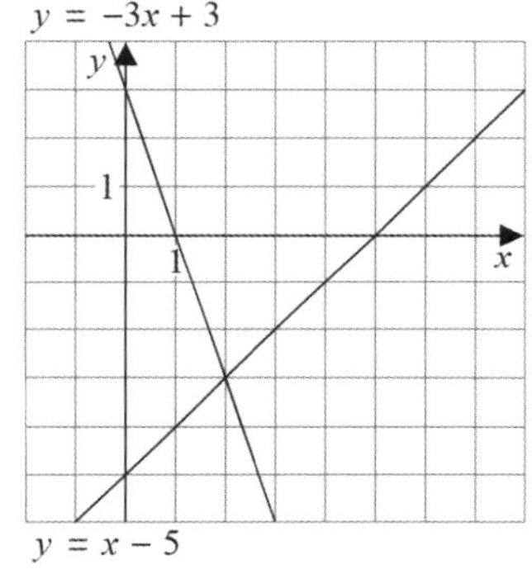

$y=x-5$

a) $x\geq5$ b) $x<5$ c) $x<1$ d) $x\geq1$

199 a) $x\geq6$ b) $x>4$ c) $x<1$ d) $x\leq-6$

200 a) $f(x)=0,\ x=-1,\ x=1$ b) $x<-1,\ x>1$

숙제 118-119p

201 a) $5x+9+(4x-1)=9x+8$
b) $5x+9-(4x-1)=x+10$

202

a) $5x^2-1$	I	d) $5x^2+1$	O
b) x^3-3	S	e) $5x^2-2x$	U
c) $2x^3-3$	T	f) $-5x^2-2x$	L

<LUOTSI> 조종사

203 a) $-3x-3,\ 18$ b) $10x^2-2x,\ 240$

204 a) $-4x+1$ b) $3x^2+9x$
c) $(5x^2-4)-(5x^2-x)=x-4$

205 a) $-4x,\ 5x$ b) $x^2-5x,\ 3x^2-x$

숙제 120-121p

206 a) $20x^6$ b) $-42x^{10}$ c) $5x^2$ d) $21x$

207 a) $12x^2$ b) $4x^2+1$

208

a) $9x^3-6x^2$	I	e) $-18x^4+12x^3$	R
b) $-18x^4+12x^3$	R	f) $5x^3-6x^2$	U
c) $-12x^3-30x^2$	E	g) $4x^5-4x^4$	P
d) $3x^2-4x$	S		

<PURSERI> 사무장

209 a) $8x-6$ b) $5x+4$ c) $-3x+2$ d) $-8x^6$

210 a) $-10x,\ 190$ b) $-40, -40$ c) $x-15,\ -34$

숙제 122-123p

211 a) $3+12=15$ 이므로 3은 방정식의 근이다.
b) $3\cdot3+2=11,\ 4\cdot3-1=11$ 이므로 3은 방정식의 근이다.

212

a) $x=26$	F	e) $x=-20$	I
b) $x=-8$	L	f) $x=-6$	S
c) $x=0$	O	g) $x=99$	T
d) $x=-12$	R	h) $x=-20$	I

<FLORISTI> 꽃장수

213 a) $x=0$
b) 근이 없다.(불능)
c) -2
d) 근은 모든 실수이다.(항등식)

214 a) 방정식의 근이 아니다.
b) 방정식의 근이다.
c) 방정식의 근이다.
d) 방정식의 근이 아니다.

215 a) $x=-7$ b) $x=9$ c) $x=-1$ d) $x=8$

숙제 124-125p

216 a) $x=-1$ b) $x=5$ c) $x=-7$

217

a) $x=20$	G	f) $x=40$	I
b) $x=16$	R	g) $x=-11$	K
c) $x=18$	A	h) $x=-11$	K
d) $x=18$	A	i) $x=-6$	O
e) $x=-36$	F		

<GRAAFIKKO> 그래픽 디자이너

218 a) -49
b) 근은 모든 실수이다.(항등식)
c) 근이 없다.(불능)

219 a) $x=12$ b) $x=-26$

220 a) $5(x+8)=-5$, $x=-9$
b) $\frac{x-2}{7}=4$, $x=30$

221 방갈로에 배정된 학생 $60\cdot\frac{2}{5}=24$, 24명

텐트에 배정된 학생 $60\cdot\frac{3}{5}=36$, 36명

222 $(60-x)=x-14$, 37권

223 $\frac{1}{2}x+\frac{1}{4}x+6=x$, 24개

224 $2(x+16)=x+44$, $x=12$, 12년 뒤

225 한나가 처음에 가진 돈을 x라 하면
$(x-2)+(x+3-4)=21$, $x=12$
한나 12€, 리카 15€

226 a) 만족한다. b) 만족한다.
c) 만족하지 않는다. d) 만족한다.

227 a) 예 : $(-2,\ -8)$, $(-1,\ -4)$, $(0,\ 0)$, $(0.5,\ 2)$, $(1,\ 4)$
b)

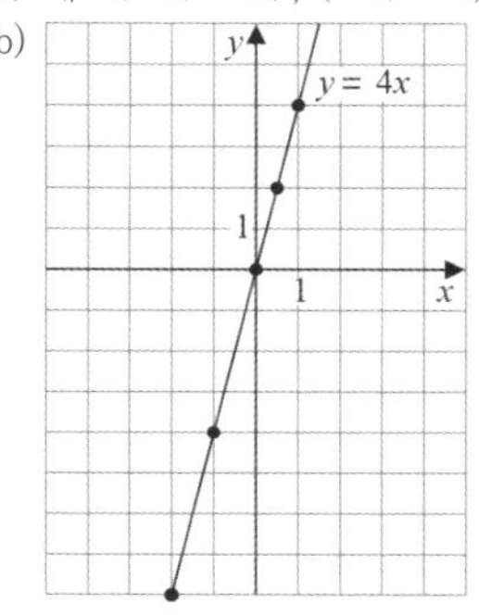

228 a) 예 : $(8,\ 5)$, $(9,\ 4)$, $(10,\ 3)$
b) 예 : $(7,\ 6)$, $(6,\ 5)$, $(5,\ 4)$
c) $(7,\ 6)$

229 a) $y=-x+3$ b) $y=3x-1$ c) $y=2x+5$

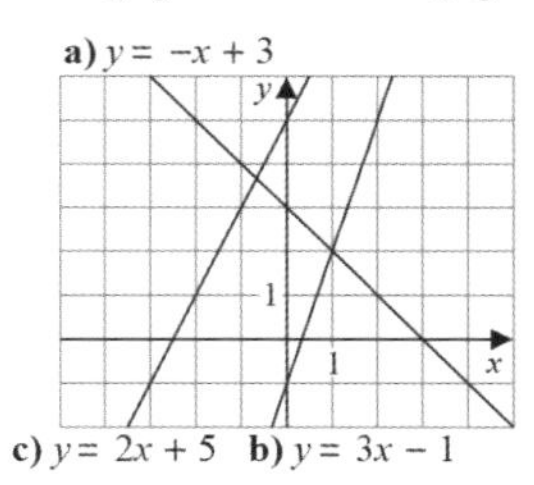

230 $A=9$, $B=-7$, $C=0$, $D=-2$

답 : 28

231 $(-2,\ -3)$

232 a) 연립방정식의 해가 아니다.
b) 연립방정식의 해이다.

233 a) $\begin{cases} y=-2x+3 \\ y=-3x+5 \end{cases}$

b) $\begin{cases} y=-4x \\ y=-x-3 \end{cases}$, $\begin{cases} y=-4x \\ y=x-5 \end{cases}$, $\begin{cases} y=-x-3 \\ y=x-5 \end{cases}$

234

직선	좌변	우변
$y=x-6$	-8	$-2-6=-8$
$y=4x$	-8	$4\cdot(-2)=-8$

두 방정식을 모두 만족하므로 순서쌍은 연립방정식의 해이다.

235 a) $\begin{cases} x+y=14 \\ x-y=0 \end{cases}$, $x=7$, $y=7$

b) $\begin{cases} x+y=16 \\ x-y=-6 \end{cases}$, $x=5$, $y=11$

236 $(3,\ 0)$

237 a) $(2,\ 2)$ b) $(1,\ -1)$

238 a) $(-6,\ 2)$ b) $(-4,\ -4)$

239 $\begin{cases} y=5x \\ y=-x-6 \end{cases}$, $(-1,\ -5)$

$\begin{cases} y=5x \\ y=x+4 \end{cases}$, $(1,\ 5)$

$\begin{cases} y=x+4 \\ y=-x-6 \end{cases}$, $(-5,\ -1)$

240 $s : y = -\frac{3}{2}x - 1$, $r : y = 2$, $t : y = 2x - 8$

점 A는 t와 r의 교점이다. $\begin{cases} t : y = 2x - 8 \\ r : y = 2 \end{cases}$

점 B는 s와 r의 교점이다. $\begin{cases} s : y = -\frac{2}{3}x - 1 \\ r : y = 2 \end{cases}$

점 C는 t와 s의 교점이다. $\begin{cases} t : y = 2x - 8 \\ s : y = -\frac{3}{2}x - 1 \end{cases}$

숙제 134－135p

241 $x = 6$, $y = 25$

242 a) $x = -3$, $y = -16$ b) $x = 13$, $y = -20$

243 a) $x = -3$, $y = -2$ b) $x = -2$, $y = -6$

244 a) $x = -8$, $y = -33$ b) $x = 3$, $y = 5$

245

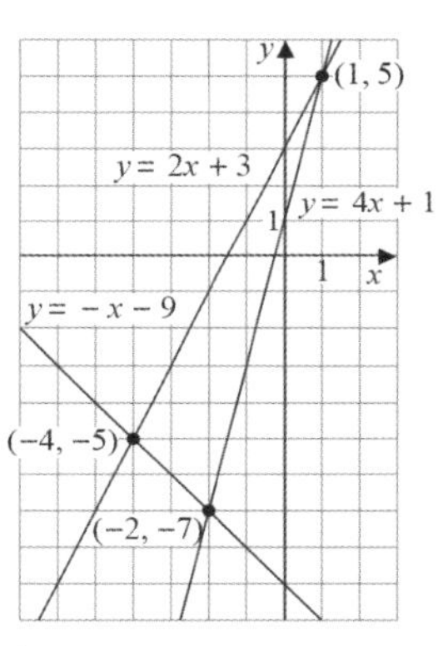

$\begin{cases} y = 4x + 1 \\ y = -x - 9 \end{cases}$의 교점은 $(-2, -7)$

$\begin{cases} y = 4x + 1 \\ y = 2x + 3 \end{cases}$의 교점은 $(1, 5)$

$\begin{cases} y = -x - 9 \\ y = 2x + 3 \end{cases}$의 교점은 $(-4, -5)$

$^*6x + 300\text{ g} = 2\,600\text{ g}$

$6x = 1\,800\text{ g}$

답 : 300 g

숙제 136－137p

246 a) $x = -4$, $y = -15$ b) $x = 2$, $y = -5$

247 a) $x = -3$, $y = 13$ b) $x = -5$, $y = -3$

248 a) $\begin{cases} x + y = 9.2 \\ y = x + 1.6 \end{cases}$

b) 올리의 가방 5.4 kg, 안티의 가방 3.8 kg

249 a) $x = 3$, $y = -3$ b) $x = \frac{1}{3}$, $y = \frac{2}{3}$

250 물병의 가격을 x, 내용물의 가격을 y라 하면

$\begin{cases} x + y = 2.10 \\ y = x + 1.30 \end{cases}$, $x = 0.4$, $y = 1.7$, 물병의 가격 0.40 €

숙제 138－139p

251 a) $x = 3$, $y = 4$ b) $x = -9$, $y = -5$

252 a) $x = 6$, $y = 4$ b) $x = -3$, $y = -2$

253 a) $x = 11$, $y = 13$ b) $x = -9$, $y = 8$

254 볼펜 한 자루의 가격을 x, 연필 한 자루의 가격을 y라 하면

$\begin{cases} x + 2y = 5 \\ 2x + y = 4 \end{cases}$, $x = 1$, $y = 2$

볼펜 한 자루 1 €, 연필 한 자루 2 €

255 리사가 번 돈을 x, 안티가 번 돈을 y라 하면

$\begin{cases} x + y = 3\,190 \\ x - y = 108 \end{cases}$, $x = 1\,649$, $y = 1\,541$

리사가 번 돈 1 649 €, 안티가 번 돈 1 541 €

숙제 140－141p

256 a) $x = 5$, $y = 7$ b) $x = -2$, $y = -5$

257 a) $x = 4$, $y = -20$ b) $x = 5$, $y = 5$

258 한나의 스케이팅복의 가격을 x, 안니카의 스케이팅복의 가격을 y라 하면

$\begin{cases} x - y = 7 \\ x + y = 121 \end{cases}$, $x = 64$, $y = 57$

한나의 스케이팅복 64 €, 안니카의 스케이팅복 57 €

259 a) $x = -2$, $y = -1$ b) $x = 3$, $y = 4$

260 20 €를 받은 학생의 수를 x, 50 €를 받은 학생의 수를 y라 하면

$\begin{cases} x + y = 14 \\ 20x + 50y = 400 \end{cases}$, $x = 10$, $y = 4$

20 €를 받은 학생 10명, 50 €를 받은 학생 4명

숙제 150－151p

261 a) 31 b) 17 c) 0

262 a) $|0.42| = 0.42$ b) $|-2.33| = 2.33$

c) $|-\sqrt{400}| = 20$ d) $|\sqrt{1.44}| = 1.2$

e) $\left|\frac{5}{6}\right| = \frac{5}{6}$ f) $\left|-1\frac{1}{7}\right| = 1\frac{1}{7}$

263 a) $|-40-21|=|-61|=61$
b) $|-21-21|=|-42|=42$
c) $|21-21|=|0|=0$

264 a)

$-1 \quad 0 \quad 1$

b)

$-3 \quad 0 \quad 1 \quad 3$

c) 모든 정수

265 a) $n+3=-5,\ -4,\ -3,\ -2,\ -1,\ 0,\ 1,\ 2,\ 3,\ 4,\ 5$ 이므로 $n=-8,\ -7,\ -6,\ \cdots,\ 0,\ 1,\ 2$
b) $2n=-3,\ -2,\ -1,\ 0,\ 1,\ 2,\ 3$이고 정수이므로 $n=-1,\ 0,\ 1$
c) $n-5=-2,\ -1,\ 0,\ 1,\ 2$이므로 $n=3,\ 4,\ 5,\ 6,\ 7$
d) $|n|-5=\cdots,\ -1,\ 0,\ 1,\ 2,\ |n|=\cdots,\ 4,\ 5,\ 6,\ 7$ 이므로 $n=-7,\ -6,-5,\ \cdots,\ 5,\ 6,\ 7$

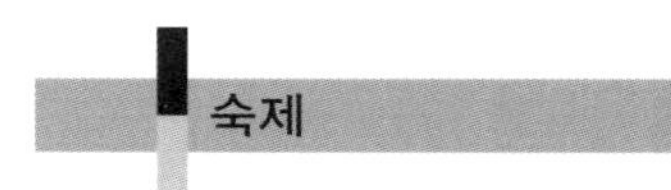

숙제 152－153p

266 a) 1　b) $-\frac{3}{11}$　c) $-\frac{1}{4}$　d) $-\frac{1}{2}$

267 $\frac{2}{3}=\frac{20}{30},\ \frac{8}{15}=\frac{16}{30},\ \frac{1}{6}=\frac{5}{30},\ \frac{3}{5}=\frac{18}{30},\ \frac{1}{2}=\frac{15}{30},$
$\frac{7}{10}=\frac{21}{30},\ \frac{1}{6}<\frac{1}{2}<\frac{8}{15}<\frac{3}{5}<\frac{2}{3}<\frac{7}{10}$

268 a) $\frac{11}{12}-\frac{9}{12}=\frac{1}{6}$　b) $\frac{6}{20}+\frac{7}{20}=\frac{13}{20}$
c) $\frac{12}{14}-\frac{7}{14}-\frac{5}{14}=0$　d) $\frac{6}{30}+\frac{5}{30}+\frac{15}{30}=\frac{13}{15}$

269 a) $\frac{-8x}{12}+\frac{9x}{12}-\frac{10x}{12}=\frac{-8x+9x-10x}{12}=-\frac{3x}{4}$
b) $\frac{-10x}{24}-\frac{15x}{24}+\frac{18x}{24}=\frac{-10x-15x+18x}{24}=-\frac{7x}{24}$

270 $1-\frac{1}{4}-\frac{2}{5}=\frac{7}{20}$

숙제 154－155p

271 a) $\frac{3}{8}$　b) $1\frac{1}{2}$　c) 4　d) $\frac{2}{3}$

272

a) $\frac{3}{7}$	A	f) $1\frac{1}{4}$	E
b) $\frac{2}{5}$	M	g) $1\frac{1}{2}$	N
c) $\frac{3}{7}$	A	h) $\frac{4}{9}$	S
d) $\frac{1}{9}$	N	i) $\frac{4}{9}$	S
e) $2\frac{1}{2}$	U	j) $8\frac{1}{4}$	I

<AMANUENSSI> 조수

273 a) -3　b) $\frac{8}{49}$

274 a) $12x^5$　b) $3x^6$　c) $\frac{18x^2}{5}$　d) x^3

275 a) $\square=\left(-\frac{x^7}{3}\right)\div\frac{5x}{6}=\left(-\frac{x^7}{3}\right)\cdot\frac{6}{5x}=-\frac{2x^6}{5}$
b) $\square=\frac{x^{10}}{4}\div\frac{x^5}{8}=\frac{x^{10}}{4}\cdot\frac{8}{x^5}=2x^5$
c) $\square=\frac{4x^6}{5}\div\frac{2x^4}{3}=\frac{4x^6}{5}\cdot\frac{3}{2x^4}=\frac{6x^2}{5}$
d) $\square=\frac{2x}{5}\cdot\frac{7x}{2}=\frac{7x^2}{5}$

숙제 156－157p

276 a) $50\cdot 0.4=20$　b) $\frac{15}{125}\cdot 100=12\%$
c) $123\cdot 5=615$　d) $\frac{18-5}{5}\cdot 100=260\%$

277 $350\cdot 0.009=3.15$ g

278 a) $2.9-2.9\cdot 0.1=2.61$ €　b) $4.2+4.2\cdot 0.05=4.41$ €

279 $\frac{46.9\text{ g}}{0.067}=700$ g

280 a) $120-120\cdot 0.15=102$ €
b) $102-102\cdot 0.15=86.70$ €
c) $\frac{33.30\text{ €}}{120\text{ €}}=27.75\%\fallingdotseq 28\%$

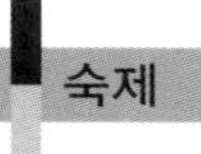

숙제 158－159p

281 a) $9\,000\cdot 0.008=72$ g　b) $\frac{72}{6\,000}\cdot 100=1.2\,\%$

282 a) $12(\text{g}) \cdot 0.14 = 1.68\ \text{g} \fallingdotseq 1.7\ \text{g}$
b) $12(\text{g}) \cdot 0.073 = 0.876\ \text{g} \fallingdotseq 0.88\ \text{g}$
c) $\frac{100\ \text{g}}{0.752 \cdot 12\ \text{g}} \fallingdotseq 11$(개)

283 $1.23 \cdot 27.64\ € \fallingdotseq 34.00\ €$

284 a) $\frac{26.90\ €}{1.09} \fallingdotseq 24.68\ €$ b) $2.22\ €$

285 $0.85\ € + \frac{0.85\ €}{0.13} \fallingdotseq 7.39\ €$

숙제 160－161p

286 a) $0.23 \cdot 2\,356.50\ € \fallingdotseq 542.00\ €$
b) $0.23 \cdot 2\,917.20\ €$
$+0.465 \cdot (3\,265.00\ € - 2\,917.20\ €) \fallingdotseq 832.68\ €$

287 a) $0.1925 \cdot 15\,711.10\ € \fallingdotseq 3\,024.39\ €$
b) $0.1950 \cdot 15\,711.10\ € \fallingdotseq 3\,063.66\ €$

288 a) $0\ €$
b) $0.215 \cdot (45\,210.41\ € - 36\,800.00\ €) + 2\,974.00\ €$
$\fallingdotseq 4\,782.24\ €$

289 $0.065 \cdot (17\,180.88\ € - 15\,200.00\ €) + 8.00\ €$
$+0.1975 \cdot 15\,286.71\ € \fallingdotseq 3\,155.88\ €$

290 카리가 납부해야 할 세금
$= 0.175 \cdot (22\,734.61\ € - 22\,600.00\ €) + 489.00\ €$
$+0.19 \cdot 19\,692.56\ € \fallingdotseq 4\,254.14\ €$,
$4\,617.11\ € - 4\,254.14\ € = 362.97\ €$
카리는 362.97 €를 돌려받았다.

삼각비표

각 α	$\sin\alpha$	$\cos\alpha$	$\tan\alpha$
0°	0.000	1.000	0.000
1°	0.017	1.000	0.017
2°	0.035	0.999	0.035
3°	0.052	0.999	0.052
4°	0.070	0.998	0.070
5°	0.087	0.996	0.087
6°	0.105	0.995	0.105
7°	0.122	0.993	0.123
8°	0.139	0.990	0.141
9°	0.156	0.988	0.158
10°	0.174	0.985	0.176
11°	0.191	0.982	0.194
12°	0.208	0.978	0.213
13°	0.225	0.974	0.231
14°	0.242	0.970	0.249
15°	0.259	0.966	0.268
16°	0.276	0.961	0.287
17°	0.292	0.956	0.306
18°	0.309	0.951	0.325
19°	0.326	0.946	0.344
20°	0.342	0.940	0.364
21°	0.358	0.934	0.384
22°	0.375	0.927	0.404
23°	0.391	0.921	0.424
24°	0.407	0.914	0.445
25°	0.423	0.906	0.466
26°	0.438	0.899	0.488
27°	0.454	0.891	0.510
28°	0.469	0.883	0.532
29°	0.485	0.875	0.554
30°	0.500	0.866	0.577
31°	0.515	0.857	0.601
32°	0.530	0.848	0.625
33°	0.545	0.839	0.649
34°	0.559	0.829	0.675
35°	0.574	0.819	0.700
36°	0.588	0.809	0.727
37°	0.602	0.799	0.754
38°	0.616	0.788	0.781
39°	0.629	0.777	0.810
40°	0.643	0.766	0.839
41°	0.656	0.755	0.869
42°	0.669	0.743	0.900
43°	0.682	0.731	0.933
44°	0.695	0.719	0.966
45°	0.707	0.707	1.000
46°	0.719	0.695	1.036
47°	0.731	0.682	1.072
48°	0.743	0.669	1.111
49°	0.755	0.656	1.150
50°	0.766	0.643	1.192
51°	0.777	0.629	1.235
52°	0.788	0.616	1.280
53°	0.799	0.602	1.327
54°	0.809	0.588	1.376
55°	0.819	0.574	1.428
56°	0.829	0.559	1.483
57°	0.839	0.545	1.540
58°	0.848	0.530	1.600
59°	0.857	0.515	1.664
60°	0.866	0.500	1.732
61°	0.875	0.485	1.804
62°	0.883	0.469	1.881
63°	0.891	0.454	1.963
64°	0.899	0.438	2.050
65°	0.906	0.423	2.145
66°	0.914	0.407	2.246
67°	0.921	0.391	2.356
68°	0.927	0.375	2.475
69°	0.934	0.358	2.605
70°	0.940	0.342	2.747
71°	0.946	0.326	2.904
72°	0.951	0.309	3.078
73°	0.956	0.292	3.271
74°	0.961	0.276	3.487
75°	0.966	0.259	3.732
76°	0.970	0.242	4.011
77°	0.974	0.225	4.331
78°	0.978	0.208	4.705
79°	0.982	0.191	5.145
80°	0.985	0.174	5.671
81°	0.988	0.156	6.314
82°	0.990	0.139	7.115
83°	0.993	0.122	8.144
84°	0.995	0.105	9.514
85°	0.996	0.087	11.430
86°	0.998	0.070	14.301
87°	0.999	0.052	19.081
88°	0.999	0.035	28.636
89°	1.000	0.017	57.290
90°	1.000	0.000	–

단위변환표

단위	표기	변환의 예
제곱킬로미터	km^2	$1\ km^2 = 100\ ha$
헥타르	ha	1 ha = 100 a
아르	a	$1\ a = 100\ m^2$
평방미터	m^2	$1\ m^2 = 100\ dm^2$
제곱데시미터	dm^2	$1\ dm^2 = 100\ cm^2$
제곱센티미터	cm^2	$1\ cm^2 = 100\ mm^2$
제곱밀리미터	mm^2	–

단위	표기	변환의 예
세제곱킬로미터	km^3	$1\ km^3 = 1\,000\,000\,000\ m^3$
세제곱미터	m^3	$1\ m^3 = 1\,000\ dm^3$
세제곱데시미터	dm^3	$1\ dm^3 = 1\,000\ cm^3$
세제곱센티미터	cm^3	$1\ cm^3 = 1\,000\ mm^3$
세제곱밀리미터	mm^3	–

단위	표기	변환의 예
킬로리터	kL	1 kL = 10 hL
헥타리터	hL	1 hL = 10 daL
데카리터	daL	1 daL = 10 L
리터	L	$1\ L = 10\ dL = 1\ dm^3$
데시리터	dL	1 dL = 10 cL
센티리터	cL	1 cL = 10 mL
밀리리터	mL	$1\ mL = 1\ cm^3$

후원해 주신 분들

김병준 류창석 이흔철 이준희 김영진 백승학 이경민 이경민 이도경 전대룡 구정모 서영빈 권혁일 정주옥 임병국 변성환 김상백 우형원(정필) 함정용 김종호 이명기 김진환 김태호 김민경 한광희 황종인 김재홍 김은수 홍승재 이미화 김희현 배경빈 유태숙 황인현 장유진 강진우 강희정 여영동 윤석주 조종규 윤영이 김선혁 하경희 김용관 김병일 김상길 허국행 김옥경 오혜령 선철 김성은 임효선 이상화 이병인 서지애 최선목 이성민 박정현 박지수 채홍순 조주영 강호균 최선주 조현공 임해식 유병근 김태업 오혜진 이현서 최창진 박수진 신선호 박찬호 이상진 이해경 김수 박유미 김하민 김종현 정미란 전하경 노종만 조정기 박미연 정원영 이우진 윤상조 김대우 임해경 이선희 소영덕 송정도 김수지 김기태 이은주 심우섭 김은주 지영란 오민석 최태진 유승민 김종필 구병수 김지영 장석두 용혜숙 김태령 이지훈 최대철 안병률 김지현 정준성 이승연 정은주 김형철 김희정 신현준 하은실 오치윤 문은영 강영주 이형로 윤종창 유진영 송경관 최은숙 백중권 임성택 조한글 윤재훈 정영미 송신영 신영자 정은향 이혜원 이향랑 정도근 박봉출 유창현 조형준 최지영 최훈 박균홍 박소영 이형원 최우광 이상숙 최은주 한미경 이서연 오혜경 김대영 김이화 문경란 이홍석 석현욱 이상미 김혜정 문선자 신성광 최승찬 윤재성 한광호 박원철 조영미 박성수 하상우 김대홍 김애희 최성영 김진희 조상희 최승규 박세영 김윤미 김병헌 신종식 김수정 김혜리 김한열 강혜란 이정아 최숙 박혜미 주용희 이희원 용덕중 정희정 김진우 김선경 이선재 김윤경 민수현 이기훈 고재영 이수진 한미경 박여옥 전우권 권오익 박영웅 백경관 이금주 고은혜 이정화 오원식 정윤수 박형용 김아랑 박성모 길이숙 문혜영 박애란 신상윤 이신실 이명훈 이혜정 박기혁 유복상 이진희 안창훈 조정기 서석균 최재은 최세연 김미정 정성택 김은선 박기목 안영준 김영석 김세영 권영은 구수해 김숙림 이지훈 강창훈 박천량 현대철 홍준기 채정우 김상한 구자득 최유정 지종영 김세희 유희석 김은미 최윤호 지영호 성채원 김근해 조창묵 이장식 이규철 박석성 권수경 (과천)수학세상 신왕교

여러분의 응원 감사드리고 잊지 않겠습니다.